国家出版基金项目
NATIONAL PUBLICATION FOUNDATION

"十二五"国家重点图书出版规划项目
光物理研究前沿系列
总主编 张杰

# 非线性光学研究前沿
## Advances in Nonlinear Optics

陈险峰 等 编著

U0295240

上海交通大学出版社
SHANGHAI JIAO TONG UNIVERSITY PRESS

## 内容提要

本书是"十二五"国家重点图书出版规划项目"光物理研究前沿系列"之一,包括弱光非线性光学若干新进展、基于周期性极化铌酸锂晶体的偏振耦合效应及其应用、超快非线性光学、非局域空间光孤子、线性电光效应耦合波理论及其推广应用等前沿专题。

本书可供光学及物理专业的本科生、研究生及相关研究人员阅读参考。

**图书在版编目(CIP)数据**

非线性光学研究前沿 / 陈险峰等编著. —上海:
上海交通大学出版社,2014
(光物理研究前沿系列/张杰主编)
ISBN 978-7-313-11548-5

Ⅰ.①非…  Ⅱ.①陈…  Ⅲ.①非线性光学—研究
Ⅳ.①O437

中国版本图书馆 CIP 数据核字(2014)第 112306 号

**非线性光学研究前沿**

编    著:陈险峰  等
出版发行:上海交通大学出版社              地    址:上海市番禺路 951 号
邮政编码:200030                        电    话:021-64071208
出 版 人:韩建民
印    制:山东鸿杰印务集团有限公司         经    销:全国新华书店
开    本:710 mm×1000 mm  1/16          印    张:27.5
字    数:486 千字
版    次:2014 年 10 月第 1 版             印    次:2014 年 10 月第 1 次印刷
书    号:ISBN 978-7-313-11548-5/O
定    价:115.00 元

# 光物理研究前沿系列
# 丛书编委会

## 总主编

### 张 杰
（上海交通大学，院士）

## 编 委
(按姓氏笔画排序)

刘伍明　中国科学院物理研究所，研究员
许京军　南开大学，教授
李儒新　中国科学院上海光学精密机械研究所，研究员
张卫平　华东师范大学，教授
陈良尧　复旦大学，教授
陈险峰　上海交通大学，教授
陈增兵　中国科学技术大学，教授
金奎娟　中国科学院物理研究所，研究员
骆清铭　华中科技大学，教授
钱列加　上海交通大学，教授
高克林　中国科学院武汉物理与数学研究所，研究员
龚旗煌　北京大学，院士
盛政明　上海交通大学，教授
程　亚　中国科学院上海光学精密机械研究所，研究员
童利民　浙江大学，教授
曾和平　华东师范大学，教授
曾绍群　华中科技大学，教授
詹明生　中国科学院武汉物理与数学研究所，研究员
潘建伟　中国科学技术大学，院士
戴　宁　中国科学院上海技术物理研究所，研究员
魏志义　中国科学院物理研究所，研究员

# 非线性光学五十年[*]

沈元壤

加州大学伯克利分校物理系

2011 年是非线性光学诞生 50 周年,世界各地都对此进行庆祝。这里我简要回顾一下非线性光学的发展历史,介绍一些当前研究现状、热点以及今后可能进一步研究的问题。

## I. 激光和非线性光学诞生

1958 年,Schawlow 和 Townes 指出激光可以在红外和可见光频段实现[1]。在这篇文章发表之后,很多实验室立即开始竞争,去实现这一理想。1960 年 5 月,Maiman 首先发现了红宝石激光器[2](见图 1)。

激光的发明,引导出很多新的学科,对我们今天的科学技术以及日常生活都产生了重大影响。其中最重要的学科之一就是非线性光学,它对半个世纪以来科技的发展起了十分重要的作用。激光与物质的非线性相互作用,可以从极化偶极矩的表达式 $p(E) = \vec{\alpha}^{(1)} \cdot$

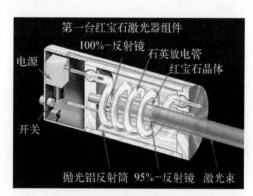

图 1　红宝石激光器的结构图

$E + \vec{\alpha}^{(2)} : EE + \vec{\alpha}^{(3)} \vdots EEE + \cdots$ 中看出。早年,微波和射频方面的研究已经证明,当电场很大的时候,会产生非线性现象。这是因为电场与物质相互作用时,如果电场很小,表达式中的非线性项可以忽略,产生的偶极子实际上与电场成正

＊　本文原刊于《物理》41 卷(2012 年)2 期,经沈元壤先生执笔修改后,是为序。

比(即线性效应),而当电场很大时,非线性项不能再被忽略,因而可以产生二次倍频、混频等现象,这在微波和射频的实验中得到证实。我们可以预测,当光电场达到近 1 kV/cm 时,在光波波段也会产生类似的非线性现象。

红宝石激光器出现后,人们立即想到非线性光学现象可能被观察到。1961年,Franken 等用红宝石激光照射石英晶体,然后用棱镜光谱仪去分析透射的光。发现在光谱上除了基频信号外,还有一个很弱的二倍频的斑点,首次证实了二倍频的产生(见图 2)。当文章送给《Physical Review Letters》杂志发表时,杂志的印刷人员却以为光谱中的倍频斑点是个污点而将它抹去,因此抹掉了文章中二倍频产生的唯一证据,成为物理学上的一段趣事。

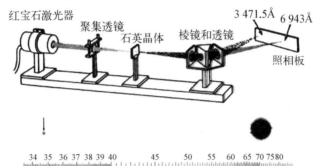

**图 2　红宝石激光器通过石英晶体和棱镜分光,发现二阶非线性光学现象**[3]

哈佛大学的 Bloembergen 等人获悉 Franken 等的实验结果后,立即对一些基本的非线性光学问题作了严格的理论分析,从而奠定了非线性光学的理论基础[4]。该文章探讨和分析了很多可能的非线性光学行为(见图 3),其中不少行为即使在今天仍是实验室中广泛研究发展的课题。例如,文章中提出准相位匹配(quasi phase matching)的想法,利用材料超晶格的周期结构来满足相位匹配的条件,从而得到很高的频率转换效率。近年来不少实验室包括南京大学等都在从事这个工作。共振腔内位相匹配(phase-matched generation in resonant cavity)也是文章中提出的另一可以提高频率转换效率的方法。文章中还提到可以利用差频技术产生太赫兹电磁波(THz generation by difference-frequency generation),现在这一主题仍是如何产生短脉冲太赫兹波的重要科研方向。文章也预测可以利用上转换(up-conver-sion)现象来探测很弱的红外信号,现在大家都在继续发展这一技术。所以,大家可以看到,这篇文章是非常重要的。Bloembergen 也因此奠定了他在非线性光学领域中的宗师身份,并于 1981 年因为他对非线性光谱学的贡献获得诺贝尔物理学奖。

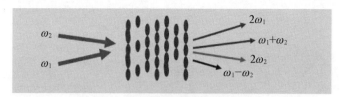

图 3　非线性光学混频的示意图

# 2. 最初发现的非线性光学现象 (early discovered nonlinear optical effects)

　　1）二次谐波（second harmonic generation）、激光和频、差频（sum and difference frequency generation）、光学参量（optical parametric generation）

　　如果有了很强的光场，很容易看到非线性光学现象。在提高脉冲激光的峰值光场或强度方面，早年发展了一个所谓的调 $Q$ 激光技术（$Q$-switching）。其原理是：当激光被泵浦时，把激光的共振腔关掉（低 $Q$ 值），让泵浦源持续不断地把能量注入并存储在激光介质（laser medium）中，然后在短时间内把共振腔打开（高 $Q$ 值），使储存在介质里的能量转换成光能，出现在一个很短的激光脉冲里，这叫巨脉冲（giant pulse），也叫调 $Q$ 脉冲（$Q$-switched pulse）激光。巨脉冲的光场非常强，因此，一些简单的非线性光学现象都很容易被看到，例如二次谐波（second harmonic generation）、和频（sum frequency generation）等。如图 4（a）所示，当频率为 $\omega_1$，$\omega_2$ 的光同时进入一介质时，会在介质中产出（$\omega_1 + \omega_2$）频率的极化偶极矩，它的辐射就是和频的输出。如果要转换效率高，光的输入和输出一定要满足光的动量守恒（momentum conservation），也就是我们说的相位匹配条件（phase matching，$k_1 + k_2 = k$）。

　　在物理科学中，我们都知道，一个物理过程，往往会有相应的反过程。如果你首先想到并实现某一反过程现象，而这个现象很重要的话，你就会得到大奖。这里，我们可以想到和频的反过程，把图 4（a）中的箭头翻转过来，就得到图 4（b）。可以看到进入介质的是（$\omega_1 + \omega_2$）频率的光，输出的是频率 $\omega_1$，$\omega_2$ 的两束光，这一般称为参量产生（parametric generation）过程，输出的频率是由满足相位匹配条件来决定的。改变介质的温度或取向可以改变相位匹配，因而可以得到不同的输出频率 $\omega_1$ 和 $\omega_2$，做成一个频率可调光源（tunable source）。光参量产生器是现代光学里一个非常重要的相干性光源。但发现这现象也很早，继红宝

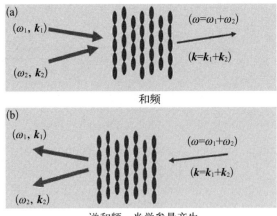

**图4  (a)和频和(b)参量产生的示意图**

石激光器出现后就被实现了。所以,在那个时候非线性光学的科研是很有引诱力的。假如你有一台红宝石激光器,往往只要找一个光学介质(medium),插到光路里去,就会发现新的现象。下面我举几个例子。

2) 受激拉曼散射(stimulated Raman scattering)

一个例子是受激拉曼散射(stimulated Raman scattering)。当年,洛杉矶休斯研究实验室(Hughes Research Laboratory)一个小组研究用克尔盒(Kerrcell)来做激光的 $Q$ 开关,他们把克尔盒放到光腔里面,用电压来驱动克尔盒的开或关,从而得到输出的激光巨脉冲(giant pulse)。当时克尔盒中充的是硝基苯(Nitrobenzene)液体。他们在分析巨脉冲的光谱时,发现除了红宝石激光谱线之外,还有两条相当强的谱线[5,6](见图5)。从它们的波长来看,很快就被猜到是来自硝基苯中的拉曼散射,两条线(766 nm,851.5 nm)分别来自一次和二次

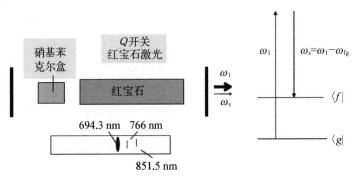

**图5  受激拉曼散射的实验和原理示意图**

拉曼散射。通常情况下拉曼散射是很弱的,问题是这些拉曼谱线怎么会这么强,且具有方向性。Hellwarth 随即提出了受激拉曼散射理论来说明观察到的现象[7]。现在,受激拉曼散射可以用来产生不同频率的相干性光源,也为深入研究强光与物质相互作用的规律提供了手段。

3) 光自制行为(self-action of light)、自捕获(self-trapping)、自聚焦效应(self-focusing)、自相位调制(self-phase modulation)

另外一个例子是自聚焦现象。当年,罗彻斯特大学光学研究所(Institute of Optics,University of Rochester)的 M. Hercher 把一块玻璃放到红宝石激光的光路中,发现光束会损伤玻璃,在玻璃中形成一连串的细微空穴,连成一条直线(见图 6)[8]。

这个现象很奇怪,为什么破坏的轨迹(damage track)会连成一条直线? Townes 在访问该研究所时,听到了这个实

**图 6　玻璃中激光自聚焦行为的实验照片[8]**

验结果,就想到可能是因为光的自捕获(self-trapping)[9]。其原理是物质的折射系数是随光的强度改变的。如果光引导出来的折射系数跟光强成正比,则当一束激光进入介质时,因为光束的中间部分较强,周边较弱,轴心部分的光走得慢,周边的光走得快,刚开始它的波前是平的,进入介质后波前就会弯曲,越往里走弯曲越大。我们知道,光线传输方向是垂直波前的,所以假如把光路画出来的话,可以明显看到光会自己聚焦(self-focusing)(见图 7)。光越强,聚焦越近;强度弱,聚焦越远。可是,我们也知道光的口径有限,它因此一定有衍射。如果衍射与自聚焦效应正好抵消,那么光束口径会保持不变。这一现象叫作光的自捕

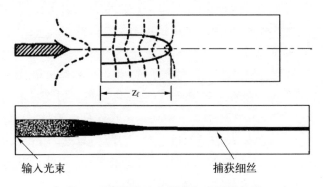

输入光束　　　　　　　　捕获细丝

**图 7　光自聚焦和自捕获行为的原理图**

获(self-trapped)，就是光把自己束缚住了。这是 Townes 想到的，其实在 1962年，Askaryan已先提出了同样的理论[10]。后来，用红宝石激光射入液体中做实验时，相机拍下光束在液体中传输的图像中果真看到一条光度极强的细光束线，正如预测那样。但是如果我们仔细考虑，就会发现光自捕获是不稳的，只要光的能量稍微有一点改变，比如说由于光的散射或吸收，衍射和自聚焦之间的平衡马上就不会存在。所以实际上用自捕获来解释上述的实验观察是不对的。

其实观察到的图像是来自光脉冲的自聚焦(self-focusing)。红宝石激光器产生的巨脉冲，脉宽约 $10^{-8}$ s，脉冲波的光强随着时间在变，因此自聚焦焦点的位置也随着时间在变。但是如果照相时间远比 $10^{-8}$ s 长的话，那么图像上显出的只是一条在轴上移动的焦点连接而成的亮光线，这一个移动焦点(moving focus)的解释，后来得到实验证明，用快速照相机去观察，可以看出焦点真在移动。近年来，科研工作者用脉宽为 $10^{-13}$ s 的激光脉冲来观察自聚焦，发现自聚焦可以在空气中出现(见图 8)，而且亮线可以达 1 km 以上。

**图 8　空气中出现的飞秒激光的自聚焦现象(照片来自张杰实验室;图中建筑物是中国科学院物理研究所的 D 楼)**

在应用方面，现在激光科技上常用到的 Z - 扫描和克尔锁模(Kerr mode-locking)都是依靠自聚焦原理工作的。自聚焦和自捕获都属于激光的自制行为(self-action)，其他还有自陡化(self-steepening)、自相位调制(self-phase modulation)等自制行为，一般都是难控制的，因为它们都是自发产生的。如果可以控制的话，就可以拿来应用，如果控制不了，则会造成破坏。比如说，如果自聚焦的焦点在固体里，就会把固体打坏。这情形在大激光装置中必须避免，否则极贵重的激光固体材料，出现一次自聚焦现象就报销了。

自相位调制(self-phase modulation)也是一个很重要的光自制现象。它也是由于材料的折射率会随光强改变而导致的，如果折射率 $n$ 和光强 $I$ 的关系是 $n = n_0 + n_2 I$，则当脉冲激光经过物质后，透射光场和入射光场之间的关系可以写为 $E_{out} = E_{in} e^{i\phi + i\Delta\phi}$，其中 $\Delta\phi(t) = (2\pi\nu d/c)n_2 I(t)$ 是由于折射率随光强的变化而产生的相位变化，$\nu$ 是频率，$d$ 是物质长度。因为 $\Delta\nu(t) = d\phi/2\pi dt$，当光脉冲很强又很短时，$\Delta\nu$ 可能从零变到几百甚至几千波数($cm^{-1}$)，因此透射光的光谱变得很宽，如果变频的光在物质中还有四波混频过程，则透射光的光谱会更宽，如图 9 所示。一个 5fs 的脉冲，原始频宽只有 $10^3$ $cm^{-1}$，经过自相位调制后，频宽

变得超过 $2\times10^4$ cm$^{-1}$，频谱比整个可见光范围更宽[11]。

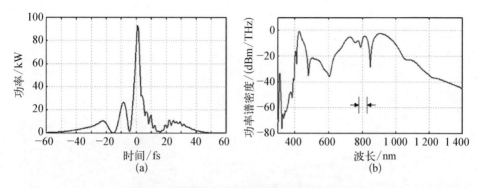

**图9　入射激光及自相位调制后的透射光谱**

以上谈的是一些早期的非线性光学科研，就如前面所说，只要你有一个激光器，把样品插进激光束中，往往就可以看到新的光学现象。所以说，如果你能赶上新领域发展的时机，那是你的好运气（Lucky if you can ride the wave of a new field）。这就是说，科研的成功固然要看你的能力和用功程度，但有的时候也要靠运气。

4）其他早期发展的非线性光学课题

还有一些早年发展的，而现在常被用到的非线性光学现象。在这里我简单提一下而不再一一详细叙述了。光受激散射（stimulated light scattering）：它是受激拉曼散射的一般化，也就是说过程中物质的激发态，不一定要是振动激发，而可以是其他激发元如声子等。参量荧光（parametric fluorescence）：现在是研究量子纠缠（quantum entanglement）常用的光源，也是最早牵涉到量子光学的课题。非线性光学的量子描述（quantum description of nonlinear optics）：Glauber 在 1964 年提出量子光学基础理论（Glauber 因此获得 2005 年的诺贝尔物理学奖）后，即引发了非线性光学量子行为的科研，至今不衰。双光子吸收（two-photon absorption）：这一非线性光学过程是现在精密光谱测量常用的手段，也是目前生物学界常用的双光子激发的荧光显微镜（见图 10）的基础。光击穿（optical breakdown）：光如何在各种形态的物质中导致物质破坏是一个很重要的问题，至今科研仍继续不断。激光引导的惯性核聚变（laser inertial fusion）：这是一个大家都知道的，但还没有实现的大课题，而它的设想，也是 20 世纪 60 年代就已经提出了。其他早年即已发现的非线性光学现象还有四波混频（four-wave mixing）、光学克尔效应（optical Kerr effect）、饱和吸收（saturation in absorption）、光弧子（optical soliton）等。到 1980 年左右，非线性光学已经对科技的各个领域产生了非常大的影响。我们现在回头去看，有的现象比较复杂，有的比较简单。一般来说，往往越简单，越有用，在科研领域通常都是这样的。

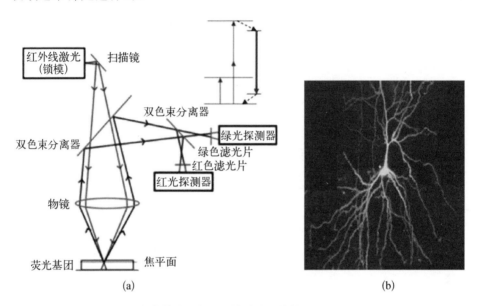

**图 10** **(a)** 利用双光子激发荧光现象设置的共焦显微镜（confocal microscopy）；**(b)** 用这一装置取得的神经脉络图像

这里顺便一提，科技界有人会把已知现象或过程重新起名，似乎又开了一个新领域，例如，自捕获（self-trapping）后来又称空间弧子（spatial soliton），光受激散射（stimulated light scattering），有人称它为二波混频（two-wave mixing）。双共振光谱学（double resonance spectroscopy），现在被称为二维光谱学（two-dimensional spectroscopy）。远红外光谱学（far-IR spectroscopy）现在变成了太赫兹光谱学（THz spectroscopy）等。

## 3. 其他一些引人注意的早期即出现的非线性光学领域

非线性光学涵盖的范围极为广泛，下面只能选择性地对某些有趣、有影响的领域作一描述。

1）非线性光谱学（nonlinear optical spectroscopy）

在非线性光学里面，最重要的一个领域就是激光光谱学（laser spectroscopy），也叫非线性光谱学(nonlinear optical spectroscopy)。Bloembergen 和 Schawlow 就是因为他们在这方面的贡献,获得 1981 年的诺贝尔物理学奖。我们知道,在物质中,如果进入物质的激光能激发共振(resonance)的话,连带产生的非线性光学现象就会有共振增强(resonance enhancement)效应。所以利用频率可调的激光注入物质,可以从非线性光学信号与频率的变化上得到物质的光谱,用来探测和了解物质。在 20 世纪 70~80 年代,根据不同的非线性光学现象,科学家发展出了很多不同的非线性光谱技术或方法(nonlinear optical spectroscopy technique or method)。除了 Bloembergen 和 Schawlow 之外,还有好几位诺贝尔奖获得者,如 Lamb,Ramsey,Hall,Hansch 和 Cohen-Tannouji 等,在这方面都有很大贡献。激光光谱学,现在在生物、物理、化学、地理等领域都有广泛的应用。我们很容易看到,非线性光谱学是在频率可调激光出现后才得到快速发展的。在非线性光学的发展过程中,新的激光技术的出现往往是关键。一个新型激光出现就会带来新的非线性光学现象和光谱技术。所以激光技术实际上是非线性光学的驱动力。非线性光谱学的发展导致许多自然学科都发生了革命性的变化。其根本在于激光用作光谱的光源有很多极为特殊而有用的特性:极高方向性,发散角可以只有 $0.01°$;极高强度,实验室的激光强度就可以达到 $10^{24}$ $W/m^2$;极短脉冲,最小脉宽(minimum pulsewidth)可以小于 $5×10^{-15}$ s($1.5$ $\mu m$ 脉冲长度),甚至小于 $10^{-16}$ s($300$ nm 脉冲长度);极狭窄线宽,可以小于 1 Hz;极宽频率可调性,可以从远红外直到软 X 射线频段连续可调。这些诱人的特性是激光光谱学所以如此成功的原因。

激光光谱技术有很多类,例如混频光谱术(wave mixing spectroscopy),超快光谱术(ultrafast spectroscopy),精密光谱术(precision spectroscopy)。相干瞬态光谱术(coherent transient spectroscopy),多维共振光谱术(multi-resonance spectroscopy),极端灵敏光谱术(ultra sensitive spectroscopy)等,都是极为重要和非常有用的,在此无法一一叙述,只以极端灵敏光谱术为例,指出它们的重要性。用可调激光可以选择性地探测到单原子或分子,方法是首先由激光将要探测的原子(或分子)选择激发到某一激发态,然后测它发射出的荧光,或者是用另一束激光将激发原子电离而测到离子(见图 11),在适当的条件下,两者都可以用来探测到该单原子。单个或少数原子(或分子)探测的技术,有很多非常重要的应用。例如用来探测核物理中稀

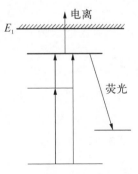

**图 11　单原子探测方法的示意图**

有原子或粒子,以及气体化学反应过程中少量的产物或中间产物。在考古领域里,利用传统方法考察古物年代的话,往往需要相当大的一块古物,但很难得到,如果用激光光谱来做,需要的量可以非常小。此外,荧光用来探测追踪单分子,是目前分子及细胞生物科研上常用的手段。Roger Tsien(钱学森侄子)即因为发现绿色荧光蛋白质(green fluorescence protein),将其用在激光产生荧光的手段上,可以有效地探测生物系统,而获得 2008 年的诺贝尔化学奖。

2) 激光冷却原子分子(laser cooling of atoms and molecules)

激光冷却原子分子(laser cooling of atoms and molecules)的课题[12,13],大家一定都听到了很多,在这里就不多谈了。当年 Wieman,Cornell 和 Ketterle 利用激光冷却,再加蒸发冷却,把原子的温度降低到约 100 nK,从而看到了玻色-爱因斯坦凝聚(Bose-Einstein condensation),在 2001 年获诺贝尔物理学奖。后来科研者让冷却的玻色子和玻色子结合成费米子,而得到费米凝聚(Feimi condensation),开创了原子物理的新领域。即使在冷原子分子物理方面,也有很多极有意思的问题可以去探讨,比如说大家都知道一般化学反应都是在温度相当高的环境下进行的。但是如果温度降到几乎是零度的时候,原子或分子的速度会变得非常慢,那时的化学反应经由原子或分子碰撞又是怎么产生的? 这是一个非常基础的科研问题。

多体物理(many-body physics)是物理中的重要难题,特别是在凝聚态物理中。玻色子和费米子凝聚后是一个多体作用的系统,类似一般凝聚态,但是粒子间的相互作用远比一般凝聚态物质简单,因此可以用来很清楚地去探讨多体系统的基础问题,更好地去验证凝聚态物理中长期以来发展出的多体理论。

3) 相位共轭和自适应光学(phase conjugation & adaptive optics)

同于全息照相原理,简并四波混频可以实现实时全息。在图 12 中,波 1 代表信号波,在物质中与波 3 结合,产生干涉条纹,使得输入的波 2 发生衍射,衍射的光在波 1 的反方向输出。它的相位会与输入的波 1 相位正好相反(符号相反),这个现象称为相位共轭(phase conjugation)。因此,如果波 1 先经过一层干扰的物质,它的相位会有畸变。但是如果由它产生的相位共轭波反向传输,也经过同一层干扰物质,就会让畸变的相位得到完全的修正。

图 12 显示,来自老虎图像的一束光,经过玻璃瓶后,相位不规则改变,导致成像畸变。如果这一光束,经普通反射镜反射,再经过玻璃瓶,相位进一步受到干扰,成像一定变得更加模糊。但是如果反射光来自相位共轭反射镜,则再经过玻璃瓶,相位的畸变可以被补偿回来,得到很好的成像。

相位共轭不一定需要四波混频才能做到,利用光束分区控制(将光束分为很

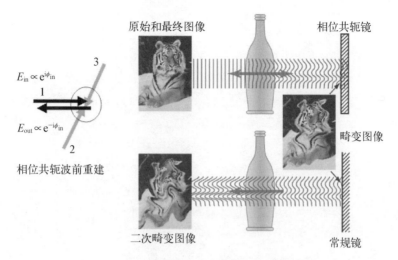

$E_{in} \propto e^{i\phi_{in}}$

$E_{out} \propto e^{-i\phi_{in}}$

相位共轭波前重建

原始和最终图像

相位共轭镜

畸变图像

二次畸变图像

常规镜

**图 12 相位共轭原理示意图以及对成像的矫正**

多细束,分别控制它们的相位)也能做到。根据相位共轭原理,采用后者方法,现在在天文望远镜上,已发展成一种非常重要的自适应光学(adaptive optics)技术。天空中的星像,受到地球上空的云层干扰,波前被扰动,因此变得很模糊。如果望远镜有自适应光学装置,那么它的分辨率可以提高 100 倍。图 13 是一组双星的像,未经相位共轭补偿时,看到的只是一个大亮点,经过相位共轭补偿后,双星的图像就变得非常清晰了。

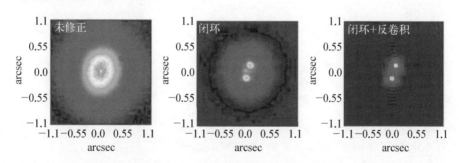

**图 13 左图为未经波前畸变补偿的成像;中图为经过波前畸变补偿后的成像;右图为对仪器所造成的波前畸变进行补偿后的成像**

自适应光学也可以用在显微镜上,如图 14 所示。颗粒在不均匀的物质中,显微镜的成像在横向及纵向都很模糊,但是经过相位共轭补偿,就可以看到清晰的像[14],这在研究生物的神经系统上特别有用,因为神经系统是由一层层神经网络叠成,要用光来探知哪一层在起作用,必须在成像上能把各层分开。

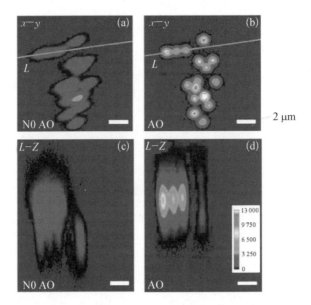

图 14 (a) 波前畸变补偿技术在显微成像上的应用；(b) 在 $x\text{-}y$ 方向的分辨
率提高结果；(c),(d) 在深度方向的分辨率提高结果

# 4. 目前引人注意的一些非线性光学领域

1）用于动态过程研究的超快光谱技术（ultrafast spectroscopy for dynamic studies）

动态过程的超快光谱技术（ultrafast spectroscopy for dynamics）大家也许都比较熟悉。其原理与闪光照相术（flash photography）相似。一次闪光照一个相，顺时间连接起来，就可以看到物体的变动，如果一秒钟内呈现几十张像，就可以连成电影，这是电影的起源。原理是早年 E. Muybridge 提出的，Egerton 后来发扬光大。有一个小故事，当年在加州有一个参议员，叫斯坦福，他喜欢跟他的有钱朋友去看赛马，有一天在看赛马时他偶然想起："马是怎么跑的？是前脚下去后脚提起来，然后后脚下去前脚提起来，也就是总是有一只脚在地上，还是说跑的时候四只脚都可能会离开地？"他的一位有钱朋友说："它一定总有一只脚在地上，不会是四脚腾空的"。但斯坦福相信："中间一定有时间是四只脚都离地的"。他们争论后打赌 $25 000，看谁对谁错。斯坦福知道 Muybridge 是闪光照相术的大师，就请他来帮忙用照相去证明到底是否马的四脚都可能离地，

Muybridge 的照片如图 15 所示。我们可以看到在第二幅和第三幅图中,马的四只脚都离开地了,因此斯坦福赢了这场赌博。25 000 美金在当时是一大笔钱,斯坦福拿它买了一块在帕洛·阿尔托(PaloAlto)的很大的荒地。后来他的儿子死了,他就把这块地捐出来,以儿子的名字成立了斯坦福大学,这就是斯坦福大学的起源。

**图 15 运动中的马(from Wikimedia)**

现在超快光谱术通常采用的是脉冲激光泵/测(pump/probe)手段,光源一般用的是皮秒或飞秒的脉冲激光。首先在零时刻,泵浦的激光脉冲激发了物质,然后探测的脉冲激光,在不同时间,像照相一样去探讨物质被激发后的弛豫动态,图 16 显示的是用超快光谱术来探测晶体熔化过程的结果[15]。用可见飞秒

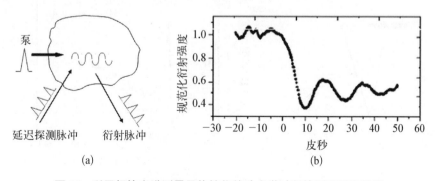

**图 16 利用超快光谱测量晶体熔化的动力学过程的原理图和结果**

激光脉冲光激发一个晶体，然后用短脉冲 X 光去探测，可以看到来自被激发晶体的衍射。当晶体吸收的泵光能量开始使晶体熔解时，它的衍射强度就开始下降，这就告诉你晶体熔解的过程及时间。

2）相干非线性光学（coherent nonlinear optics）

相干非线性光学（coherent nonlinear optics）也是一个比较前沿的领域。相干性来自光波的相位，激光有很清楚的相位，因此相干性强。在某些非线性光激发物质的过程中有显著的影响。

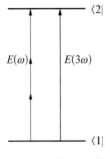

图 17　两能级系统激发示意图

假设有一个两能级系统，可以用频率为 $\omega$ 的 3 个光子束激发，也可以用频率为 $3\omega$ 的单光子来激发（见图 17）。如果两者同时存在，则总的跃迁概率应该是

$$W_{12} \infty \mid AE^3(\omega) + BE(3\omega)\mid^2$$
$$= \mid \{\mid AE^3(\omega)\mid + BE(3\omega)\mid e^{i\Delta\phi}\}\mid^2$$

其中 $\Delta\phi$ 是因为 $E(\omega)$ 和 $E(3\omega)$ 有相位差而得来的。从公式中可以发现，如果我们可以控制 $\Delta\phi$，就可以控制跃迁概率。当 $\Delta\phi$ 为 $0,2\pi,4\pi$ 时，跃迁概率最大，若 $\Delta\phi$ 为 $\pi,3\pi$，$5\pi$，则跃迁概率最小。这类利用控制相位来控制最终结果的问题，一般称为相干调控（coherent control）。人们希望能由相干调控来调控物理或化学过程，譬如增加某一化学反应的效率，提高化合物生产等。

电磁感应透明（electromagnetically induced transparency，EIT）[16]是目前非线性光学里的一个热门课题。它的原理其实和当年 Fano 在原子物理中提出的所谓 Fano 共振是相似的[17]。Fano 共振出现在当一个宽带强跃迁与一个狭带弱跃迁重叠时（见图 18），它们之间会产生相位干涉，在适当情况下，弱跃迁频率

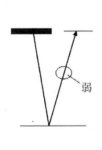

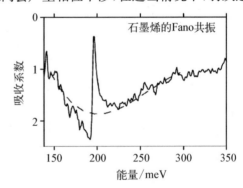

图 18　Fano 共振原理图以及石墨烯的吸收谱线

附近的吸收会变得很小。图 18 中举的是一个石墨烯(目前最热门的材料)的例子[18]。光谱中的宽带来自电子跃迁,狭带来自光声子的激发,两者间的相位差可以由外加电闸(gating)来改变,当相位差近 180°时,如图 18 所示,在弱跃迁频率附近,原来该有吸收处,现变得几乎透明。

EIT 与 Fano 共振有什么关系呢? 图 19 描述的是 EIT 发生在一个三能级系统里,能级|1>至能级|3>是宽带强跃迁,能级|1>至能级|2>的跃迁非常弱,如果能级|2>与能级|3>之间有一共振强光将它们耦合,那么从三能级系统与强光场合在一起组成的综合系统(即所谓 dressed system)来看,则综合系统的有效能级如图 19 的左下方图所示,与图 18 中 Fano 共振的能级图相似。因此用光去探测得到的吸收光谱,也与 Fano 共振的光谱相似。因为这里强跃迁与弱跃迁的相位相反,所以弱跃迁该吸收处,反而变得几乎透明,这就是强光诱导出的电磁感应透明(EIT)[19]。

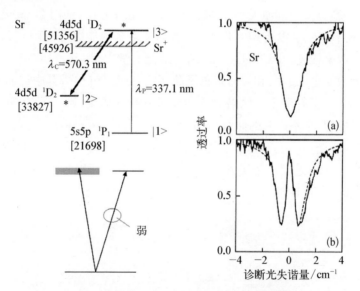

**图 19　EIT 现象中跃迁能级示意图及透射增强**

有效三能级系统中的相干非线性光学现象,除了 EIT 外,还有不少。例如 EIT 发生在原子气体里时,它的光谱中感应透明的谱线可以很狭窄。因此在谱线附近的折射率随频率变化($\partial n/\partial \omega$) 可以很大。因为光的群速度与$\partial n/\partial \omega$的关系是$v_g = \left[ \dfrac{n}{c} + \dfrac{\omega}{c} \dfrac{\partial n}{\partial \omega} \right]^{-1}$,所以会变得很慢,在某些情况下,$v_g$会比自行车的速度还慢。其他还有绝热粒子分布转换(adiabatic population transfer),能把粒子分布从基态全部转换到激发态;相干布居捕获(coherent population trapping),

指的是把光激发能以相干方式储存在两能级中，需要的时候可以将它变为光脉冲释放出来；无粒子数反转的激光(laser without inversion)等现象。这些都是非常有意思的问题。这里顺便一提，EIT 是斯坦福的 Harris 在 1990 年提出来的[16]。可是他没有注意到早在 1969 年和 1970 年，其他人(包括 Hansch 和 Cohen-Tannouji)发现的一些现象，都是和 EIT 相像的。

3) 单光子非线性光学(nonlinear optical effects observed at single photon level)

一般来说，我们也许会认为单光子的电场一定很弱，不足以激发任何非线性光学现象。但是如果考虑一个可见光子束缚在 $1~\mu m^3$ 的空间，那么在这狭小的有限空间里，单光子相应的电场达到约 $1~keV/cm$，足以激发某些非线性光学现象。

这里考虑一个光子与一个原子在一微腔中的相互作用[20]。假设光子的频率与原子的基态 $|g>$ 和激发态 $|n>$ 之间的跃迁频率相同，如图 20(a)所示，$\omega = \omega_0$。如果光子和原子没有相互作用，那么整个系统的能级可以用 $<g,0|$，$<g,1|$，$<n,0|$ 等来描述。因为 $\omega = \omega_0$，所以最低的激发态 $<g,1|$ 和 $<n,0|$ 是简并的，次低的激发态 $<g,2|$ 和 $<n,1|$ 也是简并的[见图 20(b)]，其中 $<g,2|$ 表示原子在 $<g|$ 态，光子有两个。如果原子和光子有相互作用，则 $<n,0|$ 和 $<g,1|$ 会混合而分裂成两个不简并的能级 $|\alpha_1>$ 及 $|\beta_1>$，如图 20(c)所示。因此出现两个频率不同的跃迁，$|g,0> \rightarrow <\alpha_1|$ 及 $|g,0> \rightarrow <\beta_1|$。因为在微腔中，光场很强，所以 $<\alpha_1|$ 与 $<\beta_1|$ 之间的能差相当大，上述的两个跃迁很容易使它们频率不同的两条相邻谱线被观察到，如图 21 的光谱所示，可以看到两条相邻的跃迁谱线。

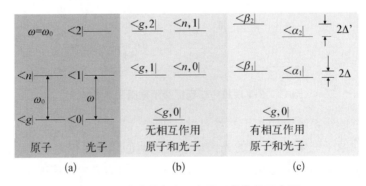

**图 20　限域的单个光子和原子的能级示意图**

少数光子与单原子在微共振腔内相互作用是目前原子物理、量子光学中的前沿课题，Haroche 即是因为在这方面做出了开创性的工作，与 Wineland(从事

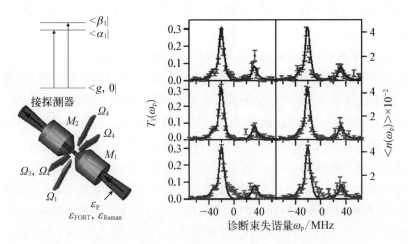

**图 21　单个光子和原子能级示意图,实验装置以及观察到的光学斯塔克(Stark)分裂**

以光子束操控离子的量子行为)共同获得了 2012 年的诺贝尔物理学奖。

4) 激光锁模与光梳

激光腔内锁模(mode locking)能让一个光脉冲在腔内放大,而每来回一次,就释放出一部分能量,因此形成一连串周期输出的短脉冲。用掺钛蓝宝石(Ti：Sapphire)激光锁模,可以得到连续的、间隔约 $10^{-8}$ s、脉宽仅约 $5 \times 10^{-15}$ s 的短脉冲,这些脉冲之间都有相干性,并且载波(carrier)与包络(envelope)之间的相位也几乎完全固定,如图 22 所示。连续短脉冲的光谱来自它们的傅里叶变换,是由一列几百万条极狭窄的谱线组成,线宽可以近 1 Hz,邻近两线的间隔约为 100 MHz,谱的覆盖宽度达 $5 \times 10^{14}$ Hz(20 000 $\text{cm}^{-1}$ 或 2.5 eV),还可以经由介质中混频过程增宽,这样一个光源称为光梳。在原子、分子光谱精密测量上,开

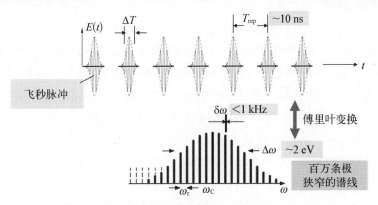

**图 22　周期性的激光脉冲及傅里叶变换后的频率梳**

创了前所未有的新领域,为基础物理的探讨提供了崭新的手段,Hall 和 Hansch 因此获得了 2005 年的诺贝尔物理学奖。

5) 强场激光物理(high-field laser physics)及强非线性效应

在上述的连续脉冲中取出单个脉冲,将它放大,可以得到单个脉冲,能量达 0.1 J,脉冲宽度为 $5\times10^{-15}$ s,峰值功率为 $10^{13}$ W,聚焦后能超过 $10^{20}$ W/cm²。而且这一单脉冲的光场随时间的变化是可以精确描述的。这样脉冲的出现,开创了一个新领域,称作强场物理,研究脉冲强光场在介质中引出的问题。例如我们把这一单脉冲聚焦到 10 $\mu$m² 大小区域,光的功率密度能够达到 $10^{19}$ W/cm²,相应的场强达 $3\times10^{11}$ V/cm。这样高的电场,如果用来加速电子,不考虑相对论效应的话,在光的半周期内就会把电子加速到超过光速。因此在这种情形下,光与物质的相互作用,必须用相对论动力学(relativistic dynamics)来解释。强场物理中研究的问题包括光与等离子的相互作用、X 光与电子束的产生、短脉冲强磁场的产生、激光粒子加速(laser particle accelerator)等。后者如果可以有效控制,可能取代现在的电子加速器用于同步辐射,成本可降低 100 倍。上海光机所徐至展实验室近年来在这方面做出了国际领先的出色工作。

6) 强非线性光学效应(strong nonlinear optical effects)

强非线性光学效应(strong nonlinear optical effects)指的是光与物质间的作用不能再用微扰理论来描述,这相当于其他物理领域里的强耦合(strong coupling)情形,都是物理中最难的问题。可是在非线性光学里,有很多强耦合问题。例如,红外多光子激发和分子分解(infrared multiphoton excitation and dissociation of molecules),一个分子可以吸收几十个到上百个红外光子,然后分解,以及多光子电离(multiphoton ionization)等,都可以用相当简单的物理图像来把它们讲清楚。

下面我们用阿秒脉冲及高次谐波的产生作一个例子。

用前述的极短的单脉冲激光,可以在原子分子气体中产生一个更短的软 X 光频段的单脉冲,使得超快光谱术在时间分辨上提高到 100 阿秒(1 阿秒为 $10^{-18}$ s)量级。这里解释一下这个有趣的强非线性光学现象[21],如图 23 所示。在光的 0 到 1/4 周期间,正电场随时间增加,它的强度足够使原子的势能改变,一边高一边低。当势能低到某一值时,原子中在基态的电子可以经隧道效应电离出来,这时电场仍是正,所以电离出的电子会被继续加速。直到电场变成负,促使电子减速,然后电子会被负电场反向加速,最后撞向电离留下的原子核,在极短的时间内减速。将加速得来的能量,以辐射方式释放出来,这就是阿秒软 X 光脉冲的产生原理。实验中输入的是红外光,输出的是软 X 光,这是一个强耦合的非线性光学现象。可是,我们用一个简单的物理图就可以了解。在实验中,因为输入的脉冲光场是可以定量制定的,所以电子电离的时间、电离后的轨迹和速度等都可以精确控制,如果利用这电子来做衍射成像,观察它随时间的改变,可以得到物质在阿秒量级的结构动态变化。这也是一个很有意思的科研新领域。

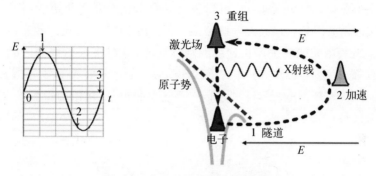

**图 23 阿秒 X 射线产生的原理示意图**

与产生阿秒脉冲有关的、较早发现的是产生高次谐波的非线性光学过程。我们知道激光产生二次谐波(second harmonic generation)和三次谐波(third harmonic generation)的现象是很容易看到的。但是要产生几十或几百个谐波,从微扰理论来看,几乎是不可能的。可是在以气体为介质的实验中,却看到了(见图 24)[22],这当然应该是一个超强的非线性现象。

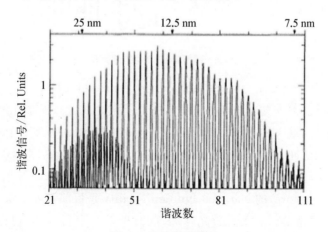

**图 24 高阶谐波信号**

这样高次的非线性现象似乎是很难了解的。可是很幸运,这又是一个可以用物理图像很容易了解的现象。我们考虑一个较长的强光脉冲,如图 25 左下方所示。如果光场的每半个周期都激发原子电离而产生一个阿秒脉冲,那么可以得到一系列周期性的阿秒脉冲,与图 22 中的脉冲序列相似。不同的是,阿秒脉冲间隔只有几个飞秒,它们由傅里叶变换得到的光谱,也是像光梳一般(见图 25),只是谱线间的距离相当于输入光的两倍频率,也就是说,每一条频线都是输入光的谐波。光谱的宽度(图 25 中的 $\Delta\omega$)是阿秒脉冲宽的倒数。如果把阿秒脉宽控制得很短,频宽 $\Delta\omega$ 就很宽,可以包含几百条甚至几千条谱线,相当几百次至几千次的谐波出现。最高的一些谐波可以延伸到软 X 射线。最近,科罗拉多的叶军小组利用共振腔去产生连续的阿秒脉冲,得到软 X 射线频段的光梳,每一条谱线的宽度可以狭窄到 0. 85 Hz。如果用来做精确光谱(precision spectroscopy)测量,分辨率可以达到 $10^{-16}$ 以上的水平,比以前得到的分辨率高了一个数量级。

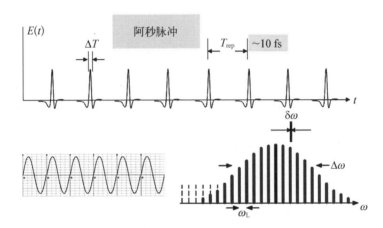

**图 25　高阶谐波产生的原理图**

7) 高能密度物质(matter at high energy density(HED))

现在世界上不少发达国家都在建自由电子激光或者高能激光器,主要是希望能够得到高能量飞秒 X 射线脉冲(high-energy femtosecond X-ray pulses)或极高能量激光脉冲。斯坦福的 Linac Coherent Light Source(LCLS)已能输出波长为 0. 15~1. 5 nm,脉宽为 80 fs,能量为 2 mJ/pulse 的脉冲硬 X 射线。在美国利弗莫尔(Livermore)的 National Ignition Facility 是目前世界上最大的激光装置,它产生 192 条 20 ns 宽的激光脉冲,同时聚在一个目标上,可以达到 1~2 MJ/pulse。现在已经开始运转,一天打一次,在 2016 年的时候,期望可以一天打 700 次。这些光源当然都是贵得不得了的。它们可以用来做什么科研呢?自由电子激光的应用,大家也许已听得很多,这里不多讲了。大能量的脉冲激光,主要是希望用它来实现惯性核聚变(inertial fusion)。其实这样的激光打在物质上，新的物理现象一定会出现。现在有个新的研究领域叫高能密度物理(high energy density physics)。如果能用内爆方式(implosion)来把物质压缩到很高密度状态，其原子间的距离可能接近或小于原子核的德布罗意波长或玻尔半径，那么我们现在了解的所有关于原子与原子间的相互作用行为如化学键等都不再成立，需要建立新的理论和图像去描述。这个新的科研领域就是高能密度物理，是一个全新的极有意义和相当令人振奋的基础科研领域，问题在于这种大装置不是一般科研人员都可以用到的。

## 5. 发展中的前沿非线性光学研究课题

当前非线性光学中的热点课题(hot topics)，如阿秒电子动力学、强场物理(high-field physics)、高能密度物理、光梳及精密光谱学等都已经提过了。现在有了 X 光激光，在 X 光频段的非线性光学也将成为一个新领域，但是这些课题都是需要经费充足、实力很强的实验室才能承担的。一般的小实验室能做些什么前沿的非线性光学研究呢？冷原子和冷分子中的非线性光学现象是一个能发展的领域。发展新的激光光学技术是很重要的。用激光来探讨光与物质的相互作用，相位有一定的重要性，测量相位可以得到更多信息。用非线性光学手段去表征新型材料(例如纳米结构、Meta 材料(Metamaterials)、生物材料、复合材料等)，可以帮助了解这些材料。通过控制光的相位来调制某些非线性光学现象应该是很有趣的。光梳是一个非常优质的光源，但是现在的应用还局限在原子、分子光谱上，考虑如何把光梳应用到凝聚态物理上，是一个挑战。此外，不寻常的非线性光学效应(exotic nonlinear optical effects)，例如非线性磁光效应(nonlinear magneto-optical effects)应用到自旋电子学(spintronics)、激光操纵物质(如相干控制、激光致相变(phase transition))等，也都是很有意思的问题。看来非线性光学的发展前景仍是很美好的。

**参考文献**

[ 1 ] Schawlow A L,Townes C H. Phys. Rev. ,1958,112：1940.

[ 2 ] Maiman T H. Nature,1960,187：493.

[ 3 ] Franken P A,Hill A E,Peters C W, et al. Phys. Rev. Lett. , 1961,7：118.

[ 4 ] Armstrong J A,Bloembergen N,Ducuing J, et al. Phys. Rev. ,1962,127: 1918.

[ 5 ] Woodbury E J,Ng W K. Proc. IRE,1962,50: 2367.

[ 6 ] Eckhardt G, et al. Phys. Rev. Lett. ,1962,9: 455.

[ 7 ] Hellwarth R W. Phys. Rev. ,1963,130: 1850.

[ 8 ] Hercher M. J. Opt. Soc. Am. ,1964,54: 563.

[ 9 ] Chiao R Y, Townes C H, Stoicheff B P. Phys. Rev. Lett. , 1964,12: 592.

[10] Askaŕyan G A. JETP, 1962,15: 1088.

[11] Bellini M, Hansch T W. Opt. Lett. ,2000,25: 1049.

[12] Hansch T W, Schawlow A L. Opt. Commun. ,1975,13: 68.

[13] Wineland D, Dehmelt H. Bull. Am. Phys. Soc. ,1975,20: 637.

[14] Ji N, Milkie D E, Betzig E. Nature Methods,2010,7: 141.

[15] Lindenberg A M, et al. Phys. Rev. Lett. ,2000,84: 111.

[16] Harris S E, Field J E, Imamoglu A. Phys. Rev. Lett. , 1990,64: 1107.

[17] Fano U. Phys. Rev. , 1961,124: 1866.

[18] Tang T T, et al. Nature Technology,2009,5: 312.

[19] Boller K J, Imamoglu A, Harris S E. Phys. Rev. Lett. , 1991,66: 2593.

[20] Boca A, et al. Phys. Rev. Lett. , 2004,93: 233603.

[21] Corkum P. Phys. Rev. Lett. ,1993,71: 1994.

[22] Macklin J J, et al. Phys. Rev. Lett. ,1993,70: 766.

# 目　录

# 弱光非线性光学若干新进展

张国权　宋道红　刘智波　任梦昕
陈志刚　田建国　许京军

## 1.1　引言

在 20 世纪 60 年代激光发明之后不久，Franken 及其合作者在石英晶体中观测到倍频效应[1]，宣告了具有现代意义的非线性光学的诞生。传统意义下，介质的光学非线性一般在光场的电场强度与原子的束缚内电场相当或者更强的条件下才会显著地表现出来[2, 3]。此时，光场将引起介质中原子电子云的畸变，从而改变介质的折射、吸收以及极化率等光学性质，介质的这些变化反过来又影响和改变在其中传播的光波的偏振、强度以及频率等光场性质。激光的高度相干性和高光强特性为非线性光学的研究和发展铺平了道路，因此，非线性光学的发展总是和激光技术的发展紧密相连的，逐渐形成了传统意义上的强光非线性光学。随着激光技术的发展，强光非线性光学的研究获得了极大的成功。

事实上，几乎是在倍频效应发现的同一时期，以光折变效应为代表的弱光非线性效应在贝尔实验室中被观测到[4]。与强光非线性光学相对而言，弱光非线性效应的产生并不需要高强度的光场。随着对光与介质相互作用认识的不断深入，人们发现在光折变介质、电磁感应透明介质、微纳结构和微腔体系以及生物介质体系等诸多介质体系中，通过量子输运、量子相干、慢光以及光场局域增强等效应，非线性光学效应即使在毫瓦量级甚至在单光子水平的弱光条件下也可以产生[5-13]。弱光非线性效应的发现和发展，使得非线性光学效应不再是激光的专利效应，在适当条件下，甚至低强度的非相干光也可以产生强的光学非线性效应[14, 15]，从而大大丰富和扩展了非线性光学的内涵与范畴。

本专题将简单地介绍若干典型的弱光非线性效应、材料及其进展，主要涉及光折变非线性效应、非相干非线性光学与离散空间孤子、碳结构新材料的光学非线性和金属等离激元非线性光学四个方面的内容。鉴于作者水平和篇幅的限制，对于其他体系如电磁感应透明介质体系、微纳结构和微腔体系以及生物介质体系等的弱光非线性效应就不一一介绍了。

本专题主要内容安排如下：1.2 节主要介绍铌酸锂晶体的紫外光折变效应及其缺陷结构和光生载流子输运过程，由张国权和许京军撰写；1.3 节主要介绍了非瞬时响应非线性介质体系，包括连续介质体系和离散介质体系中的光学非相干空间孤子和离散空间孤子，由宋道红和陈志刚执笔；1.4 节主要介绍碳结构非线性材料的制备、性能优化、非线性机制和应用等方面的研究进展，由刘智波和田建国撰写；1.5 节主要介绍了基于金属亚波长结构和金属等离子体激元的局域场增强效应、超材料及其非线性旋光等金属等离激元非线性光学的基本概念和现象，由任梦昕和许京军撰写。本专题内容最后由张国权和许京军统稿审定。

## 1.2　铌酸锂晶体的紫外光折变效应

### 1.2.1　光折变效应简述

光折变效应是光致折射率改变效应的简称[5, 16-19]。传统意义上，光折变效应是指介质在空间分布不均匀光的辐照下，介质中杂质或者缺陷能级上的电子或者空穴被光激发至导带或者价带，这些电子或者空穴（简称光激发载流子）在导带或者价带中因浓度梯度而扩散，或者因外加电场的作用而漂移，或者因光生伏打效应而迁移至其他区域并被该区域的陷阱中心俘获；这一光激发、迁移和俘获过程重复不断地进行，最终达到一种动态平衡，使得电荷从光照区逐渐迁移至暗区，形成与空间不均匀光强分布相对应的空间电荷分布并产生空间电荷场；这一空间电荷场通过电光效应改变了介质的折射率，形成空间分布不均匀的折射率分布。在通常情况下，光折变材料具有非中心对称性。一般情况下，光折变材料在 mW 甚至于 μW 量级相干光的辐照下，只要经过足够长的作用时间，就可以显现出显著的光折变效应。值得注意的是，对于非瞬时响应的光折变材料而言，甚至在非相干光的辐照下，也可以呈现出很强的光折变效应，因此，光折变效应是一种典型的弱光非线性光学效应。

1966 年，贝尔实验室的 Ashkin 等人[4]在铌酸锂（$LiNbO_3$）晶体和钽酸锂（$LiTaO_3$）晶体的倍频实验中首先发现了光折变效应。由于光折变效应引起的折射率变化会破坏晶体倍频过程中的相位匹配条件，因此，这一效应在开始时被称为"光损伤"效应。这种"光损伤"效应是可逆的，在一段时间之后或者在适当的条件下（如将晶体加热升温），这一"光损伤"现象将逐渐消失。1968 年，Chen 等人[20]提出这种可逆的光损伤效应可以用于光存储。1969 年，Chen 首先提出了光折变效应的形成机制[21]，随后，Kukhtarev 等人[22]于 1979 年提出了光折变效应的带输运模型，并被国际上广泛采用。此后，人们对光折变材料、效应及其应用开展了系统的研究，研发了 $LiNbO_3$ 晶体、$LiTaO_3$ 晶体、$BaTiO_3$ 晶体、$KNbO_3$ 晶体、SBN 晶体、$Sn_2P_2S_6$ 晶体和半导体量子阱材料等典型的无机光折变材料以及液晶、Photopolymer 等有机光折变材料[16, 23]，发现了光折变相干光放大、相位共轭波、空间孤子、空间电荷波和光速调控等一系列新效应，发展了体全息光存储、相位共轭镜、动态全息干涉术、全息滤波器、相关器和光折变波导器件等一系列新应用[6, 18, 24]。

然而，鉴于材料和光源的限制，光折变效应的研究主要集中在可见和近红外波段，而紫外光折变效应的相关工作相对来说比较少。随着紫外光折变材料与紫外激光光源的发展以及紫外光折变效应所具有的高空间分辨率、快响应速度和紫外光子的高能量在材料表征应用等方面的优势，紫外光折变效应的研究逐渐得到重视并迅速发展。

## 1.2.2 紫外光折变材料、效应及其应用

早在 1978 年，Kratzig 等人[25]就已经研究了 $LiNbO_3$：Fe 和 $LiTaO_3$：Fe 晶体在紫外波段的光折变性质以及光激发载流子的输运过程，指出在紫外光辐照下，$LiNbO_3$：Fe 晶体中存在电子和空穴的竞争，并且随着晶体氧化程度的增加，空穴对于紫外光折变效应的贡献将逐渐增强。由于 $LiNbO_3$：Fe 晶体在紫外波段具有很高的吸收(可达 50 $cm^{-1}$ 以上)，极大地限制了 $LiNbO_3$：Fe 晶体紫外光折变效应的实际应用。同年，Fridkin 等人[26]在 KDP 类铁电材料中也观测到紫外光折变效应。随后，Montemezzani 等人对 $Bi_4Ge_3O_{12}$[27]，$KNbO_3$[28, 29]，$LiTaO_3$[30-32]等晶体的紫外光折变效应开展了一系列的研究，并提出了带间光折变效应(interband photorefractive effect)的新机制。不同于传统意义下基于禁带中缺陷和杂质能级的光折变效应，带间光折变效应的激发光能量高于材料的禁带宽度，因此，可以直接将价带中的电子激发到导带，实现电荷的空间分离，并形成空间电荷场，最终通过电光效应调制材料折射率的空间分布。带间光折变效应最显著的特点是响应速度快，灵敏度高，比如在 $KNbO_3$ 晶体中，在光强 $I =$ 1 $W/cm^2$ 的 351 nm 的紫外光作用下，光折变效应的响应时间常数 $\tau$ 约为 5 $\mu s$，折射率改变幅度 $\Delta n$ 约为 $2 \times 10^{-5}$，光折变记录灵敏度 $S_n \equiv \Delta n/(2I\tau)$ 约为 2 $cm^2/J$。而在 $LiTaO_3$ 晶体中，带间光折变效应的记录波长可以紫移到 257 nm，在 100 $mW/cm^2$ 的光强下，带间光折变效应的响应时间常数可以缩短到几十毫秒，比基于杂质和缺陷能级的传统光折变效应的响应速度提高了 3 个数量级以上[33]。可以看到，带间光折变效应是基于价带和导带之间电子的直接跃迁，在工作波段处的吸收系数非常高，一般情况下记录的全息光栅的厚度仅在百微米的数量级，因此，通常采用横向配置进行光折变光栅的读取，此时，光栅与读出光

的相互作用长度较长,衍射效率较高。此外,Xu 等人研究了 $\alpha$ - LiIO$_3$ 晶体的紫外光折变效应[34, 35]。

1992 年,Jungen 等人[36]发现在同成分纯铌酸锂晶体中可以实现非常有效的紫外光折变效应,在 351 nm 紫外光作用下,实验测得的光折变两波耦合增益系数 $\Gamma$ 可达 13.94 cm$^{-1}$。与可见和近红外波段的光折变效应相比较而言,铌酸锂晶体的紫外光折变效应显示了显著不同的性质。众所周知,在可见光和近红外波段,铌酸锂晶体光折变效应的主导光激发载流子是电子,本征缺陷中心如双极化子 Nb$_{Li}^{4+}$ - Nb$_{Nb}^{4+}$ 和小极化子 Nb$_{Li}^{4+}$ 以及外来杂质中心如 Fe$^{2+}$/Fe$^{3+}$,Cu$^+$/Cu$^{2+}$,Mn$^{2+}$/Mn$^{3+}$ 等是光折变中心,且光生伏打效应是光激发载流子的主导迁移机制。但在紫外波段,Jungen 等人的结果表明同成分纯铌酸锂晶体中的主导光激发载流子是空穴,光生伏打电场仅为 550 V/cm 左右,因此,扩散效应成为主导的光激发载流子迁移机制,从而导致两波耦合过程中有效的单向稳态能量转移。Laeri 等人[37]进一步利用铌酸锂晶体的紫外光折变效应实现了紫外波段的自泵浦相位共轭波以及无透镜图像传输,其空间分辨率可达 2 800 线对/mm。更为有趣的是,Barkan 等人[38]使用脉宽为 5 ns、峰值强度为 20 mW/cm$^2$、中心波长为 249 nm 的紫外光脉冲在铌酸锂晶体中观测到不可逆的、幅值达 0.2 的折射率改变。由于铌酸锂晶体在 249 nm 处具有很高的吸收,因此这一效应只能发生在晶体的表面。这种表面光折变效应在表面微结构的制备和集成光学等方面有潜在的应用价值。

### 1.2.3 铌酸锂晶体的紫外光折变效应及其调控

铌酸锂晶体具有优良的电光、压电、热释电、声光以及非线性光学性能,是一种优良的光子学基材,被国际上誉为"非线性光学硅"的候选材料之一[39-41]。同成分铌酸锂晶体处于缺 Li 状态,其 Li/Nb 比约为 48.6/51.4。根据 Li 空位模型[42],同成分铌酸锂晶体含有大量的反位铌 Nb$_{Li}$ 和 Li 空位 V$_{Li}$,因此,同成分铌酸锂晶体可以容纳大量的外来杂质离子,这就为通过掺杂离子和晶体组分调控铌酸锂晶体的性质提供了方便。一般而言,掺杂元素对于铌酸锂晶体光折变效应的影响大致可以分为两类[40, 43]。第一类如 Fe,Cu,Mn,Ce 等掺杂元素将增强铌酸锂晶体的光折变效应,而第二类如 Mg,Zn,In 和 Sc 等掺杂元素倾向于减弱铌酸锂晶体的光折变效应。1980 年,Zhong 等人[44]首先发现在同成分铌酸锂晶体中掺入 4.6 mol% 以上的 Mg$^{2+}$,晶体的抗光损伤能力将提高两个数量级以上。该结果被 Bryan 等人[45]进一步证实,并指出掺镁铌酸锂(LiNbO$_3$:Mg)晶体光电导的增大从而导致光生伏打电场的降低是晶体抗光损伤能力增强的主要原因。由于抗光损伤铌酸锂晶体在非线性频率变换器件等方面的潜在应用价值，人们对于如何使铌酸锂晶体具有抗光损伤能力进行了广泛的探索和研究，并相继发现 $Zn^{2+}$[46]，$In^{3+}$[47, 48] 和 $Sc^{3+}$[49] 等杂质离子的掺入也能使铌酸锂晶体具有很强的抗光损伤能力，其阈值浓度分别约为 7 mol%，3～5 mol% 和 1 mol%。基于上述结果，在国际上逐渐形成了高掺 $Mg^{2+}$，$Zn^{2+}$，$In^{3+}$ 和 $Sc^{3+}$ 等杂质离子的铌酸锂晶体是抗光损伤铌酸锂晶体这一传统观念。

2000 年，Xu 等人[50] 发现高掺 $Mg^{2+}$ 铌酸锂晶体虽然在可见光和近红外波段具有很好的抗光损伤性能，但在紫外波段其光折变性能随掺 $Mg^{2+}$ 浓度的增加呈现出增强效应。表 1-1 给出了不同掺 $Mg^{2+}$ 浓度的铌酸锂晶体的紫外光折变效应的相关参数。可以看到，随着掺 $Mg^{2+}$ 浓度的增加，铌酸锂晶体的吸收边紫移，在记录光波长 351 nm 处的吸收系数 $\alpha$ 逐渐减小：比如名义纯同成分铌酸锂晶体 CLN 的吸收系数 $\alpha=10.2\ cm^{-1}$，而 $LiNbO_3$：$Mg$（9.0 mol%）晶体的吸收系数仅为 1.2 $cm^{-1}$。3 mm 厚晶体的光栅衍射效率 $\eta=I_d/(I_d+I_t)$，由 CLN 的 7.2% 提高到 $LiNbO_3$：$Mg$（9.0 mol%）的 30.3%，这里 $I_d$ 和 $I_t$ 分别为光栅的衍射光光强和透射光光强。光致折射率改变 $\Delta n$ 由 CLN 的 $1.0\times10^{-5}$ 增大到 $LiNbO_3$：$Mg$（9.0 mol%）的 $2.1\times10^{-5}$。光折变两波耦合增益系数大幅度提高，在 $LiNbO_3$：$Mg$（9.0 mol%）晶体中达到 15.1 $cm^{-1}$，是同成分晶体的2倍以上。同时，光栅记录响应时间 $\tau_e$ 缩短，记录灵敏度 $S_1\left(S_1\equiv\dfrac{\mathrm{d}\Delta n}{\mathrm{d}It}\Big|_{t=0}\right)$ 大大提

表 1-1  不同掺 $Mg^{2+}$ 浓度的铌酸锂晶体的紫外光折变效应参数

| 特 征 参 量 | 掺 $Mg^{2+}$ 浓度/mol% | | | |
| --- | --- | --- | --- | --- |
| | 0.0 | 3.0 | 5.0 | 9.0 |
| 吸收系数 $\alpha/cm^{-1}$ | 10.2 | 5.1 | 2.2 | 1.2 |
| 比光电导 $\sigma_{ph}/I/(\times10^{-12}\ cm\cdot V^{-2})$ | 0.13 | 0.25 | 1.8 | 2.9 |
| 两波耦合增益系数 $\Gamma/cm^{-1}$ | 6.8 | 10.0 | 13.8 | 15.1 |
| 光栅衍射效率 $\eta/\%$ | 7.2 | 13.0 | 24.6 | 30.3 |
| 光致折射率改变 $\Delta n/\times10^{-5}$ | 1.0 | 1.3 | 1.9 | 2.1 |
| 光折变响应时间 $\tau_e/s$ | 18.4 | 8.4 | 1.15 | 0.6 |
| 记录灵敏度 $S_1/(10^{-5}\ cm^2/J)$ | 2.6 | 4.6 | 15.3 | 21.6 |

　　记录实验条件：两束耦合光束之间的夹角 $2\theta\approx70°$，总记录光强 $I=0.2\ W/cm^2$，记录波长 $\lambda=351\ nm$，记录光为 e 偏振光，光栅波矢沿晶体的 $c$ 轴。所有晶体均为 $y$ 切片，尺寸为 10 mm×3 mm×10 mm。数据摘自参考文献[50]。

高，在 $LiNbO_3$：$Mg(9.0 \, mol\%)$ 晶体中分别达到 $0.6 \, s$ 和 $21.6 \times 10^{-5} \, cm^2/J$，这主要归因于高掺镁铌酸锂晶体中光电导的增加，在 $LiNbO_3$：$Mg$（$9.0 \, mol\%$）晶体中实验测得的比光电导 $\sigma_{ph}/I$ 达到 $2.9 \times 10^{-12} \, cm \cdot V^{-2}$，比名义纯同成分铌酸锂晶体 CLN 提高一个数量级以上。在两波耦合实验中，发现光能量单向地向晶体的 $+c$ 轴方向转移，表明在 $351 \, nm$ 紫外光激发下，晶体中的主导光激发载流子为空穴，同时，扩散效应是紫外光折变过程中光激发载流子的主导迁移机制。这些参数表明，高掺镁铌酸锂晶体是性能优良的紫外光折变材料，这一结论与高掺镁铌酸锂晶体在可见光和近红外波段的光折变行为截然相反。高掺镁铌酸锂晶体在紫外波段的高增益特性随即被应用于紫外微光刻系统中[51]。

随后，Qiao 等人[52]系统地研究了掺 $Zn^{2+}$ 和 $In^{3+}$ 铌酸锂晶体在 $351 \, nm$ 处的紫外光折变性质。表 1-2 列出了各样品的相关参数及样品代号缩写。表 1-3 则列出了不同掺杂浓度下掺 $Zn^{2+}$ 和 $In^{3+}$ 铌酸锂晶体在 $351 \, nm$ 处的主要光折变性能参数，其中作为对比，表 1-3 中同时列出了名义纯同成分铌酸锂晶体 CLN 的相关参数。这里 $\sigma_{ph} = \varepsilon \varepsilon_0 / \tau_e$ 为光电导，$\varepsilon_0$ 和 $\varepsilon$ 分别为真空介电常数和介质的相对介电常数，$\tau_e$ 为光栅擦除时间常数；$\eta = I_d / (I_d + I_t)$ 为光栅的衍射效率，其中 $I_d$ 和 $I_t$ 分别为光栅的衍射光光强和透射光光强；光栅记录灵敏度 $S$ 定义为 $S \equiv (1/Id) \partial \sqrt{\eta} / \partial t \big|_{t=0}$，光栅记录动态范围 $M/\#$ 定义为 $M/\# \equiv \tau_e \partial \sqrt{\eta} / \partial t \big|_{t=0}$，其中 $d$ 为晶体厚度，$I$ 为记录总光强，$\partial \sqrt{\eta} / \partial t \big|_{t=0}$ 是光栅建立伊始衍射效率 $\eta$ 开方的斜率；$\Gamma \equiv (1/d) \ln((I'_S I_R)/(I_S I'_R))$ 为两波耦合增益系数，其中 $I_S(I'_S)$ 和 $I_R(I'_R)$ 分别为无（有）耦合效应时的透射信号光光强和泵浦光光强。从表 1-3 中的数据可以看到，和掺镁铌酸锂晶体类似，掺锌铌酸锂晶体的紫外光折变性能随着掺锌浓度的增大而变强。如在掺 $9.0 \, mol\%$ 锌的同成分铌酸锂晶体 CZn9 中，紫外光折变光栅的衍射效率 $\eta$ 达到 $25.3\%$，光电导 $\sigma_{ph}$ 增大到 $57.3 \times 10^{-12} \, cm/\Omega \cdot W$，光栅记录灵敏度 $S$ 达到 $11.1 \, cm/J$，光折变光栅响应时间常数 $\tau_e$ 缩短至 $0.88 \, s$，而两波耦合增益系数 $\Gamma$ 达到 $21.7 \, cm^{-1}$，甚至优于文献[50]中报道的掺镁铌酸锂晶体的增益系数。上述结果表明，在掺锌铌酸锂晶体中扩散效应是光激发载流子的主导迁移机制。值得注意的是，在掺 $Zn^{2+}$ 铌酸锂晶体中，实验结果表明两波耦合过程中能量单向地向晶体的 $-c$ 轴方向转移，表明紫外光激发下晶体的主导光激发载流子为电子，这一结论和文献[36,50]中报道的结果相反。

表 1–2 铌酸锂晶体参数列表

| 样品名称缩写 | 掺杂元素 | 掺杂浓度/mol% | 晶体尺寸/($x \times y \times c$, mm) |
|---|---|---|---|
| CLN | — | 0 | $10 \times 3 \times 10$ |
| CZn5 | Zn | 5.4 | $4 \times 2 \times 5$ |
| CZn7 | Zn | 7.2 | $4 \times 2 \times 5$ |
| CZn9 | Zn | 9.0 | $7 \times 2 \times 4$ |
| CIn1 | In | 1.0 | $7 \times 3.5 \times 7$ |
| CIn3 | In | 3.0 | $5 \times 3.5 \times 5$ |
| CIn5 | In | 5.0 | $7 \times 3.5 \times 7$ |

数据摘自参考文献[52]。

表 1–3 掺 $Zn^{2+}$ 和 $In^{3+}$ 铌酸锂晶体在 351 nm 处的紫外光折变效应

| 样 品 | CLN | CZn5 | CZn7 | CZn9 | CIn1 | CIn3 | CIn5 |
|---|---|---|---|---|---|---|---|
| 光电导 $\sigma_{ph}/(\times 10^{-12}\,cm/\Omega \cdot W)$ | 3.32 | 10.6 | 25.2 | 57.3 | 1.59 | 7.46 | 12.9 |
| 衍射效率 $\eta/\%$ | 9.05 | 16.9 | 22.3 | 25.3 | 10.1 | 15.9 | 17.7 |
| 光折变响应时间 $\tau_e/s$ | 12.4 | 1.97 | 1.01 | 0.88 | 13.9 | 3.06 | 1.68 |
| 两波耦合增益系数 $\Gamma/cm^{-1}$ | 1.32 | 11.0 | 15.2 | 21.7 | 1.16 | 11.8 | 17.0 |
| 记录灵敏度 $S$ (cm/J) | 0.99 | 4.0 | 8.85 | 11.1 | 0.86 | 2.85 | 3.88 |
| 动态范围 $M/\sharp$ | 0.14 | 0.11 | 0.12 | 0.14 | 0.26 | 0.19 | 0.15 |

其中光栅衍射效率 $\eta$,记录灵敏度 $S$ 和动态范围 $M/\sharp$ 的实验测量条件为:空气中两耦合光束夹角 $2\theta = 40°$,光强分别为 $I_S = 121.7\,mW/cm^2$ 和 $I_R = 176.9\,mW/cm^2$,光折变光栅周期 $\Lambda = 0.5\,\mu m$,光栅波矢沿晶体 $c$ 轴。光折变响应时间 $\tau_e$ 为光折变光栅在 $70.8\,mW/cm^2$ 均匀紫外光(351 nm)辐照下的擦除时间常数。两波耦合增益系数 $\Gamma$ 的测量中,两耦合光的光强比设为 $I_R : I_S = 100 : 1$。数据摘自参考文献[52]。

同样,掺铟铌酸锂晶体的紫外光折变效应表现出和掺镁、锌铌酸锂晶体类似的性质。随着铌酸锂晶体中掺铟浓度的增加直至可见光波段下的抗光损伤阈值浓度(3~5 mol%)以上,晶体呈现出优良的紫外光折变效应。在掺铟浓度为 5.0 mol% 的铌酸锂晶体中,紫外光折变光栅的衍射效率 $\eta$ 达到 17.7%,光电导 $\sigma_{ph}$ 增大到 $12.9 \times 10^{-12}\,cm/\Omega \cdot W$,光栅记录灵敏度 $S$ 达到 3.88 cm/J,光折变光栅响应时间常数 $\tau_e$ 缩短至 1.68 s,而两波耦合增益系数 $\Gamma$ 达到 $17.0\,cm^{-1}$,在相同光栅记录条件下远优于名义纯同成分铌酸锂晶体。实验结果表明,在掺铟铌酸锂晶体中电子是主导光激发载流子,扩散效应是光激发载流子的主导输运机制。此外，无论是掺镁、掺锌还是掺铟铌酸锂晶体，随着掺杂浓度的提高，铌酸锂晶体的暗电导 $\sigma_d$ 均大大增大，因此，高掺杂铌酸锂晶体的紫外光折变光栅即使在暗状态下也衰减较快，如图 1-1 所示。

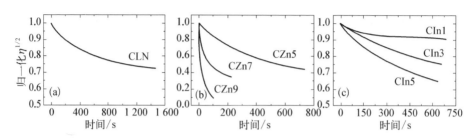

**图 1-1　名义纯同成分铌酸锂晶体(a)，掺 Zn$^{2+}$ 铌酸锂晶体(b)以及掺 In$^{3+}$ 铌酸锂晶体(c)中紫外光折变全息光栅的暗衰减过程**[52]

最近，Kokanyan 等人[53]发现在铌酸锂晶体中掺入四价杂质离子 Hf$^{4+}$，可以有效地提高晶体在可见光波段的抗光损伤能力，其阈值浓度约为 4.0 mol% 左右。随后，Kong 等人[54, 55]发现在铌酸锂晶体中掺入四价杂质离子 Zr$^{4+}$ 和 Sn$^{4+}$，晶体在可见光波段均具有很好的抗光损伤能力，且 Zr$^{4+}$ 和 Sn$^{4+}$ 的阈值浓度是 2.0～2.5 mol% 之间。实验结果表明，四价掺杂离子在可见光波段的抗光损伤阈值浓度均低于 Mg$^{2+}$ 离子的阈值浓度，且在阈值浓度附近杂质离子的分凝系数接近于 1(Mg$^{2+}$ 的分凝系数在阈值浓度 5.0 mol% 附近约为 1.2)，这一性质十分有利于生长出大尺寸高均匀性的光学级抗光损伤铌酸锂晶体。因此，Hf$^{4+}$，Zr$^{4+}$ 以及 Sn$^{4+}$ 等四价杂质离子被认为有望替代 Mg$^{2+}$ 而受到广泛的关注[56]。

当掺杂浓度超过阈值浓度以后，掺 Zr$^{4+}$，Hf$^{4+}$ 或者 Sn$^{4+}$ 的铌酸锂晶体在可见光波段均显示出良好的抗光损伤能力[53-56]，然而在紫外光波段，这些掺杂铌酸锂晶体的光折变响应行为比较复杂。Yan 等人[57]报道了 LiNbO$_3$：Hf 晶体在 351 nm 的光折变性质，并将 Hf$^{4+}$ 离子的阈值浓度修改为 2.0～2.5 mol% 之间。与掺 Mg$^{2+}$，Zn$^{2+}$ 和 In$^{3+}$ 的铌酸锂晶体类似[52]，掺 Hf$^{4+}$ 超过阈值浓度的 LiNbO$_3$：Hf 晶体也表现出优良的紫外光折变性质，无论是晶体的光电导 $\sigma_{ph}$、光折变记录灵敏度 $S$ 和响应速度 $\tau$，还是光致折射率改变量 $\Delta n$ 均得到了增强。同时，实验结果表明，电子是 LiNbO$_3$：Hf 晶体中的主导光激发载流子，扩散效应是光激发载流子的主导迁移机制。另一方面，LiNbO$_3$：Hf 晶体也表现出一些与掺 Mg$^{2+}$，Zn$^{2+}$ 和 In$^{3+}$ 的铌酸锂晶体不一样的性质。比如，在高掺杂 LiNbO$_3$：Hf 晶体中记录的紫外光折变光栅在暗状态下是稳定的，但可以被

633 nm 的红光擦除(当然,351 nm 紫外光也可以擦除这些光栅)。Yan 等人[57] 将这一性质的差异归因于 LiNbO₃:Hf 晶体和 LiNbO₃:Me(Me＝Mg²⁺,Zn²⁺ 和 In³⁺)晶体中 Fe²⁺/³⁺ 离子不同的占位。在高掺杂 LiNbO₃:Hf 晶体中, Fe²⁺/³⁺ 离子仍然占 Li 位[58],因此,紫外光折变光栅主要记录在 Fe²⁺/³⁺ 离子对 应的能级上;而在高掺杂 LiNbO₃:Me(Me＝Mg²⁺,Zn²⁺ 和 In³⁺)晶体中, Fe²⁺/³⁺ 离子被排挤到 Nb 位,其俘获电子的能力大大下降。

Kong 等人[54]报道,当 Zr⁴⁺ 离子的掺杂浓度达到 2.0 mol％以上时,同成分 掺 Zr⁴⁺ 铌酸锂晶体在可见光波段(如 514.5 nm)的抗光损伤能力达到 $2.0 \times 10^7 W/cm^2$ 以上,其光致折射率改变量 $\Delta n$ 仅约为 $10^{-7}$。这一抗光损伤能力可以 和经气相输运平衡(VTE)技术处理后的高掺镁近化学计量比铌酸锂晶体相媲 美[59]。更为有趣的是,高掺 Zr⁴⁺ 铌酸锂晶体不仅在可见光波段具有很好的抗光 损伤能力,而且在紫外光波段也具有很好的抗光损伤性能[60]。实验结果表明, 在 351 nm 波段处,掺 Zr⁴⁺ 浓度为 2.0 mol％的同成分铌酸锂晶体的抗光损伤能 力要大于 $10^5 W/cm^2$,光致折射率改变量 $\Delta n$ 约为 $10^{-6}$。这一点和其他所谓的抗 光损伤杂质离子如 Mg²⁺,Zn²⁺,In³⁺ 和 Hf⁴⁺ 等完全不同。Liu 等人[61]进一步研 究了经 VTE 技术处理之后的近化学计量比 LiNbO₃:Zr 晶体,结果表明铌酸锂 晶体的抗光损伤性能得到进一步的提高。如掺 Zr⁴⁺ 浓度为 0.5 mol％、晶体内 Li/Nb 比为 0.998 的近化学计量比 LiNbO₃:Zr 晶体,在 514.5 nm 连续激光辐 照下的光损伤阈值要大于 $2 \times 10^7 W/cm^2$,在 532 nm、脉宽为 10 ns 的纳秒激光 脉冲作用下的光损伤阈值要大于 80 GW/cm²,在 351 nm 连续激光辐照下的光 损伤阈值要大于 120 kW/cm²,如图 1 - 2 所示。图中聚焦激光束辐照晶体的时 间为 5 min。上一行对应晶体掺 Zr⁴⁺ 浓度为 0.5 mol％的情况,下一行对应晶体 掺 Zr⁴⁺ 浓度为 1.0 mol％的情况,晶体 c 轴沿水平方向。其中各图参数如下[61]: (a),(d) 514.5 nm 连续光,光强为 $2.0 \times 10^7 W/cm^2$;(b),(e) 532 nm,10 ns 脉 宽的脉冲激光,光强为 80 GW/cm²;(c),(f) 351 nm 连续光,光强为 120 kW/cm²,且晶体的铁电畴反转电场仅约为 1 kV/mm。Nava 等人[56]的测量 结果则表明大剂量掺 Zr⁴⁺ 对铌酸锂晶体的光电性质如折射率和电光系数等影 响不大。值得指出的是,掺 Zr⁴⁺ 铌酸锂晶体是目前发现的唯一一种在可见和紫 外波段均具有抗光损伤能力的铌酸锂晶体,结合其阈值浓度低、分凝系数接近于 1.0、铁电畴反转电场低以及宽波段抗光损伤能力强等特性,掺 Zr⁴⁺ 铌酸锂晶体 是一种非常有应用潜力的非线性光学晶体。

Dong 等报道[62]掺钒铌酸锂晶体也是一种性能优良的紫外光折变材料。在

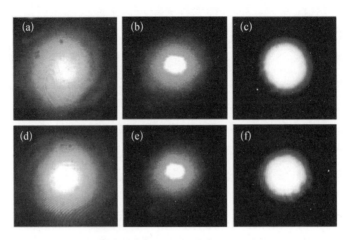

**图 1-2　光斑畸变法测量近化学计量比 LiNbO₃：Zr 晶体的抗光损伤阈值（图示为透射光斑图）**

掺 0.1 mol%的 LiNbO₃：V 晶体中，当 351 nm 记录光的总光强为 583 mW/cm² 时，紫外光折变光栅的记录时间 $\tau_b$ 缩短到 160 ms，记录灵敏度 $S$ 达到 10.2 cm/J，两波耦合增益系数 $\Gamma$ 达到 12.6 cm⁻¹，而晶体在该波段的吸收系数 $\alpha$ 仅为 1.7 cm⁻¹。实验结果表明，在 LiNbO₃：V 晶体的紫外光折变过程中，电子仍然是主导光激发载流子，并且扩散是光激发载流子的主导迁移机制。和以上掺 $Mg^{2+}$，$Zn^{2+}$，$In^{3+}$，$Hf^{4+}$，$Sn^{4+}$ 和 $Zr^{4+}$ 等（这些离子在铌酸锂晶体中仅以一种价态的形式存在）铌酸锂晶体不同的是，钒在铌酸锂晶体中可以以多种价态形式存在。X 射线光电子谱（XPS）测量结果表明 LiNbO₃：V 晶体中存在 $V^{3+}$ 和 $V^{5+}$，其结合能分别为 515.1 eV 和 517.1 eV。而在低温 77 K 下的电子顺磁共振谱（EPR）测量结果表明晶体中还存在 $V^{4+}$。对 LiNbO₃：V 晶体进行氧化-还原处理以及随后的吸收谱测量结果表明 $V^{3+}$ 和 $V^{4+}$ 分别对应峰值位于 420 nm 和 475 nm 的吸收带。在 365 nm 非相干光的辐照下，LiNbO₃：V 晶体的颜色由原先的绿色变为微红色[62]，这一光致变色效应的观测进一步证实了上述结果。这些结果表明，$V^{3+/4+}$ 和 $V^{4+/5+}$ 是 LiNbO₃：V 晶体中的有效光折变中心。

从掺杂离子的价态上看，我们前面提到的所有掺杂离子的价态都低于或者等于 $Nb^{5+}$ 离子的价态 +5 价，而且在低掺杂浓度下，所有这些杂质离子均倾向于占 Li 位。最近，Tian 等人[63]发现，当掺杂离子氧化物的价态高于 +5 价时，掺杂离子会倾向于占 Nb 位，从而使铌酸锂晶体的光折变性质与低价态掺杂离子铌酸锂晶体有显著的不同。一个典型的例子是掺钼铌酸锂晶体（LiNbO₃：Mo）。Tian 等人[63]发现，掺钼铌酸锂晶体在从近紫外到可见光波段这一较宽的光谱范围内均有良好的光折变性能,如图 1-3 所示。图中 351 nm,488 nm,532 nm 和 671 nm 处单束记录光的光强分别为 320 mW/cm$^2$,400 mW/cm$^2$,400 mW/cm$^2$ 和 3 000 mW/cm$^2$,光栅记录过程中两记录光强度相等。图中的中空圆圈、中空下三角和中空方块代表掺杂浓度为 0.03 mol% 的 LiNbO$_3$:Fe 晶体的相关结果[63]。其中 3-mm 厚掺钼 0.5 mol% 的 LiNbO$_3$:Mo 晶体,在 351 nm 波长处(每束记录光光强为 320 mW/cm$^2$)的全息光栅记录时间常数 $\tau_b$ 仅为 0.35 s,同时光栅衍射效率达到 60% 以上。XPS 谱测量结果表明 Mo 在铌酸锂晶体中以 Mo$^{4+}$,Mo$^{5+}$ 和 Mo$^{6+}$ 等价态存在,而吸收谱测量结果显示存在覆盖近紫外到可见光波段的宽谱吸收带,其吸收峰值分别位于 326 nm,337 nm 和 461 nm 处。Tian 等人将其归因于 O$^{2-/-}$-V$_{Li}^-$,O$^{2-/-}$-Mo$_{Nb}^+$ 以及双极化子 Nb$_{Li}^-$-Nb$_{Nb}$ 等缺陷中心,而在紫外 351 nm 波段起主要作用的是 O$^{2-/-}$-V$_{Li}^-$ 和 O$^{2-/-}$-Mo$_{Nb}^+$ 等光折变中心。

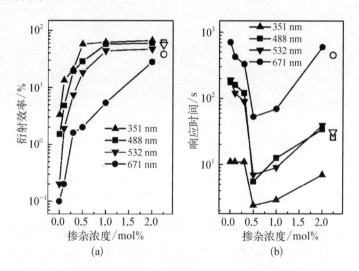

**图 1-3　掺钼铌酸锂晶体(LiNbO$_3$:Mo)的光折变性能随掺杂浓度和记录光波长的变化**

从上面的内容我们可以看到,铌酸锂晶体在紫外波段和可见光波段的光折变效应有所不同,不仅表现在光折变光栅记录的响应时间 $\tau_b$、两波耦合增益系数 $\Gamma$ 以及记录灵敏度 $S$ 等具体参数上,而且在光折变缺陷中心和光激发载流子的输运机制方面也不同。在可见光波段,铌酸锂晶体的主导光激发载流子输运机制为光生伏打效应,晶体光折变响应为局域响应;而在紫外光波段,铌酸锂晶体的主导光激发载流子输运机制为扩散效应,晶体光折变响应为非局域响应。这一基本机制的差异导致了铌酸锂晶体的光致光散射效应在可见光和紫外光波段也有显著的不同,如图 1-4 所示。在可见光波段,铌酸锂晶体具有对称分布的扇形光致光散射,主要形成机制为多三波相互作用机制[64-66];而在紫外光波段,铌酸锂晶体具有单向的扇形光致光散射,其主要形成机制是两波耦合的单向能量转移[36]。Ellabban 等人[67]通过分析铌酸锂晶体的光致光散射在空间分布上的不对称性随入射光波波长的变化关系,进一步证实铌酸锂晶体中光生伏打效应对光折变效应的贡献随入射光子能量的增加而变小,而扩散效应对光折变效应的贡献则随入射光波波长的减小而增大。正是基于 $LiNbO_3$:Mg 晶体紫外光折变效应的扩散机制,Qiao 等人[68]在 c 向切割的 $LiNbO_3$:Mg (5.0 mol%)晶体中观测到 351 nm 泵浦光的受激光折变光散射效应,并进一步实现自泵浦相位共轭波。

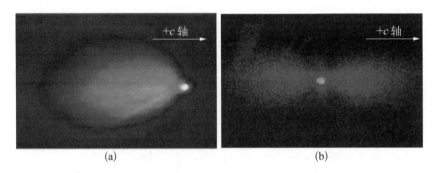

(a)                                    (b)

**图 1-4　铌酸锂晶体在紫外光波段(a)和可见光波段(b)的扇形光致光散射(晶体 c 轴沿水平方向,如箭头所示)**

(a) $LiNbO_3$:Mg (5.0 mol%)在 351 nm 紫外光辐照下的单向扇形光致光散射;

(b) $LiNbO_3$:Fe (0.01 wt%)在 633 nm 红光辐照下的对称扇形光致光散射

此外,人们常常采用光斑畸变法来测试铌酸锂晶体的抗光损伤能力。在可见光波段,通常情况下铌酸锂晶体的光致光散射强度和光斑畸变程度的结果是一致的,即晶体的光致光散射效应强,则晶体在强度相当的聚焦激光的辐照下光斑畸变程度就大,抗光损伤能力就弱。这主要是因为在可见光波段,对称的扇形光致光散射效应和光斑畸变效应均源于铌酸锂晶体的光生伏打效应。但是,在紫外光波段,铌酸锂晶体的光致光散射效应和光斑畸变效应并不是相伴相生的[52]。正如我们在前文中已经阐述的,高掺 $Mg^{2+}$,$Zn^{2+}$,$In^{3+}$,$Hf^{4+}$ 及 $Sn^{4+}$ 等铌酸锂晶体均是性能优良的紫外光折变材料,具有很强的单向扇形光致光散射效应(能量向晶体的 -c 轴方向转移)。但在强度相当的聚焦紫外激光的辐照下,其光斑畸变效应并不明显,一直要到聚焦激光束的强度达到晶体的抗光损伤阈值以上,光斑畸变效应才明显地显现出来。这主要是由于在紫外波段,光斑畸变效应是由晶体的光生伏打效应引起的,而能量单向转移的扇形光致光散射效应则主要由晶体中光激发载流子的扩散效应决定。铌酸锂晶体的光致光散射效应和光斑畸变效应之间的这一关系在后文中有关紫外带边光折变效应中也体现得十分明显[69]。

铌酸锂晶体紫外光折变效应的另一个基本问题是光激发载流子的极性。在可见光波段,人们普遍认为铌酸锂晶体中的光激发载流子为电子[5, 16, 40]。而在紫外光波段,早期的实验结果基本上认为空穴是主导紫外光激发载流子[25, 36, 50]。2004 年,Qiao 等人[52]的实验结果表明在掺杂浓度高于阈值浓度的 $LiNbO_3$:Zn 和 $LiNbO_3$:In 等晶体中,351 nm 紫外光激发的主导载流子是电子。随后的一系列有关紫外光折变效应的实验结果表明,在掺杂浓度高于阈值浓度的 $LiNbO_3$:Hf[57],$LiNbO_3$:Zr[60] 和 $LiNbO_3$:Sn[69] 等晶体中以及掺高价态杂质离子的 $LiNbO_3$:V[62] 和 $LiNbO_3$:Mo[63] 等晶体中,主导的紫外光激发载流子均为电子。有研究报道,铌酸锂晶体中光激发载流子的极性不仅与掺杂离子的种类有关,而且与晶体的氧化-还原状态以及记录光的波长有关[5, 25]。

### 1.2.4　紫外带边光折变效应

Xin 等人[69-71]较系统地研究了各种掺杂铌酸锂晶体在 325 nm 紫外带边的光折变效应,发现随着记录光波长的进一步减小甚至接近于铌酸锂晶体的吸收带边,晶体的光折变性能将进一步提高。表 1-4 给出了 Xin 等人[70]所测量的同成分纯铌酸锂晶体和多种不同掺杂铌酸锂晶体的参数,而表 1-5 则给出了这些铌酸锂晶体在 325 nm 紫外带边的光折变性能参数。从表 1-4 和表 1-5 中的数据可以看出,超过阈值浓度的掺 $Mg^{2+}$,$Zn^{2+}$,$In^{3+}$ 和 $Hf^{4+}$ 铌酸锂晶体在 325 nm 的光折变性能要优于在 351 nm 的光折变性能。比如,掺 $Zn^{2+}$ 浓度为 9.0 mol% 的 $LiNbO_3$:Zn 晶体的两波耦合增益系数 $\Gamma$ 达到约 38 $cm^{-1}$,光栅记录灵敏度 $S$ 达到约 37.7 cm/J;而掺 $Mg^{2+}$ 浓度为 9.0 mol% 的 $LiNbO_3$:Mg 晶体的光栅建立响应时间常数 $\tau_b$(总记录光强为 614 $mW/cm^2$)缩短到约 73 ms。此外,双掺杂铌酸锂晶体 $LiNbO_3$:Fe,Mg 的记录灵敏度达到 7.75 cm/J,并且表征单位厚度晶体信息记录容量的 $(M/\sharp)/d$ 达到 5.63,具有较高的全息记录指标。在所有这些铌酸锂晶体中,电子是主导的光激发载流子,扩散效应是光激发载流子的主导迁移机制。

表 1-4  各铌酸锂晶体样品的缩写、掺杂离子种类、浓度以及晶体的尺寸大小等参数

| 样品及其缩写 | 杂 质 离 子 | 掺杂浓度/mol% | 样品尺寸/($x \times y \times z$, mm³) |
|---|---|---|---|
| CLN | — | — | $8.0 \times 0.5 \times 16$ |
| CMg1 | Mg | 1.0 | $8.0 \times 0.7 \times 16$ |
| CMg2 | Mg | 2.0 | $8.0 \times 0.7 \times 16$ |
| CMg4 | Mg | 4.0 | $8.0 \times 4.3 \times 10$ |
| CMg5 | Mg | 5.0 | $19 \times 2.7 \times 10$ |
| CMg7 | Mg | 7.8 | $16 \times 5.2 \times 15$ |
| CMg9 | Mg | 9.0 | $10 \times 3.3 \times 14$ |
| CZn5 | Zn | 5.4 | $6.0 \times 2.0 \times 9.0$ |
| CZn7 | Zn | 7.2 | $6.0 \times 2.0 \times 8.0$ |
| CZn9 | Zn | 9.0 | $7.0 \times 2.0 \times 4.0$ |
| CIn1 | In | 1.0 | $18 \times 3.4 \times 16$ |
| CIn3 | In | 3.0 | $11 \times 3.4 \times 10$ |
| CIn5 | In | 5.0 | $18 \times 3.4 \times 16$ |
| CHf4 | Hf | 4.0 | $10 \times 0.5 \times 7.0$ |
| CHf6 | Hf | 6.0 | $10 \times 0.5 \times 7.0$ |
| M22 | Mg,Fe | 6.3 mol% Mg<br>0.01 wt% Fe | $11 \times 1.9 \times 9.0$ |

表 1-5  各种掺杂铌酸锂晶体在 325 nm 紫外带边的光折变性能参数

| 样  品 | CLN | CMg1 | CMg2 | CMg4 | CMg5 | CMg7 | CMg9 | M22 |
|---|---|---|---|---|---|---|---|---|
| $\alpha/\mathrm{cm}^{-1}$ | 7.79 | 5.81 | 5.32 | 2.47 | 5.75 | 1.72 | 2.07 | 17.75 |
| $\eta_{st}/\%$ | 1.52 | 1.18 | 1.73 | 2.10 | 46.8 | 75.9 | 81.7 | 50.7 |
| $\sigma_{ph}/I_e/(\times 10^{-12}\,\mathrm{cm}/\Omega \cdot W)$ | 2.31 | 9.22 | 9.57 | 10.8 | 82.6 | 110 | 278 | 3.64 |
| $\tau_b/\mathrm{s}$ | 4.38 | 2.85 | 2.33 | 1.90 | 0.35 | 0.43 | 0.073 | 3.08 |
| $\Gamma/\mathrm{cm}^{-1}$ | 4.75 | 4.53 | 5.41 | 1.69 | 23.5 | 20.6 | 25.3 | 29.2 |
| $\Delta n/(\times 10^{-5})$ | 2.39 | 1.50 | 1.82 | 0.33 | 2.75 | 1.97 | 3.35 | 4.03 |
| $S/(\mathrm{cm}/J)$ | 4.29 | 2.78 | 2.86 | 0.45 | 8.60 | 9.13 | 33.1 | 7.75 |
| $(M/\#)/d/\mathrm{cm}^{-1}$ | 4.76 | 0.78 | 0.77 | 0.11 | 0.28 | 0.22 | 0.31 | 5.63 |

（续表）

| 样　品 | CZn5 | CZn7 | CZn9 | CIn1 | CIn3 | CIn5 | CHf4 | CHf6 |
|---|---|---|---|---|---|---|---|---|
| $\alpha/cm^{-1}$ | 3.49 | 3.03 | 2.90 | 10.80 | 6.38 | 5.02 | 2.47 | 2.51 |
| $\eta_{st}/\%$ | 13.6 | 61.4 | 67.7 | 9.76 | 15.4 | 49.5 | 1.23 | 2.77 |
| $\sigma_{ph}/I_e/(\times 10^{-12}\,cm/\Omega \cdot W)$ | 52.7 | 237 | 255 | 1.42 | 33.7 | 98.8 | 105 | 120 |
| $\tau_b/s$ | 0.33 | 0.20 | 0.19 | 8.60 | 0.24 | 0.27 | 0.48 | 0.28 |
| $\Gamma/cm^{-1}$ | 11.9 | 27.6 | 38.0 | 2.46 | 11.6 | 22.9 | 23.1 | 29.3 |
| $\Delta n/(\times 10^{-5})$ | 1.75 | 4.26 | 4.67 | 0.91 | 1.16 | 2.24 | 2.15 | 3.23 |
| $S/(cm/J)$ | 10.9 | 24.5 | 37.7 | 1.44 | 7.35 | 25.5 | 5.30 | 28.5 |
| $(M/\#)/d/cm^{-1}$ | 0.54 | 0.28 | 0.39 | 2.62 | 0.57 | 0.69 | 0.13 | 0.38 |

其中 $\alpha$ 为晶体在 325 nm 处的吸收系数，$\eta_{st}$ 为记录光栅的饱和衍射效率，$\sigma_{ph}/I_e$ 是比光电导，$\tau_b$ 是光栅建立时间常数，$\Gamma$ 为两波耦合增益系数，$\Delta n$ 为光致折射率改变量，$S$ 为光栅记录灵敏度，$(M/\#)/d$ 表征了单位厚度晶体中光栅的信息记录容量[70]。

从表 1-5 中的数据还可以看出，掺 $Mg^{2+}$，$Zn^{2+}$，$In^{3+}$ 和 $Hf^{4+}$ 等铌酸锂晶体的紫外带边光折变效应显示出了明显的掺杂离子浓度阈值效应。Xin 等人[69]进一步研究了掺锡铌酸锂 $LiNbO_3$：$Sn$ 晶体的紫外带边光折变效应——包括饱和光栅衍射效率 $\eta_{st}$、响应时间 $\tau_b$、记录灵敏度 $S$、比光电导 $\sigma_{ph}/I_e$ 以及两波耦合增益系数 $\Gamma$ 等——随杂质离子掺杂浓度的变化关系，进一步证实了铌酸锂晶体紫外带边光折变效应的掺杂离子浓度阈值效应。值得注意的是，Yan 等人[57]发现 $LiNbO_3$：$Hf$ 晶体中记录的紫外光折变光栅在 633 nm 红光辐照下可以被擦除。而 $Sn^{4+}$ 离子虽然和 $Hf^{4+}$ 离子的价态相同，但 Xin 等人[69]的研究结果表明，633 nm 的红光仅能擦除 $LiNbO_3$：$Sn$ 晶体中记录的小部分紫外带边光折变光栅（20% 左右），而大于 80% 的光栅对于 633 nm 红光是不可擦除的（当然，这些光栅均能被 325 nm 的紫外光全部擦除），如图 1-5 所示。这一结果显示至少有两种不同类型的缺

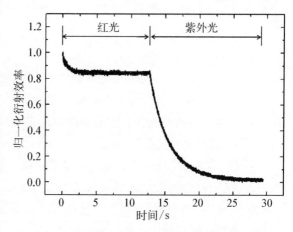

**图 1-5　$LiNbO_3$：$Sn$(4.0 mol%)晶体中紫外带边光折变光栅在 633 nm 红光(82.7 mW/cm²)和 325 nm 紫外光(32.6 mW/cm²)辐照下的归一化擦除曲线[69]**

陷中心参与了 LiNbO$_3$：Sn 晶体的紫外带边光折变效应。低温吸收谱的测量结果表明，在 LiNbO$_3$：Sn 晶体的紫外吸收带边的带尾存在一较宽的吸收带，应该与铌酸锂晶体的紫外光折变效应有关。有关铌酸锂晶体在紫外吸收带边附近的缺陷结构以及紫外光激发载流子的输运机制等问题，我们将在1.2.6节（铌酸锂晶体的吸收边和紫外带边缺陷结构）中进行详细讨论。

铌酸锂晶体的紫外带边光折变效应也依赖于铌酸锂晶体的组分。Xin 等人[71]的研究结果表明，随着晶体 Li/Nb 比的提高，铌酸锂晶体的紫外带边光折变效应也随之增强。如 0.5 mm 厚、Li 含量（[Li]/（[Li]＋[Nb]））为 49.9% 的近化学计量比纯铌酸锂晶体，在 325 nm 处测得的两波耦合增益系数 $\Gamma$ 约为 9.98 cm$^{-1}$，光栅衍射效率约为 5.3%；而同样 0.5 mm 厚的同成分纯铌酸锂晶体，在相同实验条件下测得的两波耦合增益系数 $\Gamma$ 约为 3.95 cm$^{-1}$，光栅衍射效率约为 1.42%。

## 1.2.5　紫外光致吸收增强效应

用提拉法生长的铌酸锂晶体通常处于缺 Li 的状态，因此，同成分铌酸锂晶体内含有大量的反位铌 Nb$_{Li}$ 本征缺陷[42]。在适当的条件下，晶体内有可能形成一系列与反位铌 Nb$_{Li}$ 相关的缺陷结构如双极化子 Nb$_{Li}$-Nb$_{Nb}$ 和小极化子 Nb$_{Li}$$^{4+}$ 等[72-74]。这些本征缺陷参与了铌酸锂晶体中光激发载流子的输运过程，从而不仅对铌酸锂晶体的光折变效应产生重要影响，而且直接导致光致吸收、双色非挥发全息存储等一系列现象和应用[75-79]。因此，控制铌酸锂晶体的本征缺陷结构如反位铌 Nb$_{Li}$ 成为调控铌酸锂晶体光子学特性的一种重要手段。根据 Li 空位模型[42]，随着晶体中 Mg$^{2+}$，Zn$^{2+}$，In$^{3+}$，Hf$^{4+}$，Zr$^{4+}$ 和 Sn$^{4+}$ 等杂质离子浓度的增加，晶体中反位铌 Nb$_{Li}$ 的浓度逐渐减小；当这些抗光损伤杂质离子的浓度超过所谓的"阈值浓度"之后，晶体中的反位铌 Nb$_{Li}$ 消失，此时，在可见光和近红外波段光折变效应和光致吸收效应受到极大的抑制，晶体在可见光和近红外波段具备通常所说的"抗光损伤"能力。

然而在紫外光波段，正如光折变效应一样，这些所谓的"抗光损伤"高掺杂铌酸锂晶体的光致吸收效应不仅没有减弱，反而出现光致吸收增强效应[80-82]。Zhang 等人[80, 81]较系统地研究了掺镁铌酸锂晶体在 365 nm 非相干紫外光泵浦下的光致吸收增强效应。结果显示，在 365 nm 非相干紫外光泵浦下，在掺镁浓度小于阈值浓度的铌酸锂晶体中将出现一个峰值位于 760 nm 左右的宽幅光致吸收带。该光致吸收带在室温条件下不稳定，关掉泵浦光之后将迅速衰减并消失，衰减时间常数在同成分铌酸锂晶体中为 $\mu$s～ms 量级，而在近化学计量比铌

酸锂晶体中一般为 ms 量级。这一光致吸收带主要是由小极化子 $Nb_{Li}^{4+}$ 引起的。当掺镁浓度高于阈值浓度后,在 365 nm 非相干紫外光泵浦下,掺镁铌酸锂晶体中将出现一个覆盖可见和近紫外波段的宽幅吸收带,这一宽幅吸收带在室温条件下也不稳定,但其衰减时间常数在同成分高掺镁铌酸锂晶体中为几十秒的量级,其衰减动力学过程可以用 Schirmer 等人[83,84]在 1978 年发现的空穴小极化子 $O^-$ 的衰减动力学的经验公式描述,因此,这一宽幅光致吸收带被归因于高掺镁铌酸锂晶体中空穴小极化子 $O^-$ 的形成。

研究表明,由于紫外光致吸收增强效应,高掺镁铌酸锂晶体在经紫外光的辐照之后其在可见和近红外波段的光折变光栅记录灵敏度得到大幅提高[80]。如经 $0.81\ W/cm^2$ 的 365 nm 非相干紫外光辐照之后,$LiNbO_3$:Mg(5.0 mol%)晶体在 780 nm 波长处的光折变光栅记录灵敏度将由原先的 $10^{-5}\ cm/J$ 提高到 $0.5\ cm/J$。这一效应有可能应用于高灵敏度的双色非挥发全息存储[85-88]。如图 1-6 所示,在 $120\ mW/cm^2$,365 nm 非相干紫外敏化光的辐照下(注:实验所用的一束 365 nm 非相干紫外敏化光强度为 $120\ mW/cm^2$,两束 633 nm 记录光强度均为 $122.9\ mW/cm^2$,光栅周期为 $1.1\ \mu m^{[88]}$),在 $LiNbO_3$:Mg(5.0 mol%)

晶体中 633 nm 红光波段的双色记录灵敏度可达 $1.0\ cm/J$ 的量级[88],但其缺点是由于紫外敏化光对光栅较强的擦除作用,总体上表征记录容量的 $M/\#$ 值较低(~0.38)。上述光致吸收效应及其在双色非挥发全息存储方面的应用,说明在掺杂铌酸锂晶体中存在多种光折变缺陷中心参与了铌酸锂晶体的紫外光折变过程。有关铌酸锂晶体在紫外带边的相应缺陷结构,我们将在 1.2.6 节中详细讨论。

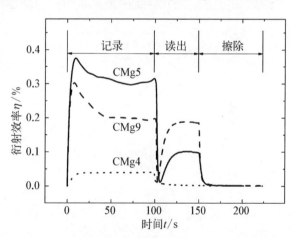

**图 1 - 6** 掺镁浓度分别为 **4.0 mol%**(CMg4),**5.0 mol%**(CMg5)和 **9.0 mol%**(CMg9)的 $LiNbO_3$:Mg 晶体的双色非挥发全息记录、光固定(读出)和擦除曲线

## 1.2.6 铌酸锂晶体的吸收边和紫外带边缺陷结构

经过四十余年的研究,人们已经基本上清楚了参与铌酸锂晶体在可见和近红外波段光折变过程的缺陷中心,并能够对铌酸锂晶体在这一波段的光折变效

应进行有效的调控,具体情况可参考相关的综述文章和书籍[40, 41, 72]。近二十年来(特别是近十年来),人们对于铌酸锂晶体在紫外波段的光学性质进行了大量的研究。然而,对于参与铌酸锂晶体紫外光折变过程的缺陷中心和光激发载流子的输运过程,到目前为止还不是十分清楚,甚至对于光激发载流子的极性也仍然存在争议。

最近,Xin 等人[71, 89]对于铌酸锂晶体的吸收边及其相应的缺陷结构作了较系统的研究。以 LiNbO$_3$:Mg 晶体为代表,Xin 等人研究了铌酸锂晶体吸收边的温度效应、吸收边光谱结构以及紫外光致吸收谱结构等,并对紫外带边相应的缺陷结构进行了分析。结果表明,铌酸锂晶体的有效带隙 $E_g$(定义为吸收边上吸收系数 $\alpha=70\ \text{cm}^{-1}$ 所对应的光子能量)遵循 Bose - Einstein 关系[90]:

$$E_g(T) = E_{gBE}(0) - \frac{2a_B}{\exp(E_{pBE}/k_B T) - 1} \qquad (1-1)$$

式中,$T$ 为绝对温度,$k_B$ 为玻耳兹曼常数,$E_{gBE}(0)$ 为 $T=0$ 时的晶体带隙,$E_{pBE}$ 为 Einstein 声子能量,$a_B$ 为电声耦合强度系数。如图 1 - 7 所示,$E_{gBE}(0)$ 随掺镁浓度的增加而变大,与掺镁铌酸锂晶体吸收边随掺镁浓度的增加而紫移的现象一

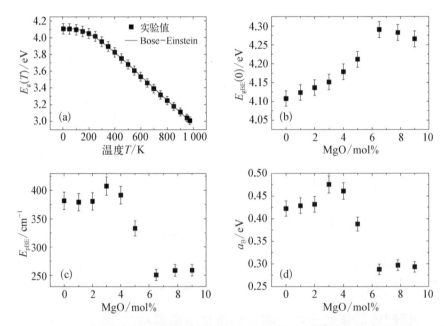

图 1 - 7 (a) 同成分纯铌酸锂晶体有效带隙 $E_g$ 的温度效应;(b) $T=0$ 时的晶体带隙 $E_{gBE}(0)$,(c) Einstein 声子平均能量 $E_{pBE}$,(d) 电声耦合强度系数 $a_B$ 等参量随晶体掺镁浓度的变化关系

致。更为有趣的是,铌酸锂晶体中的电声耦合效应也显示出 $Mg^{2+}$ 离子的浓度阈值效应,阈值浓度与抗光损伤阈值浓度一致。其中 Einstein 声子能量 $E_{pBE}$ 由低掺杂晶体的约 $400\ cm^{-1}$ 降低到高掺杂晶体的约 $250\ cm^{-1}$,而电声耦合强度系数 $a_B$ 则由低掺杂晶体的约 $0.45\ eV$ 降低到高掺杂晶体的约 $0.28\ eV$。此外,在 $400\ K$ 以上温度,铌酸锂晶体的吸收边光谱遵循 Urbach 规律[91]:

$$\alpha = \alpha_0 \exp\left(\frac{\zeta}{k_B T^*}(\hbar\omega - \hbar\omega_0)\right) \qquad (1-2)$$

式中 $\alpha_0$,$\zeta$ 和 $\omega_0$ 是常数,$T^* = (\hbar\omega_p/2k_B)\coth(\hbar\omega_p/2k_B T)$ 是有效温度,$\omega_p$ 是电声相互作用最强的声子频率,其随掺杂浓度的变化关系与图 1-7(c) 类似。由于电声耦合相互作用强度的降低将导致晶体光电导的增大[92],从而使得高掺镁铌酸锂晶体具有抗光损伤能力。这些结果为高掺镁等铌酸锂晶体的抗光损伤效应提供了微观解释。

当晶体温度逐渐下降时,Xin 等人[89] 发现铌酸锂晶体的吸收边将偏离 Urbach 规律,在吸收边带尾出现一宽幅吸收带,如图 1-8 所示。该宽幅吸收带由两个峰值分别位于 $3.83\ eV$ 和 $4.03\ eV$ 的吸收带组成。随着晶体掺镁浓度的增加,该吸收带的峰值强度也逐渐增加,并呈现 $Mg^{2+}$ 浓度阈值效应。在用 $0.26\ W/cm^2$ 的 $325\ nm$ 紫外光辐照晶体后,室温(298 K)条件下在高掺镁

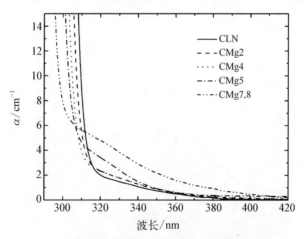

图 1-8  铌酸锂晶体在 3.8 K 低温时的吸收光谱(其中 CLN 代表同成分纯铌酸锂晶体,CMg2,CMg4,CMg5 和 CMg7.8 分别代表掺镁浓度为 2.0 mol%,4.0 mol%,5.0 mol% 和 7.8 mol% 的铌酸锂晶体)

（＞5.0 mol％）铌酸锂晶体中将出现如图 1－9 所示的光致吸收谱。这一光致吸收谱由两个峰值分别位于 2.64 eV 和 3.45 eV 的吸收带组成，其光谱线形符合空穴小极化子的特征线形[93]，光谱线形的特征比值 $W^2/M$ 分别为 0.15 eV 和 0.04 eV，其中 $W$ 为光谱线的半高宽，$M$ 为光谱线的峰值能量。因此，峰值位于 2.64 eV、特征比值 $W^2/M$ 为 0.15 eV 的吸收带应该是由铌酸锂晶体中 $V_{Li}$ 附近的空穴小极化子（$O^- - V_{Li}$）引起的，而峰值位于 3.45 eV、特征比值 $W^2/M$ 为 0.04 eV 的吸收带可能是由高掺镁铌酸锂晶体中另一负电缺陷中心 $Mg_{Nb}$ 附近的空穴小极化子（$O^- - Mg_{Nb}$）引起的。相对应地，图 1－8 中峰值位于 3.83 eV 和 4.03 eV 的吸收带可能分别由（$O^{2-} - V_{Li}$）和（$O^{2-} - Mg_{Nb}$）这两种缺陷中心引起。Li 等人[94]认为铌酸锂晶体的吸收边可能和 $V_{Li}$ 有关，Herth 等人[95]在 LiNbO$_3$：Fe 晶体中观测到脉冲光激发条件下空穴小极化子存在的迹象，这些结果为上述紫外光致吸收效应的空穴小极化子模型提供了佐证。值得注意的是，如图 1－8 所示的低温吸收带在掺 $Zn^{2+}$，$In^{3+}$，$Hf^{4+}$，$Sn^{4+}$ 和 $Zr^{4+}$ 等抗光损伤铌酸锂晶体中也被观测到[69, 71]，只是在 LiNbO$_3$：Zr 晶体中这一吸收带较其他种类的铌酸锂晶体相比而言明显弱得多，这可能是 LiNbO$_3$：Zr 晶体在紫外波段也具有抗光损伤能力的主要原因。因此，铌酸锂晶体中的 $V_{Li}$ 和 $Mg_{Nb}$ 等负电缺陷中心附近的 $O^{2-/-}$ 等缺陷中心对于晶体的紫外光折变效应及光激发载流子的输运过程可能起到了关键性的作用。

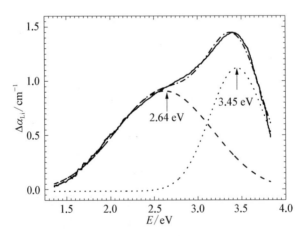

**图 1－9　室温下 LiNbO$_3$：Mg（5.0 mol％）晶体在 0.26 W/cm$^2$ 的 325 nm 紫外光辐照下的光致吸收光谱**

其中实线为实验测量值，虚线和点线是用空穴小极化子光谱线形的拟合值，
而点画线为两种空穴小极化子的光谱线（虚线和点线）之和[89]

### 1.2.7　紫外光辐照下的其他效应和应用

铌酸锂晶体作为"非线性光学硅"的候选材料之一,在非线性光学变频、导波光学和光信息处理等方面有重要的应用。随着铌酸锂晶体抗光损伤性能的提高、抗光损伤波段的拓宽以及准相位匹配技术的发展,高质量周期极化铌酸锂晶片的制备成为非常关键的技术。2003 年,Fujimura 等人[96]和 Buse 研究组[97]分别发现,铌酸锂晶体在波长位于吸收带边附近的紫外光辐照下,其铁电畴反转电场可大幅下降 30%左右。更为有趣的是,Eason 研究组[98]发现铌酸锂晶体在光子能量大于晶体带隙的紫外光(244 nm)辐照下,其铁电畴反转效应受到抑制。可以看到,随着紫外辐照光波长的变短,铌酸锂晶体的铁电畴反转效应在光辐照下经历了从促进铁电畴的反转到抑制铁电畴的反转这样一个过程。绝大部分研究者认为,铁电畴反转电场的降低或者铁电畴反转的抑制效应可能是由新的光致附加电场的形成所致[96-99],然而由于对参与光激发过程的缺陷结构和光激发载流子的输运过程等认识不足,其形成机制以及涉及的晶体缺陷结构等尚没有形成共识。2003 年,Eason 研究组[100]还发现利用 244 nm 连续紫外光可以在铌酸锂晶体中实现光直写波导结构。这些效应的发现为光控铁电微畴结构制备和光直写波导结构提供了可能,在铁电畴结构制备、短波段倍频光源的研发以及集成光子学等方面有很高的应用价值。

## 1.3　非相干非线性光学与离散空间孤子

非线性光学是在激光问世以后,系统研究光与物质的非线性相互作用的一门分支学科。在非线性光学获得巨大飞速发展的几十年中,人们掀起了对非相干非线性现象以及周期或离散系统中非线性现象的研究热潮。非相干系统和周期离散系统,在自然界中都广泛存在。在光学中,典型非相干系统的例子是白炽灯、太阳光及 LED 光源等,而典型周期离散系统的一个例子就是紧密排列的波导阵列,光波在其中协同传播的行为展示了很多有趣的现象。孤子,是一种广泛存在于很多不同物理学分支中典型的非线性波现象,比如光学、等离子体、凝聚态物理、流体力学、粒子物理学以及天体物理学等。近几年来,随着非线性光学中光学空间孤子的深入研究,孤子领域以及相关非线性现象的研究内容得到了充分的发展和丰富。特别地,非相干空间孤子和光学周期结构中的离散空间孤子的研究进展,不仅加深了人们对非线性光学及光子学中基本物理过程的认识和理解,而且对很多其他非线性学科有所启发。在本节中,我们将对光学非相干孤子和离散空间孤子传播特性进行概述和总结。重点介绍关于连续介质中非相干光自陷的一系列问题以及在离散介质(光诱导光子晶格)中实现的多种新颖的空间孤子态,包括相干离散光孤子、带隙孤子、表面孤子以及非相干离散光孤子。

### 1.3.1 非相干光的非线性效应、离散体系与空间孤子

#### 1.3.1.1 从相干光到非相干光

在光学中,相干性是决定能否形成稳定干涉条纹的一个重要因素。更广泛地说,它描述的是单束光或者是多束光之间的物理量具有关联的性质。最典型相干光源的例子就是激光,它能产生时间和空间都具有高度相干性的高能量和高功率的光束。因此激光器的发明极大地促进了光学尤其是非线性光学的发展。

但是,自然界和日常生活中充满了非相干光,比如从白炽灯、LED灯或者是太阳发出的光。这样的白光源在空间上,整个光束横向光场分布具有随机的相位扰动,在时间域上波包具有宽频谱,是由多个非相干的波长或频率的光波组成的。实际上,非相干光在光学的很多领域都具有广泛的应用,如显微技术、平面显示技术、太阳能电池技术等方面。但是在非线性光学中,关于非相干光的非线性现象尤其是非相干光动力学和孤子现象的研究一直为人们所忽视,事实上,几个世纪以来人们根深蒂固的观念就是孤子和相关非线性波现象只能源于相干光并由激光来实现。1996年非相干光孤子的发现为非线性光学打开了新的一页,标志着非相干非线性光学研究的开始。非相干光孤子普遍存在于某些常见的非线性介质中,比如具有非瞬时响应的饱和非线性介质和具有瞬时响应的非局域介质。非相干性的存在使得很多非线性物理现象与相干光导致的现象有很大的不同,非相干度也可以成为一个新的自由度来影响和改变光的传播行为。除此之外非相干光还可以看成是所有具有弱关联粒子系统的代表,因此在非相干光中存在的非线性现象和得到的结论对其他的弱关联多体系统具有一定的借鉴作用和启示。

光折变效应涉及光生载流子的激发、迁移、俘获和再激发等一系列过程,因此,光折变效应具有非瞬时响应的特性,响应时间与光折变材料和入射光强有关,可以是从纳秒到分钟量级,这种非瞬时响应的特性正是下文中将要提到的形成非相干孤子的关键条件。与克尔非线性不同,光折变效应的大小只与非均匀入射光的相对能量有关,而不取决于绝对光强,对于毫瓦量级的弱光,只要有足够的辐照时间,同样可以产生折射率变化。这些特性使得我们能够在较低光功

率下研究多种非线性光学现象,特别是空间光孤子,所以近二十年来在光折变介质中形成的光折变空间孤子成为孤子研究的主流[101]。

### 1.3.1.2　从连续介质到离散介质

在连续介质中,波的传输行为可以用时间和空间的连续函数来描述。如果一个具有一定规律排布的结构体系中的动力学行为可以用一系列基本单元的模式和相互作用来描述,则这种系统通常被称为离散体系。离散体系广泛存在于物理学的各个分支学科,比如固体物理、玻色-爱因斯坦凝聚态及分子生物链等。由于它们在数学模型上的相似性,因而可以将不同物理领域中的离散系统联系起来。在原子晶格和生物分子链等微观尺度下的离散体系中,电子的能量不是连续分布的,而是出现分立的能级。类似地,当宏观尺度下介质的某种特性被周期性调制后(例如周期势阱中的玻色-爱因斯坦凝聚等),其中的波传输动力学行为也会表现出带隙结构和离散模式。事实上,在具有周期性排列或调制的离散体系中,不管任何波,只要受到周期性调制,都具有能带结构,这是离散体系的一个共性。在光学领域离散光学体系的一个典型例子就是光子晶体(photonic crystals)[102]。它是由不同介电常数的材料在空间按一定周期排列而成的一种新型光子材料,这种材料中存在光子带隙(或光子“禁带”),也就是说某一频率范围的光波不能在此周期性结构中传播。近年来,除了光子晶体外,周期性波导阵列,也被称作光子晶格(photonic lattices)作为另一类周期性光学结构引起人们的广泛关注和研究[103-105]。波导作为波导阵列的基本单元,光波在其中传播的行为可以分解成由这些离散波导模式行为的叠加。由于相邻波导间的倏逝波耦合,光波在波导阵列中的传播行为表现出很多与在均匀介质中截然不同的现象,例如布洛赫波、正常和反常的衍射、折射行为以及光子带隙结构[106, 107]等。相比其他离散系统,光子晶格中很容易引入非线性,非线性与离散衍射平衡就能形成多种在连续介质中不存在的新型孤子态[105, 108],此外多种离散现象的演化过程还可以直接在光子晶格中观察到,从而使得光子晶格成为研究各种线性与非线性离散现象特别是离散孤子的便捷平台。

### 1.3.1.3　空间光孤子简介

光孤子是非线性介质中传播不变的波包,其形成的物理原因是由于衍射或者色散与非线性平衡的结果。光学孤子通常简单地分为两类:时间光孤子及空间光孤子。尽管它们存在于不同的物理系统中,但是作为孤子它们都具有相同的物理特性。对于空间光孤子可以有如下物理图像来理解:当一束有限大小光束在介质中线性传播时由于衍射效应其光斑尺寸会变大,而且光束尺寸越小衍射越强烈。当光束在非线性介质中传播时,因为介质折射率的改变是与入射光强分布相关的,当形成的折射率分布在光束中心区域高而在光束周围低时,就形成了类透镜的效应,该效应会使得光束产生自聚焦的效应。当自聚焦非线性与衍射展宽刚好平衡时,就形成了空间孤子,如图1-10所示。此外,孤子还可以用另外一种物理图像即波导的图像来理解:一个局域的波包通过非线性可以诱导一个势阱,该势阱会支持一些特定的本征模式,如果局域波包正好就是自身诱导势阱的一个本征模或束缚模时,就形成了孤子。在光学中,当一束有限大小的光束在非线性介质中传播时会诱导出一个光波导,该波导结构又会反作用于光束的传播,在传播过程中,当光束演化成了自身诱导波导结构的本征模式时,就能以不变的尺寸传播从而形成了空间光孤子。光孤子的存在形式是与非线性的性质相关的,具体来说,亮空间光孤子存在于自聚焦非线性介质中[109],而暗空间孤子的形成却需要自散焦非线性[110]。

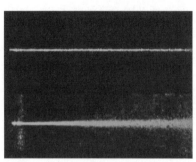

**图1-10 在非线性光折变晶体中传播的空间孤子实验结果侧视图**

上图为非线性光折变孤子,下图为正常线性衍射。左端为入射面,右端为出射面[113]

关于空间光孤子的研究始于1964年,R. Y. Chiao等人发现了准连续激光束在连续非线性介质中的自陷现象[111]。因为它是不稳定的,所以当时自陷现象并没有与孤子的概念联系起来。在1985年,稳定的空间孤子在克尔非线性介质中观察到了,但只在一维情形是稳定的[112]。随后,稳定的二维空间孤子在光折变屏蔽非线性介质中实现了[113]。从此光折变空间孤子成为研究孤子各种性质最活跃的领域。实际上,光折变空间孤子的研究极大地推动了多种新颖孤子现象的发现及相关性质的研究,比如在下文中我们将要讨论的非相干空间光孤子和离散空间光孤子。

## 1.3.2 非相干空间孤子

在1996年之前,所有非线性领域包括非线性光学中实验研究的孤子都是相干的。实际上,在很长一段时间内,人们一直都认为所有的孤子都是相干的局域波包,或者说相干性是孤子的属性。然而,自然界充满了非相干或者是部分相干的辐射源。将从太阳或者是白炽灯发出的光汇聚,就可以获得一束窄的非相干的光束,那么像这样的非相干光束是否也能够在非线性介质中自陷而形成光孤子呢? 更广泛地说,像以部分相干光为代表的所有具有弱关联性的粒子系统能否形成自陷的局域波包? 这个既有趣又具有挑战性的问题激发了一系列的基于非相干光自陷的实验[14, 15, 114]。到目前为止,一系列的理论和实验结果都充分表明非相干的亮空间孤子和暗空间孤子确实在具有非瞬时响应的自聚焦或者是自散焦非线性介质中存在[14, 15, 114-119]。这些结果带来了很多有意思的应用,比如可以利用低功率的非相干光孤子诱导的波导,来传导和控制高功率的相干光束,使得利用弱光来控制强光成为可能。

形成非相干空间孤子一个非常重要的条件是介质必须具有非瞬时响应的非线性。具体地说,就是非线性的响应时间比非相干光束中的随机相位扰动的特征时间要慢得多,在这样的条件下随机相位变化就被时间平均效应所抹平,非线性就是对整个光强的时间平均响应。在上一节中讲到的光折变非线性正好是一种非瞬时非线性,而且其响应时间还可以通过改变入射光的强度来控制。光折变介质的这种非瞬时响应的特性加上在很弱的光功率下就能产生较大的折射率改变,使得光折变晶体成为非常理想和便捷的研究非相干孤子的实验平台。实际上绝大部分的非相干孤子及相关的非相干非线性光学现象都是在具有非瞬时响应的饱和非线性的光折变晶体中实现的,虽然最近人们也在具有瞬时响应的非局域介质中实现了非相干孤子。前者利用的是对随机变化的时间平均效应,而后者利用的是空间平均效应。以下我们将简要介绍利用光折变非瞬时响应的饱和非线性所形成的多种非相干空间光孤子,其中包括非相干亮孤子、非相干暗孤子及非相干孤子阵列的实验结果和相应的进展。

### 1.3.2.1 非相干亮孤子

在所有非线性系统中第一个实现的非相干自陷波包就是非相干亮孤子,它存在于自聚焦非线性介质中,是由 Segev 组在 1996 年实验发现的[114]。这个实验工作是在光折变 SBN:75 晶体中实现的,该晶体可以提供形成非相干孤子的非瞬时响应的自聚焦非线性[114]。部分相干光的获得是将相干的激光束通过一个旋转的散射体而实现的,这也是实验上获得部分相干光最常用的方法。因为通过散射体的部分相干光中相位随机扰动变化的时间尺度要远远地快于 SBN 晶体的响应时间,非线性晶体感受到的就不是瞬时的散斑图而是这些瞬时散斑图对时间的一个平均效应。将高斯型部分相干光聚焦入射到 SBN 晶体中,在线性传播时,由于部分相干光的衍射大小不是由光束尺寸决定而是由光束中散斑的尺寸决定,因此在晶体出射面,部分相干光与相同尺寸的相干光相比要衍射得更加强烈,出射光斑尺寸更大。当晶体加上正偏置电压与合适的背景光强后,非相干光束的衍射就被晶体的自聚焦非线性平衡了,在晶体中形成了尺寸几乎不变的非相干亮孤子。

在部分空间非相干光实现自陷后,完全非相干光即时间与空间都非相干的自然光及非相干"暗"光束的自陷很快也都在实验上实现了[14, 15]。这些实验结果极大地促进了理论对非相干孤子的认识和研究。紧接着,人们提出了一些相关的理论来解释非相干光自陷的实验结果,比如相干密度理论、模理论、描述互相干传播的理论和简化的射线传播理论[115-119]。这些理论不仅能够解释非相干孤子的存在而且它们还能预测新的有意思的非相干物理现象。实际上,接下来的一系列实验结果表明非相干光存在很多不同于相干光的新物理现象包括:非相干调制非稳性[120]、非相干反暗孤子[121]、非相干图案形成[122, 123]、孤子聚簇现象和基于部分相干光诱导的孤子阵列[124]等。上述在光学系统中观察到的非相干物理现象和结果可以拓展到其他具有非瞬时响应的弱关联波动系统中。最新的研究结果表明,在瞬时响应的非线性介质中也能存在非相干亮孤子,但是必须具有强的非局域非线性[125]。

### 1.3.2.2 非相干暗孤子

"暗光束"是具有一维条形暗迹或者是二维暗点的非均匀光束,其暗迹是由光场中的相位畸点或者光场复振幅的不连续导致。曾经在相当长的一段时间里,暗孤子也仅在相干光中观察到。在 1998 年,Chen 等人第一次在实验上实现了非相干暗孤子,它是由部分空间非相干光束中的一维暗迹与二维暗点在光折变非线性介质中自陷而形成,其诱导的折射率结构类似于平面波导和圆形波导[15]。

简单的一维相干暗孤子的形成在暗条形光束的中心需要有 π 相位的跃变,反之,如果初始相位均匀即暗迹是由复振幅跃变形成,则最终会形成 Y 结点型的孤子[110]。此外,二维的相干暗孤子(涡旋孤子)需要螺旋形的相位结构。如果将这些概念直接应用到非相干暗孤子上会产生一些问题。因为暗迹所在背景光的相位是完全随机的,那么它们的初始相位结构是否也像相干暗孤子那样重要?其初始的相位关系是否能在这种非相干的背景光中起作用,如何在传播过程中保持住? 所以,当时即使是非相干亮孤子实验成功实现后,对于非相干暗孤子存在的问题依然有疑问。基于对上述这些问题的考虑,人们利用相干密度法首次研究了非相干暗光束在偏压的光折变晶体中的传播行为[126, 127],结果表明含有暗迹的非相干光束在合适的非线性条件下,最终会演化成一个稳定的孤子解。这样的自陷孤子态需要一个初始的 π 相位跃变,形成的非相干暗孤子经常表现为"灰"色(暗迹处光强不为零),而不是像相干暗孤子那样完全黑色(暗迹光强为零)。该理论工作虽然没有完全回答上述的所有问题,但是理论上证实了非相干暗孤子确实是存在的。几乎与该理论工作同时,实验上也观察到了非相干暗光束的自陷行为[15]。紧接着非相干暗孤子的模理论也被发展出来了,揭示了该孤子的其他一些特性。模理论表明非相干暗孤子及与之相关的自诱导波导既包含束缚模(导模),也包含连续的辐射模。这也在理论上定性地解释了一维非相干暗孤子的实验结果,比如为什么需要 π 相位跃变作为初始条件来激发非相干暗孤子及非相干暗孤子通常是"灰色"的原因[128]。

首次实现非相干暗孤子的实验结果如图 1-11 所示[15],图 1-11(a)是一维的非相干暗孤子,可以看到在线性传播下,暗迹尺寸都会因为衍射而展宽,当加上自散焦非线性后,暗迹的衍射与自散焦相平衡,最后在晶体出射面自陷的暗迹尺寸与初始入射大小相当。从结果也可以看到,非相干暗孤子通常是灰色的(暗迹处光强不为零),并且其灰度大小是与光束的相干度相关的。该实验结果与关于非相干暗孤子的数值模拟及理论结果符合得非常好。图 1-11(b)和图 1-11(c)是二维的非相干暗孤子的实验结果,同样地也是灰孤子,并且光束的非相干度越大时,其可见度就越低[15]。

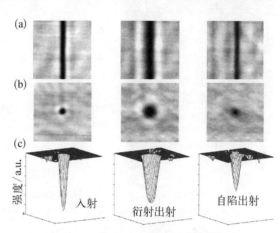

**图 1-11　非相干暗光束自陷实验结果图**

(a)和(b),(c)分别是在晶体入射面处一维和二维暗光束的横向光强分布(左)、晶体出射面的线性衍射(中)与在晶体出射面非线性自陷光强分布(右)。(c)图为(b)图的三维光强分布图[15]

一些其他的基于非相干暗孤子的研究也迅速地开展起来,特别是非相干暗孤子的 Y 形劈裂及相应的"相位记忆"效应,结果表明非相干暗孤子具有强的"相位记忆"效应,但是其在线性传播的时候是不存在的[129]。如果用振幅板来产生暗迹(这实际上是提供一个"偶"的初始条件),就会产生 Y 结点型的非相干暗孤子。有意思的是,当暗光束的非相干度增加时,暗孤子的灰度也随之增加,但是 Y 结点孤子之间的距离却保持不变,相关的讨论见文献[129]。在其他实验中,非相干 Y 结点暗孤子诱导的 Y 型波导能够实现对相干光束的传导与分束[130]。这也表明利用非相干光形成的孤子波导结构传导相干光束是可行的。

### 1.3.2.3　非相干孤子阵列

基于空间孤子的波导阵列引起了人们极大的兴趣,因为它们在光信号处理和光信息技术方面具有潜在的应用[131]。但是,通常在体介质中制备出紧密排列的二维波导阵列具有非常大的挑战性。实际上,最近已经成功地实现了基于部分空间相干光的空间孤子阵列[132]。非相干孤子阵列的实验是在偏压的光折变

SBN：60 晶体中完成的。入射的非相干光被周期性的振幅掩模板调制，当光束的相干度与非线性大小都在比较合适的值时，振幅调制的部分相干光在非线性传播时会形成稳定的孤子阵列，如图 1－12 所示。这些孤子阵列是在特定的实验参数条件下实现的(例如：光束的相干度、非线性的强度和相邻孤子之间的间距)，并且与诱导的非相干调制非稳性是相关的[133]。

图 1－12　部分相干光形成的二维空间光孤子阵列的实验结果三维图[132]

但是，如果利用相干光，即使是在非常低的非线性下，由于相干调制非稳性光束也会破碎成无序的细丝而不是有序孤子阵列[120]。此外，在某些特定条件下，在均匀的非相干宽光束中也会观察到有序的图案形成及孤子的聚簇现象[122-124]。在非相干孤子阵列中，每一个孤子可以看成是诱导了一个波导，因此整个非相干孤子阵列就可以看成是二维的波导阵列结构。这个实验结果表明利用低功率的非相干光来诱导结构参数可调的二维波导阵列结构是可行的。这为我们下面利用部分相干光来制备各种类型的波导阵列结构及实现多种离散孤子打下了坚实的基础。

## 1.3.3　离散系统中的空间光孤子

在自然界中，线性和非线性的离散或周期系统广泛存在。在光学中，一个典型的例子就是紧密排列的波导阵列或称光子晶格，光波在其中协同传播的一系列行为展示了很多有趣而且与在连续介质中完全不同的现象。在这样的离散系统中，其中一个引起人们极大关注的研究热点是关于空间离散孤子或晶格孤子的研究，该研究领域成为过去十年孤子研究的主流。离散孤子的产生是由于离散衍射效应和非线性作用平衡的结果。自从首次预言[104]并且实验[134]实现了一维离散孤子以后，这个领域就得到了迅猛的发展。我们将对这部分内容做一个简单的回顾和总结。重点关注的是本小组在二维光子晶格尤其是部分相干光诱导四方光子晶格中多种离散孤子的实验结果。

### 1.3.3.1　部分相干光诱导光子晶格

利用现代纳米加工技术和制备工艺，在某些基底材料上制作一维波导阵列的技术已经很成熟。例如，已经能够在 AlGaAs 半导体材料或 LiNbO$_3$ 晶体等材料中制备一维的波导结构。事实上，首次实验实现离散光孤子就是在人工制备的一维半导体波导阵列中实现的[134]。然而，在体材料中制作或构建二维以及三维波导阵列还存在挑战。为了在更高的维度观察离散光孤子现象，人们提出在光折变晶体中利用光诱导方法实现波导阵列的想法[135]。其物理思想是通过周期性的光场在非线性介质中诱导出周期性的折射率结构。最初是通过几束相干光干涉的方法在非线性光折变晶体中来诱导波导阵列，在其实验中观察到了离散光孤子[136, 137]。多光束干涉的方法在制作光子晶格结构上有很多缺点，例如，诱导出的晶格结构往往对外界扰动很敏感。另外，如果阵列光束本身能感受到强的非线性时，它也会因为调制非稳性破碎而不能稳定传播。因此，我们提出了另一种光诱导的方法，就是基于部分相干光的周期振幅调制法[132]。用部分相干光不仅可以在一定程度上避免相干光的上述问题，更为重要的是，利用振幅调制法还能制备出用干涉的方法所不能产生的更加复杂的晶格结构，如光学超晶格[138, 139]、有结构缺陷的晶格[140]和表面晶格[141]等。

需要强调的是，光诱导波导阵列的方法和光折变晶体中离散孤子形成都与光折变非线性的各向异性有关。一般地，在各向异性光折变晶体比如我们常用的 SBN 晶体中，一束光所感受到的非线性折射率的改变取决于它的偏振方向和强度[135-137, 142, 143]。在合适的偏置情况下，当光折变屏蔽非线性占主导时，对应的异常偏振光（e 光）和寻常偏振光（o 光）折射率改变就近似为 $\Delta n_e = [n_e^3 r_{33} E_0/2](1+I)^{-1}$ 和 $\Delta n_o = [n_o^3 r_{13} E_0/2](1+I)^{-1}$。这里 $E_0$ 是沿晶轴方向的外加电场，$I$ 是对背景光归一化后的光强。由于电光系数 $r_{33}$ 和 $r_{13}$ 的不同，在 SBN：60 晶体中同样的实验条件下 $\Delta n_e$ 比 $\Delta n_o$ 大 10 倍以上。因此，如果阵列光是 o 光，探测光是 e 光，阵列光相对于探测光将经历非常弱的非线性折射率变化而可以忽略不计。另一方面，探测光一般用一束相干的 e 光，可以通过改变其光强控制它在阵列光诱导的周期势场中经历线性或非线性传播。值得一提的是，当外加电场 $E_0$ 和 SBN 晶体 c 轴垂直而非平行时，晶体表现出更加明显的各向异性特点，这种非传统偏置的晶体中同时存在着自聚焦与自散焦非线性[144]。

### 1.3.3.2　二维自聚焦光子晶格中的离散孤子

下面，我们将给出自聚焦非线性下的部分相干光诱导的光子晶格中多种新颖离散孤子和离散现象。光子晶格中离散衍射导致的光束展宽与自聚焦非线性相平衡就能形成离散孤子，离散孤子的传播常数通常位于光子晶格带隙结构中由全内反射形成的半无限禁带中[104]。

首先，我们给出二维基本离散孤子的实验结果，如图 1－13 所示。一束部分相干的 o 光用来诱导稳定的波导阵列。然后，一束 e 光作为探测光入射到其中的一个格点上，并与整个阵列光共线传播。在线性或低非线性下，高斯型探测光表现为离散衍射，中心格点能量低，大部分能量耦合到邻近的四个格点上。作为对比，当没有光子晶格时探测光线性衍射的能量分布仍然是类高斯型的。在适当的自聚焦非线性下,我们观察到了二维离散孤子,此时能量主要分布在入射的格点及其邻近的四个格点上,而且中心的主极大与相邻次极大是同相位关系[142]。

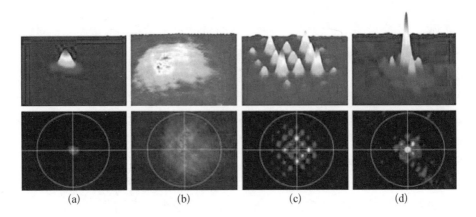

　　(a)　　　　　　　(b)　　　　　　　(c)　　　　　　　(d)

　　**图 1‑13　部分相干光诱导的二维光子晶格中离散孤子实验结果(第一行:三维光强分布;第二行:二维横截面光强分布)**[142]

(a) 入射面探测光光强分布;(b) 无晶格时探测光在出射面线性衍射光强分布;(c) 在偏置电场强度为 900 V/cm 时的离散衍射情况;(d) 在偏置电场强度为 3 000 V/cm 时的离散孤子

　　随后,多种新颖的具有特殊相位关系和多成分或多模式的离散孤子也相继在部分相干光诱导的晶格中实验实现了。比如二维的离散矢量孤子,当两束互不相干的光束沿着阵列中同一格点传播时,同时存在时可以形成一个二维的矢量孤子,然而在相同条件下,每一束光自身却呈现为离散衍射。这种相互自陷的双组分矢量孤子的形成可以认为是依赖光强非线性的结果[145]。如果将两束相干光束(有可控的相位关系)分别入射到阵列两个相邻的格点位置,而不是在同一格点上,我们得到了同相位和反相位的偶极离散孤子[146]。探测光除了入射在格点上,我们还研究了光诱导光子晶格中非格点激发的情况。当一束弱的类高斯型探测光入射到两个格点间,它的能量主要均匀地转移到两个邻近的波导中,形成对称的光强分布[147]。然而,当探测光强度超过一定的阈值后,出射探测光的强度就演变为非对称分布,类似于双势阱中对称性破缺现象。如果探测光自身没有非线性,那么不管如何增大光强,对称性破缺现象都不会出现,因此,这是一种非线性导致的对称破缺。当两束探测光平行入射到两个相邻格点间的位置上,它们形成对称还是反对称孤子态依赖于它们之间的相位关系,实验和理论研究表明对称孤子态和反对称孤子态都是线性稳定的[147]。此外,一维的离散孤子串也在部分相干光诱导的四方光子晶格中实现了[143],它只在一个方向是局域的,而在与之垂直的方向上是无限延展的。

二维光子晶格还支持一些在连续介质中不能稳定存在的孤子,比如涡旋孤子。在连续介质中涡旋光孤子只存在于自散焦非线性介质中,通常都是以暗孤子的形式存在。在自聚焦连续介质中由于角向调制不稳定性,涡旋光不能稳定传播,经常破裂成多块光斑[148]。然而,这种不稳定性可以被光子晶格中的周期折射率所抑制,从而可以在自聚焦非线性晶格中成功地观察到稳定的离散涡旋光孤子[149, 150]。

### 1.3.3.3　二维自散焦光子晶格中的带隙孤子

带隙孤子的形成是波在非线性周期介质中传播的基本现象之一。光学中,带隙孤子首先是在时域中被提出的[151],是一种存在于一维的周期介质例如折射率周期变化的光纤光栅中的局域现象。后来,带隙孤子的概念被扩展到空域的光子晶格中[152]。与传播常数在全内反射禁带中的离散孤子不同[134],带隙孤子的传播常数是位于由布拉格反射形成的光子禁带中。光子晶格中的空间带隙孤子可以由第一带最低点(布里渊区的边缘高对称点 $M$ 点,如图 1 - 14(i)所示)的布洛赫模(Bloch Mode)式演化而来,此处为反常衍射,可以与自散焦非线性相平衡[152];或者由第二带顶点的布洛赫模式演化而来,此处为正常衍射,可以通过自聚焦非线性相平衡[105]。由于带隙孤子通常都是从带底或者带顶的模式演化而来,因此,带隙孤子在相位分布和空间频谱分布上都会符合对应点的布洛赫模式,这也为我们实验上鉴别所形成带隙孤子与带隙结构高对称点的关系提供了依据。我们将给出第一种情况在部分相干光诱导的二维"脊背"型晶格中,自散焦非线性下实现的多种空间带隙孤子的实验结果,包括二维基本带隙孤子、类偶极带隙孤子、带隙孤子串和涡旋带隙孤子等。

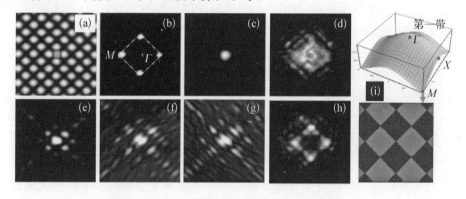

**图 1 - 14　正入射形成基本带隙孤子的实验结果**

图(a),(b)为晶格光强分布及其空间频谱;(c),(d)为入射面的探测光及其线性出射空间频谱;(e)为带隙孤子光强分布;(f)和(g)为沿两个轴向的干涉图;(h)为带隙孤子的空间频谱;(i)为第一带衍射曲线图(上)与 $M$ 点布洛赫波的相位图(相邻格点反相位)

二维自散焦光子晶格中的基本带隙孤子首先是在 2003 年由 Segev 组在相干光干涉法诱导的光子晶格中实现的[137]，在实验中他们将探测光以布拉格角度倾斜入射，来匹配第一布里渊区边界 $M$ 点的模式。然而，我们发现仅通过简单的正入射对应的探测光就可以形成多种空间带隙孤子，即使初始入射的探测光很少激发对应带隙孤子的布洛赫模式，通过非线性导致的空间频谱整形效应，探测光也可以演化到对应的孤子态。

首先，我们在图 1-14 中总结了在单束高斯光正入射情况下形成二维基本带隙孤子的结果[153]。我们发现，即使探测光的初始频谱仅覆盖在第一布里渊区中正常衍射的位置，探测光的非线性自陷也会引起空间频谱整形，使得能量从正常衍射区转移到反常衍射区。最终大部分能量都集中于第一布里渊区的 4 个 $M$ 点上。干涉图清楚地显示带隙孤子具有交错的相位结构（中心峰值和邻近峰值相位相反）。非线性频谱和相位结构都与 $M$ 点的布洛赫模式符合得很好，这也说明了该基本带隙孤子是从第一布洛赫带带底 $M$ 点演化进入禁带中的[153]。

随后，类偶极带隙孤子也在二维自散焦光子晶格中实现了（见图 1-15 第一行），它可以看成是由两个具有同相位或者反相位关系的基本带隙孤子组成，其空间频谱和稳定性强烈地依赖初始入射激发的条件[141]。

带隙孤子串也通过实验实现了（见图 1-15 第二行），最后的相位结构及空间频谱与基本带隙孤子相同，频谱能量也主要集中于第一布里渊区的四个 $M$ 点上，其相位结构也符合 $M$ 点的模式[153]。值得注意的是，在线性情况下入射条形光的空间频谱仅激发四方晶格第一布里渊区的两个对角 $M$ 点，在垂直方向的两个 $M$ 点上并没有激发。而在非线性情况下，条形光束就演化为空间频谱覆盖了四个 $M$ 点的带隙孤子串，与我们在理论模拟中得到的孤子解类似。该结果表明探测光的频谱能量不仅可以在正常衍射与反常衍射区域之间转移，而且可以从初始激发的区域转移到没有激发的区域。这项工作的重要性不仅体现在我们实现了一种新型的带隙孤子态，更为重要的是，在形成带隙孤子串过程中所发生的非线性传输和频谱整形效应。

上述带隙孤子的空间频谱能量都集中在第一布里渊区的四个 $M$ 点上，这代表它们都是从第一带的最低点 $M$ 点的模式演化进入禁带中的。但并不是所有带隙孤子都符合这个规律，我们在实验上实现一阶涡旋带隙孤子时（见图 1-15 第三行），发现其空间频谱能量只分布在第一布里渊区边界的反常衍射区附近，而并不在 $M$ 点上，这也意味着一阶涡旋带隙孤子并不是从 $M$ 点的模式演化进入禁带中的，实验结果也得到了理论的证实[154]。此外，我们也研究了二阶涡旋光在自散焦光子晶格中的传播特性，我们发现四格点激发的二阶涡旋光不能稳定传播,最终会演化成四极带隙孤子,该带隙孤子是从 $M$ 点演化进入光子禁带中的。那么自散焦光子晶格中的二阶涡旋带隙孤子是否存在呢?事实上,如果入射的二阶涡旋光覆盖光子晶格中的八个格点,在适当的非线性条件下就能形成稳定的二阶涡旋带隙孤子[155]。更多关于光子晶格中带隙孤子和涡旋孤子的内容可参考相关文献[156,157]。

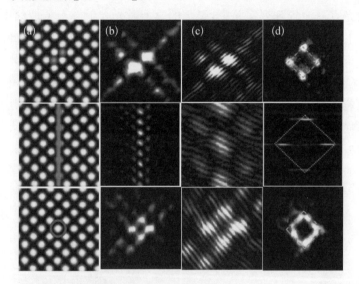

**图 1-15 类偶极带隙孤子(第一行)、带隙孤子串(第二行)和一阶涡旋带隙孤子(第三行)的实验结果图**

(a) 入射面光子晶格及激发示意图;(b) 出射带隙孤子光强分布;(c) 带隙孤子与倾斜平面波干涉图;(d) 带隙孤子的空间频谱图[141,153,154]

### 1.3.3.4 离散表面孤子

离散表面孤子是离散孤子中的一个重要类别,存在于半无限光子晶格与连续介质的分界面处。由于与固体物理中电子的表面态 Tamm 态和 Shockley 态相关,近来离散表面孤子引起了人们广泛的兴趣。实际上,由于固体表面的缺陷等问题,这种电子表面态在实验中很难直接观察到。相比较而言,具有锐利表面的光子晶格系统很容易制作,而且其结构参数可以调节,波函数的演化可以直接从光强分布来观测,这种离散光学系统为实验研究更丰富表面波行为提供了平台。人们在光子晶格中观察到了一系列新颖的线性与非线性表面波传输现象。Stegeman 和 Christodoulides 小组首先理论预言了一维自聚焦波导阵列中的离散表面孤子[158],不久后他们就在具有克尔非线性的一维 AlGaAs 波导阵列中实验实现了离散表面孤子[159]。

在二维领域[160],由于制备具有锐利表面或分界面的二维非线性晶格结构十分困难，要在实验上直接观察二维表面孤子具有比较大的挑战。2007 年，两个小组利用不同材料和装置分别实现了二维离散表面孤子。一组是由 Wang 等人在部分相干光诱导光折变光子晶格中完成[161]，而另一组则是 Szameit 等利用飞秒激光直写技术在石英玻璃中制备得到波导阵列结构并实现了二维表面孤子[162]。图 1-16 为这两个研究组得到的二维离散表面孤子的典型实验结果。在飞秒激光直写波导阵列实验中，聚焦的脉冲激光入射到石英玻璃中，能够引起局部折射率的增大[163]。因此，相对于入射光横向移动样品时，就会在样品纵向写入折射率的调制（即波导）。图 1-16(a)是利用激光直写技术制备的一个 5×5 波导阵列横截面的放大图像。当入射光峰值功率较低时，可以清楚地观察到光能量都耦合到远离表面的阵列中了，而峰值功率较高时，几乎所有的光能量都局限在入射波导中[162]。在光折变光诱导晶格的实验中，表面光子晶格是利用振幅调制部分相干光的方法得到的。适当的高偏置电场下，在晶格表面传播的探测光的衍射会受到抑制，形成同相位的离散表面孤子和反相位的带隙表面孤子。而同样的条件下，如果探测光强度降低时，则表现为衍射现象[161]。

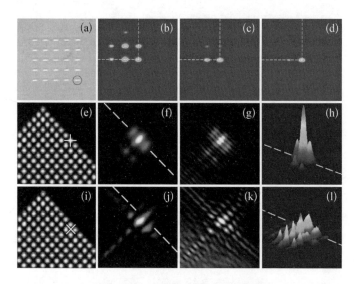

**图 1-16　二维表面孤子实验结果**

（a）飞秒激光直写波导阵列，圆圈为入射波导位置；（b～d）逐渐增大入射光强时出射面的光强分布，光诱导光子晶格中的离散表面孤子（中间行）和表面带隙孤子（第三行）；（e）(i)为阵列光图，十字叉表示探测光入射的位置；（f）(j)为离散和带隙表面孤子强度分布；（g）(k)为表面孤子与倾斜入射的平面波干涉图样；（h）(l)为离散表面孤子及离散衍射三维强度图其他类型的表面孤子同样也在理论上进行了研究，例如非相干表面孤子、多色表面孤子和时空表面孤子等[105]。考虑到晶格表面及界面可以有不同的几何结构，在多种不同的配置（包括不同周期的晶格界面和超晶格表面）中都观察到了离散表面孤子[164]。上述所有的离散表面孤子都可以看成是非线性的 Tamm 态；除了非线性类 Tamm 表面态外，线性的光学类 Shockley 表面态也在光诱导光子超晶格中观察到了[138, 139]，并且在随后的实验中实现了线性 Shockley 表面态和非线性 Tamm 表面态之间的转变。此外，还有一种不属于 Tamm 和 Shockley 态的新型无缺陷表面态也在飞秒激光直写弯曲波导阵列中实验实现了[165, 166]。更多关于光子晶格中离散表面孤子的产生及传播性质的内容可参考相关文献[167]。

### 1.3.3.5　混合非线性下的离散孤子

在以上内容中，离散孤子或带隙孤子只存在于单一自散焦或者自聚焦的非线性介质中，在光折变晶体中可以通过改变外加偏置电场与晶轴的方向实现两种非线性效应的转换。2007 年，张鹏等人在非传统偏置的光折变晶体中发现了一种新颖的非线性，即在固定的实验配置下该系统同时具有自聚焦与自散焦非线性[144]。利用这种混合非线性可以实现离散孤子与带隙孤子的转变[168]以及产生于带边或者次带边的一维孤子之间的可控转换[169]；这种新的配置可以使光子结构和布里渊区重构[170]，可以用来进行带隙工程和光操控的应用，包括相同激发条件下实现布拉格反射控制的正常和反常衍射/折射之间的相互作用[171]。

与单一自聚焦或自散焦非线性的系统相比，这种混合非线性周期性系统存在新型的离散孤子。例如：在光诱导二维四方晶格中，第一布洛赫带中的高对称 $X$ 点在衍射曲线中是类似于一个"马鞍"型的点[如图 1 - 14(i)所示]，即这个点在两个相互垂直方向上同时存在正常衍射与反常衍射。在这个 $X$ 点，当在一个特定方向上的衍射与单一的非线性平衡时，能够激发形成一维的孤子串，而在正交方向上它是延伸的平面波。这种一维孤子串的传播常数位于第一布洛赫带内部，因而被称为"带中"或"嵌入"孤子[169]。然而，为了能够同时在两个方向上与正常衍射和反常衍射相平衡，我们需要这种方向依赖的混合非线性。事实上，我们在光诱导二维离子型晶格中通过混合自聚焦/散焦非线性与马鞍状的正常/反常衍射平衡观察到了这种二维的"鞍点"型孤子[172]，如图 1 - 17 所示。它与以前所有观察到的只有单一聚焦或散焦非线性下的从该点演化出来的孤子是不同的。二维鞍点孤子的传播常数也是位于布拉格反射禁带中。更多关于混合非线性下离散孤子传播特性的内容可参考相关文献[173]。

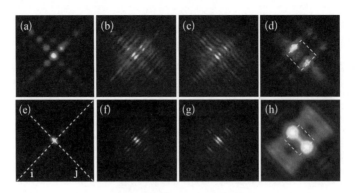

**图 1 – 17    二维鞍点型孤子实验(a~d)与数值模拟(e~h)结果**

第一行：(a) 孤子强度图；(b)(c) 孤子与两个垂直方向倾斜平面波干涉图；(d) 孤子
傅里叶空间频谱图。第二行：相应的数值模拟结果[172]

### 1.3.3.6    非相干离散孤子

上述光诱导光子晶格中的离散孤子都是相干的,那么很自然会想到是否存在非相干离散孤子,它与相干离散孤子相比又有哪些新颖的特性。实际上光波在周期结构中的传播行为是由干涉作用决定的,那么非相干度的引入必然会影响其传播特性。早在 2004 年,Segev 组就对这个问题开始了理论研究[174],他们发现与连续介质中非相干孤子一样,离散非相干孤子也只存在于具有非瞬时响应的非线性周期系统中,而且所形成的非相干离散孤子的强度分布、空间频谱与相干性质都必须与晶格的周期相符合。随后,他们就在相干光干涉法诱导的二维自聚焦光子晶格中成功地观察到了非相干离散孤子也称为随机相位孤子[175],与相干离散孤子不同的是非相干离散孤子的空间频谱具有多峰结构,并且频谱能量分布在不同布里渊区的正常衍射区。随后,自散焦非线性下的非相干带隙孤子也被理论预言,并在实验上成功地观察到[176, 177],同样地也具有多峰的频谱结构,所不同的是频谱能量是分布在布里渊区的反常衍射区。2006 年,基于完全非相干白光的离散孤子也在理论上预言是存在的[178]。除了离散孤子外,理论上还研究了基于非相干光的其他离散非线性现象比如离散调制非稳性[179]。此外,一种基于部分相干光发展出来的新技术——布里渊区谱的方法[180],成为在频谱空间研究光子晶格中光波线性与非线性传播行为的有效手段和技术。

以上我们简要地回顾和总结了在非相干光学系统和周期性光学系统中多种不同的非线性现象,重点是在这两种具有代表性系统中所形成的多种新颖的非相干孤子态和离散孤子态,以及非相干离散孤子态。关于连续介质中的空间光孤子以及离散介质中的空间光孤子的更多性质可参考相关文献[181, 182]。对非相干孤子和离散孤子的研究是人们从线性到非线性,从相干到非相干,从连续到离散光学系统认识的转变。这些研究大大丰富和拓展了我们对孤子概念的理解及其相关性质的认识,上述关于光学空间孤子的研究对其他领域中的非线性系统和周期系统比如玻色-爱因斯坦凝聚体、等离子体等具有一定的启发和借鉴作用。

## 1.4  碳结构新材料的光学非线性

在过去的几十年里,人们为寻找和制备具有响应速度快和大光学非线性系数的材料付出了不懈的努力。在众多的材料中,人们发现碳结构材料具有丰富的结构,除了三维的金刚石和石墨,还有零维的富勒烯[183]和一维的碳纳米管[184-186]。2004 年二维石墨烯的发现[187],进一步完善了碳结构材料的维度结构体系,形成了从零维到三维的完整结构。这些材料中,零维的富勒烯[188]和一维的碳纳米管[189]具有较大的光学非线性,而二维的石墨烯材料也被证明是一种新型的非线性光学材料[190, 191]。对于石墨烯材料光学非线性机制的研究以及通过合适的物理化学修饰,来改善不同维数的碳结构材料的光学非线性显得尤为重要。

在非线性光学材料的修饰与非线性研究方面,过去通常集中在单一的结构上,比如卟啉、酞菁等[192, 193],人们可以通过改变它们的分子结构来实现光学非线性性能的提高。然而,要使非线性光学材料得以实际应用,除了具有大的光学非线性外,还要有好的光学质量、稳定性、易制备和低成本等特点。而非线性性能进一步的改善和上述这些要求的满足,单一结构的非线性光学材料往往很难达到。于是人们开始将两种非线性材料进行物理共混,通过非线性机制的互补获得了非线性性能的提高[194-196]。而后人们将物理共混提升为化学的共价链接。通过共价键构成的这种杂化材料,可以有效地整合不同材料的光学非线性性能。组分之间的强烈相互作用使得这种杂化材料不但包含了各组分的某些性质,而且还表现出各组分所不具有的一些新奇性质,例如电子转移、能量转移等,进而改善、提高体系的光学非线性[197, 198]。因此,杂化材料为非线性光学材料的修饰和光学非线性的改善提供了一个较好的思路。

### 1.4.1  碳结构材料

碳元素是自然界最常见的元素之一,碳原子拥有六个核外电子,其中两个电子填充在 1s 轨道上,其余四个电子可填充在 $sp^3$,$sp^2$ 或 sp 杂化轨道上[199],形成金刚石、石墨、碳纳米管或富勒烯等成键结构。在金刚石中,每个碳原子的四个价电子占据 $sp^3$ 杂化轨道,形成四个等价的 σ 共价键,没有离域 π 键,所以金刚石是电的绝缘体;在石墨中,每个碳原子的三个外层电子占据平面状 $sp^2$ 杂化轨道,形成三个面内 σ 键,余下一条面外 π 轨道(π 键)。这种成键方式导致形成一个平面六边形的网格结构。范德华力将这些六边形的网格片层互相平行地结合在一起,面距 0.34 nm;富勒烯($C_{60}$)由 20 个六元环和 12 个五元环构成[183],碳原子的成键也属于 $sp^2$,尽管由于高度弯曲使其同样带有 $sp^3$ 的特征;碳纳米管可以看成是由石墨片形成的空心圆柱体[199],其成键方式主要是 $sp^2$,不过,这种圆筒状弯曲会导致量子限域和 σ-π 再杂化,其中三个 σ 稍微偏离平面,而离域的 π 轨道更加偏向管的外侧。另外,六方形的网格结构中也允许五元环和七元环等拓扑缺陷的存在,形成闭口的、弯曲的环形和螺旋状碳纳米管。由于 π 电子的再分布,此时电子将定域在五元环和七元环上。

作为传统的碳元素单质,金刚石和石墨都是三维的,1991 年 Iijima 发现了一维的碳纳米管[184],根据组成碳纳米管的石墨片层数,碳纳米管分为单壁碳纳米管(SWNTs)和多壁碳纳米管(MWNTs),SWNTs 由于石墨片层沿六边形轴向的不同取向卷曲,形成的碳纳米管的手性也不同,分为扶手椅形、锯齿形、手性(或螺旋管形)。由于手性的不同,SWNTs 可以表现为半导体,也可以表现为导体。

由于碳纳米管中的碳原子主要为 $sp^2$ 杂化,通过 $sp^2$ 杂化轨道形成大量高度离域化的 π 电子。碳纳米管的这种结构决定了它具有极好的电子性能,电子可通过碳纳米管侧壁的共轭大 π 键进行高速传递。另一方面,碳纳米管之间存在着较强的分子间作用力,使之易聚集形成碳纳米管束,由于碳纳米管侧壁光滑且可高度极化,因此,聚集的碳纳米管之间存在较强的范德华力作用,每纳米碳纳米管约为 0.5 eV[200]。碳纳米管被认为具有巨大的分子量,其刚性的结构及管束的存在形式导致碳纳米管不溶于水和常见有机溶剂,难以分散。然而对碳纳米管性质的表征、研究及应用均要求其能在溶剂中进行溶解或分散,从而具有更强的可加工性。通过对碳纳米管进行合适的修饰,可以改善其在有机溶剂中的分散能力,使之易于进行表征和进一步的应用。

目前对于碳纳米管的修饰主要包括共价键修饰和非共价键修饰,具体包括在缺陷处功能化、侧壁的共价键功能化、非共价键管外修饰(包括大 π 共轭体系或表面活性剂等通过共轭或疏水相互作用在管外壁的吸附和聚合物在管外壁的缠绕等超分子复合物的形成,以及通过配位作用结合)共价键管内填充[201]。

2004 年,英国的两位科学家发现了由碳原子以 $sp^2$ 杂化连接的单原子层构成的新型二维原子晶体——石墨烯（Graphene），从此石墨烯的研究不再停留在理论阶段[187]。石墨烯的基本结构单元为有机材料中最稳定的苯六元环，是目前最理想的二维纳米材料。它由一层密集的、包裹在蜂巢晶体点阵上的碳原子组成，是世界上最薄的二维材料，其厚度仅为 0.35 nm。石墨烯的强度是已知材料中最高的，可达 130 GPa，是钢的 100 多倍；其载流子迁移率达 15 000 $cm^2 \cdot V^{-1} \cdot s^{-1}$，是目前已知的具有最高迁移率的锑化铟材料的两倍，超过商用硅片迁移率的 10 倍以上，在一些特定的条件下，比如低温骤冷等，其迁移率可达到 250 000 $cm^2 \cdot V^{-1} \cdot s^{-1}$，是金刚石的 3 倍；还具有室温量子霍尔效应及室温铁磁性等特殊性质[202]。

石墨烯表现出来的独特电子与物理特性，在分子电子学、微纳米器件、复合材料、场发射材料、传感器、电池与储氢材料等领域有着重要的应用前景。然而，结构完整的石墨烯是由不含任何不稳定键的苯六元环组合而成的二维晶体，化学稳定性高，其表面呈惰性状态，与其他介质（如溶剂等）的相互作用较弱，并且石墨烯片与片之间有较强的范德华力，容易产生聚集，使其难溶于水及常用的有机溶剂，这给石墨烯的进一步研究和应用造成了极大的困难。

氧化石墨烯表面含有大量的含氧基团，比如羟基、羧基、羰基、环氧基团等，其中羟基和环氧基团主要位于其基面上，而羰基和羧基主要处在石墨烯的边缘处[203, 204]。由于这些基团的接入，使得石墨烯中的一部分碳原子为 $sp^2$ 杂化，另一部分为 $sp^3$ 杂化，原有的六元环大 π 共轭电子结构受到了破坏，因而失去了电子传导能力。但是这些基团赋予了氧化石墨烯一些新的特性，比如分散性、亲水性、与聚合物的兼容性等，这为石墨烯的功能化提供了方便。

实际上，可以认为石墨烯是其他碳的同素异形体的基础材料。如图 1-18 所示，若将石墨烯包起来就可以变成零维的 $C_{60}$ 球体；还可以以石墨烯面上某一直线为轴，将其卷曲 360° 而形成无缝中空管，就变成了一维的碳纳米管；此外，如果将石墨烯平行放置，堆积在一起，就形成了三维的石墨。因此石墨烯的发现使我们能够从多维度、多角度来认识从零维到三维的碳结构材料。

### 1.4.2 碳结构新材料的光学非线性研究进展

自 1985 年英国 Sussex 大学的 Kroto 教授和美国 Slice 大学的 Smalley 教授发现 $C_{60}$ 以来，人们对碳基材料的研究便拉开了新的帷幕——从宏观世界步入到微观纳米世界。这一时间也正是非线性光学飞速发展的阶段，寻找具有良好非线性效应的材料也是当务之急，碳纳米结构材料的出现，为非线性光学材料的研究带来了新的选择。

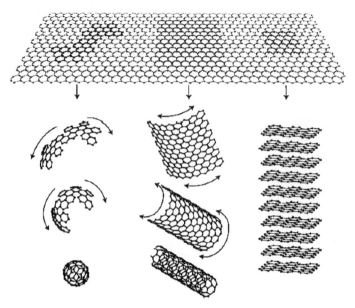

**图 1-18 单层石墨烯与富勒烯、碳纳米管、石墨之间的结构关系**[205]

20世纪90年代初,Tutt等人[188]首次报道了富勒烯的光限制效应,科学家们开始相继投入到碳纳米材料的非线性光学效应的研究当中。随后,Sun[189]和Vivien[206]分别在1998年和1999年首次公布了他们关于多壁碳纳米管和单壁碳纳米管悬浮液光学非线性研究的成果。与$C_{60}$不同,碳纳米管的非线性机制主要是强非线性散射,它来源于激光照射下散射中心的形成,这其中包括两个过程:能量较低时,溶质到溶剂间的热传递形成溶剂微气泡;能量较高时,碳纳米管的气化、电离形成微等离子体,进而形成了有效的散射中心。碳纳米管的非线性散射性质也可用于制备光限幅器件,它较之$C_{60}$限制效果更明显,优点在于低光强下有很好的线性透过率和宽波段可用性。但同样也存在着一些问题。散射中心的形成最快也要几纳秒,所以无法对脉宽更短的激光脉冲进行有效的限制。同时,碳纳米管之间由于强烈的范德华力而聚集成管束,分散性能很差,不溶于常见溶剂,又因为表面惰性,与基体材料的界面结合不佳,难以制成器件。

在研究了基于各种机制、各种类型的光限幅材料后,人们发现单一的某种材料很难满足实际应用的需要,它们都会存在各种各样的问题。种种问题的出现并没有阻碍探索者的脚步,人们把研究方向拓展到基于多种非线性机制、多种材料复合的光限制器中,期望能获得非线性更强、其他性质也较好的材料。目前所深入研究的光限制材料以反饱和吸收和双光子吸收材料居多,因此在研究碳纳米材料非线性增强的过程中,科学家们想到了将非线性吸收材料与碳纳米材料杂化,以增强其非线性。碳纳米管在溶液中的分散性差,人们就利用多种方法对其进行修饰,如羟基修饰碳纳米管(MWNTs-OH),在保证不影响碳纳米管的性质的基础上,改善了碳纳米管的表面性能,大大提高了其溶解性。在杂化材料光学非线性的研究过程中,研究者们也取得了不少成果。Izard 等[207]研究了将单壁碳纳米管与有机双光子吸收体结合用于宽带光限制。Webster 等人[195]报道了将多壁碳纳米管与一种反饱和吸收酞菁染料 HITCI 杂化,获得的材料的非线性性质在宽谱带和时域应用上得到了优化:在较低能量下,染料的反饱和吸收起主要作用,因此杂化材料的限制阈值降低;能量大于碳纳米管的限幅阈值后,它的强散射使得杂化材料可承受较高的入射能流而不发生饱和。在这些研究中,人们获得了碳纳米管的可溶性与光限幅效应的同时提高。

石墨烯出现以来,它的光学非线性性质也得到了广泛的研究。Wang 等人[191]报道了石墨烯在有机溶剂(NMP,DMA 和 GBL)中的非线性光学响应,在532 nm 和 1 064 nm 的纳秒脉冲下都观察到了光散射现象,说明石墨烯也是一种较好的宽带光限幅材料。Feng 等人[208]研究了形态各异的石墨烯家族(包括石墨烯/氧化石墨烯纳米片、石墨烯/氧化石墨烯纳米带)的光限制效应。2009年,我们发现氧化石墨烯的 DMF 悬浮液在纳秒和皮秒时域下均具有一定的光学非线性[190]。对于较低能量的纳秒和皮秒脉冲,氧化石墨烯的 DMF 悬浮液均表现出饱和吸收特性。对于较高能量的脉冲,在纳秒时域下,氧化石墨烯同时具有较好的双光子吸收和激发态吸收,而皮秒下只具有双光子吸收。由双光子吸收和激发态吸收所导致的反饱和吸收行为使得氧化石墨烯具有光限制性质。然而我们发现,相对于 $C_{60}$,无论是在纳秒脉冲下还是皮秒脉冲下,氧化石墨烯的光限制能力并不强。作为新型的非线性光学材料,氧化石墨烯的光学非线性和光限制效应迫切需要得到提高。因而我们开始制备并研究氧化石墨烯杂化材料的光学非线性,包括富勒烯-石墨烯杂化材料[209, 210]、卟啉-石墨烯杂化材料[211]、聚噻吩-石墨烯杂化材料[212, 213]、四氧化三铁-石墨烯杂化材料[214, 215]等。在石墨烯杂化材料光学非线性的研究方面,主体与客体材料之间的光致电子转移引起的非线性效应的增强成为近来的研究热点[216-219]。

### I.4.3 碳纳米管及其杂化材料的光学非线性

由于碳纳米管具有较高的表面能,其悬浮液很容易发生团聚,这就在一定程度上限制了碳纳米管在实际中的应用。为了提高碳纳米管在溶剂中的分散性,人们采用了多种方法对碳纳米管进行了修饰,包括共价修饰和非共价修饰两大类。在众多的共价修饰的碳纳米管中,羟基修饰的多壁碳纳米管,制备方法较为简单,而且在一些溶剂中也有较好的分散性。羟基等小基团对碳纳米管修饰,可以改善碳纳米管的表面,提高其分散性,同时对碳纳米管自身的一些性质影响不大。另一方面,采用非线性材料卟啉修饰碳纳米管形成共价的杂化材料(碳纳米管-卟啉),不仅可以提高碳纳米管的分散性,卟啉与碳纳米管之间的电子转移、能量转移以及非线性吸收与非线性散射机制的互补也有望提高材料整体的光学非线性[220]。

### 1.4.3.1 羟基化多壁碳纳米管的光学非线性

羟基化多壁碳纳米管直径分布分别为<8 nm,10~20 nm,20~30 nm,30~50 nm 以及>50 nm。长度分布约20~30 $\mu$m。我们将其分别标记为 $MWNTs_8$-OH,$MWNTs_{1020}$-OH,$MWNTs_{2030}$-OH,$MWNTs_{3050}$-OH 和 $MWNTs_{50}$-OH。实验中,选取了中等直径的 $MWNTs_{2030}$-OH,分别配制了 $MWNTs_{2030}$-OH 的水、氮-氮二甲基甲酰胺(DMF)和氯仿悬浮液,质量浓度均为 0.2 mg/mL。纯的碳纳米管悬浮液在纳秒脉冲下的光学非线性以及光限制机制主要为非线性散射,而非线性散射的起源来自由电离的碳纳米管等离子体和溶剂微小气泡产生的新的散射中心。具体过程为:碳纳米管吸收入射激光能量后气化、电离形成微等离子体,然后微等离子体迅速扩散到周围溶液中将入射光强散射掉,结果激光入射方向上的能量减少,表现出非线性以及光限制效应,同时由于吸光产生的热量传递给周围的溶剂,溶剂受热产生微米大小的气泡,从而将入射光强强烈地散射,这些过程的实现是在纳秒时域内完成的,所以碳纳米管材料的光限制效应通常在纳秒脉冲下有着较强的效果,而在皮秒时域几乎观察不到有效光限制效应。这一点同其他有机的反饱和吸收材料是不同的。

由于非线性散射是一个复杂的热过程,很多与热过程有关的参量如溶剂的沸点、表面张力、悬浮液的浓度、脉冲激光的能量、碳纳米管的结构均可能影响非线性散射。所以我们下面研究了多个实验参量对悬浮液的非线性的影响,以便找到 MWNTs-OH 悬浮液出现较强光学非线性的最佳条件。

图 1-19 给出了 $MWNTs_{2030}$-OH 的水、DMF 和氯仿悬浮液的开孔 $Z$ 扫描结果。对于非线性吸收材料,其开孔 $Z$ 扫描结果可以反映出材料的非线性吸收的信息,而对于碳纳米管悬浮液等包含有非线性散射过程的材料,虽然不能从开孔 $Z$ 扫描结果中得到其非线性系数,但是可以从一定程度上反映材料的非线性的强弱,并推断出,该材料在光限制应用中是否具有好的效果。

实际上,为了能够定量地描述非线性散射材料非线性系数的大小,以便与其他非线性材料进行定量的对比,人们通常采用有效的非线性吸收系数 $\beta_{eff}$ 来评估

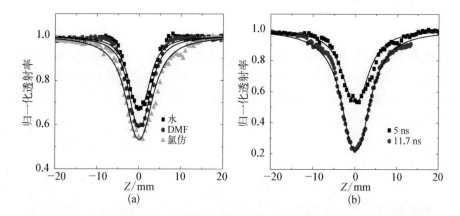

**图 1 - 19**  (a) MWNTs$_{2030}$ - OH 的水、DMF 和氯仿悬浮液的开孔 $Z$ 扫描结果(脉冲
宽度为 5 ns);(b) 在 5 ns 和 11.7 ns 脉冲宽度下,MWNTs$_{2030}$ - OH 氯仿
悬浮液的开孔 $Z$ 扫描结果

其非线性的大小[221]。

有机分子卟啉具有较好的反饱和吸收与光限制性能[222],但是在高光强下会
发生反饱和吸收的饱和现象[194],即随着入射脉冲的能量或能流密度的增加,其
透射率不再降低,甚至会出现增加趋势,这样就限制了卟啉等非线性吸收材料在
较高的能流密度下作为光限制材料的实际应用。为了考察碳纳米管等材料在不
同能流密度下的非线性以及光限制性能,我们采用不同的脉冲入射能流密度,测
量了 MWNTs$_{2030}$ - OH 的 DMF 悬浮液的开孔 $Z$ 扫描曲线,如图 1 - 20 所示。

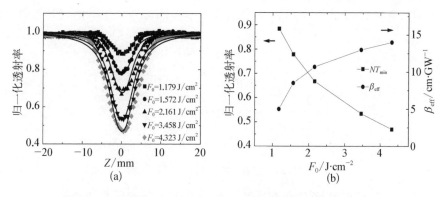

**图 1 - 20**  MWNTs$_{2030}$ - OH 的 DMF 悬浮液在不同能流密度下的
开孔 $Z$ 扫描结果及非线性参数

随着入射能流密度 $F_0$ 的增加,其焦点处的归一化透射率持续降低,而 $\beta_{eff}$ 持
续增大。当入射能流密度 $F_0$ 从 1.179 J/cm$^2$ 增加到 4.323 J/cm$^2$ 时,归一化透射

率从 0.89 降至 0.47,$\beta_{eff}$ 从 5 cm/GW 增至 14 cm/GW,这表明,能流密度越大,其光学非线性越强。也就是说,非线性散射在高的入射能流密度下更强。悬浮液的浓度也是影响其光学非线性的一个重要因素,悬浮液浓度越大,体系的吸收系数就越大,吸收激光脉冲的能量就越多,激光能量转化成的热量就越多,产生的散射中心就越快、越多,然而悬浮液浓度越大,线性吸收越强,激光脉冲在其中传播时就衰减得越快,那么焦点处的能够激发非线性散射的有效能流密度就越小,这就抑制了较强非线性的发生。因此悬浮液的浓度选取应该存在一个优化值。

### 1.4.3.2 多壁碳纳米管-卟啉杂化材料的光学非线性

在前面,我们研究了羟基化的多壁碳纳米管,知道了碳纳米管的羟基化大大提高了其在溶剂中的分散性,而对非线性以及光限制效应并没有产生显著的影响,那么从非线性角度考虑,人们期望找到一种合适的修饰方法,使得碳纳米管在溶剂中的分散性提高的同时,其非线性也大大增强。于是人们尝试将不同的非线性材料共混在一起,试图提高体系的光学非线性。卟啉等有机大分子在多种溶液中均具有很好的溶解性,其溶液常常表现出很强的反饱和吸收特性,而且在光照情况下很容易发生光致电子转移。我们合成并研究了卟啉修饰的三种不同直径的多壁碳纳米管杂化材料。图 1-21 给出了卟啉修饰的多壁碳纳米管的分子结构,其中 MWNTs 的直径分别为 <10 nm, 10~30 nm 和 40~60 nm[201]。后面的实验中,所有材料均被分散到溶剂 DMF 中,形成悬浮液(或溶液)。为了和卟啉修饰的多壁碳纳米管杂化结构对比,我们还配制了 MWNTs 和 TPP-NH$_2$ 的共混样品,其中 MWNTs 直径为 10~30 nm,MWNTs 和 TPP-NH$_2$ 质量比为 1:1。

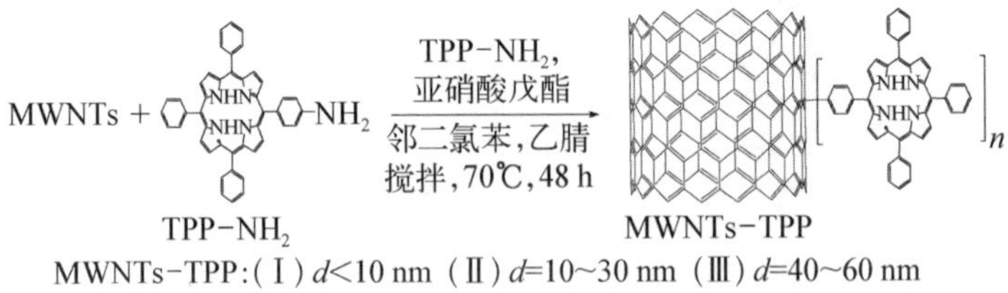

MWNTs-TPP:(Ⅰ)$d$<10 nm (Ⅱ)$d$=10~30 nm (Ⅲ)$d$=40~60 nm

**图 1-21 三种 MWNTs-TPP 的结构**

采用开孔 $Z$ 扫描技术对 MWNTs-TPP 的光学非线性进行测量,波长为 532 nm,频率为 10 Hz,脉冲宽度分别调整为 5.6 ns 和 11.7 ns。所有样品均分散于 DMF 中,形成均匀的悬浮液,所有的样品均置于 5 mm 厚的石英比色皿中。针对 532 nm 波长,样品的线性透射率均调整为 75%。实验过程中,在改变脉冲宽度的同时,脉冲的入射能量均保持为 4 μJ,聚焦透镜为 250 mm,焦点处的光束的束腰半径大约为 25 $\mu$m。

图 1-22 和图 1-23 分别给出了 MWNTs-TPP（Ⅰ，Ⅱ，Ⅲ），MWNTs，TPP-NH$_2$ 和混合物（MWNTs+TPP-NH$_2$）在两个脉冲宽度下的开孔 $Z$ 扫描结果。由图 1-22 可以看到，激光脉冲的宽度为 5.6 ns 时，MWNTs-TPP（Ⅰ，Ⅱ，Ⅲ）均表现出较强的光学非线性，而当激光加宽为 11.7 ns 时，MWNTs-TPP（Ⅰ，Ⅱ，Ⅲ）在焦点处的归一化透射率均有不同程度的降低，即它们的光学非线性分别发生了不同程度的增强，所以 MWNTs-TPP（Ⅰ，Ⅱ，Ⅲ）的非线性是一个依赖于脉冲宽度的过程。

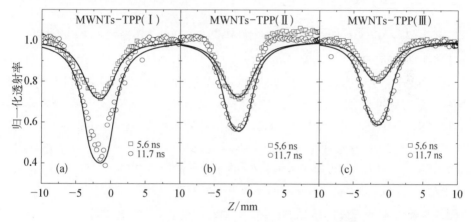

**图 1-22　MWNTs-TPP（Ⅰ，Ⅱ，Ⅲ）的开孔 $Z$ 扫描结果**

由图 1-23 可看到当激光脉宽为 11.7 ns 时，MWNTs 以及共混样品（MWNTs+TPP-NH$_2$）的非线性增强了，然而 TPP-NH$_2$ 的焦点处归一化透射率上升了，即激发态吸收减弱了。我们知道，TPP-NH$_2$ 的光学非线性来源于激发态吸收，而 MWNTs（悬浮液）材料的光学非线性主要来源于非线性散射，二者的共价杂化材料以及物理共混体系，不仅包含有非线性吸收和非线性散射等机制，卟啉与碳纳米管之间的光致电子转移等过程也对材料总的非线性具有影响[220]。为了便于样品总体非线性大小的比较，我们可以将多重的非线性机制加以简化，以有效的非线性吸收系数 $\beta_{eff}$ 来代表样品总的非线性系数，通过理论拟合，我们得到了不同脉冲宽度下样品的非线性系数，我们将样品的 $\beta_{eff}$ 总结于表 1-6 中。

从表 1-6 中可以看到，所有的 MWNTs-TPP 的 $\beta_{eff}$ 均随着脉冲宽度的加大而增大，在相同的脉冲宽度下，随着 MWNTs 直径的增加，MWNTs-TPP 的 $\beta_{eff}$ 逐渐减小。根据我们前面的研究以及文献报道，MWNTs 直径的小幅变化，并不对其非线性产生显著的影响，而且前面的吸收谱已经说明，随着 MWNTs

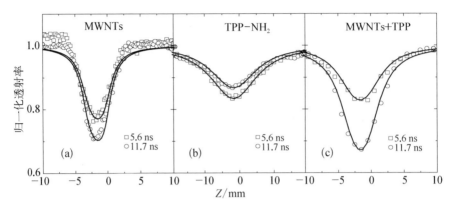

**图 1-23 MWNTs, TPP-NH$_2$ 和混合物(MWNTs+TPP-NH$_2$)的开孔 Z 扫描结果**

直径的增加,MWNTs-TPP 中的卟啉含量会逐渐降低。所以 MWNTs-TPP 的 $\beta_{eff}$ 的这种变化可能是由卟啉含量的不同引起的。而 MWNTs-TPP 的非线性响应随着脉冲的加宽而变大,是明显的非线性散射的特征。考查 MWNTs,TPP-NH$_2$ 和 MWNTs+TPP-NH$_2$ 共混样品的非线性,虽然 MWNTs 以及共混样品的 $\beta_{eff}$ 均随着脉冲宽度的加大而增大,但是其值小于共价的杂化材料。MWNTs-TPP 体系中,除了 MWNTs 的非线性散射和 TPP-NH$_2$ 激发态吸收的贡献外,卟啉与 MWNTs 之间的光致电子转移等过程也对样品总的非线性具有影响,随着脉冲宽度的增加,脉冲作用的时间越长,光致电子转移就越能够有效地发生。由于光致电子会产生具有较长寿命的电荷分离态,从而能增大体系的光学非线性。

**表 1-6 两种脉冲宽度下,样品的有效非线性吸收系数 $\beta_{eff}$**

| 样 品 | MWNT-TPP(Ⅰ) | MWNT-TPP(Ⅱ) | MWNT-TPP(Ⅲ) | MWNTs$_{30}$ | TPP | MWNTs$_{30}$+TPP |
|---|---|---|---|---|---|---|
| $\beta_{eff}$/(cm/GW)<br>(5.6 ns) | 56 | 53 | 33 | 46 | 21 | 24 |
| $\beta_{eff}$/(cm/GW)<br>(11.7 ns) | 650 | 295 | 255 | 150 | 33 | 135 |
| $\Delta NT_{min}$ | 0.30 | 0.16 | 0.21 | 0.05 | —0.04 | 0.15 |

为了更好地观察非线性随着脉冲加宽的变化情况,我们分别在脉冲宽度为 5.6 ns,5.9 ns,7.0 ns,9.2 ns,11.7 ns 情况下,对 MWNTs-TPP(Ⅱ)进行了开孔 Z 扫描测量。图 1-24 给出了样品在焦点处的归一化透射率与脉冲宽度的关系。可以看到,随着脉冲宽度从 5.6 ns 变为 11.7 ns,$NT_{min}$ 先是从 0.730 快速下

降至 0.616,然后缓慢降至 0.567,最后到 0.559。$NT_{min}$ 快速的下降表明随着激光脉冲宽度的增加,MWNTs‑TPP(Ⅱ)的非线性增强。其原因可能是:一方面,激光脉冲宽度增加引起了碳纳米管更强的非线性散射;另一方面,随着脉冲宽度的增加,光致电子转移在脉冲持续时间内就越能够有效地发生,从而引起更强的非线性。然而随着脉冲宽度的进一步增加,非线性不再进一步增强,似乎出现了饱和。

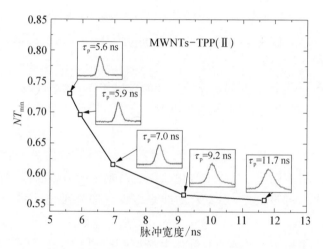

**图 1‑24　MWNTs‑TPP(Ⅱ) 在焦点处的归一化透射率随脉冲宽度的变化**

### 1.4.3.3　单壁碳纳米管-卟啉杂化材料的光学非线性

从上面的结果可以看到,采用具有特殊作用的官能团来对纳米管进行一定的化学结构的修饰是非常必要的。同时,官能团修饰的 SWNTs 也可以增加碳纳米管在溶液中的稳定性,甚至使其变得可溶,这对定量地研究它们的电子性质和光学性质是非常有帮助的。我们合成了三种卟啉共价修饰的 SWNTs。卟啉修饰 SWNTs 合成过程所用到的单壁碳纳米管由电弧放电法得到。碳纳米管的直径大概为 1.4~1.7 nm。图 1‑25 给出了三种卟啉修饰单壁碳纳米管分子结构。

由于光限制的光路结构同 Z 扫描实验是类似的,Z 扫描结果对光限制实验具有一定的指导意义,所以我们首先对化合物Ⅰ,Ⅱ,Ⅲ 以及其他一些结构的光学非线性采用开孔 Z 扫描方法进行了测量分析。卟啉和 SWNTs 都具有良好的光学非线性性质,将两者共价联结在一起,期望可以得到比单个材料更好的非线性性能。卟啉的反饱和吸收和 SWNTs 的非线性散射在 Z 扫描曲线中均表现为吸收谷,即在 $z=0$ 焦点处具有最小的归一化透过率。卟啉修饰 SWNTs 化合物

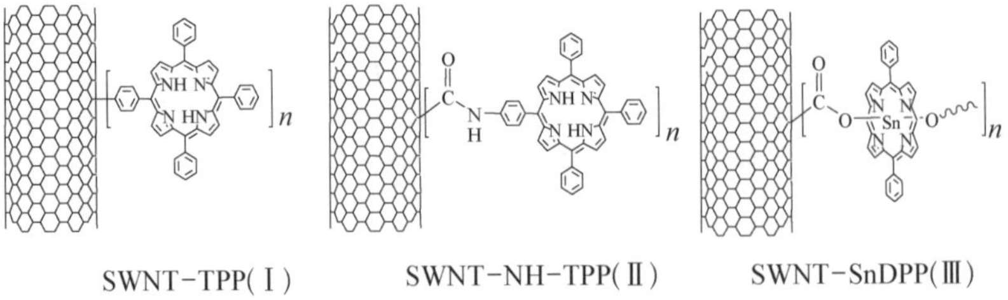

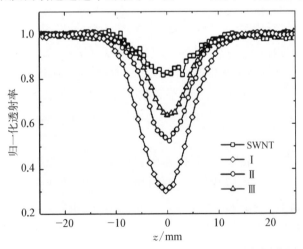

SWNT-TPP(Ⅰ)　　　SWNT-NH-TPP(Ⅱ)　　　SWNT-SnDPP(Ⅲ)

**图 1-25　卟啉修饰单壁碳纳米管分子结构**

Ⅰ,Ⅱ和Ⅲ应该同时具有反饱和吸收和非线性散射两种非线性机制,而这两种机制的结合可以进一步提高材料的非线性性能,已经有文献作过相关的报道[195]。此外,卟啉与SWNTs之间的能量转移和光致电子转移会引入新的电子转移激发态。对于卟啉,可以通过五能级模型对其反饱和吸收进行数值拟合,得到相应的非线性参数,如激发态吸收截面。但是,化合物Ⅰ,Ⅱ和Ⅲ中由于SWNTs的存在,非线性散射机制对$Z$扫描曲线也有着重要的影响,而对于散射在$Z$扫描中所起的作用目前还没有相关的理论可以进行定量的数值模拟,所以在下面的$Z$扫描曲线中,我们仅仅给出实验曲线来定性说明几种化合物的非线性作用强弱。

图 1-26 给出了入射脉冲能量为 10 μJ 时化合物Ⅰ,Ⅱ,Ⅲ和 SWNTs 的开孔$Z$扫描实验曲线。Ⅰ,Ⅱ,Ⅲ和 SWNTs 的线性透过率分别为 70%,68%,75%和 64%。随着样品向焦点处移动,光强增加,材料的非线性吸收或散射作用逐渐地增强,从而引起透过率的减小。在$z=0$处归一化透过率达到最小,分

**图 1-26　入射能量 10 μJ 时,Ⅰ,Ⅱ,Ⅲ和 SWNTs 的开孔$Z$扫描实验曲线**

别为 0.30,0.52,0.64 和 0.81。从图中可以看到,三种卟啉修饰 SWNTs 的化合物有着比 SWNTs 更深的 $Z$ 扫描吸收谷,这表明具有反饱和吸收的卟啉对 SWNTs 进行修饰后非线性效应得到提高。提高的非线性效应使得 Ⅰ,Ⅱ,Ⅲ 三种超分子化合物可能会有着更好的光限制效应。

在三种卟啉修饰 SWNTs 化合物中,以 Ⅰ 的 $Z$ 扫描吸收谷最深(0.30),有着最强的非线性效应,其次是 Ⅱ,而 Ⅲ 的 $Z$ 扫描吸收谷最小。造成这种差别的原因可能来自两个方面:① 用来修饰 SWNTs 的卟啉不同,其反饱和吸收特性有一定的差异。在上一节中,我们已经看到化合物 Ⅲ 中的卟啉 SnDPP 有着比 Ⅰ 和 Ⅱ 中的 TPP 更弱的反饱和吸收。② 三种化合物中卟啉和 SWNTs 之间的能量转移和光致电子转移的程度不同,其中化合物 Ⅰ 具有最强的荧光萃灭能力,即能量转移和光致电子转移反应最强,而化合物 Ⅲ 几乎观察不到荧光萃灭现象。综合以上两个方面的原因,可以更好地理解三种卟啉修饰 SWNTs 的非线性强弱。图 1-27 给出了三种化合物不同入射能量下的开孔 $Z$ 扫描曲线,可以看到随着能量增加,吸收谷均逐渐变深。

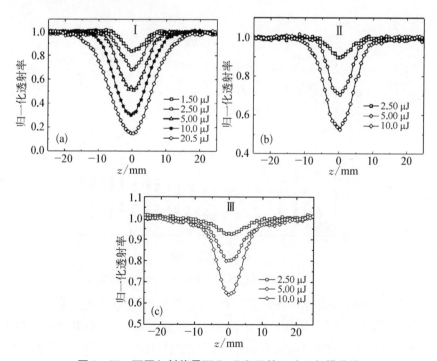

**图 1-27　不同入射能量下 Ⅰ,Ⅱ 和 Ⅲ 的开孔 $Z$ 扫描曲线**

对于反饱和吸收,当入射能量达到一定程度时,会出现反饱和吸收的饱和现象,即向饱和吸收转变。而单纯地依赖非线性散射,很难获得大的稳定的非线性效应。如果将两者有效地结合,可以克服单一非线性机制在光限制应用中的不足,使非线性性能得到更好的改善。前面我们已经观察到,如果将具有不同非线性机制的两种组分(卟啉和 SWNTs)共价地联结组成超分子体系,可以有效地提高材料的非线性性能。此外,另一种结合不同非线性机制的方法就是将两种组分简单地混合到一起。

图 1-28 给出了这三种超分子化合物 Ⅰ,Ⅱ,Ⅲ 以及 $C_{60}$,SWNTs,TPP 和 SnDPP 的光限制曲线。同样,为了比较共混系统的光限制效果,我们也对 TPP 同 SWNTs 以 1∶1 比例的共混系统做了光限制实验。从图 1-29 中可以清晰地看到,三种卟啉修饰 SWNTs 的光限制效果不仅远远优于单一的卟啉和 SWNTs 样品,也要优于卟啉同 SWNTs 的共混系统。在最高的入射能流密度 95 J·cm$^{-1}$ 时,Ⅰ,Ⅱ 和 Ⅲ 的透过能流密度仅为 3.6 J·cm$^{-2}$,4.6 J·cm$^{-2}$ 和 5.7 J·cm$^{-2}$,要远小于 TPP 的 20 J·cm$^{-2}$ 和 SWNTs 的 9.5 J·cm$^{-2}$,同时也小于共混系统 SWNT+TPP 的 8.5 J·cm$^{-2}$。可见卟啉同 SWNTs 共价相连以后,很大程度上改善了体系的光限制性能。

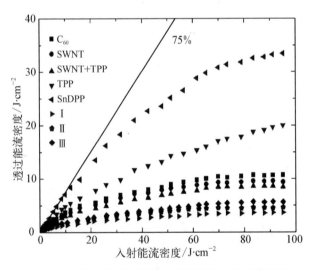

**图 1-28  透过能流密度随入射能流密度的变化曲线**

对于这三种卟啉修饰的 SWNTs 而言,它们具有的光限制效果也是不一样的,同 Z 扫描结果类似,其中 Ⅰ 具有最好的光限制效果,其次是 Ⅱ 和 Ⅲ。造成这种差异可能的原因同样可能来自两个方面:① 用来修饰 SWNTs 的卟啉不同,其反饱和吸收特性有一定差异;② 三种化合物中卟啉和 SWNTs 之间的能量转移和光致电子转移的程度不同。化合物 Ⅰ 中 TPP 光限制性能要优于 SnDPP,而且 Ⅰ 中卟啉同 SWNTs 的能量转移和光致电子转移反应最强。Ⅱ 中能量和电子转移反应要明显地弱于Ⅰ。对于Ⅲ而言,SnDPP本身的光限制效果最差,而且卟啉同SWNTs几乎没有能量和电子转移反应,所以在这三种化合物中Ⅲ的光限制效果最差。

　　卟啉修饰SWNTs的光限制效应的改善充分说明不同非线性机制的有效结合会产生优于单一机制体系的效果。同时,将两种不同非线性机制的材料通过共价联结形成超分子结构在改善材料本身非线性光学性质的同时,由于两种组分之间可能的能量和电子转移反应,使得共价联结系统的光限制效应要明显地优于简单的共混系统。

## Ⅰ.4.4　石墨烯杂化材料的光学非线性

　　石墨烯作为一种发现仅仅几年的新型材料,具有单层原子厚度、包含$sp^2$杂化碳的二维结构,它可以看作是构建其他维数碳结构材料的基本单元。纯的石墨烯具有完整的C═C双键组成的晶格结构,有良好的热学和电学性能。自2004年首次发现以来,虽然只有短短的不到十年的时间,但关于石墨烯性质的研究已经比比皆是,其中不乏对其非线性光学性质的报道。不过,石墨烯片层之间存在着很强的相互吸引,这使得它很难均匀地分散在水和常见的有机溶剂中,浓度较高的石墨烯溶液长期存放会出现沉淀,这极大地制约了石墨烯的应用。为了克服石墨烯的种种缺陷,找到性能更理想的光限幅材料,我们也对一些基于石墨烯的纳米结构杂化材料的光学非线性进行了深入的研究。从上一节我们可以看到碳纳米管经过反饱和吸收材料卟啉共价修饰形成杂化材料以后,非线性获得很大的提高。为了改善乃至提高石墨烯的光学非线性,我们使用有机非线性材料卟啉、富勒烯、寡聚噻吩以及无机的$Fe_3O_4$纳米颗粒通过共价键修饰氧化石墨烯(GO)形成杂化材料,通过非线性材料的组合,非线性机制的互补,乃至电子或能量的转移、非线性散射的产生,实现了GO材料的非线性以及光限制性能的提高[209,210]。

　　1.4.4.1　石墨烯-卟啉、富勒烯杂化材料的光学非线性

　　图1-29给出了氧化石墨烯-卟啉(GO-TPP)和氧化石墨烯-富勒烯(GO-$C_{60}$)的分子结构。TPP-$NH_2$和$C_{60}(OH)_x$在一定条件下,通过与GO上面的-COOH发生反应,脱去一个水分子,形成共价键合成了共价的杂化材料[204]。由于-COOH主要分布在GO的边缘部分。所以TPP和$C_{60}(OH)_x$也主要分布在GO的边缘部分。

　　我们对GO-TPP,TPP-$NH_2$,GO,GO和TPP-$NH_2$共混样品(质量比1∶1),GO-$C_{60}$,$C_{60}(OH)_x$,GO,GO和$C_{60}(OH)_x$共混样品(质量比1∶1)的光

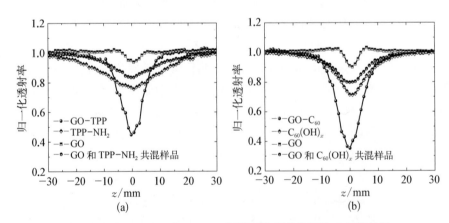

**图 1-29　GO-TPP 和 GO-C$_{60}$的合成及分子结构**

学非线性在同一条件下进行了测量。所有样品对 532 nm 激光的线性透射率均调整为 75%,溶剂均为 DMF,样品池均采用了 1 mm 厚的石英比色皿。我们首先对这些材料进行了开孔 Z 扫描测量,结果如图 1-30 所示。

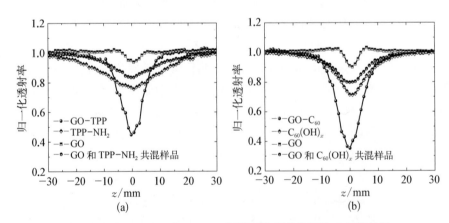

**图 1-30　GO-TPP 和 GO-C$_{60}$以及对比样品的开孔 Z 扫描结果**

可以看到,GO-TPP,TPP-NH$_2$,GO,GO 和 TPP-NH$_2$共混样品的归一化透射率分别降至 44.8%,75.6%,93.8% 和 83.5%,因此,GO-TPP 不但具有比单一的 TPP-NH$_2$ 和 GO 更强的光学非线性,甚至其光学非线性远远强于 GO 和 TPP-NH$_2$共混样品。同样地,在焦点处,GO-C$_{60}$,C$_{60}$(OH)$_x$,GO,GO 和 C$_{60}$(OH)$_x$共混样品的归一化透射率分别降至 35.4%,71.3%,90.1% 和

79.8%，$GO-C_{60}$也表现出了比单一的$C_{60}(OH)_x$，GO 以及 GO 和 $C_{60}(OH)_x$共混样品更强的光学非线性。进一步比较图 1-30(a)和图 1-30(b)还可以看到 $GO-C_{60}$的光学非线性要强于$GO-TPP$。我们对所有样品也进行了闭孔 $Z$ 扫描测量，然而没有观察到明显的非线性折射信号。

在实验中，当样品$GO-TPP$和$GO-C_{60}$接近焦点时，我们观察到了很强的非线性散射信号，而对于它们的单体样品以及共混样品，并没有观察到明显的非线性散射现象。我们采用 CCD 拍摄了散射光斑图，散射光斑采集的装置如图 1-31 所示，由于散射光斑/透射光斑中央区域的光强很高，而光斑的边缘光强很弱，为了使得散射光斑能够更好地成像，我们在收光透镜 ($L_2$)中央加了一个圆形的遮挡板(baffle)。所拍摄的入射和散射光斑如图 1-32 所示。

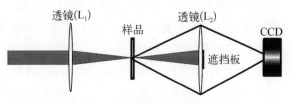

**图 1-31 采集散射光斑的实验装置**

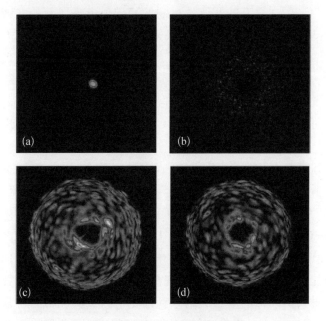

**图 1-32 入射光和散射光斑图**

(a) 入射激光的光斑；(b) 入射激光强度较弱时，$GO-C_{60}$中的弱散射信号；
(c)和(d) 入射激光强度较强时 $GO-C_{60}$ 和 $GO-TPP$ 中的强散射信号

在拍摄散射光斑时，我们采用了不同的光强入射到样品上，当入射激光较弱时(焦点处的能流密度<0.1 J/cm²)，样品中出现较弱的非线性散射信号；而当

入射激光较强时(焦点处的能流密度<7.96 J/cm$^2$),GO-TPP 和 GO-C$_{60}$ 中均出现了很强的非线性散射信号。

虽然这种非线性散射特性产生的机制我们还不是特别清楚,但是由于 GO-TPP 和 GO-C$_{60}$ 以及碳纳米管材料的主要成分均为碳,且尺度均为纳微米量级,所以 GO-TPP 和 GO-C$_{60}$ 悬浮液的非线性散射机制与碳纳米管悬浮液的机制可能是类似的,即材料吸收激光能量,能量的一部分转化为热量并传递给溶剂,在较短时间内形成溶剂的微气泡对激光脉冲进行散射,同时激光使得材料电离成为微等离子,微等离子迅速扩散对激光脉冲进行散射。Feng 和 Balapanuru 等人在石墨烯杂化材料中也观察到了强烈的非线性散射[216, 223]。

我们已了解到 GO 具有双光子吸收和激发态吸收特性,而 TPP-NH$_2$ 和 C$_{60}$(OH)$_x$ 具有很强的激发态吸收(反饱和吸收),两者的物理共混体系以及共价杂化材料中,不仅存在着双光子吸收和激发态吸收,GO 与 TPP-NH$_2$ 甚至 GO 与 C$_{60}$(OH)$_x$ 之间可能存在着光致电子转移和能量转移过程,这些机制和过程对它们的非线性均有贡献,比较令人感兴趣的是,相对于物理共混体系,GO-TPP 和 GO-C$_{60}$ 中在原有的非线性机制的基础上出现了新的非线性过程——非线性散射,从纳秒与皮秒实验的结果来看,这种非线性散射在 GO-TPP 和 GO-C$_{60}$ 中占有主导地位,可能正是由于强烈的非线性散射的出现,使得 GO-TPP 和 GO-C$_{60}$ 相对于它们的单一组分以及共混体系而言,非线性大大增强。为了研究 GO-TPP 和 GO-C$_{60}$ 的光学非线性与入射激光脉冲强度的关系,我们研究了不同的入射能流密度情况下,GO-TPP 和 GO-C$_{60}$ 的开孔 $Z$ 扫描曲线,结果如图 1-33 所示。

可以看到随着入射能流密度的增加,GO-TPP 和 GO-C$_{60}$ 在焦点处的归一化透射率在不断地降低,通过理论拟合,可以看到,随着入射能流密度的增加,GO-TPP 和 GO-C$_{60}$ 的有效非线性吸收系数 $\beta_{eff}$ 不断增加。例如,对于 GO-TPP 和 GO-C$_{60}$,当入射的能流密度由 1.12 J/cm$^2$ 增加到 7.96 J/cm$^2$ 时,两者的 $\beta_{eff}$ 分别由 110 cm/GW 和 170 cm/GW 增加到 235 cm/GW 和 478 cm/GW。$\beta_{eff}$ 随着入射的能流密度增加而增加的现象与羟基化多壁碳纳米管(MWNTs-OH)以及卟啉共价修饰的单壁碳纳米管杂化材料极其相似。通常对于双光子吸收过程,$\beta_{eff}$ 保持为一个定值;对于激发态吸收,$\beta_{eff}$ 通常随着入射的能流密度(或峰值光强)的增加而减弱;$\beta_{eff}$ 随着入射的能流密度增加而增加的现象揭示了强烈的非线性散射过程的存在。

### 1.4.4.2 石墨烯-聚噻吩杂化材料的光学非线性

寡聚噻吩也是一种含有 π 电子的聚合物,并且具有很好的给电子能力,被广

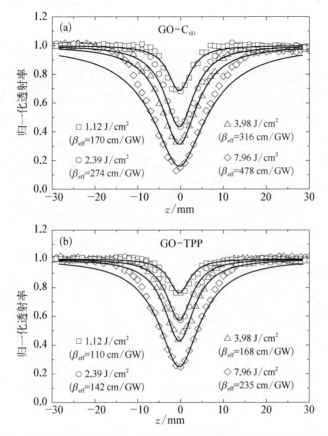

**图 1-33　GO-TPP 和 GO-C₆₀ 在不同能流密度下的开孔 Z 扫描结果**

泛应用于光伏电池等领域,是一种很好的光电材料[224, 225]。本节我们研究了一种寡聚噻吩共价修饰的氧化石墨烯杂化材料,结果表明这一杂化材料具有很强的光学非线性特性。

图 1-34 给出了寡聚噻吩(6THIOP)和共价杂化材料——寡聚噻吩修饰的氧化石墨烯(GO-6THIOP)的分子结构。GO 上的-COOH通过与含有-NH₂的寡聚噻吩(6THIOP-NH₂)进行反应,得到了GO-6THIOP[213]。由于-COOH 通常主要分布在 GO 的边缘,所以 6THIOP 也主要分布在 GO 的边缘。

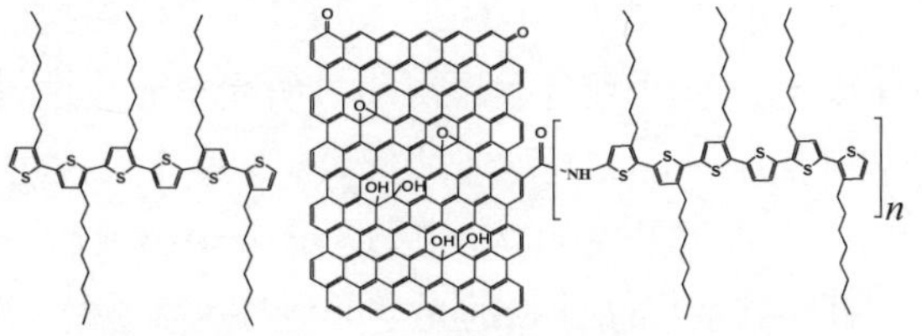

(a) 6THIOP　　(b) GO-6THIOP

**图 1-34　6THIOP 和 GO-6THIOP 的分子结构**

我们已经知道 GO 可以很好地分散到 DMF 中,由于 6THIOP 在邻二氯苯

(ODCB)中有着很好的溶解性,合成的 GO‐6THIOP 由于同时含有 GO 和 6THIOP 组分,所以 GO‐6THIOP 在 DMF 中和 ODCB 中均有较好的分散性,相对而言,GO‐6THIOP 在 ODCB 中的分散性更好一些。下面的实验中,我们配制了 GO 的 DMF 悬浮液和 GO‐6THIOP 的 ODCB 悬浮液,GO 和 6THIOP 的混合物采用了 DMF 与 ODCB 的混合溶剂,参考材料为 $C_{60}$ 的甲苯溶液。

我们配制了质量浓度均为 0.2 mg/mL 的样品,采用的样品池均为 1 mm 厚的石英比色皿,通过开孔 Z 扫描技术,使用脉宽为 5 ns、波长为 532 nm 的脉冲激光对其光学非线性进行了研究。GO‐6THIOP,6THIOP,GO,共混样品(GO+6THIOP)和 $C_{60}$ 的线性透射率分别为 45%,98%,84%,91% 和 95%。开孔 Z 扫描结果如图 1‐35 所示。

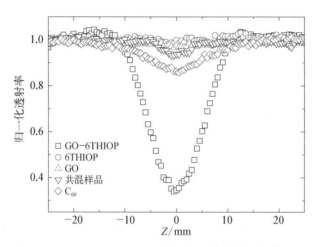

**图 1‐35　GO‐6THIOP 以及对比样品的开孔 Z 扫描结果**

从图 1‐35 中可以看到,在焦点处 GO‐6THIOP 具有最小的归一化透射率,这表明所有样品中,GO‐6THIOP 具有最强的光学非线性,$C_{60}$ 居其次,虽然 GO 和 6THIOP 没有表现出明显的光学非线性,但是两者物理共混(blend)样品却表现出了一定的光学非线性,不过其非线性远远弱于 GO‐6THIOP 和参考材料 $C_{60}$,也就是说 GO‐6THIOP 表现出了比单一的 GO,6THIOP 和参考材料 $C_{60}$,甚至共混样品要强的光学非线性。实验中,当 GO‐6THIOP 和共混样品移近焦点时,我们观察到了较强的非线性散射信号,与 GO‐TPP 和 GO‐$C_{60}$ 中类似。我们采用 Z 扫描的方法测量了材料的非线性散射信号。所采用的实验装置与文献中测量 CdS 量子点的装置相似[226]。图 1‐36 给出了测量非线性散射时的装置图。

如图 1‐36 所示,相对于传统的 Z 扫描,我们在探测器 $D_2$ 附近安装了另外

一个探测器 $D_3$，由于非线性散射的发生，入射光被散射到空间的多个角度，且聚光透镜 $L_3$ 面积有限，所以一部分散射光不会汇聚到 $D_2$ 中，随着样品接近焦点，散射光越来越强，发散到 $L_3$ 面积以外的光越来越多，$D_2$ 收集到的光的能量越来越少，导致了样品透射率的降低；相反，随着样品接近焦点，散射光越来越强，$D_3$ 收集到的光散射信号越来越强。图 1-37 给出了样品的非线性散射 $Z$ 扫描结果。

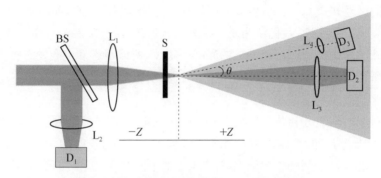

**图 1-36  样品非线性散射的 $Z$ 扫描测量装置**

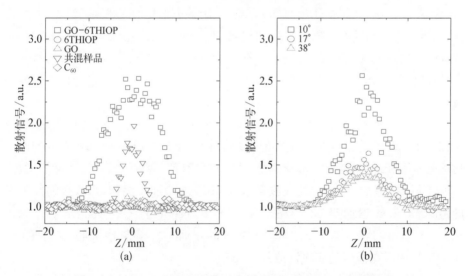

**图 1-37  GO-6THIOP 以及对比样品的非线性散射 $Z$ 扫描结果**

(a) 固定角度；(b) 不同角度

考查这些样品的非线性散射特性可以看到，GO-6THIOP 具有最强的非线性散射信号，共混样品位居其次，而 GO，6THIOP 和参考材料 $C_{60}$ 没有明显的非线性散射信号。GO-6THIOP 的非线性散射信号随着探测角度的增加而减弱，类似 CdS 量子点悬浮液体系。由于在较低的入射能流密度下，$C_{60}$ 的非线性机制主要为激发态吸收引起的反饱和吸收，所以虽然 $C_{60}$ 具有较强的光学非线性，却没有明显的非线性散射信号。实验中 GO 和 6THIOP 既没有表现出较强的非线性，也没出现明显的非线性散射信号，但是两者的共混材料却表现出一定的非线性和非线性散射。由于 GO-6THIOP 在焦点处具有最低的归一化透射率和最强的散射信号，所以非线性散射应该是 GO-6THIOP 中的一个重要的非线性过程。

我们已经知道 GO 在纳秒脉冲下具有一定的非线性吸收，而图 1-35 中 GO 却没有表现出非线性，我们认为是 GO 浓度太低的缘故（0.2 mg/mL），作为寡聚噻吩 6THIOP，由于其对 532 nm 的光吸收很少，所以很难发生激发态吸收，又因为我们所使用的纳秒脉冲峰值光强相对较弱，所以双光子吸收也难以发生，因而 6THIOP 没有表现出非线性。

相对于单一组分和共混样品，GO-6THIOP 的非线性大大增强，这种增强可能来源于光致电子转移或能量转移，同时非线性散射的出现也是 GO-6THIOP 非线性增强的重要原因，1.4.4.1 节中的 GO-TPP 和 GO-$C_{60}$ 材料也有类似的结果。所以，可以认为，GO 经过有机材料修饰以后，与有机材料存在较强的相互作用，使得杂化材料的光、热、电子等方面的性质相对于 GO 大大改变了，激光入射到这些材料上以后，能够快速有效地变成热，传递给周围的溶剂，溶剂受热生成的气泡对激光脉冲形成强烈的散射。另一方面，修饰后的材料更容易被电离，激光将这些材料电离，形成的微等离子对入射脉冲也进行了强烈的散射。

我们也在不同的能流密度下，对 GO-6THIOP 进行了开孔 $Z$ 扫描测量，结果如图 1-38 所示。随着入射能流密度的增加，GO-6THIOP 在焦点处的归一化透射率不断地降低，通过理论拟合，我们可以看到，随着入射能流密度的增加，GO-6THIOP 的有效非线性吸收系数 $\beta_{eff}$ 不断地增加。例如，当入射的能流密度由 0.55 J/cm$^2$ 增加到 5.22 J/cm$^2$ 时，GO-6THIOP 的 $\beta_{eff}$ 由 165 cm/GW 增加到了 455 cm/GW。随着入射能流密度的增加，$\beta_{eff}$ 不断增大也表明 GO-6THIOP 中存在强烈的非线性散射。

为了比较材料之间的非线性以及光限制性能的大小，我们配制了线性透射率均为 65% 的 GO-6THIOP，GO 和参考材料 $C_{60}$（溶剂为甲苯）。由图 1-39 (a)可以看到，GO-6THIOP 在焦点处具有最低的归一化透射率，即 GO-6THIOP 的非线性和光限制性能最强，GO 最弱，$C_{60}$ 居中。图 1-39(b)给出了 GO-6THIOP，GO 和参考材料 $C_{60}$ 的入射和透射能流密度关系，从图中可以看到 GO-6THIOP 的光限制性能最强，GO 最弱，$C_{60}$ 居中；比如在最大的入射能

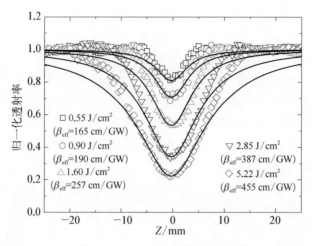

**图 1 - 38   GO - 6THIOP 在不同能流密度下的开孔 Z 扫描结果**

流密度处（7. 22 J/cm²），GO，$C_{60}$ 和 GO - 6THIOP 所对应的透射能流密度分别是 3. 58 J/cm²，1. 68 J/cm² 和 1. 01 J/cm²。其光限制阈值（此处我们定义为非线性开始出现时所对应的入射能流密度）分别是 1. 15 J/cm²，0. 06 J/cm² 以及 0. 15 J/cm²。据报道，优化的炭黑颗粒（CBS）悬浮液的光限制阈值约为 0. 03 J/cm²，杂化材料 GO - 6THIOP 的阈值高于 CBS 悬浮液，大约为其 5 倍，似乎光限制性能要劣于 CBS，但是我们应该注意到，我们的实验装置与他们的并不相同，不同的实验光路配置的实验结果，是不可以直接比较的。由此看来 GO - 6THIOP 也是一种新型的杂化光限制材料，并且其在普通溶剂中具有优异的分散性。

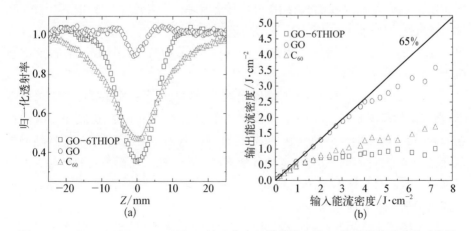

**图 1 - 39   GO - 6THIOP，GO 以及 $C_{60}$ 的开孔 Z 扫描曲线和输入-输出能流密度关系曲线**

### 1.4.4.3　石墨烯-四氧化三铁纳米颗粒杂化材料的光学非线性

最近，$Fe_3O_4$ 纳米颗粒修饰的 GO 形成的磁性杂化材料引起了人们的极大兴趣，这种材料有望应用到废水处理、传感、药物输运等领域[227-229]。从非线性光学角度来看，$Fe_3O_4$ 纳米颗粒通常具有较强的激发态吸收和非线性散射特性[230, 231]，而 GO 却具有并不算强的非线性吸收，因此我们期望 GO 中引入 $Fe_3O_4$ 纳米颗粒，形成的 GO - $Fe_3O_4$ 杂化材料的非线性可能会大大增强。本小节研究了 GO - $Fe_3O_4$ 杂化材料的光学非线性及其光限制性能，并与 GO 和富勒烯 $C_{60}$ 的甲苯溶液进行了对比。

对于 GO - $Fe_3O_4$ 的合成，采用了化学沉积法[215, 227]。GO 的尺寸大约为 $200 \sim 500$ nm，而 GO - $Fe_3O_4$ 中的 $Fe_3O_4$ 纳米颗粒大约为 2 nm 左右，由于 $Fe_3O_4$ 纳米颗粒直接在 GO 表面生成，并与 GO 形成 GO - $Fe_3O_4$ 杂化材料，并没有单独制备 $Fe_3O_4$ 纳米颗粒，所以实验中我们只研究了 GO 和 GO - $Fe_3O_4$。图 1 - 40 给出了 GO 和 GO - $Fe_3O_4$ 的结构，合成过程中 $FeCl_3 \cdot 6H_2O$ 和 $FeCl_2 \cdot 4H_2O$ 的水溶液与 GO 在 NaOH 溶液中混合，$Fe_3O_4$ 纳米颗粒通过与 GO 中的- COOH 配位就直接沉积在 GO 的片层上。由于 GO 的- COOH 主要分布在片层的边缘部分，所以 $Fe_3O_4$ 纳米颗粒也主要分布在 GO 的边缘部分。

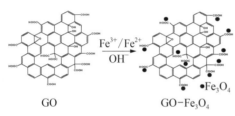

**图 1 - 40　GO 和 GO - $Fe_3O_4$ 的结构**

Z 扫描实验中，我们分别采用了脉冲宽度为 5 ns 和 35 ps 的纳秒和皮秒激光器。在光限制实验中我们只使用了纳秒激光器，并采用单脉冲模式。GO 和 GO - $Fe_3O_4$ 均分散于水中，形成均匀的悬浮液，未经特别说明，则其质量浓度均为 0.375 mg/mL。$C_{60}$ 溶解于甲苯中，所有的样品均置于 5 mm 厚的石英比色皿中。

图 1 - 41 给出了不同的入射峰值光强下，材料的开孔 Z 扫描曲线。可以看到，在较低的峰值光强下，GO 的曲线在焦点附近出现一个峰，这表明 GO 中存在饱和吸收，随着激光峰值光强的增大，在峰的基础上又出现了谷，并且随着峰值光强的增加，谷不断地加深，这种谷随着峰值光强的增大而增大的行为类似于反饱和吸收。与 GO 不同，GO - $Fe_3O_4$ 的开孔 Z 扫描曲线只有谷，并且随着峰值光强的增加谷不断地加深。

为了得到定量的非线性系数，我们通过解光束传播方程对实验曲线进行了拟合。GO 和 GO - $Fe_3O_4$ 的线性吸收系数 $\alpha_0$ 分别为 3.39 $cm^{-1}$ 和 3.99 $cm^{-1}$。

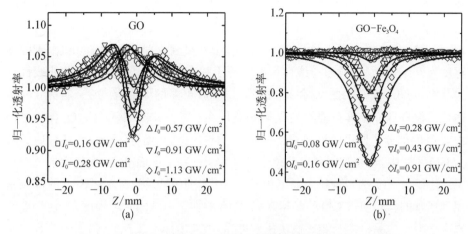

**图 1－41　对于纳秒脉冲，不同的入射激光峰值光强下 GO(a) 和
GO－Fe₃O₄(b) 的开孔 Z 扫描结果**

对于 GO，拟合得到饱和光强为 $I_S = 1.2 \times 10^8$ W/cm²，其有效的双光子吸收系数 $\beta_{eff}$ 近似为一个常数 7 cm/GW，这表明其焦点附近透射率的下降来源于双光子吸收；而对于 GO－Fe₃O₄，$I_S$ 远远大于实验中的光强，可认为是无穷大，有效的双光子吸收系数 $\beta_{eff}$ 随着光强的增大而增大，如图 1－42 所示。这表明除了来源于 GO 的双光子吸收，GO－Fe₃O₄ 中还存在很强的非线性散射，因为开孔 Z 扫描实验中，在 GO－Fe₃O₄ 中我们观察到了很强的非线性散射信号，而 GO 中却没有。

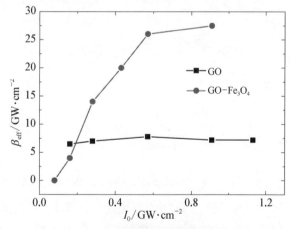

**图 1－42　纳秒脉冲下样品的 $\beta_{eff}$ 与入射
激光峰值光强的关系**

图 1－43 给出了 GO 和 GO－Fe₃O₄ 的开孔和闭孔 Z 扫描结果，我们可以看到 GO 的闭孔 Z 扫描曲线出现了明显的先峰后谷的特点，表明存在较强的负的非线性折射（自散焦效应），然而 GO－Fe₃O₄ 的闭孔 Z 扫描曲线中透射率峰被明显抑制了，同时透射率谷大大加深，这表明其中存在着较强的非线性散射或非线性吸收。通过理论拟合，得到 GO 和 GO－Fe₃O₄ 的 $\beta_{eff}$ 和非线性折射系数 $n_{2eff}$ 分别为 7.8 cm/GW，26 cm/GW

和 $9.74 \times 10^{-14}$ cm²/W，$2.83 \times 10^{-13}$ cm²/W。所以相对于原始的 GO，GO-Fe₃O₄ 拥有更大的有效双光子吸收和非线性折射系数。由于水中声速大约为1500 m/s，焦点处束腰半径为 23 $\mu$m，热光非线性建立时间约为 15 ns，由于脉冲宽度为 5 ns，所以材料的非线性折射来源于瞬态热效应和材料自身的非线性折射。对于 GO-Fe₃O₄ 的 $\beta_{eff}$ 和 $n_{2eff}$ 的同时提高，可能的原因有三个：首先 Fe₃O₄ 纳米颗粒自身可能具有较大的光学非线性[230, 231]。其次 GO-Fe₃O₄ 合成过程中，GO 的部分还原可能增强 GO-Fe₃O₄ 的热导率，从而导致较强的热效应。因为 GO 片层中，环氧基团和羟基位于 GO 片层的基本平面上，而羧基通常位于片层的边缘，Fe₃O₄ 纳米颗粒主要沉积于 GO 片层中的边缘，基本平面上的环氧基团和羟基的移除使得 GO 的晶格缺陷减少，增加了 GO 的共轭程度，共轭程度的提高使得受热晶格振动能够被快速地传递，因而增加了热导率，强烈的热效应使得非线性散射和瞬态热效应导致的非线性折射大大增强。最后，Fe₃O₄ 纳米颗粒沉积于 GO 上，也可能会使得 GO 非线性散射中心尺寸增大。

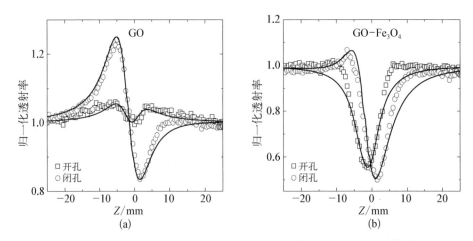

**图 1-43 纳秒脉冲下 GO (a) 和 GO-Fe₃O₄ (b)的开孔与闭孔 Z 扫描结果**

然而 GO-Fe₃O₄ 的非线性明显弱于 GO。由于较短的皮秒脉冲下非线性散射往往会失效，所以皮秒脉冲下 GO 和 GO-Fe₃O₄ 的非线性主要来源于非线性吸收，由于缺少了非线性散射，所以 GO-Fe₃O₄ 的非线性大大减弱。

综上，GO-Fe₃O₄ 拥有较强的非线性吸收、非线性折射和非线性散射特性，这些特点表明在纳秒时域，它将是一种很好的光限制材料。众所周知，富勒烯 $C_{60}$ 具有较强的激发态吸收，表现出良好的光限制特性，并经常作为参考材料。为了评估 GO-Fe₃O₄ 的光限制性能，我们测量了 GO-Fe₃O₄ 的光限制特性，并使用 GO 和 $C_{60}$ 作为对照。在线性透射率为 49% 和 87% 两种情况下，对三种材料的光限制特性进行了测量,结果如图 1-44 所示。在线性透射率为 49% 时,GO-$Fe_3O_4$ 的光限制特性相对于 GO 大大增强,但是仍弱于 $C_{60}$,比如在输入能流密度为 20 $J/cm^2$ 时,GO-$Fe_3O_4$,GO 和 $C_{60}$ 的输出能流密度分别为 1.32 $J/cm^2$,3.30 $J/cm^2$ 以及 0.56 $J/cm^2$,光限制阈值分别为 2.82 $J/cm^2$,10.19 $J/cm^2$ 以及 0.41 $J/cm^2$;在线性透射率为 87% 时,当输入能流密度低于 2.27 $J/cm^2$ 时,$C_{60}$ 表现出最低的输出能流和归一化透射率,当输入能流密度高于 2.27 $J/cm^2$ 时,其输出能流和归一化透射率高于 GO-$Fe_3O_4$。在输入能流密度为 20 $J/cm^2$ 时,GO-$Fe_3O_4$,GO 和 $C_{60}$ 的输出能流密度分别为 2.81 $J/cm^2$,5.06 $J/cm^2$ 和 3.33 $J/cm^2$,光限制阈值分别为 3.70 $J/cm^2$,10.38 $J/cm^2$ 以及 8.58 $J/cm^2$;这表明在较低的浓度下($T_{lin}=87\%$),GO-$Fe_3O_4$ 的光限制性能最强。考查材料的非线性散射信号和归一化透射率与输入能流密度之间的关系,可以看到,三种材料的非线性散射信号均随着输入能流密度的增加而增强,透射率均随着输入能流密度的增加而降低。然而,归一化透射率开始下降时与非线性散射信号开始出

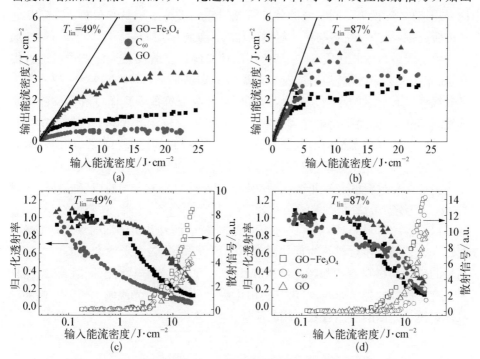

**图 1-44 采用纳秒脉冲,在 49% 和 87% 两种线性透射率情况下,GO-$Fe_3O_4$,GO 和 $C_{60}$ 的光限制效应**

(a)和(b):输入能流密度与输出能流密度关系;(c)和(d):归一化透射率、散射信号与输入能流密度关系

现所对应的能流密度并不相同,非线性散射信号是在较高的能流密度下才开始出现,这种现象对于 $C_{60}$ 尤为显著,这说明材料中除了非线性散射,应该还存在着非线性吸收和非线性折射等机制,这也与前面的结果以及文献一致。在线性透射率为 49% 时,GO 表现出最弱的非线性散射信号以及光限制特性,GO - $Fe_3O_4$ 表现出最强的非线性散射信号,但是其光限制却弱于 $C_{60}$;在线性透射率为 87% 时,当输入能流密度高于 $10\ J/cm^2$ 时,$C_{60}$ 表现出很强的非线性散射信号和近似为常数的输出能流密度,当输入能流密度高于 $2.33\ J/cm^2$ 时,GO - $Fe_3O_4$表现出最强的非线性散射信号和最低的输出能流密度。所以,在低浓度(高线性透射率)下,GO - $Fe_3O_4$ 的光限制性能最强。

由于光限制材料要求具有较高的线性透射率,同时又要具备较大的光学非线性。相对于 $C_{60}$,GO - $Fe_3O_4$ 在较低浓度时仍具有较强的非线性,表明 GO - $Fe_3O_4$ 也是一种潜在的光限制材料。

以上我们对碳纳米管、石墨烯及其杂化结构等新型碳结构材料的光学非线性进行了系统的研究。为了更好地研究它们的光物理过程以及非线性机制,我们采用纳秒、皮秒等不同时域的脉冲激光对它们进行了测试和分析。在杂化材料的研究中,将杂化材料与单一组分的材料以及参考材料进行了对比。首先,通过与纯的碳纳米管相比发现,羟基化可以使得碳纳米管在普通溶剂中分散性提高,而非线性不受影响。同时,对于该类型的碳纳米管,自身直径对悬浮液的光学非线性没有显著的影响。其次,通过研究卟啉修饰的系列单壁和多壁碳纳米管发现,卟啉修饰的系列单壁和多壁碳纳米管具有较大的光学非线性。这种杂化材料的非线性来源于碳纳米管的非线性散射、卟啉的反饱和吸收,同时卟啉和碳纳米管之间的光致电子转移对体系的非线性也有较大贡献。最后,研究了氧化石墨烯杂化材料的光学非线性,发现富勒烯、卟啉和寡聚噻吩以及磁性纳米颗粒 $Fe_3O_4$ 等修饰的氧化石墨烯杂化材料有着比富勒烯、卟啉、寡聚噻吩、氧化石墨烯以及参考材料 $C_{60}$ 等单一组分更大的非线性,而且共价修饰的氧化石墨烯非线性大于它们母体材料的物理共混体系。可以看到,碳纳米管和石墨烯这两种新型的碳结构材料有着独特的结构和优异的力、热、光、电性能,同时,碳结构材料又有着良好的光学非线性,为其实用化奠定了基础,在光限制、光开关、饱和吸收体锁模等方面的应用有着广阔的前景。

# 1.5 金属等离激元非线性光学

关于如何利用光信息处理系统代替当前电子信息处理系统从而成为未来信

息处理的主要手段,人们已经进行了广泛的研究与长期的尝试。这其中实现对于信号的光调控,是研制全光开关与开发大规模集成全光芯片的基础与重点。光调控指利用一束光波,一般称为控制光,改变另外一束信号光的特性,如强度、相位、偏振或频率,这可以利用光学材料中的非线性光学效应来实现[232]。当光波与材料相互作用时,电磁波能量将引起物质中电子云的畸变或电子能级布居数的改变,并引起电磁波频率的改变($\Delta\omega$)或介质折射率的变化($\Delta n$)或吸收特性的改变($\Delta\kappa$),进而影响信号波的传输特性[2, 3]。众所周知,物质的非线性响应幅度通常比较弱,为了得到可观的非线性效应,往往需要较长的传输距离,这决定了所需的非线性材料体积一般比较大,如厚度几个毫米的倍频晶体(PPLN)到几公里长度的光纤器件。虽然提高控制光光强可以适当减小观察非线性光学过程所需的长度,但这毫无疑问地受到物质损伤阈值的限制,并且要求可商用的集成高强激光器的出现,而到目前为止仍未有类似激光器的报道。

可以想象,在未来的大规模全光信息处理芯片中,其处理单元尺寸应为纳米量级,甚至小于光波衍射极限[233]。如何在纳米尺度下得到可观的非线性效应是一个亟待解决的关键问题。这首先要求激光能量的超衍射聚焦,并且由于传输长度限制于纳米量级,故要求非线性效应具有较强的响应系数。光学材料本身的非线性响应系数一般比较低,通过使用谐振腔可以用来提高电磁波能量的空间密度,进而提高腔内非线性光学过程的响应幅度。而在纳米亚波长尺度下,传统谐振腔无法实现,因为这要求至少 $\lambda/2$ 的空间尺度,必须使用其他的非线性增强手段。虽然这面临着巨大挑战,但若能成功地将光信号集中于纳米空间内,可获得极高的能量密度,并改善能量利用效率,进而提高非线性效应的响应幅度,使得在较弱的入射光强下即可观察到非线性响应。同时由于光子的玻色子相容特性,决定了未来光信息处理器件将具有比电子信息处理系统更高的集成度[232]。

随着表面等离子体激元的出现与研究,纳米光子学也随之蓬勃发展。表面等离子体激元特有的模式局域性可以将电磁场能量限制于光学材料表面纳米量级的亚波长尺度内,为电磁波信号的纳米尺度调控提供了可能性。在合适的条件下,入射电磁波能量将耦合转化为表面等离子体激元的激发,使得原本由于金属高反射率而损失的入射电磁能可耦合并束缚于金属表面纳米尺度的空间内,进而在靠近其表面的区域得到极强的电场场强分布,一方面增强光学非线性响应幅度,另一方面将非线性过程发生的有效空间压缩至纳米量级。利用表面等离子体激元的局域场增强效应,进而实现高调制度、低阈值非线性效应的研究在过去的几十年中一直受到很高的重视。如今,表面等离子体激元的概念已经被广泛应用于超衍射成像及加工、亚波长波导集成和非线性效应增强等领域。

　　在基于表面等离子体激元的材料方面,不得不提到超材料。作为 21 世纪新出现的人工材料,与一般的天然光学介质或其他人工材料(如光子晶体)不同,电磁波能量在超材料的周期性晶格中以表面等离子体激元布洛赫波的形式存在,这种特有的能量存在形式使得超材料拥有很多其他物质所不具有的诱人性质,比如负折射率[234, 235]、超衍射聚焦[236]、材料隐身[237-239]和超强人工磁响应[12, 240-242]等,这些性质可以通过改变超材料的结构参数进行人工调节。目前超材料已经作为一种新型的材料平台用于实现进行光学信息处理的各种功能器件。显然,研究超材料的这些新颖性质的非线性调控,对于未来实现超材料在集成光信息处理系统中的应用具有重要的意义。

　　本节中,我们着重介绍表面等离子体激元的局域场增强效应在提高体系非线性效应中的应用。首先,我们就表面等离子体激元及局域表面等离子体激元做一简单介绍,并初步展示表面等离子体激元的激发对于电场的增强效应;然后分别从纳米粒子系统、超材料系统中表面等离子体对于不同非线性效应的增强作用进行说明。

## 1.5.1　表面等离子体激元简介

　　早在 1909 年,Sommerfeld 就预言了表面电磁波的存在。表面电磁波是一种束缚于介质表面上传输的具有特殊模式类型的波,在偏离分界面时,其振幅呈指数衰减[2]。在这里,我们仅涉及存在于金属导体与介质界面的表面等离子体激元波(surface plasmon polariton,SPP),它的产生源于外加电磁场与导体内部自由电子气之间的振荡耦合。由于表面等离子体局域强场的出现,使得非线性过程的响应得到极大的增强,如此将降低激发非线性过程发生所需的激光光强。

　　下面,我们首先以半无限大各向同性无损介质与相邻金属导体之分界面为例介绍 SPP 模式的存在条件与基本特点[243]。金属导体与介质的光学常数分别使用 $\varepsilon_m$ 和 $\varepsilon_d$ 表示。对于沿着 $x$ 方向传播的表面波,可以使用 $\boldsymbol{E}(x, y, z) = \boldsymbol{E}(z)e^{i\beta x}$ 进行表述,其中复参数 $\beta$ 称为传输常数,对应于电磁波波矢沿传输方向上的分量,其虚部表征了 SPP 的衰减特性。对于 SPP 传输,亥姆霍兹方程 $\nabla^2 \boldsymbol{E} + k_0^2 \varepsilon \boldsymbol{E} = 0$ 可以化为

$$\frac{\partial^2 \boldsymbol{E}(z)}{\partial z^2} + (k_0^2 \varepsilon - \beta^2)\boldsymbol{E}(z) = 0 \tag{1-3}$$

式中,$k_0$ 为电磁波在真空中的波矢,$\varepsilon$ 为电磁波所在介质的光学常数。在如图 1-45(a)所示的单界面系统中,表面等离子体激元模式只能以横磁波(TM)

的形式存在,即只有 $E_x$,$E_z$ 和 $H_y$ 不为 0。此时,表面波模式在上下两个介质中的场分量分布可用以下各式描述

$$\begin{cases} H_y(z) = A_2 \mathrm{e}^{\mathrm{i}\beta x - k_2 z} \\ E_x(z) = \mathrm{i} A_2 \dfrac{1}{\omega\varepsilon_0\varepsilon_\mathrm{d}} k_2 \mathrm{e}^{\mathrm{i}\beta x - k_2 z} \quad (z > 0) \\ E_z(z) = - A_2 \dfrac{\beta}{\omega\varepsilon_0\varepsilon_\mathrm{d}} \mathrm{e}^{\mathrm{i}\beta x - k_2 z} \end{cases}$$

$$\begin{cases} H_y(z) = A_1 \mathrm{e}^{\mathrm{i}\beta x + k_1 z} \\ E_x(z) = - \mathrm{i} A_1 \dfrac{1}{\omega\varepsilon_0\varepsilon_\mathrm{m}} k_1 \mathrm{e}^{\mathrm{i}\beta x + k_1 z} \quad (z < 0) \qquad (1\text{-}4) \\ E_z(z) = - A_1 \dfrac{\beta}{\omega\varepsilon_0\varepsilon_\mathrm{m}} \mathrm{e}^{\mathrm{i}\beta x + k_1 z} \end{cases}$$

式中,$k_i = k_{z,i}(i = 1, 2)$ 为沿两介质分界面法线方向上的波矢分量,其倒数 $\delta = 1/|k_z|$ 为电场的穿透深度,即电场幅度衰减至原值 $1/\mathrm{e}$ 时的距离,定量描述了电磁能量在界面上的束缚程度。电磁波解的存在需满足电场与磁场切向分量在界面 $z=0$ 两侧的连续边界条件,即 $E_x(z = 0^+) = E_x(z = 0^-)$ 与 $H_y(z = 0^+) = H_y(z = 0^-)$,这要求 $A_1 = A_2$ 及 $\dfrac{k_2}{k_1} = -\dfrac{\varepsilon_2}{\varepsilon_1}$。

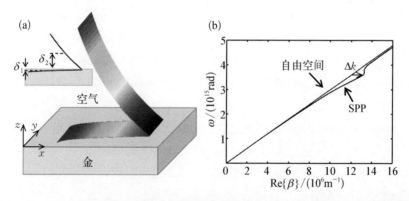

图 1‐45　(a) 金‐空气界面表面等离子体激元传输波模式,电场强度在 $z$ 方向上呈指数衰减。电场能量在空气及金中的束缚性由穿透深度 $\delta_1$ 和 $\delta_2$ 分别描述,如左上角插图所示;(b) 金‐空气界面表面等离子体激元色散曲线与空气中自由传输光波的色散曲线,两者之间的波矢失如 $\Delta k$ 所示。在高频段两者逐渐重合,这是由于此时光波频率大于金中带间跃迁能量,表面等离子体激元模式不再存在,其中金的介电系数来源于文献[244]

表面电磁波模式所具有的能量束缚特性要求 $k_i > 0$，这决定了两介质之一必须具有负的介电常数。在自然界中存在许多这样的介质，具有声子或激子剩余辐射带的晶体都是很好的例子。不过更为普遍的是金属导体，因为在等离子体频率 $\omega_p$ 以下，金属的介电常数实部总是负的，即 $\mathrm{Re}\{\varepsilon_m\} < 0$。为了满足波动方程，$\beta$ 与 $k_i$ 必须满足

$$k_1^2 = \beta^2 - k_0^2 \varepsilon_1$$

$$k_2^2 = \beta^2 - k_0^2 \varepsilon_2 \tag{1-5}$$

结合式 $\dfrac{k_2}{k_1} = -\dfrac{\varepsilon_d}{\varepsilon_m}$，可得到 SPP 模式传输的色散关系满足

$$\beta = k_0 \sqrt{\frac{\varepsilon_1 \varepsilon_2}{\varepsilon_1 + \varepsilon_2}} \tag{1-6}$$

对于 TE 波重复上面的计算与讨论，可很容易证明，该情况下不可能得到满足边界条件的电磁波模式非零解，这表明 TE 波不能作为表面电磁波来传播。

金属-介质界面两侧场分布的倏逝衰减特性将造成光传输常数 $\beta$ 大于介质中的光波矢 $k$，使其色散曲线位于介质光波色散曲线的右侧，如图 1-45(b) 所示，由此将光波直接照射于平滑金属表面不可能激发出 SPP，必须采用特殊的相位匹配手段提供附加波矢补偿 $\beta$ 与 $k$ 之间的相位失配 $\Delta k$ [233]。人们常用的激发技术有棱镜耦合法、光栅耦合法和紧聚焦激发法等，这在许多文献中均有详细介绍 [243, 245-248]，这里不再赘述。与此同时，SPP 的存在将使得电场紧紧束缚于分界面附近亚波长的尺度内，以 1 000 nm 近红外波长下金膜与空气界面为例，此时空气介电常数 $\varepsilon_d = 1$，金介电常数 $\varepsilon_m = -46.51 + 3.51\mathrm{i}$，由式(1-5) 与式(1-6)，在金属与空气侧，电场的穿透深度分别为 $\delta_1 = 1/\mathrm{R}_e\{k_1\} = 23$ nm 和 $\delta_2 = 1/\mathrm{R}_e\{k_2\} = 1076$ nm，即电磁能量主要分布于靠近界面 $10 \sim 10^3$ nm 的亚波长空间尺度范围内。如果能把大部分的入射激光能量耦合到表面波里，在表面附近纳米尺度内的场强可非常之高，因此，能够很容易观测到由这些表面波与金属或邻近介质相互作用所产生的非线性光学效应。

在金属导体界面上的表面等离子体激元除了存在以上所述的传输波模式外，对于亚波长尺度金属纳米粒子，其弯曲的表面作为其内部自由电子运动的天然边界，在外界电磁场的激励下，内部电子可产生共振运动，并与外界电磁波相耦合形成局域表面等离子体激元，并在粒子内部与外部产生局域电场增强。金属良导体如金和银中，电子自由程大约为 50 nm，则电子在小于该尺度的金属粒

子中运动,除了与边界发生作用外,将不会受到明显的来自体内的散射作用。

对于尺寸 $a$ 远远小于电磁波波长 $\lambda$ 的金属导体粒子,电磁波的相位在粒子所占空间体积内的分布可看作常数,内部电子感受到的外场推迟势效果可以忽略,此时光波与粒子的相互作用问题可以简单地看作内部电子在外部均匀时变电场下的受迫振荡运动,此时只需要考虑小球内部电子运动的偶极模式。当粒子尺寸较大时,电磁波在粒子中的推迟势效应变得重要,此时应该使用 Mie 氏理论加以描述[243]。振荡电子与电磁波相耦合,形成束缚于粒子表面的等离子体激元。如果将整个粒子看作等离子激元波振荡的谐振腔,该系统具有一定的本征频率,当它同外界光场频率吻合时,粒子中将形成电子共振驻波振荡,并被命名为表面等离子体激元共振。该共振发生时,一方面电磁波向系统中耦合的效率最高,其次电子受迫振荡具有最大的振幅,同时产生的振荡电场最强,故粒子表面附近积聚着极高的能量,此时可以增强诸如非线性响应在内的各种光学过程的强度。

下面以金属粒子与外加静电场的相互作用为例,定性地解释金属粒子对其表面电场的增强作用及表面等离子共振频率特性。空间中有一均匀各向同性半径为 $a$ 的导体小球,介电常数为 $\varepsilon_m$,值得注意的是,当金属粒子尺寸很小时(小于 10 nm),由于量子尺寸效应,其介电常数可能与金属体材料不同[249, 250]。导体小球处于各向同性无损耗介电常数为 $\varepsilon_d$ 的介质内部,规定其球心位置为原点,外界存在一均匀静电场 $\boldsymbol{E} = E_0\hat{\boldsymbol{z}}$,如图 1 - 46 所示。静电场将引起导体表面上的感应电荷分布,导体内部的自由电子将在电场作用下运动,使得电荷

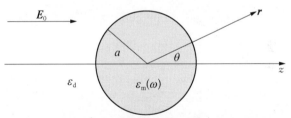

图 1 - 46　空间中一均匀各向同性半径为 $a$ 的导体小球(介电常数 $\varepsilon_m$)处于无损耗介电常数为 $\varepsilon_d$ 的介质内部(外界静电场 $E_0$ 沿 $z$ 方向,将在导体小球内产生电偶极矩 $p$)

在导体上重新分布,反过来产生新的电场,改变整个系统的电场分布,两个电场相互影响并达到平衡状态。此时,导体表面上的感应电荷有确定的分布密度,而空间中的电场也同时确定。在静电场近似下,电势分布由拉普拉斯方程 $\nabla^2\Phi = 0$ 决定,而电场分布可以通过 $\boldsymbol{E} = -\nabla\Phi$ 求得。

关于具体的求解过程可参考文献[251],考虑到解的收敛性与电磁场所需满足的边界条件,在球坐标系中,球内与球外的电势分布可分别表示为:

$$\Phi_{\text{in}} = -\frac{3\varepsilon_d}{\varepsilon_m + 2\varepsilon_d} E_0 r\cos\theta$$

$$\Phi_{\text{out}} = -E_0 r\cos\theta + \frac{\varepsilon_m - \varepsilon_d}{\varepsilon_m + 2\varepsilon_d} E_0 a^3 \frac{\cos\theta}{r^2} \tag{1-7}$$

式中, $-E_0 r\cos\theta$ 为外加静电场在空间中的电势分布, 其中 $\dfrac{3\varepsilon_d}{\varepsilon_m + 2\varepsilon_d}$ 及

$\dfrac{\varepsilon_m - \varepsilon_d}{\varepsilon_m + 2\varepsilon_d} a^3$ 分别描述了金属球的引入对于 $\Phi_{\text{in}}$ 及 $\Phi_{\text{out}}$ 的影响。在外加电场的作用下,电子将向小球左侧移动,而在其右侧积聚不能移动的正电荷,于是小球可以看作一位于原点处的电偶极矩 $\boldsymbol{p}$, $\Phi_{\text{out}}$ 体现了外加场与小球电偶极矩电势的叠加,即

$$\Phi_{\text{out}} = -E_0 r\cos\theta + \frac{\boldsymbol{p} \cdot \boldsymbol{r}}{4\pi\varepsilon_0 \varepsilon_d r^3} \tag{1-8}$$

其中

$$\boldsymbol{p} = 4\pi\varepsilon_0\varepsilon_d a^3 \frac{\varepsilon_m - \varepsilon_d}{\varepsilon_m + 2\varepsilon_d} \boldsymbol{E}_0 \tag{1-9}$$

由 $\boldsymbol{p} = \varepsilon_0\varepsilon_d\alpha_s\boldsymbol{E}_0$ 可以得到小球的极化率

$$\alpha_s = 4\pi a^3 \frac{\varepsilon_m - \varepsilon_d}{\varepsilon_m + 2\varepsilon_d} \tag{1-10}$$

由 $\boldsymbol{E} = -\nabla\Phi$ 可得小球内部与外部电场的分布情况:

$$\boldsymbol{E}_{\text{in}} = \frac{3\varepsilon_d}{\varepsilon_m + 2\varepsilon_d} \boldsymbol{E}_0$$

$$\boldsymbol{E}_{\text{out}} = \boldsymbol{E}_0 + \frac{3\varepsilon_d}{\varepsilon_m + 2\varepsilon_d} E_0 a^3 \frac{1}{r^3}(-2\cos\theta\boldsymbol{e}_r - \sin\theta\boldsymbol{e}_\theta)$$

$$= \boldsymbol{E}_0 + \frac{3\boldsymbol{n}(\boldsymbol{n} \cdot \boldsymbol{p}) - \boldsymbol{p}}{4\pi\varepsilon_0\varepsilon_d} \frac{1}{r^3} \tag{1-11}$$

式中, $\boldsymbol{e}_r$ 和 $\boldsymbol{e}_\theta$ 分别为球坐标系下沿着径向 $r$ 与极角 $\theta$ 方向上的单位矢量,由散射理论可得小球的散射截面 $C_{\text{sca}}$ 与吸收截面 $C_{\text{abs}}$[243]

$$C_{\text{sca}} = \frac{k^4}{6\pi} \mid \alpha_s \mid^2 = \frac{8\pi}{3} k^4 a^6 \left| \frac{\varepsilon_m - \varepsilon_d}{\varepsilon_m + 2\varepsilon_d} \right|^2$$

$$C_{abs} = k\,\mathrm{Im}\{\alpha_s\} = 4\pi k a^3\,\mathrm{Im}\left\{\frac{\varepsilon_m - \varepsilon_d}{\varepsilon_m + 2\varepsilon_d}\right\} \tag{1-12}$$

可见散射截面正比于粒子体积的平方,而吸收截面正比于粒子体积,故对于较小的金属颗粒,吸收截面占主导作用,而对于较大的粒子,散射作用变得不可忽略。

下面对以上各式作简单的讨论:首先,对于理想导体($|\varepsilon_m| \to \infty$),在静电场作用下,导体内部不带电,电荷只分布于导体表面,导体内部电场为 0($E_{in} = 0$),$\Phi_{in} = 0$,即小球是等势体,且其各处电势均为 0(系统势能零点选为原点)。

当 $\varepsilon_m = -2\varepsilon_d$ 时,即满足 Fröhlich 条件,$E_{in}$ 与 $E_{out}$ 将得到极大增强,理想情况可以增强至无穷大。然而对于实际良导体而言,$\varepsilon_m$ 为有限大小的复数,电场的增强幅度受到 $\mathrm{Im}\{\varepsilon_m\} \neq 0$ 的限制,如式(1-11)中所示,当 $\mathrm{Re}\{\varepsilon_m(\omega)\} = -2\varepsilon_d$ 时,$E_{in}$ 与 $E_{out}$ 的强度将得到共振增强,并且此时对应于最大的散射与吸收截面,如图1-47所示,在粒子的散射与吸收谱中表现为散射或吸收峰的出现,图中两峰波长位置略有差别,这是由于 $\mathrm{Im}\{\varepsilon_m\} \neq 0$ 使得式(1-12)中分母不能绝对为 0 的结果。此时金属小球内部及距离金属小球较近的范围内将聚集较高的能量,不难想象,如果金属或外界介质具有非线性,那么其非线性效应将得到极大的提高。

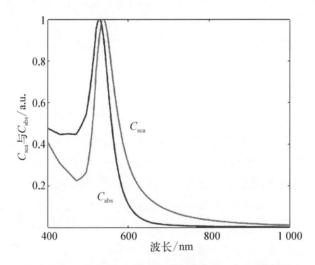

**图 1-47　金属纳米小球的散射截面 $C_{sca}$ 与吸收截面**
**$C_{abs}$,并对其归一化以方便两曲线的比较**

在以上基于准静态近似的讨论中,可以看到金属导体小球表面等离子体共振峰的位置将随金属及周围材料种类的变化而变化,同粒子尺寸 $a$ 的关系不大,并且等离子体共振吸收峰和散射峰的位置及线宽完全由 Fröhlich 条件决定。而对于较大的粒子,采用 Mie 理论进行分析,可得到其等离子共振峰将随着粒子尺寸的增大而红移,并且线宽加宽。

除了以上球形颗粒外,对于其他形状纳米粒子(如旋转椭球体)的表面等离子体共振特性人们同样已经进行了解析描述。与球形颗粒不同,旋转椭球体纳米粒子具有两个分立的等离子体共振峰,分别对应于导带电子沿着椭球体长轴和短轴方向的振荡。与具有相同体积的球形粒子相比,椭球体长轴具有较长的尺寸,故沿着该方向上的共振频率将发生相应的红移,并且随着椭球比的增大,该红移量加大。与球形粒子相同,等离子共振频率或表面等离子体共振吸收峰对应于最强的局域场增强幅度及局域场强度。

随着新型生长工艺及加工技术的出现,已经可以通过物理或化学合成手段得到具有各种特殊形状的纳米粒子,或者在金属薄膜表面加工出具有周期性亚波长微结构的超材料。同时,得益于计算机与数值模拟技术的发展,可以对具有任何几何形状的金属纳米结构系统的表面等离子体共振特性以及局域电场增强效应进行分析。

关于使用金属表面等离子体激元对非线性过程响应幅度的增强应当从表面增强拉曼散射(surface enhanced raman scattering,SERS)说起。20 世纪 70 年代,Fleischmann 等从实验上发现了粗糙银膜可增强吡啶的拉曼散射信号,揭开了使用表面等离子场增强非线性效应研究的序幕[252]。关于表面等离子体激元对于非线性过程的影响,于 1985—1986 年间使用四波混频非线性测量技术在金薄膜中系统地进行了研究,证明了表面等离子体激元共振在金属的非线性过程中起到的增强作用[249, 253]。

关于利用表面等离子体激元的强局域场效应实现非线性效应的增强可以分为两种不同的途径,一为增强处于金属结构附近的电介质的非线性响应,如 SERS 即属于这种类型;二为增强金属自身的非线性效应。不管使用何种方法,表面等离子体激元系统的非线性响应均会在等离子体共振峰的频率范围内得到增强。

本节主要局限于等离子体激元的场局域效应对于金属自身非线性效应的增强作用进行介绍。关于金属对于非线性介质材料响应的非线性增强可以使用类似的分析方法进行处理,将得到类似的结论。

## I.5.2　金属中的非线性过程

金属本身虽然具有极强的非线性特性(比典型电介质响应强 $10^6$ 倍),然而由于其极高的损耗系数,大部分的光波能量被金属表面反射而无法透入金属内部,比如厚度仅为几十纳米的金属薄膜,电磁能量已难以透过,这使得金属的非线性效果极差,同时由于大部分入射电磁能量被耗散,加大了对金属非线性效应的观察难度。早期人们使用金属粒子胶体或将金属-介质交叠形成层状布拉格光栅结构,提高金属结构的透射率,增强电磁波与金属的相互作用,并进行金属非线性效应的研究[250, 253, 254]。现在,金属表面等离子体激元的激发可使得原本由于金属高反射率而损失的入射电磁能可耦合并束缚于金属表面纳米尺度的空间内,为增强电磁波与金属间的相互作用,进而为增强其光学非线性响应幅度提供了另一种实现手段。

至今人们已经发现并掌握了电介质中丰富多彩的非线性性质,如 KDP,KTP,LiNbO₃ 等晶体的倍频效应,半导体或者其他化学溶液的多光子吸收效应、饱和吸收效应等,这些效应在很多非线性光学的教材或文献中均已经进行了深入的介绍,此处不再赘述。另一方面,对于金属介质的非线性性质却少有系统的介绍。作为一种特殊的光学材料,金属良导体,如金、银、铜、铝等,虽然其导带与价带间不具有如同半导体(或绝缘体)一样的带隙,但其晶格原子之间的化学键杂化,在金属内部将形成由内层 d 轨道电子满充的价带和由外层 sp 轨道自由电子部分填充的导带,并且在热平衡时,费米能级之下的所有导带能级均被电子占据。这些自由电子的存在,使得金属与普通电介质不同,其非线性包含来源于价带局域态电子与导带电子两方面的贡献[249, 250, 255]。

众所周知,在电偶极子近似下,二阶非线性光学过程(如二次谐波的产生)等不可发生于具有对称中心的材料中,而金属晶体正是属于具有对称中心的立方晶系,在电偶极矩近似下倍频效应是禁戒的,但是在金属表面反射波中,人们成功地观察到了二次谐波的出现[256]。目前已经使用经典玻耳兹曼方程、流体模型等理论解释了金属倍频信号的来源,并将其分为来自金属体内与表面的贡献,其中体内贡献中又分为来自价带束缚电子电四偶极子的贡献与导带自由电子气所受外界电磁场洛伦兹力作用与对流力作用贡献[257-261]。而后续的研究表明金属薄膜的倍频效应主要来源于表面非线性,而来自体非线性响应的贡献可以忽略不计[262]。导带中的电子在金属内部可以自由运动,而金属表面形成了对电子运动的天然阶跃势垒。尽管金属晶格具有中心对称性,而在表面处这种对称性破缺,可形成非线性电偶极矩,其极化强度可用下式表述:[263]

$$P_i^S(2\omega) = \chi_{ijk}E_j(\omega)E_k(\omega) \qquad (1-13)$$

式中,$\chi_{ijk}$ 为描述表面二阶非线性的极化率,由对称性决定其非零分量分别为 $\chi_{zzz}^{(2)}$, $\chi_{zxx}^{(2)} \equiv \chi_{zyy}^{(2)}$ 和 $\chi_{xxz}^{(2)} = \chi_{xzx}^{(2)} = \chi_{yyz}^{(2)} = \chi_{yzy}^{(2)}$,其中 $z$ 沿着金属表面法线方向。

虽然对于良导体,其导带与价带间不具有如同半导体(或绝缘体)一样的带隙,但当入射光子能量大于价带和费米能级之间的能量隙时(对于金该值为2.4 eV[255]),价带电子仍可通过直接跃迁进入费米能级之上的导带中,改变费米面附近载流子的布居数分布,形成"费米拖曳"效应(Fermi smearing),它的出现将影响 d 电子向费米能级附近导带的跃迁,影响金属的光学性质,显现出非线性,这是金属非线性的最主要来源,其强度也比较强(非线性吸收系数$\beta\sim$10$^{-5}$ m/W[264]),但是其响应速度受到带内非辐射弛豫与费米面能级寿命的限制,一般在 ps 量级[265],如图 1 - 48 左侧部分所示。对于体金属材料,其导带内的带内辐射跃迁受到动量守恒定律限制可忽略不计,而对于直径小于 10 nm 的金属粒子,由于量子尺寸效应,导带中的准连续能级会发生分裂,使得电子从费米能级下的导带跃迁至费米能级之上,在高光强下,该跃迁偶极矩亦可显现出非线性响应[249, 250],对于尺寸较大的金属结构单元,该贡献可以忽略不计。另一方面,金属吸收的激光能量也会加热导带中的自由电子,由于这部分电子具有较低的比热容,很容易达到较高的温度,获得足够的能量($kT$)使得费米能级下的电子跃迁至能级之上,产生费米拖曳效应,引起对激光传输特性的非线性作用。热电子通过与金属晶格声子的散射作用而再次达到热平衡,这一过程一般需要2~3 ps[266]。若激发激光波长较长,单光子能量不足以产生带间跃迁,而当光强比较高时,可以发生非共振双光子吸收,即两个光子借助一个虚能级同时被金属原子吸收将电子由价带激发至导带中[267],如图 1 - 48 右侧部分所示。虽然该非线性吸收系数 $\beta$ 较小(~10$^{-8}$ m/W),然而由于虚能级寿命较短(<1 fs)[3],且该非线性吸收过程只能发生在两光子同时存在的时刻,所以该非线性过程将具有极快的响应速度。

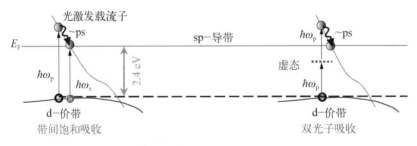

**图 1 - 48　金的能带结构图及其带间可饱和吸收与双光子吸收非线性过程原理图**

### 1.5.3　金属等离激元增强倍频非线性效应

金属表面的反射倍频效应首次由 Brown 在 1965 年于银镜表面观察到[256]。

后续发现当金属表面激发出等离子激元时,该过程的幅度将得到增强[259]。比如与平滑薄膜相比,金属光栅中等离子体激元的激发使得倍频信号的产生增强了36 倍[268]。超材料的出现更加丰富了金属倍频效应的研究。2006 年,Klein 于裂环微谐振腔磁响应超材料中首次观察到了二次谐波的产生[269],并且其可实现同天然晶体 KDP 相同量级的倍频转换效率。后续研究同时得到了该超材料中三次倍频信号的产生[269-271]。2008 年,Kim 使用可调谐激光对于超材料的非线性光谱特性进行测量,即利用不同波长激光激发同一超材料并研究其非线性输出特性[272]。通过对样品反射所得的二次谐波、三次谐波及四波混频信号的分析观察到了明显的等离子体激元磁共振致非线性增强特性。2011 年,Tang 在理论上与实验上研究了渔网结构超材料中的非线性倍频响应。超材料的表面等离子体场使得超材料内部聚集极强的电磁能量,且在磁共振发生时电磁能量最强,相比于无结构银膜的倍频响应,超材料结构的引入使得倍频效应增强了80 倍[263]。

在金属微结构中,当表面等离子激元被激发时,金属表面的局域场强度会发生增强, 即 $E_{loc}(r,\omega) = L(r,\omega)E(\omega)$,其中 $E(\omega)$ 为入射电场大小,$L(r,\omega)$ 为空间中各处的局域场增强因子,这可以通过对于微结构内部场分布的数值模拟得到。倍频信号的强度与金属微结构内部产生的倍频辐射电偶极矩强度有关

$$p^{(2)} = \int L(r, 2\omega) \chi_s^{(2)} \left[ E_{loc}(r, \omega) \right]^2 \mathrm{d}s \qquad (1-14)$$

由于倍频非线性主要来源于金属表面的贡献,所以积分在金属表面进行计算。若谐波频率处同样发生等离子共振时,产生的二次谐波将同样得到增强[273],由上式中 $L(r, 2\omega)$ 表征。

类似地,对于计算 $n$ 阶非线性过程的增强效应,$n$ 阶非线性电偶极矩为 $p^{(n)} = \int L(r, n\omega) \chi_s^{(n)} \left[ E_{loc}(r, \omega) \right]^n \mathrm{d}s$,其中同时考虑了对于 $n$ 阶辐射波 $n\omega$ 的增强因子 $L(n\omega)$。由于金属纳米结构中的共振来源于表面等离子体的局域场共振,其非线性共振峰比线性共振峰具有更窄的频谱宽度,这不同于天然物质,因为天然物质中非线性响应与线性响应具有相同的共振光谱线型。

### 1.5.4 金属等离激元增强三阶光学非线性

对于金属表面等离子体激元在增强三阶非线性光学效应中所起作用的证明最早开始于 1985 年 Hachet 利用四波混频技术对金颗粒胶体系统非线性响应的测量。下面先以胶体系统说明表面等离子体激元对其非线性响应的增强效果。

上节中已经介绍了单金属颗粒在外电场作用下的场分布情况,当满足 Fröhlich 条件,即 $\varepsilon = -2\varepsilon_m$ 时,球形金属粒子在外界电磁场作用下,其表面及内部的电场幅度得到共振增强,如此金属的非线性响应强度得到增强。假设胶体系统中金属粒子的体积浓度 $g$ 较小,且粒子尺寸远小于光波波长。此时粒子间的距离较大,可以忽略粒子之间的相互作用,在长波近似下,1985 年,Ricard 首次由 Lorentz 局域场理论得到这一复合材料的有效介电常数 $\widetilde{\varepsilon}$ 满足[253]

$$\frac{\widetilde{\varepsilon} - \varepsilon_d}{\widetilde{\varepsilon} + 2\varepsilon_d} = g \, \frac{\varepsilon_m - \varepsilon_d}{\varepsilon_m + 2\varepsilon_d} \tag{1-15}$$

可得

$$\widetilde{\varepsilon} = \varepsilon_d \, \frac{(1+2g)\varepsilon_m + 2(1-g)\varepsilon_d}{(1-g)\varepsilon_m + (2+g)\varepsilon_d} \tag{1-16}$$

在外加电磁场的作用下,金属球表面可激发出表面等离子体激元集体共振,且共振频率 $\omega_r$ 满足

$$\varepsilon_m(\omega_r) = \frac{2+g}{1-g}\varepsilon_d(\omega_r) \tag{1-17}$$

当 $g \ll 1$ 时,有效介电常数 $\widetilde{\varepsilon}$ 可化简为

$$\widetilde{\varepsilon} = \varepsilon_d + 2g\varepsilon_d \, \frac{\varepsilon_m - \varepsilon_d}{\varepsilon_m + 2\varepsilon_d} \tag{1-18}$$

此时共振条件式退化为 $\varepsilon_m = -2\varepsilon_d$,即 Fröhlich 条件。

为了简化讨论,在此忽略金属小球所处电介质环境的非线性,则系统的非线性仅仅来源于金属部分,实际上,这也是早期对金属胶体进行研究时所采用的方法。仅考虑系统的三阶克尔非线性效应,系统在激光作用下将产生三阶非线性极化强度 $P_{\mathrm{NLS}}^{(3)}(\omega)$。1.5.1 节中已经得到

$$E_{\mathrm{in}} = \frac{3\varepsilon_d}{\varepsilon_m + 2\varepsilon_d} E_0 = f_1 E_0 \tag{1-19}$$

在早期的实验中,一般使用四波混频相位共轭技术对胶体的非线性响应特性进行研究,此时系统的非线性极化强度可表示为[249]

$$P_{\mathrm{NLS}}^{(3)}(\omega) = 3g f_1^2 \mid f_1 \mid^2 \varepsilon_0 \chi_m^{(3)} E_f E_p^* E_b \tag{1-20}$$

式中,$E_f$,$E_b$ 和 $E_p$ 为前向泵浦光、后向泵浦光以及探测光的电场强度,$\chi_m^{(3)}$ 为金属三阶非线性极化率,则系统的有效三阶非线性极化率

$$\widetilde{\chi}^{(3)} = 3gf_1^2 \mid f_1 \mid^2 \chi_m^{(3)} \tag{1-21}$$

因为四波混频中共轭光的光强与$\mid P_{\mathrm{NLS}}^{(3)}\mid^2$成正比,故四波混频效应的增强因子正比于$\mid f_1(\omega)\mid^8$,并且在共振频率$\omega_r$处产生增强峰,如图1-49所示。在实验上,1986年,Hache利用简并四波混频技术分别研究了金颗粒悬浊溶液与掺金玻璃(金红宝石玻璃)两种金胶体的非线性特性,由于当时的商用可调谐激光器还未足够发达,该实验中通过对皮秒调$Q$锁模$Nd$:YAG输出光进行频率变换得到四个分立波长,用以覆盖金颗粒胶体的等离子线性吸收共振峰,尽管激光波长的覆盖范围有限,但仍观察到在胶体等离子共振峰处出现了明显的非线性响应峰值,证明了表面等离子共振在增强非线性响应过程中的作用。通过改变泵浦光与探测光之间的时延对胶体进行时域响应分析,得到其具有皮秒级响应,说明了金属中的非线性主要来自电子的响应。然而由于当时实验精度不足,无法对非线性极化率$\widetilde{\chi}^{(3)}$的频率响应进行可靠的定量研究。

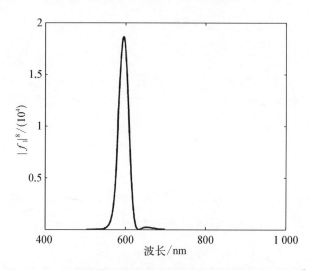

**图1-49 金属胶体系统中四波混频信号增强因子$\mid f_1(\omega)\mid^8$**

使用以上理论可以对球形颗粒胶体的非线性增强响应进行定量解释与预测,然而球状结构的单一性,可变参数较少,无法满足人们的要求。随着加工工艺的提高,人们已经设计出各种具有特殊性质的功能光学材料,对于这些复杂的结构,很难使用解析方法对其进行分析。1998年,Ma使用平均场近似理论推导出可以描述由多种材料组成的复合结构的有效非线性系数表达式。微结构系统的有效介电常数$\widetilde{\varepsilon}$和有效三阶非线性极化率$\widetilde{\chi}$可使用电位移矢量$D$的空间平均加以定义[274]:

$$\frac{1}{V}\int dV \boldsymbol{D} = \frac{1}{V}\int dV[\varepsilon\boldsymbol{E}_{\text{loc}} + \chi^{(3)} \mid \boldsymbol{E}_{\text{loc}} \mid^2 \boldsymbol{E}_{\text{loc}}]$$
$$= \widetilde{\varepsilon}\boldsymbol{E}_0 + \widetilde{\chi}^{(3)} \mid \boldsymbol{E}_0 \mid^2 \boldsymbol{E}_0 \qquad (1-22)$$

式中，$\boldsymbol{E}_0 = \dfrac{1}{V}\int dV \boldsymbol{E}$ 为外加至系统上的平均电场，$\boldsymbol{E}_{\text{loc}}$ 为系统内部局域场分布。

系统有效非线性极化率可以写为

$$\widetilde{\chi}^{(3)}(r,\omega) = \frac{\dfrac{1}{V}\int \chi^{(3)}(r,\omega) \mid \boldsymbol{E}_{\text{loc}} \mid^2 \boldsymbol{E}_{\text{loc}}^2 dV}{\mid \boldsymbol{E}_0 \mid^2 \boldsymbol{E}_0^2} \qquad (1-23)$$

式中，$\chi^{(3)}$ 为系统中随空间分布的三阶非线性极化率。对于以上讨论过的胶体系统，基质材料具有相同的非线性极化率 $\chi_{\text{d}}$，而同时金属粒子具有相同的非线性极化率 $\chi_{\text{m}}$，此时上式可写为

$$\widetilde{\chi}^{(3)} = \chi_{\text{m}}^{(3)} \frac{\dfrac{1}{V}\int_{\text{m}} \mid \boldsymbol{E}_{\text{loc}} \mid^2 \boldsymbol{E}_{\text{loc}}^2 dV}{\mid \boldsymbol{E}_0 \mid^2 \boldsymbol{E}_0^2} + \chi_{\text{d}}^{(3)} \frac{\dfrac{1}{V}\int_{\text{d}} \mid \boldsymbol{E}_{\text{loc}} \mid^2 \boldsymbol{E}_{\text{loc}}^2 dV}{\mid \boldsymbol{E}_0 \mid^2 \boldsymbol{E}_0^2} \qquad (1-24)$$

以上积分分别在金属小球及介质基底范围内进行。进一步地，当基质材料的非线性可以忽略时，即 $\chi_{\text{d}}^{(3)} = 0$，上式中第二项为 0，因而可化简为

$$\widetilde{\chi}^{(3)} = \chi_{\text{m}}^{(3)} \frac{\dfrac{1}{V}\int_{\text{m}} \mid \boldsymbol{E}_{\text{loc}} \mid^2 \boldsymbol{E}_{\text{loc}}^2 dV}{\mid \boldsymbol{E}_0 \mid^2 \boldsymbol{E}_0^2} \qquad (1-25)$$

即复合系统的有效非线性与系统中金属粒子内部分布的局域场有关，在发生表面等离子体共振时，$E_{\text{loc}} \gg E_0$，高强的局域电场将对金属系统的有效非线性起到放大作用。

考虑到 $\beta\left(\dfrac{m}{W}\right) = \dfrac{\omega}{\varepsilon_0 n_0^2 c^2}\text{Im}\{\chi^{(3)}\}\left(\dfrac{m^2}{V^2}\right)$（其中 $n_0$ 为物质折射率），同时金属的三阶非线性主要由其虚部决定，即 $\text{Im}\{\chi_{\text{m}}^{(3)}\} \gg \text{Re}\{\chi_{\text{m}}^{(3)}\}$，则式（1-25）可表述为

$$\widetilde{\beta} = \beta_{\text{m}} \frac{n^2}{\widetilde{n}^2} \text{Re}\left\{\frac{\int \boldsymbol{E}_{\text{loc}}^2 \mid \boldsymbol{E}_{\text{loc}} \mid^2 dV}{\boldsymbol{E}_0^2 \mid \boldsymbol{E}_0 \mid^2 V}\right\} = L\beta_{\text{m}} \qquad (1-26)$$

式中，$L$ 即为局域场对于微结构有效非线性的增强因子。

关于表面等离子体激元增强非线性的研究已取得了丰硕的成果，并已有大

量的实验研究了金属微结构中纳米粒子的几何尺寸与表面等离子体共振及微结构系统非线性特性的关系及其时域响应特性[250, 275-278]。通过改变金属纳米粒子的几何形状或尺寸以及粒子在胶体中所占的比例,人们实现了对金属胶体的有效非线性强度的控制[265, 279, 280]。通过改变金属薄膜的厚度,其非线性亦可得到类似的调控[264]。

Pendry 于 1999 年在讨论裂环谐振腔(split ring resonators,SRRs)超材料的光学性质中首次提出了非线性超材料的概念,并详细阐述了当裂环超材料处于磁共振激发时,其内部将聚集极强的电磁场能量,降低超材料的非线性响应阈值,增强非线性响应幅度[12]。后续进行的一系列理论研究纷纷提出了各种功能型非线性超材料[281-283]。有关使用超材料对于电介质非线性过程增强的工作已取得很多成果,如 2009 年,美国的 Cho 利用泵浦探测光谱干涉技术对中间夹有 $\alpha$-Si 的双层渔网结构超材料在近红外波段的非线性响应进行了研究,源于 $\alpha$-Si 在激光作用下的三阶非线性响应,超材料的透射、反射光谱性质及其有效折射率在泵浦激光的作用下发生了变化,并且超材料等离子体场的出现使得该非线性响应的幅度得到增强,与此同时,该材料响应速度与介质中激发载流子的寿命有关(<1 ps)[284]。同年,Dani 也对类似的双层渔网结构超材料的非线性透射率及其时域响应进行了研究,得到时间常数为 600 fs 的超快响应与强度为 20% 的光强调制度[285]。作为同是纳米材料的碳纳米管,将其附着于超材料表面,在与表面等离子体的相互作用下,其非线性效应同样可以得到类似的增强效果[286, 287],同时由于碳纳米管的光谱特性可通过其自身直径等几何尺寸进行调节,故碳纳米管相比于其他材料具有更强的光谱覆盖能力。另一方面,表面等离子体激元同样可以用来增强金属自身的非线性响应。亚波长表面结构的引入,使等离子体激元得以在超材料表面激发,增强电磁波与金属原子的相互作用及其非线性响应。在 2011 年的《Nature Nanotechnology》杂志中,Zayats 报道了利用金纳米柱阵列(gold nanorod)内增强的非线性非局域响应实现了在 $10\ \mathrm{GW/cm^2}$ 的峰值功率下 80% 的透射率调制度[288]。Giessen 通过金纳米天线(nanoantenna)尖端的局域电场将金纳米颗粒的非线性吸收响应增强了一个量级[289]。

非对称裂环超材料结构可以形成类 Fano 线形的暗模式场分布[290, 291],其辐射损耗很小,能量被局域于超材料内部,模式体积很小,增加了模场的能量利用率。非对称裂环超材料的结构如图 1-50(a)所示:熔石英玻璃基底表面上蒸镀 50 nm 厚度的金膜,使用聚焦离子束(focus ion beam,FIB)于其上刻蚀非对称裂环(asymmetric split ring,ASR)阵列,图中给出了样品的扫描电子显微镜

(scanning electron microscope，SEM)照片及其中的原胞尺寸参数。超材料的晶格周期为 425 nm，整个超材料阵列的面积为 $100 \times 100~\mu m^2$。在 $y$ 偏振光的入射下，超材料将在 890 nm 处（图中竖直虚线指示）激发出 Fano 共振，对应于表面等离子体共振吸收，此时电磁能量局域性最强[292]。

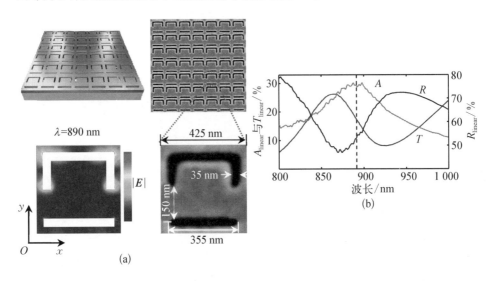

**图 1-50**　(a) 非对称裂环非线性超材料及其 SEM 图片（同时样品设计尺寸与超材料在 890 nm 处的模场分布亦示于图中）；(b) 超材料在 $y$ 偏振入射光下的线性透射、反射和吸收谱（样品在 890 nm 处具有等离子共振吸收峰，对应于最强的电场局域）

使用飞秒激光激发样品，并利用开孔 $Z$ 扫描方法研究超材料在 800～1 000 nm 光谱范围内的非线性响应，同时与无结构金膜的结果进行对比，如图 1-51 所示。在相同峰值光强 2.3 GW/cm² 激光的照射下，金膜非线性透射率并未有明显变化，$\Delta T \approx 0$，然而超材料却表现出非常明显的变化：在共振波长附近处，透射率极大地降低，特别是在等离子共振发生的 890 nm 处，透射率的降低达到最大值的 40%。透射率曲线的低谷与超材料等离子共振峰位的吻合说明了超材料非线性响应同等离子激元的共振有关系，即金原子在该波段的双光子吸收效应受到了超材料表面等离子体局域场的增强。在长波长波段（920～980 nm），与以上增强的双光子吸收效应相反，超材料的透射率在高光强下反而增大，类似于饱和吸收效应，后面将证明，对于增强双光子吸收效应和饱和吸收效应的出现均同超材料中等离子体激元共振效应有关，并且可以使用以上的有效非线性介质理论进行解释。材料的非线性吸收系数 $\beta$ 可以通过对不同波长的 $Z$ 扫描结果拟合得到。如图 1-51(b) 所示，连续无结构金膜的双光子吸收系数

$\beta_{Au}$ 在 800～1 000 nm 范围内单调递减。然而具有纳米结构的超材料非线性吸收系数 $\tilde{\beta}$ 将受到等离子体共振效应的增强,其与 $\beta_{Au}$ 相比的增强倍数 $L$ 在表面等离子体共振吸收峰附近存在共振增强峰[见图 1-51(b)],在 890 nm 的等离子共振峰处,非线性增强达到最大的 300 倍,对应于 $\tilde{\beta}=7.7\times10^{-6}$ m/W,这比传统的非线性介质 $CS_2$ 大 7 个数量级[112]。在波长 920～980 nm 范围内,$L<0$,对应于增强吸收转化为饱和吸收效应,此时有效非线性吸收系数 $\tilde{\beta}<0$。在 930 nm 处,$L$ 达到最小值,饱和吸收效应最强,相应的非线性吸收系数 $\tilde{\beta}=-9.0\times10^{-7}$ m/W [293]。

这一双光子吸收效率的提高以及在长波段向饱和吸收效应的转化可以使用超材料的有效非线性介质理论来解释。使用有限元法对于超材料中有效非线性系数增强因子 $L$ 进行数值模拟,结果如图 1-51(b)中虚线所示。由数学知识可知,场增强因子 $L$ 的符号由局域场 $\boldsymbol{E}_{loc}$ 与入射场 $\boldsymbol{E}_0$ 之间的相位差决定[见式 (1-26)],即在样品内部满足 $0<\arg\left(i\dfrac{\boldsymbol{E}_{loc}^2}{\boldsymbol{E}_0^2}\right)<\pi$ 的区域内,局域场增强因子为正,反之为负。图 1-51(c)中列出了超材料原胞内 $\Theta=\arg\left(i\dfrac{\boldsymbol{E}_{loc}^2}{\boldsymbol{E}_0^2}\right)$ 在不同波长下的分布。从中可以看出,在靠近等离子共振区域 890 nm 时,

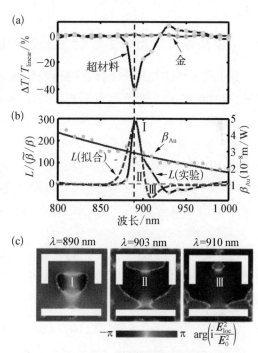

**图 1-51** **(a)** 超材料与金膜在 2.3 GW/cm² 光强作用下的非线性透射光谱;**(b)** 无结构金膜非线性吸收系数 $\beta$ 色散特性(散点为实验测量值,直线为拟合指示线)与超材料非线性增强因子 $L$(虚线为数值模拟拟合曲线);**(c)** 在不同波长处增强因子 $L$ 的相位分布

原胞内大部分位置,包括局域场强比较大的区域内(参见图 1-50(a)电场分布图中结构凹槽拐角点等场强局域点)有 $0<\Theta<\pi$,如此原胞内存储的偶极矩能量同外场同相振荡,局域场增强因子 $L$ 为正,导致增强的双光子吸收。而相反地,在 910 nm 模拟结果显示所有的强局域场点处均有 $-\pi<\Theta<0$,于是局域场增强因子 $L$ 为负。在两者之间的 903 nm,这两种情况将混合,$\Theta$ 在不同的强局域场点

处正负值均有,此时整个原胞得到的场增强因子 $L=0$,对应于非线性的消除或压制。

可见,局域场增强理论可以解释超材料双光子吸收谱色散的所有特点,包括非线性吸收系数的增强以及非线性效应的符号改变,即由双光子吸收转换为非线性饱和吸收。这些结果证明了等离子共振场增强在金属超材料非线性增强中起到了重要作用,并且该作用可以使用微纳系统有效非线性理论加以解释与预测。

### 1.5.5 金属等离激元增强非线性旋光效应

分子或晶格结构具有手性对称性的物质将表现出自然旋光效应,其分为圆双折射性和圆二向色性。圆双折射性(circular birefringence)指左、右旋圆偏振电磁波在物质中传输时的折射率有差别,使得电磁波的偏振平面发生转动 $\Delta\Phi$。具有圆二向色性(circular dichroism)的物质对于左、右旋圆偏振电磁波的吸收率不同,可改变电磁波偏振态的椭偏度,一般使用椭偏角 $\zeta$ 描述。对于实际的旋光物质,其损耗是不可避免的,以上两种效应一般同时发生,使得线偏振电磁波变为主轴偏离原偏振方向 $\Sigma\Phi$ 的椭圆偏振波,椭偏角为 $\zeta$。各角定义如图 1-52(a)所示。

物质旋光效应的起因可使用物质对于电磁波的非局域响应来解释,即某一点的电磁响应不仅仅依赖于该点的局域电磁场强,还将受到该点附近的场分布(比如旋度)的影响,如下式中 $\wp$ 参数所描述:

$$P_i(\omega,\, \boldsymbol{r}) = \varepsilon_0 [(\varepsilon_{ij}(\omega) - \delta_{ij}) + \wp_{ijz}^{(1)}(\omega)\, \nabla_z] E_j(\omega,\, \boldsymbol{r}) \qquad (1-27)$$

如前所述,当高强度激光在非线性介质中传输时,会引起介质折射率与吸收系数的变化,从而影响光束的传输特性,比如其强度和波前的相位分布。1950年 Sergey Vavilov 预言"在损耗介质中,应当不仅仅观察到吸收的非线性。……一般地,对光强的依赖性,即(光波性质的演变)不再服从(线性)叠加原理,亦应从物质的诸如双折射、二向色性以及旋光等效应中得到观测"[294]。Akhmanov 与 Atkins 分别使用经典电磁理论与量子理论从理论上描述了电磁波在具有非线性的旋光晶体中的传输特性并将之命名为"非线性旋光效应"(nonlinear optical activity 或 nonlinear gyrotropy)[295, 296]。非线性旋光效应发生时,介质的介电响应可以使用下式来表示:

$$P_i(\omega,\, \boldsymbol{r}) = P_i^{(1)}(\omega,\, \boldsymbol{r}) + P_i^{(3)}(\omega,\, \boldsymbol{r})$$
$$= \varepsilon_0 [(\varepsilon_{ij}(\omega) - \delta_{ij}) + \wp_{ijn}^{(1)}(\omega)\, \nabla_n] E_j + \varepsilon_0 (\chi_{ijkl}^{(3)} +$$

$$\mathscr{P}_{ijklz}^{(3)}(\omega)\,\nabla_z)E_jE_kE_l^* \qquad\qquad (1-28)$$

除去介质的三阶非线性响应 $\chi^{(3)}$，介质的非局域响应也将显示出非线性 $\mathscr{P}^{(3)}$。

由于物质的三阶非线性张量 $\chi^{(3)}$ 同其对称性及内部的电子结构分布有着密切的联系，则非线性旋光效应在实现对于物质对称性、晶格结构及能带结构的激光检测中有着重要意义。同时，由于电磁波的偏振态与光子的角动量相关，旋光效应的非线性光学控制对于光通信领域有着潜在的应用。1971 年，Vlasov 首次在有色石英晶体中观察到热致非线性旋光效应，实验中在高强红宝石脉冲激光器的照射下，晶体温度上升 475 K，致使光波偏振平面的旋光旋转改变 $42°$[297]。光致热非线性旋光效应在其他材料如 $B_{12}GeO_{20}$，$B_{12}SiO_{20}$[298]，$ZnP_2$ 和 $CdP_2$[299] 以及液晶[300]中亦得到观察。热致效应可具有比较高的幅度（如 $ZnP_2$ 中，热比旋光率为 $2\,000°\cdot cm/W$），然而其中包含来源于晶格等与温度相关的效应的贡献。由于热耗散速度较慢，使得热致旋光效应的实际应用受到限制。1979 年，Akhmanov 利用差分探测的方法于 $LiIO_3$ 晶体中首次将热效应造成的影响从非线性旋光实验结果中消除，得到了源于电子响应机制的非线性旋光偏振调制，实验中在纳秒脉冲激光（峰值光强 $I=300\ MW/cm^2$，波长 532 nm）的作用下，相比于低光强，$LiIO_3$ 的旋光率 $G$ 增加，$\Delta G=0.002\,9°/cm$，非线性旋光率（单位厚度样品在单位入射光强下的非线性偏振旋转角）$\Delta G/I=10^{-11}°\cdot cm/W$[296]，如图 1-52 所示。在 $GW/cm^2$ 光强激光照射下，由于多光子吸收效应的发生，尿苷、蔗糖溶液、松油精等液态旋光液体中也观察到非线性旋光现象，非线性旋光率约为 $10^{-12}\sim10^{-11}°\cdot cm/W$ 量级[301]。Przemyslaw 使用改良的 $Z$ 扫描方法同时测量了蒎烯中非线性旋光及非线性圆偏振二向色性[302]。Mesnil 和 Hache 于 2000 年从 $\Delta-RuTB$ 溶液中观察到透射光椭偏角随光强的变化，即非线性圆二向色性[303]；进一步在 2001 年使用泵浦探测手段研究了罗息盐两种异构体的非线性圆二向色性响应的时域特性[304]，但以上所测得的效应幅度却非常小。可见，虽然非线性旋光效应的理论描述已较为成熟[295, 305-307]，但若要在实验上测量该效应仍然有较大的难度，需要使用高能脉冲激光及较高的偏振测量精度，极大地限制了在实际中的应用。

超材料的出现已从两方面改变了旋光领域的研究现状。首先，手性超材料显示出比天然旋光介质大 1 000 倍的旋光率，这得益于超材料对于电磁能量的共振局域增强效应，加强了波与物质的相互作用，这同时极大地缩短了所需要的材料厚度，比如厚度仅为波长 1/10 的超材料可以实现几十度的电磁波偏振旋转[308]。其次，超材料的局域等离子场极大地增强了超材料的非线性响应，与其

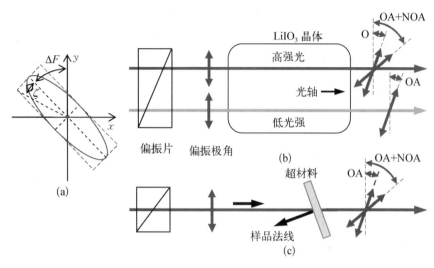

**图 1‑52** 光波偏振态的定义与 LiIO₃ 与超材料中非线性旋光效应(nonlinear optical activity, NOA)测量简图

强旋光效应相结合,可获得比天然物质大 3 000 万倍的非线性旋光效应(测试系统如图 1‑52(c)所示),为这种基本的非线性效应的实际应用奠定了坚实基础[309]。

如图 1‑53 所示的非对称裂环超材料,其几何结构缺乏二维旋转对称性,当电磁波斜向入射时,该超材料将显现出外手性旋光效应(extrinsic chirality)[310, 311]。在电磁波的激励下,超分子表面激发出表面等离子体激元,产生振荡电流,并在超分子中产生电偶极矩 $d$ 与磁偶极矩 $m$。将单个超分子看为电磁响应单元,其内部引起的电偶极矩与磁偶极矩分别为[312]

$$d = \frac{1}{\mathrm{i}\omega}\int j\,\mathrm{d}V$$

$$m = \frac{1}{2c}\int r \times j\,\mathrm{d}V$$

(1‑29)

式中积分在每个超材料单元分子中进行,$j$ 为超分子中电流密度分布。以下以 $y$ 线偏振入射波为例解释非对称裂环超材料中外手性旋光效应的起因。

当超材料没有发生旋转操作,光波正向入射时,超分子的内部场分布如图 1‑53(a)所示。其中灰度图表示电场强度,在 C 形狭缝结构的末端及其转角处局域着较强的电磁能量,在这些位置,电磁场将与金原子发生较强的相互作用。电场的瞬态方向如箭头分布图所示,可见电场关于 $y$ 方向成对称分布,且合

电场在 $x$ 方向的分量被抵消,偏振保持在 $y$ 方向。超分子总电偶极矩 **d** 和磁偶极矩 **m** 如图中白色箭头和灰色箭头所示。在正入射下,**d** 与 **m** 正交,磁偶极矩在电偶极矩方向上投影为 0,且 **d** 方向同入射光偏振方向相同,此时超材料不改变电磁波的偏振态。将超材料围绕 $y$ 轴旋转一定角度后(如图 1-53(b)中为 20°),超材料内的电场分布将出现非对称性,如图 1-53(b)所示,合电场在 $x$ 方向的分量无法被抵消,其总电偶极矩 **d** 和磁偶极矩 **m** 不再正交,且均为椭圆偏振,磁偶极矩在电偶极矩方向上投影不再为 0,此时将产生旋光效应,出射光的偏振平面发生旋转 $\Delta\Phi$,同时出射波为椭圆偏振。当超材料向反方向旋转时,偏振平面旋转方向相反($-\Delta\Phi$),并且出射椭偏光的旋向亦相反。

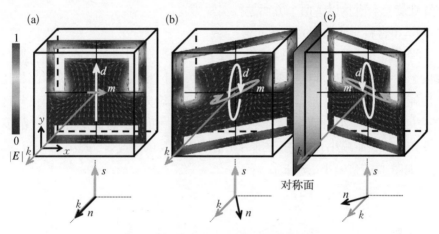

**图 1-53 超材料外手性旋光微观机理**

(a) $y$ 偏振光正入射至超材料,激发出线性正交电偶极矩 **d** 与磁偶极矩 **m**,不改变光波偏振态;(b) $y$ 偏振光斜入射至超材料,激发出椭偏非正交电偶极矩 **d** 与磁偶极矩 **m**,出射光波将变为椭圆偏振态;(c) 超材料向相反方向旋转,其对于出射光波偏振态的作用也相反

超材料结构沿 $x$,$y$ 方向具有不同的对称性,表现出一定的双折射特性,其中包含对不同线偏振光的折射率差异与吸收二向色性。前者将改变光波偏振的椭偏度,而后者将使得入射光波倾向于沿着损耗较小的方向偏振。故电磁波通过超材料后,其偏振方向的旋转 $\Delta\Phi$ 包含圆偏振双折射效应 $\alpha_g$ 和线偏振二向色性 $\beta_L$ 的贡献。而椭偏角 $\zeta$ 的改变同时受到圆偏振二向色性 $\eta_g$ 和线偏振双折射效应 $\varphi_L$ 的影响。由于各向异性引起的偏振改变依赖于入射偏振极角 $\Phi_{in}$,将引起 $\Delta\Phi$ 与 $\zeta$ 中依赖于 $\Phi_{in}$ 的调制且显而易见该周期为 180°。考虑到旋光效应对偏振的作用应与入射偏振的取向无关,可以通过对 $\Delta\Phi(\Phi_{in})$ 和 $\zeta(\Phi_{in})$ 傅里叶变换的直流成分分别得到 $\Delta\Phi$ 和 $\zeta$ 中来自旋光效应的贡献 $\alpha_g$ 和 $\eta_g$,而双折射效应的贡献对应于周期为 180° 的基频分量的幅度。

超材料线性旋光效应(对于低光强激光偏振态的作用)如图 1-54(a)和(b)所示的低光强下的测量结果,两图分别描述了超材料在 930~954 nm 范围内对入射偏振面的旋转与对椭偏角的改变。其在 942 nm 处具有最大的 $\alpha_g$(31.3°),这可解释为由于此时超材料处于等离子体共振,局域于超材料内部的电磁能,将产生与外电磁场的最强耦合,对入射电场性质的影响也最大,造成最大的偏振角旋转。考虑到超材料在光波传播方向上的长度为 53 nm,则 942 nm 处超材料旋光率 $G=5.9×10^{5}°/mm$,为 $LiIO_3$ 晶体的 3 000 倍。而 $\eta_g$ 在测量的光谱范围内呈现单调递减。

当入射光强增加时,超材料的外手性旋光效应表现出非线性。对于超材料非线性旋光响应从以下两个方面进行实验研究:

1) 超材料非线性旋光色散光谱

将样品上的激光峰值光强提升为 2 GW/cm$^2$,得到超材料在 930~954 nm 波段上外手性非线性旋光响应,如图 1-54(a)(b)中高光强结果所示。相比于线性旋光角,在整个光谱范围内,当功率提高时,旋光角 $\alpha_g$ 减小。高光强与低光强下旋光角的差别如图 1-54(c)中的 $\Delta\alpha_g$ 所示。而对于椭偏角,在长波范围 $\eta_g$ 随着光强增大而减小,而在短波部分则表现出相反的效应,在 937 nm 附近,差别为 0,如图 1-54(d)中 $\Delta\eta_g$ 所示。

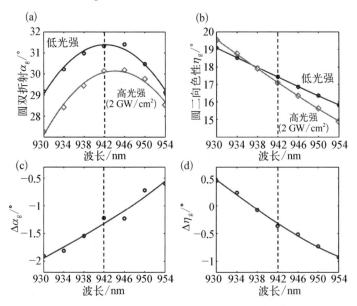

**图 1-54　(a)(b) 超材料在低光强与高光强下旋光效应的色散特性;**
**(c)(d) 高光强与低光强下旋光效应差值的色散特性**

2) 超材料等离子体共振非线性旋光

在 942 nm 处,超材料处于表面等离子体激元共振,并表现出最强的偏振极角旋转,选择该波长进行非线性旋光效应功率依赖性的研究,结果如图 1-55 所示。随着光强的提高,$\alpha_g$ 与 $\eta_g$ 分别减小了 1.0° 与 0.5°。如果考虑到超材料沿光束传输方向的厚度 $t=53$ nm 与其 50% 的反射率 $R$,非线性旋光率 $\Delta G/I = \Delta\alpha_g/[t \cdot I(1-R)] = 3 \times 10^{-4}$ °cm/W,比 LiIO$_3$ 晶体强 3 000 万倍。如上小节所讨论,在近红外波段(实验所用波段),金超材料的非线性主要来源于金原子对于入射激光的双光子吸收。超材料的双光子吸收将不仅仅降低纳米结构的透射率,还将衰减超材料中手性偶极子的激发幅度与电流强度,后者将影响超材料中的非局域响应幅度,造成高光强下旋光效应的改变。

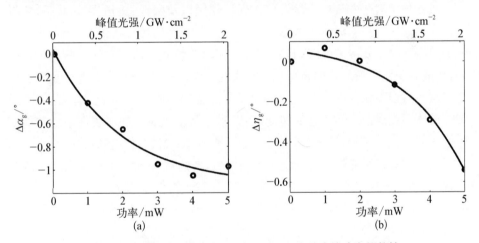

**图 1-55　超材料在共振波长 942 nm 处旋光效应的功率依赖性**

总之,表面等离子体激元的电场局域性可将电场能量限制于厚度仅为纳米量级的光学材料内部,提高电磁能量密度,改善入射激光的能量利用效率,降低观察非线性光学过程所需要的入射电磁波功率。在金属表面加工表面等离子体激元共振结构,可以实现金属表面倍频非线性、金属材料三阶非线性以及金属微结构非线性旋光的幅度。虽然直到目前为止,对于如何实现未来全光信息处理系统或怎样使用光子来全面替代电子作为信息处理的载体,人们仍然没有形成明确的构想,但是关于非线性纳米光子学的研究对于研究介观尺度下光与物质相互作用机理以及过程却仍具有极大的探索与实用价值。

## 1.6 结束语

本专题围绕铌酸锂晶体的紫外光折变非线性效应、非相干光学非线性与离散空间孤子、碳结构新材料的非线性光学以及金属等离激元非线性光学等典型的弱光非线性效应和材料,简要介绍了弱光非线性效应的基本概念、形成机制、基本特征及其相关方面的应用。可以看到,弱光非线性光学已经逐步形成独具特色的研究领域,成为非线性光学的重要组成部分,具有极高的理论研究意义和实际应用价值。

激光技术对于非线性光学发展的促进作用以及两者之间的密切联系,使得人们早已形成了只有激光才能激发介质光学非线性的传统认识。然而,非相干光的非线性光学效应的发现,打破了激光在非线性光学研究中的垄断地位。此外,离散介质体系所展示的新型光学非线性效应,进一步丰富了非线性光学的内容。这些进展不仅使人们对于非线性光学的认识经历了从相干到非相干、从连续介质体系到离散介质体系的转变,而且对于其他领域中的非线性系统和周期体系比如玻色-爱因斯坦凝聚体、等离子体等具有一定的启发和借鉴作用。

光折变非线性光学虽经四十余年的发展,新的材料、效应和应用仍然不断被发现,如利用光折变非线性效应实现慢光、中子全息术、空间光孤子、紫外光折变非线性、非相干光的非线性以及非线性离散光学体系的制备等[19, 23, 24],尤其是光折变非线性光学在非相干非线性光学与离散体系非线性光学方面的进展,极大地促进了人们对于非线性光学的重新认识。

非线性光学的发展和材料科学与技术的发展息息相关。寻找新的非线性材料,研究材料的非线性光学机制,调控和优化材料的非线性光学性能是非线性光学的重要研究内容。目前的科学技术水平已经可以在分子、原子层次上对材料进行设计和裁剪,以实现具有特定功能的、具有实际应用价值的非线性光学材料。以碳纳米管和石墨烯为代表的碳结构材料具有独特的结构和优异的力、热、电、光性能,可以通过化学和物理的方法在分子、原子层次上实现对碳结构材料非线性性能的增强和优化,为碳结构材料在光限制、光开关、饱和吸收体锁模等方面的实际应用奠定了基础。

金属表面等离激元的局域场增强效应,使得光场能量被局域于微纳米尺度的体积之内,极大地增强了光与物质之间的相互作用,不仅使电介质体系的非线性效应得到增强,而且有效增强了金属本身的光学非线性效应。超材料概念的提出,使得表面等离激元非线性光学具有可设计性和调控性。同时,新颖表面等离激元材料如石墨烯[313]、金属氧化物[314]等的提出,更进一步拓宽了表面等离激元光学非线性的波段和应用。

此外,随着人们对于光的本性以及光与物质相互作用认识的不断深入,多种新型光场局域增强和非线性增强机制相继被发现和实现,比如慢光非线性增强机制[315]、电磁感应透明介质的光学非线性增强[10, 316]、微腔的光场局域增强[13]以及光场的 Anderson 局域增强[317]等,这些效应和机制为弱光非线性光学的发展提供了广阔的空间。可以预见,新型弱光非线性材料、效应、光调控原理和技术的发展,不仅使得人们需要重新审视光与物质相互作用的机理和方式,而且由于弱光非线性效应本身所具有的低功耗和高灵敏度的特点,使其在光的局域、光控光以及光子学功能器件的微型集成化等方面有重要的应用价值,对于信息、能源和国家安全等方面具有重要的现实意义。

## 参考文献

[ 1 ] Franken P A, Hill A E, Peters C W, et al. Generation of optical harmonics [J]. Phys. Rev. Lett., 1961, 7(4): 118 - 119.

[ 2 ] Shen Y R. The principles of nonlinear optics [M]. New York: Wiley-Interscience, 1984.

[ 3 ] Boyd R W. Nonlinear optics [M]. London: Academic Press, 2003.

[ 4 ] Ashkin A, Boyd C D, Dziedzic M, et al. Optically-induced refractive index inhomogeneities in $LiNbO_3$ and $LiTaO_3$ [J]. Appl. Phys. Lett., 1966, 9(1): 72 - 74.

[ 5 ] Gunter P, Huignard J-P. Photorefractive materials and their applications I: Fundamental phenomena [M]. Berlin Heidelberg: Springer-Verlag. 1988.

[ 6 ] Gunter P, Huignard J-P. Photorefractive materials and their applications II: Survey of applications [M]. Berlin Heidelberg: Springer-Verlag. 1989.

[ 7 ] Harris S E, Field J E, Imamoğlu A. Nonlinear optical processes using electromagnetically induced transparency [J]. Phys. Rev. Lett., 1990, 64(10): 1107.

[ 8 ] Min X, Yong-Qing L, Shao-Zheng J, et al. Measurement of dispersive properties of electromagnetically induced transparency in rubidium atoms [J]. Phys. Rev. Lett., 1995, 74(5): 666 - 669.

[ 9 ] Harris S E. Electromagnetically induced transparency [J]. Phys. Today, 1997, 50(7): 36 - 42.

[10] Harris S E, Hau L V. Nonlinear optics at low light levels [J]. Phys. Rev. Lett., 1999, 82(23): 4611 - 4614.

[11] Fleischhauer M, Imamoglu A, Marangos J P. Electromagnetically induced transparency: Optics in coherent media [J]. Rev. Mod. Phys., 2005, 77(2): 633 - 673.

[12] Pendry J B, Holden A J, Robbins D J, et al. Magnetism from conductors and enhanced

nonlinear phenomena [J]. IEEE T. Microw. Theory, 1999, 47(11): 2075 – 2084.

[13] Vahala K J. Optical microcavities [J]. Nature, 2003, 424(6950): 839 – 846.

[14] Mitchell M, Segev M. Self-trapping of incoherent white light [J]. Nature, 1997, 387 (6636): 880 – 883.

[15] Chen Z, Mitchell M, Segev M, et al. Self-trapping of dark Incoherent light beams [J]. Science, 1998, 280(5365): 889 – 892.

[16] 刘思敏, 郭儒, 凌振芳. 光折变非线性光学[M]. 北京: 中国标准出版社, 1992.

[17] Solymar L, Webb D J, Grunnet-Jepsen A. The physics and applications of photorefractive materials [M]. Oxford, New York: Clarendon Press, 1996.

[18] Yeh P. Introduction to photorefractive nonlinear optics [M]. New York: John Wiley & Sons, Inc, 1993.

[19] Gunter P, Huignard J-P. Photorefractive materials and their applications 1: Basic effects [M]. Springer Series in OPTICAL SCIENCES. New York: Springer, 2006.

[20] Chen F S, Lamacchia J T, Fraser D B. Holographic storage in lithium niobate [J]. Appl. Phys. Lett., 1968, 13(7): 223 – 225.

[21] Chen F S. Optically induced change of refractive indices in $LiNbO_3$ and $LiTaO_3$ [J]. J. Appl. Phys., 1969, 40(8): 3389 – 3396.

[22] Kukhtarev N V, Markov V B, Odulov S G, et al. Holographic storage in electrooptic crystals: 1. Steady-state [J]. Ferroelectrics, 1979, 22(3 – 4): 949 – 960.

[23] Gunter P, Huignard J-P. Photorefractive materials and their Applications 2: Materials [M]. Springer Series in optical sciences. New York: Springer, 2007.

[24] Gunter P, Huignard J-P. Photorefractive materials and their applications 3: Applications [M]. Springer Series in OPTICAL SCIENCES. New York: Springer, 2007.

[25] Orlowski R, Kratzig E. Holographic method for the determination of photo-induced electron and hole transport in electro-optic crystals [J]. Solid State Commun., 1978, 27 (12): 1351 – 1354.

[26] Fridkin V M, Popov B N, Verkhovskaya K A. The Photovoltaic and photorefractive effects in KDP-type ferroelectrics [J]. Appl. Phys. A, 1978, 16(3): 313 – 315.

[27] Montemezzani G, Pfandler S, Gunter P. Electro-optic and photorefractive properties of $Bi_4 Ge_3 O_{12}$ crystals in the ultraviolet spectral range [J]. J. Opt. Soc. Am. B, 1992, 9 (7): 1110 – 1117.

[28] Montemezzani G, Rogin P, Zgonik M, et al. Interband photorefractive effects in $KNbO_3$ induced by ultraviolet illumination [J]. Opt. Lett., 1993, 18(14): 1144 – 1146.

[29] Montemezzani G, Rogin P, Zgonik M, et al. Interband photorefractive effects: Theory and experiments in $KNbO_3$ [J]. Phys. Rev. B, 1994, 49(4): 2484 – 2502.

[30] Bernasconi P, Montemezzani G, Gunter P, et al. Stoichiometric $LiTaO_3$ for ultraviolet photorefraction [J]. Ferroelectrics, 1998, 223(1): 373 – 379.

[31] Jazbinsek M, Zgonik M, Takekawa S, et al. Reduced space-charge fields in near-stoichioetric $LiTaO_3$ for blue, violet, and near-ultraviolet light beams [J]. Appl. Phys. B, 2002, 75(8): 891 – 894.

[32] Dittrich P, Montemezzani G, Habu M, et al. Sub-millisecond interband photorefraction

in magnesium doped lithium tantalate [J]. Opt. Commun. , 2004, 234(1－6): 131－136.

[33] Dittrich P, Koziarska-Glinka B, Montemezzani G, et al. Deep-ultraviolet interband photorefraction in lithium tantalate [J]. J. Opt. Soc. Am. B, 2004, 21(3): 632－639.

[34] Xu J, Yue X, Rupp R A. Ultraviolet photorefraction and the superionic phase transition of $\alpha$-LiIO$_3$ [J]. Phys. Rev. B, 1996, 54(23): 16618－16624.

[35] Xu J, Kabelka H, Rupp R A, et al. Characteristic features of ultraviolet photorefraction in iron-doped $\alpha$-LiIO$_3$ at low temperatures [J]. Phys. Rev. B, 1998, 57(16): 9581－9585.

[36] Jungen R, Angelow G, Laeri F, et al. Efficient ultraviolet photorefraction in LiNbO$_3$ [J]. Appl. Phys. A, 1992, 55(1): 101－103.

[37] Laeri F, Jungen R, Angelow G, et al. Photorefraction in the ultraviolet: Materials and effects [J]. Appl. Phys. B, 1995, 61(4): 351－360.

[38] Barkan I B, Ishchenko V N, Kochubei S A, et al. Surface photorefractive effect in a lithium niobate crystal [J]. Sov. J. Quantum Electron. , 1986, 16(4): 553－555.

[39] Kosters M, Sturman B, Werheit P, et al. Optical cleaning of congruent lithium niobate crystals [J]. Nat. Photonics, 2009, 3(9): 510－513.

[40] Volk T, Wohlecke M. Lithium niobate: defects, photorefraction and ferroelectric switching [M]. Berlin: Springer-Verlag, 2008.

[41] 孔勇发,许京军,张光寅,等. 多功能光电材料——铌酸锂晶体[M]. 北京:科学出版社,2005.

[42] Iyi N, Kitamura K, Yajima Y, et al. Defect structure model of MgO-doped LiNbO$_3$ [J]. J. Solid State Chem. , 1995, 118(1): 148－152.

[43] Zhang G, Zhang G, Liu S, et al. Valence and electronic shell configuration characters of damage-resistant dopants in LiNbO$_3$ crystals [J]. Chin. Phys. Lett. , 1998, 15(9): 686－688.

[44] Zhong G, Jian J, Wu Z. Measurement of optically induced refractive index damage in lithium niobate doped with different concentrations of MgO [J]. J. Opt. Soc. Am. , 1980, 70(6): 631.

[45] Bryan D A, Gerson R, Tomaschke H E. Increased optical damage resistance in lithium niobate [J]. Appl. Phys. Lett. , 1984, 44(9): 847－849.

[46] Volk T R, Pryalkin V I, Rubinina N M. Optical-damage-resistant LiNbO$_3$ : Zn crystal [J]. Opt. Lett. , 1990, 15(18): 996－998.

[47] Volk T R, Rubinina N M. A new opitcal damage resistant impurity in lithium niobate crystals: Indium [J]. Ferroelectr. Lett. Sect. , 1992, 14(1－2): 37－43.

[48] Kong Y, Wen J, Wang H. New doped lithium niobate crystal with high resistance to photorefraction - LiNbO$_3$ : In [J]. Appl. Phys. Lett. , 1995, 66(3): 280－281.

[49] Yamamoto J K, Kitamura K, Iyi N, et al. Increased optical damage resistance in Sc$_2$O$_3$-doped LiNbO$_3$ [J]. Appl. Phys. Lett. , 1992, 61(18): 2156－2158.

[50] Xu J J, Zhang G Y, Li F F, et al. Enhancement of ultraviolet photorefraction in highly magnesium-doped lithium niobate crystals [J]. Opt. Lett. , 2000, 25(2): 129－131.

[51] Nicolaus R, Rehs M, Petter J, et al. Efficient ultraviolet image amplification by means of

two wave mixing using a naosecond laser source; proceedings of the photorefractive effects, materials, and devices, La Colle sur Loup, France, F, 2003 [C]. Optical Society of America.

[52] Qiao H, Xu J, Zhang G, et al. Ultraviolet photorefractivity features in doped lithium niobate crystals [J]. Phys. Rev. B, 2004, 70(9): 094101.

[53] Kokanyan E P, Razzari L, Cristiani I, et al. Reduced photorefraction in hafnium-doped single-domain and periodically poled lithium niobate crystals [J]. Appl. Phys. Lett., 2004, 84(11): 1880 – 1882.

[54] Kong Y, Liu S, Zhao Y, et al. Highly optical damage resistant crystal: Zirconium-oxide-doped lithium niobate [J]. Appl. Phys. Lett., 2007, 91(8): 081908.

[55] Wang L, Liu S, Kong Y, et al. Increased optical-damage resistance in tin-doped lithium niobate [J]. Opt. Lett., 2010, 35(6): 883 – 885.

[56] Nava G, Minzioni P, Yan W, et al. Zirconium-doped lithium niobate: photorefractive and electro-optical properties as a function of dopant concentration [J]. Opti. Mate. Express, 2011, 1(2): 270 – 277.

[57] Yan W, Shi L, Chen H, et al. Investigations on the UV photorefractivity of LiNbO$_3$ : Hf [J]. Opt. Lett., 2010, 35(4): 601 – 603.

[58] Li S, Liu S, Kong Y, et al. Enhanced photorefractive properties of LiNbO$_3$ : Fe crystals by HfO$_2$ codoping [J]. Appl. Phys. Lett., 2006, 89(10): 101126.

[59] Chen S, Liu H, Kong Y, et al. The resistance against optical damage of near-stoichiometric LiNbO$_3$ : Mg crystals prepared by vapor transport equilibration [J]. Opt. Mater., 2007, 29(7): 885 – 888.

[60] Liu F, Kong Y, Li W, et al. High resistance against ultraviolet photorefraction in zirconium-doped lithium niobate crystals [J]. Opt. Lett., 2010, 35(1): 10 – 12.

[61] Liu H, Liang Q, Zhu M, et al. An excellent crystal for high resistance against optical damage in visible-UV range: near-stoichiometric zirconium-doped lithium niobate [J]. Opt. Express, 2011, 19(3): 1743 – 1748.

[62] Dong Y, Liu S, Li W, et al. Improved ultraviolet photorefractive properties of vanadium-doped lithium niobate crystals [J]. Opt. Lett., 2011, 36(10): 1779 – 1781.

[63] Tian T, Kong Y, Liu S, et al. Photorefraction of molybdenum-doped lithium niobate crystals [J]. Opt. Lett., 2012, 37(13): 2679 – 2681.

[64] Zhang G, Tian G, Liu S, et al. Noise amplification mechanism in LiNbO$_3$ : Fe crystal sheets [J]. J. Opt. Soc. Am. B, 1997, 14(11): 2823 – 2830.

[65] Zhang G, Zhang G, Liu S, et al. Theoretical study of resistance against light-induced scattering in LiNbO$_3$ : M (M=Mg$^{2+}$, Zn$^{2+}$, In$^{3+}$, Sc$^{3+}$) crystals [J]. Opt. Lett., 1997, 22(22): 1666 – 1668.

[66] Zhang G, Zhang G, Liu S, et al. The threshold effect of incident light intensity for the photorefractive light-induced scattering in LiNbO$_3$ : Fe, M (M=Mg$^{2+}$, Zn$^{2+}$, In$^{3+}$ crystals [J]. J. Appl. Phys., 1998, 83(8): 4392 – 4396.

[67] Ellabban M A, Woike T, Fally M, et al. Holographic scattering in the ultraviolet spectral range in iron-doped lithium niobate [J]. Europhys. Lett., 2005, 70 (4):

471 - 477.

[68] Qiao H, Tomita Y, Xu J, et al. Observation of strong stimulated photorefractive scattering and self-pumped phase conjugation in LiNbO$_3$：Mg in the ultraviolet [J]. Opt. Express, 2005, 13(19): 7666 - 7671.

[69] Xin F, Zhang G, Ge X, et al. Ultraviolet band edge photorefractivity in LiNbO$_3$：Sn crystals [J]. Opt. Lett., 2011, 36(16): 3163 - 3165.

[70] Xin F F, Zhang G Q, Bo F, et al. Ultraviolet photorefraction at 325 nm in doped lithium niobate crystals [J]. J. Appl. Phys., 2010, 107(3): 033113.

[71] 辛非非. 掺杂铌酸锂晶体紫外带边光折变性质与缺陷结构的研究[D]. 天津：南开大学,2012.

[72] Schirmer O F, Thiemann O, Wohlecke M. Defects in LiNbO$_3$-I. Experimental Aspects [J]. J. Phys. Chem. Solids, 1991, 52(1): 185 - 200.

[73] Ketchum J L, Sweeney K L, Halliburton L E, et al. Vacuum annealing effects in lithium niobate [J]. Phys. Lett. A, 1983, 94(9): 450 - 453.

[74] Arizmendi L, et al. Defects induced in pure and doped LiNbO$_3$ by irradiation and thermal reduction [J]. J. Phys. C: Solid State Phys., 1984, 17(3): 515 - 529.

[75] Bai Y S, Kachru R. Nonvolatile holographic storage with two-step recording in lithium niobate using cw Lasers [J]. Phys. Rev. Lett., 1997, 78(15): 2944 - 2947.

[76] Guenther H, Macfarlane R, Furukawa Y, et al. Two-color holography in reduced near-soichiometric lithium niobate [J]. Appl. Opt., 1998, 37(32): 7611 - 7623.

[77] Ashley J, Jefferson C M, Bernal M-P, et al. Holographic data storage [J]. IBM J. Res. Develop., 2000, 44(3): 341 - 368.

[78] Hesselink L, Orlov S S, Liu A, et al. Photorefractive materials for nonvolatile volume holographic data storage [J]. Science, 1998, 282(5391): 1089 - 1094.

[79] Buse K, Adibi A, Psaltis D. Nonvolatile holographic storage in doubly doped lithium niobate crystals [J]. Nature, 1998, 393(6686): 665 - 668.

[80] Zhang G, Tomita Y. Broadband absorption changes and sensitization of near-infrared photorefractivity induced by ultraviolet light in LiNbO$_3$：Mg [J]. J. Appl. Phys., 2002, 91(7): 4177 - 4180.

[81] 付博,张国权,赵璐冰,等. 同成分掺镁铌酸锂晶体紫外光致吸收阈值效应的研究[J]. 光学学报,2005,25(11): 1531 - 1534.

[82] Yan W, Kong Y, Shi L, et al. Investigation of centers formed in UV-light-induced absorption for LiNbO$_3$ highly doped with Mg and Hf [J]. Opt. Express, 2006, 14(22): 10898 - 10906.

[83] Linder D V D, Schirmer O F, Kurz H. Intrinsic photorefractive effect of LiNbO$_3$ [J]. Appl. Phys. A, 1978, 15(2): 153 - 156.

[84] Schirmer O F, Linder D V D. Two-photon- and x-ray-induced Nb$^{4+}$ and O$^-$ small polarons in LiNbO$_3$ [J]. Appl. Phys. Lett., 1978, 33(1): 35 - 38.

[85] Zhang G, Tomita Y. Ultraviolet-light-induced near-infrared photorefractivity and two-color holography in highly Mg-doped LiNbO$_3$ [J]. J. Appl. Phys., 2003, 93(12): 9456 - 9459.

[86] Tomita Y, Sunarno S, Zhang G. Ultraviolet-light-gating two-color photorefractive effect in Mg-doped near-stoichiometric LiNbO$_3$ [J]. J. Opt. Soc. Am. B, 2004, 21(4): 753 - 760.

[87] Zou W, Matsushima R, Tomita Y, et al. Ultraviolet-light sensitization of near-infrared photorefractivity in Mg-doped stoichiometric LiNbO$_3$ for nonvolatile one-color holography [J]. Jpn. J. Appl. Phys., 2004, 43(11A): 7491 - 7494.

[88] 付博,张国权,刘祥明,等. 掺杂对铌酸锂晶体非挥发全息存储性能的影响[J]. 物理学报, 2008,57(5): 2946 - 2951.

[89] Xin F, Zhai Z, Kong Y, et al. Threshold behavior of the Einstein oscillator, electron-phonon interaction, band-edge absorption and small hole polarons in LiNbO$_3$ : Mg crystals [J]. Phys. Rev. B, 2012, (in revision).

[90] Vi A L, Logothetidis S, Cardona M. Temperature dependence of the dielectric function of germanium [J]. Phys. Rev. B, 1984, 30(4): 1979 - 1991.

[91] Urbach F. The Long-wavelength edge of photographic sensitivity and of the electronic absorption of Solids [J]. Phys. Rev., 1953, 92(5): 1324.

[92] Kittel C. Introduction to solid state physics [M]. New York: John Wiley & Sons, Inc., 1986.

[93] Schirmer O F. O$^-$ bound small polarons in oxide materials [J]. J. Phys.: Condens. Matter, 2006, 18(43): R667 - R704.

[94] Li X, Kong Y, Liu H, et al. Origin of the generally defined absorption edge of non-stoichiometric lithium niobate crystals [J]. Solid State Commun., 2007, 141(3): 113 - 116.

[95] Herth P, Granzow T, Schaniel D, et al. Evidence for light-induced hole polarons in LiNbO$_3$[J]. Phys. Rev. Lett., 2005, 95(6): 067404.

[96] Fujimura M, Sohmura T, Suhara T. Fabrication of domain-inverted gratings in MgO: LiNbO$_3$ by applying voltage under ultraviolet irradiation through photomask at room temperature [J]. Electron. Lett., 2003, 39(9): 719 - 721.

[97] Muller M, Soergel E, Buse K. Influence of ultraviolet illumination on the poling characteristics of lithium niobate crystals [J]. Appl. Phys. Lett., 2003, 83(9): 1824 - 1826.

[98] Sones C L, Muir A C, Ying Y J, et al. Precision nanoscale domain engineering of lithium niobate via UV laser induced inhibition of poling [J]. Appl. Phys. Lett., 2008, 92(7): 072905.

[99] Steigerwald H, Lilienblum M, Cube F V, et al. Origin of UV-induced poling inhibition in lithium niobate crystals [J]. Phys. Rev. B, 2010, 82(21): 214105.

[100] Mailis S, Riziotis C, Wellington I T, et al. Direct ultraviolet writing of channel waveguides in congruent lithium niobate single crystals [J]. Opt. Lett., 2003, 28(16): 1433 - 1435.

[101] Segev M, Crosignani B, Yariv A, et al. Spatial solitons in photorefractive media [J]. Phys. Rev. Lett., 1992, 68(7): 923 - 926.

[102] Joannopoulos J D, Meade R D, Winn J. Photonic crystals: molding the flow of light

[M]. Singapore: Princeton University Press, 1995.

[103] Christodoulides D N, Lederer F, Silberberg Y. Discretizing light behaviour in linear and nonlinear waveguide lattices [J]. Nature, 2003, 424(6950): 817 - 823.

[104] Christodoulides D N, Joseph R I. Discrete self-focusing in nonlinear arrays of coupled waveguides [J]. Opt. Lett., 1988, 13(9): 794 - 796.

[105] Lederer F, Stegeman G I, Christodoulides D N, et al. Discrete solitons in optics [J]. Phys. Rep., 2008, 463(1 - 3): 1 - 126.

[106] Mandelik D, Eisenberg H S, Silberberg Y, et al. Band-gap structure of waveguide arrays and excitation of floquet-bloch solitons [J]. Phys. Rev. Lett., 2003, 90(5): 053902.

[107] Pertsch T, Zentgraf T, Peschel U, et al. Anomalous refraction and diffraction in discrete optical systems [J]. Phys. Rev. Lett., 2002, 88(9): 093901.

[108] Chen Z, Segev M, Christodoulides D N. Optical spatial solitons: historical overview and recent advances [J]. Rep. Prog. Phys., 2012, 75(8): 086401.

[109] Stegeman G I, Segev M. Optical spatial solitons and their interactions: universality and diversity [J]. Science, 1999, 286(5444): 1518 - 1523.

[110] Kivshar Y S, Luther-Davies B. Dark optical solitons: physics and applications [J]. Phys. Rep., 1998, 298(2 - 3): 81 - 197.

[111] Chiao R Y, Garmire E, Townes C H. Self-trapping of optical beams [J]. Phys. Rev. Lett., 1964, 13(15): 479 - 482.

[112] Barthelemy A, Maneuf S, Froehly C. Propagation soliton et auto-confinement de faisceaux laser par non linearité optique de kerr [J]. Opt. Commun., 1985, 55(3): 201 - 206.

[113] Shih M-F, Leach P, Segev M, et al. Two-dimensional steady-state photorefractive screening solitons [J]. Opt. Lett., 1996, 21(5): 324 - 326.

[114] Mitchell M, Chen Z, Shih M-F, et al. Self-trapping of partially spatially incoherent light [J]. Phys. Rev. Lett., 1996, 77(3): 490 - 493.

[115] Christodoulides D N, Coskun T H, Mitchell M, et al. Theory of incoherent self-focusing in biased photorefractive media [J]. Phys. Rev. Lett., 1997, 78(4): 646 - 649.

[116] Mitchell M, Segev M, Coskun T H, et al. Theory of self-trapped spatially incoherent light beams [J]. Phys. Rev. Lett., 1997, 79(25): 4990 - 4993.

[117] Christodoulides D N, Coskun T H, Mitchell M, et al. Multimode incoherent spatial solitons in logarithmically saturable nonlinear media [J]. Phys. Rev. Lett., 1998, 80 (11): 2310 - 2313.

[118] Snyder A W, Mitchell D J. Big incoherent solitons [J]. Phys. Rev. Lett., 1998, 80 (7): 1422 - 1424.

[119] Shkunov V V, Anderson D Z. Radiation transfer model of self-trapping spatially incoherent radiation by nonlinear media [J]. Phys. Rev. Lett., 1998, 81 (13): 2683 - 2686.

[120] Soljacic M, Segev M, Coskun T, et al. Modulation instability of incoherent beams in

noninstantaneous nonlinear media [J]. Phys. Rev. Lett. , 2000, 84(3): 467 - 470.

[121] Coskun T H, Christodoulides D N, Kim Y R, et al. Bright spatial solitons on a partially incoherent background [J]. Phys. Rev. Lett. , 2000, 84(11): 2374 - 2377.

[122] Kip D, Soljacic M, Segev M, et al. Modulation instability and pattern formation in spatially incoherent light beams [J]. Science, 2000, 290(5491): 495 - 498.

[123] Klinger J, Martin H, Chen Z G. Experiments on induced modulational instability of an incoherent optical beam [J]. Opt. Lett. , 2001, 26(5): 271 - 273.

[124] Chen Z G, Sears S M, Martin H, et al. Clustering of solitons in weakly correlated wavefronts [J]. Proc. Natl. Acad. Sci. U. S. A. , 2002, 99(8): 5223 - 5227.

[125] Rotschild C, Schwartz T, Cohen O, et al. Incoherent spatial solitons in effectively instantaneous nonlinear media [J]. Nat. Photon. , 2008, 2(6): 371 - 376.

[126] Coskun T H, Christodoulides D N, Mitchell M, et al. Dynamics of incoherent bright and dark self-trapped beams and their coherence properties in photorefractive crystals [J]. Opt. Lett. , 1998, 23(6): 418 - 420.

[127] Christodoulides D N, Coskun T H, Mitchell M, et al. Theory of incoherent dark solitons [J]. Phys. Rev. Lett. , 1998, 80(23): 5113 - 5116.

[128] Trillo S, Torruellas W. Spatial solitons [M]. Berlin Heidelberg: Springer Verlag, 2001.

[129] Coskun T H, Christodoulides D N, Chen Z G, et al. Dark incoherent soliton splitting and "phase-memory" effects: Theory and experiment [J]. Phys. Rev. E, 1999, 59(5): R4777 - R4780.

[130] Chen Z G, Segev M, Christodoulides D N, et al. Waveguides formed by incoherent dark solitons [J]. Opt. Lett. , 1999, 24(16): 1160 - 1162.

[131] Kr Likowski W, Kivshar Y S. Soliton-based optical switching in waveguide arrays [J]. J. Opt. Soc. Am. B, 1996, 13(5): 876 - 887.

[132] Chen Z, Mccarthy K. Spatial soliton pixels from partially incoherent light [J]. Opt. Lett. , 2002, 27(22): 2019 - 2021.

[133] Chen Z G, Klinger J, Christodoulides D N. Induced modulation instability of partially spatially incoherent light with varying perturbation periods [J]. Phys. Rev. E, 2002, 66(6): 066601.

[134] Eisenberg H S, Silberberg Y, Morandotti R, et al. Discrete spatial optical solitons in waveguide arrays [J]. Phys. Rev. Lett. , 1998, 81(16): 3383 - 3386.

[135] Efremidis N K, Sears S, Christodoulides D N, et al. Discrete solitons in photorefractive optically induced photonic lattices [J]. Phys. Rev. E, 2002, 66(4): 046602.

[136] Fleischer J W, Carmon T, Segev M, et al. Observation of discrete solitons in optically induced real time waveguide arrays [J]. Phys. Rev. Lett. , 2003, 90(2): 023902.

[137] Fleischer J W, Segev M, Efremidis N K, et al. Observation of two-dimensional discrete solitons in optically induced nonlinear photonic lattices [J]. Nature, 2003, 422(6928): 147 - 150.

[138] Malkova N, Hromada I, Wang X, et al. Observation of optical Shockley-like surface states in photonic superlattices [J]. Opt. Lett. , 2009, 34(11): 1633 - 1635.

[139] Malkova N, Hromada I, Wang X, et al. Transition between Tamm-like and Shockley-like surface states in optically induced photonic superlattices [J]. Phys. Rev. A, 2009, 80(4): 043806.

[140] Makasyuk I, Chen Z, Yang J. Band-gap guidance in optically induced photonic lattices with a negative defect [J]. Phys. Rev. Lett. , 2006, 96(22): 223903.

[141] Tang L, Lou C, Wang X, et al. Observation of dipole-like gap solitons in self-defocusing waveguide lattices [J]. Opt. Lett. , 2007, 32(20): 3011 - 3013.

[142] Martin H, Eugenieva E D, Chen Z G, et al. Discrete solitons and soliton-induced dislocations in partially coherent photonic lattices [J]. Phys. Rev. Lett. , 2004, 92 (12): 123902.

[143] Chen Z G, Martin H, Eugenieva E D, et al. Anisotropic enhancement of discrete diffraction and formation of two-dimensional discrete-soliton trains [J]. Phys. Rev. Lett. , 2004, 92(14): 143902.

[144] Zhang P, Zhao J, Lou C, et al. Elliptical solitons in nonconventionally biased photorefractive crystals [J]. Opt. Express, 2007, 15(2): 536 - 544.

[145] Yang J, Makasyuk I, Bezryadina A, et al. Dipole solitons in optically induced two-dimensionalphotonic lattices [J]. Opt. Lett. , 2004, 29(14): 1662 - 1664.

[146] Chen Z, Bezryadina A, Makasyuk I, et al. Observation of two-dimensional lattice vector solitons [J]. Opt. Lett. , 2004, 29(14): 1656 - 1658.

[147] Lou C, Xu J, Tang L, et al. Symmetric and antisymmetric soliton states in two-dimensional photonic lattices [J]. Opt. Lett. , 2006, 31(4): 492 - 494.

[148] Desyatnikov A S, Kivshar Y S, Torner L. Optical vortices and vortex solitons [M]// EMIL W. Progress in Optics. Elsevier. 2005: 291 - 391.

[149] Neshev D N, Alexander T J, Ostrovskaya E A, et al. Observation of Discrete Vortex Solitons in Optically Induced Photonic Lattices [J]. Phys. Rev. Lett. , 2004, 92 (12): 123903.

[150] Fleischer J W, Bartal G, Cohen O, et al. Observation of Vortex-ring "discrete" solitons in 2D photonic lattices [J]. Phys. Rev. Lett. , 2004, 92(12): 123904.

[151] Chen W, Mills D L. Gap solitons and the nonlinear optical response of superlattices [J]. Phys. Rev. Lett. , 1987, 58(2): 160 - 163.

[152] Kivshar Y S. Self-localization in arrays of defocusing waveguides [J]. Opt. Lett. , 1993, 18(14): 1147 - 1149.

[153] Lou C, Wang X, Xu J, et al. Nonlinear spectrum reshaping and gap-soliton-train trapping in optically induced photonic structures [J]. Phys. Rev. Lett. , 2007, 98(21): 213903.

[154] Song D, Lou C, Tang L, et al. Self-trapping of optical vortices in waveguide lattices with a self-defocusingnonlinearity [J]. Opt. Express, 2008, 16(14): 10110 - 10116.

[155] Law K J H, Song D, Kevrekidis P G, et al. Geometric stabilization of extended S=2 vortices in two-dimensional photonic lattices: Theoretical analysis, numerical computation, and experimental results [J]. Phys. Rev. A, 2009, 80(6): 063817.

[156] Lou C-B, Tang L-Q, Song D-H, et al. Novel spatial solitons in light-induced photonic

bandgap structures [J]. Front. Phys. China, 2008, 3(1): 1 – 12.

[157] Song D, Lou C, Tang L, et al. Experiments on linear and nonlinear localization of optical vortices in optically induced photonic lattices [J]. Int. J. Opt. , 2011, 2012: ID 273857.

[158] Makris K G, Suntsov S, Christodoulides D N, et al. Discrete surface solitons [J]. Opt. Lett. , 2005, 30(18): 2466 – 2468.

[159] Suntsov S, Makris K G, Christodoulides D N, et al. Observation of discrete surface solitons [J]. Phys. Rev. Lett. , 2006, 96(6): 063901.

[160] Makris K G, Hudock J, Christodoulides D N, et al. Surface lattice solitons [J]. Opt. Lett. , 2006, 31(18): 2774 – 2776.

[161] Wang X, Bezryadina A, Chen Z, et al. Observation of two-dimensional surface solitons [J]. Phys. Rev. Lett. , 2007, 98(12): 123903.

[162] Szameit A, Kartashov Y V, Dreisow F, et al. Observation of two-dimensional surface solitons in asymmetric waveguide arrays [ J ]. Phys. Rev. Lett. , 2007, 98 (17): 173903.

[163] Szameit A, Burghoff J, Pertsch T, et al. Two-dimensional soliton in cubic fs laser written waveguide arrays in fused silica [J]. Opt. Express, 2006, 14(13): 6055 – 6062.

[164] Suntsov S, Makris K G, Christodoulides D N, et al. Optical modes at the interface between two dissimilar discrete meta-materials [J]. Opt. Express, 2007, 15(8): 4663 – 4670.

[165] Garanovich I L, Sukhorukov A A, Kivshar Y S. Defect-free surface states in modulated photonic lattices [J]. Phys. Rev. Lett. , 2008, 100(20): 203904.

[166] Szameit A, Garanovich I L, Heinrich M, et al. Observation of defect-free surface modes in optical waveguide arrays [J]. Phys. Rev. Lett. , 2008, 101(20): 203902.

[167] Suntsov S, Makris K, Siviloglou G, et al. Observation of one-and two-dimensional discrete surface spatial solitons [J]. J. Nonlinear Opt. Phys. Mate. , 2007, 16(4): 401 – 426.

[168] Zhang P, Liu S, Zhao J, et al. Optically induced transition between discrete and gap solitons in a nonconventionally biased photorefractive crystal [J]. Opt. Lett. , 2008, 33 (8): 878 – 880.

[169] Hu Y, Lou C, Liu S, et al. Orientation-dependent excitations of lattice soliton trains with hybrid nonlinearity [J]. Opt. Lett. , 2009, 34(7): 1114 – 1116.

[170] Zhang P, Liu S, Lou C, et al. Incomplete Brillouin-zone spectra and controlled Bragg reflection with ionic-type photonic lattices [J]. Phys. Rev. A, 2010, 81(4): 041801.

[171] Zhang P, Lou C, Liu S, et al. Tuning of Bloch modes, diffraction, and refraction by two-dimensional lattice reconfiguration [J]. Opt. Lett. , 2010, 35(6): 892 – 894.

[172] Hu Y, Lou C, Zhang P, et al. Saddle solitons: a balance between bi-diffraction and hybrid nonlinearity [J]. Opt. Lett. , 2009, 34(21): 3259 – 3261.

[173] Zhang P, Lou C, Hu Y, et al. Spatial beam dynamics mediated by hybrid nonlinearity [M]//Chen Z, Morandotti R. Nonlinear photonics and novel optical phenomena. Berlin Heidelberg: Springer. 2012: 133 – 170.

[174] Buljan H, Cohen O, Fleischer J W, et al. Random-phase solitons in nonlinear periodic lattices [J]. Phys. Rev. Lett. , 2004, 92(22): 223901.

[175] Cohen O, Bartal G, Buljan H, et al. Observation of random-phase lattice solitons [J]. Nature, 2005, 433(7025): 500 - 503.

[176] Pezer R, Buljan H, Fleischer J W, et al. Gap random-phase lattice solitons [J]. Opt. Express, 2005, 13(13): 5013 - 5023.

[177] Bartal G, Cohen O, Manela O, et al. Observation of random-phase gap solitons in photonic lattices [J]. Opt. Lett. , 2006, 31(4): 483 - 485.

[178] Pezer R, Buljan H, Bartal G, et al. Incoherent white-light solitons in nonlinear periodic lattices [J]. Phys. Rev. E, 2006, 73(5): 056608.

[179] Jablan M, Buljan H, Manela O, et al. Incoherent modulation instability in a nonlinear photonic lattice [J]. Opt. Express, 2007, 15(8): 4623 - 4633.

[180] Bartal G, Cohen O, Buljan H, et al. Brillouin zone spectroscopy of nonlinear photonic lattices [J]. Phys. Rev. Lett. , 2005, 94(16): 163902.

[181] 陈志刚. 奇妙的空间光孤子[J]. 物理,2001,30(12): 752 - 756.

[182] 陈志刚,许京军,楼慈波. 光诱导光子晶格结构中新型的离散空间光孤子[J]. 物理, 2005,34(1): 12 - 17.

[183] Kroto H W, Heath J R, O'Brien S C, et al. C60: Buckminsterfullerene [J]. Nature, 1985, 318(6042): 162 - 163.

[184] Iijima S. Helical microtubules of graphitic carbon [J]. Nature, 1991, 354(6348): 56 - 58.

[185] Bethune D S, Klang C H, De Vries M S, et al. Cobalt-catalysed growth of carbon nanotubes with single-atomic-layer walls [J]. Nature, 1993, 363(6430): 605 - 607.

[186] Iijima S, Ichihashi T. Single-shell carbon nanotubes of 1 - nm diameter [J]. Nature, 1993, 363(6430): 603 - 605.

[187] Novoselov K, Geim A, Morozov S, et al. Electric field effect in atomically thin carbon films [J]. Science, 2004, 306(5696): 666 - 669.

[188] Tutt L W, Kost A. Optical limiting performance of C60 and C70 solutions [J]. Nature, 1992, 356(6366): 225 - 226.

[189] Sun X, Yu R Q, Xu G Q, et al. Broadband optical limiting with multiwalled carbon nanotubes [J]. Appl. phys. lett. , 1998, 73(25): 3632 - 3634.

[190] Liu Z, Wang Y, Zhang X, et al. Nonlinear optical properties of graphene oxide in nanosecond and picosecond regimes [J]. Appl. phys. lett. , 2009, 94(2): 021902.

[191] Wang J, Hernandez Y, Lotya M, et al. Broadband nonlinear optical response of graphene dispersions [J]. Adv. Mater. , 2009, 21(23): 2430 - 2435.

[192] De La Torre G, V Zquez P, Agull -L Pez F, et al. Role of structural factors in the nonlinear optical properties of phthalocyanines and related compounds [J]. Chem. Rev. , 2004, 104(9): 3723 - 3750.

[193] Calvete M, Yang G Y, Hanack M. Porphyrins and phthalocyanines as materials for optical limiting [J]. Synth. met. , 2004, 141(3): 231 - 243.

[194] Mhuircheartaigh É M N, Giordani S, Blau W J. Linear and nonlinear optical

characterization of a tetraphenylporphyrin-carbon nanotube composite system [J]. J. Phys. Chem. B, 2006, 110(46): 23136 – 23141.

[195] Webster S, Reyes-Reyes M, Pedron X, et al. Enhanced nonlinear transmittance by complementary nonlinear mechanisms: A reverse-saturable absorbing dye blended with nonlinear-scattering carbon nanotubes [J]. Adv. Mater., 2005, 17(10): 1239 – 1243.

[196] Wang J, Blau W J. Linear and nonlinear spectroscopic studies of phthalocyanine-carbon nanotube blends [J]. Chem. Phys. Lett., 2008, 465(4 – 6): 265 – 271.

[197] Wu W, Zhang S, Li Y, et al. PVK-Modified Single-walled carbon nanotubes with effective photoinduced electron transfer [J]. Macromolecules, 2003, 36 (17): 6286 – 6288.

[198] Zhu P, Wang P, Qiu W, et al. Optical limiting properties of phthalocyanine-fullerene derivatives [J]. Appl. phys. lett., 2001, 78(10): 1319 – 1321.

[199] 麦亚潘,刘忠范. 碳纳米管:科学与应用[M].北京:科学出版社,2007.

[200] Dyke C A, Tour J M. Covalent functionalization of single-walled carbon nanotubes for materials applications [J]. J. Phys. Chem. A, 2004, 108(51): 11151 – 11159.

[201] 郭震. 功能化碳纳米管复合物的构筑、表征与性质研究[D]. 天津:南开大学,2008.

[202] 黄毅,陈永胜. 石墨烯的功能化及其相关应用[J]. 中国科学 B 辑:化学,2009,39(9): 887 – 896.

[203] Dikin D A, Stankovich S, Zimney E J, et al. Preparation and characterization of graphene oxide paper [J]. Nature, 2007, 448(7152): 457 – 460.

[204] Loh K P, Bao Q, Ang P K, et al. The chemistry of graphene [J]. J. Mater. Chem., 2010, 20(12): 2277 – 2289.

[205] Geim A K, Novoselov K S. The rise of graphene [J]. Nat. mater., 2007, 6(3): 183 – 191.

[206] Vivien L, Anglaret E, Riehl D, et al. Single-wall carbon nanotubes for optical limiting [J]. Chem. Phys. Lett., 1999, 307(5): 317 – 319.

[207] Izard N, M Nard C, Riehl D, et al. Combination of carbon nanotubes and two-photon absorbers for broadband optical limiting [J]. Chem. Phys. Lett., 2004, 391(1): 124 – 128.

[208] Feng M, Zhan H, Chen Y. Nonlinear optical and optical limiting properties of graphene families [J]. Appl. phys. lett., 2010, 96(3): 033107.

[209] Liu Z B, Xu Y F, Zhang X Y, et al. Porphyrin and fullerene covalently functionalized graphene hybrid materials with large nonlinear optical properties [J]. J. Phys. Chem. B, 2009, 113(29): 9681 – 9686.

[210] Zhang X, Liu Z B, Huang Y, et al. Synthesis, characterization and nonlinear optical property of graphene-$C_{60}$ hybrid [J]. J. Nanosci. Nanotechnol., 2009, 9 (10): 5752 – 5756.

[211] Xu Y, Liu Z, Zhang X, et al. A graphene hybrid material covalently functionalized with porphyrin: synthesis and optical limiting property [J]. Adv. Mater., 2009, 21(12): 1275 – 1279.

[212] Zhang X-L, Zhao X, Liu Z-B, et al. Enhanced nonlinear optical properties of graphene-

oligothiophene hybrid material [J]. Opt. Express, 2009, 17(26): 23959 – 23964.

[213] Liu Y, Zhou J, Zhang X, et al. Synthesis, characterization and optical limiting property of covalently oligothiophene-functionalized graphene material [J]. Carbon, 2009, 47(13): 3113 – 3121.

[214] Zhang X L, Zhao X, Liu Z B, et al. Nonlinear optical and optical limiting properties of graphene oxide – $Fe_3O_4$ hybrid material [J]. J. Opt. , 2011, 13(7): 075202.

[215] Zhang X, Yang X, Ma Y, et al. Coordination of graphene oxide with $Fe_3O_4$ nanoparticles and its enhanced optical limiting property [J]. J. Nanosci. Nanotechnol. , 2010, 10(5): 2984 – 2987.

[216] Balapanuru J, Yang J X, Xiao S, et al. A graphene oxide – organic dye ionic complex with DNA-sensing and optical-limiting properties [J]. Angew. Chem. Int. Ed. , 2010, 122(37): 6699 – 6703.

[217] Zhu J, Li Y, Chen Y, et al. Graphene oxide covalently functionalized with zinc phthalocyanine for broadband optical limiting [J]. Carbon, 2011, 49(6): 1900 – 1905.

[218] Krishna M B M, Kumar V P, Venkatramaiah N, et al. Nonlinear optical properties of covalently linked graphene-metal porphyrin composite materials [J]. Appl. phys. lett. , 2011, 98(8): 081106.

[219] Li Y X, Zhu J, Chen Y, et al. Synthesis and strong optical limiting response of graphite oxide covalently functionalized with gallium phthalocyanine [J]. Nanotechnology, 2011, 22(20): 205704.

[220] Liu Z B, Tian J G, Guo Z, et al. Enhanced optical limiting effects in porphyrin-covalently functionalized single-walled carbon nanotubes [J]. Adv. Mater. , 2008, 20 (3): 511 – 515.

[221] Wang J, Blau W J. Solvent effect on optical limiting properties of single-walled carbon nanotube dispersions [J]. J. Phys. Chem. C, 2008, 112(7): 2298 – 2303.

[222] Blau W, Byrne H, Dennis W, et al. Reverse saturable absorption in tetraphenylporphyrins [J]. Opt. commun. , 1985, 56(1): 25 – 29.

[223] Feng M, Sun R, Zhan H, et al. Lossless synthesis of graphene nanosheets decorated with tiny cadmium sulfide quantum dots with excellent nonlinear optical properties [J]. Nanotechnology, 2010, 21(7): 075601.

[224] Li W S, Yamamoto Y, Fukushima T, et al. Amphiphilic molecular design as a rational strategy for tailoring bicontinuous electron donor and acceptor arrays: photoconductive liquid crystalline oligothiophene – $C_{60}$ Dyads [J]. J. Am. Chem. Soc. , 2008, 130(28): 8886 – 8887.

[225] Yamada R, Kumazawa H, Noutoshi T, et al. Electrical conductance of oligothiophene molecular wires [J]. Nano lett. , 2008, 8(4): 1237 – 1240.

[226] Venkatram N, Rao D N, Akundi M. Nonlinear absorption, scattering and optical limiting studies of CdS nanoparticles [J]. Opt. Express, 2005, 13(3): 867 – 872.

[227] Yang X, Zhang X, Ma Y, et al. Superparamagnetic graphene oxide – $Fe_3O_4$ nanoparticles hybrid for controlled targeted drug carriers [J]. J. Mater. Chem. , 2009, 19(18): 2710 – 2714.

［228］Shen J, Hu Y, Shi M, et al. One step synthesis of graphene oxide- magnetic nanoparticle composite ［J］. J. Phys. Chem. C, 2010, 114(3): 1498 – 1503.

［229］He F, Fan J, Ma D, et al. The attachment of $Fe_3O_4$ nanoparticles to graphene oxide by covalent bonding ［J］. Carbon, 2010, 48(11): 3139 – 3144.

［230］Xing G, Jiang J, Ying J Y, et al. $Fe_3O_4$-Ag nanocomposites for optical limiting: broad temporal response and low threshold ［J］. Opt. Express, 2010, 18(6): 6183 – 6190.

［231］Nair S S, Thomas J, Sandeep C S S, et al. An optical limiter based on ferrofluids ［J］. Appl. phys. lett. , 2008, 92(17): 171908 – 171903.

［232］Zheludev N. Nonlinear optics on the nanoscale ［J］. Contemp. Phys. , 2002, 43(5): 365 – 377.

［233］Barnes W L, Dereux A, Ebbesen T W. Surface plasmon subwavelength optics ［J］. Nature, 2003, 424(6950): 824 – 830.

［234］Dolling G, Enkrich C, Wegener M, et al. Simultaneous negative phase and group velocity of light in a metamaterial ［J］. Science, 2006, 312(5775): 892 – 894.

［235］Soukoulis C M, Linden S, Wegener M. Negative refractive index at optical wavelengths ［J］. Science, 2007, 315(5808): 47 – 49.

［236］Pendry J B. Negative refraction makes a perfect lens ［J］. Phys. Rev. Lett. , 2000, 85 (18): 3966 – 3969.

［237］Cai W, Chettiar U K, Kildishev A V, et al. Optical cloaking with metamaterials ［J］. Nat. Photon. , 2007, 1(4): 224 – 227.

［238］Pendry J B, Schurig D, Smith D R. Controlling electromagnetic fields ［J］. Science, 2006, 312(5781): 1780 – 1782.

［239］Schurig D, Mock J J, Justice B J, et al. Metamaterial electromagnetic cloak at microwave frequencies ［J］. Science, 2006, 314(5801): 977 – 980.

［240］Zhou J, Koschny T, Kafesaki M, et al. Saturation of the magnetic response of split-ring resonators at optical frequencies ［J］. Phys. Rev. Lett. , 2005, 95(22): 223902.

［241］Smith D R, Padilla W J, Vier D C, et al. Composite medium with simultaneously negative permeability and permittivity ［J］. Phys. Rev. Lett. , 2000, 84 (18): 4184 – 4187.

［242］Linden S, Enkrich C, Wegener M, et al. Magnetic response of metamaterials at 100 terahertz ［J］. Science, 2004, 306(5700): 1351 – 1353.

［243］Maier S A. Plasmonics: fundamentals and applications ［M］. New York: Springer Verlag, 2007.

［244］Johnson P, Christy R. Optical constants of the noble metals ［J］. Phys. Rev. B, 1972, 6(12): 4370 – 4379.

［245］Kretschmann E, Raether H. Radiative decay of non radiative surface plasmons excited by light (Surface plasma waves excitation by light and decay into photons applied to nonradiative modes) ［J］. Z. Naturforsch. , Part A 1968, 23: 2135 – 2136.

［246］Otto A. Excitation of nonradiative surface plasma waves in silver by the method of frustrated total reflection ［J］. Z. Phys. A-Hadron. Nucl. , 1968, 216(4): 398 – 410.

［247］Park S, Lee G, Song S H, et al. Resonant coupling of surface plasmons to radiation modes by use of dielectric gratings [J]. Opt. Lett. , 2003, 28(20): 1870 - 1872.

[248] Macdonald K, S Mson Z, Stockman M, et al. Ultrafast active plasmonics [J]. Nat. Photon. , 2008, 3(1): 55 - 58.

[249] Hache F, Ricard D, Flytzanis C. Optical nonlinearities of small metal particles: surface-mediated resonance and quantum size effects [J]. J. Opt. Soc. Am. B, 1986, 3(12): 1647 - 1655.

[250] Yang L, Osborne D H, Haglund R F, et al. Probing interface properties of nanocomposites by third-order nonlinear optics [J]. Appl. Phys. A-Mater. , 1996, 62 (5): 403 - 415.

[251] Jackson J D. Classical electrodynamics [M]. New York: John Wiley and sons, 1965.

[252] Fleischmann M, Hendra P J, Mcquillan A J. Raman spectra of pyridine adsorbed at a silver electrode [J]. Chem. Phys. Lett. , 1974, 26(2): 163 - 166.

[253] Ricard D, Roussignol P, Flytzanis C. Surface-mediated enhancement of optical phase conjugation in metal colloids [J]. Opt. Lett. , 1985, 10(10): 511 - 513.

[254] Bennink R, Yoon Y, Boyd R, et al. Accessing the optical nonlinearity of metals with metal-dielectric photonic bandgap structures [J]. Opt. Lett. , 1999, 24 (20): 1416 - 1418.

[255] Christensen N E, Seraphin B O. Relativistic band calculation and the optical properties of gold [J]. Phys. Rev. B, 1971, 4(10): 3321 - 3344.

[256] Brown F, Parks R E, Sleeper A M. Nonlinear optical reflection from a metallic boundary [J]. Phys. Rev. Lett. , 1965, 14(25): 1029 - 1031.

[257] Jha S S. Theory of optical harmonic generation at a metal surface [J]. Phys. Rev. , 1965, 140(6A): A2020 - A2030.

[258] Bloembergen N, Chang R K, Jha S S, et al. Optical second-harmonic generation in reflection from media with inversion symmetry [J]. Phys. Rev. , 1968, 174 (3): 813 - 822.

[259] Simon H J, Mitchell D E, Watson J G. Optical second-harmonic generation with surface plasmons in silver films [J]. Phys. Rev. Lett. , 1974, 33(26): 1531 - 1534.

[260] Sipe J E, So V C Y, Fukui M, et al. Analysis of second-harmonic generation at metal surfaces [J]. Phys. Rev. B, 1980, 21(10): 4389 - 4402.

[261] Wang F X, Rodr Guez F J, Albers W M, et al. Surface and bulk contributions to the second-order nonlinear optical response of a gold film [J]. Phys. Rev. B, 2009, 80 (23): 233402.

[262] Zeng Y, Hoyer W, Liu J, et al. Classical theory for second-harmonic generation from metallic nanoparticles [J]. Phys. Rev. B, 2009, 79(23): 235109.

[263] Tang S, Cho D J, Xu H, et al. Nonlinear responses in optical metamaterials: theory and experiment [J]. Opt. Express, 2011, 19(19): 18283 - 18293.

[264] Smith D D, Yoon Y, Boyd R W, et al. z-scan measurement of the nonlinear absorption of a thin gold film [J]. J. Appl. Phys. , 1999, 86(11): 6200 - 6205.

[265] Francois L, Mostafavi M, Belloni J, et al. Optical Limitation induced by Gold Clusters. 1. Size Effect [J]. J. Phys. Chem. B, 2000, 104(26): 6133 - 6137.

[266] Eesley G L. Generation of nonequilibrium electron and lattice temperatures in copper by picosecond laser pulses [J]. Phys. Rev. B, 1986, 33(4): 2144 – 2151.

[267] Ramakrishna G, Varnavski O, Kim J, et al. Quantum-sized gold clusters as efficient two-photon absorbers [J]. J. Am. Chem. Soc., 2008, 130(15): 5032 – 5033.

[268] Coutaz J L, Neviere M, Pic E, et al. Experimental study of surface-enhanced second-harmonic generation on silver gratings [J]. Phys. Rev. B, 1985, 32(4): 2227 – 2232.

[269] Klein M W, Enkrich C, Wegener M, et al. Second-harmonic generation from magnetic metamaterials [J]. Science, 2006, 313(5786): 502 – 504.

[270] Klein M W, Wegener M, Feth N, et al. Experiments on second- and third-harmonic generation from magnetic metamaterials [J]. Opt. Express, 2007, 15(8): 5238 – 5247.

[271] Klein M W, Wegener M, Feth N A, et al. Experiments on second-and third-harmonic generation from magnetic metamaterials: erratum [J]. Opt. Express, 2008, 16(11): 8055 – 8055.

[272] Kim E, Wang F, Wu W, et al. Nonlinear optical spectroscopy of photonic metamaterials [J]. Phys. Rev. B, 2008, 78(11): 113102.

[273] Chen C K, Heinz T F, Ricard D, et al. Surface-enhanced second-harmonic generation and Raman scattering [J]. Phys. Rev. B, 1983, 27(4): 1965 – 1979.

[274] Ma H, Xiao R, Sheng P. Third-order optical nonlinearity enhancement through composite microstructures [J]. J. Opt. Soc. Am. B, 1998, 15(3): 1022 – 1029.

[275] Feldstein M J, V Hringer P, Wang W, et al. Femtosecond optical spectroscopy and scanning probe microscopy [J]. J. Phys. Chem., 1996, 100(12): 4739 – 4748.

[276] Ogawa S, Petek H. Femtosecond dynamics of hot-electron relaxation in Cu(110) and Cu (100) [J]. Surf. Sci., 1996, 357 – 358: 585 – 594.

[277] Petek H, Ogawa S. Femtosecond time-resolved two-photon photoemission studies of electron dynamics in metals [J]. Prog. Surf. Sci., 1997, 56(4): 239 – 310.

[278] Averitt R D, Westcott S L, Halas N J. Ultrafast electron dynamics in gold nanoshells [J]. Phys. Rev. B, 1998, 58(16): R10203 – R10206.

[279] Smith D D, Fischer G, Boyd R W, et al. Cancellation of photoinduced absorption in metal nanoparticle composites through a counterintuitive consequence of local field effects [J]. J. Opt. Soc. Am. B, 1997, 14(7): 1625 – 1631.

[280] Debrus S, Lafait J, May M, et al. Z-scan determination of the third-order optical nonlinearity of gold: silica nanocomposites [J]. J. Appl. Phys., 2000, 88(8): 4469 – 4475.

[281] Decker M, Zhao R, Soukoulis C M, et al. Twisted split-ring-resonator photonic metamaterial with huge optical activity [J]. Opt. Lett., 2010, 35(10): 1593 – 1595.

[282] Ekaterina P, et al. Analysis of nonlinear electromagnetic metamaterials [J]. New J. Phys., 2010, 12(9): 093010.

[283] Huang J P, Dong L, Yu K W. Giant enhancement of optical nonlinearity in multilayer metallic films [J]. J. Appl. Phys., 2006, 99(5): 053503.

[284] Cho D, Wu W, Ponizovskaya E, et al. Ultrafast modulation of optical metamaterials [J]. Opt. Express, 2009, 17(20): 17652 – 17657.

[285] Dani K M, Ku Z, Upadhya P C, et al. Subpicosecond optical switching with a negative index metamaterial [J]. Nano Lett. , 2009, 9(10): 3565 – 3569.

[286] Nikolaenko A, De Angelis F, Boden S, et al. Carbon nanotubes in a photonic metamaterial [J]. Phys. Rev. Lett. , 2010, 104(15): 153902.

[287] Nikolaenko A E, Papasimakis N, Chipouline A, et al. THz bandwidth optical switching with carbon nanotube metamaterial [J]. Opt. Express, 2012, 20(6): 6068 – 6079.

[288] Wurtz G, Pollard R, Hendren W, et al. Designed ultrafast optical nonlinearity in a plasmonic nanorod metamaterial enhanced by nonlocality [J]. Nat. Nano. , 2011, 6(2): 107 – 111.

[289] Schumacher T, Kratzer K, Molnar D, et al. Nanoantenna-enhanced ultrafast nonlinear spectroscopy of a single gold nanoparticle [J]. Nat. Commun. , 2011, 2(May): 333.

[290] Luk'Yanchuk B, Zheludev N I, Maier S A, et al. The fano resonance in plasmonic nanostructures and metamaterials [J]. Nat. Mater. , 2010, 9(9): 707 – 715.

[291] Fedotov V, Rose M, Prosvirnin S, et al. Sharp trapped-mode resonances in planar metamaterials with a broken structural symmetry [J]. Phys. Rev. Lett. , 2007, 99 (14): 147401.

[292] Ren M, Jia B, Ou J-Y, et al. Nanostructured plasmonic medium for terahertz bandwidth all-optical switching [J]. Adv. Mater. , 2011, 23(46): 5540 – 5544.

[293] Ren M, Ou J Y, Jia B, et al. Functional photonic metamaterials; proceedings of the Photonics Conference (PHO), 2011 IEEE, F 9 – 13 Oct. 2011, 2011 [C].

[294] Vavilov S. The microstructure of light [J]. Collected works, 1950, 2( ): 383 – 544.

[295] Akhmanov S, Zhdanov B, Zheludev N, et al. Nonlinear optical activity in crystals [J]. JETP Lett. , 1979, 29(5): 264 – 267.

[296] Atkins P, Barron L. Quantum field theory of optical birefringence phenomena. I. Linear and nonlinear optical rotation [J]. P Roy. Soc. Lond. A Mat. , 1968, 304(1478): 303 – 317.

[297] Vlasov D, Zaitsev V. Experimental observation of nonlinear optical activity [J]. JETP Lett. , 1971, 14(3): 112 – 115.

[298] Zheludev N I, Ruddock I S, Illingworth R. Intensity dependence of thermal nonlinear optical activity in crystals [J]. Appl. Phys. B, 1989, 49(1): 65 – 67.

[299] Borshch V V, Lisitsa M P, Mozol P E, et al. Self-induced rotation of the direction of polarization of light in crystals of 422 symmetry [J]. Sov. J. Quantum Elect. , 1978, 8(3): 393 – 395.

[300] Garibyan O V, Zhdanov B V, Zheludev N I, et al. Thermal non-linear optical rotation in cholesterol liquid-crystals [J]. KRISTALLOGRAFIYA (Soviet Crystallography), 1981, 26(4): 787 – 791.

[301] Cameron R, Tabisz G C. Observation of two-photon optical rotation by molecules [J]. Mol. Phys. , 1997, 90(2): 159 – 164.

[302] Markowicz P, Samoc M, Cerne J, et al. Modified Z-scan techniques for investigations of nonlinear chiroptical effects [J]. Opt. Express, 2004, 12(21): 5209 – 5214.

[303] Mesnil H, Hache F. Experimental evidence of third-order nonlinear dichroism in a liquid of chiral molecules [J]. Phys. Rev. Lett. , 2000, 85(20): 4257 – 4260.

[304] Mesnil H, Schanne-Klein M, Hache F, et al. Experimental observation of nonlinear circular dichroism in a pump-probe experiment [J]. Chem. Phys. Lett. , 2001, 338(4 - 6): 269 - 276.

[305] Akhmanov S, Zharikov V. Nonliear optics of gyrotropic media [J]. JETP Lett. , 1967, 6(5): 137 - 140.

[306] Atkins P W, Woolley R G. Intensity-dependent optical rotation [J]. J. Chem. Soc. A, 1969, 515 - 519.

[307] Jeggo C. Nonlinear optics and optical activity [J]. J. Phys. C: Solid State Phys. , 1972, 5(3): 330 - 337.

[308] O'Brien S, Mcpeake D, Ramakrishna S A, et al. Near-infrared photonic band gaps and nonlinear effects in negative magnetic metamaterials [J]. Phys. Rev. B, 2004, 69(24): 241101.

[309] Ren M, Plum E, Xu J, et al. Giant nonlinear optical activity in a plasmonic metamaterial [J]. Nat. Commun. , 2012, 3(May): 833.

[310] Plum E, Fedotov V, Zheludev N. Extrinsic electromagnetic chirality in metamaterials [J]. J. Opt. A-Pure Appl. Opt. , 2009, 11(7): 074009.

[311] Plum E, Liu X X, Fedotov V A, et al. Metamaterials: optical activity without chirality [J]. Phys. Rev. Lett. , 2009, 102(11): 113902.

[312] Kaelberer T, Fedotov V A, Papasimakis N, et al. Toroidal dipolar response in a metamaterial [J]. Science, 2010, 330(6010): 1510 - 1512.

[313] Koppens F H L, Chang D E, Abajo F J G D. Graphene plasmonics: a platform for strong light matter interactions [J]. Nano Lett. , 2011, 11(8): 3370 - 3377.

[314] West P R, Ishii S, Naik G V, et al. Searching for better plasmonic materials [J]. Laser Photon. Rev. , 2010, 4(6): 795 - 808.

[315] Krauss T F. Why do we need slow light? [J]. Nat. Photon. , 2008, 2(8): 448 - 450.

[316] Hau L V, Harris S E, Dutton Z, et al. Light speed reduction to 17 metres per second in an ultracold atomic gas [J]. Nature, 1999, 397(6720): 594 - 598.

[317] Sapienza L, Thyrrestrup H, Stobbe S, et al. Cavity quantum electrodynamics with Anderson-localized modes [J]. Science, 2010, 327(5971): 1352 - 1355.

# 2

## 基于周期性极化铌酸锂晶体的
## 偏振耦合效应及其应用

陈险峰

## 2.1　引言

1960 年，Maiman[1]成功地做出了第一台红宝石激光器，科学家们立即意识到这是一个开拓崭新领域的极为重要的工具，并迅即开始了多方面的探索工作，从而导致了非线性光学的诞生。尤其是近 20 年来，非线性光学的研究在许多方面都取得了重大进展。

非线性光学(nonlinear optics，NLO)是现代光学的一个新领域，是研究在强光作用下物质的响应与场强呈现的非线性关系的科学，这些光学效应称为非线性光学效应。在众多的非线性光学效应中，倍频效应(又称二阶非线性光学效应)是最引人注目也是研究得最多的非线性效应。1961 年 Franken[2]等人利用红宝石激光器获得的相干强光($\lambda = 694.3$ nm)透过石英晶体时，产生了 $\lambda = 347.2$ nm 的二次谐波，其光波频率恰好是基频光频率的两倍，即所谓的倍频效应，从而开创了二阶非线性光学及其材料的新领域。自发现倍频效应以来，非线性光学领域吸引了大批科技工作者，使这一学科得到了空前的发展，在 50 多年后的今天，非线性光学已经发展成为以量子电动力学、经典电动力学为基础，结合光谱学、固体物理学、化学等多门学科的综合性学科。

非线性介质中通常都存在色散，不同波长的光入射时，其在介质中传播的相速度也是不同的，这导致各相互作用的光波之间存在相位失配，限制了非线性频率转换的效率。为有效利用非线性晶体实现频率转换，相互作用的各光波之间必须满足相位匹配，使入射光波的能量单向地流向转换光波。1962 年，N. Bloembergen 第一次提出利用准相位匹配方法来解决非线性光学中频率转换的相位失配问题[3]。即相位失配可以通过人为周期性改变晶体的自发极化方向而引入的倒格矢来补偿，这就是所谓的准相位匹配原理。1993 年以来，随着晶体室温电场极化技术的逐渐成熟，人们找到了一条类似集成电路生产方式，即利用传统的光刻技术，就可以规模生产按照人为设计的一个功能性的周期性极化铁电晶片。通过室温极化，对铁电晶体周期性畴反转，使非线性光学系数得到周期性调制，不同于线性折射率被调制的光子晶体，这种人工材料被称为"非线性光子晶体"或"光学超晶格"。对于准相位匹配理论的实现，最重要的是在晶体中实现非线性系数的周期性反转，这可通过铌酸锂、钽酸锂晶体等铁电晶体的畴反转来实现。

铌酸锂[4]是无色或略带黄绿色的透明晶体，熔点为 1 240℃。钽酸锂是呈淡

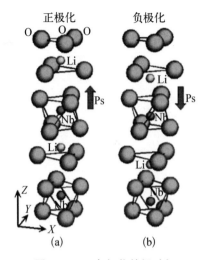

正极化　　　负极化

**图 2-1　正负极化的铌酸锂
晶体的微观结构**

绿色的透明晶体,熔点为 1 650℃。它们都具有铁电相结构,属 3 m 点群,晶体结构如图 2-1 所示。整个晶体可以看成是由氧八面体组成,相邻的氧八面体有共同的顶点,垂直于三重转轴的氧八面体的层状结构如图 2-1(b)所示,呈六边形排列。Nb 和 Li 分别填塞在这些氧八面体中,并且每一对原子之间有一个空位。

在铌酸锂、钽酸锂一类的晶体结构中,所谓的畴反转实质上是锂离子在外加电场的作用下,从晶格中原来的位置克服势垒电漂移到新的位置,即相邻的一个晶格空位,这样就实现了一个晶胞的"畴"反转。

对于一个晶胞来说,似乎实现畴反转是很容易的,因为如图 2-2 所示,锂离子在两个比较浅的势阱里相对移动,而周围又有很高的势垒,所以不容易出现缺陷。对于一个晶胞来说,可以得到它的"畴"反转动力学模型[5]。

虽然一个晶胞的"畴"反转很容易,但是我们所需要的是真正意义的畴反转,即特定图形面积的畴反转,例如周期为 10 μm 的畴反转长条阵列或者螺旋分布的畴反转。也就是说我们不光要取得畴反转,同时也要保持一些地方不发生畴反转。

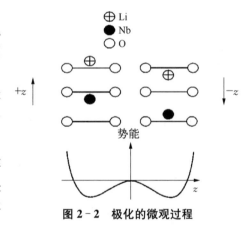

**图 2-2　极化的微观过程**

有几种技术可以实现铁电晶体周期性极化反转结构:如钛从铌酸锂晶体正畴表面的扩散[6,7];锂离子的外扩散[8];二氧化硅镀膜并热处理[9];在 230℃下,通过加热,由质子交换在铌酸锂晶体正畴面诱发畴反转[10];室温下外加电场极化实现铁电畴反转[11]。前几种技术所形成的畴反转通常仅发生在晶面附近有限较浅的三角区域内,而且这些技术的工艺过程均需要在一定的温度下进行。室温下电场极化铁电畴反转方法于 1991 年首次提出,1993 年在实验室真正实现,加上集成光学工艺和平版印刷技术的应用,使得周期性极化铌酸锂(PPLN)晶体的制备及其应用在近十年间得到了快速发展。

图 2-3 为利用电场极化方法制作周期性极化铌酸锂晶体的简单示意图,铌酸锂晶体为 $Z$ 向切割,晶体的厚度 $D$ 一般为 $0.3\sim0.5$ mm,极化电极的周期为 $\Lambda$,电极的占空比为 $k(0<k<1)$,一般常用的占空比为 $0.5$,即极化后正畴与负畴的比例为 $1:1$。当在 $Z$ 向切割铌酸锂晶体的正、负畴面所加电场大于铌酸锂铁电体的矫顽场($\approx21$ kV/mm)时,其铁电畴将发生反转。图中晶体内的箭头表示出晶体铁电畴的极化方向。

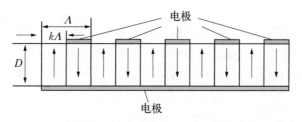

**图 2-3　周期性电场极化铌酸锂晶体制作及结构示意图**

除了非线性系数以外,在周期性极化铌酸锂晶体中,其他如电光系数、弹光系数、磁光系数等二阶系数也同样会由于铁电畴的周期性反转得到周期性的调制[12]。本专题主要讨论利用 PPLN 晶体的电光系数对光学信息进行调控,通过对畴反转极化晶体的调控,可以改变光波的波长、偏振、强度、相位以及角动量。畴反转极化晶体融合了非线性光学晶体和线性光子晶体的性质,充分显示了在激光技术和光信息处理方面的应用前景。

本专题将系统地介绍偏振耦合理论以及偏振耦合效应在畴反转极化晶体中的应用。首先介绍基于横向电光效应的偏振耦合理论,为后面介绍光学调控打下理论基础。之后,介绍几种基于该理论设计的光电子器件,其中包括:可以调控波长和振幅的可调谐滤波器;可调控偏振态的线偏振控制器、光隔离器和全光逻辑门以及基于角动量调控的光涡旋加减法器。最后,提出一种新的概念,偏振耦合级联效应,并介绍该效应在光电通信领域的一些应用。

## 2.2　基于横向电光效应的偏振耦合理论

### 2.2.1　横向电光效应

电光效应[13-15]是指在直流电场(或低频电场)的作用下引起材料折射率明显变化的一种现象。也就是说外加电场改变了介质的光学性质。在某些材料中折射率的变化与所加电场的强度成线性关系,即线性电光效应,亦称普克尔(Pockels)效应。线性电光效应可认为是入射光场与直流电场混合作用在物质中产生的二阶非线性极化

$$P_i(\omega) = 2\varepsilon_0 \sum_{jk} \chi_{ijk}^2 (-\omega; \omega, 0) E_j(\omega) E_k(0) \tag{2-1}$$

由于线性电光效应是用二阶非线性极化率描写的,因此它只能在具有空间非对称的晶体中发生。

在有空间中心对称的材料中,比如液体或玻璃,折射率的变化与所加电场的平方成正比,这就是平方律电光效应或称克尔(Kerr)电光效应。与线性电光效应类似,它可用三阶非线性极化来描写

$$P_i(\omega) = 3\varepsilon_0 \sum_{jkl} \varepsilon_{ijkl}^{(3)} (-\omega; \omega, 0, 0) E_j(\omega) E_k(0) E_l(0) \tag{2-2}$$

虽然电光效应可以用非线性极化来处理,但实际上对电光效应的描写却采取与非线性光学效应不同的数学处理。由于光在晶体中的传播特性可以用折射率椭球完全描述,所以用电场对折射率椭球的影响来描述电光效应非常直观而且方便。电场的作用是使晶体折射率椭球主轴的方向和大小发生了变化。

在本节我们将讨论铌酸锂晶体的线性电光效应,在各向异性光学晶体中,光电场的电位移矢量 $D$ 和电场强度 $E$ 之间的关系写成分量式

$$D_i = \varepsilon_0 \sum_j \varepsilon_{ij} E_j \tag{2-3}$$

或用下式表示

$$\begin{bmatrix} D_x \\ D_y \\ D_z \end{bmatrix} = \varepsilon_0 \begin{bmatrix} \varepsilon_{xx} & \varepsilon_{xy} & \varepsilon_{xz} \\ \varepsilon_{yx} & \varepsilon_{yy} & \varepsilon_{yz} \\ \varepsilon_{zx} & \varepsilon_{zy} & \varepsilon_{zz} \end{bmatrix} \begin{bmatrix} E_x \\ E_y \\ E_z \end{bmatrix} \tag{2-4}$$

无光学吸收损耗晶体的介电张量 $\varepsilon_{ij}$ 是一个对称矩阵,只有六个独立的张量元,即 $\varepsilon_{xx}$,$\varepsilon_{yy}$,$\varepsilon_{zz}$,$\varepsilon_{xy} = \varepsilon_{yx}$,$\varepsilon_{yz} = \varepsilon_{zy}$ 和 $\varepsilon_{xz} = \varepsilon_{zx}$。数学上一个对称矩阵可通过正交变换实现对角化。物理上表示存在一个新坐标$(XYZ)$,通过$(xyz)$坐标系到$(XYZ)$坐标系的变换使得式$(2-4)$具有简明的形式:

$$\begin{bmatrix} D_X \\ D_Y \\ D_Z \end{bmatrix} = \varepsilon_0 \begin{bmatrix} \varepsilon_{XX} & 0 & 0 \\ 0 & \varepsilon_{YY} & 0 \\ 0 & 0 & \varepsilon_{ZZ} \end{bmatrix} \begin{bmatrix} E_X \\ E_Y \\ E_Z \end{bmatrix} \tag{2-5}$$

这一新的坐标系就是晶体折射率主轴系统，晶体的介电张量在该坐标中是一对角矩阵。

晶体中光电场的能量密度

$$U = \frac{1}{2}\boldsymbol{D} \cdot \boldsymbol{E} = \frac{1}{2}\varepsilon_0 \sum_{ij} \varepsilon_{ij} E_i E_j \qquad (2-6)$$

在上述的主轴系统中，能量密度可写成

$$U = \frac{1}{2\varepsilon_0} \left[ \frac{D_X^2}{\varepsilon_{XX}} + \frac{D_Y^2}{\varepsilon_{YY}} + \frac{D_Z^2}{\varepsilon_{ZZ}} \right] \qquad (2-7)$$

式(2-7)表明，在 $\boldsymbol{D}$ 空间中光电场的等能面是一个椭球面。如设

$$X = \left( \frac{1}{2\varepsilon_0 U} \right)^{\frac{1}{2}} D_X, \ Y = \left( \frac{1}{2\varepsilon_0 U} \right)^{\frac{1}{2}} D_Y, \ Z = \left( \frac{1}{2\varepsilon_0 U} \right)^{\frac{1}{2}} D_Z \qquad (2-8)$$

则式(2-7)变成

$$\frac{X^2}{\varepsilon_{XX}} + \frac{Y^2}{\varepsilon_{YY}} + \frac{Z^2}{\varepsilon_{ZZ}} = 1 \qquad (2-9)$$

或

$$\frac{X^2}{n_X^2} + \frac{Y^2}{n_Y^2} + \frac{Z^2}{n_Z^2} = 1 \qquad (2-10)$$

在 $(X, Y, Z)$ 坐标系中，由式(2-10)决定的曲面为折射率椭球面，$n_X$，$n_Y$，$n_Z$ 表示新坐标系中的折射率。在这一主轴坐标系中折射率椭球方程取最简洁的形式。

光在各向异性晶体中的传播特性可以用折射率椭球来描述：过原点作一与晶体内任意方向传播光波波矢垂直的平面，该平面与折射率椭球相交的截面是一个椭圆，椭圆的长短轴分别为光波在晶体内该方向传播时的两个折射率，长短轴的方向为 $\boldsymbol{D}$ 矢量的偏振方向。

当晶体外加电压时，由于电光效应折射率椭球发生变化。这时椭球方程应取普遍的形式：

$$\left( \frac{1}{n^2} \right)_1 X^2 + \left( \frac{1}{n^2} \right)_2 Y^2 + \left( \frac{1}{n^2} \right)_3 Z^2 + 2 \left( \frac{1}{n^2} \right)_4 YZ +$$
$$2 \left( \frac{1}{n^2} \right)_5 ZX + 2 \left( \frac{1}{n^2} \right)_6 XY = 1 \qquad (2-11)$$

将式(2-10)与式(2-11)比较，可知当没有外电场时

$$\left(\frac{1}{n^2}\right)_1 = \frac{1}{n_X^2}, \ \left(\frac{1}{n^2}\right)_2 = \frac{1}{n_Y^2}, \ \left(\frac{1}{n^2}\right)_3 = \frac{1}{n_Z^2}, \tag{2-12}$$

$$\left(\frac{1}{n^2}\right)_4 = \left(\frac{1}{n^2}\right)_5 = \left(\frac{1}{n^2}\right)_6 = 0$$

当晶体加上外场时,则 $\left(\dfrac{1}{n^2}\right)_i$ 量的变化为

$$\Delta\left(\frac{1}{n^2}\right)_i = \left(\frac{1}{n^2}\right)_i\Big|_E - \left(\frac{1}{n^2}\right)_i\Big|_0 = \sum_j \gamma_{ij} E_j \tag{2-13}$$

采用矩阵的写法,则有

$$\left(\Delta\frac{1}{n^2}\right)_i = \begin{pmatrix} \gamma_{11} & \gamma_{12} & \gamma_{13} \\ \gamma_{21} & \gamma_{22} & \gamma_{23} \\ \vdots & \vdots & \vdots \\ \gamma_{61} & \gamma_{62} & \gamma_{63} \end{pmatrix} \begin{pmatrix} E_x \\ E_y \\ E_z \end{pmatrix} \tag{2-14}$$

式中 $\gamma_{ij}$ 为线性电光系数,它给出了 $\left(\dfrac{1}{n^2}\right)_i$ 随所加电场强度 $E_j$ 增加时的变化。$E_x, E_y, E_z$ 是外加电场在主轴坐标系中的三个分量。

LiNbO$_3$ 晶体为单轴的铁电晶体,在没有外加电场时其标准的折射率椭球方程为

$$\frac{X^2}{n_o^2} + \frac{Y^2}{n_o^2} + \frac{Z^2}{n_e^2} = 1 \tag{2-15}$$

式中,$Z$ 为光轴,结晶轴 $XYZ$ 构成折射率主轴坐标系。LiNbO$_3$ 晶体的点群对称群为 3 m,其电光张量具有如下形式:

$$\gamma_{ij} = \begin{pmatrix} 0 & -\gamma_{22} & \gamma_{13} \\ 0 & \gamma_{22} & \gamma_{13} \\ 0 & 0 & \gamma_{33} \\ 0 & \gamma_{51} & 0 \\ \gamma_{51} & 0 & 0 \\ -\gamma_{22} & 0 & 0 \end{pmatrix} \tag{2-16}$$

外加电场时,由于电光效应使 LiNbO$_3$ 折射率椭球发生的改变由下式给出:

$$\left(\Delta \frac{1}{n^2}\right)_i = \begin{pmatrix} 0 & -\gamma_{22} & \gamma_{13} \\ 0 & \gamma_{22} & \gamma_{13} \\ 0 & 0 & \gamma_{33} \\ 0 & \gamma_{51} & 0 \\ \gamma_{51} & 0 & 0 \\ -\gamma_{22} & 0 & 0 \end{pmatrix} \begin{pmatrix} E_x \\ E_y \\ E_z \end{pmatrix} \qquad (2-17)$$

式中，$\gamma_{13} = 9.6$，$\gamma_{22} = 6.8$，$\gamma_{33} = 30.9$，$\gamma_{51} = 32.6$（单位：$10^{-12}$ m/V）为 LiNbO$_3$晶体的线性电光系数。

晶体的折射率椭球方程则变为以下形式：

$$\left(\frac{1}{n_o^2} - \gamma_{22}E_y + \gamma_{13}E_z\right)X^2 + \left(\frac{1}{n_o^2} + \gamma_{22}E_y + \gamma_{13}E_z\right)Y^2 +$$

$$\left(\frac{1}{n_e^2} + \gamma_{33}E_z\right)Z^2 + 2\gamma_{51}E_yYZ - 2\gamma_{51}E_xXZ - 2\gamma_{22}E_xXY = 1 \qquad (2-18)$$

下面我们分几种情况考虑一下在分别施加各种不同方向电场时，晶体折射率椭球的变化。

1) 仅施加 Y 向电场

首先我们考虑仅施加 Y 向电场时晶体折射率椭球的变化，即在式(2-18)中令 $E_x = 0$，$E_z = 0$，于是就有

$$\left(\frac{1}{n_o^2} - \gamma_{22}E_y\right)X^2 + \left(\frac{1}{n_o^2} + \gamma_{22}E_y\right)Y^2 + \frac{1}{n_e^2}Z^2 + 2\gamma_{51}E_yYZ = 1$$

$$(2-19)$$

在上式中仅存在 $YZ$ 交叉项，做如下变换：

$$\begin{cases} X = X' \\ Y = Y'\cos\theta - Z'\sin\theta \\ Z = Y'\sin\theta + Z'\cos\theta \end{cases} \qquad (2-20)$$

代入上面的方程，令交叉项为 0，则得到新的主轴坐标系下的方程：

$$\left(\frac{1}{n_o^2} - \gamma_{22}E_y\right)X'^2 + \left(\frac{1}{n_o^2} + \gamma_{22}E_y + \gamma_{51}E_y\tan\theta\right)Y'^2 + \left(\frac{1}{n_e^2} - \gamma_{51}E_y\tan\theta\right)Z'^2 = 1$$

$$(2-21)$$

其中，$\theta$ 满足下式：

$$\tan 2\theta = \frac{2\gamma_{51}E_y}{\dfrac{1}{n_o^2} - \dfrac{1}{n_e^2}} \tag{2-22}$$

由于 $\theta$ 极小,所以就有以下近似式:

$$\theta \approx \frac{\gamma_{51}E_y}{\dfrac{1}{n_o^2} - \dfrac{1}{n_e^2}} \tag{2-23}$$

由方程(2-21)可知,在仅对晶体施加 $Y$ 向电场时,晶体将由单轴晶体变为双轴晶体,且新的主轴 $Y'$ 和 $Z'$ 相对原主轴 $Y$ 和 $Z$ 绕 $X$ 轴转动了角 $\theta$,如图 2-4 所示。

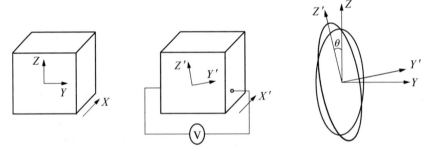

**图 2-4　仅对晶体施加 $Y$ 向电场时 LiNbO₃ 晶体的折射率椭球变化**

新主轴坐标系里沿着三个主轴方向上的折射率分别为

$$\begin{cases} n_X' = n_o + \dfrac{1}{2}\gamma_{22}E_y n_o^3 \\[2mm] n_Y' = n_o - \dfrac{1}{2}\gamma_{22}E_y n_o^3 - \dfrac{1}{2}\gamma_{51}E_y n_o^3 \tan\theta \\[2mm] n_Z' = n_e + \dfrac{1}{2}\gamma_{51}E_y n_e^3 \tan\theta \end{cases} \tag{2-24}$$

因为 $\gamma_{22}$ 比较小,因此在后面的应用中我们只考虑加 $Y$ 向电场时晶体光轴的偏转,而忽略晶体折射率大小的改变。

2) 仅存在 $Z$ 向电场

仅存在 $Z$ 向电场时,即在式(2-18)中令 $E_x = 0$,$E_y = 0$,可得到

$$\left(\frac{1}{n_o^2} + \gamma_{13}E_z\right)X^2 + \left(\frac{1}{n_o^2} + \gamma_{13}E_z\right)Y^2 + \left(\frac{1}{n_e^2} + \gamma_{33}E_z\right)Z^2 = 1 \tag{2-25}$$

由上式可以看出，当仅对晶体施以 $Z$ 向电场时，晶体的折射率椭球仅改变大小而不改变方向，沿三个主轴方向的折射率大小由下式给出：

$$\begin{cases} n'_X = n_o - \dfrac{1}{2}\gamma_{13}n_o^3 E_z \\[2mm] n'_Y = n_o - \dfrac{1}{2}\gamma_{13}n_o^3 E_z \\[2mm] n'_Z = n_e - \dfrac{1}{2}\gamma_{33}n_e^3 E_z \end{cases} \tag{2-26}$$

3）同时存在 $Y$ 向和 $Z$ 向电场

当对晶体同时施以 $Y$ 向和 $Z$ 向电场时，式(2-18)中 $E_x = 0$，则施加电场后晶体折射率椭球方程变为

$$\left(\frac{1}{n_o^2} - \gamma_{22}E_y + \gamma_{13}E_z\right)X^2 + \left(\frac{1}{n_o^2} + \gamma_{22}E_y + \gamma_{13}E_z\right)Y^2 +$$

$$\left(\frac{1}{n_e^2} + \gamma_{33}E_z\right)Z^2 + 2\gamma_{51}E_y YZ = 1 \tag{2-27}$$

同第一种情况一样做坐标轴变换，令交叉项 $YZ$ 为 $0$，可得

$$\left(\frac{1}{n_o^2} - \gamma_{22}E_y + \gamma_{13}E_z\right)X'^2 + \left(\frac{1}{n_o^2} + \gamma_{22}E_y + \gamma_{13}E_z + \gamma_{51}E_y\tan\theta\right)Y'^2 +$$

$$\left(\frac{1}{n_e^2} + \gamma_{33}E_z - \gamma_{51}E_y\tan\theta\right)Z'^2 = 1 \tag{2-28}$$

式中 $\theta$ 同样由式(2-23)给出，在新主轴坐标系里沿着三个主轴方向上的折射率分别为

$$\begin{cases} n'_X = n_o - \dfrac{1}{2}(\gamma_{13}E_z - \gamma_{22}E_y)n_o^3 \\[2mm] n'_Y = n_o - \dfrac{1}{2}(\gamma_{13}E_z + \gamma_{22}E_y + \gamma_{51}E_y\tan\theta)n_o^3 \\[2mm] n'_Z = n_e - \dfrac{1}{2}(\gamma_{33}E_z - \gamma_{51}E_y\tan\theta)n_e^3 \end{cases} \tag{2-29}$$

本节的重点在于研究周期性极化铌酸锂晶体中的横向电光效应，即只存在 $Y$ 向电场时产生的现象和应用。引言中我们提到过，在周期性电场极化的铌酸锂晶体中，除了非线性系数以外，其他如电光系数、弹光系数等也同样会由于晶体铁电畴的周期性反转结构得到周期性的调制。

图 2‐5 为对周期性极化铌酸锂晶体施加均匀的 $Y$ 向电场时晶体电光效应的示意图，如之前我们所讨论的，当对铌酸锂晶体施加 $Y$ 向电场时，晶体的折射率椭球将发生偏转，也就是晶体的光轴将沿 $+Z$ 轴偏转 $\theta$ 角，$\theta$ 角由式(2‐23)给出。对于周期性极化铌酸锂晶体来说，由于晶体的周期性畴结构，负畴与正畴的光轴偏转角虽然大小相同，但方向相反，因此二者形成的这个方位角也彼此反向，呈现一个方位角周期性排列的新型畴结构，即形成摇摆畴，此种结构正如折叠式的 Šolc 滤波器中晶体光轴的交错排列结构。以其发明者命名的 Šolc 滤波器，是由一堆相同的双折射片组成，其中每个双折射片以规定的方位角取向，折叠式 Šolc 滤波器在正交偏振器之间工作，各个片子的厚度为 $d$，其方位角按 $\pm\theta$ 交错排列。六片式 Šolc 滤波器的几何排列如图 2‐6 所示。下面我们利用琼斯矩阵和偏振耦合模理论来分析该摇摆畴结构的一些基本特性。

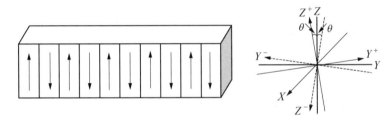

图 2‐5　对 PPLN 施加 $Y$ 向电场时的变化

## 2.2.2　琼斯矩阵法

琼斯算法是 1940 年由琼斯 (R. C. Jones) 提出的[16]。光波的偏振态由一个包含两个分量的矢量(琼斯矢量)表示，而每一个光学元件的作用由一个 $2\times2$ 矩阵表示，这个矩阵就叫作琼斯矩阵。整个光学体系的作用由一个总矩阵(即全部矩阵之积)表示。这样透过光的偏振态可由总矩阵及表示入射光的矢量之积求得。

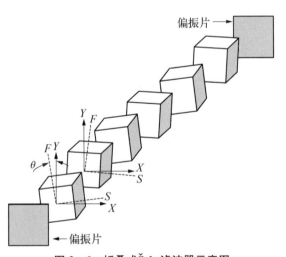

图 2‐6　折叠式 Šolc 滤波器示意图

如图 2‐7 所示，假设入射线偏振光的振动方向与晶片的光轴之间夹角为

$\theta_1$，晶片与检偏器的光轴之间夹角为 $\theta_2$。设入射线偏振光在 $Y_0$ 轴方向振动，其归一化的琼斯矢量可以表示为

$$\begin{bmatrix} E_{x0} \\ E_{y0} \end{bmatrix} = \begin{bmatrix} 0 \\ 1 \end{bmatrix} \tag{2-30}$$

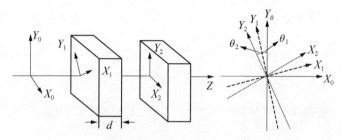

**图 2-7 用琼斯矩阵法表示偏振光干涉的示意图**

此线偏振光入射到晶片上，我们把坐标系 $X_0Y_0$ 旋转到以晶片光轴方向为 $Y_1$ 轴的坐标系中，在晶片的坐标系 $X_1Y_1$ 中，此线偏振光表示为

$$\begin{bmatrix} E_{x0'} \\ E_{y0'} \end{bmatrix} = \begin{bmatrix} \cos\theta_1 & \sin\theta_1 \\ -\sin\theta_1 & \cos\theta_1 \end{bmatrix} \cdot \begin{bmatrix} E_{x0} \\ E_{y0} \end{bmatrix} \tag{2-31}$$

根据单轴晶体的琼斯矩阵，对线偏振光变换，我们有

$$\begin{bmatrix} E_{x1'} \\ E_{y1'} \end{bmatrix} = \begin{bmatrix} \exp\left(i\dfrac{\delta}{2}\right) & 0 \\ 0 & \exp\left(-i\dfrac{\delta}{2}\right) \end{bmatrix} \cdot \begin{bmatrix} E_{x0'} \\ E_{y0'} \end{bmatrix} \tag{2-32}$$

同理，把坐标系 $X_1Y_1$ 旋转到检偏器的以光轴方向为 $Y_2$ 轴的坐标系 $X_2Y_2$ 中，得到

$$\begin{bmatrix} E_{x2} \\ E_{y2} \end{bmatrix} = \begin{bmatrix} \cos\theta_2 & \sin\theta_2 \\ -\sin\theta_2 & \cos\theta_2 \end{bmatrix} \cdot \begin{bmatrix} E_{x1'} \\ E_{y1'} \end{bmatrix} \tag{2-33}$$

入射线偏振光经过检偏器之后得到两束光的振幅，以矩阵的形式表示为上述各式的连乘积：

$$\begin{bmatrix} E_{x2} \\ E_{y2} \end{bmatrix} = \begin{bmatrix} \cos\theta_2 & \sin\theta_2 \\ -\sin\theta_2 & \cos\theta_2 \end{bmatrix} \begin{bmatrix} \exp(i\delta/2) & 0 \\ 0 & \exp(-i\delta/2) \end{bmatrix} \begin{bmatrix} \cos\theta_1 & \sin\theta_1 \\ -\sin\theta_1 & \cos\theta_1 \end{bmatrix} \cdot \begin{bmatrix} E_{x0} \\ E_{y0} \end{bmatrix}$$

$$\tag{2-34}$$

上式计算得

$$\begin{bmatrix} E_{x2} \\ E_{y2} \end{bmatrix} = \begin{bmatrix} e^{i\frac{\delta}{2}}\cos\theta_2\sin\theta_1 + e^{-i\frac{\delta}{2}}\sin\theta_2\cos\theta_1 \\ -e^{i\frac{\delta}{2}}\sin\theta_2\sin\theta_1 + e^{-i\frac{\delta}{2}}\cos\theta_2\cos\theta_1 \end{bmatrix} \qquad (2-35)$$

两束光的相对强度分别为

$$I_{x_2} = |E_{x2}|^2 \qquad (2-36)$$

$$I_{y_2} = |E_{y2}|^2 \qquad (2-37)$$

把式(2-35)的两个分量分别代入式(2-36),式(2-37),得到:

$$I_{x_2} = \cos^2\frac{\delta}{2}\sin^2(\theta_1 + \theta_2) + \sin^2\frac{\delta}{2}\sin^2(\theta_1 - \theta_2) \qquad (2-38)$$

$$I_{y_2} = \cos^2\frac{\delta}{2}\cos^2(\theta_1 + \theta_2) + \sin^2\frac{\delta}{2}\cos^2(\theta_1 - \theta_2) \qquad (2-39)$$

当检偏器沿 $x_2$ 方向偏振时,滤出的波的强度为 $I_{x_2}$,如检偏器沿 $y_2$ 方向偏振,则滤出的波的强度为 $I_{y_2}$。

现在我们利用琼斯矩阵法来研究 Šolc 滤波器的透射特性。如图 2-6 所示,前偏振器的透射轴平行于 $x$ 轴,后偏振器的透射轴平行于 $y$ 轴。我们假定片子数为偶数,$N=2m$,则这 $N$ 个片子的总琼斯矩阵为

$$\boldsymbol{M} = [R(\theta)\boldsymbol{W}_0 R(-\theta)R(-\theta)\boldsymbol{W}_0 R(\theta)]^m \qquad (2-40)$$

其中

$$R(\theta) = \begin{bmatrix} \cos\theta & \sin\theta \\ -\sin\theta & \cos\theta \end{bmatrix} \qquad (2-41)$$

$$\boldsymbol{W}_0 = \begin{bmatrix} e^{-i\Gamma/2} & 0 \\ 0 & e^{i\Gamma/2} \end{bmatrix} \qquad (2-42)$$

$\Gamma = 2\pi(n_e - n_o)\dfrac{d}{\lambda}$, $n_e$, $n_o$ 分别为晶体的寻常光和非常光折射率。

把方程(2-41)和(2-42)代入(2-40),得到

$$\boldsymbol{M} = \begin{bmatrix} A & B \\ C & D \end{bmatrix}^m \qquad (2-43)$$

其中

$$A = \left(\cos\frac{1}{2}\Gamma - i\cos 2\theta \sin\frac{1}{2}\Gamma\right)^2 + \sin^2 2\theta \sin^2\frac{1}{2}\Gamma$$

$$B = \sin 4\theta \sin^2\frac{1}{2}\Gamma \tag{2-44}$$

$$C = -B$$

$$D = \left(\cos\frac{1}{2}\Gamma + i\cos 2\theta \sin\frac{1}{2}\Gamma\right)^2 + \sin^2 2\theta \sin^2\frac{1}{2}\Gamma$$

$\Gamma$ 是每个片子的相位延迟。我们注意到此矩阵是幺正矩阵（即 $AD - BC = 1$），因为方程（2-40）中所有矩阵是幺正的，因此利用切比雪夫等式可把方程（2-43）简化成

$$\begin{bmatrix} A & B \\ C & D \end{bmatrix}^m = \begin{bmatrix} \dfrac{A\sin(mK\Lambda) - \sin[(m-1)K\Lambda]}{\sin(K\Lambda)} & B\dfrac{\sin(mK\Lambda)}{\sin(K\Lambda)} \\ C\dfrac{\sin(mK\Lambda)}{\sin(K\Lambda)} & \dfrac{D\sin(mK\Lambda) - \sin[(m-1)K\Lambda]}{\sin(K\Lambda)} \end{bmatrix} \tag{2-45}$$

其中

$$K\Lambda = \cos^{-1}\left[\frac{1}{2}(A+D)\right] \tag{2-46}$$

入射波与出射波的关系为

$$\begin{bmatrix} E'_x \\ E'_y \end{bmatrix} = P_y \boldsymbol{M} P_x \begin{bmatrix} E_x \\ E_y \end{bmatrix} \tag{2-47}$$

出射光束在 $y$ 方向偏振，其场振幅为

$$E'_y = M_{21} E_x \tag{2-48}$$

若入射光是在 $x$ 方向的线偏振光，此滤波器的透射率为

$$T = |M_{21}|^2 \tag{2-49}$$

可得

$$T = \left| \sin 4\theta \sin^2\frac{1}{2}\Gamma \frac{\sin(mK\Lambda)}{\sin(K\Lambda)} \right|^2 \tag{2-50}$$

其中

$$\cos(K\Lambda) = 1 - 2\cos^2 2\theta \sin^2 \frac{1}{2}\Gamma \qquad (2-51)$$

透射率 $T$ 常用下式定义的新变量 $\chi$ 表示：

$$K\Lambda = \pi - 2\chi \qquad (2-52)$$

用此新变量 $\chi$ 表示的透射率为

$$T = \left| \tan 2\theta \cos\chi \frac{\sin(N\chi)}{\sin\chi} \right|^2 \qquad (2-53)$$

其中

$$\cos\chi = \cos 2\theta \sin \frac{1}{2}\Gamma \qquad (2-54)$$

　　按照式(2-50)和式(2-51)，当每个片子的相位延迟为 $\Gamma = \pi$，$3\pi$，$5\pi$，$\cdots$，即每个片子变成半波片时，透射率变成 $T = \sin^2 2N\theta$。若方位角 $\theta$ 为

$$\theta = \frac{\pi}{4N} \qquad (2-55)$$

此时透射率为 $100\%$。如果我们考察通过 Šolc 滤波器内每个片子后的偏振态，就可以容易了解这些条件下的透射性。通过一个半波 ($\Gamma = \pi$，$3\pi$，$5\pi$，$\cdots$) 片时，偏振矢量和晶体快(或慢)轴之间的方位角改变符号。经过前偏振器，光是在 $x$ 方向的线偏振光(方位角 $\phi = 0°$)。因为第一个片子处在方位角 $\theta$，通过第一个片子后的出射光束是处在 $\phi = 2\theta$ 的线偏振光。第二个片子以方位角 $-\theta$ 取向，相对于入射在它上面的光的偏振方向形成 $3\theta$ 的角度，在其输出面的偏振方向将旋转 $6\theta$，并以方位角 $-4\theta$ 取向。这些片子依次按 $+\theta$，$-\theta$，$+\theta$，$-\theta$，$\cdots$ 取向，而这些片子出射处的偏振方向呈现 $2\theta$，$-4\theta$，$6\theta$，$-8\theta$，$\cdots$ 值，因此经 $N$ 个片子之后，最终的方位角为 $2N\theta$。若最终这个方位角为 $90°$ (即 $2N\theta = \pi/2$)，则光通过后偏振器没有任何强度损失。而在其他波长，这些片子并不是半波片，光不经历 $90°$ 偏振旋转，所以在后偏振器中要遭受损失。

　　下面我们分析一下 Šolc 滤波器在峰值及其旁瓣附近的透射特性。假定每个片子由折射率 $n_o$ 和 $n_e$ 以及厚度 $d$ 来表征。令 $\lambda_\nu$ 代表相位延迟为 $(2\nu+1)\pi$ 时的波长，其中 $\nu = \pm 1$，$\pm 3$，$\cdots$ 一般波长的相位延迟为

$$\Gamma = \frac{2\pi}{\lambda}(n_e - n_o)d \qquad (2-56)$$

若 $\lambda$ 略偏离 $\lambda_\nu$，即 $(\lambda-\lambda_\nu) \ll \lambda_\nu$，$\Gamma$ 可近似表示为

$$\Gamma = (2\nu+1)\pi + \Delta\Gamma \qquad (2-57)$$

式中

$$\Delta\Gamma = -\frac{(2\nu+1)\pi}{\lambda_\nu}(\lambda-\lambda_\nu) \qquad (2-58)$$

当片子的方位角满足要求且 $N$ 比 1 大得多时，方程中的三角函数可以展开得

$$\chi \approx \frac{\pi}{2N}\left[1+\left(\frac{N\Delta\Gamma}{\pi}\right)^2\right]^{1/2} \qquad (2-59)$$

将 $\chi$ 代入方程(2-53)可得

$$T = \left(\frac{\sin\left(\frac{1}{2}\pi\sqrt{1+(N\Delta\Gamma/\pi)^2}\right)}{\sqrt{1+(N\Delta\Gamma/\pi)^2}}\right)^2 \qquad (2-60)$$

只要 $N \gg 1$ 和 $(\lambda-\lambda_\nu) \ll \lambda_\nu$，上述近似式就成立，由方程(2-60)可知，透射率主峰的半极大值处全带宽(FWHM)近似地由 $\Delta\Gamma_{1/2} \approx 1.60\pi/N$ 给出，用波长表示为

$$\Delta\lambda_{1/2} \approx 1.60\left(\frac{\lambda_\nu}{(2\nu+1)N}\right) \qquad (2-61)$$

图 2-8 为基于 PPLN 晶体的电光 Šolc 滤波结构的简单示意图。

晶体极化的周期数为 $m$，晶体中畴的数目为 $N=2m$，$\Lambda$ 为一个极化周期的长度，一个周期中，正畴长度为 $L_1 = k\Lambda$ $(0 < k < 1)$，负畴长度则为 $L_2 = (1-k)\Lambda$。施加均匀 $Y$ 向电场后，周期性极化晶体的琼斯矩阵由下式给出

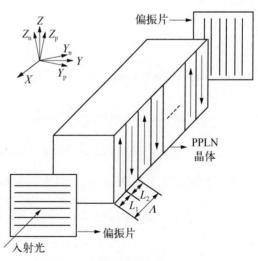

**图 2-8　基于 PPLN 晶体的电光 Šolc 滤波器示意图**

$$M = [R(\theta)W(\psi_1)R(-\theta)R(-\theta)W(\psi_2)R(\theta)]^m \qquad (2-62)$$

式中

$$R(\theta) = \begin{bmatrix} \cos\theta & \sin\theta \\ -\sin\theta & \cos\theta \end{bmatrix} \qquad (2-63)$$

$\theta$ 由式(2-23)给出

$$W(\psi_{1,2}) = \begin{bmatrix} e^{-i\psi_{1,2}/2} & 0 \\ 0 & e^{i\psi_{1,2}/2} \end{bmatrix} \qquad (2-64)$$

式中, $\psi_{1,2} = \pi(n_e - n_o)L_{1,2}/\lambda$。

令 $\delta = \pi(n_e - n_o)\Lambda/\lambda$, 则 $\psi_1 = k\delta$, $\psi_2 = (1-k)\delta$, 对方程(2-62)进行处理, 通过简化得到

$$M = \begin{pmatrix} A & B \\ C & D \end{pmatrix}^m = \begin{pmatrix} \dfrac{A\sin(m\Gamma) - \sin[(m-1)\Gamma]}{\sin\Gamma} & \dfrac{B\sin(m\Gamma)}{\sin\Gamma} \\ \dfrac{C\sin(m\Gamma)}{\sin\Gamma} & \dfrac{D\sin(m\Gamma) - \sin[(m-1)\Gamma]}{\sin\Gamma} \end{pmatrix}$$
$$(2-65)$$

式中 $\Gamma = \arccos\left[\dfrac{1}{2}(A+D)\right] = \arccos[\sin^2 2\theta\cos(1-2k)\delta + \cos^2 2\theta\cos\delta]$, $A$, $B$, $C$, $D$ 分别为

$$\begin{cases} A = \sin^2 2\theta\cos((1-2k)\delta) + \cos 2\theta(\cos^2\theta e^{-i\delta} - \sin^2\theta e^{i\delta}) \\ B = \sin 2\theta(\sin^2\theta e^{-i(1-2k)\delta} - \cos^2\theta e^{i(1-2k)\delta}) + \dfrac{1}{2}\sin 4\theta\cos\delta \\ C = \sin 2\theta(\cos^2\theta e^{-i(1-2k)\delta} - \sin^2\theta e^{i(1-2k)\delta}) - \dfrac{1}{2}\sin 4\theta\cos\delta \\ D = \sin^2 2\theta\cos((1-2k)\delta) + \cos 2\theta(\cos^2\theta e^{i\delta} - \sin^2\theta e^{-i\delta}) \end{cases} \qquad (2-66)$$

若前偏振器为 $Y$ 偏振, 后偏振器为 $Z$ 偏振, 则此滤波器的透射率为

$$T = |M_{21}|^2 = \left| \left[ \sin 2\theta(\sin^2\theta e^{-i(1-2k)\delta} - \cos^2\theta e^{i(1-2k)\delta}) + \right. \right.$$
$$\left. \left. \dfrac{1}{2}\sin 4\theta\cos\delta \right] \dfrac{\sin(m\Gamma)}{\sin\Gamma} \right|^2 \qquad (2-67)$$

当 $\delta = \pi$, $3\pi$, $5\pi$, … 时, 也就是满足相位匹配条件时

$$T = \left| \left[ \sin 2\theta (\sin^2\theta \, e^{-i(1-2k)\pi} - \cos^2\theta \, e^{i(1-2k)\pi}) - \frac{1}{2}\sin 4\theta \right] \frac{\sin(m\Gamma)}{\sin\Gamma} \right|^2$$

$$= \mid \sin(m\Gamma) \mid^2 \tag{2-68}$$

在上式中，当 $m\Gamma = \dfrac{(2i+1)\pi}{2}$（$i = 1, 2, 3, \cdots$）时，滤波器的透射率为 100%。

下面我们对以上结论作一简单讨论，假设 $\theta$ 很小，那么有

$$\sin\Gamma = \sqrt{1-\cos^2\Gamma}$$

$$= \sin 2\theta \sqrt{(1+\cos^2 2\theta) + 2\cos^2 2\theta \cos((1-2k)\pi) - \sin^2 2\theta \cos^2((1-2k)\pi)}$$

$$\approx 2\cos((1-2k)\pi)\sin 2\theta$$

即 $\Gamma \approx 4\theta\cos((1-2k)\pi)$，对于一阶相位匹配条件，当 $m\Gamma = \dfrac{\pi}{2}$ 也即 $4N\theta\cos[(1-2k)\pi] = \pi$ 时，滤波器的透射率为 100%。当 PPLN 晶体的占空比 $k=0.5$，也就是正畴与负畴厚度相同时，要使滤波器的透射率为 100%，$\theta = \dfrac{\pi}{4N}$，此结论与我们对传统的 Šolc 滤波器所作的分析相同。不同的是，在基于 PPLN 晶体电光效应的 Šolc 滤波器中，$\theta$ 是与外加电场有关的量，可以通过外加电场的强度来调节，而不像传统的 Šolc 滤波器中是一个固定的值。在晶体长度和占空比一定的情况下，我们总可以通过调节外加电场的强度使滤波器峰值振幅透过率达到 100%。下面我们讨论一下晶体的长度、晶体的极化周期、外加电场的强度和 PPLN 晶体的占空比这几个参量对滤波器透射特性的影响。

图 2-9 为具有相同长度、相同极化周期，但占空比不同的 PPLN 电光 Šolc 滤波器的峰值透射率与外加电场强度的关系，由图中可以看出，当晶体的占空比为 1∶1 时，其滤波峰值

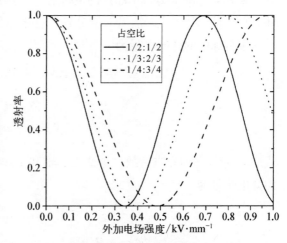

**图 2-9 相同长度、相同极化周期、不同占空比的 PPLN 电光滤波器的峰值透射率与外加电场强度的关系图**

透射率达到 $100\%$ 所需的电场强度最小,且滤波器的峰值透射率与外加电场强度成正弦关系周期变化。

### 2.2.3 偏振耦合模理论

上面我们采用琼斯矩阵法分析了 Šolc 滤波器的透射特性,然而就此结构作为一种滤波器的物理机理而论,琼斯矩阵法形式对问题的分析并不很透彻。从波的传播看,Šolc 滤波器也可看成一种周期性介质。晶轴的交变方位角对两种本征波的传播都构成周期微扰,这种微扰使快本征波和慢本征波耦合起来。因为这些波以不同的相速度传播,只有当微扰是周期性的以便保持从快波到慢波发生连续能流转移(反之亦然)所需的关系时,电磁能完全交换才是可能的。这是周期微扰对相位匹配原理的第一种表现形式。基本的物理解释如下:如果由于静态微扰随距离增加而使功率逐渐从模 A 转移到模 B,则两种波都要以相同的相速度传播。若相速度不同,入射波 A 就逐渐地与它要耦合的波 B 异相。这就限制了可交换能量的总分数。这种情况是可以避免的,因为每当(耦合场和其要耦合的场之间)相位失配等于 $\pi$ 时,微扰符号就发生改变,这样就改变了耦合功率的符号,从而对连续的功率转移保持适当的相位。

我们将用耦合模理论来研究这种滤波器的透射性质。当然,这仅用于周期性结构的折叠式 Šolc 滤波器。

令 $n_1$,$n_2$ 和 $n_3$ 为每个晶片的主折射率,传播 $z$ 轴与晶体的 $z$ 轴($c$ 轴)重合,并垂直于每个片子。$x$ 轴和 $y$ 轴分别平行于前偏振器和后偏振器的透射方向。晶片主坐标中的介电张量为

$$\boldsymbol{\varepsilon} = \varepsilon_0 \begin{bmatrix} n_1^2 & 0 & 0 \\ 0 & n_2^2 & 0 \\ 0 & 0 & n_2^2 \end{bmatrix} \qquad (2-69)$$

式中 $\varepsilon_0$ 为真空的介电常数。令 $\phi$ 为晶轴和 $xy$ 轴之间的夹角,在 $xyz$ 坐标系中的介电张量为

$$\boldsymbol{\varepsilon} = \varepsilon_0 \boldsymbol{R}(\phi) \begin{bmatrix} n_1^2 & 0 & 0 \\ 0 & n_2^2 & 0 \\ 0 & 0 & n_2^2 \end{bmatrix} \boldsymbol{R}^{-1}(\phi) \qquad (2-70)$$

其中

$$
\boldsymbol{R}(\varphi) = \begin{bmatrix} \cos\varphi & -\sin\varphi & 0 \\ \sin\varphi & \cos\varphi & 0 \\ 0 & 0 & 1 \end{bmatrix}
\qquad (2-71)
$$

式中 $\boldsymbol{R}$ 为旋转矩阵，$\boldsymbol{R}^{-1}(\phi)=\boldsymbol{R}(-\phi)$。

可把介电张量(2-70)分解成如下两部分

$$
\boldsymbol{\varepsilon} = \boldsymbol{\varepsilon}_0 + \Delta\boldsymbol{\varepsilon}
\qquad (2-72)
$$

其中 $\boldsymbol{\varepsilon}_0$ 为

$$
\boldsymbol{\varepsilon}_0 = \varepsilon_0 \begin{bmatrix} n_1^2 & 0 & 0 \\ 0 & n_2^2 & 0 \\ 0 & 0 & n_2^2 \end{bmatrix}
\qquad (2-73)
$$

而 $\Delta\boldsymbol{\varepsilon}$ 为

$$
\Delta\boldsymbol{\varepsilon} = \varepsilon_0(n_2^2 - n_1^2) \begin{bmatrix} \sin^2\phi & -\sin\phi\cos\phi & 0 \\ -\sin\phi\cos\phi & -\sin^2\phi & 0 \\ 0 & 0 & 0 \end{bmatrix}
\qquad (2-74)
$$

既然 $n_2^2 - n_1^2$ 与 $n_{1,2}^2$ 相比通常是小的，就可把 $\Delta\boldsymbol{\varepsilon}$ 处理成小的电介质微扰。在 Šolc 滤波器结构中，方位角 $\phi$ 从 $\theta$ 到 $-\theta$ 来回摆动。因此，电介质微扰 $\Delta\boldsymbol{\varepsilon}$ 是 $z$ 的周期函数。而 $\Delta\boldsymbol{\varepsilon}$ 的对角线矩阵元在整个滤波器介质中是固定的，因此它在介电张量的周期性变化部分不出现。这些对角线项被包含在 $\boldsymbol{\varepsilon}_0$ 中时，与 $n_{1,2}^2$ 相比是小的，因而可以忽略。于是我们把式(2-74)看作未受微扰的介电张量，并假定周期性微扰为

$$
\Delta\boldsymbol{\varepsilon} = \varepsilon_0 \begin{bmatrix} 0 & -\dfrac{1}{2}(n_2^2 - n_1^2)\sin 2\theta & 0 \\ -\dfrac{1}{2}(n_2^2 - n_1^2)\sin 2\theta & 0 & 0 \\ 0 & 0 & 0 \end{bmatrix} f(z) \quad (2-75)
$$

式中 $f(z)$ 为 $z$ 的周期性方形波函数，由下式给出

$$
f(z) = \begin{cases} +1, & 0 < z < \dfrac{1}{2}\Lambda \\ -1, & \dfrac{1}{2}\Lambda < z < \Lambda \end{cases}
\qquad (2-76)
$$

周期 $\Lambda$ 为晶片厚度的两倍。

未受微扰电介质的简正模是线偏振平面波。我们将只限于讨论波在 $z$ 方向的传播。因此简正模是 $x$ 偏振平面波 $\mathrm{e}^{-\mathrm{i}k_1 z}$ 和 $y$ 偏振平面波 $\mathrm{e}^{-\mathrm{i}k_2 z}$，其相应波数为

$$k_{1,2} = \frac{\omega}{c} n_{1,2} \tag{2-77}$$

周期函数 $f(z)$ 可写成傅里叶级数

$$f(z) = \sum_{m \neq 0} \frac{\mathrm{i}(1 - \cos m\pi)}{m\pi} \exp\left[-\mathrm{i}m\frac{2\pi}{\Lambda}z\right] \tag{2-78}$$

把式(2-78)代入式(2-75)，得到电介质微扰 $\Delta\boldsymbol{\varepsilon}$ 的傅里叶展开系数 $\varepsilon_m$ 为

$$\varepsilon_m = \frac{-\varepsilon_0}{2}(n_2^2 - n_1^2)\sin 2\theta \begin{pmatrix} 0 & 1 & 0 \\ 1 & 0 & 0 \\ 0 & 0 & 0 \end{pmatrix} \frac{\mathrm{i}(1 - \cos m\pi)}{m\pi} \tag{2-79}$$

普通折叠式 Šolc 滤波器以同向耦合为基础，耦合模方程为如下形式[17]

$$\begin{cases} \mathrm{d}A_1/\mathrm{d}x = -\mathrm{i}\kappa A_2 \mathrm{e}^{\mathrm{i}\Delta\beta z} \\ \mathrm{d}A_2/\mathrm{d}x = -\mathrm{i}\kappa^* A_1 \mathrm{e}^{-\mathrm{i}\Delta\beta z} \end{cases} \tag{2-80}$$

其中 $A_1$，$A_2$ 是归一化模的复振幅，$\Delta\beta$ 由下式给出

$$\Delta\beta = k_1 - k_2 - m\left(\frac{2\pi}{\Lambda}\right), \ m = 1,\ 2,\ 3,\ \cdots$$

简正模之间的耦合常数 $\kappa$ 由下式给出

$$\kappa = -\frac{\omega}{c}\frac{n_2^2 - n_1^2}{4\sqrt{n_1 n_2}}\sin 2\theta \frac{\mathrm{i}(1 - \cos m\pi)}{m\pi} \tag{2-81}$$

其中偶次耦合($m=2,\ 4,\ 6,\ \cdots$)的耦合常数为零，因为 $\varepsilon_m = 0$。

为了得到透射特性的表达式，我们给出 $z=0$ 处的初始条件为

$$\begin{cases} A_1(0) = 1 \\ A_2(0) = 0 \end{cases} \tag{2-82}$$

$A_1$ 为 $x$ 偏振简正模的模振幅，$A_2$ 为 $y$ 偏振简正模的模振幅。初始条件由只容许 $x$ 偏振光通过的前偏振器决定。耦合模方程的解为

$$A_1(z) = e^{i(\Delta\beta/2)z}\left[\cos sz - i\frac{\Delta\beta}{2s}\sin sz\right]$$

$$A_2(z) = e^{-i(\Delta\beta/2)z}(-i\kappa^*)\frac{\sin sz}{s} \tag{2-83}$$

式中 $s$ 由 $s^2 = \kappa\kappa^* + (\Delta\beta/2)^2$ 给出。

在后偏振器($y$ 偏振)$z=L$ 处,消除 $A_1$,于是 $y$ 偏振光的透射率为

$$T = |\kappa|^2\frac{\sin^2 sL}{s^2} \tag{2-84}$$

由这个表达式我们发现,模式能量由 $x$ 偏振模到 $y$ 偏振模的 100% 转换出现在

$$\Delta\beta = 0 \tag{2-85}$$

和

$$|\kappa|L = \frac{1}{2}\pi, \frac{3}{2}\pi, \frac{5}{2}\pi, \cdots \tag{2-86}$$

处,式中 $L$ 为滤波器结构的长度。完全的能流交换则周期性地在 $z$ 中出现。

我们假定滤波器长度满足条件 $|\kappa|L = \frac{1}{2}\pi$,因此完全的能流转换只有当 $\Delta\beta=0$ 时才出现。此条件下的透射率变为

$$T = \left(\frac{\sin\left(\frac{1}{2}\pi x\right)}{x}\right)^2 \tag{2-87}$$

式中

$$x = \left[1 + \left(\frac{\Delta\beta L}{\pi}\right)^2\right]^{1/2} \tag{2-88}$$

表达式(2-88)和琼斯矩阵方法中推得的方程是等同的。最大的透射率出现在 $\Delta\beta=0$ 处,按照方程(2-83),这相当于晶片为半波片(或它的奇整数倍)。偶数布拉格级($m=0, 2, 4, \cdots$)相当于晶片为全波片,它不改变光的偏振态,因而不会存在耦合。

由 PPLN 晶体中横向电光效应产生的偏振耦合模方程,即只存在 $Y$ 向电场时产生的效应与传统 Šolc 滤波器的耦合模方程基本上相同,当 PPLN 晶体的占空比为 0.5 时,基于 PPLN 晶体的电光滤波器与传统的 Šolc 滤波器的结构是相

同的。下面我们分析一下占空比为 $k(0 < k < 1)$ 时，电光滤波器的特性。

对 PPLN 晶体施以 $Y$ 向电场后，将形成 Šolc 型滤波器，此时的周期性电介质微扰为

$$\Delta\boldsymbol{\varepsilon} = \varepsilon_0 \begin{bmatrix} 0 & -\dfrac{1}{2}(n_2^2 - n_1^2)\sin 2\theta & 0 \\ -\dfrac{1}{2}(n_2^2 - n_1^2)\sin 2\theta & 0 & 0 \\ 0 & 0 & 0 \end{bmatrix} f(x) \quad (2-89)$$

式中 $\theta$ 仍由方程 $(2-23)$ 给出，$f(x)$ 为 $x$ 的周期性函数，由下式给出

$$f(x) = \begin{cases} +1 & 0 < x < k\Lambda \\ -1 & k\Lambda < x < \Lambda \end{cases} \quad (0 < k < 1) \quad (2-90)$$

在 PPLN 晶体中，光波沿 $x$ 方向传播。因此简正模是 $y$ 偏振平面波 $\mathrm{e}^{-\mathrm{i}k_1 x}$ 和 $z$ 偏振平面波 $\mathrm{e}^{-\mathrm{i}k_2 x}$，其相应波数为

$$k_{1,2} = \frac{\omega}{c} n_{1,2} \quad (2-91)$$

周期函数 $f(x)$ 可写成傅里叶级数

$$f(x) = \sum_{m \neq 0} \frac{\mathrm{i}(1 - \mathrm{e}^{\mathrm{i}2mk\pi})}{m\pi} \exp\left[-\mathrm{i}m\left(\frac{2\pi}{\Lambda}\right)x\right] \quad (2-92)$$

把式 $(2-92)$ 代入式 $(2-89)$，可得到电介质微扰 $\Delta\varepsilon$ 的傅里叶展开系数 $\varepsilon_m$。

$$\varepsilon_m = \frac{-\varepsilon_0}{2}(n_e^2 - n_o^2)\sin 2\theta \begin{bmatrix} 0 & 1 & 0 \\ 1 & 0 & 0 \\ 0 & 0 & 0 \end{bmatrix} \frac{\mathrm{i}(1 - \mathrm{e}^{\mathrm{i}2mk\pi})}{m\pi}$$

$$= -\varepsilon_0 n_o^2 n_e^2 \gamma_{51} E_y \frac{\mathrm{i}(1 - \mathrm{e}^{\mathrm{i}2mk\pi})}{m\pi} \quad (2-93)$$

同向耦合的耦合模方程为

$$\begin{cases} \mathrm{d}A_1/\mathrm{d}x = -\mathrm{i}\kappa A_2 \mathrm{e}^{\mathrm{i}\Delta\beta x} \\ \mathrm{d}A_2/\mathrm{d}x = -\mathrm{i}\kappa^* A_1 \mathrm{e}^{-\mathrm{i}\Delta\beta x} \end{cases} \quad (2-94)$$

式中 $\Delta\beta = (k_2 - k_1) - G_m$，$G_m = \dfrac{2\pi m}{\Lambda}$，$A_1$ 为 $y$ 偏振简正模的模振幅，$A_2$ 为 $z$ 偏振简正模的模振幅。简正模之间的耦合常数 $\kappa$ 由下式给出：

$$\kappa=-\frac{\omega}{c}\frac{n_{\mathrm{e}}^2-n_{\mathrm{o}}^2}{4\sqrt{n_{\mathrm{o}}n_{\mathrm{e}}}}\sin 2\theta\frac{\mathrm{i}(1-\mathrm{e}^{\mathrm{i}2mk\pi})}{m\pi}=-\frac{\omega}{2c}\frac{n_{\mathrm{o}}^2n_{\mathrm{e}}^2\gamma_{51}E_y}{\sqrt{n_{\mathrm{o}}n_{\mathrm{e}}}}\frac{\mathrm{i}(1-\mathrm{e}^{\mathrm{i}2mk\pi})}{m\pi}$$

$$(2-95)$$

其中偶次耦合($m=2,4,6,\cdots$)的耦合常数为零，因为 $\varepsilon_m=0$；而方位角 $\theta$ 由横向电光效应给定。

耦合模方程的解为：

$$\begin{cases}A_1(L)=\exp[\mathrm{i}(\Delta\beta/2)L]\{[\cos(sL)-\mathrm{i}\Delta\beta/(2s)\sin(sL)]A_1(0)-\\ \qquad\qquad \mathrm{i}(\kappa/s)\sin(sL)A_2(0)\}\\ A_2(L)=\exp[-\mathrm{i}(\Delta\beta/2)L]\{(-\mathrm{i}\kappa^*/s)\sin(sL)A_1(0)+[\cos(sL)+\\ \qquad\qquad \mathrm{i}\Delta\beta/(2s)\sin(sL)]A_2(0)\}\end{cases}$$

$$(2-96)$$

式中 $s$ 由 $s^2=\kappa\kappa^*+(\Delta\beta/2)^2$ 给出；$L$ 表示 PPLN 晶体的长度，$A_1(0)$ 和 $A_2(0)$ 表示初始偏振琼斯矢量。

若考虑初始条件，在 $x=0$ 处的初始条件与传统 Šolc 滤波器分析中的类似为

$$\begin{cases}A_1(0)=1\\ A_2(0)=0\end{cases}$$

$$(2-97)$$

因此耦合模方程的解仍为以下形式

$$A_1(x)=\mathrm{e}^{\mathrm{i}(\Delta\beta/2)x}\left[\cos(sx)-\mathrm{i}\frac{\Delta\beta}{2s}\sin(sx)\right]$$

$$A_2(x)=\mathrm{e}^{-\mathrm{i}(\Delta\beta/2)x}(-\mathrm{i}\kappa^*)\frac{\sin(sx)}{s}$$

$$(2-98)$$

式中，$s$ 仍由式 $s^2=\kappa\kappa^*+(\Delta\beta/2)^2$ 给出，只是其中的 $\kappa$ 随着电场强度的变化而变化。

后偏振片处，$Z$ 偏振的透射率则由下式给出

$$T=\left|\frac{A_2(x)}{A_1(0)}\right|^2=|\kappa|^2\frac{\sin^2(sx)}{s^2}$$

$$(2-99)$$

式中

$$s^2=|\kappa|^2+\left(\frac{\Delta\beta}{2}\right)^2$$

$$(2-100)$$

当 $T=1$ 时,模式功率从 $Y$ 偏振 $100\%$ 转化到 $Z$ 偏振,设 PPLN 晶体的长度为 $L$,则要使 $T=1$,必须满足的两个条件为:

(1) 相位匹配条件 $\Delta\beta=0$;

(2) $|sx| = |\kappa| L = (2m+1)\pi/2, m = 0, 1, 2, \cdots$

第一个条件为相位匹配条件,此条件决定滤波器的中心波长,第二个条件称为动态条件,对于不同的晶体长度可以利用不同的电场强度来达到这个条件。

图 2-10 为不同占空比情况下,模式功率达到 $100\%$ 转化时,晶体的长度与需要的最小的外加电场强度之间的关系。从图中可以看出,同等长度下,占空比为 $1:1$ 的晶体其达到 $100\%$ 模式能量转化所需的电场强度最小,与我们之前的分析完全一致。而在占空比一定的情况下,晶体的长度越长,达到 $100\%$ 模式能量转化所需的最小电场强度就越小。

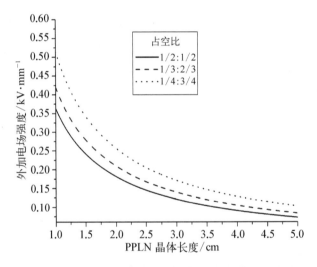

图 2-10    达到 100%模式能量转化,施加在不同占空
比 PPLN 上的电场强度与晶体长度的关系

## 2.3    基于偏振耦合效应的可调谐滤波器及光开关

### 2.3.1    基于 PPLN 晶体偏振耦合效应的 Šolc 型滤波器

光学滤波器是用来进行波长选择的仪器,它可以从众多的波长中挑选出所需的波长,而除此波长以外的光将会被拒绝通过。滤波实现可以利用法布里-珀

罗(F-P)干涉、马赫-曾德尔(MZ)干涉、薄膜干涉、迈克尔逊干涉以及光栅衍射等方法。上一节中我们已经讨论了基于 PPLN 晶体偏振耦合效应的电光Šolc型滤波器的理论,并利用偏振耦合模方程对其进行了详细的分析。为了验证这个理论,本节我们对现有的一个样本进行了 PPLN 晶体电光Šolc型滤波器的实验,该方法可以实现对不同波长的振幅进行不同程度的调制,即满足相位匹配的波长的光的振幅可以无损通过,而其余波长的光则造成不同程度的损失,进而形成一个尖峰式的滤波光谱。与以往方法相比,该方法具有超窄带,易于集成和响应速度快等特点。

我们小组首次在实验上论证了基于 PPLN 晶体的Šolc型滤波器,并观测到了窄带的尖峰式滤波光谱,该结果发表在《光学快报》[18],实验装置如图 2 - 11 所示。PPLN 晶体尺寸为 28 mm×5 mm×0.5 mm,并放于两个正交偏振器之间。该 PPLN 晶体拥有 20.2 μm,20.4 μm,20.6 μm,20.8 μm 四个独立的周期,可以分别使用。在实验中我们使用的是 EXFO 公司的 IQ 系列模块化测试系统,其中包括：

(1) IQ - 2300 ASE Source(ASE 光源);

(2) IQ - 2600 Tunable Laser Source(可调谐激光光源);

(3) IQ - 1600 High - Speed Power Meter(高速响应功率计);

(4) IQ - 5240 Optical Spectrum Analyzer(光谱分析仪)。

ASE 光源的中心波长为 1 545 nm,其 3 dB 谱宽为 33 nm;可调谐光源的波长调谐范围为 1 510～1 612 nm,功率可调谐范围为 -10～0 dBm,其输出谱全宽半高小于 1.5 GHz;光谱分析仪的波长测量范围为 1 250～1 650 nm。

实验中所使用的高压直流源为美国斯坦福研究系统公司生产的 PS325 型号高压源,电压可调范围为 -2.5～2.5 kV。

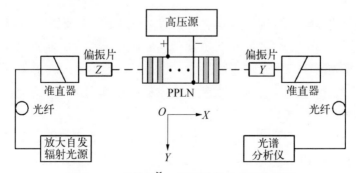

图 2 - 11　单波长Šolc型滤波器的实验装置图

首先我们按照上一节所提出的理论来分析一下这个实验的预期结果。在 PPLN 晶体上加上 $Y$ 向电场后,在其上将形成 Šolc 型滤波器的交替变化方位角结构,不同的周期将对应不同的相位匹配条件也就是不同的滤波中心波长。滤波器的透射率则与 $Y$ 向电场的强度有关。

按照室温下 $LiNbO_3$ 晶体的 Sellmeier 方程[19]

$$n_o^2(\lambda) = 4.904\,8 + 0.117\,68/(\lambda^2 - 0.047\,50) - 0.027\,169\lambda^2$$
$$n_e^2(\lambda) = 4.582\,0 + 0.099\,169/(\lambda^2 - 0.044\,43) - 0.021\,950\lambda^2$$

$$(2-101)$$

我们可以计算得出室温下周期为 $20.2\,\mu m$,$20.4\,\mu m$,$20.6\,\mu m$ 和 $20.8\,\mu m$ 的 PPLN 晶体其一阶相位匹配的中心滤波波长分别为 $1\,484$ nm,$1\,498$ nm,$1\,511$ nm 和 $1\,525$ nm。

其中周期为 $20.8\,\mu m$ 的 PPLN 晶体其中心滤波波长正好落在 ASE 宽带光源的频谱范围之内,而周期为 $20.6\,\mu m$ 的 PPLN 其中心滤波波长在可调谐激光光源的调谐范围内,另外两个周期的 PPLN 晶体无现成的光源与之匹配。

对周期为 $20.6\,\mu m$ 和 $20.8\,\mu m$ 的 PPLN 晶体,长度均为 $28$ mm,其周期数分别为 $1\,359$ 和 $1\,346$,因此加电场形成 Šolc 型滤波器后滤波器的全高半宽(FWHM)近似为

$$\Delta\lambda_{1/2} \approx \begin{cases} 1.60\left[\dfrac{\lambda_v}{N}\right] = 1.60\left(\dfrac{1\,511\text{ nm}}{2 \times 135\,9}\right) = 0.89\text{ nm(周期为 }20.6\,\mu m) \\ 1.60\left[\dfrac{\lambda_v}{N}\right] = 1.60\left(\dfrac{1\,525\text{ nm}}{2 \times 1\,346}\right) = 0.91\text{ nm(周期为 }20.8\,\mu m) \end{cases}$$

$$(2-102)$$

根据上一节的分析,滤波器的滤波峰值大小由所加电场的强度决定,对于我们的这个样本,其宽度为 $5$ mm,$Y$ 方向所加电压大小与滤波器滤波峰值透过率大小的关系如图 $2-12$ 所示。由图中可以看出,滤波器滤波峰值与电压大小成正弦关系,当电压从 $0$ V 一直增大到 $800$ V 左右时,滤波器的峰值透过率也从 $0$ 增加到 $100\%$。

实验装置的实物图如图 $2-13$ 所示。实验中我们首先利用 ASE 宽带光源作为输入光源,对 PPLN 片子上周期为 $20.8\,\mu m$ 的部分进行对光,输出端利用光谱分析仪(OSA)测量输出光谱。图$2-14$ 为未加电压时 OSA 测出的输出光谱,如图中所示,输出光谱在波长$1\,529$ nm 附近有一个传输峰值,传输峰的 $3$ dB 带宽约为

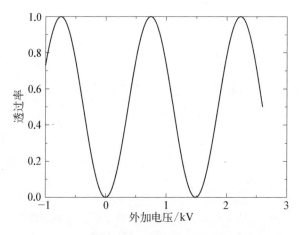

**图 2 - 12　周期为 20.8 μm 的 PPLN 所加电压大小
与滤波器峰值透过率大小关系图**

**图 2 - 13　实验装置实物图**

0.9 nm。图 2 - 15 为输入光源是可调谐激光光源，输出端探测器为高速响应功率计，分别对 20.6 μm 和 20.8 μm 进行测量所得到的传输功率(dBm)与测量波长之间的关系图。由图中可看出，20.6 μm 周期 PPLN 的滤波中心波长在 1 517 nm 附近，其透过峰的3 dB 带宽也约为 0.9 nm。其他两个周期(20.2 μm，20.4 μm)的 PPLN 在分别使用 ASE 宽带光源和可调谐光源作为输入光源时均未检测到明显的输出透过峰。

　　依据上一节的分析，未加电压时，在 PPLN 晶体中正畴与负畴的光轴均无偏转，四个周期的 PPLN 均与同长度的普通铌酸锂晶体效应相当，不会产生如图 2 - 14 及图 2 - 15 所示的滤波效果。由这两个图中滤波中心波长的位置及

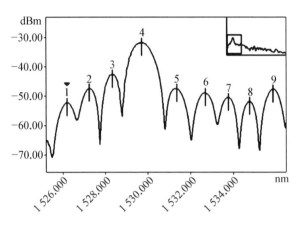

图 2-14 未加电压时光谱分析仪所测得的周期为
20.8 μm 的 PPLN 的输出谱

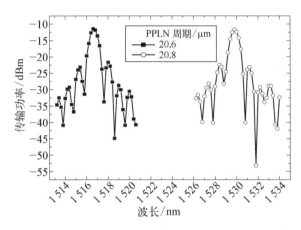

图 2-15 周期为 20.6 μm 和 20.8 μm 的 PPLN 的
传输功率与波长之间关系

3 dB 带宽的大小可以看出,在未加电压时,PPLN 晶体本身已经形成了如 Šolc 滤波器的结构,下面我们对此新的实验结果作出其物理解释。

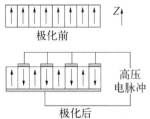

图 2-16 周期性极化铌酸锂正负畴自发极化方向示意图

通常对于周期性电场极化的铌酸锂晶体,其畴的极化方向也就是光轴的方向,如图 2-16 所示,极化前晶体铁电畴的极化方向都为 $+Z$ 方向,而极化后的 PPLN 晶体,其正畴内的极化方向沿 $+Z$ 方向,负畴内的极化方向则沿 $-Z$ 方向。两者的极化方向正好成 $180°$ 反向,但这种结构对晶体的光轴方向并无任何影响,正畴和负畴的光轴方向应该都是沿 $Z$ 方向,只有在 $Y$ 方向加上电场后,正畴和负畴的光轴才会发生不同方向的偏转,由此就会产生 Šolc 滤波效应。

但根据我们实验的结果,在未加电压时,PPLN 晶体已经呈现出 Šolc 滤波效应。也就是说,晶体通过电场极化后已经形成了一种交替变化的方位角结构,形成原因可能如图 2-17 所示。极化前晶体上极化电极所在平面与晶体的光轴不垂直,导致极化时的极化电场与晶体的 $+Z$ 轴不平行,有一个小的夹角 $\theta$。极化后负畴的光轴与正畴的光轴并非 $180°$ 反向,可能的几种情况如图中所示,(a)极化后晶体中负畴的光轴与所加电场方向一致,即与正畴的光轴夹角为 $\theta$,(b)极化后负畴光轴与正畴光轴沿电场方向对称。这两种情况下晶体正畴和负畴的光

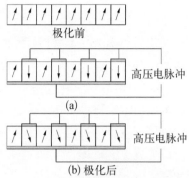

**图 2-17 外加极化电场与晶轴不平行时极化前后晶体正负畴极化方向示意图**

(a) 负畴极化方向与电场方向一致;
(b) 负畴极化方向与正畴极化方向沿电场方向对称

轴方向如图 2-18 所示,图中 $Z$ 为电场方向,$Z^p$ 和 $Z^n$ 分别代表正畴和负畴的光轴方向。我们可以看出,在这种情况下,由于极化电场方向与晶体极轴方向的不一致就可能使极化后的晶体中出现如 Šolc 型滤波器的交变光轴结构,从而出现我们实验中所得到的滤波效应。

对于我们的实验样本,粗略估计一下夹角 $\theta$ 的影响,对于情形(b),其基本结构与传统的 Šolc 型滤波器一致,因此其峰值透过率 $T$ 由下式可估算出[20, 21]:

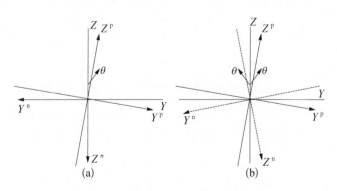

**图 2-18 晶体正负畴的光轴方向示意图**

(a) 图 2-17 情形 a;(b) 图 2-17 情形 b

$$T = \sin^2(2N\theta) \qquad (2-103)$$

对于情形(a),其峰值透过率可以很容易地推导出:

$$T = \sin^2(N\theta) \qquad (2-104)$$

就我们的实验样本来说,周期为 20.8 $\mu$m 的 PPLN 晶体的周期数为 1 346,畴的数目为 2 692,当 $\theta$ 约为 0.02° 时,对情形(b),其峰值透过率就可以达到 100%,对情形(a),其峰值透过率亦可达到 60% 左右。而 PPLN 在制作中的误差就可以引致这样的小角度,比如晶体切割或者抛光时 X 光定轴的误差。从上面的分析可以看出,假如我们在 PPLN 制作过程中对其进行更加精确的控制,就可以实现无需电场控制的基于 PPLN 的 Šolc 型滤波器。现在正在进行这方面的研究,关于铌酸锂晶体极化时由于极化电场方向与晶体光轴方向不一致所造成的负畴光轴的变化情况也仍在进一步的研究中。

按照 2.2.2 节提出的理论,我们继续进行了电光 Šolc 滤波的实验,图 2-19 给出了光谱仪上观测到的振幅调制,可以发现,宽带光谱经过此装置后,其振幅随波长的分布发生了变化,中心波长附近的强度较大,而远离中心波长的光强则极其微弱。并且,周期为 20.6 $\mu$m 以及周期为 20.8 $\mu$m 的中心波长相差 13 nm。

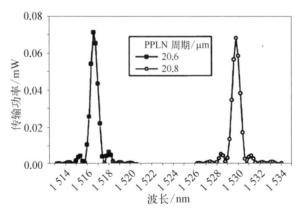

图 2-19　实验观测到的不同周期下的滤波波形图

中心波长的强度可以通过改变 PPLN 晶体的侧向电压而进行改变。图 2-20 给出了中心波长的振幅随外加电场的变化曲线(其中虚线为理论结果,散点为实验结果)。

该 Šolc 型滤波器的中心波长需满足相位匹配条件,即满足 $\Delta\beta = (k_2 - k_1) - G_m = 0$。简化后,可以表示为 $\lambda_0 = \Lambda(n_o - n_e)$。铌酸锂晶体的折射率是温度的函数,因此,中心波长可以通过调谐温度进行改变。实验结果如图 2-21 所示。结

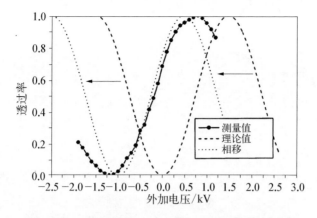

图 2-20 实验观测到的中心波长的透过率随外加电场的变化关系

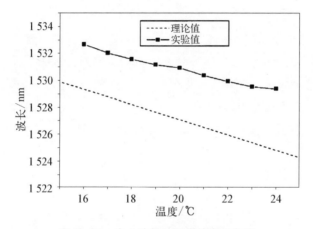

图 2-21 中心波长随温度的变化曲线

果显示,通过改变温度,实现了每度 0.415 nm 的调谐量。

## 2.3.2 利用局部温控装置实现可调谐多波长滤波器

随着光纤通信网络向全光传输网络发展,可调谐的滤波器将成为光纤通信系统中的关键器件。由于在实际的密集波分复用(DWDM)光纤通信系统中,可调谐的多波长滤波才是更为有效的形式,因此仅有前述的基于电光效应的可调谐单波长滤波器还是不能满足实际需要的。考虑到我们的滤波器的滤波参数中有温度相关的量存在,而温度调谐又是一种较为普遍和常用的手段,可以在较大的波长和温度范围内实现调谐,发展得较为成熟,所以,我们在此基础上提出了一种在 PPLN 晶体上利用温度调谐的方式实现的多波长滤波器。

根据上一节给出的理论,在基于 PPLN 晶体的电光 Šolc 滤波器中,滤波器的中心波长(工作波长)是由相位匹配条件 $\Delta\beta=0$ 来决定的,因此我们可以通过调节这个匹配条件来改变滤波器的中心波长。

下面我们首先来分析一下这个相位匹配条件:

$$\Delta\beta = (k_2 - k_1) - G_m = 0 \qquad (2-105)$$

式中 $G_m = \dfrac{2\pi m}{\Lambda}$, $k_{1,2} = \dfrac{\omega}{c}n_{1,2}$, $\Lambda$ 为 PPLN 晶体的周期,$n_1$ 和 $n_2$ 分别为晶体的非常光和寻常光的折射率,因为光在 PPLN 晶体中沿 $X$ 轴传播,铌酸锂晶体为负单轴晶体,因此 $n_1 = n_y = n_e$, $n_2 = n_z = n_o$。

由相位匹配条件的表达式,通过简单的形式变换可以得到如下的式子:

$$f = \frac{mc}{\Lambda(n_o - n_e)} \qquad (2-106)$$

即滤波器的中心波长由 PPLN 晶体的周期及晶体的寻常光与非常光折射率差值来决定,因此可以通过调节晶体的折射率来对滤波器的中心波长进行调谐。我们知道,改变晶体的温度,其折射率也会随之发生改变,这里介绍一种通过温度进行调谐的滤波器。

LiNbO$_3$ 晶体的温度相关 Sellmeier 方程具有如下形式[22-24]

$$n^2 = A_1 + \frac{A_2 + B_1 F}{\lambda^2 - (A_3 + B_2 F)^2} + B_3 F - A_4 \lambda^2 \qquad (2-107)$$

式中的 $F$ 由方程 $F=(T-24.5)(T+570.5)$ 给出,$T$ 为温度,单位为℃,$\lambda$ 为光波波长,单位为 nm,式中的其他参数如表 2-1 所示。

表 2-1 式(2-107)中的其他参数

| 参　　数 | $n_e$ | $n_o$ |
| --- | --- | --- |
| $A_1$ | 4.582 | 4.904 8 |
| $A_2$ | $9.921\times10^4$ | $1.177\,5\times10^5$ |
| $A_3$ | $2.109\times10^2$ | $2.180\,2\times10^2$ |
| $A_4$ | $2.194\times10^{-8}$ | $2.715\,3\times10^{-8}$ |
| $B_1$ | $5.271\,6\times10^{-2}$ | $2.231\,4\times10^{-2}$ |
| $B_2$ | $-4.914\,3\times10^{-5}$ | $-2.967\,1\times10^{-5}$ |
| $B_3$ | $2.297\,1\times10^{-7}$ | $2.142\,9\times10^{-7}$ |

将方程(2-107)代入方程(2-105),经过处理及程序运算得到 PPLN 晶体滤波器中温度与滤波器中心波长之间的关系如图 2-22 所示。由图中可以看出,温度对滤波器中心波长的调节范围比较大,以 20.8 μm 周期 PPLN 晶体为例,温度从 0℃变化到 60℃,滤波器的中心波长则从 1 540 nm 变化到 1 510 nm,调节范围约为 0.5 nm/℃。

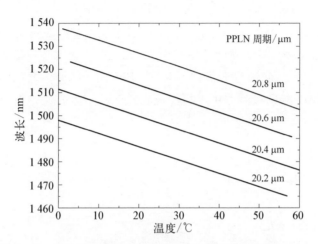

**图 2-22　PPLN 晶体滤波器中的温度与中心波长的关系**

图 2-23 为温度调谐演示实验所得到的实验曲线。本实验只是一个演示实验,由实验结果可以看出,温度对滤波器中心波长的调节范围确实很大,但要达到精确的波长调谐效果,必须对温度进行精确的控制。

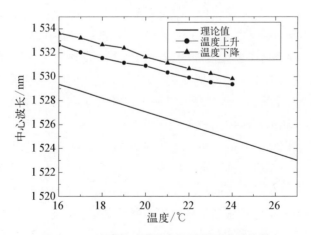

**图 2-23　实验温度曲线与理论温度曲线比较**

下面讨论如何在 PPLN 晶体中实现可温度调谐的单波长滤波器[25-27]。

图 2 - 24 为基于 PPLN 晶体的可温度调谐的单波长滤波器实验装置图,一块 PPLN 晶体放置在两块偏振方向互相垂直的偏振器之间,前偏振器的偏振方向沿 $Y$ 方向,后偏振器的偏振方向沿 $Z$ 方向,$X,Y,Z$ 分别代表晶体偏振椭球的三个原始正方向。而 PPLN 晶体的铁电畴中的箭头代表自发极化方向。PPLN 晶体下放置有数片半导体控温器件帕尔贴(Peltier)来作为局部控温装置。实验中的 PPLN 晶体采用室温电场极化方法制成,晶体为 $Z$ 切割,长度为41.15 mm,宽度为 10 mm,厚度为 0.5 mm,其上制作有 9 个周期,分布在 20 $\mu$m到 22 $\mu$m 的范围内,每个周期的宽度为 1 mm。激光光源经过准直器准直后垂直入射到起偏器上,起偏后再垂直入射到 PPLN 中,后偏振器处同样也利用准直器将输出光束接到探测器中进行探测。PPLN 晶体的通光面及侧面均经过抛光。

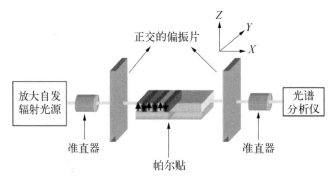

**图 2 - 24　基于 PPLN 的可温度调谐的单波长滤波器的实验装置**

　　局部控温装置帕尔贴是一种半导体控温器件,当对其接上稳压或稳流电源时,它的两个表面就会发生温度变化,一个表面相对室温升温,而另一个表面相对室温降温,升温和降温的幅度相同,且这个升降温的幅度还可以通过改变其电源的电压或电流的大小来容易地控制。所以针对我们实验中所使用的片状的PPLN 晶体,同为片状且控温容易并准确的帕尔贴就成为一种温度调谐手段的极好选择。而且如果同时使用数个帕尔贴来控温,由于每一个帕尔贴的升温或降温的幅度都可以通过其电源供给来单独地加以控制,这也为我们后续多波长滤波器的实验打下了良好的装置基础。

　　图 2 - 24 中只是示意性地画出了一块帕尔贴,实际上放置在 PPLN 晶体下方的可以是一个由多块帕尔贴组成的帕尔贴控温组。在这一步的单波长滤波器的实验中,由于需要改变的是整个 PPLN 晶体的温度,所以我们暂不让每个帕尔贴单独控温,而是对其施加统一的电源,让其统一地升降温。同时为了避免PPLN 晶体上的温度改变受到室温的影响,也就是晶体与空气热量传导的影响,

我们用数个帕尔贴铺满了 PPLN 晶体下方的面积,以保证晶体的温度可以被均匀地调谐。当然也可以在 PPLN 晶体的上方铺满帕尔贴以求得更为良好的控温效果,但由于实验结果已经足够明显,故我们在实验中只采用了铺满下方的方式。

ASE 光源的输出范围大致为 1 530～1 560 nm,中心波长为 1 545 nm,其 3 dB 谱宽为 33 nm;可调谐光源的波长调谐范围为 1 510～1 612 nm,功率可调谐范围为－10～0 dBm,其输出谱全宽半高小于 1.5 GHz;光谱分析仪的波长测量范围为 1 250～1 650 nm。

首先,我们不对帕尔贴供电,这样所有的帕尔贴就不产生升降温效应,使得整块 PPLN 晶体就处于室温 23.5℃的状态。此时,即使没有对 PPLN 施加横向电场,我们也在光谱分析仪上看到了一个明显的滤波输出峰(见图 2 - 25 中小圆圈表示的实验数据点),中心波长位于 1 542.192 nm,这可能是晶体在极化过程中造成的,在前面我们已经详细讨论过。

接着,我们开始对所有的帕尔贴统一供电,使其产生降温效应,使得 PPLN 晶体上测得的温度下降为 15.2℃。这时,光谱分析仪上的输出峰的位置也随之发生了移动,中心波长移至 1 546.992 nm(见图 2 - 25 中小方框表示的实验数据点)。这表明利用温度手段来调谐滤波器的输出波长是完全可行的。

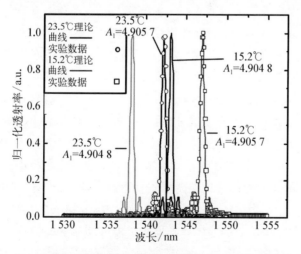

**图 2 - 25  通过将各帕尔贴都设置在相同的温度状态实现的基于 PPLN 的可调谐单波长滤波器**

左侧(右侧)的输出峰测得于 23.50℃(15.20℃),中心波长位于 1 542.192 nm (1 546.992 nm)。使用 $A_1$ 参数值 4.904 8 (4.905 7)的实线表示的是经过 $A_1$ 值修正前(后)的理论模拟。

在此单波长滤波情况下,我们由光谱分析仪测得的各个峰的全宽半高值都约为 0.68 nm。

再来研究一下理论计算上输出峰的全宽半高(FWHM)。由于我们使用的是 PPLN 晶体上的 21.0 $\mu$m 的周期,因此铁电畴的总数 $N=3\,919$,根据公式可以很容易地计算出单峰输出情况下的全宽半高的理论值为 $\Delta\lambda_{1/2} = 1.60\lambda_0/N \approx 0.63$ nm。可见,在全宽半高值方面,实验值和理论计算值也是比较吻合的。

我们利用 Matlab 程序对温度为 23.5℃ 和 15.2℃ 时应该产生的滤波结果进行了模拟。得到的结果为图 2-25 中两条 $A_1=4.904\,8$ 的曲线。这样的计算结果跟我们的实验所得数据之间明显存在着一个波长上的漂移现象。为了能准确地解释这个漂移现象,我们在查阅了大量的文献后,确定了造成理论计算与实验数据之间存在较大波长上的漂移的原因,此原因存在于我们理论计算时所使用的 Sellmeier 方程之中。

标准的 Sellmeier 方程在前文中已经做过表述[见式(2-107)],然而,实际上每一块 PPLN 晶体在制作完成之后的参数性质却并不都完全相同,这就决定了每一块 PPLN 晶体的性质都需要用一个特定的 Sellmeier 方程来描述,这个特定的 Sellmeier 方程既具有标准 Sellmeier 方程的普适形式,又具有一些仅符合某一块 PPLN 晶体性质的特定参数值。

观察一下中心波长的公式 $\lambda_v = (n_o - n_e)\Lambda$ 可以看到,寻常光折射率和非寻常光折射率总是以 $(n_o - n_e)$ 的形式出现来决定中心波长的,所以选择修正寻常光折射率或是选择修正非寻常光折射率的效果是一样的,因此我们任意地选择修正寻常光折射率。

再观察一下理论曲线和实验数据点,就会发现两者之间的漂移量相对波长值和温度值是一个近似常量,因此我们选择修正的参数也应该是一个与波长和温度都没有关系的常数参数。

综合以上原因,我们最终选择对寻常光的 $A_1$ 参数进行修正。

对比室温 23.5℃ 时的理论曲线和实验数据点,利用程序对寻常光的 $A_1$ 参数值进行修正,直至两者的中心波长位置完全吻合,此时我们确定了新的 $A_1$ 参数值 $A_1=4.905\,7$(其中,$A_1$ 的原始标准值为 $A_1=4.904\,8$),即得到了室温 23.5℃ 时的新的理论曲线,如图 2-25 所示。在之后所有的理论计算中,我们都将采用这个符合实际所使用的 PPLN 晶体特定性质的新 $A_1$ 参数值来进行程序模拟。

接下来,我们又采用新的 $A_1$ 参数值计算了整个 PPLN 晶体被降温至 15.2℃ 时的输出曲线,如图 2-25 所示,发现其中心波长和实验所得的数据点的中心波长也是完全吻合的。这说明我们对 $A_1$ 参数值的修正还是比较准确的。基于以上分析,我们下一步将对基于 PPLN 晶体的多波长可调谐实验进行研究。

在 PPLN 晶体中实现可温度调谐的多波长滤波器的最根本的思路,就是通过局部温度控制装置在 PPLN 晶体上划分出几个不同的温度区域,由此来实现多波长的滤波。

前文已经分析过,如果一整块 PPLN 晶体都是处于一个均匀的温度之中,那么它的中心波长就由中心波长公式 $\lambda_v = (n_o - n_e)\Lambda$(其中 $\Lambda$ 为周期)和 LiNbO$_3$ 晶体的完整形式的 Sellmeier 方程给出。因为折射率是温度相关的量,所以当温度改变时中心波长就会随之改变。

那么如果一块 PPLN 晶体被局部温度控制装置划分成了几个不同的温度区域,单独考虑每一个温度区域内部的滤波状态时,仍然可以由以上的两个方程联立来得到此温度区域内的滤波中心波长,且此中心波长仍然可以通过改变此温度区域的局部温度来加以调谐。当综合考虑几个温度区域的滤波效果时,由于每个区域只对与其满足匹配条件的相应的中心波长有响应,所以每一个温度区域都能够在光线通过时同时地互不干扰地滤出满足局部匹配条件的中心波长,这样在光线离开光路的时候,在光谱分析仪上就应该能够看到数个对应于不同的温度区域的滤波峰,这就实现了多波长的滤波。如果再能够实现对每一个温度区域的温度加以独立控制,那么就可以实现对每一个输出峰的中心波长的独立调谐,也就是实现了可温度调谐的多波长滤波器。

这样的滤波器相对于单波长滤波器具有更高的滤波效率,而且还具有更高的应用性。在明确了需要滤出的中心波长分布后,可以容易地根据此波长分布反推出晶体上所需的温度区域分布,从而满足实际的滤波需求。

在展开后续的可温度调谐的多波长滤波器的实验之前,我们先通过程序模拟来验证一下前面的理论分析。

以一个三波长的滤波器为例,设定三个输出的波峰的中心波长为任意分布,例如,设定中心波长分别位于 1 500 nm,1 520 nm,1 530 nm 处,那么根据前面的理论分析,需要在 PPLN 晶体上划分出三个不同的温度区域,然后通过程序计算,得到这三个温度区域的温度分别需要被设定为 63.915 2℃,32.087 4℃,14.839 6℃。在之后的模拟滤波中,我们将 PPLN 晶体上的温度区域分布设定为温度依次升高,即为 14.839 6℃,32.087 4℃,63.915 2℃的 A 类分布,且光轴偏转角先暂时设定为单波长滤波时中心波长的透过率达到 100% 时的角度值,即:

$$\theta = \frac{\pi}{4N} = 2.004\ 1 \times 10^{-4}\ \text{rad}$$

此时的输出谱如图 2 - 26(a)所示,由前面的理论分析可以知道,在此类滤波器中,输出峰的峰值主要由正负畴中的光轴偏转角(±θ)的值决定,因此我们可以通过调整|±θ|值的大小来任意地调整输出峰的高度。

仍以上面的三波长滤波器的设定为例进行计算。接下来,在保持温度区域的分布不变,即仍为 A 类分布的情况下,调整光轴偏转角至原来的 2.5 倍,即 $2.5\theta$。此时的程序模拟结果如图 2 - 26(b)所示。可以看出,通过调整正负电畴中的光轴偏转角,我们可以很容易地将输出峰的高度设置到任意大小。因此,为了方便在后续的实验结果分析中能够更好地将实验测量值和理论计算值进行比较,我们在实验部分的结果中都将输出峰的高度统一进行归一化处理。

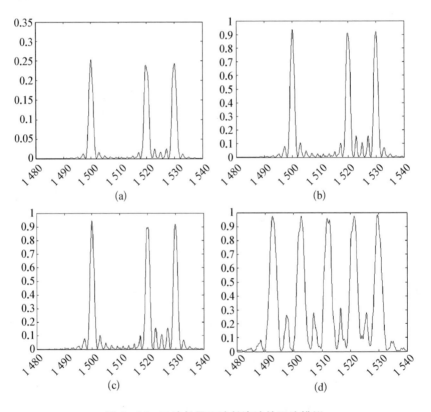

**图 2 - 26　三波长及五波长滤波的理论模拟**

(a) 温度区域为 A 类分布,光轴偏转角为 $\theta$;(b) 温度区域为 A 类分布,光轴偏转角为 $2.5\theta$;(c) 温度区域为 B 类分布,光轴偏转角为 $2.5\theta$;(d) 五波长滤波的理论模拟

下面,我们再通过程序做几个滤波模拟,验证一下以下这个问题:是否每个区域只对与其满足匹配条件的相应的中心波长有响应,由此每一个温度区域都能够在光线通过时同时地互不干扰地滤出满足自己的匹配条件的中心波长? 也

就是说,是否一旦确定了 PPLN 晶体上每个温度区域的温度,数个滤波输出峰的中心波长就随之确定了,而与这些温度区域在 PPLN 晶体上以什么样的顺序排列没有关系?

为了解答上述问题,我们仍以前面使用过的模拟三波长滤波器为例,仍然设定输出峰的中心波长分别位于 1 500 nm,1 520 nm,1 530 nm 处,那么根据上述理论分析,需要在 PPLN 晶体上划分出三个不同的温度区域(63.915 2℃,32.087 4℃,14.839 6℃)。第一次模拟时先将 PPLN 晶体上的温度区域分布设定为温度依次升高,即为 14.839 6℃,32.087 4℃,63.915 2℃的 A 类分布,此时的输出模拟即为图 2 - 26(a)所示。

第二次模拟时将 PPLN 晶体上的温度区域的分布打乱,设定为 32.087 4℃,14.839 6℃,63.915 2℃的 B 类分布,此时的输出模拟如图 2 - 26(c)所示。观察图 2 - 26(a)和图 2 - 26(c)可知,两种温度分布下得到的输出谱完全相同。由此便可以得出结论:此类通过局部温度控制装置在 PPLN 晶体中实现的可温度调谐的多波长滤波器的输出谱,只取决于晶体上分布有哪几种温度,而与数个温度区域的排列顺序没有关系。这一特性也为此类滤波器增加了更多的易操作性,使得它更容易被应用于实际的光纤通信系统中。

再任意模拟一五波长输出的滤波器。任意地将 PPLN 晶体上的温度设定为 15℃,30℃,45℃,60℃,75℃,此时的程序模拟的输出结果如图 2 - 26(d)所示。

由此可以看出,此类可温度调谐的多波长滤波器可以在很大的温度及波长范围内实现调谐,具有很广泛的应用前景。

这部分实验的装置与单波长滤波器实验的类似。图 2 - 27 为基于 PPLN 的可温度调谐的多波长滤波器的实验装置图,一块 PPLN 晶体放置在两块偏振方向互相垂直的偏振器之间,前偏振器的偏振方向沿 $Y$ 方向,后偏振器的偏振方向沿 $Z$ 方向,$X$,$Y$,$Z$ 分别代表晶体偏振椭球的三个原始正方向。而 PPLN 的铁电畴中的箭头代表自发极化方向。PPLN 下放置有数片帕尔贴(Peltier)来作为局部控温装置。实验中的 PPLN 晶体采用室温电场极化方法制成,晶体为 $Z$ 切割,长度为 41.15 mm,宽度为 10 mm,厚度为 0.5 mm,其上制作有 9 个周期,分布在 20～22 $\mu$m 的范围内,每个周期的宽度为 1 mm。激光光源经过准直器准直后垂直入射到起偏器上,起偏后再垂直入射到 PPLN 中,后偏振器处同样也利用准直器将输出光束接到探测器中进行探测。PPLN 的通光面及侧面均经过抛光。

此时,数个帕尔贴将被分别接到不同的电源供给上,以便独立地控制每一片

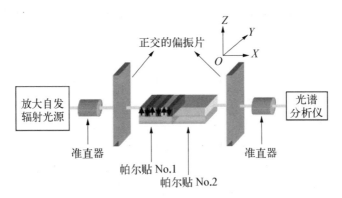

**图 2‐27    基于 PPLN 的可温度调谐的多波长滤波器的实验装置**

帕尔贴的升降温状态。通过不同状态的帕尔贴之间的组合,形成几个各自具有不同的局部温度的升降温区域,然后通过帕尔贴与 PPLN 晶体间的热传导,最终在 PPLN 晶体上实现几个各自具有不同的局部温度的升降温区域。

在前面已经通过理论分析和程序模拟证明了,此类可温度调谐的多波长滤波器的输出谱只与其晶体上分布的各个温度区域的局部温度值有关,而与各个不同的温度区域在晶体上的排列顺序无关。因此,我们在 PPLN 晶体上用数个帕尔贴装置设置温度区域时,可以将具有不同电压电流输入,因此具有不同的升降温状态的帕尔贴以任意方式组合排列,只要其排列结果使得晶体上出现温度满足相应中心波长匹配条件的温度区域即可。

接下来,以两波长的可调谐滤波器为例来进行我们的实验研究。要输出两个波长的话,根据前面的理论分析,PPLN 晶体上就需要划分出两个温度区域。

如图 2‐27 所示,PPLN 晶体下面平铺着帕尔贴 No.1 和帕尔贴 No.2。但实际上,这两部分的帕尔贴区域可以分别由数个帕尔贴组合而成,为的是将 PPLN 晶体下方铺满,以便对晶体进行均匀的升降温,防止晶体上出现接触不到帕尔贴的部分,那样的话,这些部分就会因得不到升降温而与其余的得到升降温的部分产生温差,因此产生晶体内部的热传导,导致晶体上出现温度梯度,而这会引起输出谱中峰形的崩塌,因为在存在温度梯度的情况下,输出谱在理论上应该是近似平顶图形。

针对这种出现温度梯度的情况,我们以一种极限情况来进行一下理论分析。即整块 PPLN 晶体上只存在一个均匀的温度梯度,例如,我们设定温度范围为 5~74.23℃,步长即温度线性变化的斜率为 0.07℃,此时通过程序模拟出的输出谱如图 2‐28 所示。

由图 2‐28 可以看出,当晶体上存在温度梯度的时候输出谱就会向平顶图形演变,因此我们在对 PPLN 晶体实施升降温的时候一定要尽量减小温度梯度的影响,以保证输出清晰的峰形。但是,这一理论分析也给了我们一定的提示,如果能够在晶体上实现均匀变化的温度梯度,通过这套装置实现宽带平顶滤波应该也是可行的。

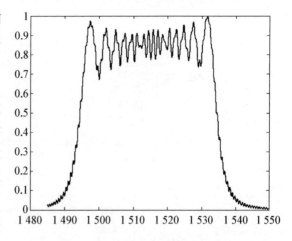

图 2 - 28　温度梯度情况的理论模拟

设定帕尔贴 No. 1 为升温区域,帕尔贴 No. 2 为降温区域。其中每一个升降温区域均由两块帕尔贴组合而成,以铺满 PPLN 晶体下方的面积。

首先,先通过控制数块帕尔贴的电源使得升温区域的温度和降温区域的温度均从室温 23.5℃ 开始做近似等幅的变化,直到升温区域的温度到达 26.1℃,降温区域的温度到达 21.2℃,在这种温度分布下的输出谱如图 2 - 29(a)所示。

图 2 - 29(a)中小方框表示的数据点即为温度分布为[26.1,21.2]℃ 时的实验滤波结果。两个波峰的中心波长分别位于 1 540.616 nm 和 1 543.63 nm。与之前测得的室温 23.5℃ 时的中心波长 1 542.192 nm 比较可得,在两个温度区域的温度相对于室温做近似等幅变化的时候,输出的两个峰的中心波长的位置也相对于室温时的中心波长做近似的左右对称分布。在前文的理论分析中曾经阐述过,根据式

$$\frac{\mathrm{d}\lambda}{\mathrm{d}T} = \Lambda \times \left( \frac{\mathrm{d}n_\mathrm{o}(\lambda,\ T)}{\mathrm{d}T} - \frac{\mathrm{d}n_\mathrm{e}(\lambda,\ T)}{\mathrm{d}T} \right) \tag{2-108}$$

在波长范围不太大的情况下,中心波长随温度的变化就可以被视为近似线性关系。在这一阶段的实验中,这一点已经得到了明确的验证。

上述实验已经充分证明了利用局部温度控制装置在 PPLN 晶体中实现多波长滤波器是可行的。接下来,我们将进一步地进行实验,继续验证利用帕尔贴装置来实现温度调谐的可行性。

在上述实验设定的基础上,我们进一步加大了数块帕尔贴的电源供给,使得升温区域和降温区域的温差进一步拉大,但为了继续验证中心波长改变和温度变化之间的近似线性关系,我们仍然保持升温和降温的幅度相对于室温近似相

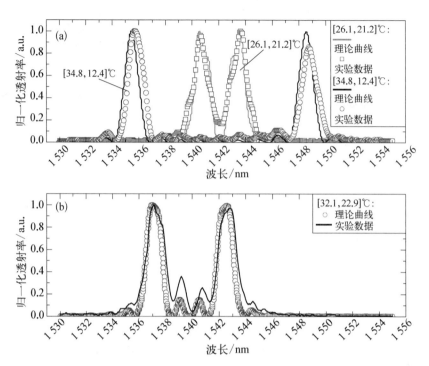

**图 2-29 通过在晶体上施加一两段式的温度分布实现的基于 PPLN 的可调谐双波长滤波器**

(a)为对称情况,在[26.1,21.2]℃的温度分布下,双峰分别位于 1 540.616 nm 和 1 543.63 nm处,在[34.8,12.4]℃的温度分布下,双峰分别位于 1 538.562 nm 和 1 545.684 5 nm处;(b)为任意情况,在[32.1,22.9]℃的温度分布下,双峰分别位于 1 537.078 nm 和 1 542.763 nm 处

等。具体地,我们将升温区域的温度设定到 34.8℃,降温区域的温度设定到 12.4 ℃,与室温 23.5℃之间的温差近似相等。此时的输出谱如图 2-29(a)中小圆圈表示的数据点所示,两个输出峰的中心波长分别位于 1 535.608 nm 和 1 548.686 nm,相对于室温 23.5℃时的中心波长 1 542.192 nm 也仍然保持着近似左右对称分布。可见中心波长随温度变化之间的关系在不太大的波长范围内的确是近似线性的。

接着,为了验证实验结果是否与理论预测相吻合,我们对上述两种温度设定下的理论输出谱做了程序模拟,其中寻常光折射率的 $A_1$ 系数取的是修正之后的值 4.905 7。理论模拟的结果如图 2-29(a)图中的两条曲线表示,可以看出理论计算与实验数据还是非常符合的。

为了验证在这种滤波器中可以根据需要输出任意中心波长位置处的峰形,我们又进行了一步实验。任意选择两个想要输出的中心波长,例如,1 537 nm

和 1 542 nm,然后通过程序计算反推出两个匹配的温度值 32.1℃ 和 22.9℃。调整数块帕尔贴的电源设置,使得 PPLN 晶体上被划分出[32.1,22.9]℃两个温度区域。此时,测得的输出谱如图 2 - 29(b)中小圆圈表示的数据点所示,两个峰的中心波长分别位于 1 537.078 nm 和 1 542.763 nm,完全满足预定值的要求。同样地,也对这个温度设定的状态进行了程序模拟,输出谱如图 2 - 29(b)中曲线所示,仍然是与实验数据高度一致的。

同研究单波长滤波器时一样,我们再来关注一下输出峰的全宽半高(FWHM)值。实验中在双波长输出的情况下,光谱分析仪上所测得的全宽半高值约为 1.5 nm。理论计算上,由于我们使用的是 PPLN 晶体上的 21.0 $\mu m$ 的周期,因此整块晶体上铁电畴的总数 $N = 3\,919$,而两个不同的温度区域的划分方法是将晶体在长度上进行了等分,因此每一个温度区域中铁电畴的总数都为$N/2 = 3\,919/2$,我们可以很容易地得到双波长输出的情况下全宽半高的理论计算值:

$$\Delta\lambda_{1/2} = 1.60\lambda_0/(N/2) \approx 1.3 \text{ nm}$$

由此可以看出,在全宽半高值方面,实验值和理论计算值还是比较吻合的。

我们已经在前面理论上计算过在较大的波长范围和较大的温度范围内,多个周期的中心波长随温度改变的变化曲线。下面我们讨论温度改变对滤波器的中心波长的调制速度[24]。根据式 $\dfrac{\mathrm{d}\lambda}{\mathrm{d}T} = \Lambda \times \left( \dfrac{\mathrm{d}n_o(\lambda, T)}{\mathrm{d}T} - \dfrac{\mathrm{d}n_e(\lambda, T)}{\mathrm{d}T} \right)$,如果取一段不太大的波长范围,这时的中心波长随温度变化的变化曲线就表现为近似线性,这一特性使得我们可以近似地测量和计算出温度改变对此类滤波器的中心波长的调制速度。

我们将实验中所记录到的所有中心波长和温度的对应数据组绘图,得到如图 2 - 30 中所示的数据点连线。可以看出,这条连线的确表现出了一种近似线性的关系,我们计算了一下这条数据点连线的斜率,即温度改变对中心波长的调制速度,为 $\Delta\lambda/\Delta T \approx -0.598 \text{ nm}/℃$。

我们也对这一调制速度的理论值进行了计算。如图 2 - 30 中所示,理论计算所得到的温度调制曲线,调制速度都为 $\Delta\lambda/\Delta T \approx -0.588 \text{ nm}/℃$。可以明显看出,修正 $A_1$ 值之后的理论曲线和实验数据点连线的吻合度还是很好的,而且理论计算和实验测量的调制速度值也十分吻合。

然而,在我们的实验中,由于 PPLN 晶体是放置在实验台上进行实验的,虽然将控温装置帕尔贴铺满了晶体下方的面积,但由于晶体的另外几个表面都是与空气直接接触的,晶体温度与室温之间存在着温差,因此热传导的发生仍然是

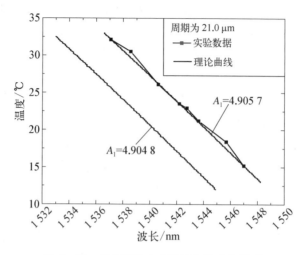

**图 2 - 30　滤波器的中心波长与温度的关系**

数据点连线为实验测量,两条曲线分别为采用修正前后的
$A_1$ 值的理论计算结果

不可避免的。另外,由于我们使用的 PPLN 晶体具有一定的厚度,而对温度的
控制只在晶体的表面进行,所以在晶体的内部也仍然会因为温差的存在而导致
热传导的发生。晶体中的热传导会在输出谱中引起宽谱类平顶图形的产生,这
对实验是不利的。但由于现在仍然无法做到从 PPLN 晶体中完全消除热传导
的发生,所以虽然在理论上已经可以做到可调谐的多波长滤波,但在实验当中测
量到三波长及以上的可调谐滤波器仍然是有一定困难的。

但无论如何,这项研究仍然为将来实现可温度调谐的多波长滤波器提供了
一个很好的方向。此类滤波器调谐手段便利,调谐范围极大,只要是温度控制装
置可以达到的状态,都可以滤出相应的中心波长。因此,有理由相信,此类可温
度调谐的多波长滤波器一定会在密集波分复用的光纤通信网络中具有极大的应
用潜力。

### 2.3.3　在 PPLN 晶体中实现平顶式Šolc 型滤波器及光开关

本节开头我们了解到,单波长的Šolc 型滤波器带宽十分之窄,激光波长及外
界温度的漂移都会使中心波长的透过率迅速衰减。因此,我们需要一种平顶型
的滤波器,来规避这种因外界变化所带来的信号不稳现象。平顶滤波器一般采
用双折射晶体[28]、流体晶体[29]、光子晶体[30, 31]来实现。

由上节的讨论可以知道,对于周期性铌酸锂晶体,如果电畴数目 $N$ 与角度 $\theta$
的乘积为常数 $A = \pi/4$,则中心波长的透过率为 100%,图 2 - 31 是利用 Matlab

软件模拟当 $N$ 与 $\theta$ 的乘积为 $\pi/4$ 时,滤波曲线与电畴数目 $N$ 的关系。

从图 2-31 可以看出,当电畴数目 $N$ 与角度 $\theta$ 的乘积为常数 $A=\pi/4$ 时,随着电畴数目 $N$ 的改变,滤波曲线的中心波长恒定不变,只是半值带宽随着 $N$ 的减小而不断增加。由此推断,只要满足电畴数目 $N$ 与角度 $\theta$ 的乘积为某一常数 $A$($A$ 为任意值),那么无论如何改变电畴数目 $N$,滤波曲线的整体形状都趋于一致,且脉宽与电畴数目呈反比关系。

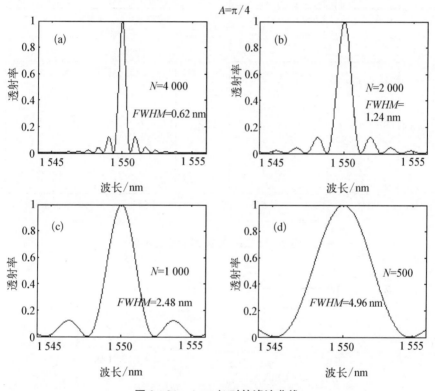

图 2-31 $A=\pi/4$ 时的滤波曲线

基于此,我们发现当 $A=2.24$ 时,滤波曲线变为平顶波形,如图 2-32 所示。

从图 2-32 可以看出,平顶的出现需要对 PPLN 晶体施加更大的电场。当所加偏转电压使得中心波长的偏振光旋转超过 $90°$ 时,中心波长的透过率会略微下降,并在某个特定值情况下出现平顶。为了验证上述现象,我们设计了如下实验:PPLN 晶体尺寸为 $30~\text{mm} \times 10~\text{mm} \times 0.5~\text{mm}$,包含 $2\,857$ 个畴,周期为 $21~\mu\text{m}$。通过不断增加 Y 向电压,中心波长的透过率在电场为 $3~\text{kV/cm}$ 时达到最大值。然后随着电场的继续增加,中心波长的透过率开始下降,同时中心波长两侧的透过率开始增大,在电场为 $4.2~\text{kV/cm}$ 时,透射谱呈现出大约 $1~\text{nm}$ 左右

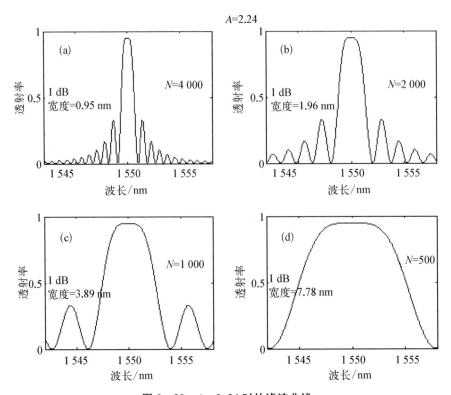

图 2 - 32　A＝2.24 时的滤波曲线

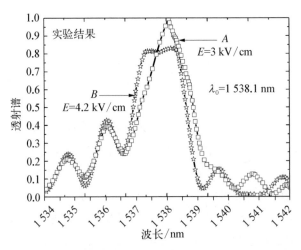

图 2 - 33　电场分别在 3 kV/cm 和 4.2 kV/cm 下的透射谱

的平顶。图 2 - 33 给出了这两个电场下的波形。

　　理论模拟还发现,对于一个给定的 PPLN 晶体,当电场继续增加时,会出现多个离散的临界电场点,如图 2‑34 所示。在这些电场点下,波形均呈现平顶式。而且,平顶的宽度随电场的增加而增加。因此,通过调节横向电场的大小,可以自由控制平顶的宽度。实验中,受限于电压器的能力,无法施加更大的电场,因此无法观测到更多的平顶波形。

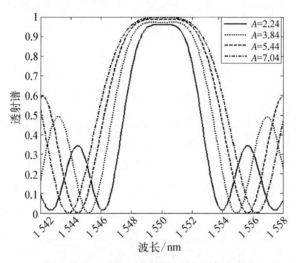

**图 2‑34　不同电场下的平顶式透射谱**

基于以上平顶式滤波器的原理,我们设计出一种新型平顶式光开关。光开关在光学通信及光学信息应用当中发挥着至关重要的作用。常见的光开关有热光开关、声光开关、电光开关以及全光开关。然而,热光开关及声光开关响应速度太慢[32,33],而全光开关需要强光而且造价昂贵[34],因此,电光开关仍然是目前最为流行的开关。上节提到,通过改变电场可以使得中心波长的透过率从 0 变到 100%,因此可以考虑利用此装置来实现光开关。本节我们将介绍两种类型的光开关:1×2 式尖峰电光开关及 1×2 式平顶光开关[35]。

1×2 电光开关实验装置如图 2‑35 所示,所采用的 PPLN 晶体依然是 30 mm×10 mm×0.5 mm,包含 2 857 个畴,周期为 21 μm。光沿 X 方向入射,电场方向为 Y 向,ASE 是宽带光源,OSA 是光谱仪,PBS 是分束器,可以把光分成两个正交偏振的线偏振光。A 通道的出射光偏振方向沿 Z 向;B 通道的出射光偏振方向沿 Y 向;当对 PPLN 晶体施加横向电场时,晶体形成摇摆轴结构,即正畴与负畴按照方位角为 +θ 与 −θ 交替排列。那么对于满足半波片的波长(中心波长),经过晶体后其偏振方位角会旋转 2Nθ,其中 N 是畴的个数。因此,当 2Nθ=0° 时,输出光沿 Z 向偏振,对于通道 A,光可以无损通过,即处于“开”状态;而对于通道 B,光无法通过,处于“关”状态。当 2Nθ=90° 时,输出光沿 Y 向

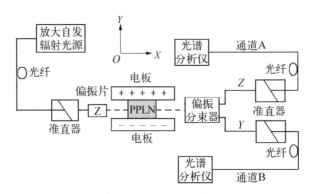

**图 2-35 1×2 电光开关装置**

偏振,对于通道 A,光无法通过,即处于"闭"状态;而对于通道 B,光顺利通过,处于"开"状态。由于摇摆角非常小($10^{-6} \sim 10^{-5}$ rad),因此输出光的偏振角度可以精确控制,从而精确控制光开关的"开"和"关"的状态,实现高消光比。

图 2-36(a)和(b)分别给出了通道 A 和通道 B 在电场 2.1 kV/cm 与 0.5 kV/cm 下的输出光谱图。对于通道 A,当外加电场为 0.5 kV/cm 时,波长

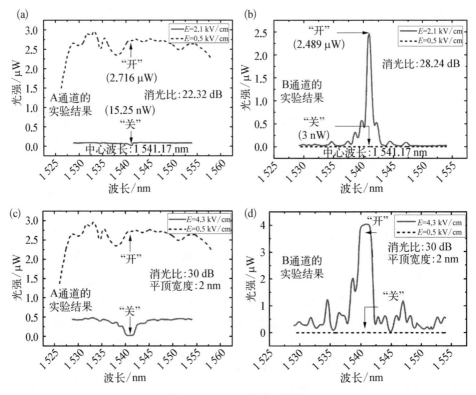

**图 2-36 光开关的透射谱**

为 1 541.17 nm 的光强达到最大值 2.716 $\mu$W,通道 A 处于"开"状态;当电场变为 2.1 kV/cm 时,该波长的光强陡然降至 15.25 nW,通道 A 处于"关"状态。对于通道 B,当外加电场为 2.1 kV/cm 时,波长为 1 541.17 nm 的光强达到最大值 2.489 $\mu$W,通道 B 处于"开"状态;当电场变为 0.5 kV/cm 时,该波长的光强陡然降至 3 nW,通道 B 处于"关"状态。因此,A 和 B 的"开"和"关"取决于外加电场的大小,当电场为 0.5 kV/cm 时,A 开 B 关;当电场为 2.1 kV/cm 时,A 关 B 开;我们可以通过切换电场来选择信号通过 A 还是通过 B。

上述光开关在应用方面有个很大的瓶颈,即工作波长的带宽太窄。当工作波长发生漂移,或外界温度发生涨落时,这种尖峰式的光开关的消光比都会发生很大的变化。我们研究发现,当电场继续升高至 4.3 kV/cm 时,光谱由尖峰式演变为平顶式,且平顶宽度为 2 nm。图 2-36(c)和(d)分别给出了电场为 4.3 kV/cm 和 0.5 kV/cm 时,实验上观测到的 A 通道和 B 通道的光谱图。该平顶可以规避外界的干扰和波长的漂移,可以提高光开关的稳定性。

判断光开关优劣的指标,除了消光比之外,还有一个指标是串扰。我们实验中得到的串扰均低于 $-20.98$ dB。该实验中,电压高达 4.3 kV。如此高的电压是由于采用的是体介质晶体,厚度太大。如果换成 PPLN 波导,同样的电场下,由于厚度缩小了 1 000 倍,那么只需几伏的电压就可以操控此开关了。

本节以控制光的振幅为目的,通过对琼斯矩阵法和耦合模理论的分析,引入了基于 PPLN 晶体的 Šolc 型滤波器和光开关。实验发现,摇摆畴结构可以对不同波长的光强分布产生调控,形成窄带型的滤波光谱,通过温度可以改变滤波器的中心波长。并且对于中心波长来说,此装置也可以通过改变横向电场信号进行切换,实现光开关功能。有意思的是,无论是对于滤波器还是光开关,通过施加稍高的电场都可以实现平顶式光谱,提升两者的稳定性。

## 2.4 基于偏振耦合效应的线偏振控制及其应用

### 2.4.1 光在 PPLN 内部传输中的偏振演化和线偏振态的电光调制

本节中我们首先讨论光在 PPLN 晶体内部传输时,其偏振态随距离的演化过程。

在一个双折射晶体内部,一束偏振光可以分解为寻常光 o 光和非寻常光 e 光。在普通体介质晶体里,o 光和 e 光不发生能量耦合。我们知道,在 PPLN 晶体的电光效应下,二者会发生能量耦合,这意味着偏振在这种结构下的演化将更加复杂。考虑 $E_{1,2} = A_{1,2}(z)\exp[\mathrm{i}(k_{1,2}z - \omega t)]$。其中,$A_{1,2}(z)$表示 o 光和 e 光的复振幅。光的偏振态在晶体内部可以由琼斯矢量表示如下:

$$\boldsymbol{E}(z) = \begin{bmatrix} \{[\cos(sz) - \mathrm{i}\Delta\beta/(2s)\sin(sz)]A_1(0) - \mathrm{i}(\kappa/s)\sin(sz)A_2(0)\}\mathrm{e}^{\mathrm{i}\Delta\beta z/2} \\ \{(-\mathrm{i}\kappa^*/s)\sin(sz)A_1(0) + [\cos(sz) + \\ \mathrm{i}\Delta\beta(/2s)\sin(sz)]A_2(0)\}\mathrm{e}^{-\mathrm{i}\Delta\beta z/2}\mathrm{e}^{\mathrm{i}(k_1-k_2)z} \end{bmatrix}$$

$$(2 - 109)$$

考虑一种简单的情况,$\kappa = 0$ 时,可以简化为下式:

$$\boldsymbol{E}(z) = \begin{bmatrix} A_1(0) \\ A_2(0)\mathrm{e}^{\mathrm{i}(k_1-k_2)z} \end{bmatrix} \qquad (2 - 110)$$

式(2-110)反映了体介质材料内光偏振的演化形式。正交圆偏振模 $A_+$ 和 $A_-$ 可以分解为:

$$\begin{cases} A_+ = (A_1 + \mathrm{i}A_2)/\sqrt{2} \\ A_- = (A_1 - \mathrm{i}A_2)/\sqrt{2} \end{cases} \qquad (2 - 111)$$

光的偏振态可由复振幅比 $\xi = A_+/A_-$ 决定。其中,幅角 $\theta = 1/2\arg(\xi)$;椭圆率 $e = (|\xi| - 1)/(|\xi| + 1)$。偏振的传输演化一般可以由两种典型的方法来描述,一种是庞加莱球,一种是相位平面。下面选取后者来研究光偏振在 PPLN 里的演化情形。

由式(2-110)可以看出,复振幅比是距离的周期性函数,并且周期为 $L_0 = 2\pi/(k_1 - k_2)$。假设输入光的偏振态为 $\theta = 30°$, $e = 0$,则偏振在 PPLN 晶体内部的演化情形如图 2-37(a)所示。可以看出,轨迹是一个闭合的路径,这意味着光的偏振在经过一个拍长后会恢复到原始的状态。

当 $\kappa \neq 0$ 时,PPLN 晶体在电光效应下形成一系列摇摆畴结构,偏振演化情况趋向复杂化。考虑 $\Delta\beta = 0$ 时,可以简化为

$$\boldsymbol{E}(z) = \begin{bmatrix} A_1(0)\cos(|\kappa|z) - A_2(0)\sin(|\kappa|z) \\ \{A_2(0)\cos(|\kappa|z) + A_1(0)\sin(|\kappa|z)\}\mathrm{e}^{\mathrm{i}(k_1-k_2)z} \end{bmatrix} \quad (2 - 112)$$

在这种条件下,拍长 $L_0$ 是 $L_1 = 2\pi/(k_1 - k_2)$ 和 $L_2 = 2\pi/|\kappa|$ 的最小公倍数。假设输入光的偏振态为 $\theta = 0°$, $e = 0$,演化轨迹在特定条件 $L_2 = nL_1$, $n = 1, 2, 3$ 下分别如图 2-37(b)~(d)所示。与图 2-37(a)不同的是,这里的演化轨迹分

为多条路径,并且轨迹的数目与 $n$ 成正比。

如果 $\kappa \neq 0$ 且 $\Delta\beta \neq 0$,拍长 $L_0$ 就是 $L_1 = 2\pi/(k_1 - k_2)$ 和 $L_2 = 2\pi/s$ 以及 $L_3 = 2\pi/\Delta\beta$ 的最小公倍数。一般来说,$L_1$,$L_2$ 和 $L_3$ 差别非常大,因此演化路径将分化为大量的离散路径,如图 2-37(e) 和(f) 所示。图中所示,这些复杂的离散路径几乎连成了一片区域,覆盖了更多的偏振态。

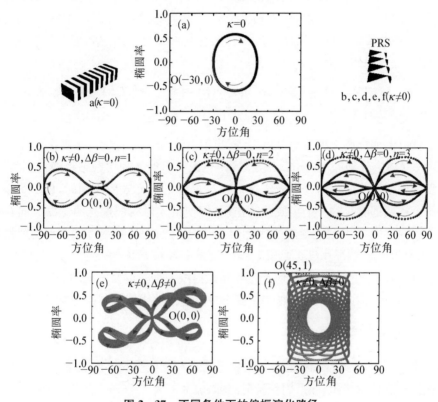

**图 2-37 不同条件下的偏振演化路径**

在 2.3 节中我们讨论了 PPLN 晶体的横向电光效应,结果表明 PPLN 晶体在横向电场的作用下,其每个正畴和负畴的光轴将会在入射光的偏振平面内相应地旋转 $+\theta$ 和 $-\theta$ 的角度,而旋转角为

$$\theta = \frac{\gamma_{51}E}{[(1/n_e)^2 - (1/n_o)^2]} \qquad (2-113)$$

与此同时,随着外加横向电场的增加,每个畴的光轴还将会在入射光的偏振平面内出现连续旋转的现象。

在这种电光效应中,o 光和 e 光的耦合波方程为

$$\begin{cases} \mathrm{d}A_1/\mathrm{d}x = -\mathrm{i}\kappa A_2 \mathrm{e}^{\mathrm{i}\Delta\beta x} \\ \mathrm{d}A_2/\mathrm{d}x = -\mathrm{i}\kappa^* A_1 \mathrm{e}^{-\mathrm{i}\Delta\beta x} \end{cases} \tag{2-114}$$

式中，$\Delta\beta = k_1 - k_2 - m\left(\dfrac{2\pi}{\Lambda}\right)$，$\kappa = -\dfrac{\omega}{2c}\dfrac{n_o^2 n_e^2 \gamma_{51} E}{\sqrt{n_o n_e}}\dfrac{\mathrm{i}(1-\cos m\pi)}{m\pi}$（$m=1,3$，

$5\cdots$），$A_1$ 是入射 o 光的归一化复振幅，$A_2$ 是入射 e 光的归一化复振幅，$n_o$ 和 $n_e$ 分别是 o 光和 e 光的折射率，$\Lambda$ 是 PPLN 晶体的周期，$\gamma_{51}$ 是 PPLN 晶体的电光系数，$E$ 是外加横向电场的强度。当入射光的波长满足准相位匹配条件（$\Delta\beta=0$）时，耦合波方程的解为：

$$\begin{cases} A_1(L) = \cos(|\kappa|L)A_1(0) - \sin(|\kappa|L)A_2(0) \\ A_2(L) = \cos(|\kappa|L)A_2(0) + \sin(|\kappa|L)A_1(0) \end{cases} \tag{2-115}$$

从以上耦合波方程的解可以发现，出射 o 光和 e 光的归一化复振幅完全由 PPLN 晶体上外加的横向电场决定，同时也说明出射光的偏振态将随 $|\kappa|L$ 的变化发生周期性改变。当入射光经过 PPLN 晶体的电光效应作用时，PPLN 晶体的每个周期都能起到一个半波片的作用，即使得入射线偏振光的偏振方向在偏振平面内发生 $2\theta$ 角度的旋转。因此，当入射光经过 PPLN 晶体的全部周期作用后，将累积产生 $2N\theta$ 角度的旋转，其中 $N$ 是 PPLN 晶体的周期数。综上可知，通过电光效应 PPLN 晶体能够产生旋转入射线偏振光偏振方向的作用。

下面我们将详细介绍几种基于偏振耦合理论的线偏振调控光电子器件。

### 2.4.2　线偏振控制器

本节介绍基于 PPLN 晶体电光效应的高精度线偏振控制技术[36]。与以往的偏振控制技术相比，如采用双折射晶体、流体晶体[37]和磁光晶体[38]等方法，该技术的精度更高，可以达到 $0.04°$，并且体积小、易于集成。此外，利用横向电光效应作为控制手段，响应速度快。

铌酸锂晶体在施加横向电场后，由于横向电光效应，其晶轴会发生旋转 $\theta$，并且 $\theta$ 由下式决定：

$$\theta \approx \gamma_{51}E/[(1/n_e)^2 - (1/n_o)^2] \tag{2-116}$$

在前文中指出，对于满足半波片的波长，线偏振入射时，其出射方位角为 $2N\theta$，其中 $N$ 表示 PPLN 晶体畴的数目。那么，当线性改变外加电场时，光的偏振方位角随外加电场线性变化，就好像手动旋转一个半波片来改变出射光的偏振角一样。$\gamma_{51}/[(1/n_e)^2 - (1/n_o)^2]$ 数量级上非常小，这意味着畴偏角可以非常

小,因此该方法可以达到的精度也可以非常高。工作波长即满足半波片的波长,由下式决定

$$\lambda_0 = \Lambda(n_o - n_e) \tag{2-117}$$

由于铌酸锂晶体的 o 光和 e 光的折射率随温度满足 Sellmeier 方程,因此可以通过改变温度来对偏振控制器的工作波长进行选择。

实验装置如 2-38 所示。实验中,我们需要首先确定工作波长;然后再通过改变外加电场来观测出射光线偏角的变化。工作波长的确定依据出射光的偏振态,如果出射光为线偏振光,那么此波长即为工作波长。实验上通过检偏器发现,在温度为 15℃时,工作波长为 1 543.47 nm。

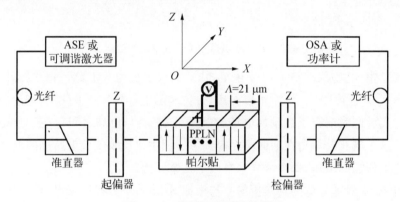

**图 2-38 线偏振控制器装置图**

图 2-39 给出了工作波长为 1 543.47 nm 时出射偏振态随电场在庞加莱球上的演化。从图中可以看出,当改变电场时,出射光的偏振态始终落在庞加莱球的赤道面上,说明出射光始终保持线偏振态。偏振态的方位角则如图 2-40 所示。

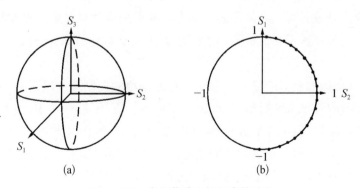

<table>
<tr><td>(a)</td><td>(b)</td></tr>
</table>

**图 2-39 庞加莱球上偏振态的演化**

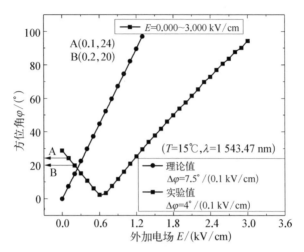

图 2‑40　线偏振方位角随电场的变化

　　实验中,电场从 0 kV/cm 变化至 3 kV/cm,步长为 0.1 kV/cm;线偏振的方位角由 0°变化至 100°。图中可以看出,方位角随电场呈线性变化,与理论曲线相吻合。实验同时揭露了在没加电场的条件下,正畴与负畴之间存在一个小的摇摆角。这个既有畴偏角在前面已经提到了。图中也反映实验上所加的电压要大于理论上所需的电压,这个差异来自以下几个原因。

　　首先,铌酸锂晶体的真实折射率与根据 Sellmeier 方程计算得出的理论值存在一定差异,并且不同的铌酸锂晶体之间其折射率也存在着差异,因此理论值并不能真实反映所用铌酸锂晶体样本的折射率。其次,实验中的外在电场是通过一对平行铜板施加的,这要求铜板与晶体完全均匀接触。但实际上,这很难做到。实验中我们发现,当轻轻地挤压铜板,使其更加紧密地贴近 PPLN 晶体时,达到同样的偏振方位角所需的电场也会随之降低。不过为了防止片子受到挤压而破碎,我们并没有对其施加足够的外力。如果理论计算时采用更加精确的晶体折射率,同时使片子和铜板更加紧密地接触,那么理论值和实验值存在的偏差就会消除。

　　这种线偏振控制器的最大优点在于对方位角的控制精度极高。实验中,通过缩小电场的步长,我们得到了更高的精度。在图 2‑40 中,电场步长为 0.1 kV/cm,出射光的偏振方位角每次改变 4°。为了得到更高的精度,在图 2‑41 的 AB 区间内,电场步长调整为 0.01 kV/cm,随后精度被提高到 0.4°,如图2‑41(a)所示;同样在 AC 区间内,进一步缩小步长为 0.001 kV/cm,精度被进一步提高到 0.04°。通过进一步缩小步长,更高的精度依然可以实现。

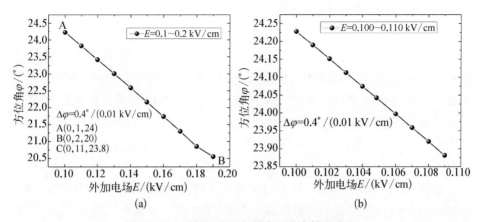

**图 2-41 线偏振方位角随电场的高精度变化**

前面提到,工作波长可以通过温度进行调节,图 2-42 给出了工作波长随温度的变化关系。实验发现,温度每升高 1℃,工作波长蓝移 0.51 nm,这与理论值 0.59 nm 基本吻合。通过大范围调节温度从 10~50℃,工作波长从 1 546.02 nm 变至 1 525.62 nm,带宽接近 20 nm。如果温度范围可以调节至 300℃,那么可以得到 150 nm 左右的宽带。

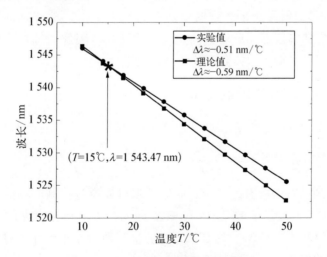

**图 2-42 工作波长随温度的变化关系**

需要注意的是,Ti 扩散 PPLN 波导已经被成功制备[39]。在波导之间,电极之间的宽度可以小到 10 $\mu$m,这样一来,所需的电压就只有几个伏特了。

## 2.4.3 PPLN 晶体的手性及手性控制[40]

对于偏振态的旋转我们通常可以用旋光晶体来实现,如石英晶体,光通过这类物质后偏振面会发生偏转，我们称之为旋光，旋光效应在很多方面都有着广泛的应用，例如在制糖业，它可以用来测量糖浆浓度[41]；在光学领域，它可以调控偏振态[42]；在化学方面，它也可以描述溶解的物质。光偏振面偏转的方向与光的传播方向无关，即光在其中的传播是可逆的，偏转角度为 $\beta = \alpha L$，其中 $\alpha$ 表征了该介质的旋光本领，称为旋光率，它与光波长、介质的性质及温度有关，而 $L$ 为光在介质中的传播距离。具体到手性材料中，$\alpha$ 为正值时对应的是右旋，$\alpha$ 为负值时对应的是左旋。下面我们来具体研究一下 PPLN 晶体中的手性及手性控制。

如图 2-43 所示，当沿 $+Y$ 方向施加电压时，我们沿着 $+X$ 的方向看，折射率椭球的 $Y$ 轴和 $Z$ 轴在正畴和负畴中分别左旋和右旋 $\theta$ 角度。在满足准相位匹配的条件下，经过 $N$ 个畴之后，沿 $-X$ 方向入射的线偏振光依次经过 $N$ 个正畴和负畴后，其偏振面将右旋 $2N\theta$ 角度。对于沿 $+X$ 方向传播的线偏振光，迎着光（沿着 $-X$ 方向）看，折射率椭球的 $Y$ 轴和 $Z$ 轴在正畴和负畴中分别右旋和左旋 $\theta$ 角度。光沿 $+X$ 方向通过 $N$ 个负畴和正畴后，其偏振面将右旋 $2N\theta$ 角度。于是，光在沿前向和后向通过 PPLN 时，其偏振面沿相同的方向偏转，且偏转角度相同，产生类似于石英等物质的天然旋光效应。改变电场的方向，当沿 $-Y$ 方向施加电场时，折射率椭球中 $Y$ 轴和 $Z$ 轴的偏转方向反向，光前向和反向通过 PPLN 晶体后其偏振面的旋转方向也与原来相反。因此，我们可以得出结论：通过改变电场的方向可以控制 PPLN 晶体的手性。

光通过 $N$ 个正畴和负畴后旋转的角度 $\beta = 2\dfrac{L}{\Lambda}\dfrac{\gamma_{51}E}{(1/n_{\mathrm{e}})^2 - (1/n_{\mathrm{o}})^2} = \alpha L$，其中 $\Lambda$ 为 PPLN 畴的厚度，$L$ 为 PPLN 晶体的长度。类比于天然旋光效应，PPLN 晶体的旋光率为 $\alpha = \dfrac{2}{\Lambda}\dfrac{\gamma_{51}E}{(1/n_{\mathrm{e}})^2 - (1/n_{\mathrm{o}})^2}$，与波长、温度和材料有关。同时，它也与电场有关，因此对于不同的需求可以通过控制电场的大小进行调节，那么相比于天然旋光物质，这种偏振旋转方法就具有很大的优点；同时，PPLN 晶体的尺寸是非常小的，那么这种方法就使得在小尺寸的材料中也可以实现大角度的偏转。

下面我们在实验中测量 PPLN 晶体的旋光率，如图 2-44 所示。实验中所用的掺镁 PPLN 晶体，周期为 20.1 $\mu$m，占空比为 1∶1，具有 3 582 个畴。实验过程中温度保持在 22℃，这里我们所使用的入射激光波长为 1 568.5 nm，从图 2-44 中我们发现，旋光率与外加横向电场是成正比的，这使得通过改变外加电场而对旋光率进行调控的方法变得十分可行。当电场强度为 3 kV/cm 时，测

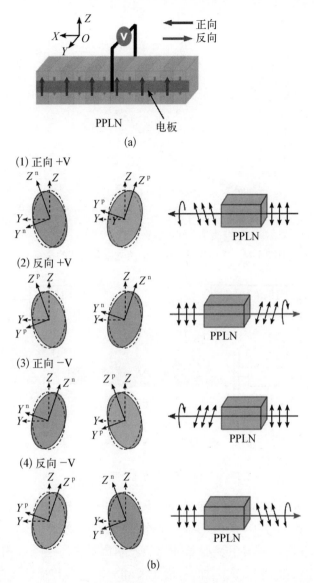

**图 2-43　(a) PPLN 的结构；(b) 在横向电场作用下光主轴的旋转方向和光偏振面的最终旋转方向**

量出 PPLN 的旋光率为 $0.87°/\text{mm}$。在前面的介绍中我们了解到，在波导之间，电极之间的宽度可以小到 $10\ \mu\text{m}$，这样一来，所需的电压就只有几个伏特了，那么在 $1\ \text{V}$ 的电压下，旋光系数就可以达到 $2.43°/\text{mm}$。

接下来我们将用实验来验证 PPLN 的手性，实验装置如图 2-45 所示。用一个可调激光器作为光源，两个偏振分束镜作为起偏器和检偏器互相垂直放置。

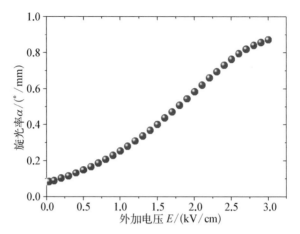

**图 2‑44　实验测量 PPLN 的旋光率与电场的关系**

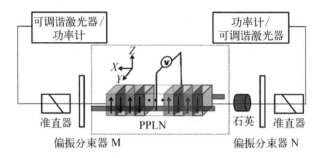

**图 2‑45　研究 PPLN 手性的实验装置**

掺镁 PPLN 晶体为 Z 切割。两个 PNBS 互相垂直放置,PBS M
沿 Z 向放置,N 沿 Y 轴放置。均匀电场沿 Y 轴施加。

我们用功率计来测量出射光的强度。由于左旋和右旋相同的角度在功率计上会显示相同的示数,本实验中,我们将一个 45°右旋石英放在 PPLN 的后面来区分左旋和右旋。PPLN 晶体和实验条件与旋光率测量中所述条件相同,我们测量了当电场沿+Y 和−Y 方向施加时,沿+X 和−X 方向传播的光的透射率。理论上,透射率 $T = \sin^2(\pi/4 \pm 2N\theta)$。实验结果如图 2‑46 所示。两条曲线分别表示沿+X(前向)和−X(反向)方向传播的光的透过率。当沿+Y 方向施加电场时,透过率曲线如图 2‑46(a)所示。在 45°右旋石英的作用下,前向光和反向光的透过率曲线呈正弦曲线形式。随着电场强度的增大,光的透过率先达到最大值。这意味着光经过 PPLN 晶体时发生了 45°的右旋偏转。然而当沿−Y 方向施加电场时,前向光和反向光的透过率呈余弦曲线形式,如图 2‑46(b)所示。随着电场强度的增大,光的透过率首先达到最小值,即光通过 PPLN 晶体后发生了 45°的左旋偏转。通过比较图 2‑46(a)和图 2‑46(b)可知,在电场方向改变的情况下,光通过 PPLN 时的旋转角度相同,旋转方向相反。因此,我们可以确定通过改变电场可以控制 PPLN 晶体的手性。

比较图 2‑46(a)或图 2‑46(b)中两条曲线,我们发现,光沿正向和反向通过 PPLN 晶体时其透过率相同。可知光在这两个过程中经历了相同的偏转过程,即光在 PPLN 晶体中的传播具有可逆性。因此,PPLN 晶体显示出了类似于石英等物质的天然旋光效应。

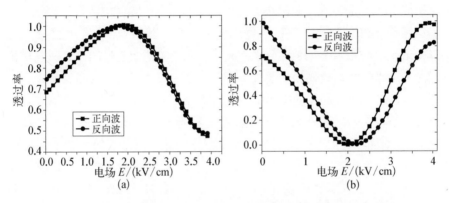

**图 2‑46　沿+X(前向波)和−X(反向波)方向传播的光的归一化透过率**
(a) 电场沿+Y 方向施加;(b) 电场沿−Y 方向施加

通过比较图 2‑46(a)或(b)中两条曲线,我们发现前向光和反向光的透过率之间存在一个小的漂移,这主要是由于实验过程中的温度波动引起准相位匹配波长的变化造成的。比较图 2‑46(a)和(b),我们发现透过率取得最大值和最小值时的电场强度不同。这主要是由以下原因造成的。首先,实验中电场是通过在 PPLN 晶体两端放置两片铜电极产生的。电场强度的实际大小与电极夹在 PPLN 晶体两端的松紧程度有关。在相同的电压下,铜电极与 PPLN 晶体的接触越紧密,实际产生的电场强度越大。在两次实验中,铜电极与 PPLN 晶体的接触程度不同,造成最大或最小透过率产生所需的实际电压不同。其次,实验中用到的 45°右旋石英晶体是针对 1 550 nm 的波长制造的。当实际入射的光波长偏离 1 550 nm 时,光通过石英晶体的实际旋转角度也不是 45°。根据旋转角度公式 $\varphi = \alpha d$,其中 $\alpha$ 表示石英晶体的旋光率,$d$ 表示石英晶体的厚度,可知当入射光波波长为 1 568.5 nm 时,光通过 PPLN 晶体后实际旋转角度为 43.88°。这也会与理论产生一定的误差。上文提到的温度波动也会引起与理论的差异。

至此,我们可以证明,通过对 PPLN 晶体横向电场的调控可以控制 PPLN

晶体的手性,通过改变外加横向电场的方向,我们可以控制晶体左旋或是右旋,这就使 PPLN 晶体可以作为一种旋光材料而得到更广泛的应用。

### 2.4.4 基于 HPPLN 电光效应的光隔离器的实现

在自然界中,存在很多具有旋光性的材料,但是由于光在其中的传播是可逆的,光来回通过其中之后会回到初始的入射状态,不能实验光旋转的积累,因此不能用于光隔离。在前文中,我们讨论了 PPLN 晶体的旋光性和手性,下面,我们将研究 PPLN 晶体在光隔离中的应用。

在满足准相位匹配的条件下,电光效应中每个畴相当于一个半波片。由此可以知道半个畴相当于一个四分之一波片。光连续两次通过四分之一波片相当于通过一个半波片。线偏振光通过一个四分之一波片之后变为圆偏振光。由此推想:如果在 PPLN 晶体的结构中一端含有半个畴形成半畴 PPLN 晶体,光连续两次通过半个畴之后就会改变反射光入射到 PPLN 晶体时的光的空间方位角,虽然反射光经过 PPLN 晶体时旋转的方向相同,但是入射角的变化使反射光不再沿着前向光的路径反向通过 PPLN 晶体,那么反向光将不会回到入射时的偏振状态,可以实现光旋转的积累。通过控制外加电场,可以使反向光出射的偏振状态与前向光入射时的偏振态互相垂直,从而实现光隔离。图 2-47 为半畴 PPLN 晶体的光隔离器的原理图。

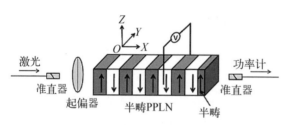

**图 2-47 基于 HPPLN 电光效应的光隔离器原理图**

通过在 PPLN 上额外添加半个畴构成 HPPLN。在准相位匹配的条件下,每个畴相当于一个半波片,半个畴相当于一个四分之一波片

图 2-48 表示此光隔离器中光偏振态的演化过程。沿 $-Y$ 向施加电场,当入射线偏振光以 $y_o = x\theta$ 的空间方位角入射时,光在前向通过 HPPLN 的 $N$ 个畴时右旋 $4N\theta$ 角度,以 $y_{in} = (4N+x)\theta$ 的空间方位角入射到半畴,出射后变为圆偏振光。对于反射光,经过半畴后光由圆偏振变为线偏振,但此时线偏振光的空间方位角已由 $Z$ 轴的一侧变为另一侧,此时的方位角为 $-(4N+x+2)\theta$,经过 $N$ 个畴后继续右旋 $4N\theta$ 角度,最终以 $y_{ref} = -(8N+x+2)\theta$ 的空间方位角出射。此时反射光与入射光的夹角为 $|y_{ref}| - |y_{in}| = 8N\theta + 2\theta$。在合适的电场强度下,可以使该夹角为 90°。反射光由此被隔离。有趣的是,反射光和入射光的夹角 $|y_{ref}| - |y_{in}|$ 与入射线偏振光的空间方位角无关,即该光隔离器适用于所

有的线偏振光,具有偏振无关的特点。

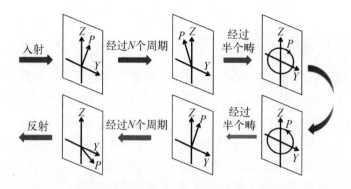

**图 2 - 48 HPPLN 中光的偏振演化过程**

$Y$ 和 $Z$ 表示折射率椭球的主轴,$P$ 表示光的偏振态,入射光满足准相位匹配条件

对于沿 $+Z$ 方向偏振的线偏振光,入射光和反射光的透过率分别为 $T_{in} = \cos^2(4N\theta)$ 和 $T_{ref} = \cos^2(8N\theta + 2\theta)$。对于一个含有 1 825 个周期和半个畴的 HPPLN,室温下入射光和反射光的透过率模拟如图 2 - 49(a)所示。在合适的电场强度下,如 $E = 0.5$ kV/cm 或者 $E = 1.5$ V/cm,反射光的透过率为零,即被完全隔离。我们理论模拟了光隔离器的隔离度 $C = (T_{in} - T_{ref})/(T_{in} + T_{ref})$ 来更清楚地表示隔离效果,结果如图 2 - 49(b)所示。可以看到,随着电场强度的增大,隔离度从 $-1$ 变化到 1。在合适的电场强度下隔离度可以达到 1,这正是完全隔离发生的地方。

在以前,基于非磁的光隔离器只实用于较强的光强度或特定的偏振状态。我们这里提出的光隔离器,其光旋转角度与外加电场强度有关,因此适用于弱光

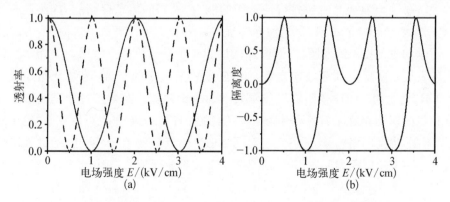

**图 2 - 49 入射光(实线)和反射光(虚线)(a)及隔离度与电场强度的关系(b)(准备相匹配波长为 1 550 nm)**

系统,且具有偏振无关的特点。在波导结构中,HPPLN 的宽度可达 $10~\mu m$,$1~V$ 的外加电场就可以使线偏振光旋转 $45°$,应用前景非常诱人。

### 2.4.5 基于偏振编码的全光逻辑门

全光网络是指光信息流在网络中的传输及交换时始终以光的形式存在,而不需要经过光-电-光变换,即信息从源节点到目的节点的传输过程中始终在光域内[43],从而具有良好的透明性、波长路由特性、兼容性和可扩展性。目前的全光网络并非是整个网络的全部光学化,而是指光信息流在传输和交换过程中以光的形式存在,用电路方法实现控制部分。当前光电子元器件发展的关键技术尚未成熟,这决定了进行全光信号处理、实现整个网络全光化的研究还处于实验室水平。在过去的十年里,全光交换和全光信号处理吸引了众多学者参与研究。随着光子技术史无前例地迅速发展,实现全光信号处理也比以往任何一个时候更具有可行性。随着全光交换和全光信号处理技术的成熟,第一个商用模块现已投放市场。全光信号处理包括光开关、判决、再生和计算等,而全光逻辑门正是其中的关键器件。

除了用于全光网络以外,全光逻辑器件也是实现光计算的基础。由激光的放大和抑制,可实现"与""或""非"三种基本的逻辑运算,还可制成加法器、双向振荡器、单稳态和双稳态触发器等逻辑器件,以实现光运算。光子的传播速度是 $3×10^8~m/s$,是电子传播速度的 500 倍,因而光子计算机具有超高的运算速度。由于光子计算机采用了非冯·诺伊曼工作方式,突破了电子计算机的"电子瓶颈"和时钟歪斜等限制,从而在理论上可以使光子计算机的计算速度达 1 023 次/秒,在技术上可实现 1 012~1 015 次/秒的计算速度和 100 Gb/s 的传输能力[44]。光子计算机具有超并行性工作的能力,极高的信息存储能力,还具有通信频带宽、抗干扰能力强、容错性好等优点。虽然光子计算机还未诞生,但随着光子学和光子技术的发展,人们已能认识到光子计算机的巨大潜力。光学逻辑门的发展是实现电计算转向光计算和全光数据交换的基础,例如全光异或门(XOR)是光判决和比较回路里非常关键的逻辑功能。而全光时分交换网中对光信号的识别和处理都将采用全光数字信息处理技术,它不仅可以克服"电子瓶颈"限制,提高网络容量,还可实现对网络信息码流的全光 3R 再生,有效地降低信号噪声和串扰积累问题,并能够真正实现按需分配带宽。因此,全光逻辑门的发展将对未来全光网络中的光分组交换、光传输和光计算等方面具有十分深远的影响。

在本节的开头,我们详细讨论了 PPLN 晶体中偏振态的电光调制,基于此理论基础,下面介绍一种全光逻辑器件——基于偏振编码的全光逻辑门。

在我们的方案中,选择光信号的水平线偏振态和垂直线偏振态来分别表示逻辑 1 和逻辑 0,如图 2-50 庞加莱球赤道平面上的两点所示。在 PPLN 晶体电光效应的作用下,入射的信号光能够在这两种相互正交的偏振态之间相互转换,如图所示。为了衡量入射的信号光在水平偏振态和垂直偏振态之间相互转换的效率,我们测量了入射信号光在电光效应作用下的透过率 $T$,$T$ 值能够准确反映在电光效应作用下入射信号光的损耗情况。入射信号光的水平偏振态和垂直偏振态的透过率 $T_{/\!/}$ 和 $T_{\perp}$ 分别定义为:

$$T_{/\!/} = \frac{I_{\text{out}, \perp}}{I_{\text{in}, /\!/}}, \ T_{\perp} = \frac{I_{\text{out}, /\!/}}{I_{\text{in}, \perp}} \tag{2-118}$$

式中,$I_{\text{in}, /\!/}$ 和 $I_{\text{in}, \perp}$ 分别表示入射光信号水平偏振态和垂直偏振态的强度,$I_{\text{out}, /\!/}$ 和 $I_{\text{out}, \perp}$ 则分别表示出射光信号水平偏振态和垂直偏振态的强度。

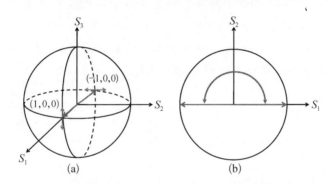

**图 2-50　(a) 入射光信号相互正交的两种偏振态用作逻辑表示;
(b) 垂直偏振态[点(1, 0, 0)]和水平偏振态[点(-1, 0, 0)]
两种相互正交偏振态之间的相互转换**

实验装置如图 2-51 所示。在 26℃的实验温度下,为了使 $\Delta\beta=0$,我们选择可调式激光器(TL)输出波长为 1 540.8 nm 的信号光来作为工作波长。

实验中,我们设置起偏器的光轴方向平行于 $Y$ 轴,因此入射的光信号具有水平偏振态,同时设置检偏器的光轴方向与 $Z$ 轴平行,如图 2-52(a)所示。在图 2-52(c)中,类似地,设置起偏器的光轴方向平行于 $Z$ 轴,因此入射的光信号具有垂直偏振态,同时设置检偏器的光轴方向与 $Y$ 轴平行。

最后,我们测量在外加横向电场 $E$ 从 0 增加到 4.5 kV/cm 的过程中,透过率 $T_{/\!/}$ 和 $T_{\perp}$ 的变化情况,如图 2-52(b) 和(d)所示。实验结果表明,当透过率 $T_{/\!/}$ 和 $T_{\perp}$ 分别在外加横向电场 3.6 kV/cm 和 3.9 kV/cm 的作用下达到最大值

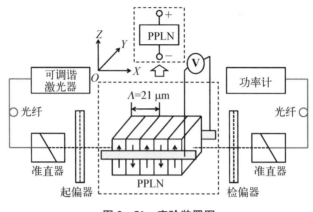

**图 2-51　实验装置图**

的时候，出射光信号的偏振态能够在水平偏振态和垂直偏振态之间相互转换。在实验中，由于可调式激光器(TL)输出光的线偏振光的偏振方向是随机的，所以通过起偏器的作用得到水平偏振态和垂直偏振态之后，作为 PPLN 晶体的入射光信号的强度会有些不同，如表 2-2 所示。在实验结果中，如图 2-52(d)所示，当外加横向电场较小时，透过率 $T$ 值的变化并不明显，这是由于入射光信号的强度较小，而测量仪器的灵敏度有限所导致的。

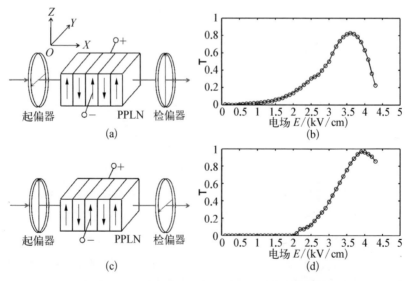

**图 2-52　对不同偏振态进行调制的结构图(a)与(c)，并具有相似的实验结果(b)与(d)**

　　通过优化实验条件，我们得到透过率 $T_{/\!/}$ 和 $T_{\perp}$ 的最大值分别为 88.4％和 96.0％，如表 2-2 所示。在实验中，我们得到了相对较大的透过率 $T$ 值，这说明当采用偏振编码方案时，光信号强度的损耗在耦合和信号处理的过程中是很小的。由于在 PPLN 晶体的体器件中存在出入损耗和传输损耗,以及在实验过程中使用到的光学器件的入射端面存在普遍的反射,实验中测量得到的 $T$ 值比理论值略小。

**表 2-2 实验测量结果**

| 电场<br>$E/(\text{kV/cm})$ | 输入偏振态 | 输入强度<br>$/\mu\text{W}$ | 输出偏振态 | 输出强度<br>$/\mu\text{W}$ | 透过率 $T/\%$ |
|---|---|---|---|---|---|
| 3.14 | → | 120 | ↑ | 106 | 88.4 |
| 2.71 | ↑ | 500 | → | 480 | 96.0 |

下面讨论全光逻辑门是如何实现的。

1) 可控的逻辑非门(controlled-NOT)

根据以上实验结果,当采用偏振编码方案,即用光信号两种相互正交的线偏振态来分别表示数字信号的逻辑 0 和逻辑 1 时,如图 2-53(a)所示,我们能实现可控的逻辑非门(controlled-NOT)。当外加电场施加到 PPLN 晶体上时,入射的光信号能够在两种相互正交的线偏振态之间相互转换,即在逻辑 0 和逻辑 1 之间相互转换;而不施加外加电场时,入射的光信号的偏振态将保持不变。由于逻辑非的功能实现与否受到外加电场的控制,所以该逻辑非门被称为可控的逻辑非门(controlled-NOT)。

2) 逻辑异或门(XOR)和逻辑同或门(XNOR)

为了实现逻辑异或门(XOR)和逻辑同或门(XNOR),如图 2-53

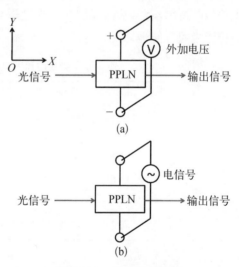

**图 2-53 逻辑门原理图**
(a) 可控非门;(b) 异或门和同或门

(b)所示,我们定义了分别针对逻辑异或门(XOR)和逻辑同或门(XNOR)输入和输出信号的逻辑定义。首先,我们选择入射的光信号和外加电压作为两个二进制逻辑信号,它们的逻辑含义如表 2-3 所示。为了实现逻辑异或门(XOR),入射的光信号作为信号 1,当它处于水平偏振态的时候,表示逻辑 0;当它处于垂直偏振态的时候,表示逻辑 1。与此同时,我们选定外加电压作为信号 2,当它处于低电平 0 时,表示逻辑 0;当它处于高电平 V 时(例如,外加电场 $E$ 不等于 0

时),表示逻辑 1。

为了实现逻辑同或门(XNOR),我们选择信号 1 和信号 2 的逻辑定义与实现逻辑异或门(XOR)时正好相反,即入射的光信号作为信号 1,当它处于水平偏振态的时候,表示逻辑 1;当它处于垂直偏振态的时候,表示逻辑 0;外加电压作为信号 2,当它处于低电平 0 时,表示逻辑 1;当它处于高电平 V 时,表示逻辑 0。

因此,基于表 2-3 的实验结果和表的逻辑定义,我们能够获得所设计的逻辑异或门(XOR)和逻辑同或门(XNOR)的真值表如表 2-4 所示。在我们的设计中,出射光信号的逻辑表示与入射光信号的逻辑表示相同,所以输出光信号作为逻辑输出与逻辑异或门(XOR)和逻辑同或门(XNOR)的真值表的逻辑结果相同,证明了我们的装置的确能够实现逻辑异或门(XOR)和逻辑同或门(XNOR)的逻辑功能。

通过在已经得到的逻辑异或门(XOR)和逻辑同或门(XNOR)之前级联一个之前提到的可控的逻辑非门(controlled-NOT),能够方便地改变如表所示入射光信号的逻辑表示,从而能够在实现逻辑异或门(XOR)和逻辑同或门(XNOR)的功能之间方便地切换。

**表 2-3　异或门和同或门的逻辑信号表示**

|  | 异 或 门 | | 同 或 门 | |
| --- | --- | --- | --- | --- |
|  | 逻辑 0 | 逻辑 1 | 逻辑 0 | 逻辑 1 |
| 信号 1 | → | ↑ | ↑ | → |
| 信号 2 | 0 | V | V | 0 |
| 输　出 | → | ↑ | ↑ | → |

**表 2-4　异或门和同或门的实验结果和真值表**

|  | 实　验 | | | | 异 或 门 | | | | 同 或 门 | | | |
| --- | --- | --- | --- | --- | --- | --- | --- | --- | --- | --- | --- | --- |
| 信号 1 | → | → | ↑ | ↑ | 0 | 0 | 1 | 1 | 1 | 1 | 0 | 0 |
| 信号 2 | 0 | V | 0 | V | 0 | 1 | 0 | 1 | 1 | 0 | 1 | 0 |
| 输　出 | → | ↑ | ↑ | → | 0 | 1 | 1 | 0 | 1 | 0 | 0 | 1 |

3) 逻辑与门(AND)和逻辑或门(OR)

为了实现逻辑与门(AND)和逻辑或门(OR),如图 2-54 所示,我们定义了分别针对逻辑与门(AND)和逻辑或门(OR)输入和输出信号的逻辑定义,如表 2-5 所示。同样的,根据表的实验结果和表的逻辑信号的定义,我们能够获得所设计的逻辑与门(AND)和逻辑或门(OR)的真值表,如表 2-6 所示。当输出光信号的逻辑表示与输入光信号的逻辑表示相同时,输出光信号作为逻辑结果与逻辑与门(AND)和逻辑或门(OR)的真值表一致,证明了我们的装置的确能够实现逻辑与门(AND)和逻辑或门(OR)的逻辑功能。

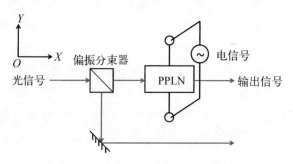

**图 2-54　逻辑门原理图: 与门和或门**

通过在已经得到的逻辑与门(AND)和逻辑或门(OR)之前级联一个之前提到的可控的逻辑非门(controlled-NOT),同样能够方便地改变如表所示入射光信号的逻辑表示,从而能够在实现逻辑与门(AND)和逻辑或门(OR)的功能之间方便地切换。

**表 2-5　与门和或门的逻辑信号表示**

|  | 逻辑 与 门 | | 逻辑 或 门 | |
| --- | --- | --- | --- | --- |
|  | 逻辑 0 | 逻辑 1 | 逻辑 0 | 逻辑 1 |
| 信号 1 | → | ↑ | ↑ | → |
| 信号 2 | V | 0 | 0 | V |
| 输　出 | → | ↑ | ↑ | → |

**表 2-6　与门和或门的实验结果和真值表**

|  | 实　验 | | | | 逻辑 与 门 | | | | 逻辑 或 门 | | | |
| --- | --- | --- | --- | --- | --- | --- | --- | --- | --- | --- | --- | --- |
| 信号 1 | → | → | ↑ | ↑ | 0 | 0 | 1 | 1 | 1 | 1 | 0 | 0 |
| 信号 2 | 0 | V | 0 | V | 1 | 0 | 1 | 0 | 0 | 1 | 0 | 1 |
| 输　出 | → | → | ↑ | → | 0 | 0 | 1 | 0 | 1 | 1 | 0 | 1 |

以上,我们利用 PPLN 晶体中对于入射光偏振态的电光调制效应,提出了一套二进制的基于偏振编码的全光逻辑门的实现方案,该方案能够实现可控的

逻辑非门(controlled-NOT)、逻辑异或门(XOR)、逻辑同或门(XNOR)、逻辑与门(AND)和逻辑或门(OR)。由于采用了偏振编码的方案,即利用光信号相互正交的两种线偏振态来分别表示数字信号的逻辑 0 和逻辑 1,而信号光的强度不携带任何的信息,因此光信号的质量并不会由于光强度的损耗而受到太大影响。与此同时,由于采用了基于 PPLN 晶体的偏振电光调制效应,其本身在处理光信号的过程中只改变光信号的偏振态,而对信号光强度的损耗也非常小。所以,该方案能够适用于多重级联系统,以实现更复杂的布尔代数运算。此外,基于周期性极化铌酸锂的全光逻辑门还能与其他同样基于周期性极化铌酸锂的光路由器[45]和全光波长转换器[46,47]等集成,构成小型化的多功能器件。最后,周期性极化铌酸锂晶体在量子通信中也有广泛的应用,利用其电光效应对通信波段(1 550 nm 附近)的单光子进行偏振调控的报道更是引起了研究人员的广泛关注[48]。

另一方面,上海大学金翊研究小组报道了基于电控液晶材料对光信号偏振态的调控在实现三值光计算机中的应用[49]。由于周期性极化铌酸锂的电光效应对光信号偏振态的调制具有精确度高等特点,能够发挥与电控液晶材料相同的作用,所以可以预期基于周期性极化铌酸锂电光效应的全光逻辑门能够在未来光计算机的研制中发挥更大的作用。

## 2.5 光的角动量调控及其应用

### 2.5.1 光的角动量

1909 年,Poynting 在思考圆偏振光的偏振方向随着光传输具有旋转特性时就提出了光具有角动量的概念,并指出它与偏振有关[50]。1936 年 Princeton 大学的 Beth 利用力学实验巧妙地证明了一个左旋光子具有的角动量为 $\hbar$,一个右旋光子具有的轨道角动量为 $-\hbar$[51]。1992 年,Leidon 大学的 Allen 等人从理论上预言了光子轨道角动量的存在,它来自光波的螺旋相位分布,自此光的角动量成为光学研究的热点[52]。光的粒子性与波动性如图 2 - 55 所示。目前

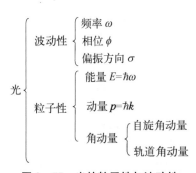

图 2 - 55 光的粒子性与波动性

轨道角动量研究与应用主要集中在两个方面：第一个是在光镊领域[53-55]，由于光具有角动量，当与粒子相互作用时通过传递光的角动量的方法，可用光来驱动控制粒子，实现一种光扳手。理论与实验已表明应用自旋角动量作为光扳手的驱动力能够使粒子绕着自己轴旋转，而应用轨道角动量作为驱动力能够使粒子绕着光束的轴进行旋转[56]。这种光扳手已经应用于驱动金属粒子[57]、各向异性介质球[54, 58]、具有吸收特性的粒子以及一些生物的大分子[59]，相信它在控制具有螺旋特性的物质时将具有独特的特性。一个拓展应用是在微加工领域，利用具有轨道角动量的光束进行微加工，能够得到更加完美的加工形貌。另一个重要的应用在基于量子纠缠的现代量子信息纠缠技术[60]。对于光的自旋角动量，它天然存在着两个本征态，与光的两个偏振态类似，它可用于二维度的量子通信系统中。2001 年，Vienna 大学的 Zeilinger 小组实验观测到，自发参量下转换的光子对可以实现高维度的轨道角动量纠缠。利用轨道角动量纠缠的高维量子特性来编码量子信息，特别在有噪声的量子密钥分发协议中，可以提高信息容量[61, 62]。

### 2.5.2 光偏振随电场的演化

上一节介绍了利用 PPLN 晶体的电光效应实现对中心波长进行线偏振控制。在这里我们着重讨论中心波长附近的光的偏振态随电场的演化情形[63]。需要指出的是，之前介绍的控制器和滤波器都是聚焦在满足 QPM 条件的波长。此前的研究尚没有针对非 QPM 的情形作出比较深入的探讨，从这里开始，将会陆续介绍非 QPM 条件下的一些新奇的现象和应用。

研究发现，对于不满足相位匹配条件（NQPM）的波长的光，当外加电场连续变化时，输出光的偏振演化在庞加莱球上呈现离散化的路径；然而，对于 QPM 波长的光，上述离散化路径则退化为一系列平行于庞加莱球赤道面的简并路径。为了比较清晰地了解 NQPM 波长的光的偏振演化行为，这里需要引入耦合模理论。由耦合模方程可知，在 PPLN 的输出端，输出光的偏振态可由琼斯矢量进行表征并由下式给出：

$$
\begin{cases}
A_1(L) = \exp[i(\Delta\beta/2)L]\left\{\left[\cos(sL) - i\dfrac{\Delta\beta}{2s}\sin(sL)\right]\cdot \right. \\
\qquad \left. A_1(0) - i(\kappa/s)\sin(sL)A_2(0)\right\} \\
A_2(L) = \exp[-i(\Delta\beta/2)L]\left\{(-i\kappa^*/s)\sin(sL)A_1(0) + \right. \\
\qquad \left. \left[\cos(sL) + i\dfrac{\Delta\beta}{2s}\sin(sL)\right]A_2(0)\right\}
\end{cases}
\tag{2-119}
$$

式中，$\Delta\beta = (k_2 - k_1) - G_m$，$G_m = 2\pi m/\Lambda$，$\kappa = -\dfrac{\omega}{2c}\dfrac{n_o^2 n_e^2 \gamma_{51} E_y}{\sqrt{n_o n_e}}$

$\dfrac{i(1-\cos m\pi)}{m\pi}$（$m = 1, 3, 5, \cdots$），$s^2 = \kappa\kappa^* + (\Delta\beta/2)^2$；$A_1$ 和 $A_2$ 分别表示寻常光和非寻常光的归一化复振幅；$k_1$ 和 $k_2$ 分别为寻常光和非寻常光的波矢；$G_m$ 是 PPLN 第 $m$ 阶的倒格矢，$\Lambda$ 是 PPLN 的周期；$n_o$ 和 $n_e$ 分别对应寻常光和非寻常光的折射率；$\gamma_{51}$ 是铌酸锂晶体的电光系数，$E_y$ 是外加电场强度。

对于 QPM 波长的光（$\Delta\beta = 0$），$A_1$ 和 $A_2$ 随 $|s|L$ 周期性地变化，输出光的偏振态相位差不变，变的是振幅比，因此其轨迹在庞加莱球上是平行于赤道面的简并路径，如图 2-56 所示。

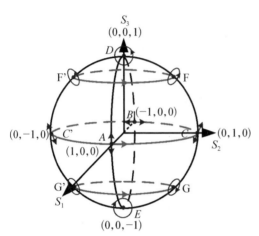

**图 2-56　QPM 波长的偏振态随电场的演化轨迹**

但是对于 NQPM 波长的光（$\Delta\beta \neq 0$），偏振态在庞加莱球上的演化分裂为离散化的路径。这是因为当偏振态经过一个周期回复到初始偏振态时，下一个周期的耦合系数 $\kappa$ 发生了变化，这导致偏振演化绕开之前的轨迹而进入一个不同的路径，如图 2-57 所示。由（2-119）式容易看出，当满足条件 $sL = 2n\pi$（$n = 1, 2, 3, \cdots$），输出光的偏振态会回复至初始偏振态。

图 2-56 和图 2-57 分别给出了 QPM 和 NQPM 条件下偏振态随外电场的演化轨迹。从图 2-56 可以看出，输出光的偏振态环绕着一个平行于赤道面的闭合路径；对于图 2-56 中的线偏振态 $A(1, 0, 0), B(-1, 0, 0), C(0, 1, 0)$，其演化路径与赤道面重合，这意味着，所有线偏振态组合成了一个群，群内的每个元素都可以通过改变电场而转变为群内的任意元素。$D(0, 0, 1)$ 和 $E(0, 0, -1)$ 分别对应左旋圆偏振光和右旋圆偏振光，这两个偏振态分别自成一个群，它们的演化路径在庞加莱球上是一个固定的点。F(G) 是任意的椭圆偏振态，其演化轨道是沿着平行于赤道面的纬线。假如一个特定的输入偏振态，当其发生变化时，如果突变后的偏振态与此前的偏振态属于同一个群，那么仍可以利用电场将其恢复到原态；但是，如果突变后的偏振态属于另外一个群，那么将永远无法通过电场进行修正。这些不同的偏振态群在庞加莱球上的上述行

为,可以类比为原子能级,不同群之间元素的切换可以视为不同原子能级间的跃迁。

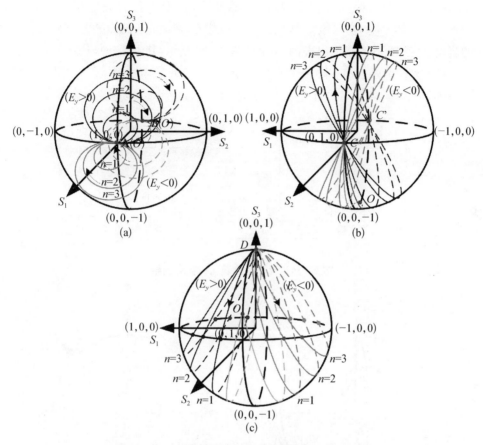

**图 2-57　NQPM 波长的偏振态随电场的演化轨迹**

　　从图 2-57 可以看出,满足 NQPM 的波长的光的偏振演化呈现一系列离散的路径。考虑输入光为 Z 向线偏振($A$ 点),当没有施加外场时,输出光的偏振态位于 $A$ 点。随着横向电场的增大,输出偏振态由 $A$ 点开始绕着基态路径($n=1$)演化,当其再次路过 $A$ 点时,演化开始沿着第二条路径($n=2$)进行,依次类推;这个现象表明,通过不断地加大电场,输出光的偏振态可以很大程度地覆盖庞加莱球,即实现多种偏振态的输出。此外,当输入态为 C 态($45°$线偏振)时,输出态可以在一对正交线偏振之间通过电场进行切换,如图 2-57(b)所示,这种特点可以用来实现电光开关或者激光调 $Q$ 开关。当输入态为 D 态(左旋圆偏振)时,输出偏振态可以在圆偏振和线偏振之间切换,如图 2-57(c)所示,这种特点可以用来做偏振编码。

为了验证理论的正确性,我们进行了实验验证。图 2‐58 是实验装置。利用一个四分之一半波片和检偏器可以方便地确定输出光的偏振态。首先验证 QPM 波长的光的偏振演化路径,通过滤波实验,我们首先确定中心波长为 1 540.3 nm,即一阶 QPM 波长为 1 540.3 nm;接着,把该波长的光的偏振态随电场的演化在庞加莱球上描绘出来,其结果如图 2‐59 所示,其中图(a)与图(b)的区别在于输入光的偏振态不一样,(a)是 $Z$ 向线偏振,(b)是 $Y$ 向线偏振。实验显示,对于 QPM 波长,其偏振态的演化是沿着赤道的闭合简并路径,与理论符合。

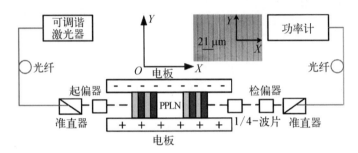

**图 2‐58  验证偏振演化的实验结果**

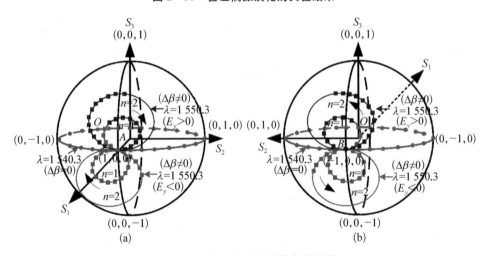

**图 2‐59  验证偏振演化的实验结果**

然后验证 NQPM 波长的演化路径。选定中心波长附近的某一特定波长 1 550.3 nm,对其偏振演化进行观测。实验表明,偏振态随电场的演化呈现离散路径,并且不同的输入态其演化路径也不一致,与理论吻合。上述实验表明, NQPM 波长的光偏振的演化是单向演化,这意味着,如果某一偏振态可以转化为另一偏振态,当后者作为输入态时,将不能转化为前者,这是因为,后者的演化路径是完全不同的路径,并且不会经过前者。此外,通过改变电场的方向,从 Y

向变为负 Y 向,演化路径则从上半球(左旋)中心对称转移至下半球(右旋)。

### 2.5.3  光自旋角动量控制

光具有能量、动量和角动量,光子角动量分为轨道角动量(OAM)和自旋角动量(SAM)。SAM 源自光的偏振状态,而轨道角动量源自波前分布情况。我们研究了光在 PPLN 晶体里的偏振演化与控制情况,鉴于光的自旋角动量在微粒操控等领域有着广泛的应用,我们本节将要研究基于 PPLN 晶体的自旋角动量调控。当一束单色平面光沿 X 方向进入 PPLN 晶体,它可以分解为 o 光和 e 光的叠加或左旋圆偏振光和右旋圆偏振光的叠加,它们的关系为:

$$\boldsymbol{E}(z) = \begin{bmatrix} E_1(z) \\ E_2(z) \end{bmatrix} = \left\{ E_{\text{lef}}(z) \begin{bmatrix} 1/\sqrt{2} \\ -\,\mathrm{i}/\sqrt{2} \end{bmatrix} + E_{\text{rig}}(z) \begin{bmatrix} 1/\sqrt{2} \\ \mathrm{i}/\sqrt{2} \end{bmatrix} \right\} \quad (2-120)$$

可以得到左旋圆偏振光和右旋圆偏振光的强度为:

$$E_{\text{lef}} = \{ [\cos(sL) + (-\mathrm{i}\Delta\beta + 2\kappa^* \exp(-\mathrm{i}\Delta\beta L) \sqrt{n_1/n_2}) \sin(sL)/(2s)] E_1(0) +$$
$$[(-2\mathrm{i}\,\kappa\,\sqrt{n_2/n_1} - \Delta\beta \exp(-\mathrm{i}\Delta\beta L)) \sin(sL)/(2s) + \mathrm{i}\cos(sL) \times$$
$$\exp(-\mathrm{i}\Delta\beta L)] E_2(0) \} \times \frac{\sqrt{2}}{2} \exp[\mathrm{i}(\Delta\beta/2)L]$$

$$E_{\text{rig}} = \{ [\cos(sL) + (-\mathrm{i}\Delta\beta + 2\kappa^* \exp(-\mathrm{i}\Delta\beta L) \sqrt{n_1/n_2}) \sin(sL)/(2s)] E_1(0) +$$
$$[(-2\mathrm{i}\,\kappa\,\sqrt{n_2/n_1} + \Delta\beta \exp(-\mathrm{i}\Delta\beta L)) \sin(sL)/(2s) - \mathrm{i}\cos(sL) \times$$
$$\exp(-\mathrm{i}\Delta\beta L)] E_2(0) \} \times \frac{\sqrt{2}}{2} \exp[\mathrm{i}(\Delta\beta/2)L] \quad (2-121)$$

根据量子理论,每个光子的能量为 $\hbar\omega$,则左旋圆偏振光子的数量和右旋圆偏振光子的数量分别为 $N_{\text{lef}}(z) = c\varepsilon_0 \mid E_{\text{lef}}(z) \mid^2/(2\hbar\omega)$ 和 $N_{\text{rig}}(z) = c\varepsilon_0$ $\mid E_{\text{rig}}(z) \mid^2/(2\hbar\omega)$。每个左旋圆偏振光子携带角动量为 $\hbar$,右旋圆偏振光子携带角动量为 $-\hbar$。因此总的自旋角动量(SAM)为[64]:

$$M(z) = \frac{c\varepsilon_0(\mid E_{\text{lef}}(z) \mid^2 - \mid E_{\text{rig}}(z) \mid^2)}{2w} \quad (2-122)$$

我们首先研究自旋角动量随传输距离增加的演变情况。当 $A_1(0) = 1$,$A_2(0) = 0$,即寻常光入射时,如果 $\kappa = 0$,可以得到 $M(z) = 0$。否则如果 $\kappa \neq 0$,SAM 在 PPLN 晶体里随距离周期性振荡,如图 2-60 所示。

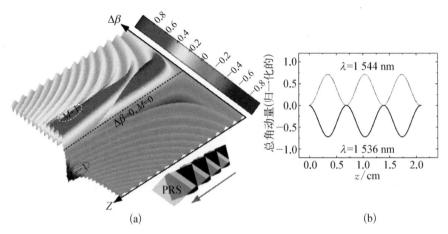

(a)             (b)

**图 2‑60　不同相位条件下 SAM 随距离的演变过程**

从图 2‑60 可以得出三种不同的演化行为:当 $\Delta\beta=0$ 时,入射的线偏振保持线偏振,此时 $M(z)\equiv 0$;当 $\Delta\beta>0$ 时,光束包含较多的左旋圆偏振光子,$M(z)\geqslant 0$;而当 $\Delta\beta<0$ 时光束包含较多的右旋圆偏振光子,$M(z)\leqslant 0$。从图 2‑60(b)可以看出不同工作波长光,其自旋角动量的演化过程是不同的。

图 2‑61(a)给出了 PPLN 晶体内距离 $z=2.1$ cm 处的 SAM 随波长的变化关系。计算所用的 PPLN 晶体的周期为 21 $\mu$m,温度为 20℃,波长满足 $\Delta\beta=0$(1 540 nm)。图 2‑61(a)表明通过在相位匹配附近调整波长,归一化的 SAM 可以从 $-1$ 变为 $+1$,意味着可以用作"光扳手"。波长超过 1 540 nm 的光可以顺时针旋转一个微米量级尺寸的小颗粒,而波长低于 1 540 nm 的光则可以逆时针旋转此颗粒。因此,当波长从大于 1 540 nm 变为低于 1 540 nm 时,颗粒的旋转也

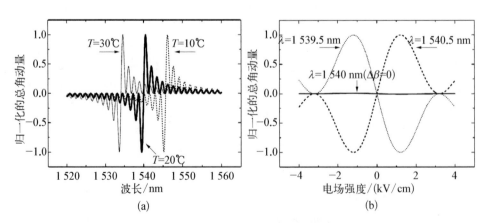

(a)             (b)

**图 2‑61　SAM 随某些参量的变化关系**

会从顺时针变为逆时针,并且旋转的角动量也可以通过波长调节。图 2-61(a)
也表明,SAM 可以被温度调节,大约 2℃就可以实现 SAM 从 1 到−1 的改变。
图 2-61(b)表明 SAM 也可以随着电场变化,大约 2 kV/cm 的电压足够连续实
现 SAM 从−ℏ 到 ℏ 的改变。

图 2-62 分别给出了 Y 向偏振的输入光,其左旋圆偏振光子数,右旋圆偏振
光子数,自旋角动量随电场和波长的变化关系。从图(a)和图(b)可以看出,左旋
圆偏振光子数和右旋圆偏振光子数的分布呈现中心对称,并且两者的叠加为单
位 1,表示总的光子数守恒。通过改变工作波长($M_1$)或者改变外加电场($M_2$),
都可以使自旋角动量由 1 变到 0。图(c)给出了自旋角动量 SAM 的分布,其分
布与左旋圆偏振光子数的分布类似。图中我们可以发现一些有趣的小区域,这
些小区域拥有相同的 SAM(如 A 和 B 区域),我们把它们称为"自旋胞"。

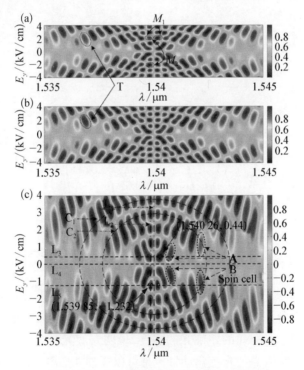

**图 2-62　SAM 随波长和电场的变化关系**

图 2-63 给出了当入射光为非寻常光和 45°旋转的线偏振入射时,总的自旋角
动量随外加电场和波长改变时的情况。将图 2-63(a)与图 2-62(c)对比我们可以
发现,非寻常光入射与寻常光入射的情况非常类似,只是调制过程是相反的。
图 2-63(b)画出了当入射光为 45°线偏振入射时,自旋角动量随波长和外加电场

变化的分布情况,我们发现它不再是中心对称分布了,而是对 $E_y=0\ \text{kV/cm}$ 轴对称,这意味着对于某个特定的波长,加相反的电压对自旋角动量的影响是一样的。当工作在满足准相位匹配波长时,总的角动量一直为零。当工作在非准相位匹配条件时,如 1 539.83 nm($L_1$),1 540.17 nm($L_2$)与 1 540.88 nm($L_3$),我们发现自旋角动量会随外加电场变化发生周期性的演变,如图2-63(c)所示。从图2-63(d)我们可以看出对于给定的外加电场如 0.792 kV/cm($L_4$)与 1.648 kV/cm($L_5$),总的自旋角动量会随波长的变化而演变。

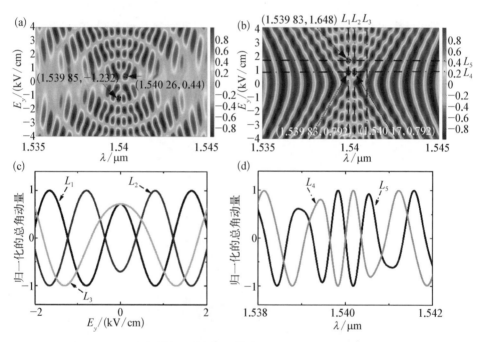

**图 2-63　e 光入射和 45°线偏入射时 SAM 随波长和电场的变化关系**

我们先前的实验证明随着外加电场的变化,不同工作波长出射光的偏振态会在庞加莱球上分不同的路径演化,如图2-64(a)所示。庞加莱球上的点在 $S_3$ 轴上的投影对应于归一化的左旋光的强度,说明左旋光子也随着外加电压不断地演化。这也意味着总的自旋角动量也是可以通过外加电压进行调制的。

需要强调的是光的自旋角动量在我们的方法中是可以连续调制的。市场上所用到的相位调制器都是基于铌酸锂晶体的纵向电光调制,对于同样长度的晶体所需要的电压为 7.23 kV/cm ,而我们这种方法需要的电压为 0.44 kV/cm。我们的晶体所用到的电压同样低于余卫龙等人的方法,这是由于 PPLN 晶体由上千个微米量级的畴组成,每个畴相当于一个微型波片;因此 PPLN 可以看成是上千个波片级联后的新型波片,与传统的体介质铌酸锂晶体波片相比,PPLN 波片易于集成且驱动电场极低。在 PPLN 晶体里,每个光子的 SAM 也可以通过波长进行调节[65]。未来利用 PPLN 对光子自旋角动量的调控,实现对微粒操控的研究是十分必要的。

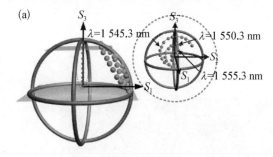

### 2.5.4 光的轨道角动量调控及应用

根据麦克斯韦的经典电磁理论,光束同时携带自旋角动量与轨道角动量[66]。自旋角动量与圆偏振光有关,它源

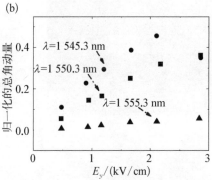

**图 2 - 64 不同工作波长 SAM 随外加电场的变化关系**

自单个光子的自旋,左旋光子和右旋光子的自旋角动量值分别为 $\hbar$ 和 $-\hbar$[51]。1992 年,Allen 及合作者首次证明在近轴条件下,具有 $\exp(il\theta)$ 相位因子的涡旋光束具有光的轨道角动量[52]。拉盖尔-高斯光束就是一种很典型的光学涡旋场,在近轴近似下,亥姆霍兹方程的解为

$$\frac{1}{\rho}\frac{\partial}{\partial r}\left(\rho\frac{\partial E}{\partial r}\right)+\frac{1}{\rho^2}\frac{\partial^2}{\partial \varphi^2}+2\mathrm{i}k\frac{\partial E}{\partial z}=0 \qquad (2-123)$$

解方程(2-123)得拉盖尔-高斯模复振幅的数学表达式为:

$$E_p^l(r,\theta,z)=\frac{d_{lp}}{(1+z^2/z_R^2)^{1/2}}\left[\frac{r\sqrt{2}}{w}\right]^l L_p^{|l|}\left(\frac{2r^2}{w^2}\right)\exp[-\mathrm{i}l\theta]\times$$
$$\exp\left[\frac{\mathrm{i}kr^2}{2(z^2+z_R^2)}\right]\exp\left[\frac{-r^2}{w^2}\right]\cdot\exp[-\mathrm{i}(2p+$$
$$|l|+1)\phi]\tan^{-1}\left(\frac{z}{z_R}\right) \qquad (2-124)$$

式中,$\phi=\tan^{-1}\left(\dfrac{z}{z_R}\right)$ 称为 Guoy 相位,$z_R=\dfrac{kw_0^2}{2}$ 称为 Rayleigh 长度,$w_0$ 为束

腰半径，$w = \dfrac{w_0}{\cos(\phi)}$ 是在 $z$ 处的光束半径，$R = \dfrac{z}{\sin^2\phi}$ 是 $z$ 处光束的曲率半径，$d_{lp}$ 是归一化因子，$\mathrm{L}_p^{|l|}$ 是拉盖尔多项式，$l$ 和 $p$ 是表征模式的特征量子数。

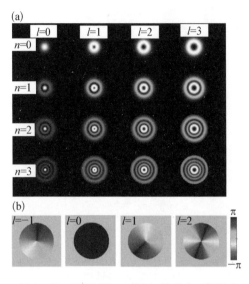

图 2‐65 不同 $l$ 和 $p$ 值时，拉盖尔‐高斯光束的光强和相位分布

径向量子数 $p$ 表示在光束横截面上同心圆环的数目是 $(p+1)$，角向（相位）量子数 $l$ 表示相位奇点的阶数，其物理意义是指绕奇点旋转一周，相位改变 $2l\pi$。相位因子 $\exp(il\theta)$ 的存在表明该模式的光束具有相位奇点，是一种螺旋结构的光束。图 2‐65(a) 给出了不同 $p$ 和 $l$ 值时拉盖尔‐高斯光束的强度分布，可以看到它是中间存在基点的光束。图 2‐65(b) 给出了不同 $l$ 值时光束的相位分布图。从图中可以看出环绕奇点一周相位改变 $2l\pi$。

根据电动力学理论，光束的角动量密度矢量是位置矢量与动量密度的叉乘：

$$\boldsymbol{M} = \varepsilon_0 \boldsymbol{r} \times \boldsymbol{E} \times \boldsymbol{B} \tag{2‐125}$$

式中，$\boldsymbol{E}$ 和 $\boldsymbol{B}$ 分别为电场强度和磁感应强度，$\varepsilon_0$ 是真空介电常数。光场的总角动量为

$$\boldsymbol{J} = \varepsilon_0 \int \boldsymbol{r} \times (\boldsymbol{E} \times \boldsymbol{B}) \mathrm{d}r \tag{2‐126}$$

在近轴近似下光场的总角动量可以分为轨道角动量 $\boldsymbol{L}$ 和自旋角动量 $\boldsymbol{S}$

$$\boldsymbol{J} = \boldsymbol{L} + \boldsymbol{S} \tag{2‐127}$$

在洛伦兹规范下，线偏振光的矢势 $\boldsymbol{A}$ 可以表示成：

$$\boldsymbol{A} = u(x, y, z)\exp(ikz)\boldsymbol{x} \tag{2‐128}$$

这里 $\boldsymbol{x}$ 是 $x$ 轴上的单位矢量，$u(x, y, z)$ 是近轴传播情况下光场振幅分布的复函数。在近轴条件下，电场强度 $\boldsymbol{E}$ 和磁感应强度 $\boldsymbol{B}$ 的一阶导数及二阶导数的乘

积可以忽略，并且 $\dfrac{\partial u}{\partial z}$ 与 $ku$ 相比可以看作一个小量。利用洛伦兹规范近似，可以得到：

$$\boldsymbol{E} = \mathrm{i}k\left[u\boldsymbol{x} + \frac{\mathrm{i}}{k}\frac{\partial u}{\partial y}\boldsymbol{z}\right]\exp(\mathrm{i}kz) \qquad (2-129)$$

$$\boldsymbol{B} = \mu_0 = \mathrm{i}k\left[u\boldsymbol{y} + \frac{\mathrm{i}}{k}\frac{\partial u}{\partial y}\boldsymbol{z}\right]\exp(\mathrm{i}kz) \qquad (2-130)$$

式中，$\boldsymbol{x}$，$\boldsymbol{y}$，$\boldsymbol{z}$ 分别为 $x$，$y$，$z$ 方向的单位矢量。利用以上两式，可以得到 Poynting 矢量 $\varepsilon_0\boldsymbol{E}\times\boldsymbol{B}$ 的时间平均值：

$$p = \frac{\varepsilon_0}{2}(\boldsymbol{E}^* \times \boldsymbol{B} + \boldsymbol{E}\times\boldsymbol{B}^*) = \mathrm{i}\omega\frac{\varepsilon_0}{2}(u\nabla u^* - u^*\nabla u) + \omega k\varepsilon_0 \mid u\mid^2\boldsymbol{z}$$

$$(2-131)$$

上式表示的是光束的线动量密度，将此线动量密度在 $\theta$ 方向的分量叉乘径向矢量 $\boldsymbol{r}$，就得到光束沿 $z$ 轴方向的角动量分量：

$$j_z = (\boldsymbol{r}\times\varepsilon_0\langle\boldsymbol{E}\times\boldsymbol{B}\rangle)_z = r\varepsilon_0\langle\boldsymbol{E}\times\boldsymbol{B}\rangle_\theta \qquad (2-132)$$

对于光学涡旋，其光场复振幅可以表示为

$$u(r,\ \theta,\ z) = u_0(r,\ z)\exp(\mathrm{i}l\theta) \qquad (2-133)$$

将式（2-133）代入式（2-131）中，得到光场线动量密度的 $\theta$ 分量为

$$p_\theta = \varepsilon_0\langle\boldsymbol{E}\times\boldsymbol{B}\rangle_\theta = \left[\mathrm{i}\omega\frac{\varepsilon_0}{2}(u\nabla u^* - u^*\nabla u) + \omega k\varepsilon_0\mid u\mid^2\boldsymbol{z}\right]_\theta = \omega\varepsilon_0 l\mid u\mid^2/r$$

$$(2-134)$$

将上式代入式（2-132），并利用矢量关系 $\boldsymbol{r}\times\boldsymbol{\theta} = \boldsymbol{z}$，可以得到光波场的角动量密度在 $z$ 轴的分量：

$$j_z = (\boldsymbol{r}\times\varepsilon_0\langle\boldsymbol{E}\times\boldsymbol{B}\rangle)_z = r\varepsilon_0\langle\boldsymbol{E}\times\boldsymbol{B}\rangle_\theta = \omega\varepsilon_0 l\mid u\mid^2 \qquad (2-135)$$

在近轴条件下，我们知道光场沿传播方向 $\boldsymbol{z}$ 的能流密度：

$$w = cp_z = c\varepsilon_0\langle\boldsymbol{E}\times\boldsymbol{B}\rangle_z = c\omega\varepsilon_0 k\mid u\mid^2 \qquad (2-136)$$

从式（2-135）和式（2-136）就可以得出角动量密度和能流密度之比：

$$\frac{j_z}{w} = \frac{l}{\omega} \qquad (2-137)$$

单位长度上的角动量和能量的比率为

$$\frac{J}{W} = \frac{\iint \boldsymbol{r} \times \langle \boldsymbol{E} \times \boldsymbol{B} \rangle_z r \, \mathrm{d}r \, \mathrm{d}\theta}{c \iint \langle \boldsymbol{E} \times \boldsymbol{B} \rangle_z r \, \mathrm{d}r \, \mathrm{d}\theta} = \frac{l}{\omega} = \frac{l\hbar}{\omega\hbar} \qquad (2-138)$$

由于 $\omega\hbar = h\nu$ 代表单个光子的能量,从式(2-138)中可以得出具有螺旋波前的光场中每个光子具有 $l\hbar$ 的轨道角动量。

研究光涡旋对了解基础物理以及科学应用如光操控、单细胞治愈、超高密度光存储、量子信息处理、量子编码等有重要的意义,这个方面的研究已经引起了越来越多人的关注[53, 60-62, 67, 68]。

利用 LG 光束操控粒子,可克服普通高斯光束操控粒子的缺陷。即高斯光束仅能用于捕获折射率相对周围环境折射率高的粒子以及粒子被囚禁在聚焦高斯光束光强最强的区域,对粒子的加热效应显著,容易引起光学损伤,特别对生物样品,比如活体细胞等。采用聚焦的 LG 光束作为光镊对微观粒子进行操控时,在相同的激光参数(光强、波长等)下,其轴向囚禁压力是聚焦高斯光束捕获粒子时所产生囚禁压力的几倍,因而相同的囚禁力下,涡旋光束所用的功率会低好几倍,所以使用聚焦的涡旋光束在避免对生物细胞操控时的损伤方面,具有十分重要的意义。同时涡旋光束具有轨道角动量,当粒子吸收光子时,光学涡旋的轨道角动量传给了囚禁的粒子,从而引起粒子的旋转,可以实现对粒子的四维操作,如图 2-66(a)所示[53]。另外,涡旋光束还可以囚禁"低折射率"的粒子[69]。

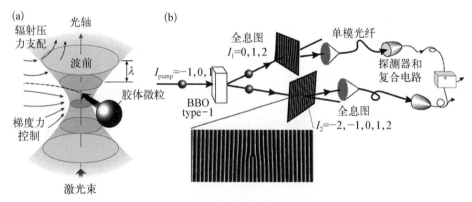

图 2-66 (a) 拉盖尔-高斯光束应用于粒子操控[53];(b) 光子轨道角动量纠缠[70]

2001 年 Zeilinger 小组已经证明光的轨道角动量是纠缠的[70]。利用光学涡旋这种特性作为信息载体,可以使通信具有无限的信息容量。利用光的自旋角动量只能实现二进制编码,而光学涡旋的光子轨道角动量有无限多个本征态,因此理论上讲,单个光子的轨道角动量可以表示任意 $N$ 进制编码,这为大幅度提高自由光通信的信息容量提供了机遇。

正是由于其广泛的应用,光涡旋的产生与控制显得非常重要,尤其是不同拓扑荷光涡旋之间的转换。尽管光涡旋光束作为高阶模式存在于激光腔,但是这需要特殊的光束整形技术来控制它的性能,它的产生主要是通过一些线性光学方法,包括模式转换[71]、螺旋菲涅耳盘[72]、螺旋相位板[73]、叉形光栅[74]、q 相位板[75]。

1991 年 Abramochkin 和 Volostnikov 在研究激光光束受散射影响的数学变换的时候,发现柱透镜对任意的光束图样的变换作用可以用沿透镜方向的 HG 光束成分进行分析,并通过实验验证了利用一个柱透镜实现 HG 光束到 LG 光束的变换。1992 年,Allen 和 Beijersbergen 等人进行了模式变换的实验研究,采用 π/2 模式转换器成功产生了拉盖尔-高斯光束,如图 2-67 所示。

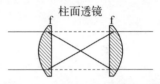

**图 2-67 应用一对柱棱镜实现模式转换来产生 LG 光束[71]**

螺旋相位板(spiral phase plate,SPP)是一块折射率为 $n_0$ 的透明板,它的厚度与围绕相位板的中心方位角 $\theta$ 成正比,两端的表面结构分别为平面和螺旋状面,螺旋状面类似于一个旋转台阶,台阶高度为 $h_s$,通过这种透明板时,由于 SPP 的螺旋形表面使透射光的光程不同,透射光束将具有螺旋相位特性。1994 年,Berjersbergen 等采用螺旋相位板将一束高斯光束转变成具有螺旋波前的光束。假设入射光的复振幅为 $u(r, \theta, z)$,则通过相位板后光束的振幅 $u'$ 可以表示为 $u' = u\exp(-\mathrm{i}\Delta l\theta)$,这里 $\Delta l = \Delta n_0 h_s / \lambda$,其中 $\Delta n_0$ 是相位板与周围介质的折射率系数之差,$\lambda$ 是真空中的波长[73]。当一束光束通过这种透明调制器时,由于玻璃板的折射率和周围介质折射率不同而引入附加的光程差,透射光经过的相位调制器的厚度不同,引起的相位改变也不同,其相位改变为 $\varphi(\theta) = \dfrac{2\pi}{\lambda}\left[\dfrac{(n_0-1)h_s}{2\pi}\theta\right]$ 的螺旋相位,形成涡旋光束,如图 2-68 所示。

计算全息图是一种有效的产生光学涡旋的方法,它是利用计算机来产生目的光与参考光的干涉图样,然后将此图样写到适当的记录介质形成全息光栅或直接打印成图。1992 年,Bazhenov 等人第一次利用计算全息图产生大小以及拓扑荷可以控制

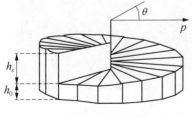

**图 2-68 应用螺旋相位板产生涡旋光束[73]**

的光学涡旋[72]。该方法是利用螺旋波与平面波之间的干涉条纹是位错光栅结构的性质，并通过计算机产生的全息图来获得光学涡旋。

在近轴条件下，拓扑荷为 1 的光学涡旋在极坐标中的表示为

$$E(r,\theta,z)=E_0 r\exp(\mathrm{i}\theta)\exp\Big(2\ln\frac{kA/2}{z+\mathrm{i}kA/2}+\mathrm{i}\pi-\frac{r^2}{A+2z/(\mathrm{i}k)}\Big)$$

$$(2-139)$$

当涡旋光束与同方向传播的平面波 $E(z)=E_0\exp(-\mathrm{i}kz)$ 相干涉时，即两者之间的夹角 $\varphi=0°$，干涉图样的光强分布为

$$I(r,\theta,z)=E_0^2+[E_0 r\exp(p)]^2+2E_0^2 r\exp(p)\cos(\Phi) \quad (2-140)$$

其中：

$$p=\ln\frac{(kA/2)^2}{z^2+(kA/2)^2}-r^2\frac{A}{A^2+(2z/k)^2}$$

$$\Phi=\theta-r^2\frac{2z/k}{A^2+(2z/k)^2}-\arctan\Big(\frac{Ak}{2\pi}\Big)+\pi$$

干涉条纹光强极大的条件为：$\cos(\Phi)=1$，即 $\Phi=2n\pi$，$n=1,2,3,\cdots$，其干涉图样为图 2-69(a)所示的螺旋形全息光栅，螺旋方向由 $\exp(\mathrm{i}\theta)$ 的符号所示。当此螺旋波与平面波成 $\varphi$ 角相干时，干涉条纹的极大条件为

$$\arctan(y/x)-(x^2+y^2)\frac{2z/k}{A^2+(2z/k)^2}-\arctan(Ak/2z)-$$

$$kx\sin(2\varphi)-2kz\sin\varphi+\pi=2n\pi \qquad (2-141)$$

当 $A$ 取适当的值后，其干涉条纹是类似一个叉形光栅，如图 2-69(b)所示。当式(2-139) 的 $r\exp(\mathrm{i}\theta)$ 用 $r^n\exp(\mathrm{i}n\theta)$ 替换时，可以得到高阶螺旋波，并由此产生高阶的叉形光栅。图 2-69(b)是 $l=2$ 的螺旋波与平面波干涉而产生的二阶叉

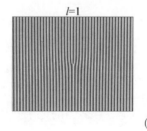
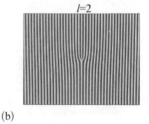

(a)             (b)

**图 2-69　光涡旋菲涅耳盘和产生拓扑荷数为 1 和 2 的计算全息光栅**

形光栅。取适当的常数 $A$，根据式（2-140）在计算机上产生二维的计算全息光栅，并用相机将此干涉图样缩小到胶片上，就制成了所需要的全息光栅。当用平面波照射此全息光栅时，就能得到光学涡旋。

一些非线性过程如二次谐波的产生[76,77]、参量下转换[78,79]，也可以用来控制光涡旋的拓扑荷数。在这些过程中光涡旋从一个已经存在的光涡旋中产生。Bahabad 等人提出光涡旋可以从没有涡旋的基模中产生，这利用到了一个螺旋极化的周期性畴极化晶体[80]，如图 2-70 所示。在非线性倍频过程中将畴结构加到没有涡旋结构的光束中。

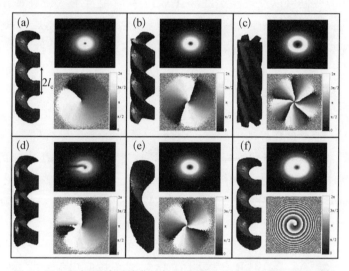

图 2-70　用螺旋计划的非线性晶体通过非线性过程产生光涡旋

然而，上面的方法都在光涡旋的拓扑荷数转换方面并不灵活。我们利用这种螺旋周期性畴极化晶体提出了一种电压可控的光涡旋拓扑荷转换器，即螺旋极化铌酸锂晶体（HPPLN），如图 2-71 所示。我们用 $l'$ 来表征晶体的拓扑荷数。当一束拓扑荷数是 $l$ 的寻常光入射到这种晶体，在加电压的情况下，出射的非寻常光的拓扑荷数可以用 $l+l'$ 表示，这时 HPPLN 可以用作加法器。当入射光为非寻常光时，在加电压的情况下出射的寻常光的拓扑荷数可以用 $l-l'$ 表示，这时候 HPPLN 可以看作光涡旋的减法器。同时，由于整个光束的光涡旋数可以通过外加电压来控制，HPPLN 也可以用作电压可控的光扳手。

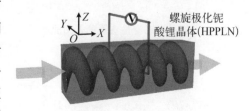

图 2-71　HPLN 中的横向电光效应

基于以上理论分析,我们设计了两种基于光轨道角动量控制的光电子器件:光涡旋加法器与减法器。

假如在晶体的前面放置一个水平偏振的起偏器,入射光是一束寻常光,那么在晶体入射端面的初始条件可以表示为,$A_1 = \exp(il\theta)$,$A_2 = 0$。当准相位匹配条件满足时($\Delta\beta = 0$),偏振耦合方程的解可以简化为

$$\begin{cases} A_1(L) = \cos(|\kappa_q|L)\exp(il\theta) \\ A_2(L) = -i\exp(i(l'+l)\theta)\sin(|\kappa_q|L) \end{cases} \quad (2-142)$$

从式(2-142)我们可以发现输出的非寻常光 $A_2$ 既包含了入射寻常光的角动量信息,也包含了晶体的螺旋结构信息。当 $l' = l = 0$ 时,入射光是一束平面波,畴反转晶体就是普通的周期性极化铌酸锂晶体,这种晶体已经被广泛地研究过了[12, 81, 82]。

不失一般性,我们假设 HPPLN 的长度是 2.1 cm,周期是 21 $\mu$m。我们设定 $m=1$,对应的准相位匹配波长是 1.540 $\mu$m,铌酸锂晶体的电光系数 $\gamma_{51} = 32.6$ pm/V。当不存在外加电场时,不存在寻常光和非寻常光的耦合,那么输出光仍然是寻常光,保持原来的拓扑荷数。然而,当外部电场加在拓扑荷数为 $l'$ 的 HPPLN 上时,出射光的拓扑荷数将会发生改变。图 2-72 显示了入射寻常光和输出非寻常光的相位分布。第一列表示具有不同拓扑荷数 $l$ 入射寻常光的相位分布情况。第二、三、四列表示入射光通过具有不同拓扑荷数 $l'=1$,2,3 晶体后出射的非寻常光的相位分布。我们可以看出输出光的拓扑荷数可以用 $l+l'$ 表示。因此我们实现了一种电压可控的光涡旋加法器,通过电光效应机制可以把晶体结构的螺旋性质加到光束中。这种方法可以实现将不具有光涡旋性质的光束转换成具有光涡旋性质的光。

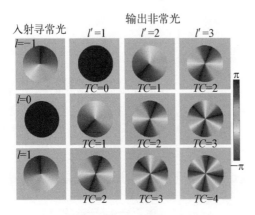

图 2-72 通过光涡旋加法器的入射光和出射光的相位分布

假如入射光是一个非寻常光,这可以通过在 HPPLN 前放置一个竖直方向的起偏器,在 $x = 0$ 处,$A_1 = 0$,$A_2 = \exp(il\theta)$。当 QPM 条件满足的时候,耦合方程的解为

$$\begin{cases} A_1(L) = -\mathrm{i}\exp(\mathrm{i}(l-l')\theta)\sin(\mid\kappa_q\mid L) \\ A_2(L) = \cos(\mid\kappa_q\mid L)\exp(\mathrm{i}l\theta) \end{cases} \quad (2-143)$$

从方程(2-143),我们可以看出输出的寻常光既具有入射非寻常光的信息也具有晶体结构的信息。图2-73画出了入射非寻常光和输出的寻常光的相位分布信息。第一列显示了具有不同拓扑荷数入射的非寻常光相位分布。第二、三、四列画出了入射光通过拓扑数 $l'=1,2,3$ 的HPPLN晶体后出射寻常光的相位分布图。我们发现出射的寻常光的拓扑荷数可以用 $l-l'$ 表示。这时,我们实现了一种电压可控的光涡旋减法器,通过HPPLN的电光效应实现了出射光的拓扑荷数等于入射光的拓扑荷数减去晶体结构的拓扑荷数。

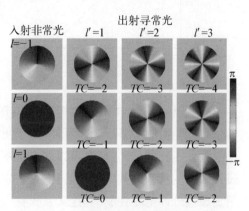

**图2-73　通过光涡旋减法器的入射光和出射光的相位分布**

我们讨论的这种方法,寻常光和非寻常光间的耦合是电压可控的。当寻常光入射到HPPLN中后,出射光非寻常光的强度是电压可控的,正如图2-74(a)所示。我们发现当外加电场的强度增大到 $0.831\,\mathrm{kV/cm}$ 时,拓扑数为 $l$ 的寻常光完全转到拓扑数为 $l+l'$ 的非寻常光。尽管每个非寻常光子的角动量为 $(l+l')\hbar$,但对于整个光束来说,光束光子的平均角动量为 $(N_o l_o \hbar + N_e l_e \hbar)/(N_o + N_e)$,其中 $N_o$ 和 $N_e$ 分别是寻常光和非寻常光的光子数。因此整个光束的轨道角动量是可以通过外加电压来控制的,如图2-74(b)表示。我们画出了当入射光的拓扑荷数为零时,通过具有不同拓扑数的畴结构,光束总的角动量随外加电压的变化情况。当电压达到 $0.831\,\mathrm{kV/cm}$ 时,寻常光完全转换为非寻常光,这时整个光束的轨道角动量最大,为 $(l+l')\hbar$。因此我们的系统是一种可调性非常高的光扳手[55],它控制粒子时所施加的力是可以通过外加电压来控制的。

从实验上实现这种方法是把电极化晶体打磨抛光成 $\chi(2)$ 的薄片。文献[65]提到这种晶体可以打磨到 $6.2\,\mu\mathrm{m}$,然后再把它们黏结在一起。与其他通过非线性方法调制光涡旋相比[80],这种方法中光的强度可以很低,以为o光和e光的耦合是通过外部电场控制的。因此这种方法可以用于非常弱的光甚至是单光子调制[83]。由于我们的方法是基于晶体的电光效应,这种效应的响应速率非

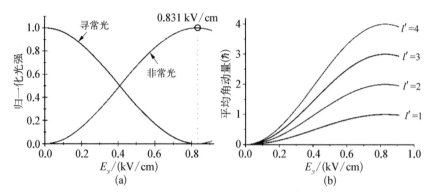

**图 2–74    寻常光与非寻常光的强度以及整个光束平均角动量可以通过电压来控制**

常快,可达到几个 GHz[84]。另外,由于出射的 o 光与 e 光所携带的光涡旋的角动量数并不相同,而它们又可以通过偏振分束器和检偏器很容易分开。这与通过复杂的空间调制技术相比简化了很多[85]。同时,在我们的结构中总的光角动量是通过外部电压控制的,这又意味着当我们把光束作为光镊的时候,旋转微粒的作用力可以通过电压来控制。

这里我们利用螺旋极化的铌酸锂晶体提出了一种电压可控的光涡旋转换器。根据不同的入射条件,螺旋极化的铌酸锂晶体可以用作光涡旋加法器或者减法器。转换特性可以通过外部电压来控制,在光涡旋产生与控制方面将会有非常广泛的应用。未来我们将会探究基于利用 PPLN 晶体的倍频效应,可以控制光的轨道角动量。

## 2.6    PPLN 晶体中的偏振耦合级联效应及其应用

### 2.6.1    二阶倍频(SHG)级联效应

非线性光学大致起源于 20 世纪六七十年代,一般来说,非线性光学可以分为二阶非线性效应和三阶非线性效应。二阶非线性效应主要包括频率转换,参量放大等非线性现象;三阶非线性效应主要包括克尔效应,非线性相移,四波混频及光孤子等非线性现象。起初,二阶非线性的研究目标是追寻如何使倍频光的转换效率最大化,为此,准相位理论被提了出来。准相位理论指出,当满足相位匹配条件时,即 $\Delta k = k_{2w} - 2k_w - G_m = 0$ 时(其中 $k_{2w}$ 为倍频光的波矢,$k_w$ 为基频光的波矢,$G_m$ 为补偿相位失配的倒格矢),倍频光的转换效率最大。

1967 年和 1974 年两个小组分别发现,倍频过程中当相位失配时,即 $\Delta k = k_{2w} - 2k_w - G_m \neq 0$ 时,基频光产生了非线性相移(NPS)和类孤子波,从而掀起了研究相位失配条件下非线性效应的热潮[86,87]。1996 年 Stegeman 系统阐述了相位失配下的非线性效应,并提出了级联(Cascading)的概念[88]。基本的二阶倍频(SHG)级联过程如图 2-75 所示。

SHG 级联过程可以分为两个过程,第一步: $2\omega = \omega + \omega$;第二步: $\omega = 2\omega - \omega$。第一步表示倍频过程,两个基频光子合成产生一个倍频光子;相位失配条件下,在一个相干长度后,能量开始从倍频光流回基频光,即第二步的差频过程,倍频光和一个基频光子差频,产生一个新的基频光子。这个新的基频光子流回原来的基频光后,由于二者的相速度不一致,从而在基频光上产生了非线性相移,如图 2-75 右上角所示。非线性相移 NPS 主要是在能量由倍频光流回基频时产生的。NPS 随相位失配的关系如图 2-75 右下角所示。可以看出,NPS 可以被相位失配量 $\Delta k$ 所调谐,并且诱导出的 NPS 可正可负。下面通过偏振耦合模理论定量给出 SHG 过程中的 NPS。

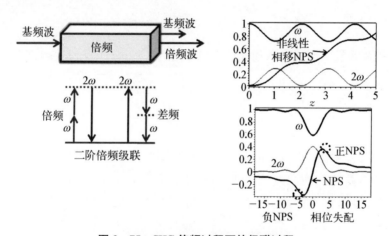

**图 2-75 SHG 倍频过程下的级联过程**

在慢变振幅近似下,描述 SHG 过程的耦合模方程组可由麦克斯韦方程组推出,如式(2-144)和式(2-145)所示:

$$\frac{dE_2}{dz'} = -i\frac{\omega}{2cn_{2\omega}}\chi^{(2)}(2\omega;\omega,\omega)E_1E_1\exp(i\Delta kz') \qquad (2-144)$$

$$\frac{dE_1}{dz'} = -i\frac{\omega}{4cn_\omega}\chi^{(2)}(\omega;2\omega,-\omega)E_2E_1^*\exp(-i\Delta kz') \qquad (2-145)$$

其中,式(2-144)描述了倍频光能量随距离的增长,式(2-145)描述了基频光能

量随距离的减少及相位随距离的变化。为了简化上述方程组,定义符号 $\Gamma$ 如下:

$$\Gamma = \frac{\omega d_{\text{eff}} \mid E_0 \mid}{c\sqrt{n_{2\omega}n_\omega}} \qquad (2-146)$$

式中,$d_{\text{eff}} = \mid \chi^{(2)}(2\omega; \omega, \omega) \mid /2$,$E_0$ 表示输入基频光的强度。假设初始光不含倍频光,由式(2-144)和式(2-145)可以得到:

$$\frac{\mathrm{d}^2 E_1}{\mathrm{d}z'^2} + \mathrm{i}\Delta k \frac{\mathrm{d}E_1}{\mathrm{d}z'} - \Gamma^2(1-2\mid E_1/E_0\mid^2)E_1 = 0 \qquad (2-147)$$

对于相位匹配时 ($\Delta k = 0$),式(2-147)可以化为 $E_1 = E_0 \operatorname{sech}(\Gamma L)$,这种条件下基频光上不存在非线性相移 NPS。当相位失配时($\Delta k \neq 0$),由于失配条件下,能量转移很小,因此有:$\mid E_1 \mid \approx \mid E_0 \mid$,并且 $E_1(z') = \mid E_0 \mid \times \exp[-\mathrm{i}\Delta\Phi^{NL}(z')]$,代入式(2-147);位于距离 $z' = L$ 处的基频光的非线性相移由下式给出:

$$\Delta\Phi^{\text{NL}} \approx \frac{\Delta k L}{2}\{1 - [1 + (2\Gamma/\Delta k)^2]^{1/2}\} \qquad (2-148)$$

当失配量较大时或者入射光能量较小时,有 $\mid \Delta k \mid >> \mid \Gamma \mid$;式(2-148)可以化为

$$\Delta\Phi^{\text{NL}} \approx -\frac{\Gamma^2 L^2}{\Delta k L} \qquad (2-149)$$

由(2-149)式可以看出,NPS 随光强 $I$ 线性变化,与光克尔效应类似。光克尔效应一般可以表示为:$n = n_0 + n_2 I$。类比光克尔效应可以引入一个有效的非线性折射率 $n_2^{\text{eff}}$,其中 $\Delta\Phi^{\text{NL}} = (2\pi L/\lambda)n_2^{\text{eff}} I$,那么根据式(2-149)可得

$$n_2^{\text{eff}} = -\frac{4\pi}{c\varepsilon_0}\frac{L}{\lambda}\frac{\mathrm{d}_{\text{eff}}^2}{n_{2\omega}n_\omega^2}\frac{1}{\Delta k L} \qquad (2-150)$$

由式(2-150)可以看出二阶非线性系数诱导出了一个有效的三阶非线性折射率,并且该有效折射率可正可负,且可以随失配量 $\Delta k$ 变化。考虑了有效三阶非线性系数后,介质的极化率可以写为

$$P = P_0 + \chi_1 E + \chi_2 EE + \chi_3^{\text{eff}} EEE + \chi_3 EEE + \cdots \qquad (2-151)$$

式中,$\chi_3^{\text{eff}}$ 表示级联过程中由二阶非线性系数诱导出的有效的三阶非线性系数。

## 2.6.2 偏振级联效应与非线性相移[89]

上一节介绍了相位失配条件下，光偏振态的演化呈现更加复杂的行为，这是因为相位失配条件下，发生了偏振级联过程，与 SHG 级联过程类似，偏振级联也可以分为两步，如图 2-76 所示（输入光为 o 光）。

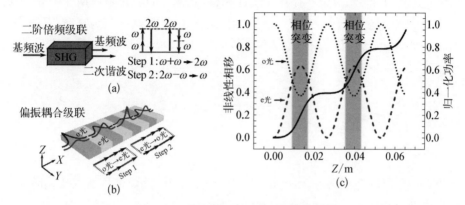

**图 2-76 偏振耦合过程下的级联过程**

第一步：o 光能量向 e 光传递；第二步：e 光能量向 o 光传递。在偏振耦合级联过程下，同样可以产生非线性相移 NPS。从 2-76(c)图中可以看出，NPS 主要产生于两者能量强烈交换的过程当中。下面类比 SHG 非线性相移的推导过程给出偏振耦合级联下的 NPS。在慢变振幅近似下，偏振耦合模方程组由下式给出：

$$dA_1/dz = -i\kappa A_2 \exp(i\Delta\beta z) \tag{2-152}$$

$$dA_2/dz = -i\kappa^* A_1 \exp(-i\Delta\beta z) \tag{2-153}$$

其中，$\Delta\beta = (k_1 - k_2) - G_m$，$G_m = 2\pi m/\Lambda$，并且

$$\kappa = -\frac{\omega}{2c} \frac{n_o^2 n_e^2 \gamma_{51} E_y}{\sqrt{n_o n_e}} \frac{i(1-\cos m\pi)}{m\pi} \quad (m = 1, 3, 5, \cdots) \tag{2-154}$$

$A_1$ 和 $A_2$ 分别表示寻常光和非寻常光的归一化复振幅；$k_1$ 和 $k_2$ 分别为寻常光和非寻常光的波矢；$G_m$ 是 PPLN 第 $m$ 阶的倒格矢，$\Lambda$ 是 PPLN 的周期；$n_o$ 和 $n_e$ 分别对应寻常光和非寻常光的折射率；$\gamma_{51}$ 是铌酸锂晶体的电光系数，$E_y$ 是外加电场强度。

假设初始条件满足：$A_1(0) = 1$，$A_2(0) = 0$；耦合模方程组的解由下式给出：

$$A_1(z) = \exp[\mathrm{i}(\Delta\beta/2)z][\cos(sz) - \mathrm{i}\Delta\beta/(2s)\sin(sz)] \qquad (2-155)$$

$$A_2(z) = \exp[-\mathrm{i}(\Delta\beta/2)z](-\mathrm{i}\kappa^*/s)\sin(sz) \qquad (2-156)$$

式中，$s^2 = \kappa\kappa^* + (\Delta\beta/2)^2$。满足偏振耦合相位匹配条件时（$\Delta\beta=0$），式（2-155）和式（2-156）简化为：$A_1(z) = \cos(|\kappa|z)$ 和 $A_2(z) = \sin(|\kappa|z)$；可以看出，相位匹配条件下，光偏振不存在非线性相移，光偏振的演化是周期性函数，因此在庞加莱球上是一个闭合的路径。在相位失配条件下，情况较为复杂，下面分别给出 e 光和 o 光的相移。由式（2-156）可知，$A_2(z) = C\exp[-\mathrm{i}(\Delta\beta/2)z]$，其中，$C = (-\mathrm{i}\kappa^*/s)\sin(sz)$ 是个实数。e 光的额外相位为：

$$\Delta\Phi_{\mathrm{e}}^{\mathrm{NL}} = \begin{cases} -\dfrac{\Delta\beta}{2}z, & C > 0 \\[2mm] -\dfrac{\Delta\beta}{2}z \pm \pi, & C < 0 \end{cases} \qquad (2-157)$$

式中，$\Delta\Phi_{\mathrm{e}}^{\mathrm{NL}}$ 限制在范围 $[-\pi, \pi]$。式（2-157）表明，当 $C$ 符号发生变化时，e 光会发生半波损失。

o 光的相位更为复杂，下面考虑在相位失配量较大或电场强度较小情况下的 o 光额外相移。在这种近似下，$|A_1| \approx 1$；因此，$A_1(z) = \exp(-\mathrm{i}\Delta\Phi_{\mathrm{o}}^{\mathrm{NL}}(z))$。根据式（2-152）和式（2-153）可以推出：

$$\frac{\mathrm{d}^2\Delta\Phi_{\mathrm{o}}^{\mathrm{NL}}}{\mathrm{d}z^2} - \mathrm{i}\left(\frac{\mathrm{d}\Delta\Phi_{\mathrm{o}}^{\mathrm{NL}}}{\mathrm{d}z}\right)^2 - \mathrm{i}\Delta\beta\frac{\mathrm{d}\Delta\Phi_{\mathrm{o}}^{\mathrm{NL}}}{\mathrm{d}z} + \mathrm{i}\kappa^*\kappa = 0 \qquad (2-158)$$

在距离 $z = L$ 处，$\Delta\Phi_{\mathrm{o}}^{\mathrm{NL}}$ 为：

$$\Delta\Phi_{\mathrm{o}}^{\mathrm{NL}} = -\frac{\Delta\beta L}{2}\left(1 - \sqrt{1 + (2\kappa^*\kappa/\Delta\beta)^2}\right) \qquad (2-159)$$

在上述近似下 $\Delta\beta \gg |\kappa|$，式（2-159）可以化为

$$\Delta\Phi_{\mathrm{o}}^{\mathrm{NL}} \approx \frac{|\kappa L|^2}{\Delta\beta L} \qquad (2-160)$$

由式（2-160）可以看出，诱导出的非线性相移与电场强度的平方成正比，类似于电光克尔效应。这里可以仿照 SHG 级联过程引入一个有效的电光非线性折射率 $\Delta n_{\mathrm{o}}^{\mathrm{eff}}$，其中 $\Delta\Phi_{\mathrm{o}}^{\mathrm{NL}} = \dfrac{2\pi}{\lambda}L\Delta n_{\mathrm{o}}^{\mathrm{eff}}$，则有：

$$\Delta n_{\mathrm{o}}^{\mathrm{eff}} = \frac{\omega n_{\mathrm{e}}^3 n_{\mathrm{o}}^2 \gamma_{51}^2}{\pi^2 c\Delta\beta}E_y^2 \qquad (2-161)$$

这里，类比 SHG 过程下的级联效应，在介质的折射率与电场的关系中引入一个有效的电光克尔系数，如下所示：

$$n = n_0 + \frac{1}{2}\gamma n_0^3 E + \frac{1}{2}s^{\text{eff}} n_0^3 E^2 + \frac{1}{2}s n_0^3 E^2 + \cdots \qquad (2-162)$$

式中，$\frac{1}{2}\gamma n_0^3 E$ 表示一阶电光效应（普克尔效应），$\frac{1}{2}s n_0^3 E^2$ 表示二阶电光效应，$\frac{1}{2}s^{\text{eff}} n_0^3 E^2$ 表示有效电光克尔效应。在偏振耦合级联效应当中，$\gamma$ 诱导出 $s^{\text{eff}}$，这和 SHG 级联效应 $\chi_2$ 诱导出 $\chi_3^{\text{eff}}$ 一样。

假设 $\Delta\beta = 1\pi/m$，$\lambda = 600\ \text{nm}$，$n_e = 2.193\ 0$，$n_o = 2.282\ 9$，$\gamma_{51} = 32.6\ \text{pm/V}$，有效电光克尔系数为 $1.04 \times 10^{-14}\ \text{m}^2/\text{V}^2$[90]。这个值比铌酸锂晶体的电光克尔系数（$3.39 \times 10^{-17}\ \text{m}^2/\text{V}^2$）大几个数量级。这个结果也比很多特殊材料和效应下的电光克尔系数大几个数量级，比如低维激子、半导体微晶、量子线、纳米颗粒、纳米流体及量子点阵，这些材料或方法下的电光克尔系数通常在 $10^{-17}$ 量级[91-98]。需要注意的是，这里提到的增强电光克尔效应是有效效应，这与铌酸锂晶体本身没有必然联系，而是取决于横向电光效应产生的摇摆畴结构。

根据式（2-157）和式（2-159）可以得出 e 光和 o 光的精确相移量，如图 2-77 所示。图中 4 条线代表不同的相位失配量下非线性相移随电场的变化，相位失配量分别为：$\Delta\beta = 121\pi/m$，$16\pi/m$，$-16\pi/m$，$-121\pi/m$，图中的虚线则表示透过率随电场的变化，描述了 PPLN 晶体中 o 光和 e 光的能量耦合过程。通过调控相位失配量，非线性相移的符号和大小都可以得到调制。图 2-77(a)给出了 e 光的非线性相移随电场的变化，对于 e 光，非线性相移只有在 e 光出现"半波损"时发生改变。图 2-77(b)反映了 o 光的非线性相移随电场呈非线性变化，并且在某些临界电场下面，微小的电场改变可以诱导极大的相位变化，这个特点可以用来作非线性电光位相调制器。需要强调的是，传统的相位调制器依赖于普克尔效应，只能实现线性的相位变化，无法实现大的相位突变。不过该相位调制器有个缺点是，相位的突变发生在能量损失很大的位置上。

图 2-78 给出了验证偏振级联效应下产生的非线性相移的实验装置，实验上选取三阶相位匹配的邻近波长，由 He-Ne 激光器发射，波长为 632.8 nm，偏振方向沿水平方向，即入射光为 o 光。该光束经分束器后，一束光经过掺镁 PPLN 晶体，另一束光从空气中经过。这两束光在空间上的某一位置处交汇发生干涉。通过改变横向外加电场，观测牛顿环的变化。

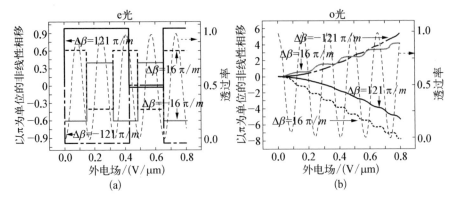

**图 2‑77 偏振耦合过程下 NPS 随电场的变化**

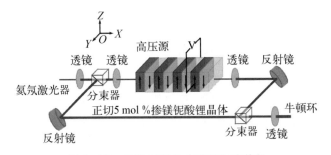

**图 2‑78 验证 NPS 的牛顿环实验装置**

实验结果与理论模拟如图 2‑79 所示,令横向电场从 0 变化到 0.56 V/μm,我们观察在不同温度(不同的相位失配量)下干涉环的亮暗变化。当相位失配量为 −1 000π/m 左右时,[23℃,见图 2‑79(a)]牛顿环在电场增长过程中几乎没有变化,这说明在相位失配量比较大的时候,难以出现非线性相移。当相位失配量为 −100π/m 左右时,[21.3℃,见图 2‑79(b)]干涉环在电场为 0.28 V/μm,0.44 V/μm 和 0.56 V/μm 时出现了三次亮暗变化,每次变化意味着相位改变了 π。需要指出的是,在 Z 切型的铌酸锂晶体里,横向电光效应只能旋转晶体的光轴,介质的折射率基本不发生变化,因此不会出现类似的亮暗变化。这里的相位变化主要归功于偏振耦合下的级联效应。

图 2‑79(c)是 21.3℃时实验结果与理论曲线的比对。图中的点表示实验中位相改变为 π 时的外加电压,图中曲线是 o 光的相移随外加电场变化的理论曲线,因为 e 光在电场从 0 变化到 0.56 V/μm 保持不变,所以在这里不考虑。我们发现实验结果与理论曲线十分相似,但由于实验和模拟过程中会出现一些不可避免的误差,例如理论计算出的 o 光和 e 光的折射率不一定与晶体中的实际折射率相同,实验结果与理论模拟之间的误差是可以接受的。

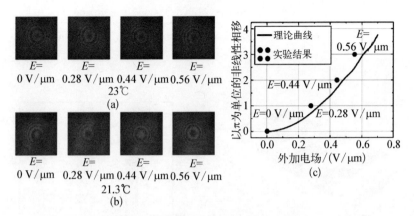

图 2 - 79　实验结果与理论模拟的比较

本小节我们类比 SHG 级联效应，首次提出了基于 PPLN 电光效应下的偏振耦合级联效应。牛顿环干涉实验证明了该级联效应产生的大相移，提供了一种得到增强电光克尔效应的新方法。需要指出，偏振耦合级联效应与 SHG 级联效应有本质的不同，前者属于线性光学范畴，而后者属于非线性光学范畴。下面我们将要讨论这种偏振耦合级联效应在振幅、群速度调控方面的应用。

### 2.6.3　类交叉控制

本小节将基于上面提出的偏振耦合级联效应，进一步探讨该效应下存在的类交叉相位调制，与传统非线性光学领域里的交叉相位调制相比，类交叉相位调制下，耦合波的透过率、相位和色散依赖于两束波的光强比，而不与二者的绝对能量大小相关。这种特点有望在弱光非线性效应领域得到应用。

前面指出，一对正交偏振的耦合波（o 光和 e 光）在 PPLN 晶体的电光效应下会发生级联效应，具体过程如图 2-80 所示。考虑一束输入 e 光，波长在相位匹配条件附近。随着耦合的进行，o 光能量随着距离的增加开始逐渐提高。在一个相干长度之后，能量开始从 o 光流回 e 光。新返回的 e 光与之前的 e 光相位不一致，从而在 e 光上面叠加出一个非线性 NPS。

结合耦合波方程（2-152）和（2-153），两束波的相位可以得到如下：

$$\Phi_1(z) = \frac{\Delta\beta z}{2} + \arctan\left[\frac{-\sqrt{I_1/I_2}(\Delta\beta/2s)\sin(sz) + \mathrm{Re}(\kappa/s)\sin(sz)\sin(\delta_0)}{\sqrt{I_1/I_2}\cos(sz) + \mathrm{Re}(\kappa/s)\sin(sz)\cos(\delta_0)}\right]$$

$$(2 - 163)$$

$$\Phi_2(z) = -\frac{\Delta\beta z}{2} + \arctan$$

$$\left[\frac{(\Delta\beta/2s)\sin(sz)\cos(\delta_0)+\cos(sz)\sin(\delta_0)}{\cos(sz)\cos(\delta_0)-(\Delta\beta/2s)\sin(sz)\sin(\delta_0)-\sqrt{I_1/I_2}\,\mathrm{Re}(\kappa/s)\sin(sz)}\right]$$

$$(2-164)$$

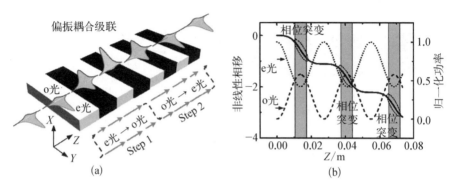

图 2‑80　偏振耦合过程下的级联过程

式中, $I_1$ 和 $I_2$ 分别表示 o 光和 e 光的光强, $\delta_0$ 是两束波的初始相位差。根据式
(2‑163)和式(2‑164)可知每束波的相位由自身和另外一束波决定。前者,相
当于自相位调制(SPM);后者,相当于交叉相位调制(XPM)。不同的是,这里的
相位依赖于两束波的能量之比,而非能量绝对值。考虑一个 2.1 cm 长的 PPLN
晶体,其周期为 21 $\mu m$。两束耦合波的相位和透射率如图 2‑81 所示。

　　图 2‑81 中,(a)~(c)指 o 光,(d)~(f)指 e 光。(a)和(d)具有相同的相位
失配量, $\Delta\beta=190\pi/m$;(b)和(e)具有相同的相位失配量, $\Delta\beta=120\pi/m$;(c)和(f)
具有相同的相位失配量, $\Delta\beta=60\pi/m$。电场强度为 0.15 V/ $\mu m$。

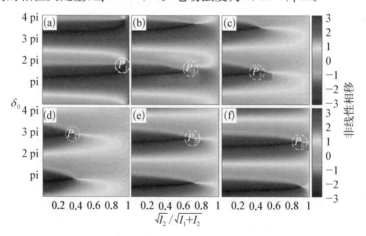

图 2‑81　NPS 随光强比和初始相位的变化关系

从图 2-81 中可以发现,在某些临界点如 $P_1$,$P_2$,$P_3$,$P_4$,$P_5$,$P_6$ 上,光强比做微小变化,相位则变化极大。这个特点可以用来设计一种新型的全光相位调控器。图 2-82 给出了耦合波的透过率随光强比和初始相位差的变化关系。图中表明,通过调谐光强之比,可以将透过率在 0 和接近 100% 之间进行调节。这个特点可以用作全光强度调制器。

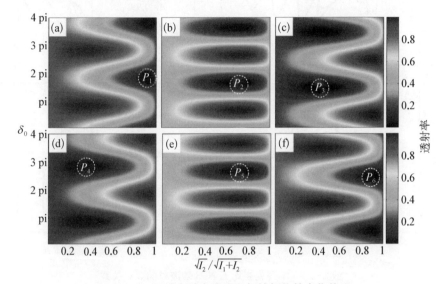

**图 2-82 透过率随光强比和初始相位的变化关系**

NPS 随波长的变化关系由图 2-83 所给出。在计算过程中,假设初始相位差 $\delta_0 = 0$,电场 $E = 0.17 \text{ V}/\mu\text{m}$;定义 $A_2 = \sqrt{I_2/(I_1 + I_2)}$。其中,(a) 和 (c) 表示 o 光的结果;(b) 和 (d) 表示 e 光的结果。通过改变相位失配量,非线性相移量的大小和符号都可以被改变。非线性相移(a,b)和其导数(c,d)随光强比的可调谐性非常有意义,因为非线性相移的导数与群速度有关,这意味着通过控制光强比可以实现可调谐快慢光。

从图 2-83 可以看出,QPM 的带宽只有几个纳米。这不适用于超短脉冲和超快脉冲。因为,超短脉冲和超快脉冲的带宽一般有几十个纳米。在前面滤波器的研究当中发现,通过适当地缩短 PPLN 晶体的长度,在相同的电场下,可以得到更大的带宽[99]。图 2-84 给出了不同晶体长度下 NPS 随波长的变化关系。在上述计算当中,假设 $\delta_0 = 0$,$E = 0.17 \text{ V}/\mu\text{m}$,$A_2 = 0.99$。图中所示,晶体的长度越短,则带宽越大。(c) 和 (d) 给出,在特定的长度下,带宽可以宽至几十纳米。因此,飞秒光或皮秒光也可以通过此宽带进行操作,比如相位延迟和群速度延迟等操作。

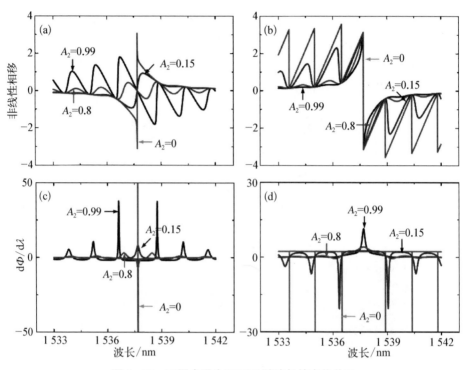

图 2-83　不同光强比下 NPS 随波长的变化关系

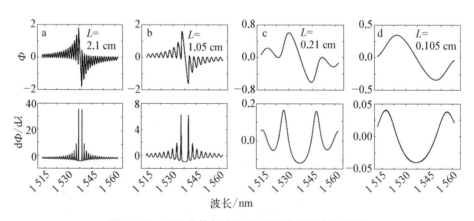

图 2-84　不同晶体长度下 NPS 随波长的变化关系

　　总之,全光操作往往依赖于非线性介质。这是因为光对光的操控必须依赖于二阶非线性系数或三阶非线性系数。一般情况下,非线性介质的高级非线性系数都非常小,这要求操控的光为强光。很多增强非线性效应的方法已经被提出,比如光子晶体、纳米线、电磁诱导透明、量子点阵、光折变效应和慢光增强非线性效应,然而这些方法都依赖于非线性效应。本节提出的类交叉位相调制,则依赖于线性光学效应,属于线性光学范畴,在本质上完全区别于以上方法,具有广阔的应用前景。

### 2.6.4 快慢光的研究

有关光群速度的调控研究一直以来都吸引着科研人员的研究兴趣[100-102]。通过控制光的群速度可以实现对光信号的缓存和处理,并且可以用来增强非线性效应[103, 104]。然而,目前为止,大部分控制群速度的方法都有各种各样的缺陷。比如,电磁诱导透明采用超冷原子气而非固体材料[105];量子点半导体光放大器只能实现有限的信号延迟[106];相干粒子束振荡[101]和受激拉曼散射[107]的带宽非常窄;表面等离子波对材料表面的光滑度非常敏感,相对难以激发[108];光折变效应响应速度太慢[109];SHG非线性级联效应则需要光的能量极大[45, 110]。前面介绍了偏振级联耦合下的非线性相移和色散,本节研究基于偏振耦合下的群速度调控。研究发现,该方法可以同时实现快光和慢光,并且群速度可以被电场和波长双向调节。与以上方法相比,该方法具有弱光实现、常温条件、反应速度快和延迟量大等特点。

前面指出,在 PPLN 晶体内,横向电场使得晶体的正畴和负畴的光轴形成一个周期性摇摆角。这个摇摆角一般很小,可以视为一个周期性的微扰。在这种假设下,o 光和 e 光的耦合模方程组见式(2-152)与式(2-153):

$$\mathrm{d}A_1/\mathrm{d}z = -\mathrm{i}\kappa A_2 \exp(i\Delta\beta z)$$

$$\mathrm{d}A_2/\mathrm{d}z = -\mathrm{i}\kappa^* A_1 \exp(-i\Delta\beta z)$$

其中,$\Delta\beta = (k_1 - k_2) - G_m$,$G_m = 2\pi m/\Lambda$,并且

$$\kappa = -\frac{\omega}{2c}\frac{n_o^2 n_e^2 \gamma_{51} E_y}{\sqrt{n_o n_e}}\frac{\mathrm{i}(1-\cos m\pi)}{m\pi} \quad (m = 1, 3, 5, \cdots)$$

假设初始条件满足:$A_1(0) = 0$,$A_2(0) = 1$;耦合模方程组的解由下式给出:

$$A_1(z) = \exp[\mathrm{i}(\Delta\beta/2)z](-\mathrm{i}\kappa/s)\sin(sz) \qquad (2-165)$$

$$A_2(z) = \exp[-\mathrm{i}(\Delta\beta/2)z][\cos(sz) + i\Delta\beta/(2s)\sin(sz)] \qquad (2-166)$$

式中,$s^2 = \kappa\kappa^* + (\Delta\beta/2)^2$。考虑 $E_{1,2} = A_{1,2}(z)\exp[\mathrm{i}(\beta_{1,2}z - \omega t)]$,e 光的相位由下式给出:

$$\Phi_2(z) = \frac{\pi}{\Lambda}z + \frac{(3\beta_2 - \beta_1)}{2}z + \arctan\left[\frac{\Delta\beta}{2s}\tan(sz)\right] \qquad (2\text{-}167)$$

则 e 光有效群速度的倒数为

$$\frac{1}{V_g} = \frac{\mathrm{d}k}{\mathrm{d}\omega} = \frac{1}{z}\frac{\mathrm{d}\Phi}{\mathrm{d}\omega}$$

$$= \frac{3v_1 - v_2}{2v_1 v_2} + \frac{1}{1 + \dfrac{\Delta\beta^2}{4s^2}\tan^2(sz)}\left[\frac{v_2 - v_1}{2v_1 v_2}\frac{\tan(sz)}{sz} + \frac{\Delta\beta}{2}\left(\frac{\tan(sz)}{sz}\right)'\right]$$

$$(2\text{-}168)$$

式中,$v_1$ 和 $v_2$ 是 o 光和 e 光在体介质铌酸锂晶体中的群速度。e 光的透过率由下式给出:

$$I_2 = \left[\cos^2(sz) + \frac{\Delta\beta^2 \sin^2(sz)}{4s^2}\right] \qquad (2\text{-}169)$$

对于相位匹配条件$(\Delta\beta = 0)$,e 光的有效群速度为

$$V_g = \frac{2v_1 v_2}{3v_1 - v_2 + (v_2 - v_1)\dfrac{\tan(sz)}{sz}} \qquad (2\text{-}170)$$

如果满足 $sz = \pi/2 + m\pi$, $m = 0, 1, 2, \cdots$,则 $V_g$ 为 0,看似光被完全停滞了。实际上,此时光的透过率也衰减为 0,因此不能视为停光现象。当选择一个合适的 $sz$,群速度 $V_g$ 也可以超过光速 $c$,甚至为负值。群速度随 $sz$ 的变化关系如图 2-85 所示。从图中可以发现一个有趣的临界点,在这点附近,群速度对 $sz$ 十分敏感,极小的波长改变或是电场改变都可以诱发极大的群速度变化。这个临界点由方程 $3v_1 - v_2 + (v_2 - v_1)\dfrac{\tan(sz)}{sz} = 0$ 所决定。

实验上,我们制作了一个尺寸为 30 mm (L) ×10 mm (W) ×0.5 mm (T) 的 Z 切型 PPLN 晶体。周期为 21 μm。图 2-86 给出了测量慢光信号的实验装置。采用一个量程为 1.5 kV 的高压源来施加横向电场。SAE 是宽带源,输出波长为 1 530~1 560 nm。OSA 为光谱仪,用来观测透射谱。单色光由可调谐激光器输出,输出信号经由强度调制器和信号发生器进行调节;输出光由光电探测器和示波器检测。

利用上述实验装置,我们成功观测到了慢光信号。很多研究已经证明由于

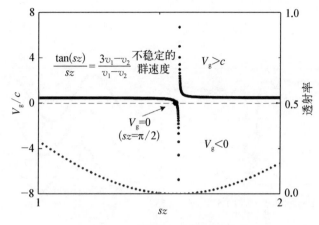

**图 2‑85 群速度为 $sz$ 的理论关系**

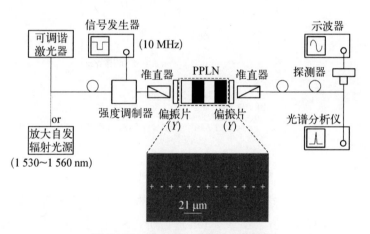

**图 2‑86 观测慢光现象的实验装置**

布拉格发射,光子晶体禁带附近,光具有大的群速度色散[109]。我们这里的 PPLN 摇摆畴结构也构造出一个禁带,如图 2‑87(a)所示。禁带产生的原理和 2.3 节滤波器的原理一致。我们知道,在横向电光效应下,PPLN 呈现摇摆畴结构。当光经过前偏振器时,光是沿 $Z$ 轴偏振的线偏振光(方位角为 0°)。因为第一个片子处在方位角 $\theta$,通过第一个片子后的出射光束是处在方位角为 $2\theta$ 的线偏振光。第二个片子以方位角 $-\theta$ 取向,相对于入射在它上面的光的偏振方向形成 $3\theta$ 的角度,在其输出面的偏振方向将旋转 $6\theta$,并以方位角 $-4\theta$ 取向。这些片子依次按 $\theta,-\theta,\theta,-\theta,\cdots$ 取向,而这些片子出射处的偏振方向呈现 $2\theta,-4\theta,6\theta,-8\theta,\cdots$ 值,因此经 $N$ 个片子之后,最终的方位角为 $2N\theta$。若最终这个方位角为 90°(即 $2N\theta=\pi/2$),则光将无法通过平行的检偏器。而在其他波长,这些片子并不是半波片,光不经历 90°偏振旋转,所以在检偏器中不遭受损失,这样便形成了一个禁带。在禁带附近,光信号可以通过电场和波长进行调节。

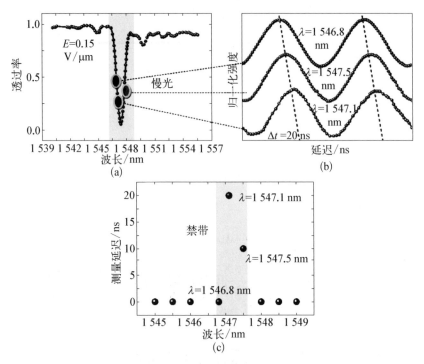

**图 2-87 慢光信号随波长的调谐**

图 2-87(a)给出了电场为 0.15 V/μm 下的透射谱。在禁带边缘,选择波长 1 546.8 nm,1 547.5 nm,1 547.1 nm 进行研究。输出的连续信号经信号发生器和强度调制器调制为频率为 10 MHz 的连续波。图 2-87(b)给出了不同波长下的信号波形。最大延迟量可以达到 20 ns,约为五分之一个信号周期。远离禁带边缘的信号也进行了观测。图 2-87(c)表明,只有在禁带边缘附近的信号才能够被较大程度地延迟,偏离禁带的信号是无法被延迟的。

图 2-88(a)给出了透射谱随电场和距离的理论关系。图中表明,通过调节电场大小可以使得束缚在禁带内的光信号从禁带里拉出来,或者把禁带边缘的光信号拉入禁带内部。图 2-88(b)给出了实验上测出的透射谱。选择禁带边缘上的某一波长信号,然后观测电场分别为 0 V/μm,0.05 V/μm,0.15 V/μm 时的信号,其结果如图 2-88(c)所示。利用电场可以调谐的信号延迟量最大也为 20 ns。

由于 PPLN 晶体长约 3 cm,那么当不存在慢光效应的时候,光经过 PPLN

晶体需要 0.2 ns。可以计算得出，有效群速度为 $1.5 \times 10^6$ m/s；有效群折射率为 200。如此大的群折射率排除了经典普克尔效应的影响。

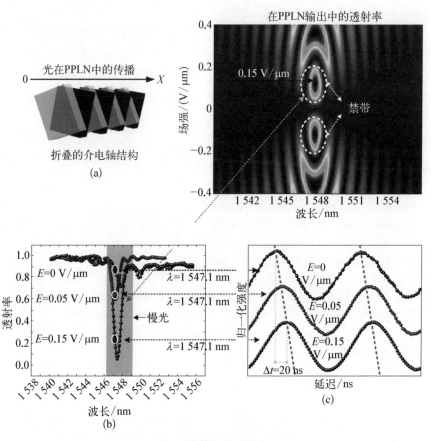

**图 2‐88 慢光信号随波长的调谐**

这里，我们提出了一种新的控制群速度的方法，禁带边缘附近，群速度可以通过波长和电场进行调节。该方法有望在电光信号处理和全光信号处理中得到应用，此外，负的群速度和大于光速的理论结果有助于研究快光中的物理。

本节研究利用 PPLN 晶体对偏振光的相位进行调控。通过类比 SHG 级联效应，首次提出了基于 PPLN 晶体电光效应下的偏振耦合级联效应，在相位失配条件下，o 光和 e 光发生级联过程，从而在 o 光和 e 光上产生了非线性相移。并且，该效应通过普克尔系数诱导出有效电光克尔系数，该有效电光克尔系数比铌酸锂晶体的电光克尔系数大几个数量级，并且可以随波长和电场进行调节。基于此偏振级联耦合效应，我们进一步提出了类交叉相位调制概念，耦合波的相位与两者的光强比有关，该特点可以用来实现弱光全光操作。考虑到非线性相移往往伴随着强的群速度色散,我们进一步提出了利用此偏振级联耦合过程实现群速度调控的方法,实验上实现了 20 ns 的群延迟量,有望在全光信号处理中得到应用。

　　本节提出的偏振级联效应也可以推广到超快光学领域,实现对飞秒光和皮秒光的群速度调控,脉冲压缩和整形;在本节中,电光普克尔效应诱导出了有效的电光克尔效应,在此启发下,通过改变产生畴偏角的手段,如利用磁光效应或弹光效应,也可以实现偏振耦合级联效应,并且在此过程中可以诱导出有效的二阶磁光效应或二阶弹光效应。

## 参考文献

[ 1 ] Maiman T H. Stimulated optical radiation in ruby [J]. Nature, 1960, 187: 493 - 494.

[ 2 ] Franken P, Hill A, Peters C W, et al. Generation of optical harmonics [J]. Phys. Rev. Lett., 1961, 7: 118 - 119.

[ 3 ] Armstrong J, Bloembergen N, Ducuing J, et al. Interactions between light waves in a nonlinear dielectric [J]. Phys. Rev., 1962, 127: 1918.

[ 4 ] 李铭华,杨春晖. 光折变晶体材料科学导论[M]. 北京:科学出版社,2003.

[ 5 ] Yamada M, Saitoh, M. Fabrication of a periodically poled laminar domain structure with a pitch of a few micrometers by applying an external electric field [J]. J. Appl. Phys., 1998, 84: 2199.

[ 6 ] Lim E, Fejer M, Byer R, et al. Blue light generation by frequency doubling in periodically poled lithium niobate channel waveguide [J]. Electron. Lett., 1989, 25: 731 - 732.

[ 7 ] Ishigame Y, Suhara T, Nishihara H. LiNbO$_3$ waveguide second-harominc-generation device phase matched with a fan-out domain-inverted grating [J]. Opt. Lett., 1991,16: 375 - 377.

[ 8 ] Webjorn J, Laurell F, Arvidsson G. Blue light generated by frequency doubling of laser diode light in a lithium niobate channel waveguide [J]. Photon. Technol. Lett., 1989, IEEE 1: 316 - 318.

[ 9 ] Webjorn J, Laurell F, Arvidsson G. Fabrication of periodically domain-inverted channel waveguides in lithium niobate for second harmonic generation[J]. Lightwave Technol., 1989, 7: 1597 - 1600.

[10] Zhu Y, Zhu S, Hong J, et al. Domain inversion in LiNbO$_3$ by proton exchange and quick heat treatment [J]. Appl. Phys. Lett., 1994, 65: 558 - 560.

[11] Yamada M, Nada N, Saitoh M, et al. First-order quasi-phase matched LiNbO$_3$ waveguide periodically poled by applying an external field for efficient blue second-harmonic generation [J]. Appl. Phys. Lett., 1993, 62: 435 - 436.

[12] Lu Y Q, Wan Z L, Wang Q, et al. Electro-optic effect of periodically poled optical

superlattice LiNbO₃ and its applications [J]. Appl. Phyfs. Lett. , 2000, 77: 3719 -3721.

[13] Boyd R W. Nonlinear optics [M]. Singapore: Academic press, 2002.

[14] Shen Y R. The principles of nonlinear optics [M]. New York: Wiley-Interscience, 1984.

[15] 叶佩弦. 非线性光学[M]. 北京：中国科学技术出版社,1999.

[16] Jones R C. A new calculus for the treatment of optical systems [J]. JOSA, 1941, 31: 500 - 503.

[17] Yariv A, Yeh P. Optical waves in crystal propagation and control of laser radiation [M]. John Wiley & Sons, 1984.

[18] Chen X, Shi J, Chen Y, et al. Electro-optic Solc-type wavelength filter in periodically poled lithium niobate [J]. Opt. Lett. , 2003, 28: 2115 - 2117.

[19] Smith D, Riccius H, Edwin R. Refractive indices of lithium niobate [J]. Opt. Commun. , 1976, 17: 332 - 335.

[20] 钟维烈. 铁电体物理学[M]. 北京：科学出版社,1996.

[21] 李家泽,朱宝亮,魏光辉. 晶体光学[M]. 北京：北京理工大学出版社,1989.

[22] Wong K K. Properties of lithium niobate [M]. IET, 2002.

[23] Weis R, Gaylord T. Lithium niobate: summary of physical properties and crystal structure [J]. Appl. Phys. A: Materials Science & Processing, 1985, 37: 191 - 203.

[24] Rauber A. Chemistry and physics of lithium niobate [J]. Current topics in materials science, 1978, 1: 481 - 601.

[25] Zhu Y, Chen X, Shi J, et al. Wide-range tunable wavelength filter in periodically poled lithium niobate [J]. Opt. Commun. , 2003, 228: 139 - 143.

[26] Jundt D H. Temperature-dependent Sellmeier equation for the index of refraction, ne, in congruent lithium niobate[J]. J. Appl. Phys. , 1974, 45: 3688 .

[27] Lee Y L, Noh Y C, Jung C, et al. Reshaping of a second-harmonic curve in periodically poled Ti: LiNbO₃ channel waveguide by a local-temperature-control technique [J]. Appl. Phys. Lett. , 2005, 86: 011104.

[28] Lee Y W, Kim H T, Jung J, et al. Wavelength-switchable flat-top fiber comb filter based on a Solc type birefringence combination [J]. Opt. Express, 2005, 13: 1039 - 1048.

[29] Alboon S A, Lindquist R G. Flat top liquid crystal tunable filter using coupled Fabry-Perot cavities [J]. Opt. Express, 2008, 16: 231 - 236.

[30] Suh W, Fan S. Mechanically switchable photonic crystal filter with either all-pass transmission or flat-top reflection characteristics [J]. Opt. Lett. , 2003, 28: 1763 - 1765.

[31] Akahane Y, Asano T, Takano H, et al. Two-dimensional photonic-crystal-slab channeldrop filter with flat-top response [J]. Opt. Express, 2005, 13: 2512 - 2530.

[32] Sapriel J, Molchanov V Y, Aubin G, et al. Acousto-optic switch for telecommunication networks [C]. in Society of Photo-Optical Instrumentation Engineers (SPIE) Conference Series(2005), pp. 68 - 75.

[33] Kasahara R, Yanagisawa M, Goh T, et al. New structure of silica-based planar lightwave circuits for low-power thermooptic switch and its application to 8 × 8 optical matrix switch [J]. J. Lightwave Technol. , 2002, 20: 993.

[34] Berrettini G, Meloni G, Bogoni A, et al. All-optical 2×2 switch based on Kerr effect in highly nonlinear fiber for ultrafast applications [J]. IEEE photon. technol. lett. , 2006, 18: 2439 - 2441.

[35] Huo J, Liu K, Chen X. 1×2 precise electro-optic switch in periodically poled lithium niobate [J]. Opt. Express, 2010, 18: 15603 - 15608.

[36] Liu K, Shi J, Chen X. Linear polarization-state generator with high precision in periodically poled lithium niobate [J]. Appl. Phys. Lett. , 2009, 94: 101106.

[37] Zhuang Z, Kim Y J, Patel J. Achromatic linear polarization rotator using twisted nematic liquid crystals [J]. Appl. Phys. Lett. , 2000, 76: 3995 - 3997.

[38] Yao X S, Yan L, Shi Y. Highly repeatable all-solid-state polarization-state generator [J]. Opt. Lett. , 2005, 30: 1324 - 1326.

[39] Lee Y, Yu N, Kee C S, et al. All-optical wavelength tuning in Solc filter based on Ti: PPLN waveguide [J]. Electron. Lett. , 2008, 44: 30 - 32.

[40] Shi L, Tian L, Chen X. Electro-optic chirality control in MgO: PPLN [J]. J. Appl. Phys. , 2012, 112: 073103 - 073104.

[41] Kaminský J, Kapitán J, Baumruk V, et al. Interpretation of Raman and Raman optical activity spectra of a flexible sugar derivative, the gluconic acid anion [J]. J. Phys. Chem. A, 2009, 113: 3594 - 3601.

[42] Du G, Saito S, Takahashi M. Fast magneto-optical spectrometry by spectrometer [J]. Rev. Sci. Instrum. , 2012, 83: 013103 - 013105.

[43] Sabella R, Iannone E, Listanti M, et al. Impact of transmission performance on path routing in all-optical transport networks [J]. Lightwave Technol. , 1998, 16: 1965 - 1972.

[44] Lee K C, Li V O K. A wavelength-convertible optical network [J]. Lightwave Technol. , 1993, 11: 962 - 970.

[45] Lu W, Chen Y, Miu L, et al. All-optical tunable group-velocity control of femtosecond pulse by quadratic nonlinear cascading interactions [J]. Opt. Express, 2008, 16: 355 - 361.

[46] Zhang J, Chen Y, Lu F, et al. Flexible wavelength conversion via cascaded second order nonlinearity using broadband SHG in MgO-doped PPLN [J]. Opt. Express, 2008, 16: 6957 - 6962.

[47] Gong M, Chen Y, Lu F, et al. All optical wavelength broadcast based on simultaneous Type I QPM broadband SFG and SHG in MgO: PPLN [J]. Opt. Lett. , 2010, 35: 2672 - 2674.

[48] Bonneau D, Lobino M, Jiang P, et al. Fast path and polarization manipulation of telecom wavelength single photons in lithium niobate waveguide devices [J]. Phys. Rev. Lett. , 2012, 108: 53601.

[49] 严军勇,金翊,左开中. 无进(借)位运算器的降值设计理论及其在三值光计算机中的应用 [J]. 中国科学: E 辑,2008, 38: 2112 - 2122.

[50] Poynting J. The wave motion of a revolving shaft, and a suggestion as to the angular momentum in a beam of circularly polarised light [J]. Proceedings of the Royal Society of

London. Series A, Containing Papers of a Mathematical and Physical Character, 1909, 82: 560 - 567.

[51] Beth R A. Mechanical detection and measurement of the angular momentum of light [J]. Phys. Rev. , 1936, 50: 115.

[52] Allen L, Beijersbergen M W, Spreeuw R J C, et al. Orbital angular momentum of light and the transformation of Laguerre-Gaussian laser modes [J]. Phys. Rev. A, 1992, 45: 8185.

[53] Grier D G. A revolution in optical manipulation [J]. Nature, 2003, 424: 810 - 816.

[54] Friese M E J, Nieminen T A, Heckenberg N R, et al. Optical alignment and spinning of laser-trapped microscopic particles [J]. Nature, 1998, 395: 621 - 621.

[55] Simpson N, Dholakia K, Allen L, et al. Mechanical equivalence of spin and orbital angular momentum of light: an optical spanner [J]. Opt. Lett. , 1997, 22: 52 - 54.

[56] O'neil A, MacVicar I, Allen L, et al. Intrinsic and extrinsic nature of the orbital angular momentum of a light beam [J]. Phys. Rev. Lett. , 2002, 88: 53601.

[57] O'Neil A, Padgett M. Three-dimensional optical confinement of micron-sized metal particles and the decoupling of the spin and orbital angular momentum within an optical spanner [J]. Opt. Commun. , 2000, 185: 139 - 143.

[58] Piccirillo B, Toscano C, Vetrano F, et al. Orbital and spin photon angular momentum transfer in liquid crystals [J]. Phys. Rev. Lett. , 2001, 86: 2285 - 2288.

[59] Oroszi L, Galajda P, Kirei H, et al. Direct measurement of torque in an optical trap and its application to double-strand DNA [J]. Phys. Rev. Lett. , 2006, 97: 058301.

[60] Molina-Terriza G, Torres J P, Torner L. Twisted photons [J]. Nat. Phys. , 2007, 3: 305 - 310.

[61] Molina-Terriza G, Vaziri A, Rcaroneh, et al. Triggered qutrits for quantum communication protocols [J]. Phys. Rev. Lett. , 2004, 92: 167903.

[62] Vaziri A, Pan J W, Jennewein T, et al. Concentration of higher dimensional entanglement: qutrits of photon orbital angular momentum [J]. Phys. Rev. Lett. , 2003, 91: 227902.

[63] Liu K, Chen X. Evolution of the optical polarization in a periodically poled superlattice with an external electric field [J]. Phys. Rev. A, 2009, 80: 063808.

[64] Chen L X, Zheng G L, Xu J, et al. Electrically controlled transfer of spin angular momentum of light in an optically active medium [J]. Opt. Lett. , 2006, 31: 3474 - 3476.

[65] Nishida Y, Miyazawa H, Asobe M, et al. 0-dB wavelength conversion using direct-bonded QPM-Zn: LiNbO$_3$ ridge waveguide [J]. Photon. Technol. Lett. , 2005, 17: 1049 - 1051.

[66] Barnett S. Optical angular-momentum flux [J]. J. Opt. B, 2002, 4: 7 - 16.

[67] Jeffries G D M, Edgar J S, Zhao Y, et al. Using polarization-shaped optical vortex traps for single-cell nanosurgery [J]. Nano. Lett. , 2007, 7: 415 - 420.

[68] Voogd R J, Singh M, Pereira S F, et al. The use of orbital angular momentum of light beams for super-high density optical data storage [J]. Opt. Soc. Am. , 2004, P.

FTuG14.

[69] Gahagan K, Swartzlander Jr G. Simultaneous trapping of low-index and high-index microparticles observed with an optical-vortex trap [J]. JOSA B, 1999, 16: 533 - 537.

[70] Mair A, Vaziri A, Weihs G, et al. Entanglement of the orbital angular momentum states of photons [J]. Nature, 2001, 412: 313 - 316.

[71] Beijersbergen M, Allen L, van der Veen H, et al. Astigmatic laser mode converters and transfer of orbital angular momentum [J]. Opt. Commun. , 1993, 96: 123 - 132.

[72] Heckenberg N R, McDuff R, Smith C P, et al. Generation of optical phase singularities by computer-generated holograms [J]. Opt. Lett. , 1992, 17: 221 - 223.

[73] Beijersbergen M, Coerwinkel R, Kristensen M, et al. Helical-wavefront laser beams produced with a spiral phaseplate [J]. Opt. Commun. , 1994, 112: 321 - 327.

[74] Heckenberg N, McDuff R, Smith C, et al. Laser beams with phase singularities [J]. Opt. Quant. Electron. , 1992, 24: 951 - 962.

[75] Marrucci L, Manzo C, Paparo D. Optical spin-to-orbital angular momentum conversion in inhomogeneous anisotropic media [J]. Phys. Rev. Lett. , 2006, 96: 163905.

[76] Dholakia K, Simpson N, Padgett M, et al. Second-harmonic generation and the orbital angular momentum of light [J]. Phys. Rev. A, 1996, 54: 3742 - 3745.

[77] Courtial J, Dholakia K, Allen L, et al. Second-harmonic generation and the conservation of orbital angular momentum with high-order Laguerre-Gaussian modes [J]. Phys. Rev. A, 1997, 56: 4193.

[78] Arlt J, Dholakia K, Allen L, et al. Parametric down-conversion for light beams possessing orbital angular momentum [J]. Phys. Rev. A, 1999, 59: 3950.

[79] Mair A, Vaziri A, Weihs G, et al. Entanglement of orbital angular momentum states of photons [J]. Nature, 2001, 412: 313 - 316.

[80] Bahabad A, Arie A. Generation of optical vortex beams by nonlinear wave mixing [J]. Opt. Express, 2007, 15: 17619 - 17624.

[81] Zheng G L, Wang H C, She W L. Wave coupling theory of quasi-phase-matched linear electro-optic effect [J]. Opt. Express, 2006, 14: 5535 - 5540.

[82] Liu K, Shi J H, Chen X F. Linear polarization-state generator with high precision in periodically poled lithium niobate [J]. Appl. Phys. Lett. , 2009, 94: 101106.

[83] Molina-Terriza G, Torres J, Torner L. Management of the angular momentum of light: preparation of photons in multidimensional vector states of angular momentum [J]. Phys. Rev. Lett. , 2001, 88: 13601.

[84] Yariv A, Yeh P. Optical waves in crystals [M]. New York: Wiley, 1984.

[85] Berkhout G C G, Lavery M P J, Courtial J, et al. Efficient sorting of orbital angular momentum states of light [J]. Phys. Rev. Lett. , 2010, 105: 153601.

[86] Thomas J M R, Taran J P E. Pulse distortions in mismatched second harmonic generation [J]. Opt. Commun. , 1972, 4: 329 - 334.

[87] Belashenkov N, Gagarskii S, Inochkin M. Nonlinear refraction of light on second-harmonic generation [J]. Optics and Spectroscopy, 1989, 66: 806 - 808.

[88] Stegeman G, Hagan D, Torner L. $\chi(2)$ cascading phenomena and their applications to

all-optical signal processing, mode-locking, pulse compression and solitons [J]. Opt. Quantum Electron. , 1996, 28: 1691 – 1740.

[89] Huo J, Chen X. Large phase shift via polarization-coupling cascading [J]. Opt. Express, 2012, 20: 13419 – 13424.

[90] Alexakis G, Theofanous N, Arapoyianni A, et al. Measurement of quadratic electrooptic coefficients in LiNbO$_3$ using a variation of the FDEOM method [J]. Opt. Quantum Electron. , 1994, 26: 1043 – 1059.

[91] Greene B, Orenstein J, Millard R, et al. Nonlinear optical response of excitons confined to one dimension [J]. Phys. Rev. Lett. , 1987, 58: 2750 – 2753.

[92] Hanamura E. Very large optical nonlinearity of semiconductor microcrystallites [J]. Phys. Rev. B, 1988, 37: 1273 – 1279.

[93] Cotter D, Burt M, Manning R. Below-band-gap third-order optical nonlinearity of nanometer-size semiconductor crystallites [ J ]. Phys. Rev. Lett. , 1992, 68: 1200 – 1203.

[94] Chen R, Lin D, Mendoza B. Enhancement of the third-order nonlinear optical susceptibility in Si quantum wires [J]. Phys. Rev. B, 1993, 48: 11879.

[95] Loicq J, Renotte Y, Delplancke J L, et al. Nonlinear optical measurements and crystalline characterization of CdTe nanoparticles produced by the "electropulse" technique [J]. New J. Phys. , 2004, 6: 32.

[96] Haseba Y, Kikuchi H, Nagamura T, et al. Large electro-optic Kerr effect in nanostructured chiral liquid-crystal composites over a wide temperature range [J]. Adv. Mater. , 2005, 17: 2311 – 2315.

[97] Rajagopalan H, Vippa P, Thakur M. Quadratic electro-optic effect in a nano-optical material based on the nonconjugated conductive polymer, poly (β-pinene) [J]. Appl. Phys. Lett. , 2006, 88: 033109 – 033103.

[98] Gao Y, Huong N, Birman J L, et al. Highly effective thin film optical filter constructed of semiconductor quantum dot 3D arrays in an organic host [J]. Opt. East, Int. Soc. Opt. Photon. , 2005, 272 – 281.

[99] Liu K, Shi J, Zhou Z, et al. Electro-optic Solc-type flat-top bandpass filter based on periodically poled lithium niobate [J]. Opt. Commun. , 2009, 282: 1207 – 1211.

[100] Hau L V, Harris S E, Dutton Z, et al. Light speed reduction to 17 metres per second in an ultracold atomic gas [J]. Nature, 1999, 397: 594 – 598.

[101] Bigelow M S, Lepeshkin N N, Boyd R W. Superluminal and slow light propagation in a room-temperature solid [J]. Science, 2003, 301: 200 – 202.

[102] Krauss T F. Why do we need slow light? [J]. Nat. photon. , 2008, 2: 448 – 450.

[103] Corcoran B, Monat C, Grillet C, et al. Green light emission in silicon through slow-light enhanced third-harmonic generation in photonic-crystal waveguides [J]. Nat. photon. , 2009, 3: 206 – 210.

[104] Bhat N, Sipe J. Optical pulse propagation in nonlinear photonic crystals [J]. Phys. Rev. E, 2001, 64: 056604.

[105] Liu C, Dutton Z, Behroozi C H, et al. Observation of coherent optical information

storage in an atomic medium using halted light pulses [J]. Nature, 2001, 409:
490 – 493.

[106] Gehrig E, van der Poel M, Mork J, et al. Dynamic spatiotemporal speed control of
ultrashort pulses in quantum-dot SOAs [J]. Quantum Electron., 2006, 42:
1047 – 1054.

[107] Okawachi Y, Bigelow M S, Sharping J E, et al. Tunable all-optical delays via Brillouin
slow light in an optical fiber [J]. Phys. Rev. Lett., 2005, 94: 153902.

[108] Stockman M I. Nanofocusing of optical energy in tapered plasmonic waveguides [J].
Phys. Rev. Lett., 2004, 93: 137404.

[109] Lin S, Hsu K, Yeh P. Experimental observation of the slowdown of optical beams by a
volume-index grating in a photorefractive LiNbO₃ crystal [J]. 2000.

[110] Marangoni M, Manzoni C, Ramponi R, et al. Group-velocity control by quadratic
nonlinear interactions [J]. Opt. lett., 2006, 31: 534 – 536.

# 3

# 超快非线性光学

曾和平

## 3.1 引言

超快强激光脉冲的非线性传输蕴含丰富的非线性效应,如超短超强激光脉冲的时间-空间调制不稳定性以及时空耦合的调制不稳定性[1-13],二阶非线性介质中的级联二阶非线性效应与强非线性相位调制和波包分裂[14,15],三阶非线性介质中的光丝等[16,17];由此衍生了诸如光谱展宽、超连续谱产生、圆锥辐射、脉冲压缩、光斑自清洁、THz 辐射、谐波产生等一系列新型非线性效应的探索[18-26];也带动了极宽频谱的超短强激光脉冲压缩、宽带光谱遥感及激光雷达、时间分辨光谱、超连续谱脉冲的诊断以及相干断层扫描等应用拓展[27-31]。对这些问题的持续创新探索已拓展出非线性光学的新前沿分支:超快非线性光学。

本专题简要介绍超短超强激光脉冲一些特有的非线性效应或现象,主要包括二阶非线性介质中若干独特的超快非线性光学现象、三阶非线性介质中飞秒光丝的非线性相互作用及其控制、超快分子排列取向及其在超连续光谱时频特性诊断方面的应用。本专题第一部分主要讨论级联二阶非线性效应和时空耦合调制不稳定性,介绍二阶非线性介质中波包分裂、二维多色波列、多色圆锥辐射、瞬时光栅、调制上转换放大等超快非线性光学现象。介绍利用上述参量过程实现超短脉冲载波包络相位(CEP)自稳定,获得超宽频谱范围内连续可调、高转换效率、CEP 稳定的超短脉冲。第二部分主要讨论空气中非共线飞秒光丝的相互作用以及基于 Kerr 效应、等离子效应和分子排列取向效应等非线性过程多飞秒光丝的控制;飞秒光丝非共线作用可诱导周期性排列调制的等离子晶格,用于超短脉冲的引导、传输、增强非线性频率转换;分子排列取向诱导瞬态折射率调制,与 Kerr 效应、等离子效应等共同作用,引起空平行或非共线传输的光丝之间相互吸引或排斥。第三部分介绍一种基于分子排列取向的频率分辨光学门方法(MX‐FROG),利用分子在激光场中取向的周期性双折射效应,还原超连续脉冲的相位、频率和振幅信息,实现紫外超短脉冲和超连续光谱的诊断,这种诊断方法在全波段范围无需相位匹配,具有高灵敏、低畸变等优势。

## 3.2 级联二阶非线性效应和时空调制不稳定性

二阶非线性介质中,光波传播过程中基波和二次谐波之间通过倍频及差频发生能量交换,这就是所谓的级联二阶过程[14,15]。级联二阶过程的非线性相移要比通常的三阶非线性过程高 100 倍左右,改变相位失配的大小和符号可控制级联二阶过程中的非线性相移大小和符号,其非线性相移随着光强增加而饱和。另一方面,高峰值功率激光脉冲与物质非线性相互作用通常伴有非常明显的调制不稳定性[1,4,6,8],自相位调制和反常群速度色散之间耦合将导致时间调制不稳定,非线性自聚焦和光束衍射相互耦合将导致空间调制不稳定,而色散、衍射及非线性效应之间相互耦合时会导致时空调制不稳定性。超短强激光脉冲在二阶非线性介质中非线性传播,基波和二次谐波之间存在着强烈交叉时空耦合,产生复杂的级联二阶非线性效应。基于级联二阶非线性效应和时空耦合调制不稳定性,在二阶非线性介质中产生波包分裂、二维多色波列、多色圆锥辐射、瞬时光栅、调制上转换放大等非线性现象[32-36]。利用这些参量过程可实现超短脉冲载波包络相位(CEP)的自稳定,获得超宽频谱范围内连续可调、高转换效率、CEP 稳定的超短脉冲。

### 3.2.1 二维多色波列

在二阶非线性介质中实验观察到了多种时空调制不稳定性,如波包分裂、二维多色波列、多色圆锥辐射、瞬时光栅、调制上转换放大等。例如,把钛宝石飞秒激光器输出的 50 fs 的激光脉冲(800 nm,1 kHz,700 μJ)入射到 I 类 BBO 晶体中实现了多种非线性现象。如图 3-1(a)所示,飞秒激光脉冲分为 $K_1$ 和 $K_2$ 两束($K_1$ 和 $K_2$ 之间的非共线夹角为 $\theta_p$),其中 $K_1$ 通过一个曲率半径为 200 cm 的凹面反射镜聚焦到 BBO 晶体上,形成了一个长短轴之比为 1.58 的椭圆形光斑。入

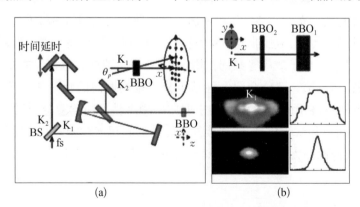

(a)　　　　　　　　　　　(b)

**图 3-1　(a) 二阶非线性介质中产生二维多色阵列的示意图;**
**(b) 一维阵列产生和二次谐波控制示意图**

插入图为实验观察到的光斑分裂和抑制及相应的横向强度分布[36]

射到 BBO 中的 $K_1$ 光斑两侧由于椭圆分布光斑的不均匀以及基波和二次谐波之间的强耦合出现了明显的光斑分裂[34-36]。实验中证实当在 $K_1$ 中混入二次谐波信号时,可以有效地控制光斑的分裂[见图 3-1(b)]。

当调节 $K_2$ 和 $K_1$ 在 BBO 晶体中同步时,$K_1$ 的光斑分裂和 $K_2$ 光在级联二阶非线性效应的作用下产生了一种二维周期性多色波列,如图 3-2(a)所示。整个波列呈现出上红下蓝的频率分布。实验表明:引入时间同步的非共线光束 $K_2$ 加剧了 $K_1$ 光束的光斑空间分裂,在一维横向空间分布的基础上产生了纵向的二维多色波列,这来源于级联二阶非线性过程导致的多色波列能量转移。二维多色波列不仅有助于更好地理解二阶非线性介质中的脉冲传输导致的波包分裂及其塌缩机理,也会带来很多新应用[32]。

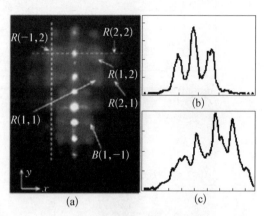

图 3-2　(a)二维周期性多色波列;(b)(c)对应图(a)中 $R(1, 2)$ 列和 $R(-1, 2)$ 列强度分布[36]

二维多色波列是在级联二阶非线性的作用下产生的,那么非线性晶体的等效折射率分布也会相应地改变,等效产生一种超快瞬时光栅。实验上通过引入第三束时间上同步的超连续白光来探究瞬时光栅的存在及其时空特性。

如图 3-3(a)所示,通过在 $K_1$ 和 $K_2$ 光束间引入第三束 $K_3$ 光束,$K_3$ 光束经焦距为 250 mm 的凹面反射镜聚焦到一块 2 mm 厚的蓝宝石上产生了稳定的超连续白光,利用 750 nm 低通滤波片滤除 $K_3$ 中 800 nm 的基波,仅保留其超连续谱成分作为探测光。实验发现,入射的 $K_3$ 探测光在瞬时光栅的作用下发生衍射,同时在相应的衍射方向上观察到白光的增强,产生一种二维多色上转换波列。图 3-3(c)给出了沿着 $R(1, 2)$ 方向入射超连续白光作用下的二维多色上转换波列,对应的若干波列点的光谱分布如图 3-3(d)所示。改变入射的超连续白光相对于波列产生光束 $K_1$ 和 $K_2$ 的空间位置,可以获得不同的上转换波列。图 3-4(a)和(b)分别给出了在 $R(2, 1)$ 和 $R(1, 1)$,$R(1, 2)$,$R(2, 1)$,$R(2, 2)$ 组成的正方形的中心方向入射的超连续白光产生的二维多色上转换波列。图 3-4(c)为图 3-4(b)中的多色上转化波列中的若干波列点的光谱分布,意味着上转换波列中包含 490~700 nm 的连续可见光波段。

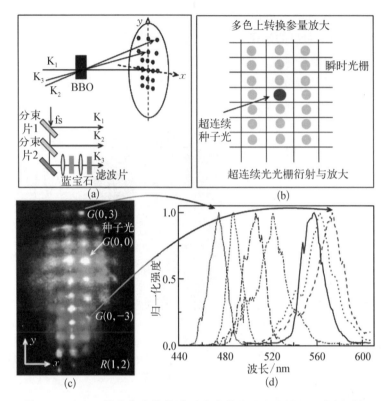

**图 3 - 3** **(a)** 二维多色上转换波列产生的实验示意图($K_3$ 为探测超
连续白光);**(b)** 超连续探测光在级联二阶非线性效应作用
下发生衍射和放大原理图;**(c)** 沿 $R(1, 2)$ 方向入射超连续
白光作用下的二维多色上转换波列;**(d)** 对应 $G(0, 3)$ 列波
列点光谱分布[36]

级联二阶非线性效应引起的二维多色上转换波列随瞬时光栅的变化关系可
以通过改变 $K_1$,$K_2$,$K_3$ 光的相对时间延迟来确定。当 $K_1$ 和 $K_2$ 在时间上同步时
获得了最大的上转换波列强度及最大的增强倍数;当遮挡住 $K_2$ 光,即不存在瞬
时光栅时,无法观察到二维多色上转换波列,说明二维多色上转换波列来源于二
阶非线性产生的瞬时光栅对入射的超连续白光的衍射和放大。

由于二维多色上转换波列中的波列点来源于同一个超连续白光脉冲,各波
列点的相位在非线性放大过程中保持不变。这些经过放大、不同频率的波列点
具有光谱相干性。实验上利用频谱干涉仪测量了两个波列点之间的相位差,利
用 CCD 探测的拍频信号,与两个参与频谱干涉脉冲的相位差 $\Delta\varphi = \varphi_2 - \varphi_1$ 密切
相关。当相位差 $\Delta\varphi$ 为定值时,可得到非常稳定的干涉条纹。证明不同波列点
之间的相位差是恒定的。二维多色上转换波列是由于交叉耦合的级联二阶非线

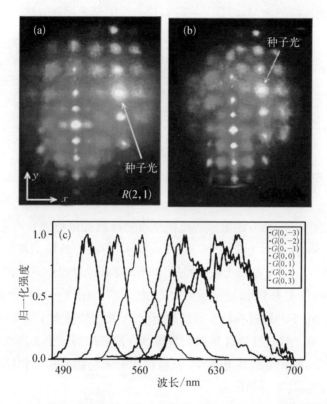

图 3-4　在 $R(2, 1)$ 和 $R(1, 1)$, $R(1, 2)$, $R(2, 1)$, $R(2, 2)$ 组成的正方形中心方向入射超连续白光产生的二维多色上转换波列(图 c 为 b 中的多色上转换波列点光谱分布)[36]

性和多参量效应产生的,具有与传统标准光参量放大不同的特性。由于探测使用的超连续白光在不同的频谱范围内具有不用的时空啁啾特性,因此二维多色上转换波列可以很好地描述级联二阶非线性效应的时空特性以及产生的瞬时光栅空间分布。

　　瞬时光栅的存在也可以通过引入一束弱 800 nm 的基波来证明,如图 3-5(a) 所示。与超连续光作为探测光的情况相似,探测光 $K_3$ 在 $K_1$ 和 $K_2$ 形成的瞬时光栅的作用下发生衍射和放大,形成了如图 3-5(b) 所示的二维多色波列,对应着多达 180 个的不同颜色的波列点。与使用超连续白光不同的是,把 $K_3$ 的时间同步位置精确设置在 $K_1$ 波包分裂处,即确保 $K_1$ 和 $K_3$ 之间发生了与 $K_1$, $K_2$ 相似的级联二阶非线性过程。图 3-5(b) 进一步说明了空间波包分裂以及级联二阶非线性过程在产生二维波列中的重要性。实验室同样利用频谱干涉仪证实了不同波列点之间的恒定相位差,可视为一种二维分布的多色相干光源用于频谱合成产生宽频的超连续谱输出，提供了一种频谱合成的全光控制方法。

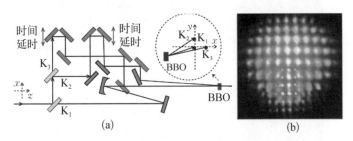

图 3-5　(a) 利用基波探测二维多色波列的实验示意图；(b) 观察到的二维波列图[36]

通过焦距 $f=60$ mm 的聚焦透镜把所有二维波列聚焦到长度为 50 mm，芯径大小 1.0 mm 的空心光纤，如图 3-6(a)所示，空心光纤输出端的光谱分布如图 3-6(b)所示。在此基础上使用特殊定制的啁啾镜对或空间光调制器可实现超连续脉冲的色散补偿和超短脉冲的输出[37, 38]。图 3-6(c)给出了对应于图 3-6(b)情况下的经过补偿获得的超短脉冲，其主峰脉宽在 1.5 fs 左右，单脉冲能量约 44 μJ。超短脉冲甚至周期量级脉冲的产生对于诸如高次谐波及阿秒光脉冲产生[39]，超短非线性光谱学、强场作用下光与物质相互作用以及其他非线性过程起着极其重要的作用。

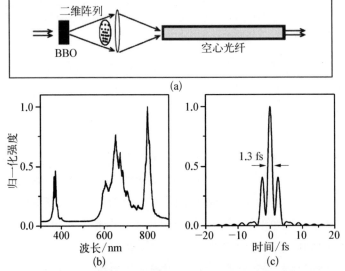

图 3-6　(a) 频谱合成示意图；(b) 经过长度 50 mm，芯径 1.0 mm 的空心光纤后的光谱；(c) 傅里叶变化得到的对应图(b)的脉冲[36]

　　二维多色阵列也可以作为泵浦光来激发多色受激拉曼散射获得超宽频谱[40]。首先利用脉冲宽度小于分子振动周期的强泵浦脉冲将分子振动激发,分子的折射率将随着分子的振动发生周期性的变化,具有一定延时的光强较弱的探测光在这样的介质中传输时,会感受到折射率的周期性变化而被散射产生新的调制边带,可以实现非常高的能量转换效率。选取多色阵列中一个波列点作为瞬动激发的泵浦源,通过控制延时将不同波长的点阵注入被激发了的分子样品中,每个不同的激发光由于拉曼效应会产生一定的相干频谱展宽,那么在多个不同中心波长波列点的作用下,会产生一个超宽频谱,获得飞秒乃至亚飞秒脉冲[41]。

### 3.2.2　多色圆锥辐射

　　多色圆锥辐射是基于时空调制不稳定性产生的,即得不同频率成分在泵浦光周围沿着不同的角度以指数形式增长形成各种不同颜色的锥状辐射[10, 13, 33]。如图 3-7 所示,沿着晶体轴向输入的频率为 $\omega$ 的泵浦光,在经过晶体倍频后,一部分转换变成频率为 $2\omega$ 的二次谐波,在强泵浦光条件下,泵浦光与二次谐波形成强的非线性耦合及非线性相位锁定,平衡其群速度失配。在此情况下,二次谐波一部分演化为偏离轴向传输的频率为 $\omega\pm\delta$ 的光子对。随着脉冲在晶体内的传播,越来越多的泵浦光经由倍频光转化为 $\omega\pm\delta$ 的光子对,在时空耦合调制不稳定性的作用下获得增益形成多色圆锥辐射。

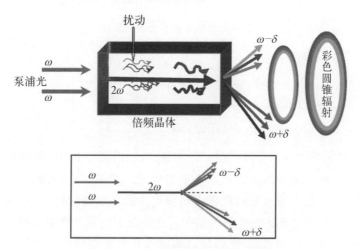

**图 3-7　多色圆锥辐射的产生示意图**

　　实验上把激光器输出的中心波长 800 nm,重复频率 1 kHz,单脉冲能量 700 $\mu$J,脉宽 50 fs 的激光脉冲通过焦距为 1 000 mm 的聚焦透镜聚焦到 6 mm 厚

的 β‑BBO 晶体中,当调节 BBO 的角度使得倍频效率最高时,观察到了发散角为 5°的明亮蓝绿色圆锥辐射,其中心波长在 500 nm 左右,如图 3‑8(a)所示。改变泵浦光的脉冲宽度或空间分布,时空调制不稳定性和圆锥辐射也会相应地发生变化,增加泵浦光的脉宽时,观察到中心波长在 650 nm 附近的彩色半圆锥状辐射,如图 3‑8(b)和(c)所示。

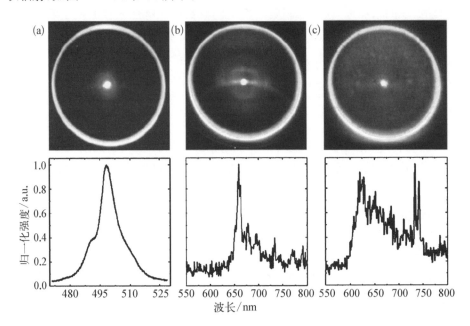

**图 3‑8** (a) 最优化状态下蓝绿圆锥辐射及其光谱信息;(b) 在负啁啾泵浦条件下长波成分半圆锥辐射照片与对应光谱;(c) 减少光阑后长波成分半圆锥辐射照片与对应光谱

### 3.2.3 调制上转换放大

多色圆锥辐射来源于二阶非线性介质中的时空耦合调制不稳定导致的噪声放大,注入种子光也可以获得增强。在实验上,利用第二束时间精确同步的超连续脉冲实现了种子光导致的多色圆锥辐射增强。结果表明,调制不稳定性使得注入的种子在多色圆锥辐射的锥角方向获得指数增益,且增益系数和泵浦光的强度相关。这是由于超短激光脉冲倍频过程中的时空耦合调制不稳定性形成了非线性相位锁定的束缚通道,使得特定频率的光波在空间特定的方位角辐射形成多色圆锥辐射。利用超连续脉冲种子光沿特定锥角注入可实现宽带上转换放大,此即调制上转换放大[13, 33]。与传统的非共线参量放大不同之处在于,这种放大技术可在比较厚的晶体中实现大得多的上转换增益。

把钛宝石飞秒激光器输出的 800 nm,1 kHz,700 $\mu$J,50 fs 的激光脉冲分为两束,其中较强的一束由焦距 $f=1\,000$ mm 的透镜聚焦到厚度 6 mm 的 I 类相位匹配 $\beta$-BBO 中;较弱的一束经焦距 $f=250$ mm 的凹面反射镜聚焦到蓝宝石上产生稳定输出的超连续种子白光。种子光经过一个焦距为 4.6 mm 的透镜准直后以一定的角度入射到 BBO 晶体上,与泵浦光在晶体上位置重合,使用低通滤光片来去除超连续白光中的泵浦成分。

泵浦光在 BBO 晶体中传播时发生时空耦合调制,倍频光子演化为偏离轴向传输的频率为 $\omega\pm\delta$ 的光子对,$\omega\pm\delta$ 的光子对在时空耦合调制不稳定性的作用下获得增益,形成了多色圆锥辐射。与二维多色上转换波列相似,当超连续白光沿特定角度注入 BBO 晶体时,可获多色圆锥辐射放大。在泵浦光的能量为 600 $\mu$J,脉宽为 80 fs 时,调制上转换放大的中心波长在 500 nm 时最大输出单脉冲能量可达到 150 $\mu$J。

减弱泵浦光的强度可使调制上转换放大的中心波长向长波方向移动,实验发现泵浦光能量密度从 10.6 mJ/cm² 减小到 1.1 mJ/cm² 时,调制上转换放大的中心波长从 496 nm 移动到 504 nm,这与蓝绿圆锥辐射随泵浦光强的变化规律一致,说明调制上转换放大是基于多色圆锥辐射的放大技术。调制上转换放大具有较宽的频谱宽度,且泵浦光越强时,由于更多的锥状辐射成分被放大,调制上转换放大的频谱越宽,泵浦光能量密度为 10.6 mJ/cm² 的情况下的频谱宽度可达约 60 nm。调制上转换放大中心波长以及频谱宽度依赖于泵浦光强度,泵浦光越强,调制上转换放大的中心波长越短且频谱宽度越宽。

蓝绿圆锥辐射内部还存在比较弱的长波圆锥辐射,减小超连续白光种子的入射角,可实现长波圆锥辐射放大。入射角越小,出射调制上转换放大的光斑越靠近中心,中心波长越长。实验发现,入射角为 0.69° 时调制上转换放大中心波长可达 797 nm,当入射角度在 0.68°~5.0° 之间变化时,对应的调制上转换放大中心波长可从 798 nm 调谐到 500 nm。由于超连续白光正啁啾频率特性,通过调谐种子光和泵浦光间相对延迟,也可实现调制上转换放大中心波长的调谐。

### 3.2.4 差频实现载波包络相位自稳定

超短激光脉冲在二阶非线性晶体中的级联非线性过程引发了时空耦合调制不稳定性,使得一些特定频率的光在与其相对应空间方向上获得指数增益而得到放大,形成多色圆锥辐射。此外,在多色圆锥辐射的任意方向上同步注入一宽带种子光,可使得注入方向上具有最大增益的频率成分获得指数式增益而放大,实现超短激光脉冲在较长的晶体中的放大,在泵浦光的作用下,基波和二次谐波在非线性晶体中的强相互耦合导致的相位锁定有效地平衡了群速度色散(GVD)和群速度失配(GVM)[42, 43],消除 GVM 对非线性作用长度的限制,解决了传统 OPA 技术中泵浦光和信号光之间的严重走离现象,大幅度提高了能量转化效率。在 600 $\mu$J,80 fs 的泵浦光作用下,基于多色圆锥辐射的调制上转换放大技术,在 500 nm 附近获得了 150 $\mu$J 的单脉冲输出,比传统 OPA 的转化效率提高了一个数量级[44-46]。

同时,调制上转换放大可实现宽频谱激光脉冲的频率上转换放大,实验中在 500 nm 附近调制上转换放大的 FWHM 可达 60 nm。在调制不稳定性参与的参量放大中,泵浦光的强度发挥了重要作用,有些频率成分只有在强泵浦的条件下才能得到放大。调制上转换放大来源于超连续白光在时空耦合调制不稳定性作用下的放大,其 CEP 在放大过程中保持不变,即与泵浦光的相位差为 $\pi/2$,泵浦光与调制上转换放大的差频信号应当是 CEP 稳定的[47]。

在实验上,把 800 nm,1 kHz,1.4 mJ,40 fs,CEP 随机抖动的激光脉冲分为两束,其中 710 $\mu$J 的一束作为信号光,690 $\mu$J 的另一束用来产生调制上转换放大。实验使用 2 mm 厚沿 $z$ 轴 31.5°切割的 I 类 BBO 晶体实现调制上转换放大与 800 nm 差频。为获得 CEP 稳定的超短脉冲,调节调制上转换放大的中心波长为 533 nm,与 800 nm 的脉冲差频得到波长 1 600 nm 的闲频光,再将闲频光倍频就得到了 CEP 稳定的 800 nm 的超短脉冲,此时调制上转换放大的 533 nm 的单脉冲能量约为 25 $\mu$J。

Wu. K 等利用 $f-2f$ 频谱干涉仪验证了上述 800 nm 脉冲的 CEP 稳定性[48]。800 nm 超短脉冲通过自相位调制产生超连续白光,将其中的低频成分参量放大并倍频后与白光中的高频成分干涉,光谱仪上观察到的干涉条纹如图 3 - 9(a)所示。此外测量了多个单脉冲干涉条纹并根据干涉条纹的对比度得出脉冲与脉冲之间的 CEP 漂移,图 3 - 9(b)说明,差频输出的 800 nm 脉冲与脉冲间的 CEP 漂移不超过±$\pi/8$,CEP 的微小抖动主要来源于激光器输出能量的不稳定性及光谱仪的精度。为了更好地说明差频实现 CEP 的自稳定,用 $f-2f$ 频谱干涉仪测量了激光器输出脉冲的 CEP 信息,如图 3 - 9(c)所示,激光器输出的超短脉冲是 CEP 随机抖动的。

改变种子光入射角可调谐调制上转换放大的中心波长,在时空耦合调制不稳定性的作用下,特定频谱的光在与其相对应的空间方向上获得指数增益得到放大形成多色圆锥辐射,获得了 500 nm 到 798 nm 连续可调的调制上转换放大输出。差频过程中闲频光的波长可通过改变调制上转换放大的中心波长而改变。闲频光的二次谐波随着调制上转换放大波长的变化在 660 nm 到 800 nm 之间可调,对应闲频光信号本身光谱范围为 1 320～1 600 nm。

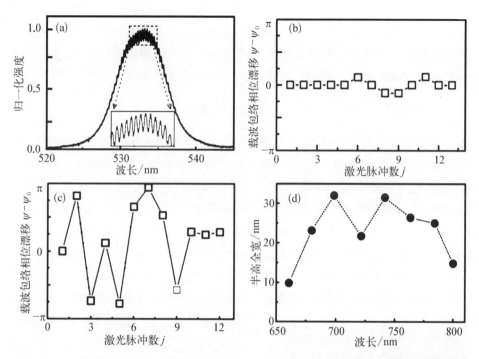

图 3‐9 （a）差频产生 CEP 稳定脉冲的频谱干涉图；（b）差频产生 CEP 稳定的脉冲；
（c）激光器输出的 CEP 随机漂移；（d）CEP 稳定脉冲的 FWHM 随中心波长的
变化关系[36]

## 3.3　超短强激光脉冲光丝相互作用

当激光脉冲在三阶非线性介质传播时,会在介质中产生一种在时间和空间
上具有特殊属性的等离子体通道,称为光丝[16]。光丝的产生过程中伴随产生了
许多有趣的非线性效应,比如光谱展宽及超连续谱产生、圆锥辐射、脉冲压缩及
光斑自清洁、THz 波辐射及谐波产生等[18-24]。近年来,人们开始研究两束或者
多束光丝的相互作用,在 Kerr 和等离子体效应的共同作用下,光丝之间会出现
吸引、融合、排斥、缠绕等基本的相互作用过程并由此产生了一些新的物理现象
和有趣的应用[49-53]。通过空气中非共线飞秒光丝的相互作用,在空气中可制备
一种波长量级、周期性调制、具有纳秒量级持续时间的等离子晶格结构。这种具
有超高损伤阈值、折射率周期性调制的等离子结构不仅可用来引导和传输强场

激光脉冲,还在一定程度上影响了非线性频率转换的效率,实验上观察到了高达两个数量级的三次谐波增强。此外,动态折射率的分布会对经过的光起到光栅的作用,通过对相互作用区域的荧光成像及光丝中三倍频的衍射,证明了等离子光栅的存在。等离子光栅具有超高损伤阈值及周期可调谐等优势,有望应用在谐波转换、脉冲引导、操控激光诱导化学反应、等离子体光学元件的开发等。

### 3.3.1　非线性光丝相互作用导致的时空耦合

当两束非共线光丝在空气中重合时,其重叠部分产生了强烈的强度调制。干涉相长处由于光强较大,发生自聚焦效应使得其强度进一步增强,与光丝形成机理相同,多光子电离产生的等离子散焦和其他高阶非线性效应有效地平衡了自聚焦效应,在两束光丝的角平分线、具有强度调制的条纹处产生平行排布,大小在毫米量级、密度周期性调制的等离子微通道[54, 55]。两束光丝的强时空耦合相互作用使得干涉相长及相消的强度分布在角平分线方向上投影传输一个相对较长的距离,且入射的超短脉冲被引导在此周期性调制的等离子通道中,这区别于普通光纤利用光的全反射或者带隙光子晶体光纤的衍射来实现对光的传输。

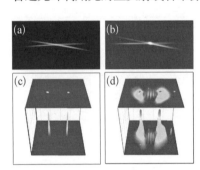

**图 3 - 10**　(a)(b) 无相互作用和有相互作用情况下两束交叉的飞秒光丝;(c)(d) 其远场光斑分布[55]

在实验上,把激光器输出的 1 kHz,800 nm,35 fs,2.0 mJ 的激光脉冲平等地分成两束,分别通过两个焦距为 800 mm 的聚焦透镜后,在空气中形成两个 4 cm 长的飞秒光丝,夹角约 6°。图 3 - 10(a)和(b)为空气中没有和有相互作用情况下两束交叉的飞秒光丝照片,图 3 - 10(c)和(d)为对应的远场光斑分布。可以看出,光丝间相互作用极大地增强了重合区域的荧光强度[见图 3 - 10(b)],这来源于光丝的融合,即光丝相互作用导致光丝在角平分线方向上的投影传输。当两光丝之间的非共线夹角在 2.0°～16.0°之间变化时,融合区域的长度在 4.2～0.2 mm 之间变化。

光丝相互作用也改变了其原有的远场光斑形状,出现了蝴蝶翅膀状的远场分布,且在光丝中部出现了若干细条状光斑[54]。为了研究蝴蝶形光斑的详细信息,选取了其上的 5 个点 $A, B, C, D, E$,分别用光纤光谱仪测量其光谱,如图 3 - 11(b)所示。不难看出,从 $A$ 到 $D$ 的光谱变宽,且在短波方向上出现了频谱分裂。观测到的光谱展宽和分裂归因于相互作用区域强时空耦合带来的自相位调制和交叉相位调制,蝴蝶形光斑总体光谱分布在 650～830 nm,细条状光谱分布为 775～825 nm,意味着两者源自不同的光学过程。

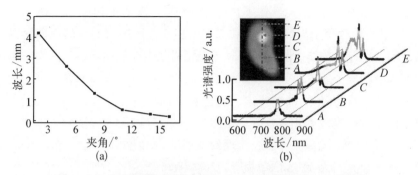

图 3‑11　(a) 等离子通道长度与光丝夹角的关系;(b) 蝴蝶形
光斑分布中各点光谱[55]

飞秒光丝之间的强非线性相互作用形成了周期性排布的强度调制和周期性等离子结构,这种强度调制反过来改变了区域内的折射率分布。在实验中的等离子通道观测手段主要为截面成像、荧光观测和共轴全息成像法[56]。

如图 3‑12 所示,在飞秒光丝内部以掠入射的方式插入一块薄板,把薄板反射的光成像在 CCD 上来直接观察光丝强度分布,典型的光丝截面强度分布如图 3‑12(a)中左侧插图所示。文献[43]利用截面成像法研究了光丝相互作用的强度干涉条纹及产生的等离子通道的光场局域化分布,给出了不同夹角情况下等离子通道截面图和条纹间距随夹角的理论和实验变化曲线,如图 3‑12(b)所示。

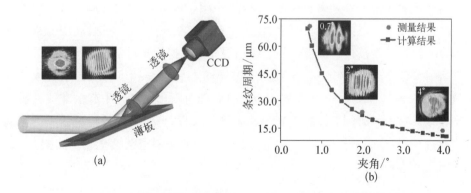

图 3‑12　(a) 光丝截面成像示意图;(b) 不同角度等离子通道截面图及
条纹间距变化关系[55]

在光丝作用下,空气分子发生多光子或者隧穿电离产生大量的自由电子以及处于高激发态的离子和中性分子,高激发态的粒子向低能级的跃迁过程中发射出特征荧光,空气中的荧光光谱范围在 300~450 nm,对应于 $N_2$ 和 $N_2^+$ 的能级跃迁。实验中使用的紫外增强 CCD 的显微成像系统如图 3-13(a)所示,图 3-13(b)和(c)分别为单根光丝和双光丝相互作用区域产生的周期性等离子晶格结构。在存在等离子晶格结构时荧光辐射强度明显增强。不同夹角情况下形成的一维等离子通道的荧光成像和相应的横向条纹分布有明显改变。随着光丝夹角的增大,相互作用区域等离子通道数目逐渐增多。这一观测手段也可用于研究两束平行光丝的相互作用,如 Kerr 效应、等离子效应及分子排列取向等引起光丝吸引、排斥、融合等非线性现象[57, 58]。小角度紫外飞秒光丝相互作用,也可制备直径大约为 5 μm 的单根等离子体细丝[59]。

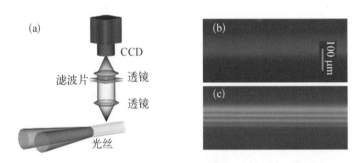

**图 3-13　显微成像的光丝荧光观测方法示意图(a)和单根光丝(b)以及双光丝相互作用区域产生的周期性等离子晶格结构的荧光成像(c)[55]**

　　与荧光成像法不同,共轴全息成像是通过探测光感受等离子在介质中引起的折射率变化来反映等离子通道信息,此外,不同时刻入射的探测光可以研究不同时刻等离子通道的特性。泵浦光在空气中传播形成光丝,然后利用一束弱光垂直入射对其传播过程进行探测。使用弱光避免探测光对泵浦光所引起的非线性折射率改变产生影响。当探测光通过光丝之后,经一个 $4f$ 成像系统成像在 CCD 上。通过观察 CCD 中探测光空间分布即可得出泵浦光引起的非线性折射率变化。对不同时刻下泵浦光光丝状态进行采样,可对光丝传播过程中的时间演化进行观察和分析。一个典型不同时刻的等离子通道共轴全息像如图 3-14 所示[54]。

### 3.3.2　一维等离子体通道

　　当两束非共线光丝在时间上同步时,即可产生一维周期性排列的等离子体通道,并观察到诸如图 3-10 所示的荧光增强以及远场光斑调制。细条状光斑

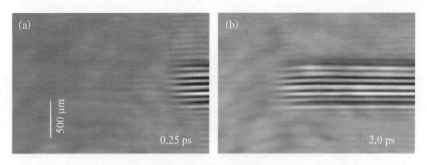

图 3-14 CCD 记录放大的等离子通道形成 0.25 ps(a)和
2.0 ps(b)后的共轴全息像

并不是来自两旁光丝光斑的衍射,因为衍射光斑的模式应该是和被衍射的光斑模式相似的高斯型分布。为了进一步研究作用区域的通道效应,利用荧光成像对整个相互作用区域进行了测量,结果如图 3-15 所示。图 3-15 中表明了干涉诱导的自引导等离子体通道的形成过程,当激光脉冲离开相互作用区域之后,除了大部分能量按照原传播方向继续行进产生荧光之外,在相互作用区域角平分线方向出现细长状条纹,通过对远场光斑的测量,发现两旁的光丝能量和中间细长条纹光斑能量之比为 50∶1,即有 2%的脉冲能量脱离了原传播轨道被等离子通道引导在光丝的角平分线方向上。

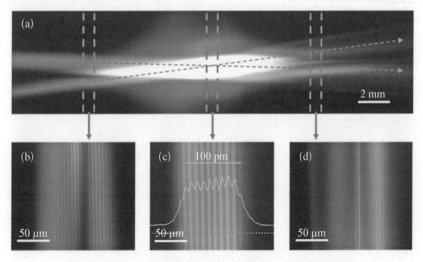

图 3-15 非共线飞秒光丝相互作用区域的荧光测量信号

(a),(b),(c),(d)分别为相互作用区域中不同处的细节分布[54]

共轴全息成像方法可探测一维等离子体通道的时间演化。把延时可控的探测光以从下到上的方式正入射通过非共线相互作用区域,由 CCD 测量和记录不同时刻一维等离子体通道的像。在实验中,使用焦距分别为 $f_1=40\text{ mm}$ 和 $f_2=200\text{ mm}$ 的两个透镜组成放大倍数 $M=5$ 的 $4f$ 成像系统,CCD 的成像面大小为 $1\,260\times1\,024$ 像素,分辨率为 $6.7\ \mu\text{m}$。实验结果如图 3‐16 所示,当探测光落后相互作用脉冲 $0.25\text{ ps}$ 时,由于相互作用的激光脉冲在这段时间内并没有完全通过作用区域,探测光只能感受到部分区域形成的一维等离子体通道所带来的影响。随着探测光在时间上的延迟,一维等离子体通道在作用区域占据的部分也越来越多[见图 3‐16(b)],直到在整个相互作用区域内都形成通道为止[见图 3‐16(c)]。随着时间的推移,等离子体扩散减弱了等离子体通道对探测光的影响[见图 3‐16(d~f)]。在实验中,该通道持续存在的时间约为一百个皮秒左右,这与等离子扩散的时间相一致,进一步证明了通道的等离子体特性,具有上百皮秒甚至纳秒的持续时间。

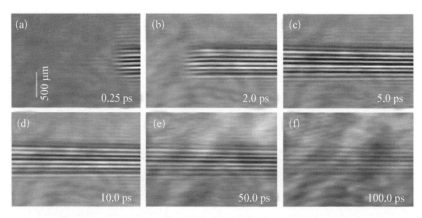

**图 3‐16 一维等离子体通道在不同延时时刻的时间演化图**

### 3.3.3 等离子体光栅

空间周期性等离子结构和周期性折射率调制,可实现入射光束的衍射和分离。等离子光栅周期等于条纹干涉周期 $\Lambda=\dfrac{\lambda_c}{2\sin(\theta/2)}$,通过改变光丝非共线夹角可获取不同的光栅周期 $\Lambda$,从而使得等离子光栅可作为薄光栅或者厚光栅而存在。实验中,假设等离子光栅的厚度等同于单根光丝的芯径,即 $D\sim100\ \mu\text{m}$,在 $800\text{ nm}$、光丝夹角 $\theta$ 小于 $4.6°$ 的情况下为薄光栅,对应的衍射条件为 $\Lambda[\sin(\alpha+\varphi_m)-\sin(\alpha)]=m\lambda$,其中,$\lambda$ 为入射光的中心波长,$\alpha$ 为入射角,$\Lambda$ 为光栅周期,$m=0,\pm1,\pm2,\cdots$ 为衍射级次,$\varphi_m$ 为对应级次的衍射角。

在空气中,由于交叉相位调制导致的三次谐波与入射基波之间的相位锁定,飞秒光丝可有效地产生三次谐波辐射,因此,光丝中的三次谐波提供了一个时间同步的探测光用来验证和研究等离子光栅的存在及其特性。在实验上,在同一平面上利用三束光分别产生了三束光丝 A,B,C,通过光丝 A 和 B 的相互作用,在 A,B 的角平分方向产生了周期性的等离子光栅结构,光丝 C 位于光丝 A 和 B 的角平分线上,相对于 AB 形成的等离子光栅,其入射角为 0°。光丝 C 中的三次谐波的衍射满足 $\varphi_{m\text{TH}} = 2m\sin(\theta/2)\lambda_{\text{TH}}/\lambda_{\text{FM}}$,其中 $m = 0, \pm 1, \pm 2, \cdots$ 为衍射级次,$\theta$ 为光丝 A 和 B 的夹角,$\varphi_{m\text{TH}}$ 为 THG 衍射角。$\lambda_{\text{TH}}$ 和 $\lambda_{\text{FW}}$ 分别是 THG 和基波中心波长。

图 3-17(d)中由正方形组成的曲线为由 $\varphi_{m\text{TH}} = 2m\sin(\theta/2)\lambda_{\text{TH}}/\lambda_{\text{FM}}$ 计算出来的三次谐波一级衍射角 $\varphi_{\pm 1}$ 随光丝 A 和 B 之间夹角 $\theta$ 的变化关系图,为了验证等离子光栅的衍射特性,选取了 $\theta$ 约为 4.3°,5.5° 和 6.8° 三个不同夹角,相应的 150 cm 远处屏幕上的远场一级衍射如图 3-17(a),(b),(c)所示。很显然,三次谐波的一级衍射角度随着非共线夹角 $\theta$ 的增大而增大,伴随着等离子光栅周期的减小。图 3-17(d)圆点组成的曲线为三种情况下推算得出三次谐波的一

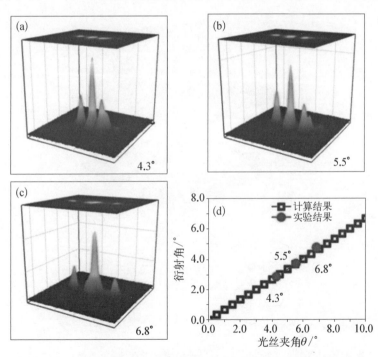

**图 3-17** 三次谐波被不同非线性夹角情况下形成的一维等离子光栅的远场一级衍射光斑图以及三次谐波一级衍射角 $\varphi_m$ 随非线性光丝夹角 $\theta$ 的变化关系图[55]

级衍射角,和正方形组成的曲线的理论值基本吻合,证明图中两侧圆形光斑来源于等离子光栅对入射光丝 C 中三次谐波的衍射,也直接验证了等离子光栅的存在。

除了利用共轴全息对等离子通道进行直接成像研究之外,等离子光栅的时间衍化也可通过记录不同时间延时入射的三次谐波衍射强度来研究。固定光丝 A 和 B 的夹角为 4.3°,图 3 - 18 为归一化的光丝 C 中的三次谐波在时间延时为 1.0~65 ps 范围内的三次谐波衍射强度[60]。当光丝 C 的时间延时从 1.0 ps 增加到 65 ps 时,对应三次谐波的一级衍射逐渐减弱,这来源于等离子通道的扩散导致光栅结构变得越来越模糊,折射率梯度的变化直接导致了三次谐波衍射效率的降低。尽管如此,在经历了数百皮秒后,在实验上依然可以观察到微弱的一级衍射信号,这和等离子通道全息成像实验中所测得的等离子通道的时间演化相一致,对应于等离子体的扩散时间。相对于仅仅能存在于脉冲持续时间内的瞬时 Kerr 光栅而言,等离子光栅具有更长寿命和时间尺度上更大的灵活性。

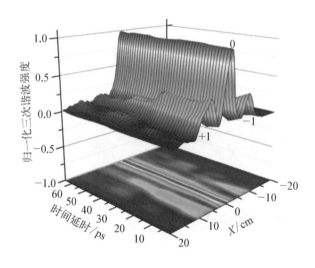

图 3 - 18 时间延时为 1.0~65 ps 范围内,光丝 C 中
三次谐波归一化衍射强度[60]

### 3.3.4 二维等离子光栅

为了扩展一维等离子阵列,产生结构和性质更加复杂的二维甚至多维等离子阵列,则需要采用更多参与非线性相互作用的飞秒光丝来实现。以二维等离子光栅为例,如图 3 - 19 所示,三束光丝 A,B,C 在空间上按照图示上方的正三角形空间关系相交,当调节三束光丝在时间上同步时,观察到了图 3 - 21(a)中的

近似六边形结构的三次谐波远场衍射阵列,这一衍射阵列和二阶非线性晶体中瞬时 Kerr 光栅对超连续白光种子的二维衍射点阵相类似[32]。

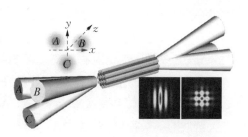

为了证实二维等离子光栅的存在,利用共轴全息成像技术分别对两束和三束光丝相互作用下的作用区域进行了三维探测,即分别在作用区域从左到右及从上到下来观察等离子通道对空气折射率的调制。图 3 - 20 为两种情况下记录的放大 5 倍的共轴全息成像,其中(a)(c),(b)(d)分别为两束或三束光丝形成的一维和二维等离子通道的测量结果。在一维等离子光栅的情况下,图 3 - 20(a)直观地说明了等离子通道带来的折射率的周期性调制,在图 3 - 20(c)中没有观察到相似的现象;在二维等离子光栅的情况下,在图 3 - 20(b)和(d)中均观察到了周期性折射率变化对探测光的影响,直观地证明了光丝作用区域中等离子微通道的存在及不同光丝相互作用形成的不同维度的通道差异。

图 3 - 19 三束光丝 A,B,C 产生二维等离子光栅的示意图,右下角插图为两束和三束光丝相互作用下局域化光场分布示意图

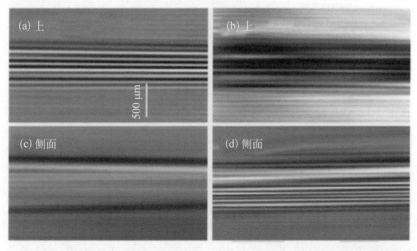

图 3 - 20 不同探测情况下一维(a)(c)和二维(b)(d)等离子通道全息测量结果[60]

A,B,C 三束光丝的相互作用存在着以下几种可能:A 和 B,A 和 C,B 和 C 以及更加复杂的三者之间的复杂干涉情况。类似于一维等离子光栅的情况,图 3 - 21(a)中 A,B,C 远场光束两侧的三次谐波为两束光形成的一维等离子光

栅对另一根光丝中三次谐波的一级衍射。

图 3-21(b)为图 3-21(a)远场衍射的光斑分布示意图。把图 3-21(b)分为两部分,第一部分实线内的光斑来源于一维等离子光栅的衍射;第二部分标记为 $A_2$, $B_2$ 和 $C_2$ 的部分则源自二维等离子光栅的附加衍射。以光丝 C 为例,图 3-21(b)中的 $C_{+1}$ 和 $C_{-1}$ 来源于光丝 A,B 形成的一维等离子光栅对光丝 C 中三次谐波的一级衍射;根据式 $\Lambda[\sin(\alpha + \varphi_m) - \sin\alpha] = m\lambda$ 所示的衍射条件,可计算得出此条件下的三次谐波一级衍射角为 $\pm 2.67°$,这与实验所得出的 $\pm 2.58°$ 基本一致。由于三束光丝在时间上均是同步的,光丝 A 和 C 以及 B 和 C 会产生一维等离子光栅,这两个等离子光栅的等效叠加导致了光丝 C 中三次谐波一级衍射 $C_2$ 的出现,此情况下的等效等离子光栅如图 3-21(b)中的横向条纹所示,相应的等效光栅周期约为 $4.6 \ \mu m$。同理,$A_2$ 和 $B_2$ 分别来源于相应的等效等离子光栅对各自三次谐波的一级衍射。一维等离子光栅和等效等离子光栅对三次谐波的一级衍射共同组成了图 3-21(a)的三次谐波远场衍射阵列,而且三次谐波在衍射的过程中由于等离子光栅产生的附加三阶非线性系数和相位补偿被同时放大。因此,二维等离子光栅中既存在多个一维等离子光栅,又可作为一个整体来实现比较复杂的衍射。

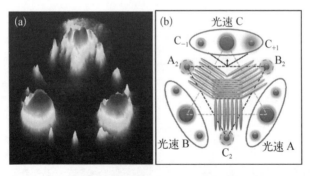

**图 3-21　(a) 二维等离子光栅对入射三次谐波远场衍射光斑阵列;**
**(b) 图(a)中远场衍射光斑阵列示意图**[60]

### 3.3.5　三次谐波增强

实验中,除了非共线飞秒光丝相互作用,还观察到三次谐波的增强[61]。为了研究光丝相互作用对三次谐波产生所带来的影响,实验中利用图 3-22(a)所示的测量装置图对相互作用之后的三次谐波的变化进行了测量。其中,利用照相机以及 PMT 分别记录不同传播距离位置处三次谐波光斑以及能量分布。

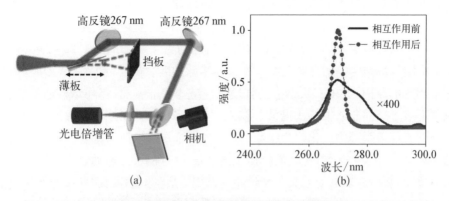

**图 3 - 22** (a) 三次谐波能量与光斑随传播距离的演化测量装置图；(b) 相互作用
前后的三次谐波光谱的强度对比

图 3 - 22(b)为相互作用前后的三次谐波光谱的强度对比，两者之间的峰值
频率成分相差 770 倍，即光丝的相互作用有效地增强了三次谐波。光丝传播路
径上三次谐波的增强效率和相应的光斑分布如图 3 - 23 所示。

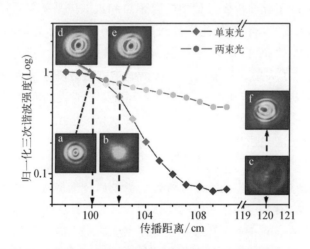

**图 3 - 23** 三次谐波在传播距离为 **100 cm (a, d)**，**102 cm (b, e)**
和 **120 cm (c, f)** 处光斑分布图

其中(a, b, c)为单束飞秒激光成丝产生的三次谐波光斑分布；(d, e, f)为
非共线飞秒光丝相互作用之后产生的三次谐波光斑分布[55]

对于单根探测光丝来讲，在成丝区域内由于基波和三次谐波的相位锁定，可
以有效地产生三次谐波，随着光丝的传输，由于散焦和光束衍射导致光丝消亡使
得三次谐波的强度急剧下降。通过三次谐波光斑分布可以看出，在超短强激光
脉冲传播到 100 cm 处时，三次谐波呈现出多环结构，分布角分别为 2.25 mrad，

4.09 mrad 及 5.86 mrad。其中,最外层的环状三次谐波为非共轴三次谐波(约 6 mrad),而内部的两个圆环则来源于轴向三次谐波在光丝作用下的一级和二级夫琅和费衍射,相应计算得出的衍射角分别为 2.26 mrad,4.20 mrad,这与实验中测量得到的空间分布角基本一致。当脉冲继续传播至 120 cm 处时,因为能量倒流的原因,共轴三次谐波的强度已经减小得非常弱,多环结构彻底消失,只剩下最外层的非共轴三次谐波。在光丝相互作用的情况下,三次谐波的光斑分布随着传播距离的演化改变很小,并且共轴部分始终都保持着夫琅和费衍射的多环结构。这意味着,光丝的传播距离延长了。除此之外,通过三次谐波的能量演化图,在引入非共线的飞秒光丝相互作用之后(圆点),三次谐波的能量随着距离的演化逐步减小。这正是因为光丝并没有在 102 cm 处开始消亡,而是继续延伸下去,使得基波和三次谐波之间的相位锁定关系得以保持,从而阻止了三次谐波的能量倒流。

非共线飞秒光丝相互作用由于干涉导致作用区域空间光强的局域化分布极大地增强了相互作用区域的峰值强度,引入了更加剧烈的非线性效应及时空调制作用,从而改变了脉冲传播过程中的自聚焦和自散焦平衡关系而延长了光丝的传播距离。由于光丝相互作用所导致的时空调制来源于光丝间的干涉,三次谐波增强随光丝之间的非共线夹角、偏振、强度以及时间延迟发生变化。图 3-24(a)给出了夹角为 9°情况下三次谐波增强倍数随泵浦光强度变化的非线性相应曲线。在低泵浦强度下,三次谐波增强随着光强的增大缓慢地增强,当泵浦光强度为 64 GW/cm$^2$ 时,出现了显著的三次谐波增强;在 100~200 GW/cm$^2$ 时,增强倍数与泵浦光强基本成线性关系,在 220 GW/cm$^2$ 时得到最大的增强倍数。此外,非共线夹角的大小决定了空间调制结构以及相互作用区域的大小,进而会影响自聚焦以及自散焦之间的动态平衡及后续的脉冲传播。图 3-24(c)给出了不同夹角条件下,三次谐波的能量随着泵浦光强度的变化关系,在夹角约 13° 时,在 220 GW/cm$^2$ 的泵浦强度下得到了最大为 174 倍的三次谐波增强,也就是说,此时的空间调制结构和相互作用区域大小正好能够使得光丝的传播距离最大化。

泵浦光和探测光的相对偏振关系决定了等离子通道的调制深度,随着偏振角度改变,泵浦光和探测光间干涉效应逐渐变弱。相应地,三次谐波增强效率也随着两者相对偏振而改变。图 3-24(d)给出了三次谐波强度随泵浦光和探测光间延时变化关系。其中,负延时表示泵浦光先于探测光到达相互作用区域,正延时代表泵浦光后于探测光通过相互作用区域。图 3-24(d)表明三次谐波增强主要是集中在零延时附近,意味着三次谐波增强是由非共线相互作用所引起。

除了零延时附近三次谐波增强之外,在 0~10 ps 范围内也观察到了三次谐波增强,这来源于预先产生的等离子体增强了空气的三阶非线性系数,直接增强了三次谐波转换效率。

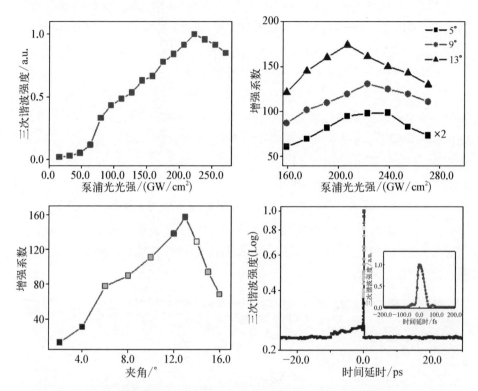

图 3-24　夹角为 9°情况下(a),夹角为 5°, 9°, 12°情况下(b),不同夹角条件下(c)三次谐波的能量随着泵浦光强度的变化关系以及三次谐波强度随泵浦光和探测光间延时变化关系(d)[55]

## 3.4　基于分子取向的光丝相互作用

飞秒光丝尾波中的分子取向效应会对介质折射率产生影响[62]。分子取向引入的折射率调制为

$$\delta n_{\text{mol}\perp}(r, t) = 2\pi(\rho_0 \Delta\alpha/n_0)[<<\cos^2\theta_\perp(r, t)>>-1/3] \quad (3-1)$$

式中,$\theta_\perp$ 是分子轴与探测光偏振方向的夹角(泵浦光偏振方向与探测光偏振方

向相垂直），$\Delta\alpha$，$\rho_0$ 和 $n_0$ 分别为分子极化率的差、初始分子数密度和介质线性折射率。不同于非共线飞秒光丝的相互作用，本节研究平行的泵浦光丝和探测光丝之间的相互作用。

用图 3-25 来简单地说明空间平行但非共线传输的泵浦光丝和探测光丝之间的相互作用[57,58]。当探测光的时间延迟调到空气中分子平行取向的位置时，探测光感受到分子取向引起的介质折射率变大，即 $\delta n_{mol}(r, t) > 0$；同时，泵浦光电离产生的等离子体使得探测光感受到折射率减小，即 $\delta n_{pla} < 0$，探测光丝经历的折射率调制如图 3-25(a)中实线所示，探测光丝在其自身核的位置受到的折射率小于靠近泵浦光丝位置受到的折射率，所以探测光丝将沿着折射率增大的方向传输，表现为被泵浦光丝所吸引。当探测光的时间延迟调到空气中分子垂直取向的位置，探测光感受到分子取向引起的介质折射率减少，即 $\delta n_{mol}(r, t) < 0$；探测光丝经历的折射率调制就如图 3-25(b)中实线所示，探测光丝将沿着远离泵浦光丝的方向传输，表现为被泵浦光丝所排斥。在空气随机取向时，分子取向效应不对介质的折射率产生影响。探测光丝仅受到等离子体引起的折射率调制[见图 3-25(c)]。探测光丝将沿着远离泵浦光丝的方向传输，表现为被泵浦光丝排斥。

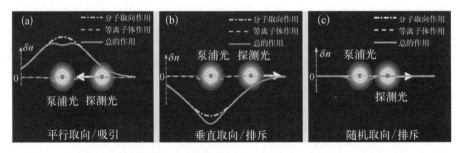

**图 3-25　探测光脉冲峰值分别延时到空气分子平行 (a)，垂直(b)，随机取向(c)的位置时光丝间"踢动"示意图[58]**

实验中通过把探测光的时间延迟调到分子取向的不同位置上研究探测光丝与泵浦光丝之间的相互作用及探测光丝的传输。偏振相互垂直的泵浦光和探测光分别用两个焦距 $f = 100 \text{ cm}$ 的透镜聚焦，通过偏振分束片合束后在空气中形成空间平行的两根光丝[见图 3-26(a)]。泵浦光和探测光的单脉冲能量分别为 1.6 mJ 和 0.8 mJ，泵浦光丝和探测光丝的直径分别为 108 $\mu$m 和 50 $\mu$m，两光丝初始间距约 106 $\mu$m。利用荧光显微成像方法来观察空间平行排布的泵浦光丝和探测光丝的相互作用，通过分析不同泵浦-探测延时处两根光丝的像来判断探测光丝被泵浦光吸引和排斥的过程。图 3-26(b)是用弱场偏振探测技术测量到的空气分子取向信号,插图可以看出在零延时附近出现的空气分子取向峰相对于激发脉冲有一定的时间延迟;图 3-26(c)是数值模拟的空气分子取向信号,其中 $\theta_\perp$ 是分子轴与探测光偏振方向的夹角。

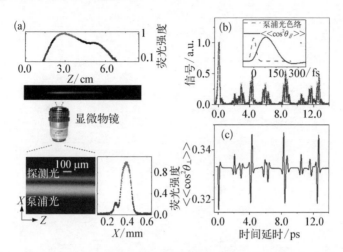

**图 3-26　空气中泵浦光丝和探测光丝的荧光信号(a)和实验测量(b)以及数值模拟的空气分子的取向信号(c)**

(b)中插图是在零延时附近相对于泵浦波包延迟的取向峰[58]

当探测光的时间延迟调至 $N_2$ 分子和 $O_2$ 分子的半周期时,分子的轴都是先转到与探测光的偏振方向相垂直的方向,再转到与探测光的偏振方向相平行的方向[见图 3-26(c)]。相应地,探测光丝靠近泵浦光丝一侧的折射率先变小,然后变大。垂直(平行)取向的分子使得探测光丝被"踢远"(吸引)[见图 3-27(a)]。探测光丝在平行取向的 $N_2$ 分子中被泵浦光吸引而使两光丝间距减少了 12 $\mu m$;探测光丝在垂直取向的 $N_2$ 分子中被泵浦光排斥而使光丝间距增大了 15 $\mu m$。当探测光脉冲调到 $O_2$ 分子的半周期时,这两个值分别是 9 $\mu m$ 和 14 $\mu m$。图 3-27(b)给出探测光丝荧光强度随泵浦-探测延时的变化关系。在垂直(平行)取向分子中,探测光丝荧光强度减弱(增强)。当探测光脉冲调到空气中 $N_2$ 分子的全周期(约 8.3 ps)和 $O_2$ 分子的四分之三周期(约 8.7 ps)时,也能观测到探测光丝所经历的排斥和吸引作用[见图 3-27(c)]以及相应的探测光丝荧光强度调制[见图 3-27(d)]。图 3-27(e)给出了探测光丝时间延迟调到图 3-27(a)和(b)所列的分子取向的不同位置时探测光丝和泵浦光丝的荧光成像,可清楚地看出探测光丝被吸引和排斥的过程及探测光丝荧光强度的变化。

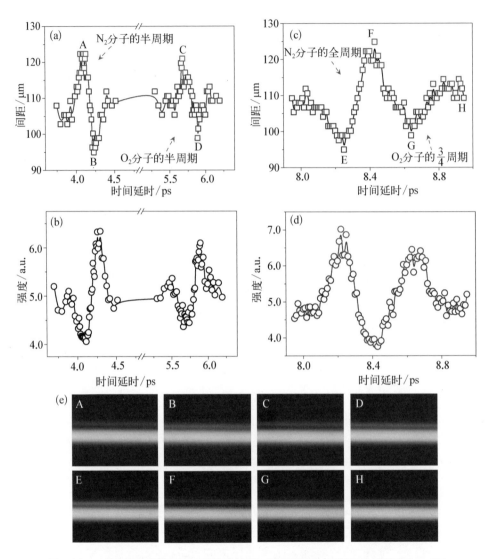

**图 3-27** 在空气中双原子分子不同的取向位置测量的探测光丝的位移(a,c)及探测光丝荧光强度(b,d),(e)是相应的泵浦光丝和探测光丝荧光在CCD上的成像[58]

## 3.5 分子取向诱导的光学频率分辨门

本节讨论由分子取向诱导的光学频率分辨门 MX-FROG。分子取向诱导的超快光学门在一些特殊情况下可能会有独特的应用，比如它可以用作弱光的超快开关，又如它可以用于时间编码的超快全息光学信息处理等[63-68]。本节介绍一种基于分子取向的交叉频率分辨光学门方法，利用分子在激光场中取向的周期性双折射效应，基于弱光偏振光谱探测技术，通过记录探测光相对于取向泵浦光的不同延时下的透射光谱，还原超连续脉冲的相位、频率和振幅信息，成功地实现了对紫外超短脉冲和超连续脉冲的诊断。

上节中，我们知道飞秒光丝尾波中的分子取向效应会对介质折射率产生影响，当探测光的偏振方向平行于分子取向方向时，其感受到的折射率变大；反之，当偏振方向垂直于分子取向方向时，其感受到的折射率变小。因此，随时间变化的折射率改变产生瞬时的双折射作用，该作用与分子取向度$<<\cos^2\theta>>$成线性关系。如图 3-28 所示，当探测光通过取向分子时，探测光的水平和竖直分量感受到不同的折射率，因此具有不同的相速度和相延迟。分子取向导致的瞬时双折射效应可以作为一种超快的"分子波片"来改变另外一束光的偏振特性，此即分子取向信号可以作为快门脉冲测量未知信息的根本原因。

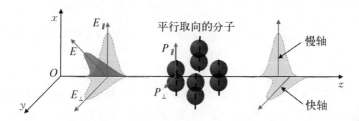

**图 3-28 分子取向诱导的双折射示意图**[68]

实验上调节泵浦光和待测光偏振方向相差 45°得到最好双折射效果，在分子没有排列取向情况下，探测光将不能通过透射方向与其偏振相互垂直的偏振片；而当待测脉冲感应到排列取向的分子时，由于取向分子的双折射效应使其偏振发生旋转，部分待测脉冲透过偏振片而被光谱仪接收，MX-FROG 如图 3-29 所示。

理论上，可以利用任意一个回复周期的取向信号来进行脉冲测量，但在实际测量中，由于零延时附近的取向峰具有最大的分子取向度，且通常情况下为单峰结构，为了提高测量的信噪比和脉冲还原的精度，通常选取此取向峰的测量结果来进行反演。

FROG 谱图包含了一个未知脉冲的全部信息，可用于唯一确定此脉冲的振幅和相位信息[69-71]。FROG 谱图可表达为：

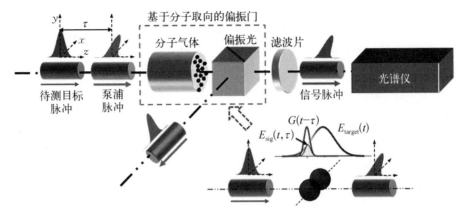

图 3 - 29   MX - FROG 进行脉冲诊断测量的示意图[68]

$$I_{\mathrm{FROG}}(\omega, \tau) = \left| \int_{-\infty}^{\infty} E_{\mathrm{sig}}(t, \tau) \cdot \exp(-\mathrm{i}\omega t)\mathrm{d}t \right|^2 \qquad (3-2)$$

其电场 $E(t)$ 可以通过 $E_{\mathrm{sig}}(t, \tau)$ 得到, 而从 FROG 谱图中得到 $E_{\mathrm{sig}}(t, \tau)$ 并不困难。上式可以改写为:

$$I_{\mathrm{FROG}}(\omega, \tau) = \left| \int_{-\infty}^{\infty} \int_{-\infty}^{\infty} E_{\mathrm{sig}}(t, \Omega) \cdot \exp(-\mathrm{i}\Omega t) \cdot \exp(-\mathrm{i}\omega t)\mathrm{d}t\,\mathrm{d}\Omega \right|^2$$

$$(3-3)$$

因此 FROG 自然地变成了一个二维的相位恢复问题。人们通常使用迭代傅里叶变换算法来进行二维相位的恢复,首先猜测待测光脉冲电场值 $E(t)$ 和 $G(t)$,得到其非线性信号 $E_{\mathrm{sig}}(t, \tau)$,然后对其时间 $t$ 做傅里叶变换,获得频域上的信号 $E_{\mathrm{sig}}(\omega, \tau)$。利用测到的 $I_{\mathrm{FROG}}(\omega, \tau)$ 图的强度值来替代此信号的强度,同时保留其相位不变,得到 $E'_{\mathrm{sig}}(\omega, \tau)$,对此新得到的信号 $E'_{\mathrm{sig}}(\omega, \tau)$ 做逆傅里叶变换,得到一个新的电场 $E'(t)$,此时完成第一次迭代。重复以上过程,直至还原出来的 $I_{\mathrm{FROG}}(\omega, \tau)$ 图误差接近迭代收敛的标准,进而还原出待测光脉冲的包络形状、脉宽和相位。

MX - FROG 克服传统 FROG 中存在的相位匹配问题,可以用于任意波段、宽频谱的超短脉冲的精确诊断。实验上利用 MX - FROG 方法成功地实现了紫外超短脉冲、超连续谱脉冲以及约为 10 fs 的超短脉冲的测量。图 3 - 30(a) 和 (d) 分别为实验测到的三次谐波(267 nm)和四次谐波(200 nm)的 M - XFROG 谱图,图 3 - 30(b)(c) 和图 3 - 30(e)(f) 分别为还原得到的三次和四次谐波强度、相位和光谱信息,对应光脉冲 FWHM 时间宽度约为 35 fs 和 55 fs。

超连续光谱脉冲产生通常涉及自相位调制、四波混频、受激拉曼散射、自陡

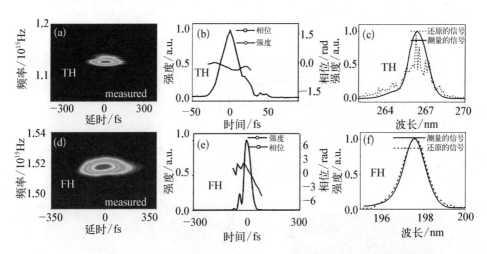

**图 3 - 30** 三次和四次谐波 **M - XFROG** 谱图(a)(d)和反演的三次谐波脉冲强度、相位和
光谱信息(b)(c)以及反演的四次谐波脉冲强度、相位和光谱信息(e)(f)[68]

峭和材料固有色散等复杂的时空耦合过程。由于超连续光谱本身的弱信号、宽
频谱、宽相位匹配带宽、大的时间带宽积等特性,通常很难对超连续光谱脉冲的
特性进行完全的描述。使用角度抖动来增加相位匹配带宽可用于测量微弱的超
连续脉冲信号[30,31],为了在整个超连续谱的整个频谱上实现有效的相位匹配,
需要预先估计晶体的切割角度以及旋转晶体的幅度,且快速抖动过程中的震动
对脉冲的影响无法忽略。利用 MX - FROG,成功地实现了飞秒光丝在 Xe 中产
生的超连续白光的特性诊断,结果如图 3 - 31 所示。利用 MX - FROG 测量了
经啁啾镜补偿群速度色散后得到的数十飞秒的超短激光脉冲。尽管实验中所使

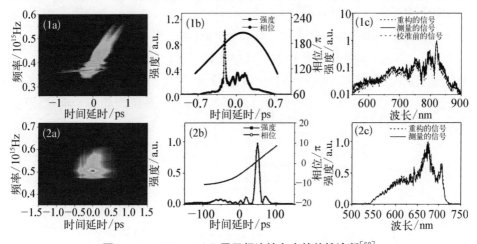

**图 3 - 31 MX - FROG** 用于超连续白光的特性诊断[68]

用的 $CO_2$ 分子的快门宽度(约 360 fs)远宽于测量的 12.8 fs 的超短脉冲,此结果仍有力地表明 MX‑FROG 适用于测量数十飞秒超短脉冲乃至少周期脉冲,这得益于 FROG 的卷积特性,也就是说待测的超短脉冲可以反过来用来扫描较宽的分子取向快门脉冲。在当前所使用 $CO_2$ 气体的实验条件下,通过模拟确定 MX‑FROG 可用于精确诊断不短于 3 fs 的激光脉冲。

MX‑FROG 可同时测量不同波段具有相同偏振态的激光脉冲,实验上利用级联 BBO 产生 267 nm 三次谐波,由于 800 nm 基波和 267 nm 三次谐波具有相同偏振态,在实验上实现了两波段脉冲同时测量,如图 3‑32 所示。

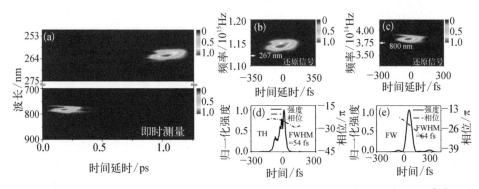

**图 3‑32　MX‑FROG 对 800 nm 基波和 267 nm 三次谐波同时测量的实验结果**[68]

利用 MX‑FROG 成功地测量了紫外及超连续谱脉冲,在测量过程中需要考虑 MX‑FROG 的有效性、噪声的处理,信号的抖动,特别是在超连续谱的测量中,需要考虑诸如光谱响应、偏振调制及探测灵敏度等因素。例如:由于 SC 脉冲的测量采用了非共线探测的方式,所以应当考虑时间拖尾效应带来的影响。在本实验所采用的约为 4°夹角下计算出来的 $\delta t$ 约为 0.6 fs;由于 SC 脉冲的宽谱带特性,必须考虑测量系统对不同频率成分的不同响应。通过比较光谱仪测量的光谱信号[见图 3‑33(b)中的实线]和 FROG 谱图对所有延时的时间积分[见图 3‑33(b)中的点线]得到的光谱信号得出测量系统的频率响应曲线,如图 3‑33(c)所示。

## 3.6　小结

围绕超快飞秒激光脉冲在介质中的传输,本专题主要介绍了以下几个方面的研究内容:

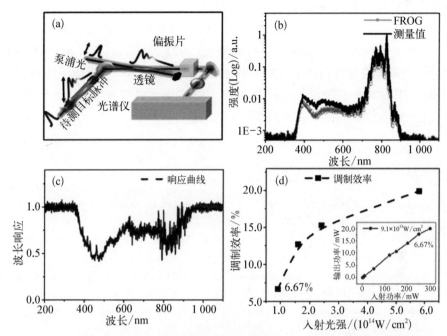

图 3‑33　（a）MX‑FROG 超连续白光测量示意图；（b）光谱仪测量的光谱信号和 FROG 谱图对延时的时间积分得到的光谱信号；（c）测量系统的频率响应曲线；（d）室温下四种不同泵浦强度下分子取向的偏振调制随泵浦光强的变化关系[68]

　　基于级联二阶非线性效应和时空调制不稳定性，在二阶非线性介质中，利用两束交叉的飞秒激光脉冲实现了空间波包分裂及二维多色波列的产生，二维波列可以视为一种二维分布的多色相干光源。在注入一束超连续谱白光种子光后，有效地产生了二维多色上转换波列。实验证明了二维多色上转换波列来源于二阶非线性产生的瞬时光栅对入射超连续白光的衍射和放大，且波列中的每个波列点具有光谱相干性，这提供了一种频谱合成的全光控制方法。实验中利用弱二次谐波信号实现了二维多色波列的有效控制，可以视为一种新型的相位无关的全光多光束操控方法。基于调制不稳定性导致的时空耦合和塌缩，在二次非线性介质中产生了多色圆锥辐射。实验上利用多色圆锥辐射的种子光放大实现了超宽频谱可调谐的调制上转换放大，基于调制上转换放大与泵浦光差频产生了 CEP 稳定的超短脉冲。

　　利用多束光丝相互作用产生了一维及多维折射率周期性调制的离子体通道。实验上证明了这些折射率周期性调制的等离子体结构可以作为等离子波导实现光的引导和传输，也可以作为一种等离子光栅实现光的衍射。相较于传统的光学波导或光栅,等离子通道有着超高损伤阈值、周期可调谐及易于多维扩展等优势。此外,利用光丝相互作用实现了两个数量级的三次谐波增强。

基于分子取向导致的瞬时双折射效应,发展了一种脉冲诊断方法 MX-FROG,有效地克服了传统 FROG 中存在的相位匹配问题,可以用于任意波段、宽频谱超短脉冲的精确诊断。利用 MX-FROG 方法成功地实现了紫外超短脉冲、超连续谱脉冲以及 10 fs 的超短脉冲的测量和诊断。

## 参考文献

[ 1 ] Liou L W, Cao X D, McKinstrie C J, et al. Spatiotemporal instabilities in dispersive nonlinear media [J]. Phys. Rev. A, 1992, 46: 4202.

[ 2 ] Peccianti M, Conti C, Assanto G. Optical modulational instability in a nonlocal medium [J]. Phys. Rev. E, 2003, 68: 025602.

[ 3 ] Meier J, Stegeman G I, Christodoulides D N, et al. Experimental observation of discrete modulational instability [J]. Phys. Rev. Lett., 2004, 92: 103902.

[ 4 ] Malendevich R, Jankovic L, Stegema G, et al. Spatial modulation instability in a Kerr slab waveguide [J]. Opt. Lett., 2001, 26: 1879.

[ 5 ] Amans D, Brainis E, Massar S. Higher order harmonics of modulational instability [J]. Phys. Rev. E, 2005, 72: 066617.

[ 6 ] Conti C, Peccianti M, Assanto G. Spatial solitons and modulational instability in the presence of large birefringence: the case of highly nonlocal liquid crystals [J]. Phys. Rev. E, 2005, 72: 066614.

[ 7 ] Stepic M, Wirth C, Ruter C, et al. Observation of modulational instability in discrete media with self-defocusing nonlinearity [J]. Opt. Lett., 2006, 31: 247.

[ 8 ] Salerno D, Jedrkiewicz O, Trull J, et al. Noise-seeded spatiotemporal modulation instability in normal dispersion [J]. Phys. Rev. E, 2004, 70: 065603 .

[ 9 ] Conti C, Trillo S, Trapani P D, et al. Nonlinear electromagnetic X waves [J]. Phys. Rev. Lett., 2003, 90: 170406.

[10] Trillo S, Conti C, Trapani P D, et al. Colored conical emission by means of second-harmonic generation [J]. Opt. Lett., 2002, 27: 1451.

[11] Fuerst R A, Baboiu D M, Lawrence B, et al. Spatial modulational instability and multisolitonlike generation in a quadratically nonlinear optical medium [J]. Phys. Rev. Lett., 1997, 78: 2756.

[12] Tai K, Hasegawa A, Tomita A. Observation of modulational instability in optical fibers [J]. Phys. Rev. Lett., 1986, 56: 135.

[13] Zeng H, Wu J, Xu H, et al. Colored conical emission by means of second harmonic generation in a quadratically nonlinear medium [J]. Phys. Rev. Lett., 2004, 92: 143903.

[14] Bakker H J, Planken P C, Kuipers L, et al. Phase modulation in second-order

nonlinear-optical processes [J]. Phys. Rev. A, 1990, 42: 4085.

[15] DeSalvo R, Hagan D J, Sheik-Bahae M, et al. Self-focusing and self-defocusing by cascaded second-order effects in KTP [J]. Opt. Lett. , 1992, 17: 28.

[16] Braun A, Korn G, Liu X, et al. Self-channeling of high-peak-power femtosecond laser pulses in air [J]. Opt. Lett. , 1995, 20: 73.

[17] Kasparian J, Sauerbrey R, Chin S L. The critical laser intensity of self-guided light filaments in air [J]. Appl. Phys. B. , 2000, 71: 877.

[18] Nishioka H, Odajima W, Ueda K, et al. Ultrabroadband flat continuum generation in multichannel propagation of terawatt Ti: sapphire laser pulses [J]. Opt. Lett. , 1995, 20: 2505.

[19] Théberge F, Akozbek N, Liu W W, et al. Tunable ultrashort laser pulses generated through filamentation in gases [J]. Phys. Rev. Lett. , 2006, 97: 023904.

[20] Nibbering E T J, Curley P F, Grillon G, et al. Conical emission from self-guided femtosecond pulses in air [J]. Opt. Lett. , 1996, 21: 62.

[21] Hauri C P, Guandalini A, Eckle P, et al. Generation of intense few-cycle laser pulses through filamentation — parameter dependence [J]. Opt. Express, 2005, 13: 7541.

[22] Prade B, Franco M, Mysyrowicz A, et al. Spatial mode cleaning by femtosecond filamentation in air [J]. Opt. Lett. , 2006, 31: 2601.

[23] Dai J M, Xie X, Zhang X C. Detection of broadband terahertz waves with a laser-induced plasma in gases [J]. Phys. Rev. Lett. , 2006, 97: 1039.

[24] Comtois D, Chien C Y, Desparoi A, et al. Triggering and guiding leader discharges using a plasma channel created by an ultrashort laser pulse [J]. Appl. Phys. Lett. , 2000, 76: 819.

[25] Stelmaszczyk K, Rohwetter P, Méjean G, et al. Long-distance remote laser-induced breakdown spectroscopy using filamentation in air [J]. Appl. Phys. Lett. , 2004, 85: 3977.

[26] Couairon A, Franco M, Mysyrowicz A, et al. Pulse self-compression to the single-cycle limit by filamentation in a gas with a pressure gradient [J]. Opt. Lett. , 2005, 30: 2657.

[27] Kasparian J, Rodriguez M, Mejean G, et al. White-light for atmospheric analysis [J]. Science, 2003, 301: 61.

[28] Hartl I, Li X D, Chudoba C, et al. Ultrahigh-resolution optical coherence tomography using continuum generation in an air — silica microstructure optical fiber [J]. Opt. Lett. , 2001, 26: 608.

[29] Gu X, Xu L, Kimmel M, et al. Frequency-resolved optical gating and single-shot spectral measurements reveal fine structure in microstructure-fiber continuum [J]. Opt. Lett. , 2002, 27: 1174.

[30] Tsermaa B C, Yang B K, Kim M W, et al. Characterization of supercontinuum and ultraviolet pulses by using XFROG [J]. J. Opt. Soc. Kor. , 2009, 13: 158.

[31] O'Shea P, Kimmel M, Gu X, et al. Increased bandwidth in ultrashort-pulse measurement using an angle-dithered nonlinear-optical crystal [J]. Opt. Express, 2000, 7: 342.

[32] Zeng H, Wu J, Xu H, et al. Generation and weak beam control of two dimensional

multicolored arrays in a quadratic nonlinear medium [J]. Phys. Rev. Lett. , 2006, 96: 083902.

[33] Zeng H, Wu K, Xu H, et al. Seeded amplification of colored conical emission via spatiotemporal modulational instability [J]. Appl. Phys. Lett. , 2005, 87: 061102.

[34] Carrasco S, Polyakov S, Kim H, et al. Observation of multiple soliton generation mediated by amplification of asymmetries [J]. Phys. Rev. E, 2003, 67: 046616.

[35] Polyakov S, Kim H, Jankovic L, et al. Weak beam control of multiple quadratic soliton generation [J]. Opt. Lett. , 2003, 28: 1451.

[36] Wu J, Zeng H. Ultrashort pulse collapse in quadratic media [J]. Progress in Ultrafast Intense Laser Science, Springer Series in Chemical Physics, 2009, 91: 159.

[37] Mayer E J, Mbius J, Euteneuer A, et al. Ultrabroadband chirped mirrors for femtosecond lasers [J]. Opt. Lett. , 1997, 22: 528.

[38] Guo S, Rong Z Y, Wang H T, et al. Phase-shifting with computer-generated holograms written on a spatial light modulator [J]. Appl. Opt. , 2003, 32: 6514.

[39] Sola I J, Mével E, Elouga L, et al. Controlling attosecond electron dynamics by phase-stabilized polarization gating [J]. Nat. Phys. , 2006, 2: 319.

[40] Nazarkin A, Korn G. Raman self-conversion of femtosecond laser pulses and generation of single-cycle radiation [J]. Phys. Rev. A, 1998, 58: R61.

[41] Wu J, Zeng H. Subfemtosecond pulse generation and multiplicative increase of pulse spacing in high-order stimulated Raman scattering [J]. Opt. Lett. , 2003, 28: 1052.

[42] Akozbek N, Lwasaki A, Beeker A, et al. Third harmonic generation and self-channeling in air using high-power femtoseeond laser pulses [J]. Phys. Rev. Lett. , 2002, 89: 143901.

[43] Trapani P Di, Valiulis G, Piskarskas A, et al. Spontaneously generated X-shaped light bullets [J]. Phys. Rev. Lett. , 2003, 91: 093904.

[44] Whilhelm T, Piel J, Riedle E. Sub-20-fs pulses tunable across the visible from a blue-pumped single-pass noncollinear parametric converter [J]. Opt. Lett. , 1997, 22: 1494.

[45] Shirakawa A, Kobayashi T. Noncollinearly phase-matched femtosecond optical parametric amplification with a 2 000 $cm^{-1}$ bandwidth [J]. Appl. Phys. Lett. , 1998, 72: 147.

[46] Baltuska A, Fuji T, Kobayashi T. Visible pulse compression to 4 fs by optical parametric amplification and programmable dispersion control [J]. Opt. Lett. , 2002, 27: 306.

[47] Wu K, Yang X, Zeng H. All-optical stabilization of carrier-envelope phase by use of difference frequency generation with seeded amplification of colored conical emission [J]. Appl. Phys. B, 2007, 88: 189.

[48] Wu K, Peng Y, Xu S X, et al. All-optical control of the carrier-envelope phase with multi-stage optical parametric amplifiers verified with spectral interference [J]. Appl. Phys. B, 2006, 83: 537.

[49] Bergé L, Schmidt M R, Rasmussen J J, et al. Amalgamation of interacting light beamlets in Kerr-type media [J]. J. Opt. Soc. Am. B, 1997, 14: 2550.

[50] Królikowski W, Holmstrom S A. Fusion and birth of spatial solitons upon collision [J]. Opt. Lett. , 1997, 22: 369.

[51] Antoine V, Bergé L. Femtosecond optical vortices in air [J]. Phys. Rev. Lett., 2005, 95: 193901.

[52] Shih M F, Segev M, Salamo G. Three-dimensional spiraling of interacting spatial solitons [J]. Phys. Rev. Lett., 1997, 78: 2551.

[53] Xi T T, Lu X, Zhang J. Interaction of light filaments generated by femtosecond laser pulses in air [J]. Phys. Rev. Lett., 2006, 96: 025003.

[54] Yang X, Wu J, Peng Y, et al. Plasma waveguide array induced by filament interaction [J]. Opt. Lett., 2009, 34: 3806.

[55] Zeng H, Liu J. Nonlinear interaction of intense ultrashort filaments [J]. Nonlinear Photonics and Novel Optical Phenomena, Springer Series in Optical Sciences, 2012, 170: 259.

[56] Centurion M, Pu Y, Liu Z W, et al. Holographic recording of laser-induced plasma [J]. Opt. Lett., 2004, 29: 772.

[57] Cai H, Wu J, Lu P, et al. Attraction and repulsion of parallel femtosecond filaments in air [J]. Phys. Rev. A, 2009, 80: 051802.

[58] Wu J, Cai H, Lu P, et al. Intense ultrafast light kick by rotational Raman wake in atmosphere [J]. Appl. Phys. Lett., 2009, 95: 221502.

[59] Wang Y, Zhang Y, Chen P, et al. The formation of an intense filament controlled by interference of ultraviolet femtosecond pulses [J]. Appl. Phys. Lett., 2011, 98: 111103.

[60] Liu J, Lu P, Tong Y, et al. Two-dimensional plasma grating by noncollinear femtosecond filament interaction in air [J]. Appl. Phys. Lett., 2011, 99: 151105.

[61] Yang X, Wu J, Peng Y, et al. Noncollinear interaction of femtosecond filaments with enhanced third harmonic generation in air [J]. Appl. Phys. Lett., 2009, 95: 111103.

[62] Seideman T. Revival structure of aligned rotational wave packets [J]. Phys. Rev. Lett., 1999, 83: 4971.

[63] Liu J, Feng Y, Li H, et al. Supercontinuum pulse measurement by molecular alignment based cross-correlation frequency resolved optical gating [J]. Opt. Express, 2011, 19: 40.

[64] Lu P, Liu J, Li H, et al. Cross-correlation frequency-resolved optical gating by molecular alignment for ultraviolet femtosecond pulse measurement [J]. Appl. Phys. Lett., 2010, 97: 3478008.

[65] Li H, Liu J, Feng Y, et al. Temporal and phase measurements of ultraviolet femtosecond pulses at 200 nm by molecular alignment based frequency resolved optical gating [J]. Appl. Phys. Lett., 2011, 99: 011108.

[66] Li H, Li W, Liu J, et al. Characterization of elliptically polarized femtosecond pulses by molecular-alignment-based frequency resolved optical gating [J]. Appl. Phys. B, 2012, 108: 761.

[67] Wu J, Lu P, Liu J, et al. Ultrafast optical imaging by molecular wakes [J]. Appl. Phys. Lett., 2010, 97: 161106.

[68] Zeng H, Lu P, Liu J, et al. Ultrafast optical gating by molecular alignment [J].

Progress in Ultrafast Intense Laser Science VIII, Springer Series in Chemical Physics, 2012, 103: 47.

[69] Trebino R. Frequency-resolved optical gating: The measurement of ultrashort laser pulse [M]. Holland: Kluwer Academic Publishers, 2002.

[70] Trebino R, Delong K W, Fittinghoff D N, et al. Measuring ultrashort laser pulses in the time-frequency domain using frequency-resolved optical gating [J]. Rev. Sci. Instrum, 1997, 68: 3277.

[71] DeLong K W, Trebino R, White W E. Simultaneous recovery of two ultrashort laser pulses from a single spectrogram [J]. J. Opt. Soc. Am. B, 1995, 12: 2463.

# 4 非局域空间光孤子

郭 旗

## 4.1　光孤子研究概述

作为本专题的导引,此节将简要介绍光孤子的研究历史和光孤子研究中的相关基本概念,包括光学克尔效应(Kerr effect)及其时空非局域性、非线性慢变光包络的建模、求解及解的物理内涵讨论等内容。此节内容是阅读和理解本专题的主题——非局域空间光孤子,即以下各节内容的基础。

### 4.1.1　光孤子研究简史

几乎所有涉及孤子(soliton)[①]的文献,都无一例外地首先提到英国海军工程师、科学家罗素(Russell)在1834年首次观察到运河中孤子(水)波的情形[1]。然而,光孤子(optical soliton)的研究历史,并不像力学孤子那样遥远。从1973年日本学者长谷川(Hasegawa)理论预言了光孤子存在的可能性[2,3]开始,光孤子研究至今刚好步入不惑之年。

那么究竟什么是"孤子"? 我们通常将非线性波动方程的局部行波解[②]称为"孤立波",而将稳定的孤立波,即通过相互碰撞后不消失而且波形和传播速度也不会改变或者只有微弱改变(就像常见的两个粒子碰撞的情况一样)的孤立波称为孤子。所谓光孤子是在光学非线性介质中传播的局部化光波(光包络),包括时间光孤子(temporal optical soliton)、空间光孤子(spatial optical soliton)和时空光孤子(spatiotemporal optical soliton)。时间光脉冲(optical pulse)在光纤波导中传输时会由于色散效应而展宽;对应地,空间光束(optical beam)会因为衍射效应而一边传输一边发散。另一方面,光场自感应非线性折射率会对光脉冲产生压缩作用或对光束产生聚焦作用。时间光孤子是由于线性色散效应与非线性效应达到精确平衡时光脉冲的稳定传输状态,在传输过程中脉冲宽度保持不变;空间光孤子是由于线性衍射效应与非线性效应达到平衡时,光束在介质中形成的一种自陷(self-trapping)的稳定传输状态,光斑大小保持不变。顾名思义,时空光孤子是时空脉冲光束(optical pulsed beam)在三维时空(四维时空除去传输方向一个维度,还有三个维度)坐标中均保持形状不变的稳定传输状态。

#### 4.1.1.1　时间光孤子

首先被理论预言[2]和实验观测[4]到的光孤子是时间光孤子[③]。1973年长谷川等人发表了他们关于光孤子研究的开创性工作。他们研究了光纤(具有克尔自聚焦非线性[④]的介质波导)中光脉冲的传输过程,推导出了描述光脉冲演化过程的方程。虽然此方程具有 $1+1$ 维[5]非线性薛定谔方程(nonlinear Schrödinger equation)的结构(实际上是含有损耗项的非线性薛定谔方程),但当时长谷川并没有将他们得到的方程和苏联数学家扎哈罗夫(Zakharov)与莎巴特(Shabat)已经用逆散射方法求解的 $1+1$ 维非线性薛定谔方程联系起来。长谷川后来回忆说[6],虽然扎哈罗夫和莎巴特的论文[7]在 1972 年就已经翻译为英文,但他们在完成时间光孤子理论预言的工作之前并没有读到扎哈罗夫和莎巴特的论文,虽然他们也将该论文列入了参考文献目录,此是题外话。对该方程求解的解析结果和数值模拟结果均表明,在群速度反常色散区域存在传输过程中稳定不变的、时间波形为双曲正割函数 sech($t$) 的亮脉冲[6]解[2];而在群速度正常色散区域有稳定传输的、时间波形为双曲正切函数 tanh($t$) 的暗脉冲解[3]。长谷川将这种亮脉冲命名为包络孤子(envelope soliton)[2],这就是亮时间光孤子,而将暗脉冲解称为包络激波(envelope shock)[3],这实际上是暗时间光孤子而不是光激波[7]。长谷川首先将稳定的非线性光包络解与孤子联系起来,虽然他在暗脉冲解的命名上犯了一个不伤大雅的小错误。对于亮时间光孤子而言,脉宽为 1 ps 量级的脉冲,形成稳定孤子传输所需的光功率大约为 1 W 量级。光纤中时间光孤子的形成是由于介质的非线性自相位调制效应和线性群速度色散效应共同作用的结果[8]。光脉冲在光纤里传输的过程中,由于非线性自相位调制效应对脉冲产生频率调制,脉冲的不同部分会具有不同的振动频率,频率改变量的大小和符号与脉冲波形有关。对于亮脉冲而言,自相位调制将使得脉冲前沿具有比后沿更低的振动频率;另一方面,由于在群速度反常色散区 $\partial v_g / \partial \omega > 0$,(振动)频率越高的部分运动速度越快,因而脉冲前沿运动得比后沿更慢,从而引起脉冲压缩。这种压缩效果与线性色散效应单独存在时所引起的脉冲展宽效果正好相反。如果脉冲具有适当的振幅和波形,则压缩效应与展宽效应正好平衡,光脉冲将稳定不变形地传输,于是形成亮时间光孤子。对于暗脉冲而言情况正好相反,自相位调制将使得脉冲前沿比后沿具有更高的振动频率,所以需要在群速度正常色散区($\partial v_g / \partial \omega < 0$)才能产生脉冲压缩,并平衡线性色散效应单独存在时所引起的脉冲展宽从而形成暗时间光孤子。

1980 年,莫勒瑙尔(Mollenauer)等人[4]首次在 700 m 长的常规单模光纤末端成功实验观测到了载波波长 1.55 $\mu$m(群速度反常色散区)、脉宽为 7 ps(半高全宽)的亮时间光孤子的稳定传输,得到的实验结果与长谷川的理论预言高度一致。1970 年代末光电研究领域内的两项重大进展是亮时间光孤子实验得以成功的前提:其一是在 1.55 $\mu$m 波长附近低损耗(低于 0.2 dB/km)光纤的研制成功,其二是在同样波段范围内波长可调(可调范围为 1.4~1.6 $\mu$m)的锁模色心激光器的研制成功。对暗时间光孤子的首次观测,是由恩普里特(Emplit)等人[10]和柯若克尔(Krökel)等人[11]分别独立完成的。由于输入脉冲没有单暗孤子解所需要的相位跃变,故他们实际上得到的是一对共存的暗孤子。为了形成单暗孤子传输,必须构造具有合适相位跃变的输入暗孤子,这样的工作稍后由韦勒(Weiner)等人完成[12]。三个实验的具体参数(背景脉冲宽度、工作波长、暗孤子脉冲宽度、光纤长度)分别为:26 ps, 0.595 $\mu$m, 5 ps, 52 m[10];100 ps, 0.532 $\mu$m, 0.3 ps, 10 m[11];1.76 ps, 0.620 $\mu$m, 185 fs, 1.4 m[12]。上述实验均是在有限亮背景下的暗孤子,而不是长谷川理论预言[3]的无限亮背景下的tanh($t$)波形暗孤子。真正连续波无限背景下的暗孤子实验直到1990年才成功完成[13]。

　　在1980年亮时间光孤子成功实验结果的激励下,长谷川等人研究了利用亮时间光孤子作为光纤通信系统中通信载体的可能性,于1981年首次提出了光纤孤子通信的概念[14]:将在光纤中传输时脉冲宽度保持不变的亮时间光孤子作为光纤通信系统中的信息载体,以替代常规光纤通信系统中的线性脉冲信息载体。光纤中传输的线性脉冲因色散效应引起的展宽是限制常规光纤通信系统通信速率提高的瓶颈,但在光纤孤子通信系统中,限制通信速率提高的色散效应成为亮时间光孤子稳定传输的必要条件。长谷川等人的计算表明,光纤孤子通信系统的通信速率可以比常规光纤通信系统提高1~2个数量级[14]。20世纪80年代末到90年代中期,光孤子通信系统[6]曾经引起人们的广泛关注,被认为是实现高速度、大容量、长距离全光通信的有效首选方案之一。当时,世界各国都投入了大量人力和资金进行光孤子通信系统及其相关关键技术的攻关研究,形成了光孤子研究的第一轮高潮。1991年12月,国家科学技术委员会、国家自然科学基金委员会、原机械电子工业部和原邮电部曾经在北京联合召开了“全国光孤子及全光通信技术研讨会”,专门讨论我国发展光纤孤子通信的战略问题⑥。然而,由于密集波分复用(dense wavelength division multiplexing, DWDM)技术出乎人们意料的突破和成熟,使得常规的线性通信系统也可以满足大容量、高速率通信的需求。随着密集波分复用技术的成熟,自20世纪末以来,人们对光纤孤子通信系统的研究热情已经减退。除了少量的零星研究外,最近十几年国际上光孤子的研究主流已经不再是时间光孤子及其光纤孤子通信系统的研究,而转向了空间光孤子及其在全光信息处理方面应用的研究。

　　4.1.1.2　空间光孤子

　　虽然空间光孤子和时间光孤子在数学上都是由非线性薛定谔方程及其变形方程(在非线性薛定谔方程的基础上增加了若干附加项后的方程)描述,但它们形成的物理机理完全不同。时间光孤子是线性色散效应与非线性效应共同作用的结果,而空间光孤子是线性衍射效应与非线性效应共同作用的结果。由于空间衍射的多维性和材料的多样性,因此相对于时间光孤子的单一性⑨,空间光孤子的种类繁多,研究内容丰富得多。按照材料产生非线性的物理机理,可将空间光孤子分为克尔孤子和克尔类(Kerr-like 或 quasi-Kerr)孤子[15,16]、光折变(photorefractive)孤子[15,16]、二次(quadratic)孤子[又称为级联(cascading)孤子或参量(parameteric)孤子][15,16]和向列子(nematicon)[17,18]等类别。克尔孤子和克尔类孤子是在其折射率能够表达为光强函数的材料⑩中存在的空间光孤子,克尔材料中非线性折射率的来源主要是电子的贡献。光折变孤子是在光折变材料中产生的空间光孤子,材料的光折变效应是材料在光辐射下由光电导效应形成与光强分布对应的电荷场、从而再由线性电光效应引起折射率随光强而改变的效应。二次孤子是在二阶非线性过程中产生的空间光孤子,二次孤子不是三阶自作用非线性过程产生的,因此在二次孤子产生的过程中必然会伴随不同频率光场之间的能量交换。向列子是向列相液晶(nematic liquid crystals)中由于液晶分子重取向过程而产生的空间光孤子,这是本专题要讨论的主题。

不考虑形成孤子的非线性机理来源[19],按照其内在的特性又可将空间光孤子分为亮孤子和暗孤子、相干孤子和非相干孤子[15,16],单分量孤子和矢量孤子(多分量孤子)[5, 20, 21]、连续孤子和离散孤子[15,16, 22]、体材料(bulk material)孤子和表面波孤子[23, 24]、行波孤子和腔(cavity)孤子(驻波孤子)[15,16],以及局域空间光孤子和非局域空间光孤子等不同的两大类别。相对于相干光产生的相干孤子,非相干孤子是部分相干光或者完全不相干光产生的。相对于单个频率和单极化方向的单分量孤子,矢量孤子[又称为多分量(multicomponent)矢量孤子]又可分为狭义矢量孤子和广义矢量孤子,前者是电场的两个独立分量(比如单轴晶体中的快轴和慢轴方向上的分量)由于非线性耦合而形成的共生(symbiosis)状态(两分量都以孤子共同传输的状态),而后者是不同频率的光场由非线性耦合而形成的孤子共生态。相对于连续均匀材料中的连续孤子,离散孤子是在横向周期性不连续离散结构(比如周期性的波导阵列结构)中存在的空间光孤子,也可以将横向周期性连续变化结构中的空间光孤子广义地称为离散孤子。与连续空间光孤子的物理机理不同,离散空间光孤子的成因是由于周期性离散结构的能量耦合而产生的离散衍射效应和非线性自相位调制效应的平衡结果。相对于连续大块的(与孤子尺度比较而言)体材料中的体材料孤子,表面波孤子是在具有不同光学性质的两种材料的界面附近存在的空间光孤子,这是最近几年才刚刚发现的新型空间光孤子。相对于在介质中传输而形成的行波孤子,腔孤子是将非线性介质放入光学谐振腔结构中形成的驻波孤子。克尔孤子实际上就是局域空间光孤子，而二次孤子、光折变孤子和向列子均是非局域空间光孤子。非局域空间光孤子是本专题的主题，以下各节将详细介绍。

虽然第一轮光孤子研究高潮的主角是时间光孤子而不是空间光孤子，但空间光孤子的理论和实验工作都早于时间光孤子，不过理论模型和实验现象并非一致。与理论一致的实验工作是 1985 年才完成的，实际上晚于时间光孤子。早在 1962 年，阿思卡阎（Askar'yan）就已经提到了强电磁场在等离子体中可以形成自构波导从而无衍射传输的可能性[25]，这是关于光束自陷现象的最早论述。稍后，塔拉诺夫（Talanov）[26]（1963 年）和乔（Chiao）等人[27]（1964 年）分别独立地定量讨论了等离子体和克尔自聚焦介质中电磁场的非线性传输问题，发现了空间光束的自陷现象。他们均得出了 1+1 维光束的自陷解具有空间分布的双曲正割函数形式的结论，乔等人还得到了 1+2 维自陷光束的数值解。但旋即（1965 年）柯隶（Kelley）就证明了[28]克尔自聚焦非线性介质中的 1+2 维光束的自陷模式是不稳定的，必将出现大崩溃（catastrophic collapse）：光束直径将趋于零而光强会变为无穷大。柯隶当时得到的方程就是非线性薛定谔方程，虽然他并未将这个方程与非线性薛定谔方程联系起来，这是首次得到了慢变空间光束在非线性克尔介质中演化的正确方程，这是题外话。实际上，1+2 维结构中的准 1+1 维光束也是不稳定的[5, 6]⑪。因此，克尔自聚焦介质中的自陷光束只能在 1+1 维结构中才能稳定传输。在 1+1 维结构中，两维空间衍射中的一个维度被以某种方法抑制了（比如通过平面介质波导的结构），因而克尔介质中的 1+1 维光束传输模型与光纤中的时间脉冲模型具有了相同的数学结构，使得自陷光束能够像时间光孤子那样稳定传输。数年后，近似解析结果[29]和数值计算结果[30, 31]均证明：具有饱和非线性的介质⑫可以抑制光束大崩溃，形成稳定的 1+2 维自陷光束传输。几乎同时，前苏联学者也独立地得到了类似的结果[32]⑬。直到 20 世纪末，饱和非线性都是各种新发现的 1+2 维稳定空间光孤子的关键所在[5]。近年来，人们又认识到非线性非局域性也是可以抑制 1+2 维光束大崩溃的因素之一[33]。1+2 维光折变孤子稳定的主要根源是饱和非线性[5]，而 1+2 维二次孤子和向列子的稳定根源是非线性非局域性[33,34]。是否可以证明饱和非线性和非局域非线性在抑制 1+2 维光束大崩溃的机理上是等价的？笔者认为这应该是一个值得思考的理论问题。

空间光孤子是由于非线性效应与线性衍射效应共同作用并精确平衡的结果。对于克尔自聚焦介质中传输的亮光束而言，与光强成正比的非线性折射率将使得光束中心感受到的折射率大于其边沿的折射率，从而形成了一个自构的光学凸透镜。与凸透镜会聚光波的原理相同,光束中心的相速度($c/n$)将低于边沿的相速度,使得等相位面内凹,从而产生光束会聚。非线性效应产生的光束会聚与线性效应单独存在时产生的光束发散效应正好相反。当两种效应的作用刚好平衡时,就会产生光束自陷,形成亮空间光孤子。暗光束在克尔自散焦介质中形成暗空间光孤子的原理,与亮光束在自聚焦介质中形成亮空间光孤子的机理完全相同。

首批空间光孤子的实验工作包括 1968 年铅玻璃中的稳定 1+2 维自陷光束[35]和 1974 年钠蒸气中的稳定 1+2 维自陷光束[36]的实验观察,在铅玻璃和钠蒸气中分别获得了光功率 3 W 束宽大约为 50 $\mu m$(半径)长 15 cm 的稳定自陷光束(工作波长 514 nm,$n_0 = 1.75$,瑞利距离大约为 5.3 cm)和光功率 20 mW 束宽 70 $\mu m$(半功率点全宽度)长 12 cm 的稳定自陷光束(工作波长 589 nm,$n_0 \approx$ 1[⑭],瑞利距离大约 1.9 cm)。铅玻璃的非线性机理是热致非线性,而钠蒸气的非线性机理是来源于两能级系统中电子吸收峰附近的饱和非线性。两个实验的非线性均不是典型的克尔非线性! 故不会出现自聚焦的大崩溃,但其稳定的原因当时均没有合理定量的理论解释。虽然铅玻璃中实验的目的是研究光束的自聚焦过程,但实验中得到的稳定传输自陷光斑实际上是由于非局域非线性形成的 1+2 维空间光孤子,不过这是几乎 40 年后才认识到的事实[37]。也许是缺乏理论支撑的缘故,这两个早期的实验工作并没有引起多大反响,但无论如何这是空间光孤子研究历史中值得一提的事件。十多年过去了,在与理论高度一致的时间光孤子实验工作完成后,人们才认识到 1+1 维自陷光束具有孤子特性。1985 年,巴斯勒米(Barthelemy)等人首次明确将 1+1 维光束自陷现象与孤子联系起来[38],得到了与理论一致的空间光孤子实验结果。他们的第一个实验是在 1+2 维结构的 $CS_2$ 液体中用特殊方法实现了准 1+1 维传输[⑮],第二个实验才在两块玻璃片和 $CS_2$ 液体的"三明治"平面波导结构中得到了真正的 1+1 维空间光孤子。随后,1+1 维空间光孤子的稳定传输也陆续在玻璃中[39]、半导体中[40]和聚合物中[41]实现了。与光纤中群速度正常色散区存在暗时间光孤子的原理相同,在自散焦介质($n_2 < 0$)中也存在暗空间光孤子[5,19]。暗空间光孤子与亮空间光孤子有两个不同的特性:其一,1+2 维克尔自散焦介质中的暗空间光孤子是稳定的[42],而 1+2 维克尔自聚焦介质中不存在亮空间光孤子[⑯];其二,暗空间光孤子的相位具有不连续性(奇异性)[5,19],而亮空间光孤子的相位是连续的。

空间光孤子研究历史中具有划时代意义的事情是光折变孤子的理论预言[43]和实验验证[44]。光折变孤子的重要性表现在以下几个方面[5,19]。首先,产生光折变孤子的功率很低(甚至可以小到微瓦量级),因此用连续波激光源就可以实现空间光孤子传输,而不用像早期的实验[38-41]那样为了得到更高的功率而使用脉冲激光光源。其次,在光折变材料中通过低功率的空间光孤子可以形成诱导产生的、通过电场和温度改变而可擦除的波导结构,从而引导其他频率的强功率光束沿该波导传输,实现光控光功能。最后,光折变非线性不仅具有非局域性,而且具有可饱和性。由于这些独特的特性,使得光折变材料成为实现各种孤子(诸如非相干孤子和离散孤子等)传输及其1+2维相互作用的理想平台。

　　与光折变非线性一样,非局域非线性也是空间光孤子稳定传输的两个重要因素之一。虽然以前人们也或多或少地涉及了非局域非线性介质中的光束传输问题,但非局域空间光孤子的系统研究应该始于国际著名导波光学专家斯奈德(Snyder)1997年发表在《科学》杂志的文章[45]。斯奈德和米切尔(Mitchell)在强非局域条件下,将非局域非线性薛定谔方程近似为线性模型——斯奈德-米切尔模型(Snyder-Mitchell model),发现其存在空间光孤子解。他们称此空间光孤子为"强非局域孤子"[⑰]。将非线性问题转化为线性问题处理,这是一个伟大的创举! 著名非线性光学专家沈元壤博士对此给予了高度评价,在同期《科学》上发表的评论文章[46]中,他认为斯奈德-米切尔模型是"无价的"[⑱]。但他同时又担忧到:截至当时为止,所知的具有空间非局域性的材料(比如液晶和光折变材料)的相关长度(非线性特征长度)仅在微米量级,对光束束宽一般也在微米量级的常规光束而言,都是弱非局域的,具有强非局域性质的材料似乎还没有找到。不过,他乐观地预测,斯奈德和米切尔的预言可能会驱动实验工作者努力寻找方法来扩展材料的相关特征长度。果然,六年后阿徹托(Assanto)小组首先理论预言(2003年)[47]并实验确认(2004年)[48]在一定的条件下向列相液晶分子的重取向机理就是可以实现强非局域传输条件的光学非线性过程。第二年,人们又确认了第二个具有非线性强非局域性的材料[37]:铅玻璃(lead glass),并在其中实现了椭圆孤子和光涡旋环(optical vortex-ring)孤子的稳定传输。近年来,非局域空间光孤子的研究已经引起人们的广泛关注[17,18,49-51]。

### 4.1.1.3　时空光孤子:光弹

　　时空光孤子又称为光弹(light bullet),是由于群速度色散效应(线性时间效应)、衍射效应(线性空间效应)和非线性效应三者平衡,脉冲光束在时间维度和垂直于传播方向的空间维度(横截面)均保持形状不变的稳定传输状态。自从其存在的可能性由斯尔贝格(Silberberg)预言后(1990年)[52],光弹的研究已经不仅仅是非线性光学而且成为非线性科学的前沿问题[53][⑲]。与1+2维自陷光束一样,1+3维克尔自聚焦非线性介质中的自陷时空脉冲光束会在时间维度和空间维度上同时产生时空自聚焦,直到大崩溃[52]。人们已经在理论上证明[54]:饱和非线性机理、级联二次非线性过程、自感应透明效应、非线性非局域性以及横截面上周期性变化的阵列波导结构等均可以抑制大崩溃发生,形成稳定的光弹传输。

实验上,已经观察到了由级联二次非线性过程产生的[55]、波导阵列中存在的[53]和体材料中在群速度正常色散区内的[56]稳定传输光弹。刘等人的实验[55]是光弹的首次稳定传输实验,但他们实现的是在群速度反常色散区内 1+2 维的准光弹②,而不是 1+3 维的真正光弹。在群速度反常色散区内的 1+3 维真正光弹是由弥纳迪(Minardi)等人[53]首次在波导阵列结构中实现的。柯普润科夫(Koprinkov)等人[56]则在不同材料(氩原子气体、氪原子气体、$CH_4$ 分子气体和熔融石英固体)三维体介质中的群速度正常色散区内都得到了稳定光弹传输。理论表明[52, 54]:光弹只存在于克尔自聚焦介质的群速度反常色散区,不可能在其群速度正常色散区生存。因此,柯普润科夫在克尔自聚焦介质的群速度正常色散区内观察到光弹的实验工作需要新的理论解释,其机理可能来源于超强激光电场诱导产生并占据主导地位的高阶(五阶)非线性效应[56]。这些陆续完成的实验工作表明光弹研究的大门已经打开,正等待着具有好奇心的年轻一代学者进入。

### 4.1.1.4 呼吸子和孤子

在本节的最后,要讨论两个术语——呼吸子和孤子——的区别。呼吸子和孤子是在大多数非线性系统中存在的一对双胞胎,是非线性系统演化过程中的两种不同但又密切相关的状态。呼吸子[57, 58]是非线性系统中沿传输方向(或者时间演化坐标)周期性振荡的局部行波解,而孤子是该系统中沿传输方向(或者时间演化坐标)保持形状(波形和其时间宽度或空间宽度)不变的局部行波解。虽然在很多非线性传输光学的文献中笼统地将光包络的这两类解称为光孤子,但实际上他们在物理上是不同的:光孤子是色散效应(或衍射效应)与非线性效应精确平衡的结果,而光呼吸子[59]是色散效应(或衍射效应)和非线性效应部分平衡的结果。在此概念下,笔者认为非线性薛定谔方程的高阶孤子解[8,60]严格地说应该被称为光呼吸子而不是光孤子。

## 4.1.2 光学克尔效应及其时空非局域性

光孤子是与光学克尔效应密切相关的物理现象。因此,在讨论光孤子的特性之前,首先需要介绍光学克尔效应及其时间和空间非局域性的概念。

光学克尔效应属于三阶非线性光学效应,是非线性光学领域中的主要效应之一。当强度足够的激光在介质中传输时,强激光会引起介质的折射率发生改变;同时,这种折射率的改变又会反过来影响激光本身的传输行为。这就是光学克尔效应(光学克尔非线性过程)[61,62]②。光学克尔效应与光学倍频效应、光学混频(和频与差频)效应和光学参量放大与振荡效应等其他光学非线性效应的最大差别是,前者是在相同载波频率上的非线性光学相互作用,而后者通过非线性总要产生新的频率。在这个意义上,光学克尔效应是自作用(self-action)非线性效应,即强激光通过介质的非线性响应而自己影响自己的传输行为。能够产生光学克尔效应的物理机理包括分子重取向(molecular reorientation)、热致非线性(thermal nonlinearity)、光折变效应(photorefractive effect)、电子贡献(electronic contribution)以及电致伸缩(electrostriction)等。但不管产生这一效应的物理机制如何,由于光学克尔效应引起介质的折射率发生变化,总可以将介质的折射率表示为

$$n(\boldsymbol{r}, z, t) = n_0(\boldsymbol{r}, z) + \Delta n(\boldsymbol{r}, z, t) \qquad (4-1)$$

式中,$n_0$是介质本身的线性折射率(假设忽略线性色散,因而$n_0$与时间无关,但可能是空间坐标的函数),$\Delta n$是光场诱导的非线性折射率改变量(简称非线性折射率),$\boldsymbol{r}$是垂直于光波传播方向$z$坐标的$D$维横向坐标矢量(当$D=1$时,$\boldsymbol{r}=x\boldsymbol{e}_x$;而$D=2$时,$\boldsymbol{r}=x\boldsymbol{e}_x+y\boldsymbol{e}_y$)。一般而言,非线性折射率$\Delta n$是空间坐标和时间坐标的函数,并且在空间上和时间上均表现出非局域性(nonlocality)。所谓空间非局域性,是指介质中空间某特定点的$\Delta n$不仅与该点的光场有关而且与空间中其他点的光场有关;同理,时间非局域性意味着某一特定时间的$\Delta n$不仅与该时刻的电场有关,而且与该时刻以前的所有电场有关。如果不考虑其时间和空间的非局域性,则

$$\Delta n(\boldsymbol{r}, z, t) = n_2 \mid \boldsymbol{E}(\boldsymbol{r}, z, t) \mid^2 \qquad (4-2)$$

式中,$n_2$为非线性折射率系数(又称为克尔系数),$\boldsymbol{E}$为电场强度。此式表明,空间($\boldsymbol{r}, z$)点的非线性折射率仅仅取决于该点的电场,而与其他空间点的电场无关(空间局域性);$t$时刻的非线性折射率也仅仅与该时刻的电场有关而与其他时刻的电场无关(时间局域性)。

当平面电磁波②在克尔介质中传播时,可以认为光学克尔效应在空间和时间上均是局域的。但物理上真实存在的电磁场模式,或者是空间光束(optical beams)——分布在有限空间上(空间局部化)的光波,或者是时间光脉冲(optical pulses)——光波导中传播的时间上有限分布(时间局部化)的光波,或者是脉冲光束(optical pulsed beams)——时间和空间均局部化的光波,三者必居其一。对于物理真实的电磁场模式而言,当光场占有的时间尺度(用"脉冲宽度"参量表征)远远大于材料光学克尔效应的响应时间(弛豫时间)、并且光场占有的空间尺

度(用"光束束宽"参量表征)也同时远远大于材料光学克尔效应的空间特征长度时,可以认为光学克尔效应在空间和时间上均是局域的,介质的非线性折射率可用式(4-2)表达。否则,必须考虑光学克尔效应的空间非局域性(当光场的光束束宽接近或者小于材料光学克尔效应的空间特征长度时)、或时间非局域性(当光场的脉冲宽度接近或者小于材料光学克尔效应的响应时间时),或者空间非局域性和时间非局域性必须同时考虑。

当需要考虑光学克尔效应的空间非局域性时,$\Delta n$ 一般由以下微分方程描述

$$w_m^2 \nabla_D^2 \Delta n(\boldsymbol{r}, z) - \Delta n(\boldsymbol{r}, z) = -n_2 \mid \boldsymbol{E}(\boldsymbol{r}, z) \mid^2 \qquad (4-3)$$

式中,$\nabla_D$ 是 $D$ 维的横截面坐标变量微分算符矢量,$\nabla_2 = \dfrac{\partial}{\partial x}\boldsymbol{e}_x + \dfrac{\partial}{\partial y}\boldsymbol{e}_y$,而

$\nabla_1 = \dfrac{\partial}{\partial x}\boldsymbol{e}_x$ 或者 $\dfrac{\partial}{\partial y}\boldsymbol{e}_y$,参量 $w_m$ 具有长度的量纲,是表征材料非线性响应函数空间占有尺度的特征参量,称为材料的非线性特征长度。在无穷大空间,方程(4-3)的等效积分表达式是

$$\Delta n(\boldsymbol{r}, z) = n_2 \int_{-\infty}^{\infty} R(\boldsymbol{r}-\boldsymbol{r}') \mid \boldsymbol{E}(\boldsymbol{r}', z) \mid^2 \mathrm{d}^D \boldsymbol{r}' \qquad (4-4)$$

式中,$R(\boldsymbol{r})$ 是材料的非线性空间响应函数[②],$\mathrm{d}^D \boldsymbol{r}$ 是在 $(\boldsymbol{r}, z)$ 点的 $D$ 维微元。$R(\boldsymbol{r})$ 满足归一化条件 $\displaystyle\int_{-\infty}^{\infty} R(\boldsymbol{r})\mathrm{d}^D \boldsymbol{r} = 1$。对 $R(\boldsymbol{r})$ 进行归一化是物理上的要求,目的是使得式(4-4)中的非线性折射率系数 $n_2$ 与局域光学克尔效应[8, 61, 62][④][即式(4-2)中]的非线性折射率系数具有相同的量纲。无穷大空间的响应函数只是源点和场点之间距离的函数(平移不变性),并且具有对称性;但对有限空间而言,由于边界的存在,响应函数将失去平移不变性,既是场点也是源点的函数[63]。

当需要考虑光学克尔效应的时间非局域性时,$\Delta n$ 满足德拜(Debye)弛豫方程[61]:

$$\tau \frac{\partial}{\partial t}\Delta n(\boldsymbol{r}, z, t) + \Delta n(\boldsymbol{r}, z, t) = n_2 \mid \boldsymbol{E}(\boldsymbol{r}, z, t) \mid^2 \qquad (4-5)$$

式中 $\tau$ 具有时间的量纲,是克尔材料的响应时间(弛豫时间),即材料非线性时间响应函数的特征时间。方程(4-5)的等效积分表达式是

$$\Delta n(\boldsymbol{r}, z, t) = \frac{n_2}{\tau} \int_{-\infty}^{t} \exp\left(-\frac{t-t'}{\tau}\right) \mid \boldsymbol{E}(\boldsymbol{r}, z, t') \mid^2 \mathrm{d}t' \qquad (4-6)$$

比较式(4-4)和式(4-6)可见,时间非局域系统的响应函数具有非对称的形式:

$$R_t(t) = \begin{cases} \dfrac{1}{\tau} \exp\left(-\dfrac{t}{\tau}\right), & t > 0 \\ 0, & t \leqslant 0 \end{cases} \qquad (4-7)$$

时间非局域响应函数的非对称性来源于因果关系[62]②。

同时考虑 $\Delta n$ 时间非局域性和空间非局域性的模型为

$$w_m^2 \nabla_D^2 \Delta n(\boldsymbol{r},\ z,\ t) - \tau \frac{\partial}{\partial t} \Delta n(\boldsymbol{r},\ z,\ t) - \Delta n(\boldsymbol{r},\ z,\ t) = -n_2 \mid \boldsymbol{E}(\boldsymbol{r},\ z,\ t) \mid^2$$

$$(4-8)$$

对此模型描述的相关物理效应的研究,至今还是一个"未经开垦的原始"领域,不曾有人涉足。

光场占有的空间尺度远远大于材料光学克尔效应的空间特征长度(或光场占有的时间尺度远远大于材料光学克尔效应的响应时间)的条件,在数学上等价于 $w_m \to 0$(或 $\tau \to 0$)。由方程(4-3)[或方程(4-5)和(4-8)]可知,此时均有 $\Delta n(\boldsymbol{r},\ z,\ t) \to n_2 \mid \boldsymbol{E}(\boldsymbol{r},\ z,\ t) \mid^2$。所以,$w_m \to 0(\tau \to 0)$、或者两者同时趋于零,都对应于局域光学克尔效应。另一方面,当 $w_m \to 0(\tau \to 0)$ 时,有 $R(r) \to \delta(r)[R_t(t) \to \delta(t)]$,这里 $\delta(t)$ 表示 $\delta$ 函数。利用 $\delta$ 函数的性质②,由式(4-4)和(4-6)可见,局域情况对应于响应函数为 $\delta$ 函数。

根据非线性折射率系数 $n_2$ 的符号可以将光学克尔介质分为自聚焦介质和自散焦介质两大类:$n_2 > 0$ 为自聚焦,$n_2 < 0$ 为自散焦。对于亮空间光束,自聚焦介质将产生类似于光学凸透镜的作用,使得其汇聚;而自散焦介质的作用正好相反,将使亮空间光束在传输过程中发散。

### 4.1.3 非线性光包络传输模型: 非局域非线性薛定谔方程

光包络是局部化的光波,包括时间光脉冲、空间光束和时空脉冲光束。本小节仅讨论时空效应分离的慢变光包络,即窄带光脉冲和傍轴光束的传输演化模型,不涉及时空效应耦合的时空脉冲光束问题。

#### 4.1.3.1 空间光束

假设 $n_0$ 为常数的线性均匀介质中,在垂直于传播方向($z$ 轴)的横截面上线极化的时谐变化电场 $\boldsymbol{E}(\boldsymbol{r},\ z,\ t)$ 具有有限的空间分布⑦,则 $\boldsymbol{E}(\boldsymbol{r},\ z,\ t)$ 可以表示为

$$\boldsymbol{E}(\boldsymbol{r},\ z,\ t) = \frac{1}{2}\boldsymbol{e}_0 E_0(\boldsymbol{r},\ z)\exp(-\mathrm{i}\omega t) + \mathrm{c.\,c.} \tag{4-9a}$$

$$E_0(\boldsymbol{r},\ z) = \boldsymbol{\Psi}(z,\ \boldsymbol{r})\exp(\mathrm{i}kz) \tag{4-9b}$$

式中，$\boldsymbol{e}_0$ 是横截面上电场极化方向的单位矢量，$E_0(\boldsymbol{r},\ z)$ 是复数（代表电场的空间部分），$\boldsymbol{\Psi}(z,\ \boldsymbol{r})$ 是傍轴光束（电场的空间慢变包络函数），$k = \omega n_0/c$ 是波数，$\omega$ 是频率，$c$ 是真空中的光速，符号 c. c. 表示前面部分的复数共扼。将 $\boldsymbol{E}(\boldsymbol{r},\ z,\ t)$ 带入麦克斯韦方程组，可得时谐电场空间部分 $E_0(\boldsymbol{r},\ z)$ 满足的亥姆霍兹（Helmholtz）方程[65]：

$$\frac{\partial^2 E_0}{\partial z^2} + \nabla_D^2 E_0 + \frac{\omega^2 n^2}{c^2}E_0 = 0 \tag{4-10}$$

式中 $n$ 是由式(4-1)给出的介质折射率。将 $E_0(\boldsymbol{r},\ z)$ 的表达式(4-9b)带入上式，使用傍轴条件 $\left|\dfrac{\partial \boldsymbol{\Psi}}{\partial z}\right| \ll k\,|\,\boldsymbol{\Psi}\,|$，忽略对 $z$ 的二阶导数项，并忽略折射率扰动 $\Delta n$ 的平方项，得到

$$\mathrm{i}\frac{\partial \boldsymbol{\Psi}}{\partial z} + \frac{1}{2k}\nabla_D^2 \boldsymbol{\Psi} + \frac{k\Delta n}{n_0}\boldsymbol{\Psi} = 0 \tag{4-11}$$

将具有空间非局域的 $\Delta n$ 表达式(4-4)带入上式得到描述傍轴光束 $\boldsymbol{\Psi}$ 在非局域克尔介质中传输演化过程的非局域非线性薛定谔方程[45,67,68]

$$\mathrm{i}\frac{\partial}{\partial z}\boldsymbol{\Psi}(z,\ \boldsymbol{r}) + \frac{1}{2k}\nabla_D^2 \boldsymbol{\Psi}(z,\ \boldsymbol{r}) + \gamma_b \boldsymbol{\Psi}(z,\ \boldsymbol{r})\int_{-\infty}^{\infty}R(\boldsymbol{r}-\boldsymbol{r}')\,|\,\boldsymbol{\Psi}(z,\ \boldsymbol{r}')\,|^2\mathrm{d}^D r' = 0 \tag{4-12}$$

式中 $\gamma_b = kn_2/n_0$。

对于局域的情况 $[R(\boldsymbol{r}) = \delta(\boldsymbol{r})]$，方程(4-12)成为非线性薛定谔方程㉘[61,62,66]㉘：

$$\mathrm{i}\frac{\partial \boldsymbol{\Psi}}{\partial z} + \frac{1}{2k}\nabla_D^2 \boldsymbol{\Psi} + \gamma_b\,|\,\boldsymbol{\Psi}\,|^2\boldsymbol{\Psi} = 0 \tag{4-13}$$

柯隶早在 1965 年就已经得到这个方程[28]，虽然他当时并未将这个方程与非线性薛定谔方程联系起来。

对于 $D = 2$ 的情况，方程(4-12)和(4-13)是 1+2 维方程，描述的是三维体介质中的空间光束传输演化过程；而当 $D = 1$ 时，1+1 维的方程(4-12)和

(4-13)是描述平面介质波导中光束传输过程的模型[39,66]。此时,由于有一维自由度被平面波导所约束,三维空间降维成为二维空间。

方程(4-12)和(4-13)具有几个不变的积分量(守恒量)[69],其中两个分别为功率积分[30]

$$P_0 = \int_{-\infty}^{\infty} | \Psi(z, \boldsymbol{r}) |^2 \mathrm{d}^D \boldsymbol{r} \qquad (4-14)$$

和动量积分

$$\boldsymbol{M} = \frac{\mathrm{i}}{2k} \int_{-\infty}^{\infty} (\Psi \nabla_D \Psi^* - \Psi^* \nabla_D \Psi) \mathrm{d}^D \boldsymbol{r} \qquad (4-15)$$

这里上标 * 代表复数的共轭。利用量子力学中的 Ehrenfest 定理,从方程 (4-12)可以得到光束质心 $\boldsymbol{r}_c$ 的轨迹方程为[70]

$$\frac{\mathrm{d} \boldsymbol{r}_c(z)}{\mathrm{d}z} = \frac{\boldsymbol{M}}{P_0} \qquad (4-16)$$

式中光束质心由下式定义

$$\boldsymbol{r}_c(z) = \frac{1}{P_0} \int_{-\infty}^{\infty} \boldsymbol{r} | \Psi(z, \boldsymbol{r}) |^2 \mathrm{d}^D \boldsymbol{r} \qquad (4-17)$$

由于 $\boldsymbol{M}$ 和 $P_0$ 是守恒量,故有

$$\boldsymbol{r}_c(z) = \frac{\boldsymbol{M}}{P_0} z + \boldsymbol{r}_{c0} \qquad (4-18)$$

式中 $\boldsymbol{r}_{c0} = \boldsymbol{r}_c(0)$ 是输入端 $z=0$ 处的光束质心位置。方程(4-18)表明,光束质心的轨迹是一条斜率为 $\boldsymbol{M}/P_0$ 的直线[31]。在 4.2 节中讨论非局域非线性薛定谔方程简化为斯奈德-米切尔模型的过程中将用到公式(4-18)。

需要注意的是,由式(4-14)定义的功率实际上并不是电磁场携带的真实功率,但与其成比例。对于空间光束而言,电磁场携带的真实功率是

$$P_p = \frac{\varepsilon_0 n_0 c}{2} \int_{-\infty}^{\infty} | \Psi(z, \boldsymbol{r}) |^2 \mathrm{d}^D \boldsymbol{r} \qquad (4-19)$$

式中 $\varepsilon_0$ 是真空中的介电常数。可见 $P_p$ 和 $P_0$ 的关系是: $P_p = \varepsilon_0 n_0 c P_0 / 2$。

### 4.1.3.2 时间光脉冲

较之空间光束方程的推导,从麦克斯韦方程到时间光脉冲演化方程的导出过程要复杂得多,因为这涉及光波导理论的相关基础知识。另一方面,本专题的

主题是空间光孤子而不是时间光孤子。鉴于这两个原因,本节中只给出推导时间光脉冲演化方程的前提条件和最后结果。方程推导的详细过程可以参见文献[8]和[66]②。

当激光在光纤(二维波导结构)中传输时,横截面(垂直于传播方向)的二维尺度被波导结构约束,形成导波模(波导模式场)。电磁场在这种结构中才可能以脉冲形式传播。假设光波导处于单模工作状态(即波导中传输的仅为主模),在弱导(weak-guiding)条件下,其主模的电场近似为线极化的波,则以脉冲形式传播的电场可表示为

$$E(r, z, t) = \frac{1}{2} e_0 F(r) A(z, t) \exp[\mathrm{i}(\beta_0 z - \omega_0 t)] + \text{c. c.} \quad (4-20)$$

式中,$A(z, t)$ 为光脉冲函数,$F(r)$ 为波导主模的模式场分布函数[$F(r)$ 是无量纲函数,对弱导光纤而言,$F(r)$ 非常接近高斯函数],$\omega_0$ 为载波频率,$\beta_0 = \beta(\omega)\big|_{\omega=\omega_0}$,$\beta(\omega)$ 为波导主模的传播常数。由式(4-20)可见:以脉冲形成存在于光纤(光波导)中的电磁场由三部分构成,即由波导主模(基模)场分布确定的横向部分、以群速度传输的慢变包络部分和以相速度传输的快变(以光频振荡)部分。在运动坐标系 $T = t - \beta_1 z = t - z/v_g$ 中,窄带信号脉冲 $A$ 满足的方程为非局域非线性薛定谔方程[71]

$$\mathrm{i}\frac{\partial}{\partial z}A(z, T) - \frac{\beta_2}{2}\frac{\partial^2}{\partial T^2}A(z, T) +$$

$$\gamma_p A(z, T)\int_{-\infty}^{\infty} R_t(T - T')\,|\,A(z, T')\,|^2\mathrm{d}T' = 0 \quad (4-21)$$

式中,$R_t$ 是由式(4-7)描述的非线性时间响应函数,$v_g = 1/\beta_1$ 为脉冲群速度,$\beta_m = \dfrac{\mathrm{d}^m\beta(\omega)}{\mathrm{d}\omega^m}\bigg|_{\omega=\omega_0}\ (m=1, 2)$

$$\gamma_p = \frac{\omega_0^2 n_0 n_2}{c^2 \beta_0 S_{\text{eff}}} \approx \frac{k n_2}{n_0 S_{\text{eff}}}, \ S_{\text{eff}} = \frac{\int |F(r)|^2 \mathrm{d}^D r}{\int |F(r)|^4 \mathrm{d}^D r} \quad (4-22)$$

为了得到式(4-22)中 $\gamma_p$ 的最后结果,使用了弱导波导中 $\beta \approx \omega n_0/c$ 的事实。请注意比较脉冲方程的非线性项系数 $\gamma_p$[见式(4-22)]和光束方程(4-12)的相应系数 $\gamma_b$,除了积分项 $S_{\text{eff}}$(常数)外是相同的,这有助于记住系数表达式。对于局域的情况,方程(4-21)成为非线性薛定谔方程[8,66]

$$\mathrm{i}\frac{\partial A}{\partial z} - \frac{1}{2}\beta_2\frac{\partial^2 A}{\partial T^2} + \gamma_p \mid A\mid^2 A = 0 \qquad (4-23)$$

以上方程是描述单模光纤中在可以忽略光损耗的条件下皮秒脉冲传输的标准方程[8]。对于由式(4-20)表达的时间光脉冲而言,电磁场携带的功率为

$$P_p = \frac{\varepsilon_0 n_0 c}{2}\mid A(z,\ t)\mid^2\int_{-\infty}^{\infty}\mid F(\boldsymbol{r})\mid^2\mathrm{d}^D\boldsymbol{r} \qquad (4-24)$$

### 4.1.3.3  传输模型的无量纲化

在描述光束和脉冲传输演化过程的非局域非线性薛定谔方程(4-12)和(4-21)中[对应的局域特殊情况分别为方程(4-13)和(4-23)],有一些物理参量是明显可见的,比如 $k$, $n_2$, $n_0$ 等。除此而外,还有一些物理参量,虽然不可见,但却以隐含的方式包含在方程中,比如光束(或者脉冲)的最大振幅和光束的空间宽度(或脉冲的时间宽度)等。实际上,所有这些参量并非完全相互独立,而是有某种内在的联系。这些"内在联系"就是本节要讨论的无量纲化变换式[③]。无量纲化变换将具有物理量纲的具体物理变量变成没有量纲的、具有相同数量级的抽象数学变量。通过方程的无量纲化变换,不仅可以将这些物理参量完全"吸收",从而使得方程在形式上变得更为简洁;而且更重要的是,通过变换我们可以更准确地把握问题的物理内涵。

先以光束方程来讨论这个问题。为此引入无量纲化变量变换

$$\xi = \frac{z}{L},\ \eta_x = \frac{x}{w_0},\ \eta_y = \frac{y}{w_0},\ U(\xi,\ \boldsymbol{\eta}) = \frac{\Psi(z,\ \boldsymbol{r})}{\Psi_0},\ \overline{R} = w_0^D R$$

$$(4-25)$$

式中,$\xi$, $\boldsymbol{\eta}$, $U$ 和 $\overline{R}$ 分别是无量纲的纵向(传播方向)坐标、无量纲的 $D$ 维横向坐标矢量 [$\boldsymbol{\eta} = \eta_x\boldsymbol{e}_{\eta_x} + \eta_y\boldsymbol{e}_{\eta_y}(D=2)$ 或 $\boldsymbol{\eta} = \eta_x\boldsymbol{e}_{\eta_x}(D=1)$]、无量纲的光束函数和无量纲的响应函数,$\Psi_0$ 是光束的最大振幅,$L$ 是光束的传输距离,$w_0$ 是表征光束束宽(光束在空间上的占有尺度)的特征参量,方程(4-12)变换为

$$\mathrm{i}\frac{\partial}{\partial \xi}U(\xi,\ \boldsymbol{\eta}) + \frac{1}{2}\frac{L}{L_{\mathrm{dif}}}\overline{\nabla}_D^2 U(\xi,\ \boldsymbol{\eta}) +$$

$$\mathrm{sgn}(n_2)\frac{L}{L_{\mathrm{nl}}}U(\xi,\ \boldsymbol{\eta})\int_{-\infty}^{\infty}\overline{R}(\boldsymbol{\eta}-\boldsymbol{\eta}')\mid U(\xi,\ \boldsymbol{\eta}')\mid^2\mathrm{d}^D\boldsymbol{\eta}' = 0 \qquad (4-26)$$

式中 $\overline{\nabla}_2 = \partial/\partial\eta_x\boldsymbol{e}_{\eta_x} + \partial/\partial\eta_y\boldsymbol{e}_{\eta_y}$, $\overline{\nabla}_1 = \partial/\partial\eta_x\boldsymbol{e}_{\eta_x}$

$$L_{dif} = kw_0^2, \quad L_{nl} = \frac{n_0}{k \mid n_2 \mid \Psi_0^2} \qquad (4-27)$$

参量 $L_{dif}$ 和 $L_{nl}$ 均具有长度的量纲,因此 $L_{dif}$ 称为衍射长度[也称为瑞利(Rayleigh)距离或共焦参量], $L_{nl}$ 称为非线性长度。它们分别是表征光束衍射效应和非线性效应强弱的特征参量,长度越短,相应的效应越强。在光波波长和材料给定的条件下, $L_{dif}$ 和 $L_{nl}$ 分别只是光束束宽和振幅(即光束携带的功率)的函数。光束束宽越窄,衍射长度越短,衍射效应越强;而功率(振幅)越强,非线性长度越短,非线性越强。另一方面,材料的非线性折射率系数 $\mid n_2 \mid$ 越大,得到相同非线性效应所需的功率(振幅)则更小。在方程(4-26)中,除 $L$, $L_{dif}$ 和 $L_{nl}$ 外的所有参量均已无量纲化,具有相同的数量级(假设光束函数具有足够光滑的分布使得所有导数均具有 $O(1)$ 的量级)。根据传播长度、衍射长度和非线性长度的相对大小,光束的传播特性可以分为近场传输、线性传输、非线性传输和共同作用传输等四种不同的形态。

(1)近场传输形态。当传输距离 $L$ 同时满足条件 $L \ll L_{dif}$ 和 $L \ll L_{nl}$ 时,由于其后面两项可以忽略不计,方程(4-26)简化为 $\partial_\xi U = 0$。这表明此时无论衍射效应还是非线性效应对光束的传输均没有影响,光束在传播过程中保持波形不变。满足条件 $L \ll L_{dif}$ 和 $L \ll L_{nl}$ 的传输距离就是"近场区域"(near-field region)[66]④。

(2)线性传输形态。当传输距离远远小于非线性距离但与衍射距离同量级,即满足 $L \ll L_{nl}$ 和 $L \sim L_{dif}$ 时,忽略最后一项的方程(4-26)成为

$$i \frac{\partial U}{\partial \xi} + \frac{1}{2} \frac{L}{L_{dif}} \overline{\nabla}_D^2 U = 0 \qquad (4-28)$$

方程(4-28)是傍轴光束在均匀线性介质中的传输方程[66]。由关系式 $L_{nl} \gg L_{dif}$ 可得

$$\Psi_0^2 w_0^2 \ll \frac{n_0}{k^2 \mid n_2 \mid}, \quad \Rightarrow w_0^{2-D} P_p \ll \frac{n_0}{k^2 \mid n_2^1 \mid}$$

式中光束携带的功率 $P_p \sim \varepsilon_0 n_0 c \Psi_0^2 w_0^D$⑤。可见,当光束携带的功率足够微弱时,材料的非线性效应对光束的影响可以忽略,光束的传输特性由线性衍射效应单独决定,在传输过程中光束的束宽会展宽[66]。

(3)非线性传输形态。当满足条件 $L \ll L_{dif}$ 和 $L \sim L_{nl}$ 时,方程(4-26)简化为(不失一般性,这里仅写出响应函数为 $\delta$ 函数时的表达式)

$$\mathrm{i}\,\frac{\partial U}{\partial \xi} + \mathrm{sgn}(n_2)\,\frac{L}{L_{\mathrm{nl}}}\,|\,U\,|^2 U = 0 \qquad (4\text{-}29)$$

方程(4-29)描述三维体材料中光束的空间自相位调制效应[73]，其条件可以从关系式 $L_{\mathrm{nl}} \ll L_{\mathrm{dif}}$ 得

$$w_0^{2-D} P_p \gg \frac{n_0}{k^2\,|\,n_2^I\,|}$$

(4) 共同作用传输形态。当传输距离 $L$ 与 $L_{\mathrm{dif}}$ 和 $L_{\mathrm{nl}}$ 均具有相同量级的时候，衍射效应和非线性效应将共同影响光束的传输行为，此时方程(4-26)中的三项具有相同的量级。光束的自聚焦现象、自散焦现象以及空间光孤子现象均是在这样的情况下发生的。此时，$P_p$（或者 $\Psi_0$）由关系式 $L_{\mathrm{dif}} \sim L_{\mathrm{nl}}$ 确定：

$$\Psi_0^2 \sim \frac{n_0}{k^2 w_0^2\,|\,n_2\,|}\left(w_0^{2-D} P_p \sim \frac{n_0}{k^2\,|\,n_2^I\,|}\right) \Rightarrow \frac{|\,\Delta n\,|}{n_0} \sim \sigma^2$$

式中，$\sigma = 1/(kw_0) = \lambda/(2\pi w_0 n_0)$，$\lambda$ 为真空中的光波波长。$\sigma$ 参量是描述光束传输演化过程的重要参量[65]，即便光束宽度聚焦到 $w_0 = \lambda/n_0$，也有 $\sigma \approx 0.16$。所以一般而言，关系式 $\sigma^2 \ll 1$ 总是满足的。上式中不等式 $|\,\Delta n\,|/n_0 \ll 1$ 表明，相比线性折射率 $n_0$ 而言，非线性折射率 $\Delta n$ 仅仅是微扰小量。

本专题后面的内容将重点讨论衍射效应和非线性效应共同影响光束传输特性的情况。为此，重新引入一组新的无量纲化变换式

$$\xi = \frac{z}{L_{\mathrm{dif}}},\ \eta_x = \frac{x}{w_0},\ \eta_y = \frac{y}{w_0},\ u_b(\xi,\,\boldsymbol{\eta}) = kw_0\sqrt{\frac{|\,n_2\,|}{n_0}}\,\Psi(z,\,r),\ \overline{R} = w_0^D R$$

$$(4\text{-}30)$$

将方程(4-12)演变为无量纲的非局域非线性薛定谔方程⑧

$$\mathrm{i}\,\frac{\partial}{\partial \xi}u_b(\xi,\,\boldsymbol{\eta}) + \frac{1}{2}\,\overline{\nabla}_D^2 u_b(\xi,\,\boldsymbol{\eta}) +$$

$$\mathrm{sgn}(n_2)u_b(\xi,\,\boldsymbol{\eta})\int_{-\infty}^{\infty} \overline{R}(\boldsymbol{\eta} - \boldsymbol{\eta}')\,|\,u_b(\xi,\,\boldsymbol{\eta}')\,|^2 \mathrm{d}^D\boldsymbol{\eta}' = 0 \qquad (4\text{-}31)$$

对于空间局域非线性系统 $[\overline{R}(\boldsymbol{\eta}) = \delta(\boldsymbol{\eta})]$，方程(4-31)成为

$$\mathrm{i}\,\frac{\partial u_b}{\partial \xi} + \frac{1}{2}\left(\frac{\partial^2}{\partial \eta_x^2} + \frac{\partial^2}{\partial \eta_y^2}\right)u_b + \mathrm{sgn}(n_2)\,|\,u_b\,|^2 u_b = 0,\ (D = 2)$$

$$(4\text{-}32)$$

和

$$\mathrm{i}\,\frac{\partial u_b}{\partial \xi} + \frac{1}{2}\,\frac{\partial^2 u_b}{\partial \eta_x^2} + \mathrm{sgn}(n_2)\,|\,u_b\,|^2 u_b = 0,\ (D = 1) \qquad (4 - 33)$$

根据 $n_2$ 的符号,方程(4-31),(4-32)和(4-33)实际上分别对应两个不同的方程,是 $\mathrm{sgn}(n_2)$ 分别取 $\pm 1$ 的情况。

同理,对时间脉冲可以类比地引入色散长度 $L_{\mathrm{dis}}$ 和非线性长度 $L_{\mathrm{np}}$ 两个特征参量

$$L_{\mathrm{dis}} = \frac{T_0^2}{|\,\beta_2\,|},\ L_{\mathrm{np}} = \frac{n_0 S_{\mathrm{eff}}}{k\,|\,n_2\,|\,A_0^2} \qquad (4 - 34)$$

式中,$A_0$ 是光脉冲的最大振幅,$T_0$ 是表征脉冲时间宽度(光脉冲在时间上的占有尺度)的特征参量,并根据 $L_{\mathrm{dis}}$ 和 $L_{\mathrm{np}}$ 的相对大小,将时间光脉冲的传输特性也分为四种不同的传输形态[⑨]。当满足 $L_{\mathrm{dis}} \sim L_{\mathrm{np}}$ 时,经过无量纲化变换:

$$\xi = \frac{\xi}{L_{\mathrm{dis}}},\ \eta_t = \frac{T}{T_0},\ u_p(\xi,\ \eta_t) = \left(\frac{k\,|\,n_2\,|}{|\,\beta_2\,|\,n_0 S_{\mathrm{eff}}}\right)^{1/2} T_0 A(z,\ T),\ \overline{R}_t = T_0 R_t$$

$$(4 - 35)$$

可将方程(4-21)变换为如下的无量纲化方程

$$\mathrm{i}\,\frac{\partial}{\partial \xi} u_p(\xi,\ \eta_t) - \frac{1}{2}\,\mathrm{sgn}(\beta_2)\,\frac{\partial^2}{\partial \eta_t^2} u_p(\xi,\ \eta_t) +$$

$$\mathrm{sgn}(n_2) u_p(\xi,\ \eta_t) \int_{-\infty}^{\infty} \overline{R}_t(\eta_t - \eta_t')\,|\,u_p(\xi,\ \eta_t')\,|^2 \mathrm{d}\eta_t' = 0 \qquad (4 - 36)$$

对应时间局域非线性,以上方程简化为

$$\mathrm{i}\,\frac{\partial u_p}{\partial \xi} - \frac{1}{2}\,\mathrm{sgn}(\beta_2)\,\frac{\partial^2 u_p}{\partial \eta_t^2} + \mathrm{sgn}(n_2) u_p\,|\,u_p\,|^2 = 0 \qquad (4 - 37)$$

根据 $\beta_2$ 和 $n_2$ 的符号正负组合,方程(4-36)和(4-37)看起来有四种不同的形式,但其实本质上只有两种。同时,比较方程(4-33)和(4-37)可见,前者与当 $\beta_2 < 0$ 时的后者在数学结构上是完全相同的,虽然他们的物理内涵完全不一样。于是,我们可以去掉变量的下标,而将不同情况下的方程(4-33)和(4-37)统一表示为以下两个方程

$$\mathrm{i}\,\frac{\partial u}{\partial \xi} + \frac{1}{2}\,\frac{\partial^2 u}{\partial \eta^2} + |\,u\,|^2 u = 0 \qquad (4 - 38)$$

和

$$i\frac{\partial u}{\partial \xi} - \frac{1}{2}\frac{\partial^2 u}{\partial \eta^2} + |u|^2 u = 0 \tag{4-39}$$

方程(4-38)是1+1维光束在自聚焦非线性介质($n_2 > 0$)中的传输模型,同时也是光脉冲在自聚焦非线性介质中、其载波频率工作于反常色散区($\beta_2 < 0$)⑧的传输模型;而方程(4-39)是光脉冲在自聚焦非线性介质中、其载波频率处于正常色散区($\beta_2 > 0$)的传输模型。通过空间坐标和时间坐标的同时反演变换$\boldsymbol{r} = -\boldsymbol{r}'$,$z = -z'$,$t = -t'$还可以证明:方程(4-38)也是光脉冲在自散焦非线性介质($n_2 < 0$)中载波处于正常色散区的等效传输模型⑨,而方程(4-39)也是1+1维光束在自散焦非线性介质中和光脉冲在自散焦非线性介质中载波处于反常色散区的等效传输模型。

非线性薛定谔方程(4-32),(4-38)和(4-39)满足以下变换不变性[74]

$$\xi' = B^2 \xi, \ \boldsymbol{\eta}' = B\boldsymbol{\eta}, \ u' = \frac{u}{B} \tag{4-40}$$

式中$B$为任意常数,即非线性薛定谔方程经过以上变换后方程形式不变。推而广之,非局域非线性薛定谔方程的不变性变换为[75]

$$\xi' = B^2 \xi, \ \boldsymbol{\eta}' = B\boldsymbol{\eta}, \ u' = \frac{u}{B}, \ R' = \frac{R}{B^D} \tag{4-41}$$

我们还会发现,1+2维问题的功率积分$\int |u(\eta_x, \eta_y)|^2 \mathrm{d}\eta_x \mathrm{d}\eta_y$具有变换不变性,但1+1维问题的"功率"积分$\int |u(\eta_x)|^2 \mathrm{d}\eta_x$不具有变换不变性,而积分式$\int |u(\eta_x)\mathrm{d}\eta_x|$才是变换不变量。

### 4.1.4 孤子解及其物理内涵

#### 4.1.4.1 研究光孤子问题的数学工具

要讨论慢变光包络(傍轴光束和窄带信号光脉冲)在克尔非线性介质中的传输特性,首先需要求解非线性偏微分方程(4-31),(4-32),(4-36),(4-38)和(4-39)。与线性偏微分方程比较,求解非线性偏微分方程的难度要大得多。方程(4-31)的求解是本专题的主题,将在4.2~4.4节中详细讨论,而方程(4-36)的求解还是一个刚刚开始[71]有待深入的问题。因而,本节仅简要讨论与方程(4 - 32),(4 - 38)和(4 - 39)相关的问题。

1）精确解析法：逆散射方法

幸运的是，数学家们为我们提供了有力的工具——逆散射方法（inverse scattering method）。这种方法是 1967 年嘎德呐（Gardner）等四人在求解 KdV 方程中发现的，后经拉克思（Lax）、扎哈罗夫和莎巴特等一批应用数学家的努力，把它推广到了一大批很广泛的非线性偏微分方程中去，使其成为精确求解这些方程的一种比较普遍的方法。据认为，逆散射方法是 20 世纪数学物理领域中最伟大的发现之一。

逆散射方法对求解非线性偏微分方程的柯西问题（初值问题）而言，是十分方便的。这种方法的主要特点是，对于相当复杂的非线性偏微分方程，可通过组合若干个线性方程[这种组合称为拉克思对（Lax pair）⑩]而精确求解。这个过程与积分常系数偏微分方程的傅里叶（Fourier）变换法具有同样功效。后者把偏微分方程变成线性常微分方程的无限集合，而逆散射方法把若干个线性微分算子的系数映射成"散射数据"（scattering data）的集合——这种映射起着类似傅里叶变换的作用。

苏联数学家扎哈罗夫和莎巴特分别于 1971 年[7]和 1973 年[76]成功地构造了 1+1 维非线性薛定谔方程(4 - 38)和(4 - 39)的拉克思对，从而分别解决了该两个方程的求解问题。随后，萨图玛（Satsuma）用逆散射方法精确求解了方程(4 - 38)的初值问题 $u(\xi = 0, \eta) = N \operatorname{sech}(\eta)$（$N$ 为正整数），并写出了 $N = 1$ 和 $N = 2$ 时解的解析表达式[60]，$N = 3$ 时的解析表达式随后也被找到[77]。由于需要求解一个 $2N$ 元一次的线性代数方程组，所以 $N > 3$ 的求解过程已经变得非常冗长，很难写出其解析表达式。人们习惯将 $N = 1$ 的解命名为一阶孤子（或基本孤子），而 $N \geq 2$ 的解为高阶孤子[8, 77]，虽然 $N \geq 2$ 时的解是 $\xi$ 的周期性振荡函数，实际上应该是呼吸子解而不是孤子解。

2）近似解析解：变分法

对于不能精确求解的问题，可以用各种微扰方法求出问题的近似解析解。非线性薛定谔方程近似求解的方法很多[6]⑩，但最为广泛使用的方法是变分法[78]。这里简要介绍变分法的基本思路。

泛函

$$I[u, u^*] = \int_0^\infty \int_{-\infty}^\infty \mathcal{L}(u, u^*, u_\xi, u_\xi^*, u_{\eta_x}, u_{\eta_x}^*, u_{\eta_y}, u_{\eta_y}^*) \mathrm{d}^D \boldsymbol{\eta} \, \mathrm{d}\xi$$

$$(4 - 42)$$

（式中 $I[u, u^*]$ 是复函数 $u$ 和其共轭复函数 $u^*$ 的泛函）的变分问题

$$\delta I = 0 \tag{4-43}$$

与以下两组欧拉-拉格朗日方程等价[79]

$$\frac{\partial}{\partial \xi}\left(\frac{\partial \mathcal{L}}{\partial u_\xi^*}\right) + \frac{\partial}{\partial \eta_x}\left(\frac{\partial \mathcal{L}}{\partial u_{\eta_x}^*}\right) + \frac{\partial}{\partial \eta_y}\left(\frac{\partial \mathcal{L}}{\partial u_{\eta_y}^*}\right) - \frac{\partial \mathcal{L}}{\partial u^*} = 0 \tag{4-44}$$

和

$$\frac{\partial}{\partial \xi}\left(\frac{\partial \mathcal{L}}{\partial u_\xi}\right) + \frac{\partial}{\partial \eta_x}\left(\frac{\partial \mathcal{L}}{\partial u_{\eta_x}}\right) + \frac{\partial}{\partial \eta_y}\left(\frac{\partial \mathcal{L}}{\partial u_{\eta_y}}\right) - \frac{\partial \mathcal{L}}{\partial u} = 0 \tag{4-45}$$

以上各式中的 $\mathcal{L}$ 称为拉格朗日密度函数，而积分

$$L = \int_{-\infty}^{\infty} \mathcal{L} \, \mathrm{d}^D \boldsymbol{\eta} \tag{4-46}$$

称为拉格朗日函数。

如果将泛函表达式（4-42）中的拉格朗日密度函数 $\mathcal{L}$ 写为

$$\mathcal{L} = \frac{\mathrm{i}}{2}\left(u^* \frac{\partial u}{\partial \xi} - u \frac{\partial u^*}{\partial \xi}\right) - \frac{1}{2}\mid \overline{\nabla}_D u \mid^2 +$$

$$\frac{1}{2} \mid u \mid^2 \int_{-\infty}^{\infty} \overline{R}(\boldsymbol{\eta} - \boldsymbol{\eta}') \mid u(\xi, \boldsymbol{\eta}') \mid^2 \mathrm{d}^D \boldsymbol{\eta}' \tag{4-47}$$

并且当 $\overline{R}(\boldsymbol{\eta})$ 为对称函数时，由方程（4-44）就可以得到方程（4-31），而方程（4-45）是方程（4-31）的共轭方程⑫。

用变分法求解非局域非线性薛定谔方程的关键步骤是找出一个对横截面坐标依赖关系已知的试探函数。寻求试探函数完全依靠经验，一般而言是用相近条件下已经求出的精确解析解或者接近精确解析解的函数作为试探函数。对方程（4-31），可选取试探函数为

$$u(\xi, \boldsymbol{\eta}) = q_A(\xi) \exp\left[-\frac{\eta_x^2 + \eta_y^2}{2q_w^2(\xi)}\right] \exp[\mathrm{i}q_c(\xi)(\eta_x^2 + \eta_y^2) + \mathrm{i}q_\theta(\xi)] \tag{4-48}$$

将以上表达式带入式（4-46）对横截面积分后，变分式（4-43）成为

$$\delta \int_0^\infty L(q_A, q_w, q_c, q_\theta, \dot{q}_A, \dot{q}_w, \dot{q}_c, \dot{q}_\theta) \mathrm{d}\xi = 0 \tag{4-49}$$

式中 $\dot{q}_i = \mathrm{d}q_i/\mathrm{d}\xi$（$i = A, w, c, \theta$）。上式对应四组关于广义坐标 $q_A$，$q_w$，$q_c$ 和

$q_\theta$的欧拉-拉格朗日方程(四个常微分方程)

$$\frac{\mathrm{d}}{\mathrm{d}\xi}\Big(\frac{\partial L}{\partial \dot{q}_i}\Big) - \frac{\partial L}{\partial q_i} = 0, \ (i = A, \ w, \ c, \ \theta) \qquad (4-50)$$

求解这四个常微分方程后,就得到了非局域非线性薛定谔方程(4-31)的变分近似解。

需要特别注意的是,对响应函数$\overline{R}(\pmb{\eta})$具有对称性的要求表明,只有无边界的空间非局域问题才能应用变分法求近似解。有界的空间非局域问题和时间非局域问题是否能应用变分法,是一个需要进一步思考的问题。其原因是:无穷大空间的空间非局域响应函数只是源点和场点之间距离的函数,具有对称性,而有界空间非局域响应函数将失去对称性(由于边界的存在)[63],时间非局域响应函数也不具有对称性[见式(4-7)](时间非局域响应函数的非对称性来源于因果关系,参见文献[62])。

拉格朗日密度函数[见式(4-47)]中的响应函数$\overline{R}(\pmb{\eta})$用$\delta$函数$\delta(\pmb{\eta})$取代后,以上全部过程就成为用变分法求解非线性薛定谔方程及其变形方程的标准过程[78]。

3) 数值方法

由于方程的非线性,除了少数极其特殊的情况可用逆散射方法求出精确解析解和用变分法等方法求出近似解析解外,一般都是对方程直接进行数值求解。对于非局域非线性薛定谔方程(包括非线性薛定谔方程)(4-31),(4-32),(4-38)和(4-39)的数值求解包括两类问题:第一类问题是给定$\xi=0$的横截面函数分布,数值模拟光包络的传输演化过程,数学上,这是微分方程的初值问题;第二类问题是数值求解方程的孤子解。

对第一类问题,人们提出了多种算法。这些算法可以分为有限差分法(finite-difference methods)和伪谱法两大类。一般而言,在相同精度的情况下,后者比前者的计算速度要快一个量级甚至更多,而后者中使用最广泛的算法是分步傅里叶法(split-step Fourier method)[8]⑬。对于求解非局域非线性薛定谔方程(包括非线性薛定谔方程),有限差分法和分步傅里叶法两者各有所长。对无穷大空间的问题而言,当然应该使用分步傅里叶法;但对具有边界的有限空间问题,分步傅里叶法也有其局限性。

对于第二类问题,是求方程形如$u(\xi, \pmb{\eta}) = u_A(\pmb{\eta})\exp(\mathrm{i}\beta_s\xi)$的解,式中$u_A(\pmb{\eta})$是待求的实函数,$\beta_s$为孤子传播(实)常数。以方程(4-32)为例,可得到$u_A(\pmb{\eta})$满足的方程(假设$n_2 > 0$)

$$\frac{1}{2}\,\overline{\nabla}\,_D^2 u_A(\boldsymbol{\eta}) - \beta_s u_A(\boldsymbol{\eta}) + u_A^3(\boldsymbol{\eta}) = 0 \qquad (4-51)$$

求解方程(4-51)的数值方法包括光谱重整法[80]、牛顿共轭梯度法(Newton-conjugate-gradient method)[81]、平方算符法(squared-operator method)、修正平方算符法(modified squared-operator method)和功率守恒平方算符法(power-conserving squared-operator method)[82]。光谱重整法、牛顿共轭梯度法、平方算符法和修正平方算符法都是给定传播常数 $\beta_s$ 而迭代求解 $u_A(\boldsymbol{\eta})$，而功率守恒平方算符法则是给定解的功率积分而迭代求解传播常数 $\beta_s$ 和 $u_A(\boldsymbol{\eta})$。在计算速度上，光谱重整法和牛顿共轭梯度法较快，而后三种算法要慢很多。在应用范围上，光谱重整法和牛顿共轭梯度法适用于一维及二维孤子求解，而后面三种算法不适用于二维亮孤子求解；光谱重整法更适用于求解单极孤子而求解多极孤子比较困难，后面的四种算法可用于求多极孤子和涡旋孤子等具有复杂结构的解。数值求解 $u_A(\boldsymbol{\eta})$ 后，根据功率表达式(4-19)和无量纲化变换式(4-30)可得空间光束携带的功率为(时间光脉冲携带的功率可类比计算)

$$P_p = \frac{\varepsilon_0 c}{2k_0^2 w_0^{2-D} n_2} \int_{-\infty}^{\infty} u_A^2(\boldsymbol{\eta})\,\mathrm{d}^D \boldsymbol{\eta} \qquad (4-52)$$

式中 $k_0 = \omega/c$ 为真空中的波数。由非线性薛定谔方程的不变性变换(4-40)可知，1+2 维结构下的功率与孤子传播常数 $\beta_s$ 的选取无关，而 1+1 维的功率与 $\beta_s$ 有关。这是因为 1+2 维功率与光束束宽参量 $w_0$ 无关，而 1+1 维功率与 $w_0^{-1}$ 成正比的缘故。

### 4.1.4.2　1+1 维非线性薛定谔方程的亮孤子解

对于导波层由自聚焦非线性介质构成的平板介质波导中的空间光束以及光纤纤芯为自聚焦非线性介质的光纤中、载波中心波长处于反常色散区的时间光脉冲而言，它们的传输过程均由方程(4-38)描述。该方程可用逆散射方法求出精确解析解[7,60]。用逆散射方法求出的一个特解为[8]④

$$u(\xi,\,\eta) = q_0 \operatorname{sech}[q_0(\eta - z_0\xi - \eta_0)]\exp\left[\frac{\mathrm{i}}{2}(q_0^2 - z_0^2)\xi + \mathrm{i}z_0\eta + \mathrm{i}\phi_0\right]$$

$$(4-53)$$

式中 $q_0$，$z_0$，$\eta_0$ 和 $\phi_0$ 是积分常数，由 $\xi = 0$ 的输入条件确定。如果选择 $z_0 = 0$，$\eta_0 = 0$ 和 $\phi_0 = 0$，结果简化为 $u(\xi,\,\eta) = q_0 \operatorname{sech}(q_0\eta)\exp(\mathrm{i}q_0^2\xi/2)$。可见，解的振幅 $|u|$ 不是 $\xi$ 的函数。解(4-53)称为非线性薛定谔方程(4-38)的基本孤子解

(或者一阶孤子解),其强度($|u|^2$)波形如图 $4-1$(a)所示。以上解式中的各个变量均是没有物理意义的抽象数学变量,要知道这些变量对于不同物理问题的物理内涵,需要通过无量纲化变换式将抽象的数学变量变换回到具体的物理参量。下面对光束和脉冲的情况分别讨论。

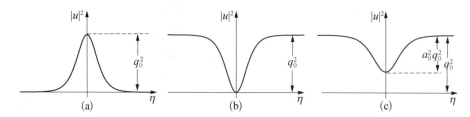

**图 4-1 亮孤子(a)和暗孤子[黑孤子(b),灰孤子(c)]的强度波形**

1) 亮空间光孤子解

将无量纲化变换关系式($4-30$)带入以上解式($4-53$),并带入电场表达式($4-9$)得到

$$E(r, z, t) = e_0 \sqrt{\frac{n_0}{n_2}} \frac{q_0}{kw_0} \operatorname{sech}\left[\frac{q_0}{w_0}\left(x - \frac{z_0}{kw_0}z - w_0\eta_0\right)\right]$$
$$\cos\left[\left(\frac{q_0^2 - z_0^2}{2kw_0^2} + k\right)z + \frac{z_0}{w_0}x - \omega t + \phi_0\right] \quad (4-54)$$

常数 $q_0$, $z_0$, $\phi_0$ 和 $\eta_0$ 分别由 $z=0$ 处输入电场的振幅、入射角、相位和振幅最大值的位置确定。$\phi_0$ 是 $z=0$ 处输入电场的常数相位,既然常数相位对单个光束的传输而言没有物理意义(在讨论两个以上光束的相互作用时,各个光束的常数相位才需要考虑,见 4.2.5 节),我们可以令 $\phi_0 = 0$。$\eta_0$ 代表 $z=0$ 处电场振幅最大值在 $x$ 坐标的位置,如果我们选择适当的 $x$ 坐标,使得输入电场的振幅最大值出现在 $x=0$,就会有 $\eta_0 = 0$。式($4-54$)表达的电场,其光束束宽参量为 $w_0' = w_0/q_0$,波矢量为[45]

$$k = k_x e_x + k_z e_z = \frac{z_0}{w_0}e_x + \left(k + \frac{q_0^2 - z_0^2}{2kw_0^2}\right)e_z \approx \frac{z_0}{w_0}e_x + \left(k - \frac{z_0^2}{2kw_0^2}\right)e_z$$
$$(4-55)$$

这代表一个斜入射的光束,其入射角(波矢量与 $z$ 轴的夹角)为 $\vartheta \approx \sin\vartheta = k_x/k = z_0/(kw_0)$,而波矢量的 $z$ 分量 $k_z = k\cos\vartheta \approx k(1 - \vartheta^2/2) = k - z_0^2/(2kw_0^2)$。另一方面,从式($4-54$)可以得出在传输距离 $z$ 处,光束中心在 $x$ 方向的移动量由 $x - z_0 z/(kw_0) - x_0 = 0$($x_0 = w_0\eta_0$)描述,光束中心移动的路径

与 $z$ 轴的夹角 $\vartheta \approx \tan \vartheta = (x - x_0)/z = z_0/(kw_0)$,可见波矢的倾斜角度与光束中心位移的倾斜角度一致。

于是,我们可以得出结论:式(4-54)表示的是一束与 $z$ 轴具有 $\vartheta$ 夹角的光束在非线性克尔介质中的传输过程,由于衍射效应(线性效应)和自相位调制效应(非线性效应)正好平衡,光束在传输过程中束宽大小保持不变,这就是空间光孤子。我们还可以发现,空间光孤子的光束束宽与积分常数 $q_0$ 成反比关系。孤子宽度与振幅成反比关系的特性,是1+1维非线性薛定谔方程孤子解的本质特性,来源于该方程的变换不变性[见式(4-40)]。

2) 亮时间光孤子解

同理,利用无量纲变换式(4-35)可以得到脉冲电场的表达式为(不失一般性,选取初始参量 $\eta_0 = 0$, $\phi_0 = 0$)

$$E(\boldsymbol{r}, z, t) = \boldsymbol{e}_0 F(\boldsymbol{r}) \sqrt{\frac{|\beta_2|}{\gamma_p}} \frac{q_0}{T_0} \mathrm{sech}\left[\frac{q_0}{T_0} t - \frac{q_0}{T_0}\left(\beta_1 + \frac{z_0 |\beta_2|}{T_0}\right)z\right]$$
$$\cos\left[\left(\frac{q_0^2 - z_0^2}{2T_0^2} |\beta_2| + \beta_0 - \frac{z_0}{T_0}\beta_1\right)z - \left(\omega_0 - \frac{z_0}{T_0}\right)t\right]$$

$$(4-56)$$

从上式可见,电场的频率改变为 $\delta\omega = \omega - \omega_0 = -z_0/T_0$(即对脉冲而言,常数 $z_0$ 由输入端电场的频移和脉冲时间宽度参量共同确定: $z_0 = -\delta\omega T_0$),传播常数的改变为

$$\delta\beta = \beta - \beta_0 = -\frac{z_0}{T_0}\beta_1 + \frac{q_0^2 - z_0^2}{2T_0^2} |\beta_2| \approx -\frac{z_0}{T_0}\beta_1 + \frac{z_0^2}{2T_0^2}\beta_2 \quad (4-57)$$

为了得到上式最后的结果,使用了窄带脉冲条件 $q_0^2 |\beta_2|/(\beta_0 T_0^2) \ll 1$,并且脉冲载波处于负群速度色散区, $|\beta_2| = -\beta_2$。波包的运动速度 $v_\mathrm{g}$ 由上式中 sech 函数的自变量对 $t$ 求导得到

$$v_\mathrm{g} = \frac{\mathrm{d}z}{\mathrm{d}t} = \frac{1}{\beta_1 + |\beta_2| z_0/T_0} = \frac{1}{\beta_1 - \beta_2 z_0/T_0} \quad (4-58)$$

对结果(4-57)和(4-58)的物理解释是:由于脉冲传播常数 $\beta$ 是频率 $\omega$ 的函数(材料色散),所以频率的改变必然要引起传播常数的改变,从而导致群速度的改变,即

$$\beta(\omega_0 + \delta\omega) \approx \beta_0 + \beta_1 \delta\omega + \frac{1}{2}\beta_2 \delta\omega^2 = \beta_0 - \frac{z_0}{T_0}\beta_1 + \frac{z_0^2}{2T_0^2}\beta_2$$

$$v_g(\omega_0 + \delta\omega) = \frac{1}{\mathrm{d}\beta(\omega)/\mathrm{d}\omega\Big|_{\omega=\omega_0+\delta\omega}} \approx \frac{1}{\beta_1 + \delta\omega\beta_2} = \frac{1}{\beta_1 - \beta_2 z_0/T_0}$$

$$= \frac{v_g(\omega_0)}{1 - \beta_2 z_0/(T_0\beta_1)}$$

式(4-56)是光纤中传播的时间光脉冲的亮孤子解。亮时间光孤子是群速度色散效应(线性效应)和自相位调制效应(非线性效应)精确平衡的结果。亮时间光孤子以群速度 $v_g = 1/(\beta_1 - \beta_2 z_0/T_0)$ 传输,并保持脉冲时间宽度不变。

### 4.1.4.3　1+1 维非线性薛定谔方程的暗孤子解

在自聚焦非线性介质中载波处于正常色散区传输的光脉冲由方程(4-39)描述,同时该方程也是 1+1 维光束在自散焦非线性介质中和光脉冲在自散焦非线性介质中载波处于反常色散区的等效传输模型。方程(4-39)也可以通过逆散射方法求出精确解析解[76],其暗孤子解为[6]⑯

$$u(\xi, \eta) = q_0\{1 - a_0^2 \mathrm{sech}^2[a_0 q_0(\eta - \eta_0)]\}^{1/2} \exp[\mathrm{i}\phi(\xi, \eta)] \quad (4-59)$$

式中的相位为

$$\phi(\xi, \eta) = \frac{1}{2}q_0^2(3 - a_0^2)\xi + q_0\sqrt{1 - a_0^2}(\eta - \eta_0) + $$

$$\arctan\left\{\frac{a_0 \tanh[a_0 q_0(\eta - \eta_0)]}{\sqrt{1 - a_0^2}}\right\} + \phi_0 \quad (4-60)$$

式中 $a_0$, $q_0$, $\eta_0$ 和 $\phi_0$ 为由输入条件确定的积分常数。

与亮孤子不同的是,暗孤子有了一个新的参数 $a_0$,称为调制深度。当 $a_0 = 1$ 时有(不失一般性,取 $\eta_0 = 0$)

$$u(\xi, \eta) = q_0 \mid \tanh(q_0\eta) \mid \exp\left[\mathrm{i}q_0^2\xi + \mathrm{isgn}(\eta)\frac{\pi}{2}\right] = q_0 \tanh(q_0\eta)\exp(\mathrm{i}q_0^2\xi)$$

$$(4-61)$$

为了区别两种不同的暗孤子,将 $a_0 = 1$ 称为黑孤子,而 $a_0 \neq 1$ 称为灰孤子,它们的强度波形分别如图 4-1(b)和(c)所示。暗孤子与亮孤子最明显的区别是,前者(黑孤子)的相位具有不连续性,而后者的相位是连续的。

根据无量纲化变换式(4-30)和(4-35),同样可以理解暗孤子解中各个参量对于空间光束和时间脉冲而言的物理内涵。由于篇幅所限,这里不再讨论。

### 4.1.4.4　1+2 维非线性薛定谔方程的解:光束自聚焦和稳定暗孤子

与光纤中的非线性时间光脉冲只由 1+1 维方程描述其传输过程不同,空间光束的传输演化方程既可以是 1+1 维的,也可以是 1+2 维的。1+1 维非线性薛定谔方程[式(4-33)]是描述平板介质光波导中空间光束传输的模型,该介质波导的导波层由局域克尔非线性介质构成;而 1+2 维非线性薛定谔方程[式(4-32)]是无穷大局域克尔非线性介质中光束的传输模型。虽然都是由非线性薛定谔方程描述,但不同维度的光束传输特性不仅在数学上,而且更重要的是在物理上,均有着本质的差别。数学上,通过逆散射方法可以找到 1+1 维方程的一些精确解析解,但逆散射方法似乎不能推广到 1+2 维的情况,至少现在还没有成功。物理上,1+1 维局域克尔介质中的光束可以形成稳定的空间光孤子传输(前面已经讨论),而 1+2 维局域克尔自聚焦介质中的自陷光束是不稳定的。

一般只能对 1+2 维非线性薛定谔方程进行数值求解。为了不陷入冗繁的数学过程,我们这里只从物理概念上定性地讨论相关问题。

假设高斯光束 $\Psi(z=0, x, y) = \Psi_0 \exp[-(x^2+y^2)/(2w_0^2)]$($\Psi_0$ 为实数)垂直入射进入局域克尔自聚焦体材料介质,由其携带的功率表达式 $P_p = (\varepsilon_0 n_0 c/2)\Psi_0^2 \pi w_0^2$[见公式(4-19)]可知,我们可以将其等效为一个半径为 $w_0$、振幅为 $\Psi_0$ 的均匀分布圆光斑。由于衍射效应,在传输过程中此均匀圆光斑会形成半径为 $0.61\lambda z/(w_0 n_0)$ 的艾利光斑(Airy disk),其远场发散角为 $\theta_d \approx 0.61\lambda/(w_0 n_0)$。另一方面,由于光斑内的折射率 $n_0 + n_2 \Psi_0^2$($n_2 > 0$)大于其周边的折射率 $n_0$,只要满足全反射条件 $\pi/2 - \theta_d \geqslant \arcsin[n_0/(n_0 + n_2 \Psi_0^2)]$(全反射临界角),即 $\theta_d^2 \leqslant 2n_2 \Psi_0^2/n_0$,非线性效应就可以平衡衍射效应,光束将自陷在其自构的圆柱形波导中。由此得到形成自陷光束的临界功率为 $P_{pc} = 1.22^2 \pi \lambda^2 \varepsilon_0 c/(16n_2)$。当光束携带的功率等于临界功率时,光束就可以形成自陷。经过如此明晰的物理图像,乔估算出了局域克尔自聚焦体材料中光束自陷的临界功率[27]。经过对方程(4-51)数值求解,我们求出 $\int_{-\infty}^{\infty} u_A^2(\boldsymbol{\eta}) \mathrm{d}\eta_x \mathrm{d}\eta_y = 5.85$,进而从式(4-52)得出临界功率的精确值为

$$P_{pc} = \frac{5.85\lambda^2 \varepsilon_0 c}{8\pi^2 n_2} \approx \frac{1.22^2 \pi \lambda^2 \varepsilon_0 c}{64 n_2} \tag{4-62}$$

此精确值与柯隶的结果[28]一致,比乔的估算值[27]小了 4 倍①。柯隶已经指出了此事实[28],但没有分析差异的原因。乔虽然也通过数值计算定量地求出了临界功率,但在其推导定量计算模型的过程中出现了两个错误,使得计算结果大了 4 倍。第一,在计算折射率的表达式时,对电场进行了时间平均,使得非线性折射率减小了 2 倍,故功率增大了 2 倍;第二,计算功率时没有使用时间平均功率表

达式,使得功率再次增大 2 倍。所以,式(4-62)的第一个等式才是光束自陷临界功率的正确结果。光束自陷解又称为陶恩斯孤子(Townes solion)[54, 83, 84],式(4-62)与文献[84]中给出的陶恩斯孤子的临界功率一致⑱。

局域克尔自聚焦体材料中 1+2 维光束的这种自陷状态是不稳定的。只要任何扰动使得光束功率 $P_p$ 偏离临界功率 $P_{pc}$,光束要么会持续聚焦直到束宽为零,出现大崩溃;要么会持续发散,直到光束束宽变为无穷大。从功率守恒关系(4-14)可以很好地理解 1+2 维光束的这种不稳定性[6]⑲。由功率守恒关系可得,对于 1+1 维光束,有 $\Psi_0^2 w_0$ 守恒,而 1+2 维光束有 $\Psi_0^2 w_0^2$ 守恒。既然局域克尔自聚焦介质的非线性折射率与光强 $\Psi_0^2$ 成正比,因此,对 1+1 维结构而言,非线性折射率将与 $w_0^{-1}$ 成正比,而 1+2 维结构的非线性折射率与 $w_0^{-2}$ 成正比;但衍射效应始终与 $w_0^{-2}$ 成正比,与结构的维度无关。于是,当 1+1 维结构中的非线性占据主导作用而引起光束聚焦变小时,衍射效应($\sim w_0^{-2}$)最终会超过非线性聚焦效应;反之,当光束由于衍射效应而发散展宽时,衍射效应($\sim w_0^{-2}$)减小得比非线性效应($\sim w_0^{-1}$)快得多,结果光束会重新聚焦。这就是 1+1 维光束稳定的原因。反观 1+2 维的情况,此时非线性效应和衍射效应增长或者减少的速度是一样的。当衍射效应占据主导作用使得光束发散时,非线性效应不可能重新取而代之来阻止这种发散;而当光束开始聚焦时,衍射效应也不可能变得更为强壮而成为平衡力量。这就是克尔自聚焦材料中 1+2 维光束不稳定的根源。

与 1+2 维克尔自聚焦介质中的亮自陷光束的不稳定性相反,1+2 维克尔自散焦介质中的暗空间光孤子是稳定的[42]。

## 4.2  非局域空间光孤子的唯象理论

4.1.4 节讨论了非线性薛定谔方程的孤子解及其物理内涵。非线性薛定谔方程描述的是局域克尔介质中慢变光包络(傍轴光束或窄带信号脉冲)的传输行为,而局域克尔介质的非线性折射率 $\Delta n$ 等于 $n_2 |\boldsymbol{E}|^2$。如前 4.1.2 节所述,克尔介质的非线性折射率一般而言是时空非局域的。从本节开始,将讨论本专题的主题:克尔介质的空间非局域性及其对空间光束传输的影响。

虽然以前人们也或多或少地涉及了非局域非线性介质中的光束传输问题,比如,光折变材料实际上就是非局域程度较弱的非局域非线性介质,但非局域空间光孤子的系统研究应该始于 1997 年发表在《科学》杂志的文章[45]。人们现在已经认识到，液晶分子的重取向机理[47]和热致非线性机理[37]均可能具有很大的非线性特征长度，从而可以比较容易地实现强非局域传输条件。

### 4.2.1 非局域性的分类

具有空间非局域性的体材料克尔介质的非线性折射率 $\Delta n$ 由式（4-4）给出，即

$$\Delta n(\boldsymbol{r}, z) = n_2 \int_{-\infty}^{\infty} R(\boldsymbol{r}-\boldsymbol{r}') \mid \Psi(z, \boldsymbol{r}') \mid^2 \mathrm{d}^D \boldsymbol{r}' \qquad (4-63)$$

在具有空间非局域性的体材料克尔介质中，空间傍轴光束的传输行为由非局域非线性薛定谔方程（4-12）唯象地描述。方程（4-12）和式（4-63）中的积分包含光束函数和材料非线性响应函数的乘积 $R(\boldsymbol{r}-\boldsymbol{r}') \mid \Psi(z, \boldsymbol{r}') \mid^2$，其量值大小由 $\mid \Psi \mid^2$ 函数和 $R$ 函数的空间占有尺度的相对大小确定、对方程（4-12）的求解和解的性质具有决定性的作用。根据光束函数 $\Psi$ 的空间占有尺度（光束束宽 $w$）与介质非线性响应函数 $R$ 的空间占有尺度（材料的非线性特征长度 $w_m$）的相对大小，可将非局域程度分为四类[33,68]：局域（local）类、弱非局域（weakly nonlocal）类、一般性非局域（general nonlocal）类、强非局域（strongly nonlocal⑤）类。对于响应函数 $R(\boldsymbol{r}) = \delta(\boldsymbol{r})$ 的极限情况，非局域程度是局域的［见图4-2(a)］；弱非局域程度对应于材料的非线性特征长度远远小于光束束宽的情形［见图4-2(b)］；与之相反，强非局域程度要求在介质里传输的光束之束宽远远小于介质的非线性特征长度［见图4-2(d)］。除(a),(b)和(d)以外的其他情形是一般性非局域程度。非局域程度是一个相对的概念，表征了非局域材料非线性响应函数的空间占有尺度和其中传输的光束的空间占有尺度的相对强弱程度。

从式（4-4）［式（4-63）］可见，材料的非线性空间非局域性

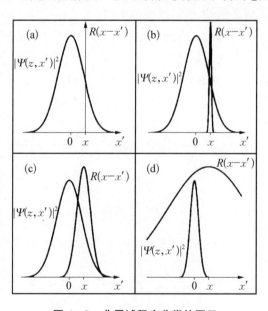

**图 4 - 2　非局域程度分类的图示**

(a) 局域类；(b) 弱非局域类；(c) 一般性非局域类；(d) 强非局域类

意味着材料中空间某点的非线性折射率不仅与该点的光场有关,而且与该点附近一个区域内的光场有关。非局域性越强、越大区域内的光场会对折射率产生贡献;非局域性越弱,产生贡献的区域越小。局域非线性意味着贡献的区域为零,只有该点的光场对该点的折射率产生贡献。换句话说,非线性空间非局域性也表示空间中某点的光场影响和控制其周边光场的能力。通过非局域性,光场在其周边产生折射率改变,从而影响其周边光场的传输行为。非局域性的强弱表示局限在一定范围内的光场对其周边光场影响范围的大小。非局域性越强,其控制影响范围越大;非局域性越弱,控制影响范围越小。非线性局域性意味着光场的影响范围为零,某点的光场只能自己控制自己;反之,无穷大的非局域性表示某点的光场可以"遥控"无穷远处的其他光场。

### 4.2.2 斯奈德-米切尔模型

斯奈德-米切尔模型[45, 46]是非局域非线性薛定谔方程(4-12)在强非局域条件以及响应函数 $R(\boldsymbol{r})$ 对称并在原点是非奇异的条件下的简化方程。斯奈德-米切尔模型本身是一个线性微分方程,但它却可以描述光束的非线性传输演化过程。本节将讨论从非局域非线性薛定谔方程到斯奈德-米切尔模型的推导以及斯奈德-米切尔模型的求解。

1) 从非局域非线性薛定谔方程到斯奈德-米切尔模型

在强非局域条件下,$w/w_m \ll 1$,假设响应函数 $R(\boldsymbol{r})$ 关于原点 $\boldsymbol{r}=0$ 对称并且非奇异(至少在原点有二阶导数存在),则可以对 $R(\boldsymbol{r})$ 进行泰勒级数展开,从而将方程(4-12)简化为强非局域模型[51, 85]

$$\mathrm{i}\frac{\partial \Psi}{\partial z} + \frac{1}{2k}\nabla_D^2\Psi + \gamma_b\Psi\int_{-\infty}^{\infty}\left[R_0 + \frac{R_0''}{2}(\boldsymbol{r}-\boldsymbol{r}')^2\right]|\Psi(z,\boldsymbol{r}')|^2\mathrm{d}^D\boldsymbol{r}' = 0$$

$$(4-64)$$

式中 $R_0 = R(0)$,$R_0'' = \partial^2 R(\boldsymbol{r})/\partial^2 x\big|_{r=0}$。由于 $R_0$ 是 $R(\boldsymbol{r})$ 的极大值点,所以 $R_0'' < 0$。同时加减由式(4-17)定义的 $\boldsymbol{r}_c$ 后方程(4-64)成为

$$\mathrm{i}\frac{\partial \Psi}{\partial z} + \frac{1}{2k}\nabla_D^2\Psi + \gamma_b R_0 P_0\Psi + \frac{1}{2}\gamma_b R_0'' P_0(\boldsymbol{r}-\boldsymbol{r}_c)^2\Psi +$$

$$\frac{1}{2}\gamma_b R_0''\Psi\int_{-\infty}^{\infty}(\boldsymbol{r}'-\boldsymbol{r}_c)^2|\Psi(z,\boldsymbol{r}')|^2\mathrm{d}^D\boldsymbol{r}' = 0 \qquad (4-65)$$

引入以下坐标变换和函数变换[70,72,86]

$$\begin{cases} s = r - r_c(z) \\ \zeta = z \end{cases} \quad (4-66)$$

$$\Psi(z, r) = \psi(\zeta, s)\exp[\mathrm{i}\phi(\zeta, s)] \quad (4-67)$$

式中相位项 $\phi(\zeta, s)$ 的表达式为

$$\phi = k\frac{M}{P_0} \cdot [s + r_c(\zeta)] - k\frac{M^2}{2P_0^2}\zeta +$$

$$\gamma_b\left\{R_0 P_0\zeta + \frac{R_0''}{2}\int_0^\zeta \mathrm{d}\zeta'\int_{-\infty}^\infty [r' - r_c(\zeta')]^2 \mid \psi(\zeta', r')\mid^2 \mathrm{d}^D r'\right\} \quad (4-68)$$

可以证明 $\psi(\zeta, s)$ 满足以下方程[5]

$$2\mathrm{i}k\frac{\partial\psi}{\partial\zeta} + \nabla_D^2\psi - \kappa_m s^2\psi = 0 \quad (4-69)$$

式中 $\kappa_m = k^2 n_2(-R_0'')P_0/n_0$。当 $M = 0$ 和 $r_{c0} = 0$ 同时满足时,方程(4-69)简化成为斯奈德-米切尔模型[45]

$$2\mathrm{i}k\frac{\partial\psi}{\partial z} + \nabla_D^2\psi - \kappa_m r^2\psi = 0 \quad (4-70)$$

方程(4-69)和方程(4-70)在形式上看起来相同,但他们实际上是在不同的坐标系中表达的。斯奈德-米切尔模型(4-70)的坐标系是"静止的"(不随 $z$ 坐标而变),即实验室坐标系,而方程(4-69)的坐标系随光束质心 $r_c$ 移动。斯奈德-米切尔模型(4-70)解的光束质心轨迹是沿 $z$ 轴的直线,而方程(4-69)解的光束质心轨迹是由方程(4-18)给出的斜线。在这个意义上,可将方程(4-69)称为广义斯奈德-米切尔模型。当 $M = r_{c0} = 0$ 时,广义斯奈德-米切尔模型回归到斯奈德-米切尔模型。

函数变换式(4-67)给出了函数 $\Psi(z, r)$ 和函数 $\psi(\zeta, s)$ 之间的关系。由该式可见,非局域非线性薛定谔方程(4-12)的解和广义斯奈德-米切尔模型(4-69)的解之间有一个相位差 $\phi$[式(4-68)]。即使对于 $M = r_{c0} = 0$ 的情况,仍然有 $\phi \neq 0$,其值为

$$\phi = \gamma_b\left[R_0 P_0 z + \frac{R_0''}{2}\int_0^z \mathrm{d}\zeta'\int_{-\infty}^\infty r'^2 \mid \psi(\zeta', r')\mid^2 \mathrm{d}^D r'\right] \quad (4-71)$$

在强非局域条件下将非局域非线性薛定谔方程简化为线性斯奈德-米切尔模型的物理实质是将卷积形式的非线性折射率[式(4-63)]用线性平方折射率

(也称为抛物线折射率)等效,即将 $\Delta n$ 等效表达为[45]

$$\Delta n(\boldsymbol{r},\ z) = R_0 P_0 - \alpha_p \boldsymbol{r}^2 \tag{4-72}$$

式中 $\alpha_p = |R_0''|P_0/2$ 代表抛物线折射率的衰减率。在强非局域条件下,非线性折射率 $\Delta n$ 的分布区域远远大于光束 $\Psi$ 的分布区域, $\Psi(z,\ \boldsymbol{r})$ 只能"采样"到中心 ( $\boldsymbol{r}=0$ )附近很小部分的 $\Delta n(\boldsymbol{r},\ z)$②,于是可以将 $\Delta n(\boldsymbol{r},\ z)$ 对变量 $\boldsymbol{r}$ 在 $\boldsymbol{r}=0$ 处展开并保留不为零的前面两项得到式(4-72)。

斯奈德-米切尔模型(包含其广义的模型)是线性偏微分方程,而非局域非线性薛定谔方程是非线性微分-积分方程。相对而言,斯奈德-米切尔模型的数学处理要更简单和容易得多。物理上,斯奈德-米切尔模型将复杂的非线性传输问题转化成了平方折射率介质中线性光束的传输问题[87],或者线性谐振子势能中的量子波函数问题[88]。如果获得了斯奈德-米切尔模型[方程(4-69)或者(4-70)]的精确解析解 $\psi$,通过函数变换(4-67)就可以获得非局域非线性薛定谔方程(4-12)在强非局域条件下的近似解析解 $\Psi$。

2) 斯奈德-米切尔模型的单孤子解

我们寻找方程(4-70)具有高斯函数形式的解[45,85],即假设解为

$$\psi(z,\ \boldsymbol{r}) = \frac{\sqrt{P_0}\exp[\mathrm{i}\varphi(z)]}{[\sqrt{\pi}w(z)]^{D/2}}\exp\left[-\frac{r^2}{2w^2(z)} + \mathrm{i}c_u(z)r^2\right] \tag{4-73}$$

式中 $w(z)$, $c_u(z)$ 和 $\varphi(z)$ 分别为光束束宽、波前曲率和相位。由于能量守恒,使得解的实数振幅具有 $\sqrt{P_0}/[\sqrt{\pi}w]^{D/2}$ 的形式。将以上试探解代入斯奈德-米切尔模型(4-70),整理合并同类项后,由 $r$ 的零阶系数(常数项)得到以下对 $\varphi$ 的一阶常微分方程

$$\frac{\mathrm{d}\varphi}{\mathrm{d}z} + \frac{D}{2kw^2} = 0 \tag{4-74}$$

同样,由 $r$ 二次项系数的实部和虚部分别得到描述参数 $w$ 和 $c_u$ 变化过程的微分方程

$$\frac{\mathrm{d}w}{\mathrm{d}z} - \frac{2c_u w}{k} = 0 \tag{4-75}$$

$$\frac{\mathrm{d}c_u}{\mathrm{d}z} - \frac{1}{2kw^4} + \frac{2c_u^2}{k} + \frac{\kappa_\mathrm{m}}{2k} = 0 \tag{4-76}$$

将方程(4-75)及对其求一次微分后的结果同时代入方程(4-76)得到以下关于

光束束宽 $w$ 的二阶常微分方程

$$\frac{\mathrm{d}^2 y}{\mathrm{d} z^2} - \frac{1}{k^2 w_0^4 y^3} + \frac{\kappa_{\mathrm{m}}}{k^2} y = 0 \tag{4-77}$$

式中引入了无量纲化变换 $w(z)/w_0 = y(z)$，符号 $w_0 = w(0)$。

与经典力学中的牛顿第二定律类比可见[85]：方程(4-77)是描述具有等效质量为 1 的一维等效粒子在等效外力 $F = 1/(k^2 w_0^4 y^3) - \kappa_{\mathrm{m}} y / k^2$ 作用下的运动方程，而 $y$ 和 $z$ 分别是等效粒子的空间和时间坐标。$F$ 的第一项将使等效粒子产生加速度，在其作用下等效粒子的速度 $\mathrm{d}y/\mathrm{d}z$ 会越来越快。这意味着光束随传输在变宽，显然，这一项对应光束的线性衍射效应。$F$ 的第二项取决于 $n_2$ 的符号。对于自聚焦介质（$n_2 > 0$），则 $F$ 的第二项是弹性胡克力，将驱使等效粒子回到其初始状态，对等效粒子进行减速，对应于非线性效应对光束的压缩作用。当这两种力的振幅大小相等时，作用于等效粒子的外力将等于零，等效粒子会保持匀速运动状态。如果此时等效粒子的初始速度为零，则等效粒子一直保持静止状态，其空间坐标 $y$ 始终处于初始状态 1，即光束束宽始终保持不变，这就是孤子状态。使 $F$ 的两项相等，并令 $y=1$，可得到孤子传输状态的临界功率

$$P_{\mathrm{c}} = \frac{n_0}{k^2 (-R_0'') n_2 w_0^4} \tag{4-78}$$

对于自聚焦介质，积分式(4-77)后可得到

$$w = w_0 \left[ \cos^2(\Omega z) + \frac{P_{\mathrm{c}}}{P_0} \sin^2(\Omega z) \right]^{1/2} \tag{4-79}$$

式中

$$\Omega = \sqrt{\frac{P_0}{P_{\mathrm{c}}}} \, \frac{1}{k w_0^2} \tag{4-80}$$

将 $w$ 的表达式分别带入方程(4-74)和(4-76)可以得到 $\varphi$ 和 $c_u$

$$\varphi = \varphi^{(D)} = -\frac{D}{2} \arctan \left[ \sqrt{\frac{P_{\mathrm{c}}}{P_0}} \tan(\Omega z) \right] \tag{4-81}$$

$$c_u = \frac{\Omega k (P_{\mathrm{c}}/P_0 - 1) \sin(2\Omega z)}{4 \left[ \cos^2(\Omega z) + (P_{\mathrm{c}}/P_0) \sin^2(\Omega z) \right]} \tag{4-82}$$

表达式(4-73)加上 $w$, $\varphi$ 和 $c_u$ 的结果式(4-79)~(4-82)是斯奈德-米切

尔模型(4-70)的精确解析解,通过函数变换式(4-67),可以得到非局域非线性薛定谔方程(4-12)关于$z$轴对称的近似解析解:

$$\Psi(z, r) = \frac{\sqrt{P_0}}{(\sqrt{\pi} w)^{D/2}} \exp\left(-\frac{r^2}{2w^2}\right) \exp[\mathrm{i}(c_u r^2 + \bar{\varphi})] \qquad (4-83)$$

式中

$$\bar{\varphi} = -\frac{D}{2} \arctan\left[\sqrt{\frac{P_c}{P_0}} \tan(\Omega z)\right] + \sigma_p \frac{P_0}{P_c} \frac{z}{k w_0^2} +$$

$$\frac{D}{8k w_0^2}\left[\frac{1}{2\Omega}\left(1 - \frac{P_0}{P_c}\right)\sin(2\Omega z) - \left(\frac{P_0}{P_c} + 1\right)z\right] \qquad (4-84)$$

$\sigma_p = R_0/(-R_0'' w_0^2)$。此解满足的端点$(z=0)$输入条件为

$$\Psi(z, r)\Big|_{z=0} = \frac{\sqrt{P_0}}{(\sqrt{\pi} w_0)^{D/2}} \exp\left(-\frac{r^2}{2w_0^2}\right) \qquad (4-85)$$

由光束束宽的表达式(4-79)可知,当$P_0 < P_c$时,光束的衍射效应最初大于非线性效应,因此光束束宽在开始阶段会展宽,当束宽展宽到一定程度后,反比于束宽的衍射效应会变得弱于非线性效应,从而光束束宽开始压缩,这个过程会周期性反复(周期为$\pi/\Omega$),束宽值$w^2/w_0^2$在最大值$P_c/P_0$和最小值1之间振荡;反之,当$P_0 > P_c$时,相反的过程会出现,光束束宽最初压缩,并且$w^2/w_0^2$在最大值1和最小值$P_c/P_0$之间起伏变化。当$P_0 = P_c$时,线性衍射效应被非线性效应精确地平衡,高斯光束将保持束宽不变地稳定传输。$P_0 = P_c$时的状态就是空间光孤子,而$P_0 \neq P_c$时为空间光呼吸子。对于不同的输入功率值,光束束宽解析解如图4-3中实线所示。

当$P_0 = P_c$,立即可得$w = w_0$,$c_u = 0$以及$\Omega = 1/z_R$($z_R = k w_0^2$称为瑞利距离,即由式(4-27)中定义的衍射长度),于是由解式(4-83)可得到空间光孤子表达式

$$\Psi_s(z, x, y) = \frac{1}{k \pi^{D/4} w_0^{2+D/2}} \sqrt{\frac{n_0}{(-R_0'') n_2}} \exp\left(-\frac{r^2}{2w_0^2}\right) \exp(\mathrm{i}\varphi_s z)$$

$$(4-86)$$

式中$\varphi_s = (\sigma_p - 3D/4)/(k w_0^2)$。$\varphi_s$是空间光孤子在传输过程中单位传输距离的相位改变量。$\Psi_s$[见式(4-86)]就是斯奈德和米切尔得到的强非局域空间光孤

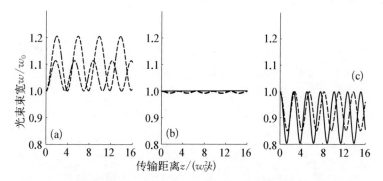

**图 4‑3　强非局域条件下 1＋1 维高斯光束束宽演化过程的解析解和数值解**

图中实线为解析解,虚线为数值解。为了求数值解,材料的非线性响应函数假设为高斯函数[式(4‑87)],$w_0/w_m = 0.3$。图(a),(b),(c)对应不同的输入功率 $P_0$,(a) $P_0/P_c = 0.70$,(b) $P_0/P_c = 1.00$,(c) $P_0/P_c = 1.55$

子[45]的完整表达式⑤。只要输入功率 $P_0$ 等于由式(4‑78)定义的临界功率 $P_c$,具有任意束宽的强非局域空间光孤子都可以在强非局域介质中稳定传输。因为 $-R_0'' \sim R_0/w_m^2$,所以有 $\sigma_p = \nu w_m^2/w_0^2$,这里的无量纲系数 $\nu$ 由材料性质唯一确定,其量级为 $O(1)$。例如,假设材料的非线性响应函数是高斯函数

$$R(r) = \frac{1}{(\sqrt{2\pi}w_m)^D} \exp\left(-\frac{r^2}{2w_m^2}\right) \qquad (4-87)$$

立即可以得到 $\nu = 1$。于是可以得出结论,参量 $\sigma_p$ 是由空间光孤子束宽和材料的性质决定的,与其他参数无关[85]。满足强非局域条件时,有 $w_m/w \gg 1$,于是可以得到 $\varphi_s z \approx \nu w_m^2 z/(w_0^4 k)$。另一方面,已经证明局域空间光孤子在传输过程中的相位改变为[39] $\varphi_{ns} z = z/(2kw_0^2)$ [见式(4‑54)]⑤。比较局域孤子和强非局域孤子的相位改变,我们可以发现强非局域孤子的相位改变是局域孤子的 $(w_m/w_0)^2$ 倍,大约大两个数量级[85]。强非局域空间光孤子产生 $\pi$ 相位改变所需要的介质样品长度 $L_\pi$ 为:$L_\pi = 2\pi^2 w_0^4 n_0/(\nu\lambda w_m^2)$。取 $\nu \approx 1$,$w_m \approx 10w_0$,$n_0 \approx 1$,$w_0 \approx 20\lambda$ 以及 $\lambda \approx 0.5\ \mu m$,可得 $L_\pi \approx 40\ \mu m$。因此,对于可见光频段而言,强非局域空间光孤子传输产生 $\pi$ 相移所需的介质样品长度小于 $0.1\ mm$ 的量级,这是可以实现集成化的尺度量级。$\pi$ 相移的有效产生是根据干涉原理对光场进行控制和处理的关键因素之一,比如基于马赫‑曾德尔(Mach‑Zehnder)干涉原理的光开关,因此上述现象在光子集成器件方面将具有潜在的应用价值。强非局域空间光孤子的大相移现象已经在铅玻璃中实验验证了[89]。

解析的结果与数值求解柯西问题式(4-12)和式(4-85)的结果比较表明[85]，当$w_0/w_m \approx 0.5$时，解析结果仍然是数值(精确解)的很好近似(相对误差在10%的范围内)。对于相同的$w_0/w_m$值，输入功率越高，近似程度越好。对于$w_0/w_m = 0.3$的情况，数值解和解析解的比较结果见图4-3。

3) 斯奈德-米切尔模型的其他精确解析解

斯奈德-米切尔模型还有其他形式的精确解析解，包括在直角坐标系中的厄米(Hermite)-高斯呼吸子和孤子解[90,91]，在圆柱坐标系中的拉盖尔(Laguerre)-高斯呼吸子和孤子解[92,93]，在椭圆坐标系中的艾斯(Ince)-高斯呼吸子和孤子解[94,95]，厄米-拉盖尔-高斯解簇[96]和复变量高斯呼吸子和孤子解簇[97,98]。由斯奈德-米切尔模型描述的空间光束的传输过程也可以被看作是自诱导的分数傅里叶变换(self-induced fractional fourier transform)过程[99]。鉴于本节讨论的重点是斯奈德-米切尔模型及其单孤子解，其他内容的详细信息可以参阅相应的文献和笔者及其同事所著专著(参考文献[72])。

### 4.2.3 弱非局域性

在弱非局域条件下，材料的非线性特征长度与光束束宽相比小得多[见图4-2(b)]，这样我们可以展开非局域非线性薛定谔方程(4-12)积分式中的$|\Psi(z, r)|^2$——而不是像强非局域情况下展开响应函数$R(r)$。对1+1维的情况，将$|\Psi(z, x')|^2$在$x' = x$点进行泰勒展开，由方程(4-12)可得到弱非局域情况下描述光束传输的模型[100]

$$\mathrm{i}\frac{\partial \Psi}{\partial z} + \frac{1}{2k}\frac{\partial^2 \Psi}{\partial x^2} + \gamma_b \Psi\left(|\Psi|^2 + \kappa_w \frac{\partial^2 |\Psi|^2}{\partial x^2}\right) = 0 \qquad (4-88)$$

式中弱非局域参量$\kappa_w(>0)$由下式给出

$$\kappa_w = \frac{1}{2}\int_{-\infty}^{\infty} R(x)x^2 \mathrm{d}x \qquad (4-89)$$

我们寻找自聚焦介质($\gamma_b > 0$)中方程(4-88)的亮孤子解

$$\Psi(z, x) = G(x)\exp(\mathrm{i}\Upsilon z) \qquad (4-90)$$

式中$G$是对称的实数函数，$\Upsilon(>0)$为传播常数。将解式(4-90)代入方程(4-88)并经过若干计算后得到$G(x)$的隐函数表达式[100]

$$x = \frac{1}{(k\gamma_b)^{1/2}G_0}\mathrm{arctanh}\left[\frac{\sigma_w(x)}{G_0}\right] + 2\sqrt{\kappa_w}\mathrm{arctan}\left[2\sqrt{\kappa_w k \gamma_b}\sigma_w(x)\right]$$

$$(4-91)$$

以及

$$\Upsilon = \frac{1}{2} \gamma_b G_0^2 \qquad (4-92)$$

式中 $\sigma_w(x) = \{[G_0^2 - G^2(x)]/[1 + 4\kappa_w k \gamma_b G^2(x)]\}^{1/2}$，$G_0$ 是解 $G$ 的最大值。隐函数(4-91)给出了在弱非局域条件下非局域介质中传输的亮孤子解。在 $\kappa_w \to$ 0 的极限情况下，弱非局域转变为局域，此时可由式(4-91)和(4-92)得到 $\Psi = G_0 \mathrm{sech}[(k\gamma_b)^{1/2} G_0 x] \exp(\mathrm{i}\,\gamma_b G_0^2 z/2)$，这正是局域空间光孤子的表达式[39]，即式(4-54)⑤。图4-4显示的是对于不同的非局域参量 $\kappa_w$ 由隐函数(4-91)给出的孤子强度分布。明显可见，光束束宽随着非局域程度的增加而增加。

方程(4-88)对于自散焦介质（$\gamma_b < 0$）的暗孤子解也已经发现，并且已经证明了无论对于亮孤子解还是暗孤子解都是稳定的[100]。

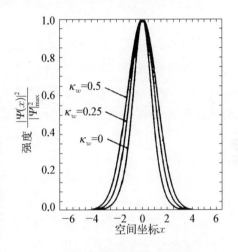

图4-4　弱非局域条件下，不同非局域
参量 $\kappa_w$ 的亮空间孤子强度分布

### 4.2.4　一般非局域性

对于一般性非局域程度的情况，除了一些特殊形式的非线性响应函数外，比如具有高斯函数核的对数非局域响应函数[67]，一般很难得到具有任意非局域响应函数的非局域非线性薛定谔方程的解析解。但可以通过数值方法，求得在不同非局域程度条件下非局域非线性薛定谔方程空间光孤子的数值解[101,102]。

为了简化数值计算过程，需要首先去掉方程(4-12)中不独立的"多余"参量。为此，通过无量纲化变换式(4-30)将非局域非线性薛定谔方程变换为如下无量纲的非局域非线性薛定谔方程(仅讨论 $n_2 > 0$ 的情况)

$$\mathrm{i}\frac{\partial}{\partial \xi}u(\xi, \boldsymbol{\eta}) + \frac{1}{2}\bar{\nabla}_D^2 u(\xi, \boldsymbol{\eta}) + u(\xi, \boldsymbol{\eta})\int_{-\infty}^{\infty}\bar{R}(\boldsymbol{\eta}-\boldsymbol{\eta}')\mid u(\xi, \boldsymbol{\eta}')\mid^2 \mathrm{d}^D\boldsymbol{\eta}' = 0$$

$$(4-93)$$

高斯响应函数(4-87)在无量纲系统中的表达式为

$$\bar{R}(\boldsymbol{\eta}) = \left(\frac{\alpha}{\sqrt{2\pi}}\right)^D \exp\left[-\frac{\alpha^2(\eta_x^2 + \eta_y^2)}{2}\right] \qquad (4-94)$$

式中 $\alpha = w_0/w_m$ 是非局域程度参量。$\alpha$ 越小,非局域程度越强;反之 $\alpha$ 越大,非局域程度越弱。

具有唯象高斯响应函数(4-94)的 1+1 维方程(4-93)的单孤子数值解[101,102]特性如图 4-5 所示。1+1 维非局域空间光孤子的特性可以概括为,不论非局域程度如何,1+1 维空间光束都能以单峰光孤子形态在非局域非线性介质中稳定传输。单光孤子的波形是从强非局域时的高斯波形过渡到局域时的双曲正割波形[见图 4-5(a)],单孤子的临界功率随非局域程度的减弱而减小[见图 4-5(b)],光孤子相位随距离线性增大,相位的传输距离变化率随非局域程度的减弱而减小[见图 4-5(c)]。对于不同非线性响应函数的计算结果表明[102],图 4-5 所示的非局域空间光孤子特性具有普适性,与非线性响应函数的具体形式无关,但不同的非线性响应函数,其结果的定量关系不同。

前面已经指出,局域克尔自聚焦体材料中不能形成稳定的 1+2 维亮空间光孤子传输状态。当光束携带的功率等于由式(4-62)定义的临界功率时,局域克尔自聚焦材料中的 1+2 维亮光束会形成自陷状态。但只要任何扰动使得光束功率大于光束自陷的临界功率,光束就会持续聚焦直到其束宽为零,出现大崩溃。然而,非线性非局域性与非线性饱和性一样,是阻止 1+2 维光束的这种大崩溃出现的重要因素之一。邦(Bang)等人[33]已经证明,具有任意非线性响应函数的 1+2 维非局域非线性薛定谔方程都是稳定的,其单峰亮孤子解不会出现大崩溃。稳定的唯一条件是非线性响应函数要具有有限带宽的正傅里叶频谱,具有物理意义的非线性响应函数都具有这样的特性。

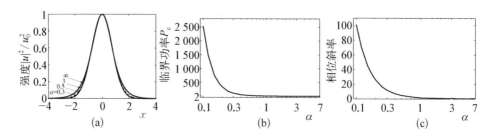

**图 4-5　孤子特性与非局域程度的关系**

(a) 对于不同的非局域程度参数 $\alpha$,归一化光孤子强度波形[$|u|^2/u_0^2$($u_0$ 为最大振幅)]的比较,光束束宽相同;(b) 临界功率 $P_c$ 与非局域程度参数 $\alpha$ 的函数关系(横坐标为对数坐标);(c) 光孤子相位的传输距离变化率与非局域程度参量 $\alpha$ 的函数关系(横坐标为对数坐标)

### 4.2.5　双孤子的相互作用

当两个孤子一起共同传输时,它们会发生相互作用。根据两孤子之间距离的大小,可将孤子相互作用分为短程相互作用(short-range interaction)和长程相互作用(long-range interaction)。当孤子的间距很近以致两孤子的光场之间有交叠,这种情况下的相互作用为短程相互作用;反之,当两孤子的间距足够大而使得孤子的光场之间没有交叠时的相互作用为长程相互作用。短程相互作用与长程相互作用特性明显不同:前者与两孤子的相位差密切相关,而后者与相位差无关;长程相互作用只有当非局域程度足够强的时候才会发生,但短程相互作用在任意非局域程度下都会发生。

1) 双光束共同传输时的质心轨迹

为了更好地理解双光束的相互作用问题,我们首先讨论双光束共同传输时质心轨迹的变化规律。

假设两个具有相同的束宽 $w_0$、相距 $2h$、相位差为 $\phi_I$ 的高斯光束在 $y$-$z$ 平面共面对称斜入射进入非局域非线性介质,它们的入射角(与 $z$ 轴的夹角)分别为 $\vartheta_I$ 和 $-\vartheta_I$,即

$$\Psi(z,\ x,\ y)\Big|_{z=0} = \Psi_0 \exp\left[-\frac{x^2+(y+h)^2}{2w_0^2} + \mathrm{i}k(y+h)\tan\vartheta_I\right] +$$
$$\Psi_0 \mathrm{e}^{\mathrm{i}\phi_I} \exp\left[-\frac{x^2+(y-h)^2}{2w_0^2} - \mathrm{i}k(y-h)\tan\vartheta_I\right]$$

$$(4-95)$$

式中 $\Psi_0$ 是光束的振幅,我们假设光束振幅足够大以致可以形成孤子传输所需的功率[45,47,48]。对于入射条件(4-95),其初始功率和初始动量分别为

$$P_0 = 2\pi\Psi_0^2 w_0^2\left[1 + \cos\phi_I\exp\left(-\frac{h^2}{w_0^2} - k^2w_0^2\tan^2\vartheta_I\right)\right] \qquad (4-96)$$

$$\boldsymbol{M} = \boldsymbol{e}_y\frac{2\pi h\Psi_0^2}{k}\exp\left(-\frac{h^2}{w_0^2} - k^2w_0^2\tan^2\vartheta_I\right)\sin\phi_I \qquad (4-97)$$

并且初始光束质心 $\boldsymbol{r}_{c0} = 0$。由于非局域非线性薛定谔方程(4-12)具有功率守恒和动量守恒的特性,由以上初始功率和初始动量以及光束质心轨迹方程(4-18)可以确定光束质心轨迹为 $y$-$z$ 平面内的直线,其与 $z$ 轴的夹角 $\Theta_y$ 满足[86]

$$\frac{\tan\Theta_y}{\Theta_d} = \left(\frac{h}{w_0}\right)\frac{\exp[-(h/w_0)^2-(\tan\vartheta_I/\Theta_d)^2]\sin\phi_I}{1+\exp[-(h/w_0)^2-(\tan\vartheta_I/\Theta_d)^2]\cos\phi_I} \qquad (4-98)$$

式中 $\Theta_d = 1/(kw_0)$ 是高斯光束的远场发散角。由上式可见,质心轨迹的变化规

律与光束的振幅(即功率)无关。

图 4-6 给出了两个平行入射光束的质心直线斜率对光束间距 $2h$ 和相位差 $\phi_I$ 的函数关系。如图所示,质心直线的斜率是光束间距和相位差的强变函数。从图可见,在 $h/w_0 \leqslant 2$ 的范围内,$\Theta_y$ 与相位差 $\phi_I$ 密切相关,当 $\phi_I = 0$ 或者 $\pi$ 时才有 $\Theta_y = 0$;但当 $h/w_0 > 2$ 后,$\Theta_y$ 将接近于零,不再与相位差 $\phi_I$ 有关。当 $h/w_0 \leqslant 1$ 时,$\Theta_y$ 具有明显不等于零的有效值。

以上结果具有普适性,与非局域程度的强弱和响应函数的具体形式无关。由式(4-98)可见,当孤子的间距 $2h$ 大于 $6w_0$ 时,$\Theta_y \equiv 0$,两孤子光束质心轨迹变化不再与他们的相位差有关,质心将保持不变。$h \geqslant 3w_0$ 时的光束相互作用就是长程相互作用。在此条件下,两光束强度波形没有有效的交叠部分,当非局域程度足够弱时,两光束彼此感受不到对方产生的非线性折射率,因而不会产生相互作用,两光束互不影响地各自独立传输。所以,只有在非局域程度足够强的条件下,两个光束才会存在长程相互作用。反之,$h < 3w_0$ 时的光束相互作用就是短程相互作用。双光束的短程相互作用在任意非局域程度下都会发生,并且与两光束的相位差密切相关。

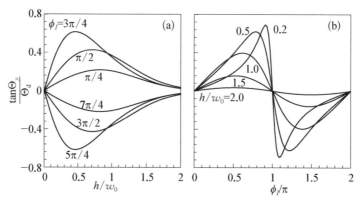

图 4-6　两个平行入射($\vartheta_I = 0$)光束的质心直线斜率对光束间距 $h$ 的函数关系(a)以及对相位差 $\phi_I$ 的函数关系(b)

2) 短程相互作用

讨论孤子短程相互作用的特性,就是要讨论非局域非线性薛定谔方程(4-12)对于输入双光束(4-95)在 $h/w_0 < 3$ 条件下的求解问题。对于任意非局域程度,这个问题一般不能解析求解,只能进行数值求解。图 4-7 给出了不同非局域情况下 1+1 维方程数值结果的等高线图[86]。1+1 维模型的结果不仅可以对非局域和局域传输情况进行比较,而且对于 1+2 维共面传输而言也是足够精确的。

从图 4-7 中可以总结出几点有趣的结论。首先,对于由非线性薛定谔方程描述的局域孤子而言(见图 4-7 中第一列),两个孤子除了同相($\phi_I=0$)情况相互吸引以外,都是相互排斥的[20];如文献[20]所指出的那样,当孤子的相位差 $\phi_I$ 不等于 0 或者 $\pi$ 的时候,两个孤子之间还有能量的转移。无论非局域程度如何,两个同相孤子总是相互吸引的(见图中第一排);而相位差不为零的两个孤子(见图中第二排到第四排)之间的排斥力随着非局域程度的增强而减弱。因此,无论相位差如何,只要非局域程度足够强,两孤子的相互作用最终会变为相互吸引。对于所有的情况,两孤子的质心轨迹都是由式(4-18)给定的、斜率由初始动量和初始功率 $M_y/P_0$ 确定的直线。所以,当非局域程度足够强的时候,两个空间光孤子会相互"捆绑"在一起,作为一个整体(由于他们的距离很近,实际上已经不能区分是两个光束)沿着他们的质心直线轨迹共同传输。这样,在强非局域条件下,利用孤子的这种短程相互作用特性,可以通过两个空间光孤子的相位差,实现对作为一个整体的两孤子共同传输轨迹的控制。

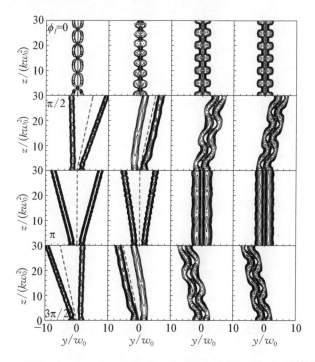

**图 4-7 平行入射($\vartheta_I=0$)的两孤子短程相互作用的数值结果(等高线图)**

从左到右每列分别为局域非线性($\alpha \to \infty$)、弱非局域非线性($\alpha=2$)、强非局域非线性($\alpha=0.1$)。第四列为广义斯奈德-米切尔模型(4-69)的解析结果。虚线为光束质心的轨迹。从上到下,两孤子的相位差分别为 $0$,$\pi/2$,$\pi$,$3\pi/2$

　　非线性波相互作用问题的求解是非常复杂的数学问题。对于任意非局域程度的相互作用问题一般不能解析求解，但在强非局域条件下，可以通过广义斯奈德-米切尔模型得出双孤子相互作用的解析解。由于斯奈德-米切尔模型的线性性，可以用线性叠加原理来处理强非局域情况下非线性光束的相互作用问题。

　　文献[45]已经指出：如果 $\psi(z, r)$ 是方程(4-70)的解，则 $\Xi_\pm(z, r) = \psi(z, r \pm r_0)\exp(\mp i\boldsymbol{\mu} \cdot \boldsymbol{r} + i\varphi_I)$ 也满足方程(4-70)的必要条件是：$r_0$ 满足谐振子方程 $\ddot{\boldsymbol{r}}_0(z) + \Omega^2 \boldsymbol{r}_0(z) = 0$，而 $\boldsymbol{\mu}(z)$ 和 $\varphi_I(z)$ 分别由 $\boldsymbol{\mu}(z) = k\dot{\boldsymbol{r}}_0(z)$ 和 $\varphi_I(z) = k[\Omega^2 r_0^2(z) - \dot{r}_0^2(z)]/2$ 决定。因为方程(4-70)是线性的，所以我们可以通过叠加原理来构造双光束相互作用过程的解析解[103]

$$\psi_\pm(z, r) = C_\pm[\Xi_+(z, r) \pm \Xi_-(z, r)] \tag{4-99}$$

而

$$\Xi_\pm = \frac{\sqrt{P_0}\exp[i\varphi(z)]}{[\sqrt{\pi}w(z)]^{D/2}}\exp\left(-\frac{x^2 + [y \pm y_0(z)]^2}{2w^2(z)} + ic_u(z)\{x^2 + [y \pm y_0(z)]^2\}\right)\times$$
$$\exp[\mp i\mu(z)y + i\varphi_I(z)] \tag{4-100}$$

式中的 $w, \Omega, \varphi$ 和 $c_u$ 分别由式(4-79)~(4-82)给出。函数 $y_0(z), \mu(z)$ 和 $\varphi_I(z)$ 由 $z = 0$ 的初始条件 $y_0(0) = h, \dot{y}_0(0) = 0$ 决定如下：

$$y_0(z) = h\cos(\Omega z), \ \mu(z) = -k\Omega h\sin(\Omega z), \ \varphi_I(z) = \frac{1}{4}k\Omega h^2\sin(2\Omega z)$$
$$\tag{4-101}$$

解式(4-99)~(4-101)描述了初始同相($\phi_I = 0$)或初始反相($\phi_I = \pi$)的两个平行入射($\vartheta_I = 0$)高斯光束

$$\psi_\pm(z, x, y)\Big|_{z=0} = \frac{C_\pm\sqrt{P_0}}{(\sqrt{\pi}w_0)^{D/2}}\left\{\exp\left[-\frac{x^2 + (y+h)^2}{2w_0^2}\right]\pm\right.$$
$$\left.\exp\left[-\frac{x^2 + (y-h)^2}{2w_0^2}\right]\right\} \tag{4-102}$$

的相互作用过程。两光束的总功率为 $P_0$，式(4-102)中的常数 $C_\pm$ 由关系式 $\int |\psi_\pm(0, r)|^2 d^D r = P_0$ 确定。当 $D = 2$(1+2维的情况)，由式(4-96)得 $C_\pm = \{2[1 \pm \exp(-h^2/w_0^2)]\}^{-1/2}$。对于孤子状态($P_0 = P_c$)有

$$y_0 = h\cos\left(\frac{z}{z_R}\right), \ \mu = -\frac{h}{w_0^2}\sin\left(\frac{z}{z_R}\right), \ \varphi_I = \frac{h^2}{4w_0^2}\sin\left(\frac{2z}{z_R}\right)$$

$$(4-103)$$

以上解析结果无论对于描述强非局域空间光孤子的短程相互作用,还是强非局域空间光孤子的长程相互作用均是适合的。虽然以上结果仅仅是初始同相或者初始反相的双光束相互作用结果,但将此方法推广到任意相位差的强非局域孤子相互作用并不困难,具体见文献[70]。短程相互作用和长程相互作用的差别在于,前者的质心轨迹直线的斜率与相位差密切相关,通过相位差可以控制质心轨迹直线斜率(见图4-7中第四列);而后者由于两孤子的间距过大,使得初始动量为零,从而质心轨迹直线的斜率恒等于零(详见下面的讨论)。

3) 长程相互作用

当两孤子的间距满足 $h \geqslant 3w_0$ 时,强非局域孤子的相互作用模式与相位差无关,这就是强非局域孤子的长程相互作用。

在式(4-99)~(4-102)中令 $D = 1$ 和 $x = 0$,得到在强非局域情况下 $1+1$ 维双光束的相互作用解 $\psi_\pm(z, y)$,这正是斯奈德和米切尔在1997年得到的强非局域孤子的长程相互作用结果[45,104]⑤。

基于以上的结果可见:强非局域条件下具有相同振幅、平行入射的两光束在非局域介质中传输时将发生周期性的碰撞,碰撞周期为 $\pi/\Omega$(对光强 $|\psi|^2$ 而言),周期与光束的输入功率成反比;每次碰撞后,两个光束将恢复到其初始状态,如图4-8所示。由图4-8可见,强非局域空间光孤子的长程相互作用过程与两个孤子的相对相位无关,无论两个孤子的相位差如何,两孤子总是相互吸引的。

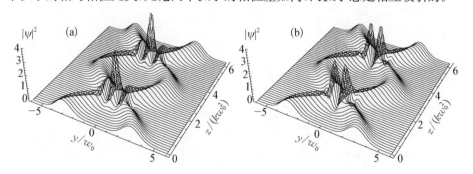

**图4-8 强非局域空间光孤子长程相互作用过程示意图**

图中,$y$ 是横向坐标,$z$ 是纵向坐标(图中仅画出了两个相互作用周期),$|\psi|^2$ 是总光强,两光束初始中心间距为 $6w_0$。(a) 初始同相位,(b) 初始反相位。除两光束的交叠区域外,光强分布与相位差无关。在光场的交叠区域,由于同相相长异相相消,光强分布略有差别

斯奈德和米切尔还讨论了一强一弱的强非局域孤子的长程相互作用特性[45]。假设两个高斯光束具有相同的束宽,但一个携带的功率为$(P_c - \Delta P)$,而另一个的功率为$\Delta P$,且满足$P_c \gg \Delta P$。于是可以发现,携带功率为$(P_c - \Delta P)$的强亮度孤子将沿着一条直线传输,好似其单独存在时一样;而功率为$\Delta P$的弱亮度光束其束宽也将保持不变(也是孤子态),但其传输轨迹将是一条围绕强亮度孤子直线运动轨迹的正弦轨迹。但如果弱亮度光束单独传输,它将沿着一条直线而不是曲线运动,并且其束宽将随着传输距离展宽。这表明,在强非局域介质中,弱亮度光束可以通过远距离的高亮度孤子控制转向。这种长程相互作用模式是非局域非线性介质在强非局域情况下才有的特性。

强非局域空间光孤子不依赖于孤子相位差的长程相互作用过程和强烈依赖于孤子相位差的短程相互作用过程已经在向列相液晶中被分别定性地[105]和定量地[86]实验证明了。有趣的是,在完成向列相液晶中不依赖于孤子相位差的相互作用实验的时候,人们还没有认识到向列相液晶是可以实现强非局域传输条件的非线性材料。也许正是因为这一实验结果,才使得阿彻托他们认识到这个问题,从而才有了后续发表在《物理评论快报》[47, 48]和《自然》[106]杂志上的杰出工作。实验上还分别在铅玻璃与向列相液晶中实现了距离-束宽比大约为10倍的[107]和大约为70倍的[108]强非局域孤子的远程相互作用。

强非局域孤子的相互作用特性与局域孤子的相互作用特性完全不同。无论相位差如何,两个强非局域孤子总是相互吸引的,但短程相互作用时的质心轨迹与它们的相位差密切相关[86],而长程相互作用的质心轨迹与相位差无关[45,103],总是平行于传输方向的直线。局域孤子没有长程相互作用,两个局域孤子的短程相互作用对两孤子的相对相位非常敏感,同相孤子相互吸引,反相孤子相互排斥[20]。

## 4.3　向列子

向列子是向列相液晶⑰中传输的、由于非线性效应和线性衍射效应共同作用而产生的自陷光束,包括空间光呼吸子和空间光孤子。向列子属于非局域空间光孤子(光呼吸子)家族,在一定条件下可以由非局域非线性薛定谔方程描述。向列相液晶是人们第一个发现的、可以实现非线性特征长度远远大于光束束宽的非线性克尔材料[47, 48]。向列相液晶中的空间光孤子是人们第一个实验观测到的强非局域空间光孤子[48],其发现者阿彻托等人专门制造了一个新的英文单词 nematicon 来命名这种空间光孤子[109]。

液晶是物质的特殊相态,是介于固态和液态之间的中间状态[110]㊳。液晶是可以流动的具有各向异性的液体,其分子取向是长程有序的,与晶体分子的有序性类似而异于各向同性的一般液体。向列相液晶是液晶中的一类,其光学性质是单轴各向异性的。向列相液晶的长棒状液晶分子在外加光场或者低频电场的作用下,会诱导产生电偶极矩,其矢量方向平行于长棒状分子的棒轴。这个诱导的电偶极矩会趋向于与光场(或电场)极化方向平行,从而使得液晶的长棒状分子产生旋转。向列相液晶分子的这种在外加光场作用下重新取向的机理是向列相液晶产生非线性折射率的根源。而向列相液晶非线性的非局域性来源于作为连续体介质的液晶的弹性形变及其传递:光场使得光所在区域内的液晶分子产生展曲、扭曲和弯曲弹性形变,发生形变的液晶将产生反抗形变的弹性回复力矩并传递到没有光场的区域,使得这些区域的液晶分子也产生转向并最终导致非线性的非局域性。

在这一节中,主要讨论将向列相液晶样品盒等效为无穷大介质时(忽略边界效应的影响)空间光束在其中的传输特性,包括光束传输模型的建立、单个向列子的近似解析解等内容。关于向列子研究的更多内容,比如边界效应对向列子传输特性的影响等,可以参考向列子问题的专著[17]。

### 4.3.1　向列相液晶中光束的非线性传输模型

研究方案的液晶样品盒结构如图 4 - 9 所示,按图中所标示坐标系,$y$ 方向为无穷大,电场极化方向在 $x$ 方向,$z$ 方向为光波传播方向,液晶盒厚度 $H$ 远远大于在液晶盒中传播光束的束宽。上下电极施加的静(低频)电压(偏置电压)是为了使液晶分子具有一定的预偏置角[偏置电压大于液晶分子开始转动的弗瑞德锐茨(Freèderichsz)阈值电压],以降低激光输入功率,避免出现热致非线性效应。由于技术上的困难,早期实验[48,105,111-113]所用的样品盒均没有输出面板[见图 4 - 9(a)]。由于没有光洁的输出面,只能在上观测面通过收集光束的散射光来测量其光束束宽,而不能测量光束的横截面波形。最新的实验[114]已经采用了具有输出面板的结构[见图 4 - 9(b)]。样品盒中充满的向列相液晶(长棒状的液晶分子用箭头表示)为正单轴晶体,即满足 $n_\perp < n_\parallel$,式中 $n_\perp$ 是寻常光折射率、$n_\parallel$ 是非常光折射率,在边界上沿着 $z$ 方向锚定(anchoring)㊴。当施加偏置电压后,液晶盒中在 $x$ 方向极化的、沿 $z$ 传播的非常光(extraordinary light)傍轴光束 $\Psi$ 由以下耦合方程描述[47,113]

$$2ik\frac{\partial \Psi}{\partial z} + \nabla_D^2 \Psi + k_0^2 \varepsilon_a^{op}(\sin^2\theta - \sin^2\theta_0)\Psi = 0 \qquad (4-104)$$

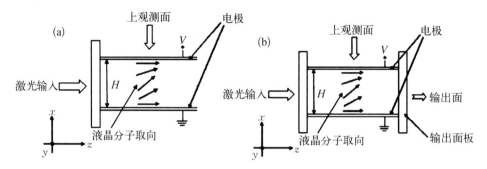

**图 4 - 9  液晶样品盒示意图**

(a) 没有光洁输出面板的结构；(b) 具有光洁输出面板的结构

$$2K_N\left(\frac{\partial^2 \theta}{\partial z^2} + \nabla_D^2\theta\right) + \varepsilon_0\left(\varepsilon_a^{rf}E_{rf}^2 + \varepsilon_a^{op}\frac{|\Psi|^2}{2}\right)\sin(2\theta) = 0 \quad (4-105)$$

式中，$\theta$ 是液晶分子指向矢[60]与 $z$ 轴的夹角，$\theta_0(0 \leqslant \theta_0 \leqslant \pi/2)$ 是只有低频电场时液晶盒中心处的最大预偏置角，$K_N$ 是向列相液晶的平均弹性常数，$k_0 = \omega/c$，$\varepsilon_a^{op}(= n_\parallel^2 - n_\perp^2)$ 和 $\varepsilon_a^{rf}(= \varepsilon_\parallel - \varepsilon_\perp)$ 分别表征光频段和低频段介质介电常数的各向异性，$E_{rf}$ 为与低频电压相伴随的电场强度大小。已经证明[113,115]，方程 (4 - 105) 中 $z$ 坐标的导数项 $\partial_z^2\theta$ 与 $\nabla_D^2\theta$ 相比是可以忽略不计的。式(4 - 104)是描述液晶中傍轴光束演化过程的方程，而式(4 - 105)是描述光场与液晶分子相互作用的方程。在边界上沿着 $z$ 方向锚定确定了边界条件 $\theta\big|_{x=-H/2} = \theta\big|_{x=H/2} = 0$($x$ 坐标的源点为液晶盒的中心)。当液晶中没有激光电场时，由低频电场产生的液晶分子预偏置角 $\hat\theta$ 对称于液晶盒中心($x=0$)，并且只是 $x$ 坐标的函数[113]

$$2K_N\frac{\partial^2 \hat\theta}{\partial x^2} + \varepsilon_0\varepsilon_a^{rf}E_{rf}^2\sin(2\hat\theta) = 0 \quad (4-106)$$

为了简化以上耦合方程组(4 - 104)和(4 - 105)，假设 $\theta = \hat\theta + (\hat\theta/\theta_0)\Phi$，式中 $\Phi$ 表征光诱导的液晶分子取向角扰动($\Phi \ll 1$)。当光束束宽远远小于液晶样品盒的厚度时，在样品盒的中心部分附近有 $\hat\theta \approx \theta_0$ 和 $\partial_x\hat\theta \approx 0$，这样耦合方程组 (4 - 104)和(4 - 105)可以被简化为关于 $\Psi$ 和 $\Phi$ 的耦合方程组[113,116]

$$2ik\frac{\partial \Psi}{\partial z} + \nabla_D^2\Psi + k_0^2\varepsilon_a^{op}\sin(2\theta_0)\Phi\Psi = 0 \quad (4-107)$$

$$\nabla_D^2\Phi - \frac{1}{w_m^2}\Phi + \frac{\varepsilon_0\varepsilon_a^{op}}{4K_N}\sin(2\theta_0)|\Psi|^2 = 0 \quad (4-108)$$

式中 $w_m(w_m > 0$ 当 $0 < \theta_0 \leqslant \pi/2)$ 具有长度的量纲,是向列相液晶的非线性特征
长度[112],其表达式为

$$w_m = \frac{1}{E_{rf}^{(0)}} \left\{ \frac{2\theta_0 K_N}{\varepsilon_0 \varepsilon_a^{rf} [\sin(2\theta_0) - 2\theta_0 \cos(2\theta_0)]} \right\}^{1/2} \qquad (4-109)$$

式中,$E_{rf}^{(0)}$ 表示液晶盒中心处的低频电场强度。

如果忽略液晶样品盒边界的影响,可以将液晶盒等效作为无穷大的液晶介
质。对于没有边界的无穷大空间,方程(4-108)具有如下卷积形式的特解(详细
推导过程见本章附录 A)

$$\Phi(r, z) = \frac{\varepsilon_0 \varepsilon_a^{op} \sin(2\theta_0) w_m^2}{4K_N} \int_{-\infty}^{\infty} R(r - r') \mid \Psi(z, r') \mid^2 d^D r' \qquad (4-110)$$

式中,$R$ 是向列相液晶的非线性响应函数。对于 1+1 维的情况,$R$ 是指数衰减
函数[115]

$$R(x) = \frac{1}{2w_m} \exp\left(-\frac{\mid x \mid}{w_m}\right) \qquad (4-111)$$

而 1+2 维的情况有[112]

$$R(r) = \frac{1}{2\pi w_m^2} K_0 \left( \frac{\sqrt{x^2 + y^2}}{w_m} \right) \qquad (4-112)$$

式中 $K_0$ 是第二类的零阶修正贝塞尔(Bessel)函数。于是,我们可以将方程组
(4-107)和(4-108)合并成为非局域非线性薛定谔方程(4-12),其非线性折射
率系数 $n_2$ 由下式给出[108,116]⑥

$$n_2 = \frac{(\varepsilon_a^{op})^2 \theta_0 \sin(2\theta_0)}{4n_0 \varepsilon_a^{rf}(E_{rf}^{(0)})^2 [1 - 2\theta_0 \cot(2\theta_0)]} \qquad (4-113)$$

而非线性响应函数 $R$ 由式(4-111)或者式(4-112)确定。从式(4-113)可见,
对于正性液晶,$\varepsilon_a^{rf} > 0 (\varepsilon_{\parallel} > \varepsilon_{\perp})$,于是有 $n_2 > 0 (0 \leqslant \theta_0 \leqslant \pi/2)$,同理负性向列
相液晶 $(\varepsilon_{\parallel} < \varepsilon_{\perp})$ 的非线性折射率系数 $n_2 < 0$。

综合以上讨论可见,在光束束宽远小于液晶盒厚度的条件下,图 4-9 所示
的液晶盒结构的中心区域可以被等效为无穷大的液晶介质,该等效液晶介质的
指向矢为常数矢量,但其方向可以以某种方式用偏置电压控制。这个等效液晶
介质的非线性折射率系数 $n_2$ 由式(4-113)给出,非线性响应函数是指数衰减函
数(1+1 维情况)[式(4-111)]或者第二类的零阶修正贝塞尔函数(1+2 维情

况)[式(4-112)],而其中传输的傍轴光束的演化过程由非局域非线性薛定谔方程(4-12)描述。相应的无量纲非局域非线性薛定谔方程是式(4-93),但对于不同横向维度的无量纲非线性响应函数 $\overline{R}$ 分别为

$$\overline{R}(\boldsymbol{\eta}) = \frac{\alpha}{2}\exp(-\alpha\mid\eta\mid) \quad (D=1) \tag{4-114}$$

和

$$\overline{R}(\boldsymbol{\eta}) = \frac{\alpha^2}{2\pi}K_0\big[\alpha(\eta_x^2+\eta_y^2)^{1/2}\big] \quad (D=2) \tag{4-115}$$

以上是强激光在向列相液晶中传输时与液晶分子相互作用过程的严格理论分析。在本节最后,我们将给出这一过程的物理图像。

在液晶样品盒的中心区域,非常光"看到"的折射率 $n_0$ 等于

$$n_0 = n(\hat{\theta})\Big|_{\hat{\theta}=\theta_0} = \frac{n_\perp n_\parallel}{(n_\parallel^2\cos^2\hat{\theta}+n_\perp^2\sin^2\hat{\theta})^{1/2}}\Bigg|_{\hat{\theta}=\theta_0} \approx (n_\perp^2+\varepsilon_a^{op}\sin^2\theta_0)^{1/2}$$

当非常光的功率足够强的时候,它将会引起向列相液晶分子产生重新取向,从而使得液晶分子的指向矢产生一个微小的角度变化量 $\Delta\theta$。这种重取向的结果会使入射激光(非常光)"感受"到折射率的微小改变量 $\Delta n$,其大小等于 $\Delta n = \big[n(\hat{\theta}+\Delta\theta)-n(\hat{\theta})\big]\Big|_{\hat{\theta}=\theta_0} \approx \Delta\theta \mathrm{d}n(\hat{\theta})/\mathrm{d}\hat{\theta}\Big|_{\hat{\theta}=\theta_0}$,求导后可以得到

$$\Delta n = \frac{\varepsilon_a^{op}\sin(2\theta_0)}{2\sqrt{n_\perp^2+\varepsilon_a^{op}\sin^2\theta_0}}\Delta\theta$$

$\Delta n$ 的产生是由于激光诱导的液晶分子指向矢角度改变(液晶分子重新取向)的结果,这就是非常光在向列相液晶中传输时"感受"到的非线性折射率。需要进一步指出的是,只有非常光(其电场的极化方向在主平面内,即指向矢与光传播方向构成的平面内)才能"看到"非线性折射率,而寻常光(ordinary light,其电场的极化方向垂直于主平面)是不能"看到"非线性折射率的,因为寻常光的折射率与液晶分子指向矢的角度大小没有关系。在液晶盒的中心区域显然有 $\Delta\theta\approx\Phi$,因而将式(4-110)代入到以上 $\Delta n$ 的表达式,并利用 $\Delta n$ 与 $|\boldsymbol{E}|^2$ 的非局域关系式[公式(4-4)],可以直接得到非线性折射率系数 $n_2$ 的表达式(4-113)。由以上 $\Delta n$ 的表达式我们还可以很容易地得出以下两点结论。第一,由于 $\varepsilon_a^{op}>0$ 总是存立的[110]而且在 $\theta_0$ 的取值范围($0\leqslant\theta_0\leqslant\pi/2$)内有 $\sin(2\theta_0)/\sqrt{n_\perp^2+\varepsilon_a^{op}\sin^2\theta_0}>0$,因而如果激光引起的指向矢角度改变量为正($\Delta\theta>0$),则有 $\Delta n>0$;反之如

果 $\Delta\theta < 0$，则 $\Delta n < 0$。第二，导数 $\mathrm{d}n(\hat{\theta})/\mathrm{d}\hat{\theta}$ 在 $\hat{\theta} = \pi/4$ 时达到极大值，因此，向列相液晶来源于分子重取向机理的非线性效应在预偏置角 $\hat{\theta} = \pi/4$ 时达到最强，而此时的空间光孤子临界功率最低[见图 4-10(b)和 4.3.4 节中的相关内容]。

### 4.3.2　电压可控的非线性特征长度和非线性折射率系数

当 $E_{rf} \leqslant E_{FR}$（$E_{FR}$ 为弗瑞德锐茨阈值电场[②]）时，$E_{rf}$ 为常数，$\hat{\theta} \equiv 0$；反之，$E_{rf}$ 为 $x$ 的函数，$\hat{\theta}$ 与 $E_{rf}(x)$ 的函数关系由微分方程(4-106)给出。此时 $\theta_0$ 和 $E_{rf}^{(0)}$ 作为电压 $V$ 的函数可以分别表达为（函数的详细推导过程见附录 B）

$$V = 2\sqrt{\frac{K_N(1+\kappa_a\sin^2\theta_0)}{\varepsilon_0\varepsilon_a^{rf}(1+\kappa_a)}} \; \frac{1}{0.64\sin\theta_0}\mathrm{F}\left[\arcsin\left(\frac{\sqrt{1+\kappa_a}\sin\theta_0}{\sqrt{1+\kappa_a\sin^2\theta_0}}\right), \frac{\sqrt{\kappa_a}}{\sqrt{1+\kappa_a}}\right]$$

$$(4-116)$$

和 $E_{rf}^{(0)} = V/H_{eff}$，式中 $\kappa_a = \varepsilon_a^{rf}/\varepsilon_\perp$，$\mathrm{F}(\phi_e, k_e) = \int_0^{\phi_e}\mathrm{d}x/\sqrt{1-k_e^2\sin^2x}$ 为第一类椭圆积分，$H_{eff}$ 为液晶盒等效厚度，由式(4-153)给出（见附录 B）。式(4-116)给出了函数 $\theta_0(V)$ 的近似解析隐函数表达式。因此，可以发现 $w_m$ 和 $n_2$ 由偏置电压 $V$ 或等效最大偏置角 $\theta_0$ 唯一确定，其函数关系如图 4-10 所示。当偏置电压从其阈值开始增加时，$\theta_0$ 从 0 单调地上升到 $\pi/2$，而 $w_m$ 从正无穷单调地下降到 0，$n_2$ 同样单调地减小。可见，对于这种液晶盒结构中的液晶材料而言，其非线性响应函数的特征长度是可以通过偏置电压改变的，即通过偏置电压控制。这样，对于给定束宽 $w_0$ 的激光光束而言，可以很方便地实现通过偏置电压控制的非局域程度的改变。非线性响应函数的特征长度可以通过外加电压控制的性质是向列相液晶所独有的、非常重要的特性[116]。另外，由图 4-10(a)可见，非线性折射率系数 $n_2$ 的值大约在 $10^{-5} \sim 10^{-3}$ cm$^2$/W 的范围，与文献[117]中给出的向列相液晶非线性折射率系数量级基本一致[③]。

将式(4-109)中的 $E_{rf}^{(0)}$ 用附录 B 中的式(4-152)表示，可以将非线性特征长度 $w_m$ 重新表达为

$$w_m(\theta_0) = \frac{H}{\sqrt{2}}\sqrt{\frac{\theta_0(1+\kappa_a\sin^2\theta_0)}{\sin(2\theta_0)-2\theta_0\cos(2\theta_0)}}\left(\int_0^{\theta_0}\sqrt{\frac{1+\kappa_a\sin^2\hat{\theta}}{\sin^2\theta_0-\sin^2\hat{\theta}}}\;\mathrm{d}\hat{\theta}\right)^{-1}$$

$$(4-117)$$

当 $\theta_0 = \pi/4$（此时的非线性折射率最大，孤子的临界功率最低），$w_m$ 大约为 $30\ \mu m$[⑨]。只要光束束宽在 $2 \sim 4\ \mu m$ 左右，就可以实现强非局域传输条件，实验中这样的束宽是比较容易做到的。

通过液晶盒偏置电压可以调控改变液晶非线性特征长度的特性，已经在非局域孤子相互作用与非局域程度依赖关系的实验中[112]得到间接证明。

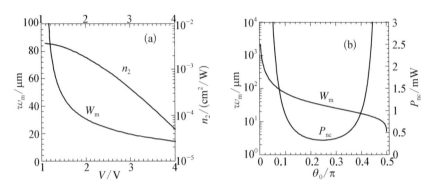

图 4-10  (a) 向列相液晶的非线性特征长度 $w_m$ 和非线性折射率系数 $n_2$ 与偏置电压 $V$ 的函数关系曲线；(b) 非线性特征长度 $w_m$ 和单孤子的临界功率 $P_{nc}$ 与最大预偏角 $\theta_0$ 的函数关系曲线

向列相液晶为 TEB30A(液晶具体参数为[112]：$n_{/\!/} = 1.692$，$n_{\perp} = 1.522(\lambda = 0.589\ \mu m)$，$\varepsilon_{/\!/} = 14.9$，$\varepsilon_{\perp} = 5.5$，$K_N = 10^{-11}\ N$，$V_{FR} = 1.09\ V$)，液晶盒厚度 $H = 80\ \mu m$

### 4.3.3  强非局域条件下的液晶传输模型

在 4.2.2 节中已经证明了，如果响应函数 $R(r)$ 关于原点($r=0$)对称并且在原点是解析的，非局域非线性薛定谔方程在强非局域条件下就可以简化为斯奈德-米切尔模型。另一方面，上节(4.3.2 节)已经指出，向列子的传输演化过程由非局域非线性薛定谔方程(4-12)描述，并且向列相液晶的非线性特征长度可以达到几十微米的数量级。对于束宽为几个微米数量级的激光光束而言，强非局域条件是很容易实现的。然后，唯象假设的解析响应函数(比如高斯函数)和向列相液晶的真实响应函数有着本质的不同：向列相液晶的响应函数在其对称原点 $r=0$ 总是奇异的。事实上，唯象假设的解析响应函数并不能描述真实的物理材料，虽然利用解析响应函数可以得到很多有指导意义的结果。从向列相液晶的非线性响应函数[式(4-111)和式(4-112)]和后面将要讨论的铅玻璃的非线性响应函数(4.4.1 节)的事实发现，真实物理材料的响应函数似乎总是具有奇异性，退一步说，至少现在还没有发现真实物理材料的响应函数不具有奇异性。

本节中我们将说明(但不是严格数学意义上的证明),如果材料的非线性响应函数 $R$ 在对称点具有奇异性,那么无论非局域程度如何强,由式(4-63)给出的非线性折射率 $\Delta n$ 一般而言都不可能用平方折射率来等效,特殊情况除外;但如果 $R$ 是解析的,则在强非局域情况下 $\Delta n$ 可用平方折射率等效,并且在非局域程度趋于无穷大时 $\Delta n$ 收敛到平方折射率。换句话说,在 $R$ 具有奇异性的条件下非局域非线性薛定谔方程[式(4-12)]一般而言不能简化为斯奈德-米切尔模型[方程(4-70)或者(4-69)]。

为了简单但不失一般性起见,我们以 1+1 维的情况来进行讨论。1+2 维的情况虽然更为复杂,但推广并非难事。在响应函数对称和强非局域的条件下,可以将 $\Delta n$[式(4-63)]在原点 $x=0$ 级数展开得到

$$\frac{\Delta n(x, z)}{n_2} = \Delta n_0 + \Delta n_0' x + \frac{1}{2} \Delta n_0'' x^2 + \cdots \tag{4-118}$$

式中,$\Delta n_0 = \Delta n(x, z)/n_2 \big|_{x=0} = \int |\Psi(z, x')|^2 R(x') \mathrm{d}x' \approx R_0 P_0$,$\Delta n_0' = (1/n_2)\partial \Delta n(x, z)/\partial x \big|_{x=0} = -\int |\Psi(z, x')|^2 R'(x') \mathrm{d}x' = 0$[$\Psi(z, x')$ 关于 $x'$ 偶对称或者奇对称],以及 $\Delta n_0'' = (1/n_2)\partial^2 \Delta n(x, z)/\partial x^2 \big|_{x=0} = \int |\Psi(z, x')|^2 R''(x') \mathrm{d}x'$。如果 $R(x)$ 是解析的,就可以得到 $\Delta n_0'' \approx R''(0) P_0$,于是 $\Delta n$ 可以表示为 $x$ 的平方函数。但如果 $R(x)$ 在 $x=0$ 具有奇异性,比如向列相液晶,$R''(x)$ 满足方程[见附录 A 中式(4-141)]

$$R''(x) - \frac{R(x)}{w_{\mathrm{m}}^2} = -\frac{\delta(x)}{w_{\mathrm{m}}^2}$$

于是可以得到

$$\Delta n_0'' \approx \frac{R_0 P_0 - |\Psi(z, 0)|^2}{w_{\mathrm{m}}^2}$$

上式中的第二项实际上远远大于第一项,因为 $(R_0 P_0)/|\Psi(z, 0)|^2 \sim (R_0 |\Psi(0, 0)|^2 w_0)/|\Psi(z, 0)|^2 \sim w_0/w_{\mathrm{m}} \ll 1$[65](强非局域),于是式(4-118)成为

$$\frac{\Delta n(x, z)}{n_2} \approx R_0 P_0 - \frac{1}{2w_{\mathrm{m}}^2} |\Psi(z, 0)|^2 x^2 \tag{4-119}$$

可见,仅对偶对称孤子解($|\Psi(z,0)|^2$ 不等于零,并且不是 $z$ 坐标的函数),上式才可能是 $x$ 的平方函数,否则 $\Delta n(x,z)$ 将是 $z$ 的函数(对呼吸子解)或者在展开式(4-118)中就必须考虑下一阶的非零高阶项(对奇对称的孤子解,$|\Psi(z,0)|^2=0$)。

为了更好地理解这个问题,我们再来具体研究展开式中的各项系数,为此将展开式重新表达为[75,119-121]

$$\frac{\Delta n(r,z)}{n_2} = \chi_0 + \chi_2 r^2 + \chi_4 r^4 + \chi_6 r^6 + \cdots \tag{4-120}$$

这里 $\chi_n = Q^{(n)}(r)/n!\big|_{r=0}$,$Q(r) = \int R(r-r')|\Psi(z,r')|^2 \mathrm{d}^D r'$。如果响应函数是由式(4-87)给出的高斯解析函数,则以上展开式中的系数与横截面的维度无关,分别为[75,119]:

$$\chi_0 = \frac{1+2w_m^2/w_0^2}{2w_0^2}, \quad \chi_2 = -\frac{1}{2w_0^4}, \quad \chi_4 = \frac{1}{4w_0^6(1+2w_m^2/w_0^2)}$$

$$\chi_6 = -\frac{1}{12w_0^8(1+2w_m^2/w_0^2)^2} \tag{4-121}$$

可见,$\chi_4$ 和 $\chi_6$ 在 $w_m \to \infty$ 时(对于给定的束宽 $w_0$,此时非局域程度将趋于无穷大)将趋于 0,$\Delta n$ 将趋于 $r$ 的平方函数。于是,此时非局域非线性薛定谔方程(4-12)在非局域程度趋于无限大时将收敛于斯奈德-米切尔模型(4-70)[或者(4-69)]。但对于向列相液晶的响应函数[式(4-111)或式(4-112)],展开式的系数与横截面的维度有关。对于 1+1 维的情况,系数分别为[75]

$$\chi_0 = \frac{\sqrt{\pi}w_m}{2w_0^3}, \quad \chi_2 = -\frac{1}{2w_0^4}, \quad \chi_4 = \frac{1}{12w_0^6}, \quad \chi_6 = -\frac{1}{60w_0^8} \tag{4-122}$$

而 1+2 维情况有[120]

$$\chi_0 = \frac{1}{2w_0^2}\Gamma\left(\frac{w_0^2}{4w_m^2}\right), \quad \chi_2 = -\frac{1}{2w_0^4}, \quad \chi_4 = \frac{1}{8w_0^6}, \quad \chi_6 = -\frac{1}{36w_0^8}$$

$$\tag{4-123}$$

式中 $\Gamma(x) = \int_0^\infty \mathrm{e}^{-x}/x\,\mathrm{d}x$ 为 $\Gamma$ 函数。由于响应函数具有奇异性,使得系数 $\chi_4$ 和 $\chi_6$ 与非线性特征长度 $w_m$ 无关。即使非线性特征长度 $w_m$ 趋于无穷大,$\chi_4$ 和 $\chi_6$ 仍然为有限值而不会像解析响应函数的情况那样趋于零。从式(4-122)和式

(4-123)分别可以得到展开式(4-120)中第三项与第二项的比值为

$$\frac{\chi_4 r^2}{\chi_2} = -\frac{r^2}{6w_0^2} \ (D=1), \quad \frac{\chi_4 r^2}{\chi_2} = -\frac{r^2}{4w_0^2} \ (D=2)$$

这意味着在 $r \gtrsim w_0$ 的区域，展开式(4-120)中的第三项将不能忽略。换句话说，在激光光束的边缘区域，即便非局域程度是无穷大，$\chi_4$ 的影响也将显现出来，所以单个向列子的波型将会有别于高斯函数波型(详见下节的讨论)。

### 4.3.4　单个向列子的近似解析解

#### 4.3.4.1　呼吸子解

阿徹托教授和他的学生凭借着对液晶光传输问题物理背景的深刻认识，技巧性地求出了耦合方程组(4-107)和(4-108)的呼吸子近似解析解[48]。这里简要介绍一下他们的求解过程⑥。

对于无穷大的边界而言，激光诱导的液晶分子指向矢角度扰动分布函数 $\Phi(r)$ 是关于原点对称的。在强非局域的条件下，$\Phi(r)$ 的空间占有尺度应该比光束束宽大得多，因此可以对 $\Phi(r)$ 进行级数展开，并只取不为零的前面两项⑦

$$\Phi(r) \approx \Phi_0 + \frac{1}{4} \nabla_D^2 \Phi_0 r^2 \tag{4-124}$$

式中的下标 0 表示函数 $\Phi$ 及其各阶导数在 $r=0$ 点之值。在强非局域的条件下 $(w_m \to \infty)$，方程(4-108)中的第二项可以忽略不计，将其结果带入上式并令 $\theta_0 = \pi/4$，得到

$$\Phi(r) \approx \Phi_0 - \frac{\varepsilon_0 \varepsilon_a^{op}}{16K_N} | \Psi(z, 0) |^2 r^2 \tag{4-125}$$

将以上结果带入方程(4-107)，得到

$$2ik\frac{\partial \Psi}{\partial z} + \nabla_D^2 \Psi - \frac{k_0^2 \varepsilon_0 (\varepsilon_a^{op})^2}{16K_N} | \Psi(z, 0) |^2 r^2 \Psi = 0 \tag{4-126}$$

方程(4-126)中本来还应该包含有关于 $\Psi$ 的线性项 $k_0^2 \varepsilon_a^{op} \Phi_0 \Psi$，但如 4.2.2 节中所述，$\Psi$ 的线性项只对相位产生调制(对应于强非局域孤子的大相移现象[89])，对函数的振幅波形没有影响。既然我们这里只求解函数的振幅波形，因而该项可以不用写出。实际上，通过类似于式(4-67)的指数变换式，就可以将该线性项吸收掉。

由于函数 $|\varPsi(z,0)|^2$ 是依赖于 $z$ 坐标的,方程(4-126)实际上仍然不能求出解析解。但如前节已经讨论的,对于孤子解而言,$|\varPsi(z,0)|^2 \equiv \varPsi_0^2$($\varPsi_0$ 是孤子的最大振幅)与 $z$ 坐标无关。如果激光光束的输入功率在孤子临界功率附近,则 $|\varPsi(z,0)|^2$ 将近似等于不变数 $\varPsi_0^2$。这样,当满足输入功率在孤子临界功率附近的特殊条件时,方程(4-126)可以近似表达为

$$2\mathrm{i}k\frac{\partial \varPsi}{\partial z} + \nabla_{\mathrm{D}}^2 \varPsi - \frac{k_0^2 \varepsilon_0 (\varepsilon_{\mathrm{a}}^{\mathrm{op}})^2 \varPsi_0^2}{16K_{\mathrm{N}}} r^2 \varPsi = 0 \qquad (4-127)$$

以上方程正是斯奈德-米切尔模型。从 4.2.2 节中斯奈德-米切尔模型的求解过程可知,方程(4-126)的近似解[即(4-127)的精确解]为由式(4-73)给出的高斯函数(只考虑振幅部分而不考虑相位),其振荡变化的束宽由式(4-79)给出,为了方便起见,重新表达为与文献[48]一致的结果如下:

$$w^2 = w_0^2 \left[ 1 + \left( \frac{P_{\mathrm{nc}}^{\mathrm{G}}}{P_p} - 1 \right) \sin^2(\Omega z) \right] \qquad (4-128)$$

式中 $P_p$ 是光场携带的功率[由式(4-19)给出],$P_{\mathrm{nc}}^{\mathrm{G}}$ 是向列相液晶的高斯孤子临界功率,$\Omega$ 的表达式与式(4-80)相同,但需要将其中的 $P_0$ 和 $P_c$ 分别用 $P_p$ 和 $P_{\mathrm{nc}}^{\mathrm{G}}$ 代替,即

$$\Omega = \sqrt{\frac{P_p}{P_{\mathrm{nc}}^{\mathrm{G}}}} \, \frac{1}{kw_0^2} \qquad (4-129)$$

而

$$P_{\mathrm{nc}}^{\mathrm{G}} = \frac{8\pi n_0 c K_{\mathrm{N}}}{k_0^2 w_0^2 (\varepsilon_{\mathrm{a}}^{\mathrm{op}})^2} \qquad (4-130)$$

由式(4-128)描述的光束束宽之振荡演化特性已经在 4.2.2 节中详细讨论了,其振荡周期 $\Lambda$ 为

$$\Lambda = \frac{\pi}{\Omega} = \frac{2\sqrt{2}(\pi n_0)^{3/2} w_0 \sqrt{cK_{\mathrm{N}}}}{(\varepsilon_{\mathrm{a}}^{\mathrm{op}})^2} \, \frac{1}{\sqrt{P_p}} \qquad (4-131)$$

另外,还可以得到束宽最大值($P_p < P_{\mathrm{nc}}^{\mathrm{G}}$)或最小值($P_p > P_{\mathrm{nc}}^{\mathrm{G}}$)$W_{\mathrm{m}}$ 满足(参见 4.2.2 节中的相关讨论)

$$W_{\mathrm{m}}^2 = \frac{w_0^2 P_{\mathrm{nc}}^{\mathrm{G}}}{P_p} = \frac{2cn_0 K_{\mathrm{N}}\lambda^2}{\pi(\varepsilon_{\mathrm{a}}^{\mathrm{op}})^2} \, \frac{1}{P_p} \qquad (4-132)$$

从以上两式可见，$\Lambda$ 和 $W_m$ 均与光束的功率开方 $\sqrt{P_p}$ 成反比，而 $\Lambda^{-2}$ 和 $W_m^{-2}$ 均与 $P_p$ 成线性关系。

光束束宽振荡周期 $\Lambda$ 和极值(极大值或极小值)$W_m$ 与光束携带功率 $P_p$ 的这种依赖关系已经在实验中被定量地验证(实验结果与理论结果的比较[48]见图 4-11)，成为证明向列相液晶是可以实现强非局域传输条件的非局域非线性介质的重要证据。

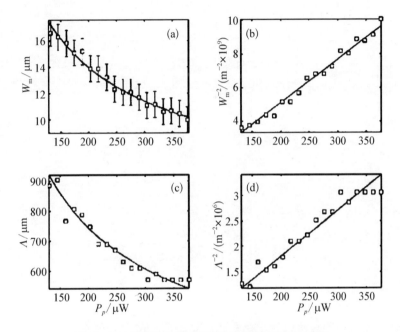

**图 4-11　向列相液晶中的强非局域孤子实验结果**

(a) 最大光束束宽与输入功率的关系，(b) 最大光束束宽平方倒数与输入功率的关系，(c) 光束束宽变化周期与输入功率的函数关系，(d) 光束束宽变化周期平方倒数与输入功率的函数关系。实线为理论公式[式(4-131)和(4-132)]的最佳拟合曲线

#### 4.3.4.2　孤子解

以上呼吸子解的求解过程中，将向列相液晶的非线性折射率用平方折射率等效，因而解的振幅波形仍然是高斯函数。另一方面，4.3.3 节中已经指出，由于向列相液晶的非线性响应函数具有奇异性，用平方折射率等效液晶的非线性折射率将带来误差，特别是在振幅波形的两端部分。本节将讨论更精确的孤子近似解析解。

方程(4-93)是一个微分-积分方程，难以求出其精确解析解。但在非局域较强的情况下，可以利用在量子理论研究中广泛使用的微扰方法[88]求出其近似解析解,并且此方法与非线性响应函数是否具有奇异性无关。由于求解过程比较复杂冗长[75,119,121],这里只给出最后结果。对于1+2维的情况,响应函数由式(4-115)给出的方程(4-93)的微扰解为(见文献[121]中式(36),这里只讨论解的振幅)

$$| u(z, \eta_x, \eta_y) | = \frac{\sigma_n}{\mu^2 \alpha} \exp\left(-\frac{r_d^2}{2\mu^2}\right)\left(1 + a\frac{r_d^2}{\mu^2} + b\frac{r_d^4}{\mu^4} + c\frac{r_d^6}{\mu^6} + d\frac{r_d^8}{\mu^8}\right)$$

$$(4-133)$$

式中,$\sigma_n \approx 1.44$,$a \approx 0.076$,$b \approx 0.022$,$c \approx 0.000\,22$,$d \approx 0.000\,37$ 均是计算中的微扰参量(全部与非局域程度参量 $\alpha$ 无关),$r_d^2 = \eta_x^2 + \eta_y^2$,$\mu$ 为无量纲系统中的束宽参量。利用无量纲化变换式(4-30)可以得到在实验室坐标系统中的向列相液晶单孤子表达式[式(4-133)中取 $\mu = 1$,$\sigma_n \approx \sqrt{2}$ 并忽略后面两项]

$$| \Psi(z, x, y) | = \frac{4 n_0 K_N^{1/2}}{k w_0^2 \varepsilon_0^{1/2} \varepsilon_a^{op} \sin(2\theta_0)} \exp\left(-\frac{r^2}{2 w_0^2}\right)\left(1 + a\frac{r^2}{w_0^2} + b\frac{r^4}{w_0^4}\right)$$

$$(4-134)$$

式(4-134)表示的波形不是高斯函数除非 $a = b = 0$,其强度半高全宽(FWHM)束宽为 $w_{FWHM} \approx 1.841 w_0$,而高斯光束的相应束宽是 $w_{FWHM}^G = 2(\ln 2)^{1/2} w_0 \approx 1.665 w_0$。式(4-134)的波形与高斯波形的比较结果如图4-12所示。从图可见,两波形的中间部分基本一致,但边缘将出现差异。式(4-134)给出的波形比高斯波形更为精确[72]。

根据式(4-19),可以得出由式(4-134)表达的孤子的临界功率为

$$P_{nc} = \frac{P_c^{min}}{\sin^2(2\theta_0)} \quad (4-135)$$

式中 $P_c^{min} = (1 + 2a + 4b)P_{nc}^G = 1.24 P_{nc}^G$,$P_{nc}^G$ 是由式(4-130)给出的高斯波形对应的孤子临界功率,而 $P_c^{min}$ 表达式中只保留了 $a$ 和 $b$ 的线性项,忽略了其高阶项。$P_{nc}$ 是最大预偏角 $\theta_0$ 的函数,其函数关系如图4-10(b)所示,当 $\theta_0 = \pi/4$,$P_{nc}$ 达到最小值 $P_c^{min}$。在相同光束束宽的条件下,$P_c^{min}$ 与 $P_{nc}^G$ 的相对误

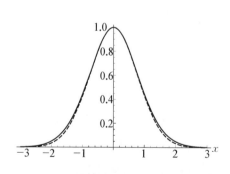

**图4-12 准高斯孤子[式(4-134)](实线)与高斯孤子[式(4-86)](虚线)的强度波形比较(最大值归一化为1并且束宽相同)**

差高达 $50\%$，而 $P_c^{\min}$ 才是更精确的[72]。虽然式(4-134)的波形与高斯波形的差别看起来似乎不太明显(见图 4-12)，但两波形对应的功率的误差却是如此之大!

## 4.4　热致非线性非局域性

当激光在介质中传输时其部分能量被介质吸收而变成热，从而引起介质的温度升高，温度的改变进而引起介质的折射率发生改变并反过来影响激光的传输行为。温度的变化量是光强 $|E|^2$ 而非电场强度 $E$ 本身的函数，因而这种效应是非线性的，这就是热致非线性光学效应[62]⑧。热致非线性的非局域性来源于热能的传递过程。被激光照射的区域因吸收光能量而温度升高，照射区的高温会逐步传递到非照射的低温区域并使其温度也升高。非照射区的温度变换将引起该区域内的折射率变化，从而产生非线性折射率的非局域性。

对于连续波激光光束，介质中的温度 $Q$ 的改变量 $\Delta Q$ 和光强 $|\Psi|^2$ 的关系以及非线性折射率 $\Delta n$ 与 $\Delta Q$ 的关系为[62]

$$\kappa\left(\frac{\partial^2}{\partial z^2} + \nabla_D^2\right)\Delta Q = -\rho \mid \Psi \mid^2 \tag{4-136}$$

$$\Delta n = \beta_Q \Delta Q \tag{4-137}$$

式中，$\kappa$ 为材料的热传导率，$\rho$ 为材料的(线性)吸收系数，$\beta_Q = \mathrm{d}n/\mathrm{d}Q$ 是给定材料折射率的温度系数(折射率的温度依赖关系)。方程(4-136)在形式上等价于静电学的泊松方程，等价电荷密度为 $\varepsilon_0\rho|\Psi|^2/\kappa$，而 $\Delta Q$ 为等价的标量电势。

### 4.4.1　铅玻璃中的空间光孤子

铅玻璃是第二个被实验证明可以实现强非局域传输条件的非局域非线性介质[37]，其非线性机理是热致非线性。虽然早在 40 多年前就在铅玻璃中得到了稳定传输的 1+2 维自陷光束[35](这实际上是最早的空间光孤子传输实验)，但当时并没有理解该现象的物理机理并将其与空间光孤子联系起来。

当激光在铅玻璃中传输时，光束被轻微吸收而成为热源，产生的热量要往无激光照射的低温处扩散，从而形成了一个温度的梯度分布场。如果铅玻璃对光的吸收足够弱，可以认为光束在传输的过程中光强的变化很小，故光强不是传输距离 $z$ 的函数，那么由光强决定的温度改变也不是传输距离的函数[122]。这样，

1+2 维的泊松方程(4-136)就可以转化为 0+2 维的泊松方程[37, 63,107]，于是可以得到非线性折射率满足的微分方程

$$\nabla_D^2 \Delta n = -\frac{\rho\beta_Q}{\kappa} \mid \Psi \mid^2 \qquad (4-138)$$

与式(4-3)和(4-108)比较可见，式(4-138)是材料的非线性特征长度 $w_m$ 趋于无穷大时的特殊情况。就是说，在材料的吸收很小的情况下，热致非线性具有接近无穷大的非线性特征长度。这个结果的物理图像是很容易理解的：式(4-138)是描述稳态(时间趋于无穷大)的非线性折射率分布，当时间为无穷大时，稳定的热源已经将热量传递到空间的无穷远处，所以无穷远处也会有折射率的非线性改变。

对于无穷大的体材料，在忽略材料吸收的情况下，热致非线性材料的响应函数是对称的对数函数[123]，但在有限的空间中其响应函数将失去对称性和平移不变性。对于矩形铅玻璃材料(假设其 $x$ 方向的边长为 $a$，$y$ 方向的边长为 $b$)，采用格林函数法可以得到方程(4-138)的解为：

$$\Delta n(x, y, z) = \frac{\rho\beta_Q}{\kappa} \int_{-a/2}^{a/2} \mathrm{d}x_0 \int_0^b R(x, y, x_0, y_0) \mid \Psi(z, x_0, y_0) \mid^2 \mathrm{d}y_0$$

$$(4-139)$$

而矩形铅玻璃的响应函数 $R(x, y, x_0, y_0)$ 可以通过保角变换求得[63]

$$R(x, y, x_0, y_0) = \frac{1}{4\pi} \ln \frac{(g-g_0)^2+(v+v_0)^2}{(g-g_0)^2+(v-v_0)^2} \qquad (4-140)$$

式中

$$g = \frac{\mathrm{sn}(2Kx/a, k_e)\mathrm{dn}(2Ky/a, k_e')}{1-\mathrm{dn}^2(2Kx/a, k_e)\mathrm{sn}^2(2Ky/a, k_e')}$$

$$v = \frac{\mathrm{cn}(2Kx/a, k_e)\mathrm{dn}(2Kx/a, k_e)\mathrm{sn}(2Ky/a, k_e')\mathrm{cn}(2Ky/a, k_e')}{1-\mathrm{dn}^2(2Kx/a, k_e)\mathrm{sn}^2(2Ky/a, k_e')}$$

$\mathrm{sn}(x, k_e)$，$\mathrm{dn}(x, k_e)$，$\mathrm{cn}(x, k_e)$ 均为雅可比椭圆函数，$k_e$ 和 $k_e'$ 分别是雅可比椭圆函数的模数和补模数，满足 $k_e^2 + k_e'^2 = 1$，K 是模数为 $k_e$ 的第一类完全椭圆积分，即 $\mathrm{K}(k_e) = \int_0^1 \mathrm{d}x/(\sqrt{1-x^2}\sqrt{1-k_e^2x^2})$。模数 $k_e$ 的值由矩形长宽的比值通过关系 $2\mathrm{K}(k_e)/\mathrm{K}(k_e')=a/b$ 确定。可见，有限空间中的非线性响应函数既是源点

$(x_0,y_0)$也是场点$(x,y)$的函数,既不再具有平移不变性,也不再像无限大空间中的响应函数那样具有对称性。

由于弱吸收材料的热致非线性具有非常大的非线性特征长度,因而由式(4-139)产生的非线性折射率将极大地受到材料几何结构的影响,非对称各向异性的几何结构会产生各向异性的非线性折射率。各向异性的非线性效应和来源于各向同性线性折射率的各向同性衍射效应平衡的结果,将产生非中心对称的椭圆空间光孤子。铅玻璃中椭圆空间光孤子的实验结果如图4-13所示。由图可见,在低功率的情况下,光束将会因衍射效应而变宽,比如,80 $\mu$m的光束传输50 mm后会展宽为110 $\mu$m[见图4-13(b)];而在大约1 W的高功率情况下,80 $\mu$m的光束在不同的传输距离上均保持束宽基本不变,这就是光孤子。这是首次在实验上获得的相干椭圆空间光孤子[37]。

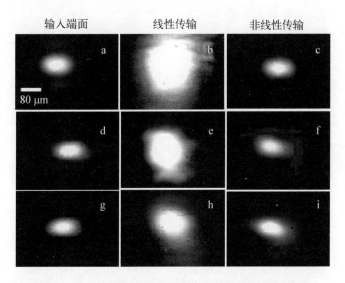

**图4-13 铅玻璃中相干椭圆空间光孤子的实验结果**

图中不同行表示不同的传输距离,第一行(a~c):传输距离50 mm;第二行(d~f):传输距离33 mm;第三行(g~i):传输距离17 mm。而不同列表示不同的状态,第一列(a,d,g):输入光束;第二列(b,e,h):线性传输(低功率)时不同传输距离处的光束;第三列(c,f,i):非线性(高功率)传输时不同传输距离处的光束(空间光孤子)

以上实验工作表明:如果非线性材料的非线性特征长度很大,那么局域在有限区域内的光束将会产生一个远远大于其占有尺度的非线性折射率分布。通过其产生的非线性折射率,光束可以作用到相对其占有尺度而言"很遥远"的地方。反过来,"很遥远"的几何结构和边界条件也可用通过光束产生的非线性折射率对光束本身的传输行为产生影响,或者"很遥远"的两个光束也会产生远程相互作用。这意味着非线性强非局域性使得"遥控"光束的传输行为成为可能。在铅玻璃中已经实验观测到了多种"遥控"方式[107]，包括距离-束宽比为 10 倍的共面（两维）远程相互作用、距离-束宽比为 5 倍的三维旋转远程相互作用和分别在通过金属薄片连接的两个介质中传输的孤子的"无光学连接"相互作用。

### 4.4.2 其他热致非线性材料

由式（4-137）可见，热致非线性既可以是自聚焦非线性，也可以是自散焦非线性，取决于材料的折射率温度系数 $\beta_Q > 0$ 还是 $\beta_Q < 0$。对气体而言，在恒定压力下折射率的改变总是随着温度的升高而减小[62]，即 $dn/dQ < 0$。所以，压力不变条件下气体的热致非线性总是自散焦的。然而，液体和固体则不然，它们的热致非线性是自聚焦还是自散焦取决于具体材料的内部结构[61, 62]⑨。本节将简要讨论具有自散焦非线性非局域性的液体材料对光束传输影响的两个例子。

对暗孤子相互作用的影响。如 4.1 节中已经指出，在自聚焦非线性介质中存在亮空间光孤子，而在自散焦非线性介质中存在暗空间光孤子。局域亮孤子的相互作用与两个孤子的相位差密切相关，同相相吸异相相斥；而局域暗孤子的相互作用总是排斥的，没有相互吸引的过程。然而，与其改变亮孤子的相互作用模式一样，非线性非局域性也完全改变了暗孤子的相互作用模式：在非局域自散焦非线性介质中，暗孤子会相互吸引。实验上在具有自散焦热致非线性的碘掺杂石蜡油（paraffin oil dyed with iodine）中首次观测到了暗孤子的相互吸引[124]，实验结果与数值计算符合得很好。

对无碰撞激波（collisionless shock）形成的影响。如前面已经讨论的，亮光束在局域自聚焦介质中传输时会形成亮空间光孤子（1+1 维情况）或者产生自聚焦（1+2 维情况）。然而，亮光束在局域自散焦介质中传播时会出现完全不一样的情况：高强度的中心部分会比边缘衍射得更为厉害，从而使得光束波形逐渐变得陡峭，最后形成振荡陡峭的波形。这就是无碰撞激波[也称为色散激波（dispersive shock）][9]。非线性非局域性虽然不能阻止激波的形成，但却可以推迟激波形成的距离并产生无振荡的运动陡峭波形。在具有自散焦热致非线性的若丹明（rhodamine）水溶液中的实验结果完全和理论一致[122]。由于若丹明水溶液是对光强吸收的材料，因而非线性折射率的模型不能采用非线性特征长度为无穷大的泊松方程模型[方程（4-138）]，而必须用具有有限非线性特征长度的模型[方程（4-3）][122]。

# 致谢

衷心感谢我的长期合作伙伴、同事胡巍教授，我们从 2003 年开始延续十年之久的、每周一次的学术讨论既为我的科研工作进展提供了主要的、持续不断的动力，也是我科研灵感的重要来源之一。感谢学生辈同事邓冬梅副教授、陆大全教授、寿倩副教授和欧阳世根博士在研究工作中和书稿写作中的协助。

陈志刚教授(美国旧金山州立大学，San Francisco State University)阅读了书稿的第一节，并提出了建设性的意见。液晶专家项颖教授(广东工业大学)阅读了与液晶知识相关的内容(第三节的导引部分)。笔者的在职博士研究生刘金龙副教授(华南农业大学)完成了附录 B 的全部推导过程并提供了其初稿，毕业学生李华刚副教授(广东第二师范学院)完成了部分数值计算验证工作并提供了4.1.4 节中关于数值求解孤子问题部分的初稿。学生梁果(博士研究生)和郑益朋(硕士研究生)绘制了部分插图，梁果还参与了 4.1.4.3 节的修改讨论并提出了独到的观点。特此致谢。

笔者的研究工作陆续获得了各类纵向科研基金的资助，包括国家自然科学基金(项目批准号：10474023,10674050,10904041 和 11074080)、高等学校博士学科点专项科研基金(项目编号：20060574006 和 20094407110008)和广东省自然科学基金(项目编号：04105804,05005918 和 10151063101000017)，特此致谢。

# 附录 A　向列相液晶非线性响应函数的推导

为了求解方程(4-108)，可以先求出以下方程的解

$$-w_m^2 \nabla_D^2 R(r, r') + R(r, r') = \delta(r - r') \qquad (4-141)$$

方程(4-141)的解 $R(r, r')$ 被称为方程(4-108)的基本解[①]。通过下面的过程将会看到，等效无穷大液晶的非线性响应函数，就是方程(4-108)在无穷大空间的基本解，即方程(4-141)在无穷大空间的解。如果已经获得了方程(4-141)的解 $R(r, r')$，则方程(4-108)对任意函数 $\Psi$ 的解可以表达为式(4-110)。

下面用傅里叶变换方法求方程(4-141)的解。对方程(4-141)进行傅里叶

变换得到

$$w_{\mathrm{m}}^2 f^2 \, \widetilde{R}(f, r') + \widetilde{R}(f, r') = \exp(\mathrm{i} r' \cdot f) \qquad (4-142)$$

即

$$\widetilde{R}(f, r') = \frac{\exp(\mathrm{i} r' \cdot f)}{w_{\mathrm{m}}^2 f^2 + 1} \qquad (4-143)$$

式中 $\widetilde{R}(f, r')$ 是 $R(r, r')$ 的傅里叶变换。傅里叶变换及其反变换的定义如下

$$\widetilde{R}(f, r') = \int_{-\infty}^{\infty} R(r, r') \exp(\mathrm{i} r \cdot f) \mathrm{d}^D r \qquad (4-144)$$

$$R(r, r') = \frac{1}{(2\pi)^D} \int_{-\infty}^{\infty} \widetilde{R}(f, r') \exp(-\mathrm{i} r \cdot f) \mathrm{d}^D f \qquad (4-145)$$

于是，将式(4-143)带入式(4-145)，当 $D=2$ 时可得到

$$\begin{aligned}
R(x, y, x', y') &= \frac{1}{(2\pi)^2} \int_{-\infty}^{\infty} \frac{\exp[-\mathrm{i}(x-x')f_x - \mathrm{i}(y-y')f_y]}{w_{\mathrm{m}}^2 (f_x^2 + f_y^2) + 1} \mathrm{d}f_x \mathrm{d}f_y \\
&= \frac{1}{2\pi w_{\mathrm{m}}^2} K_0 \left( \frac{\sqrt{(x-x')^2 + (y-y')^2}}{w_{\mathrm{m}}} \right) \qquad (4-146)
\end{aligned}$$

而 $D=1$ 时有

$$R(x, x') = \frac{1}{2\pi} \int_{-\infty}^{\infty} \frac{\exp[-\mathrm{i}(x-x')f_x]}{w_{\mathrm{m}}^2 f_x^2 + 1} \mathrm{d}f_x = \frac{1}{2w_{\mathrm{m}}} \exp\left( -\frac{|x-x'|}{w_{\mathrm{m}}} \right)$$

$$(4-147)$$

式(4-146)和(4-147)表明，对于无穷大空间，非线性响应函数[方程 (4-141)的解]只是源点 $r'$ 和场点 $r$ 之间距离的函数，具有平移不变性，可用符号 $R(r-r')$ 表达；但对有限空间而言，由于边界的存在，非线性响应函数将失去平移不变性，既是场点 $r$ 也是源点 $r'$ 的函数[63]，只能用符号 $R(r, r')$ 表达。从方程(4-141)还可以得出结论：$R(r-r') \xrightarrow[w_{\mathrm{m}} \to 0]{} \delta(r-r')$。此结论也可以直接通过函数(4-146)和(4-147)的积分和求其在 $w_{\mathrm{m}} \to 0$ 的极限得到。以 $D=2$ 为例，首先有 $\int_{-\infty}^{\infty} R(r) \mathrm{d}^D r = 1$；其次，当 $r=0$ 时，$R(r) \xrightarrow[w_{\mathrm{m}} \to 0]{} \infty$，而当 $r \neq 0$，

$$R(r) = \frac{1}{2\pi w_{\mathrm{m}}^2} K_0 \left( \frac{r}{w_{\mathrm{m}}} \right) \sim \frac{\exp(-r/w_{\mathrm{m}})}{(2w_{\mathrm{m}})^{3/2} \pi^{1/2}} \xrightarrow[w_{\mathrm{m}} \to 0]{} 0 \text{。}[7]$$

## 附录 B　最大预偏角与偏置电压函数关系的推导

文献[116]中给出了一个液晶盒内低频电场 $E_{rf}$ 与最大预偏角 $\theta_0$ 函数关系的经验公式 $\theta_0 \approx (\pi/2)[1-(E_{FR}/E_{rf})^3]$。但液晶内电场强度 $E_{rf}$ 是坐标 $x$ 的函数，使得此经验公式实际上没有多少意义。另一方面，该经验公式与实际的低频电场也存在较大的偏差，经过与低频电场 $E_{rf}$ 的精确积分公式[见公式(4-152)]比较表明，液晶盒中心处的低频电场精确值与该经验公式所得近似值的相对误差在很大角度范围内超过 20%。

有实际意义的函数应该是最大预偏角 $\theta_0$ 与液晶盒偏置电压 $V$ 的函数关系。下面给出函数 $\theta_0(V)$ 的推导过程。以下过程限于正性液晶（$\varepsilon_a^{rf} > 0$）。

当没有光场只有低频电场存在时，液晶系统由方程(4-106)描述，所有变量均只是 $x$ 坐标的函数。由电场强度矢量 $\boldsymbol{E}$ 与标量电势 $\Pi(x)$ 的关系式 $\boldsymbol{E} = -\nabla\Pi(x)$ 可知低频电场 $E_{rf}$ 只有 $x$ 分量，$\boldsymbol{E}_{rf} = E_{rf}\boldsymbol{e}_x$。进一步，由电位移矢量 $\boldsymbol{D}$ 与 $\boldsymbol{E}$ 的关系 $\boldsymbol{D} = \varepsilon_0\varepsilon_\perp\boldsymbol{E} + \varepsilon_0\varepsilon_a^{rf}(\boldsymbol{n}\cdot\boldsymbol{E})\boldsymbol{n}$ 和指向矢表达式 $\boldsymbol{n} = \sin\hat{\theta}\boldsymbol{e}_x + \cos\hat{\theta}\boldsymbol{e}_z$ 得到 $\boldsymbol{D}_{rf} = D_x(x)\boldsymbol{e}_x + D_z(x)\boldsymbol{e}_z$，并且 $D_x(x) = \varepsilon_0(\varepsilon_\perp + \varepsilon_a^{rf}\sin^2\hat{\theta})E_{rf}$。因为 $\nabla\cdot\boldsymbol{D} = 0$，所以 $\mathrm{d}D_x(x)/\mathrm{d}x = 0$，从而得到 $D_x = C_1$（$C_1$ 为积分常量），因此低频电场可以表示为 $E_{rf} = C_1/[\varepsilon_0(\varepsilon_\perp + \varepsilon_a^{rf}\sin^2\hat{\theta})]$。将 $E_{rf}$ 的表达式代入方程(4-106)并积分一次后得到以下一阶常微分方程：

$$K_N\left(\frac{\mathrm{d}\hat{\theta}}{\mathrm{d}x}\right)^2 - \frac{C_1^2}{\varepsilon_0(\varepsilon_\perp + \varepsilon_a^{rf}\sin^2\hat{\theta})} = C_2 \qquad (4-148)$$

式中 $C_2$ 为积分常数。液晶中心处（$x=0$）有最大的预偏角 $\hat{\theta}(x)\big|_{x=0} = \theta_0$ 并且满足 $\mathrm{d}\hat{\theta}(x)/\mathrm{d}x\big|_{x=0} = 0$，于是可得到 $C_2 = -C_1^2/[\varepsilon_0(\varepsilon_\perp + \varepsilon_a^{rf}\sin^2\theta_0)]$。将 $C_1$ 用 $E_{rf}$ 和 $\hat{\theta}$ 的关系式代替，并考虑到 $E_{rf} = -\mathrm{d}\Pi/\mathrm{d}x$，方程(4-148)成为：

$$\frac{\mathrm{d}\hat{\theta}}{\mathrm{d}x} = \pm\frac{\mathrm{d}\Pi}{\mathrm{d}x}\sqrt{\frac{\varepsilon_0\varepsilon_a^{rf}(\sin^2\theta_0 - \sin^2\hat{\theta})(\varepsilon_\perp + \varepsilon_a^{rf}\sin^2\hat{\theta})}{K_N(\varepsilon_\perp + \varepsilon_a^{rf}\sin^2\theta_0)}} \qquad (4-149)$$

由边界条件 $\Pi(x)\big|_{x=-H/2} = 0$，$\Pi(x)\big|_{x=H/2} = V$ 以及 $\hat{\theta}(x)\big|_{x=\pm H/2} = 0$ 并考虑到 $\hat{\theta}(x)$ 的对称性，积分方程(4-149)后可得到偏置电压 $V$ 和最大预偏角 $\theta_0$ 的函数

关系[118]⑦

$$V(\theta_0) = 2\sqrt{\frac{K_N(1+\kappa_a\sin^2\theta_0)}{\varepsilon_0\varepsilon_a^{rf}}}\int_0^{\theta_0}\frac{d\hat{\theta}}{\sqrt{(\sin^2\theta_0 - \sin^2\hat{\theta})(1+\kappa_a\sin^2\hat{\theta})}}$$

$$(4-150)$$

式中 $\kappa_a = \varepsilon_a^{rf}/\varepsilon_\perp$。为了得到积分式(4-150)的解析表达式,将被积函数近似为

$1/(\sin\theta_0\sqrt{1+\kappa_a\sin^2\hat{\theta}})$ 并再除以系数 $0.64$,从而得到以下近似经验公式

$$V(\theta_0) = 2\sqrt{\frac{K_N(1+\kappa_a\sin^2\theta_0)}{\varepsilon_0\varepsilon_a^{rf}(1+\kappa_a)}}\frac{1}{0.64\sin\theta_0}F\left[\arcsin\left(\frac{\sqrt{1+\kappa_a}\sin\theta_0}{\sqrt{1+\kappa_a\sin^2\theta_0}}\right),\frac{\sqrt{\kappa_a}}{\sqrt{1+\kappa_a}}\right]$$

$$(4-151)$$

式中 $F(x,k_e) = \int_0^x dt/\sqrt{1-k_e^2\sin^2 t}$ 为第一类椭圆积分⑧。经计算,在 $1 < \kappa_a < 15$ 和 $0 < \theta_0 < 2\pi/5$ 的范围内,精确积分式(4-150)与经验公式(4-151)的相对误差在 $\pm10\%$ 以内。因此,公式(4-150)和经验公式(4-151)分别给出了最大预偏角作为偏置电压函数 $\theta_0(V)$ 的精确解析隐函数表达式和近似解析隐函数表达式。

另一方面,液晶盒中心处的低频电场的精确积分表达式为[118]

$$E_{rf}^{(0)} = \frac{2}{H\sqrt{1+\kappa_a\sin^2\theta_0}}\sqrt{\frac{K_N}{\varepsilon_0\varepsilon_a^{rf}}}\int_0^{\theta_0}\sqrt{\frac{1+\kappa_a\sin^2\hat{\theta}}{\sin^2\theta_0 - \sin^2\hat{\theta}}}\,d\hat{\theta} \quad (4-152)$$

由此得出液晶盒偏置电压与液晶盒中心处的低频电场关系为 $E_{rf}^{(0)} = V/H_{eff}$,其中 $H_{eff}$ 为液晶盒等效厚度

$$H_{eff} = H\frac{(1+\kappa_a\sin^2\theta_0)\int_0^{\theta_0}\frac{d\hat{\theta}}{\sqrt{(\sin^2\theta_0 - \sin^2\hat{\theta})(1+\kappa_a\sin^2\hat{\theta})}}}{\int_0^{\theta_0}\sqrt{\frac{1+\kappa_a\sin^2\hat{\theta}}{\sin^2\theta_0 - \sin^2\hat{\theta}}}\,d\hat{\theta}}$$

$$(4-153)$$

---

**注释：**① 有的中文文献也将 soliton 译为"孤立子"。

② 所谓局部的(local)解，是指非线性微分方程局限在空间(或者时间)有限区域内的解，这样的解在空间(或者时间)的无穷远处趋于零或确定常数。

③ 基于以下两点原因，笔者认为应该将时间光孤子的发现作为光孤子研究的起点。第一，虽然空间光束自陷的理论和实验都早于时间光孤子，但早期的理论和实验是互不支撑的[5]，将光束自陷现象和孤子联系起来并进行与理论一致的空间光孤子实验工作，实际上是在时间光孤子的成功实验后并受到其启发才完成的。第二，第一次光孤子的研究热潮是时间光孤子，而不是空间光孤子。空间光孤子是在光折变孤子于 1993 年被实验验证后才成为研究热点的。

④ 克尔非线性材料的折射率表达式为 $n = n_0 + n_2 \mid \boldsymbol{E} \mid^2$，其中 $\boldsymbol{E}$ 为电场强度，$n_0$ 为材料的线性折射率、$n_2$ 为非线性折射率系数(克尔系数)。$n_2 > 0$ 是克尔自聚焦介质，$n_2 < 0$ 是克尔自散焦介质。详见 4.1.2 节中的讨论。

⑤ 前一数字代表传输方向(纵向)，后一数字代表垂直于纵向的横截面的维数，下同。

⑥ 亮脉冲是沿时间坐标轴向上凸起的波形，亮脉冲是暗背景中的一个亮点。相反，暗脉冲是沿时间坐标轴下凹的波形，是亮背景中的一个暗点。同理，亮光束是空间坐标中向上凸起的亮点，而暗光束是空间坐标中下凹的暗点。

⑦ 激波(shock)是波包传播过程中包络边缘变得非常陡峭以致其斜率为无穷大时的情况，见文献[8]中 §4.3.1 和文献[9]。

⑧ 但由于光通信领域的一个权威反对，我国实际上并未投入大量资金和人力从事光纤孤子通信系统的研究。据笔者所知，当时只有国家自然科学基金委员会信息学部曾立项一个重点项目进行相关基础课题研究。从历史的角度看，这个权威的意见是正确的，但当时从事光孤子通信相关研究的人员(包括笔者)还都不以为然。

⑨ 目前只在石英玻璃光纤中得到了时间光孤子，而光纤波导的时间色散效应是一维的。

⑩ 严格说来，这些材料均应该称为局域克尔(或克尔类)非线性材料。但由于历史的原因，直到 1997 年后人们才开始逐步认识到必须将克尔效应区分为局域的和非局域的两类。局域克尔非线性和非局域克尔非线性的区别详见 4.1.2 节。不过时至今日，人们仍然习惯沿用过去的命名，而忽略概念的严格性。

⑪ 文献[6]中关于此问题的论述见 14.1 节。

⑫ 饱和非线性介质的折射率由模型 $n = n_0 + n_2 \mid \boldsymbol{E} \mid^2 / (1 + \mid \boldsymbol{E} \mid^2 / E_s^2)$ [$E_s$ 为饱和参量(实常数)]描述，即介质的非线性折射率具有上限。

⑬ 虽然笔者未能找到文献[32]的英文译文，但以下事实可以支撑笔者的观点：在文献[31]的导论中作者指出他们的结果与文献[32]的结果是"非常相似的数值结果"(very similar numerical results)，文献[31]的作者还将他们的结果与文献[32]的结果进行了比较。

⑭ 没有找到钠蒸气的线性折射率数据，但气体的线性折射率接近等于 1。

⑮ 由于该文是以法语发表的，笔者不能读懂原文因而不能给予描述。文献[5]中对该实验的原理有比较详细的阐述。

⑯ 1+2 维克尔自聚焦介质中的亮自陷光束是不稳定的，因而不能将其称为空间光孤子。

⑰ 他们给这个孤子命名的英文原文是 accessible solitons，其直译应该是"容易得到的(容易处理的)孤子"。因为此种孤子由线性方程描述(虽然其本质仍然是非线性的)，相对于由非

线性薛定谔方程描述的孤子而言，accessible solitons 更容易处理，我们将其意译为"强非局域孤子"，更准确地，应该称为"强非局域空间光孤子"。

⑱ 英文原文：invaluable。

⑲ 英文原文：Since their theoretical prediction, light bullets have constituted a frontier in nonlinear science. 见文献[53]。

⑳ 他们是在一维色散、一维衍射(1+2 维)的情况下，而不是在一维色散、二维衍射(1+3 维)的情况下得到的稳定光弹传输。

㉑ 关于光学克尔效应，见文献[61]以及文献[62]第四章和第七章。

㉒ 平面电磁波是数学上理想化的电磁波传播模式，充满无穷大的时间和空间。

㉓ 响应函数 $R(r)$ 的具体表达式，详见第 4.3 节和第 4.4 节。

㉔ 关于局域光学克尔效应，见文献[8]和[61]以及文献[62]第四章和第七章。

㉕ 见文献[62]中 §1.6 - 1.7。

㉖ $\delta$-函数的性质：$\int_{-\infty}^{\infty} \delta(r - r') f(r) \mathrm{d}^D r = f(r')$，$f(r)$ 为任意的连续函数。

㉗ 严格地说，线性均匀介质中的线极化时谐电场具有有限的空间分布的假设是与电场散度为零 $(\nabla \cdot \boldsymbol{E} = 0)$ 的定律相矛盾的。但是，作为最低阶的近似，可以认为具有有限空间分布的电场是线极化的。关于这个问题的详细讨论，见文献[64,65]以及文献[66]中第四章。

㉘ 直接将局域 $\Delta n$ 的表达式(4-2)带入方程(4-11)也得到相同的结果。

㉙ 见文献[61]中第十七章，文献[62]中第七章和文献[66]中第十章。

㉚ 对于 1+1 维的情况，$P_0 = \int_{-\infty}^{\infty} | \Psi(z, x) |^2 \mathrm{d}x$ 是 $y$ 方向(平面介质波导厚度方向)上单位长度的功率线密度。

㉛ 此结论只对无穷大体材料介质才成立(无穷大介质才有动量积分守恒)。对于有限介质而言，边界效应将使得光束质心表现出振荡特性，见参考文献[17]。

㉜ 文献[8]中第二章和文献[66]中第十章。

㉝ 截至目前已经发表的绝大多数文献(包括笔者署名发表的全部文献)，均将本节讨论的变换过程称为"归一化变换"(normalized transform)。但笔者经过近年的思考认为，将此过程称为"无量纲化变换"(dimensionless transform)更为贴切。以文献[72]为标志，笔者在以后发表的文献中将采用"无量纲化"命名这一过程。

㉞ 见文献[66]中第四章。

㉟ 可以用两种方式来定义非线性折射率系数。其一是本章采用的方式，即 $n = n_0 + n_2 | \boldsymbol{E} |^2$，$n_2$ 的量纲为 $\mathrm{m}^2/\mathrm{V}^2$。另一种方式是 $n = n_0 + n_2^I I$，这里 $I$ 是光强，$I$ 与 $\boldsymbol{E}$ 的关系是 $I = \varepsilon_0 n_0 c | \boldsymbol{E} |^2 / 2$。$n_2^I$ 的量纲为 $\mathrm{m}^2/\mathrm{W}$。$n_2^I$ 和 $n_2$ 的关系式是 $n_2^I = 2n_2/\varepsilon_0 n_0 c$(关于此问题的详细讨论，见文献[8]中附录 B)。另一方面，由光场携带的功率 $P_p$ 的表达式(4-19)通过无量纲化变换(4-25)，可得到 $P_p = \kappa_P \varepsilon_0 n_0 c \Psi_0^2 w_0^2 / 2$，这里 $\kappa_P = \int_{-\infty}^{\infty} | U |^2 \mathrm{d}^D \boldsymbol{\eta}$ 是由光束函数 $\Psi$ 的波形确定的常数，其量级为 $O(1)$，以高斯波形光束 $\{ \Psi |_{z=0} = \Psi_0 \exp[- (x^2 + y^2)/2w_0^2] \}$ 为例，$\kappa_P = \pi$。

㊱ 数学形式上，令 $L = L_{\mathrm{dif}}$(并非限制传输距离为衍射长度)，$u_b = (L_{\mathrm{dif}}/L_{\mathrm{nl}})^{1/2}U$，式(4-25)可以变为式(4-30)，而方程(4-26)演变为方程(4-31)。

㊲ 这样的分类和空间光束的分类是可类比的，具体见文献[8]中 §3.1。

㊳ 关于材料的色散特性以及正常色散区和反常色散区的划分，详见文献[8]中§1.2.3。

㊴ 自散焦非线性介质中载波处于正常色散区的光脉冲传输模型本应该是 $\mathrm{i}\dfrac{\partial u}{\partial \xi}-\dfrac{1}{2}\dfrac{\partial^2 u}{\partial \eta^2}-|u|^2u=0$。经过空间 $z$ 坐标反演变换后，$\dfrac{\partial u}{\partial \xi}=-\dfrac{\partial u}{\partial \xi'}$，而其他反演变换对该方程没有影响，故该方程将演变成为方程(4-38)；同理，$\mathrm{i}\dfrac{\partial u}{\partial \xi}+\dfrac{1}{2}\dfrac{\partial^2 u}{\partial \eta^2}-|u|^2u=0$ 经反演变换后成为方程(4-39)。另外，空间坐标和时间坐标的同时反演变换，将使得电场表达式(4-9)和(4-20)仍然保持正方向传播。所以经过空间坐标和时间坐标同时反演变换前后的结果是等效的。实际上，空间坐标反演变换和时间坐标反演变换都不会改变电磁场的基本规律(麦克斯韦方程)，见 J. D. Jackson，Classical Electrodynamics [M]，New York：John Wiley & Sons，2001 (3rd edition)：267-273 (§6.10)。

㊵ 拉克思对是用逆散射方法求解非线性偏微分方程过程中引入的一对微分算符。如果一个非线性偏微分方程的拉克思对找到了，就意味着该非线性偏微分方程可以用逆散射方法求解。

㊶ 详见文献[6]中第五章。

㊷ 关于这个问题的讨论，见：Guo Liang and Qi Guo，Application of canonical Hamiltonian formulation to nonlinear light-envelope propagations，http://arxiv.org/abs/1401.0814.

㊸ 详见文献[8]中§2.4。

㊹ 具体过程见文献[8]中§5.2.2。

㊺ 为了得到以下公式的最后结果，需要使用傍轴条件[65]：$\sigma^2=1/(kw_0')^2\ll 1$。

㊻ 详见：文献[6]第十六章。

㊼ 另外，文献[61]第312页中的临界功率($P_{cr}$)比式(4-62)大了2倍。

㊽ 文献[84]中，非线性折射率系数 $n_2$ 的量纲为 $m^2/W$，即本书中的 $n_2^I$。

㊾ 见文献[6]中§14.1。

㊿ 也有的文献用 highly nonlocal，比如文献[45]，[48]以及阿徽托教授小组发表的其他文献。

(51) 证明的详细过程见文献[72]附录。

(52) 方程(4-11)的最后一项正比于 $\Delta n(\boldsymbol{r},z)\Psi(z,\boldsymbol{r})$，该乘积项不等于零的区域由"窄"函数 $\Psi(z,\boldsymbol{r})$ 不等于零的区域决定。

(53) 由于他们讨论的重点是光束束宽的演化过程，斯奈德和米切尔在文献[45]中并没有求出孤子的相位表达式。

(54) 式(4-54)中 cos 函数的变量即为相位，该相位中令 $z_0=0$，$\phi_0=0$，并去掉快变因子 $(kz-\omega t)$ 就可以得到文献[39]中的结果。

(55) 式(4-54)去掉快变因子 $\exp[\mathrm{i}(\kappa z-\omega t)]$ 并令 $z_0=\phi_0=0$，正好和这里的结果一致。

(56) 当时还没有认识到短程相互作用和长程相互作用的差别，其差别是文献[86]中才明确提出的。

(57) 国内有的液晶文献将"nematic liquid crystal"译为"丝状液晶"，比如文献[110]。

(58) 在不同的温度和压强条件下，物质一般可以处于固体、液体和气体三种不同的状态。人们称这三种状态分别为固相、液相和气相[110]。但液晶的发现，打破了人们关于物质三态的常规概念。

(59) 为了使液晶盒里的液晶分子作定向排列，就需要对液晶盒玻璃基片与液晶相接触的界面进行取向处理(比如用布或者纤维在基片表面进行定向打磨)，使得液晶分子顺摩擦方向平行于基片表面排列[110]。这个过程就称为锚定。

(60) 在宏观上把液晶当作连续体处理的时候，需要引入一个连续的矢量场来描述液晶中分子的排序状态，才能定量地讨论液晶的各种物理特性。这个矢量场就是指向矢场。空间中某点指向矢的方向是在该点的一个足够小的体积内大量液晶分子长轴取向的平均值[110]。

(61) 两个文献中的相应结果(文献[116]中方程(4)和文献[108]中方程(2))均少一个乘积因子 $1/(2n_0)$。

(62) $E_{FR}=V_{FR}/H$，$V_{FR}$为弗瑞德锐茨阈值电压，$V_{FR}=K_N^{1/2}\pi/(\varepsilon_0\varepsilon_a^{rf})^{1/2}$ [118]。当偏置电压(电场)大于其阈值时，液晶分子才会开始转动。

(63) 文献[117]表 1 给出的向列相液晶源于纯光诱导(purely optically induced)的非线性折射率系数量级为 $10^{-4}\sim10^{-3}\ cm^2/W$。

(64) 对于商用无掺杂 E7 液晶(其相应参数为[49,111,116] $\varepsilon_{/\!/}=19.6$，$\varepsilon_{\perp}=5.1$，$K_N=1.2\times10^{-11}$ N，$H=75\ \mu m$)，$\theta_0=\pi/4$ 时(对应偏置电压 $V=2.1$ V)的 $w_m\approx30.0\ \mu m$，而 TEB30A 液晶(其相应参数见图 4-10)，$\theta_0=\pi/4$ 时(对应偏置电压 $V=2.0$ V)的 $w_m\approx30.6\ \mu m$。

(65) 对于 1+1 维情况，$P_0\sim|\Psi(x,0)|^2w_0$ (见 4.1.4 节中第 4 部分)，同时 $R_0\sim1/w_m$ (因为 $R(x)$需要满足归一化关系 $\int R(x)dx=1$)。

(66) 虽然从式(4-124)到(4-126)过程与文献[48]中的相应过程不一致，但完全等效。

(67) 对 $\Phi(\boldsymbol{r})$在 $\boldsymbol{r}=0$ 点级数展开到二阶，可以得到 $\Phi(\boldsymbol{r})=\Phi_0+\boldsymbol{r}\cdot\nabla_D\Phi_0+(1/2)(\boldsymbol{r}\cdot\nabla_D)^2\Phi_0+\cdots$，既然 $\Phi(\boldsymbol{r})$是关于 $\boldsymbol{r}=0$ 对称的，所以有 $\partial_x\Phi_0=\partial_y\Phi_0=0$，$\partial_{xy}^2\Phi_0=0$，且 $\partial_x^2\Phi_0=\partial_y^2\Phi_0$，于是得到最后结果 $\Phi(\boldsymbol{r})=\Phi_0+(1/2)\partial_x^2\Phi_0\boldsymbol{r}\cdot\boldsymbol{r}+\cdots=\Phi_0+(1/4)\nabla_D^2\Phi_0r^2+\cdots$。

(68) 关于热致非线性，见文献[62]中§4.5。

(69) 见文献[61]中§17.6 和文献[62]中§4.5。

(70) 关于基本解的相关内容，可以参考任何一本数学物理方程的书籍，比如：四川大学数学系高等数学微分方程教研室编，高等数学(第四册)——数学物理方法，北京：高等教育出版社，1985(第二版)：290-300。

(71) $K_0(x)$在 $x\to\infty$时的渐进表达式为 $K_0(x)\sim\sqrt{\pi/2x}\exp(-x)$。

(72) 文献[118]中的相应公式令展曲弹性常数 $k_{11}$ 和弯曲弹性常数 $k_{33}$ 相等，即 $k_{11}=k_{33}=K_N$，即可得到式(4-150)。同理可得式(4-152)。

(73) 由不定积分公式

$$\int\frac{d\theta}{\sqrt{1+\kappa_a\sin^2\theta}}=\frac{1}{\sqrt{1+\kappa_a}}F\left[\arcsin\left(\frac{\sqrt{1+\kappa_a}\sin\theta}{\sqrt{1+\kappa_a\sin^2\theta}}\right),\ \frac{\sqrt{\kappa_a}}{\sqrt{1+\kappa_a}}\right]$$

(见 Gradshteyn I S and Ryzhik I M. Table of Integrals, Series, and Products [M]. 6th Edition, p. 199)和椭圆积分的性质 $F(0,k_e)=0$，从式(4-150)的近似表达式可以得到式(4-151)。

## 参考文献

[1] Russell J S. Report on waves, Fourteenth meeting of the British association for the

advancement of science (1844).

[ 2 ] Hasegawa A, Tappert F. Transmission of stationary nonlinear optical pulses in dispersive dielectric fibers. I. Anomalous dispersion [J]. Appl. Phys. Lett. , 1973, 23 (3): 142 – 144.

[ 3 ] Hasegawa A, Tappert F. Transmission of stationary nonlinear optical pulses in dispersive dielectric fibers. II. Normal dispersion [J]. Appl. Phys. Lett. , 1973, 23(4): 171 – 173.

[ 4 ] Mollenauer L F, Stolen R H, Cordon J P. Experimental observation of picosecond pulse narrowing and solitons in optical Fibers [J]. Phys. Rev. Lett. , 1980, 45 (13): 1095 – 1098.

[ 5 ] Stegeman G I, Christodoulides D N, Segev M. Optical spatial solitons: historical perspectives (Review paper) [J]. IEEE J. Sel. Top. Quantum Electron. , 2000, 6(6): 1419 – 1427.

[ 6 ] Hasegawa A, Kodama Y. Solitons in optical communications [M]. Oxford: Clarendon Press, 1995.

[ 7 ] Zakharov V E, Shabat A B. Exact theory of two-dimensional self-focusing and one-dimensional self-modulation of waves in nonlinear media [J]. Sov. Phys. JETP, 1972, 34(1): 62 – 69.

[ 8 ] Agrawal G P. Nonlinear fiber optics [M]. San Diego: Academic Press, 2001 (3rd edition).

[ 9 ] Wan W, Jia S, Jason W, et al. Dispersive superfluid-like shock waves in nonlinear optics [J]. Nat. Phys. , 2007, 3(1): 49 – 51.

[10] Emplit P, Hamaide J P, Reynaud F, et al. Picosecond steps and dark pulses through nonlinear single mode fibers [J]. Opt. Commun. , 1987, 62(6): 374 – 379.

[11] Krökel D, Halas N J, Giuliani G, et al. Dark-pulse propagation in optical fibers [J]. Phys. Rev. Lett. , 1988, 60(1): 29 – 32.

[12] Weiner A M, Heritage J P, Hawkins R J, et al. Experimental observation of the fundamental dark soliton in optical fibers [J]. Phys. Rev. Lett. , 1988, 61 (21): 2445 – 2448.

[13] Zhao W, Bourkoff E. Generation of dark solitons under a cw background using waveguide electro-optic modulators [J]. Opt. Lett. , 1990, 15(8): 405 – 407.

[14] Hasegawa A and Kodama Y. Signal transmission by optical solitons in monomode fiber [J]. Proc. IEEE, 1981, 69(9): 1145 – 1150.

[15] Trillo S, Torruellas W. Spatial solitons [M]. Berlin: Springer-Verlag, 2001.

[16] Kivshar Y S, Agrawal G P. Optical solitons: from fibers to photonic crystals [M]. New York: Elsevier, 2003.

[17] Assanto G. Nematicons: spatial optical solitons in nematic liquid crystals [M]. New York: John Wiley & Sons, 2012.

[18] Pecciani M, Assanto G. Nematicons (Review paper) [J]. Phys. Rep. , 2012, 516(4 – 5): 147 – 208.

[19] Chen Z, Segev M, Christodoulides D N. Optical spatial solitons: historical overview and recent advances (Review paper) [J]. Rep. Prog. Phys. , 2012, 75(8): 086401 – 21.

[20] Stegeman G I, Segev M. Optical spatial solitons and their interactions: university and diversity (Review paper) [J]. Science, 1999, 286(5444): 1518 – 1523.

[21] Baronio F, Degasperis A, Conforti M, et al. Solutions of the vector nonlinear Schrödinger equations: evidence for deterministic Rogue waves [J]. Phys. Rev. Lett., 2012, 109(4): 044102.

[22] 陈志刚, 许京军, 楼慈波. 光诱导光子晶格结构中新型的离散空间光孤子[J]. 物理, 2005, 34(1): 13 - 17.

[23] Suntsov S, Makris K G, Christodoulides D N, et al. Observation of discrete surface solitons [J]. Phys. Rev. Lett., 2006, 96(6): 063901; Wang X, Bezryadina A, Chen Z, et al. Observation of two-dimensional surface solitons [J]. Phys. Rev. Lett., 2007, 98 (12): 123903.

[24] Alfassi B, Rotschild C, Manela O, et al. Nonlocal surface-wave solitons [J]. Phys. Rev. Lett., 2007, 98(21): 213901; Shi Z, Li H, Guo Q. Surface-wave solitons between linear media and nonlocal nonlinear media [J]. Phys. Rev. A, 2011, 83(2): 023817.

[25] Askar' yan G A. Effects of the gradient of a strong electromagnetic beam on electrons and atoms [J]. Sov. Phys. JETP, 1962, 15(6): 1088 – 1090. (重印本见: Boyd R W, Lukishova S G, Shen Y R. Self-focusing: past and present (Fundamentals and Prospects) [M]. New York: Springer, 2009: 269 – 271. )

[26] Talanov I. On self-focusing of electromagnetic waves in nonlinear media [J]. Radiofizika (radiophysics and quantum electron.), 1964, 7(3): 564 – 565(俄文). (英文译文重印本见: Boyd R W, Lukishova S G, Shen Y R. Self-focusing: past and present (Fundamentals and Prospects) [M]. New York: Springer, 2009: 275 – 278. )

[27] Chiao R Y, Garmire E, Townes C H. Self-trapping of optical beams [J]. Phys. Rev. Lett., 1964, 13(15): 479 – 482.

[28] Kelley P L. Self-focusing of optical beams [J]. Phys. Rev. Lett., 1965, 15(26): 1005 – 1008.

[29] Wagner W G, Haus H A, Marburger J H. Large-scale self-trapping of optical beams in the paraxial ray approximation [J]. Phys. Rev., 1968, 175(1): 256 – 266.

[30] Marburger J H, Dawes E. Dynamical formation of a small-scale filament [J]. Phys. Rev. Lett., 1968, 21(8): 556 – 558.

[31] Dawes E L, Marburge J H. Computer studies in self-focusing [J]. Phys. Rev., 1969, 179(3): 862 – 868.

[32] Goldberg V N, Talanov V I, Krm R K. Izv. Vysshikh uchebn. Zavedenii Ridiofiz, 1967, 10(3): 674.

[33] Bang O, Królikowski W, Wyller J, et al. Collapse arrest and soliton stabilization in nonlocal nonlinear media [J]. Phys. Rev. E, 2002, 66(4): 046619.

[34] Nikolov N I, Neshev D, Bang O. Quadratic solitons as nonlocal solitons [J]. Phys. Rev. E, 2003, 68(3): 036614.

[35] Dabby F W, Whinnery J R. Thermal self-focusing of laser beams in lead glasses [J]. Appl. Phys. Lett., 1968, 13(8): 284 – 286.

[36] Bjorkholm J E, Ashkin A. CW self-focusing and self-trapping of light in sodium vapor

[J]. Phys. Rev. Lett. , 1974, 32(4): 129 - 132.

[37] Rotschild C, Cohen O, Manela O, et al. Solitons in nonlinear media with an infinite range of nonlocality: first observation of coherent elliptic solitons and of vortex-ring solitons [J]. Phys. Rev. Lett. , 2005, 95(21): 213904.

[38] Barthelemy A, Maneuf S, Froehly C. Soliton propagation and self-confinement of laser-beams by Kerr optical non-linearity [J]. Opt. Commun. , 1985, 55(3): 201 - 206; Maneuf S and Reynaud F. Quasi-steady state self-trapping of first, second and third order subnanosecond soliton beams [J]. Opt. Commun. , 1988, 66(5,6): 325 - 328.

[39] Aitchison J S, et al. Observation of spatial optical solitons in a nonlinear glass waveguide [J]. Opt. Lett. , 1990, 15(9): 471 - 473.

[40] Aitchison J S, et al. Observation of spatial solitons in AlGaAs waveguides [J]. Electron. Lett. , 1992, 28(20): 1879 - 1980.

[41] Bartuch U, Peschel U, Gabler Th, et al. Experimental investigations and numerical simulations of spatial solitons in planar polymer waveguides [J]. Opt. Commun. , 1997, 134(1): 49 - 54.

[42] Snyder A W, Poladian L, Mitchell D J. Stable black self-guided beams of circular symmetry in a bulk Kerr medium [J]. Opt. Lett. , 1992, 17(11): 789 - 791.

[43] Segev M, Crosignani B, Yariv A, et al. Spatial solitons in photorefractive media [J]. Phys. Rev. Lett. , 1992, 68(7): 923 - 926.

[44] Duree G, Shultz J L, Salamo G. et al. Observation of self-trapping of an optical beam due to the photorefractive effect [J]. Phys. Rev. Lett. , 1993, 71(4): 533 - 536.

[45] Snyder A W, Mitchell D J. Accessible solitons [J]. Science, 1997, 276 (5318): 1538 - 1541.

[46] Shen Y R. Solitons made simple [J]. Science, 1997, 276(5318): 1520 - 1520.

[47] Conti C, Peccianti M, Assanto G. Route to nonlocality and observation of accessible solitons [J]. Phys. Rev. Lett. , 2003, 91(7): 073901.

[48] Conti C, Peccianti M, Assanto G. Observation of optical spatial solitons in highly nonlocal medium [J]. Phys. Rev. Lett. , 2004, 92(11): 113902.

[49] Assanto G, Peccianti M. Spatial solitons in nematic liquid crystals (Review paper) [J]. IEEE J. Quantum. Electron. , 2003, 39(1): 13 - 21.

[50] Królikowski W, Bang O, Nikolov N I, et al. Modulational instability, solitons and beam propagation in spatially nonlocal nonlinear media (Review paper) [J]. J. Opt. B: Quantum Semiclass. Opt. , 2004, 6(5): S288 - S294.

[51] Guo Q. Nonlocal spatial solitons and their interactions (Review paper) [C]. Proceedings on optical transmission, switching, and subsystems, eds. C. F. Lam, C. Fan, N. Hanik et al. Proc. SPIE (Asia-Pacific Optical and Wireless Communications Conference, November 2 - 6, Wuhan, P. R. China 2003), 2004, 5281: 581 - 594.

[52] Silberberg Y. Collapse of optical pulses [J]. Opt. Lett. , 1990, 15(22): 1282 - 1284.

[53] Minardi S, Eilenberger F, Kartashov Y V, et al. Three-dimensional light bullets in arrays of waveguides [J]. Phys. Rev. Lett. , 2010, 105(26): 263901.

[54] Malomed B A, et al. Spatiotemporal optical solitons (Review paper) [J]. J. Opt. B:

Quantum Semiclass. Opt. , 2005, 7(5): R53 – R72.

[55] Liu X, Qian L J, Wise F W. Generation of optical spatiotemporal solitons [J]. Phys. Rev. Lett. , 1999,82(23): 4631 – 4634.

[56] Koprinkov I G, Suda A, Wang P, et al. Self-compression of high-intensity femtosecond optical pulses and spatiotemporal soliton generation [J]. Phys. Rev. Lett. , 2000, 84 (17): 3847 – 3850.

[57] Lamb G L, Jr.. Elements of soliton theory [M]. New York: John Wiley & Sons, 1980: 133 – 168 (Chapter 5).

[58] Flach S, Willis C R. Discrete breathers [J]. Phys. Rep. , 1998, 295(5): 181 – 264.

[59] Michalska-Trautman R, Formation of an optical breather [J]. J. Opt. Soc. Am. B, 1989, 6(1): 36 – 44; Kutz J N, Holmes P, Evangelides S G, et al. Hamiltonian dynamics of dispersion-managed breathers [J]. J. Opt. Soc. Am. B, 1998, 15(1): 87 – 96.

[60] Satsuma J, Yajima N. Initial value problem of one-dimensional self-modulation of nonlinear waves in dispersive media [J]. Suppl. Prog. Theor. Phys. , 1974, (55): 284 – 306.

[61] Shen Y R. The principles of nonlinear optics [M]. New York: John Wiley & Sons, 1984: 286 – 331 (Chapters 16 – 17).

[62] Boyd R W. Nonlinear optics [M]. Amsterdam: Academic Press, 2008 (3rd Edition).

[63] Shou Q, Jiang Q, Guo Q. The closed-form solution for the 2D Poisson equation with a rectangular boundary [J]. J. Phys. A: Math. Theor. , 2009, 42(20): 205202.

[64] Lax M, Louisell W H, McKnight W B. From Maxwell to paraxial wave optics [J]. Phys. Rev. A, 1975,11(4): 1365 – 1370.

[65] Chi S, Guo Q. Vector theory of self-focusing of an optical beam in Kerr media [J]. 1995, Opt. Lett. , 20(15): 1598 – 1600.

[66] Haus H A. Waves and fields in optoelectronics [M]. New Jersey: Prentice-Hall, 1984.

[67] Mitchell D J, Snyder A W. Soliton dynamics in a nonlocal medium [J]. J. Opt. Soc. Am. B, 1999,16(2): 236 – 239.

[68] Królikowski W, Bang O, Rasmussen J J, et al. Modulational instability in nonlocal nonlinear Kerr media [J]. Phys. Rev. E, 2001, 64(1): 016612.

[69] Yakimenko A I, Lashkin V M, Prikhodko O O. Dynamics of two-dimensional coherent structures in nonlocal nonlinear media [J]. Phys. Rev. E, 2006, 73(6): 066605.

[70] Ouyang S, Hu W, Guo Q. Light steering in strongly nonlocal nonlinear medium [J]. Phys. Rev. A, 2007,76(5): 053832.

[71] Conti C, Schmidt M A, Russell P St. J, et al. Highly noninstantaneous solitons in liquid-core photonic crystal fibers [J]. Phys. Rev. Lett. , 2010, 105(26): 263902; Kibler B, Michel C, Garnier J, et al. Temporal dynamics of incoherent waves in noninstantaneous response nonlinear Kerr media [J]. Opt. Lett. , 2012,37(13): 2472 – 2474.

[72] Guo Q, Hu W, Deng D, et al. Features of strongly nonlocal spatial solitons, chapter 2 in nematicons: spatial optical solitons in nematic liquid crystals [M], edited by Gaetano Assanto. New York:John Wiley & Sons, 2012: 37 – 69.

［73］Durbin S D，Arakelian S M，Shen Y R．Laser-induced diffraction rings from a nematic liquid-crystal film ［J］．Opt．Lett．，1981，6(9)：411 - 413．

［74］Doran N，Blow K．Solitons in optical communications ［J］．IEEE J．Quantum Electron，1983，19(12)：1883 - 1888．

［75］Ouyang S，Guo Q，Hu W．Perturbative analysis of generally nonlocal spatial optical solitons ［J］．Phys．Rev．E，2006，74(3)：036622．

［76］Zakharov V E，Shabat A B．Interaction between solitons in a stable medium ［J］．Sov．Phys．JETP，1974，37(4)：823 - 828．

［77］Mollenauer L F，Cordon J P．Solitons in optical fibers—fundamentals and applications ［M］，San Diego：Academic Press，2006，pp. 241 - 259 (Appendix B)．

［78］Anderson D．Variational approach to nonlinear pulse propagation in optical fibers ［J］．Phys．Rev．A，1983，27(6)：3135 - 3145．

［79］Goldstein H，Poole C，Safko J．Classical Mechanics ［M］．3rd ed．Addison-Wesley，2001：34 - 63 (Chapter 2)．郭士堃．理论力学(下册)［M］．北京：高等教育出版社，1982：120 - 127 (§11.1)．

［80］Ablowitz M J，Musslimani Z H．Spectral renormalization method for computing self-localized solutions to nonlinear systems ［J］．Opt．Lett．，2005，30(16)：2140 - 2142．

［81］Yang J．Newton-conjugate-gradient methods for solitary wave computations ［J］．J．Comp．Phys．，2009，228(18)：7007 - 7024．

［82］Yang J，Lakoba T I．Universally convergent squared-operator iteration methods for solitary waves in general nonlinear wave equations ［J］．Stud．Appl．Math．，2007，118(2)：153 - 197．

［83］Fibich G，Malkin V M，Papanicolaou G C．Beam self-focusing in the presence of a small normal time dispersion ［J］．Phys．Rev．A，1995，52(5)：4218 - 4228．

［84］Fibich G，Gaeta A L．Critical power for self-focusing in bulk media and in hollow waveguides ［J］．Opt．Lett．，2000，25(5)：335 - 337．

［85］Guo Q，Luo B，Yi F，et al．Large phase shift of nonlocal optical spatial solitons ［J］．Phys．Rev．E，2004，69(1)：016602．

［86］Hu W，Ouyang S，Yang P，et al．Short-range interactions between strongly nonlocal spatial solitons ［J］．Phys．Rev．A，2008，77(3)：033842．

［87］张克潜，李德杰．微波与光电子学中的电磁理论［M］．北京：电子工业出版社，2001 年(第二版)：594 - 601．

［88］Greiner W．Quantum mechanics an introduction ［M］．New York：Spriner-Verlag，2001(4th Edithion)．

［89］Shou Q，Zhang X，Hu W，et al．Large phase shift of spatial solitons in lead glass ［J］．Opt．Lett．，2011，36(21)：4194 - 4196．

［90］张霞萍，郭旗．强非局域非线性介质中光束传输的厄米高斯解［J］．物理学报，2005，54(7)：3178 - 3182．

［91］Deng D，Zhao X，Guo Q，et al．Hermite-Gaussian breathers and solitons in strongly nonlocal nonlinear media ［J］．J．Opt．Soc．Am．B，2007，24(9)：2537 - 2544．

［92］张霞萍，郭旗，胡巍．强非局域非线性介质中光束传输的空间光孤子解［J］．物理学报，

2005，54(11)：5189－5193.

[93] Deng D，Guo Q．Propagation of Laguerre-Gaussian beams in nonlocal nonlinear media [J]．J. Opt. A. Pure Appl. Opt. ，2008，10(3)：035101.

[94] Deng D，Guo Q．Ince-Gaussian solitons in strongly nonlocal nonlinear media [J]．Opt. Lett. ，2007，32(21)：3206－3208.

[95] Deng D，Guo Q．Ince-Gaussian beams in strongly nonlocal nonlinear media [J]．J. Phys. B：At. Mol. Opt. Phys. ，2008，41(14)：145401.

[96] Deng D，Guo Q，Hu W．Hermite-Laguerre-Gaussian beams in strongly nonlocal nonlinear media [J]．J. Phys. B：At. Mol. Opt. Phys. ，2008，41(22)：225402.

[97] Deng D，Guo Q，Hu W．Complex-variable-function Gaussian solitons [J]．Opt. Lett. ，2009，34(1)：43－45.

[98] Deng D，Guo Q，Hu W．Complex-variable-function Gaussian beam in strongly nonlocal nonlinear media [J]．Phys. Rev. A，2009，79(2)：023803.

[99] Lu D，Hu W，Zheng Y，et al．Self-induced fractional Fourier transform and revivable higher-order spatial solitons in strongly nonlocal nonlinear media [J]．Phys. Rev. A，2008，78(4)：043815.

[100] Królikowski W，Bang O．Solitons in nonlocal nonlinear media：exact solutions [J]．Phys. Rev. E，2001，63(1)：016610.

[101] 曹觉能，郭旗．不同非局域程度条件下空间光孤子的传输特性[J]．物理学报，2005，54(8)：3688－3693.

[102] Shi X，Guo Q，Hu W．Propagation properties of spatial optical solitons in different nonlocal nonlinear media with arbitrary degrees of nonlocality [J]．Optik，2008，119(11)：503－510.

[103] Xie Y，Guo Q．Phase modulations due to collisions of beam pairs in nonlocal nonlinear media [J]．Opt. Quantum Electron，2004，36(15)：1335－1351.

[104] 谢逸群，郭旗．非局域克尔介质中空间光孤子的相互作用[J]．物理学报，2004，53(9)：3020－3025.

[105] Peccianti M，Brzdakiewicz K A，Assanto G．Nonlocal spatial soliton interactions in nematic liquid crystals [J]．Opt. Lett. ，2002，27(16)：1460－1462.

[106] Peccianti M，Conti C，Assanto G，et al．Routing of anisotropic spatial solitons and modulational instability in liquid crystals [J]，Nature，2004，432(7018)：733－737.

[107] Rotschild C，Alfassi B，Cohen O，et al．Long-range interactions between optical solitons [J]．Nature Phys. ，2006，2(11)：769－774.

[108] Cao L，Zheng Y，Hu W，et al．Long-range interactions between nematicons [J]．Chin. Phys. Lett，2009，26(6)：064209.

[109] Assanto G，et al．Nematicons [J]．Opt. Photon. News，2003，14(2)：44－48.

[110] 谢毓章．液晶物理学[M]．北京：科学出版社，1988.

[111] Peccianti M，de Rossi A，Assanto G，et al．Electrically assisted self-confinement and waveguiding in planar nematic liquid crystal cells [J]．Appl. Phys. Lett. ，2000，77(1)：7－9.

[112] Hu W，Zhang T，Guo Q，et al．Nonlocality-controlled interaction of spatial solitons in

nematic liquid crystals [J]. Appl. Phys. Lett. , 2006, 89(7): 071111.

[113] Peccianti M, Conti C, Assanto G, et al. Nonlocal optical propagation in nonlinear nematic liquid crystals [J]. J. Nonl. Opt. Phys. Mat. , 2003, 12(4): 525 – 538.

[114] Izdebskaya Y V, Desyatnikov A S, Assanto G, et al. . Multimode nematicon waveguides [J]. Opt. Lett. 2011,36(2): 184 – 186.

[115] Rasmussen P D, Bang O, Królikowski W. Theory of nonlocal soliton interaction in nematic liquid crystals [J]. Phys. Rev. E, 2005, 72(6): 066611.

[116] Peccianti M, Conti C, Assanto G. Interplay between nonlocality and nonlinearity in nematic liquid crystals [J]. Opt. Lett. , 2005, 30(4): 415 – 417.

[117] Khoo I C. Nonlinear optics of liquid crystalline materials [J]. Phys. Rep. , 2009, 471(5 – 6): 221 – 267.

[118] Deuling H J. Deformation of nematic liquid crystals in an electric field [J]. Mol. Cryst. and Liq. Cryst. , 1972, 19(2): 123 – 131.

[119] Ren H, Ouyang S, Guo Q, et al. (1 + 2)-dimensional sub-strongly nonlocal spatial optical solitons: perturbation method [J]. Opt. Commun. , 2007, 275(1): 245 – 251.

[120] Ren H, Ouyang S, Guo Q, et al. A perturbed (1 + 2)-dimensional soliton solution in nematic liquid crystals [J]. J. Opt. A: Pure Appl. Opt. , 2008, 10(2): 025102.

[121] Ouyang S, Guo Q. (1+2)-dimensional strongly nonlocal solitons [J]. Phys. Rev. A, 2007, 76(5): 053833.

[122] Ghofraniha N, Conti C, Ruocco G, et al. Shocks in nonlocal media [J]. Phys. Rev. Lett. , 2007, 99(4): 043903.

[123] Shou Q, Liang Y, Jiang Q, et al. Boundary force exerted on spatial solitons in cylindrical strongly nonlocal media [J]. Opt. Lett. , 2009, 34(22): 3523 – 3525.

[124] Dreischuh A, Neshev D, Peterson D E, et al. Observation of attraction between dark soliton [J]. Phys. Rev. Lett. , 2006, 96(4): 043901.

# 5

## 线性电光效应耦合波理论及其推广应用

佘卫龙　郑国梁

## 5.1 线性电光效应简介

非线性光学所涉及的电光效应有两种，一为 Pockels 效应，一为 Kerr 效应。人们通常将电光效应看成是在外加直流电场或低频电场作用下介质折射率发生变化的一种现象。若介质折射率的改变量与外加电场强度成线性关系，则称这种效应为线性电光效应或 Pockels 效应。若介质折射率的改变量与外加电场强度的平方成正比例关系，则称之为二次电光效应或 Kerr 效应。然而，这种朴素的观点很容易给人造成一种错觉——电光效应是电场扰动一阶极化率的结果。从非线性光学的观点来看，线性电光效应是入射光场跟直流（低频）电场在介质中相互作用产生的一种二阶非线性光学效应，可以用二阶电极化强度[1]

$$P_i(\omega) = 2\varepsilon_0 \sum_{jk} \chi_{ijk}^{(2)}(-\omega, \omega, 0) E_j(\omega) E_k(0) \qquad (5-1)$$

来表征，其中 $\chi_{ijk}^{(2)}(-\omega, \omega, 0)$ 是描写线性电光效应的二阶极化率，$\varepsilon_0$ 是真空的介电常数，$E(\omega)$ 和 $E(0)$ 分别是光场和外电场强度。Kerr 效应是一种三阶非线性光学效应，可以用三阶电极化强度

$$P_i(\omega) = 3\varepsilon_0 \sum_{jkl} \chi_{ijkl}^{(3)}(-\omega, \omega, 0, 0) E_j(\omega) E_k(0) E_l(0) \qquad (5-2)$$

来表征，其中 $\chi_{ijkl}^{(3)}(-\omega, \omega, 0, 0)$ 是描写克尔效应的三阶极化率。本专题中，如果不特别说明，所提到的电光效应均指线性电光效应。线性电光效应可发生于无中心反演对称性的非线性晶体或材料中，是许多重要光学器件，如电光调制器[2]、电光开关[3,4]、电光偏转器[5]、滤波器[6,7]、光波偏振态控制器[8,9]、可控光学扳手等[10]的物理基础。它在高速摄影、光通信和激光测距等领域有许多重要的应用。

线性电光效应在 1893 年就被发现，但在很长时间内没有一个令人满意的理论。描写线性电光效应的传统理论是折射率椭球理论。该理论用折射率椭球来描述光波在晶体内的双折射行为，用外加电场对折射率椭球的影响来表示线性电光效应。将折射率椭球理论付诸实际应用的关键步骤是将电场作用后的折射率椭球方程标准化，然而，在一般情况下，将此折射率椭球方程标准化的合同变换非常繁琐复杂，尤其是在外加电场不取特殊方向的情况下，变换更难实现。即便实现了折射率椭球方程的标准化，要计算出光传播方向上的折射率变化也需费一番周折，所以，该理论不适合用于分析任意外加电场和任意光传播方向的线

性电光效应,不适合用于电光器件的优化设计。该理论对吸收介质中的线性电光效应更显得无能为力。

1973 年,Yariv 将线性电光效应视为由低频电场引起的 TE 模和 TM 模之间的耦合过程,提出了线性电光效应耦合模理论[11]。该理论在波导光学领域有重要的应用,被广泛地用于处理电光效应引起的各种不同模式电磁波间的能量交换问题,但是,该理论也存在缺陷,它忽略了外加电场与独立光场模之间的耦合所造成的光场模自身相位变化,因此当将此理论应用于块状材料时往往得不到正确的结果。此外,该理论对相位调制、频率调制等电光调制方式也是失效的。

1975 年,Nelson 提出了平面波本征方程微扰理论[12]。该理论是从电磁场的波动方程出发,将电光效应看作是对介电张量的一阶微扰,得到晶体中关于电场的本征矢量方程,分别求得各向同性、单轴和双轴晶体的本征值及本征矢量,进而给出了电场扰动下对应于晶体内两个独立偏振光场模的折射率的改变量。因为作者宣称该理论能够直接应用于分析任一偏振态、任意光波传播方向和任意外加电场方向下的电光效应,所以被称为"普遍解理论"。然而,该理论也有很大的局限性,在有些方面难以应用。例如,对双轴晶体,该理论给出的折射率改变量表达式非常复杂,难以化简;对于单轴晶体,该理论给出的折射率改变量表达式存在不可避免的误差,在某些情况下(光波矢与光轴夹角较小或光波相位起关键作用的情况)会导致严重的后果;而对各向同性但没有中心反演对称性的晶体,为求得折射率改变量则需求解一组三元二次方程组,计算过程相当复杂。

1998 年,M. J. Gunning 和 R. E. Raab 提出了代数解理论[13]。该理论本质上与折射率椭球理论是一致的,只是用代数的方法计算出了均匀电场作用下非磁性晶体折射率椭球的主轴和主折射率。该方法原则上可用于分析任意方向外加电场和任意对称点群晶体的线性电光效应。但是在实际应用中与折射率椭球理论一样,除了外加电场取特殊方向的情况以外,其他情况下计算的过程都相当复杂。因此该理论的应用范围也很有限。

早在 1962 年,Armstrong 和 Bloembergen 等人也曾提出一套耦合波理论,用于分析包括线性电光效应在内的各种二阶非线性光学效应问题[1]。与 Yariv 的耦合模理论一样,他们提出的线性电光效应理论也没有考虑外加电场与独立光场模之间的耦合所造成的光场模自身相位的变化。直到 2001 年,佘卫龙和李荣基提出的线性电光效应耦合波理论才从根本上解决了上述诸多理论中所存在的问题[14]。该理论从麦克斯韦方程出发,将二阶非线性光学效应当作微扰,全面考虑参与相互作用的光场和外加电场之间的关系,导出了一套平面波近似下的线性电光效应耦合波方程,并给出了普遍解。相比于折射率椭球理论,该理论对电光晶体的点群对称性、入射光的传播方向和偏振态以及外加电场的施加方向都没有限制,物理图像清晰,不需要进行任何数学变换,易于计算机优化设计,在电光调制器的设计及温度稳定性分析方面有显著优势,所以具有广阔的应用前景。目前,线性电光效应耦合波理论的适用范围已经从平面波推广到了聚焦高斯光束[15]和超短脉冲[16],从无旋光/磁光、无吸收的介质推广到了旋光/磁光晶体[17]、吸收介质[18]。2006 年,郑国梁和佘卫龙等人将该理论从均匀介质推广到准相位匹配(QPM)光学超晶格,得到了基于 QPM 的线性电光效应耦合波理论[19],并对周期极化铌酸锂光学超晶格中的非共线准相位匹配线性电光效应及其应用进行研究[20,21]。2009 年,黄东和佘卫龙提出了准相位匹配电控倍频、参量下转换级联效应耦合波理论,并提出利用该效应产生高亮度光子对[22]。2012年,李培培和佘卫龙等人又提出利用级联线性电光效应与光学下转换实现高效率差频[23]。

本专题将系统地介绍线性电光效应耦合波理论及其推广应用。首先介绍块状介质中的平面光波线性电光效应的耦合波理论,包括透明介质、吸收介质线性电光效应的耦合波理论和电光-旋光-磁光联合效应的耦合波理论;然后介绍光学超晶格(准相位匹配材料)中平面光波线性电光效应及电光-倍频-和频/差频联合二阶非线性光学效应耦合波理论及其应用,包括周期性极化、线性啁啾极化光学超晶格的情况;最后介绍光学超晶格聚焦高斯光束线性电光效应耦合波理论及其应用。

## 5.2 透明块状介质线性电光效应耦合波理论

2001 年佘卫龙和李荣基提出的线性电光效应耦合波理论[14],不仅为处理线性电光效应问题提供了一个行之有效的方法或工具,更重要的是,它使得线性电光效应和其他非线性光学效应的处理方法协调起来。我们将看到,该理论也是吸收介质[18]、准相位匹配介质[19-21]线性电光效应、电光-旋光-磁光联合效应以及电光-倍频-和频/差频联合二阶非线性光学效应[17,22,23]耦合波理论的基础。下面介绍该理论的导出过程与典型应用。

假设电光介质是透明和非磁性的,并假设介质中没有净余电荷,从麦克斯韦方程组和物质方程出发,可以推导出

$$\nabla\left[\nabla\cdot\boldsymbol{E}(t)\right]-\nabla^2\boldsymbol{E}(t)+\frac{1}{c^2}\frac{\partial^2\left[\boldsymbol{\varepsilon}\cdot\boldsymbol{E}(t)\right]}{\partial t^2}=-\mu_0\frac{\partial^2\boldsymbol{P}^{\mathrm{NLS}}(t)}{\partial t^2}\quad(5-3)$$

式中,$\boldsymbol{\varepsilon}$ 为介质的相对介电张量,$\mu_0$ 和 $c$ 为真空中的磁导率和光速,$\boldsymbol{E}$ 为介质中的总电场强度,$\boldsymbol{P}^{\mathrm{NLS}}$ 为介质的非线性极化强度。在 $\boldsymbol{P}^{\mathrm{NLS}}$ 中,我们只考虑线性电光效应的贡献,而忽略由于相位失配的其他各种二阶非线性光学效应以及更高阶的非线性光学效应。这样,参与电光效应的总电场可以表示为

$$\boldsymbol{E}(t)=\boldsymbol{E}(0)+\left[\frac{1}{2}\boldsymbol{E}(\omega)\exp(-\mathrm{i}\omega t)+\mathrm{c.c.}\right]\quad(5-4)$$

式中,$\left[\dfrac{1}{2}\boldsymbol{E}(\omega)\exp(-\mathrm{i}\omega t)+\mathrm{c.c.}\right]$ 表示频率为 $\omega$ 的光场,c.c. 代表电场的复共轭部分,$\boldsymbol{E}(0)$ 为外加直流电场或频率远小于 $\omega$ 的低频电场。一般说来,频率为 $\omega$ 的单色平面波在介质中传播时,光场可以分解为两个相互独立或者互相垂直的线偏振平面电磁波分量,因此有

$$\boldsymbol{E}(\omega)=\boldsymbol{E}_1(\omega)+\boldsymbol{E}_2(\omega)=\boldsymbol{E}_1(r)\exp(\mathrm{i}\boldsymbol{k}_1\cdot\boldsymbol{r})+\boldsymbol{E}_2(r)\exp(\mathrm{i}\boldsymbol{k}_2\cdot\mathrm{r})$$

$$(5-5)$$

式中,$\boldsymbol{k}_1$, $\boldsymbol{k}_2$ 分别为 $\boldsymbol{E}_1(\omega)$, $\boldsymbol{E}_2(\omega)$ 所对应的波矢。假若 $\boldsymbol{k}_1=\boldsymbol{k}_2$,$\boldsymbol{E}_1(\omega)$, $\boldsymbol{E}_2(\omega)$ 分别代表电场的两个相互垂直的分量,其偏振方向可以任意取定;如果 $\boldsymbol{k}_1\neq\boldsymbol{k}_2$,$\boldsymbol{E}_1(\omega)$, $\boldsymbol{E}_2(\omega)$ 分别代表两个相互独立的分量,对应于晶体中两个独立本征模,它们感受的折射率不同。例如,在单轴晶体中,如果 $\boldsymbol{k}_1\neq\boldsymbol{k}_2$,$\boldsymbol{E}_1(\omega)$, $\boldsymbol{E}_2(\omega)$ 分别表示 o 光和 e 光的光场。假设这里所涉及的电磁波都沿 $\boldsymbol{r}$ 方向传播,则光场可以简化为

$$\boldsymbol{E}(\omega)=\boldsymbol{E}_1(\omega)+\boldsymbol{E}_2(\omega)=\boldsymbol{E}_1(r)\exp(\mathrm{i}k_1r)+\boldsymbol{E}_2(r)\exp(\mathrm{i}k_2r)\quad(5-6)$$

而由线性电光效应引起的非线性极化强度可以写成

$$\begin{aligned}\boldsymbol{P}^{(2)}(t)&=\frac{1}{2}\boldsymbol{P}^{(2)}(\omega)\mathrm{e}^{-\mathrm{i}\omega t}+\mathrm{c.c.}=\varepsilon_0\chi^{(2)}(\omega,0):\boldsymbol{E}(\omega)\boldsymbol{E}(0)\mathrm{e}^{-\mathrm{i}\omega t}+\mathrm{c.c.}\\&=\varepsilon_0\chi^{(2)}(\omega,0):\boldsymbol{E}_1(r)\boldsymbol{E}(0)\mathrm{e}^{-\mathrm{i}k_1r}\mathrm{e}^{-\mathrm{i}\omega t}+\\&\quad\varepsilon_0\chi^{(2)}(\omega,0):\boldsymbol{E}_2(r)\boldsymbol{E}(0)\mathrm{e}^{-\mathrm{i}k_2r}\mathrm{e}^{-\mathrm{i}\omega t}+\mathrm{c.c.}\end{aligned}\quad(5-7)$$

式中,$\chi^{(2)}(\omega,0)$ 是线性电光效应的二阶极化率。

$$\boldsymbol{P}^{(2)}(\omega)=2\varepsilon_0\chi^{(2)}(\omega,0):\boldsymbol{E}_1(r)\boldsymbol{E}(0)\mathrm{e}^{-\mathrm{i}k_1r}+2\varepsilon_0\chi^{(2)}(\omega,0):\boldsymbol{E}_2(r)\boldsymbol{E}(0)\mathrm{e}^{-\mathrm{i}k_2r}$$

$$(5-8)$$

由于光场的纵场分量较小,我们感兴趣的是 $\boldsymbol{E}(t)$ 垂直于传播方向 $\boldsymbol{r}$ 上的横场分

量$E_\perp(t)$。将方程(5-3)分解为垂直和平行于$r$的两个分量方程。其垂直分量方程为

$$\nabla^2 \boldsymbol{E}_\perp(\omega) + \frac{\omega^2}{c^2}[\boldsymbol{\varepsilon} \cdot \boldsymbol{E}(\omega)]_\perp = -\mu_0\omega^2\boldsymbol{P}_\perp^{(2)}(\omega) \qquad (5-9)$$

将式(5-6)和式(5-8)代入式(5-9),把二阶非线性效应当成是微扰,忽略高阶非线性效应,利用慢变振幅近似,我们可以得到

$$\mathrm{i}k_1\mathrm{e}^{\mathrm{i}k_1r}\frac{\partial \boldsymbol{E}_{1\perp}(r)}{\partial r} + \mathrm{i}k_2\mathrm{e}^{\mathrm{i}k_2r}\frac{\partial \boldsymbol{E}_{2\perp}(r)}{\partial r}$$

$$= -\frac{\omega^2}{c^2}[\chi^{(2)}(\omega, 0) : \boldsymbol{E}_1(r)\boldsymbol{E}(0)]_\perp\mathrm{e}^{\mathrm{i}k_1r} - \frac{\omega^2}{c^2}[\chi^{(2)}(\omega, 0) : \boldsymbol{E}_2(r)\boldsymbol{E}(0)]_\perp\mathrm{e}^{\mathrm{i}k_2r}$$

$$(5-10)$$

令

$$\boldsymbol{E}_{1\perp}(r) = E_{1\perp}(r)\boldsymbol{a}, \ \boldsymbol{E}_{2\perp}(r) = E_{2\perp}(r)\boldsymbol{b}, \ \boldsymbol{E}(0) = E_0\boldsymbol{c} \qquad (5-11)$$

其中$\boldsymbol{a}$, $\boldsymbol{b}$和$\boldsymbol{c}$是三个单位矢量,且有$\boldsymbol{a} \cdot \boldsymbol{b} = 0$。分别用$\boldsymbol{a}$和$\boldsymbol{b}$对方程(5-10)做内积,我们得到

$$\mathrm{i}k_1\mathrm{e}^{\mathrm{i}k_1r}\frac{\partial E_{1\perp}(r)}{\partial r} = -\frac{\omega^2}{c^2}\boldsymbol{a} \cdot [\chi^{(2)}(\omega, 0) : \boldsymbol{E}_1(r)\boldsymbol{E}(0)]_\perp\mathrm{e}^{\mathrm{i}k_1r} -$$

$$\frac{\omega^2}{c^2}\boldsymbol{a} \cdot [\chi^{(2)}(\omega, 0) : \boldsymbol{E}_2(r)\boldsymbol{E}(0)]_\perp\mathrm{e}^{\mathrm{i}k_2r} \qquad (5-12\mathrm{a})$$

$$\mathrm{i}k_2\mathrm{e}^{\mathrm{i}k_2r}\frac{\partial E_{2\perp}(r)}{\partial r} = -\frac{\omega^2}{c^2}\boldsymbol{b} \cdot [\chi^{(2)}(\omega, 0) : \boldsymbol{E}_1(r)\boldsymbol{E}(0)]_\perp\mathrm{e}^{\mathrm{i}k_1r} -$$

$$\frac{\omega^2}{c^2}\boldsymbol{b} \cdot [\chi^{(2)}(\omega, 0) : \boldsymbol{E}_2(r)\boldsymbol{E}(0)]_\perp\mathrm{e}^{\mathrm{i}k_2r} \qquad (5-12\mathrm{b})$$

可以证明,这两个式子中右边各项的下标"$\perp$"可以被去掉。例如,$\boldsymbol{a} \cdot [\chi^{(2)}(\omega, 0) : \boldsymbol{E}_1(r)\boldsymbol{E}(0)]_\perp = \boldsymbol{a} \cdot [\chi^{(2)}(\omega, 0) : \boldsymbol{E}_1(r)\boldsymbol{E}(0)]$,等等。下面简单证明一下:记$\boldsymbol{P}_\perp$为$\boldsymbol{P}$垂直于波矢$\boldsymbol{k}$的分量,它与$\boldsymbol{a}$和$\boldsymbol{b}$同在一个平面上。假设$\boldsymbol{P}_\perp$与$\boldsymbol{P}$成$\delta$角,$\boldsymbol{P}_\perp$与$\boldsymbol{a}$成$\xi$角,而$\boldsymbol{P}$与$\boldsymbol{a}$成$\Psi$角,具体关系如图5-1所示。

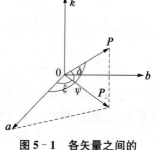

**图5-1 各矢量之间的几何关系**

容易看出，$P_\perp \cdot a = |P_\perp| \cdot |a| \cdot \cos\xi = |P| \cdot \cos\delta \cdot |a| \cdot \cos\xi = |P| \cdot |a| \cdot \cos\xi \cdot \cos\delta$。由几何知识可以知道，关系式 $\cos\Psi = \cos\delta \cdot \cos\xi$ 恒成立，因此有 $P_\perp \cdot a = |P| \cdot |a| \cdot \cos\xi \cdot \cos\delta = |P| \cdot |a| \cos\Psi = P \cdot a$，于是 $P_\perp \cdot a = P \cdot a$。同理有 $P_\perp \cdot b = P \cdot b$。另外，$E_{1\perp}$ 与 $E_1$（$E_{2\perp}$ 与 $E_2$）的夹角非常小，以致可以忽略离散角效应，所以，在式(5-12a)和式(5-12b)左边我们可以用 $E_{1\perp}$（$E_{2\perp}$）代替 $E_1$（$E_2$）而不引起明显的误差。此时，式(5-12a)和式(5-12b)可以简化为

$$\frac{\partial E_1(r)}{\partial r} = i\frac{\omega^2}{k_1 c^2} a \cdot \chi^{(2)}(\omega, 0) : bc\, E_2(r)E_0 e^{i\Delta k r} +$$

$$i\frac{\omega^2}{k_1 c^2} a \cdot \chi^{(2)}(\omega, 0) : ac\, E_1(r)E_0 \qquad (5-13a)$$

$$\frac{\partial E_2(r)}{\partial r} = i\frac{\omega^2}{k_2 c^2} b \cdot \chi^{(2)}(\omega, 0) : ac\, E_2(r)E_0 e^{-i\Delta k r} +$$

$$i\frac{\omega^2}{k_2 c^2} b \cdot \chi^{(2)}(\omega, 0) : bc\, E_1(r)E_0 \qquad (5-13b)$$

式中，$\Delta k = k_2 - k_1$。因为已经假设介质是没有损耗的，所以 $\chi^{(2)}(\omega, 0)$ 是实数且满足全对称性[3]，即有

$$a \cdot \chi^{(2)}(\omega, 0) : bc = b \cdot \chi^{(2)}(\omega, 0) : ac \qquad (5-14)$$

令 $n_1$，$n_2$ 分别表示两个独立线偏振光场 $E_1(r)$，$E_2(r)$ 所经历的材料固有折射率（即在外加电场为零情况下 $E_1(r)$，$E_2(r)$ 所经历的折射率），则

$$k_i = n_i k_0 = n_i \frac{\omega}{c} \qquad (i = 1, 2) \qquad (5-15)$$

电光张量元 $r_{jkl}$ 与二阶非线性极化率之间有如下关系：

$$\chi^{(2)}_{jkl}(\omega, 0) = -\frac{1}{2}(\varepsilon_{jj}\varepsilon_{kk})r_{jkl}, \; \varepsilon_{jj} = n^2_{jj}, \; \varepsilon_{kk} = n^2_{kk} \qquad (j, k, l = 1, 2, 3)$$

$$(5-16)$$

式中，$\varepsilon_{jj}$，$\varepsilon_{kk}$ 是介电张量的对角元，$n^2_{jj}$，$n^2_{kk}$ 为主折射率。注意对透明介质，电光张量元 $r_{jkl}$ 的前两个下标可以缩并。具体为：$r_{xxl} = r_{1l}$，$r_{yyl} = r_{2l}$，$r_{zzl} = r_{3l}$，$r_{zyl} = r_{yzl} = r_{4l}$，$r_{zxl} = r_{xzl} = r_{5l}$ 和 $r_{xyl} = r_{yxl} = r_{6l}$。这就是人们常用的电光系数。我们再引入有效电光系数

$$\begin{cases} r_{\text{eff1}} = \sum_{j,\,k,\,l} (\varepsilon_{jj}\varepsilon_{kk})(a_j r_{jkl} b_k c_l) \\[2mm] r_{\text{eff2}} = \sum_{j,\,k,\,l} (\varepsilon_{jj}\varepsilon_{kk})(a_j r_{jkl} a_k c_l) \\[2mm] r_{\text{eff3}} = \sum_{j,\,k,\,l} (\varepsilon_{jj}\varepsilon_{kk})(b_j r_{jkl} b_k c_l) \end{cases} \tag{5-17}$$

来化简方程组(5-13),最终可得如下的耦合波方程组

$$\begin{cases} \dfrac{\mathrm{d}E_1(r)}{\mathrm{d}r} = -\mathrm{i}d_1 E_2(r)\mathrm{e}^{\mathrm{i}\Delta kr} - \mathrm{i}d_2 E_1(r) \\[3mm] \dfrac{\mathrm{d}E_2(r)}{\mathrm{d}r} = -\mathrm{i}d_3 E_1(r)\mathrm{e}^{-\mathrm{i}\Delta kr} - \mathrm{i}d_4 E_2(r) \end{cases} \tag{5-18}$$

这里

$$d_1 = \frac{k_0}{2n_1}r_{\text{eff1}}E_0,\ d_2 = \frac{k_0}{2n_1}r_{\text{eff2}}E_0,\ d_3 = \frac{k_0}{2n_2}r_{\text{eff1}}E_0,\ d_4 = \frac{k_0}{2n_2}r_{\text{eff3}}E_0 \tag{5-19}$$

这里必须说明一下,由于历史的原因,人们先采用电光系数(确切地说,电光张量)刻画线性电光效应,而我们现在改用二阶极化率刻画。为了与习惯保持一致,我们引入关系式(5-16),这样才导致方程(5-18)右边出现了负号。必须指出的是,这里得到的耦合波方程跟 Yariv 等提出的耦合模方程[11]是不同的。在 Yariv 提出的方程里,每个方程的右边只含类似于式(5-18)右边的耦合项(第一项),而式(5-18)右边第二项在 Yariv 的方程里是没有的。

设在材料入射面处光场两个相互独立的线偏振分量为 $E_1(0)$,$E_2(0)$,我们便可以求得方程(5-18)的解析解。下面我们根据 $r_{\text{eff1}}$ 的取值将方程组(5-18)的解分成两种典型情况:

(1) $r_{\text{eff1}}=0$,由式(5-19)知 $d_1=d_3=0$,所以方程组(5-18)的解为

$$\begin{cases} E_1(\omega) = E_1(r)\mathrm{e}^{\mathrm{i}k_1 r} = E_1(0)\mathrm{e}^{\mathrm{i}(k_1-d_2)r} \\[2mm] E_2(\omega) = E_2(r)\mathrm{e}^{\mathrm{i}k_2 r} = E_2(0)\mathrm{e}^{\mathrm{i}(k_2-d_4)r} \end{cases} \tag{5-20}$$

(2) $r_{\text{eff1}}\neq0$,方程组(5-19)的解就是

$$\begin{cases} E_1(\omega) = E_1(r)\mathrm{e}^{\mathrm{i}k_1 r} = \rho_1(r)\mathrm{e}^{\mathrm{i}(k_1+\beta)r}\mathrm{e}^{\mathrm{i}\phi_1(r)} \\[2mm] E_2(\omega) = E_2(r)\mathrm{e}^{\mathrm{i}k_2 r} = \rho_2(r)\mathrm{e}^{\mathrm{i}(k_1+\beta)r}\mathrm{e}^{\mathrm{i}\phi_2(r)} \end{cases} \tag{5-21}$$

其中

$$
\begin{cases}
\rho_1(r) = \sqrt{E_1^2(0)\cos^2(\mu r) + \left[\dfrac{\gamma E_1(0) - d_1 E_2(0)}{\mu}\right]^2 \sin^2(\mu r)} \\[4mm]
\phi_1(r) = \arg\left[E_1(0)\cos(\mu r) + \mathrm{i}\,\dfrac{\gamma E_1(0) - d_1 E_2(0)}{\mu}\sin(\mu r)\right]
\end{cases}
$$

$$(5-22)$$

$$
\begin{cases}
\rho_2(r) = \sqrt{E_2^2(0)\cos^2(\mu r) + \left[\dfrac{\gamma E_2(0) + d_3 E_1(0)}{\mu}\right]^2 \sin^2(\mu r)} \\[4mm]
\phi_2(r) = \arg\left[E_2(0)\sin(\mu r) + \mathrm{i}\,\dfrac{-\gamma E_2(0) - d_3 E_1(0)}{\mu}\sin(\mu r)\right]
\end{cases}
$$

$$(5-23)$$

以及

$$
\begin{cases}
\gamma = \dfrac{d_4 - d_2 - \Delta k}{2} \\[3mm]
\beta = \dfrac{\Delta k - d_2 - d_4}{2} \\[3mm]
\mu = \dfrac{\sqrt{(\Delta k + d_2 - d_4)^2 + 4 d_1 d_3}}{2}
\end{cases}
$$

$$(5-24)$$

式(5-24)～(5-24)可以描述在任意方向外加电场的作用下,沿任意方向传播的光束在任意透明晶体中产生的线性电光效应。在很多情况下,也是很重要的情况下,式(5-22)和式(5-23)可以根据以下条件进一步简化:

(1) $\Delta k = 0$,这对应于没有中心反演对称性的立方晶体(属$\overline{4}3m$ 和 23 对称点群的晶体)中的电光效应或者光沿单轴晶体的光轴方向传播时的电光效应。由于$\boldsymbol{E}_1(r)$(或$\boldsymbol{E}_2(r)$)可以任意取定,我们不妨假设 $E_1(0) = 0$,从而有

$$
\begin{cases}
\gamma = \dfrac{d_4 - d_2}{2} \\[3mm]
\beta = -\dfrac{d_2 + d_4}{2} \\[3mm]
\mu = \dfrac{\sqrt{(d_2 - d_4)^2 + 4 d_1 d_3}}{2}
\end{cases}
$$

$$(5-25)$$

于是式(5-22)和式(5-23)变成

$$\begin{cases} \rho_1(r) = |E_2(0)| \sqrt{\dfrac{4d_1^2}{4d_1^2 + (d_2 - d_4)^2} \sin^2(\mu r)} \\ \phi_1(r) = \pm \dfrac{\pi}{2} \text{（具体符号由} -d_1 \text{决定）} \end{cases} \tag{5-26}$$

$$\begin{cases} \rho_2(r) = |E_2(0)| \sqrt{\cos^2(\mu r) + \dfrac{(d_4 - d_2)^2}{(d_4 - d_2)^2 + 4d_1^2} \sin^2(\mu r)} \\ \phi_2(r) = \arg\left[ E_2(0)\sin(\mu r) + \mathrm{i}\, \dfrac{-\gamma E_2(0)}{\mu} \sin(\mu r) \right] \end{cases} \tag{5-27}$$

如果把电光晶体放在两个相互正交的偏振器中，设入射光为 $E_2(0)$，则出射光的强度可以简单地表示为

$$I_{\text{out}} = \frac{n\varepsilon_0 c}{2} |E_1(r)|^2 = \frac{I_2(0)}{1 + \dfrac{(d_2 - d_4)^2}{4d_1^2}} \sin^2\left[ \frac{\sqrt{(d_2 - d_4)^2 + 4d_1^2}}{2} r \right]$$

$$\tag{5-28}$$

式中，$I_2(0) = \dfrac{n\varepsilon_0 c}{2} |E_2(0)|^2$。从式(5-28)可以看出，一般情况下，除非 $d_2 - d_4 = 0$，否则 $I_{\text{out}}$ 不等于 $I_2(0)$。图 5-2 是 $I_{\text{out}}/I_2(0)$ 随 $(d_2 - d_4)/d_1$ 变化的曲线。

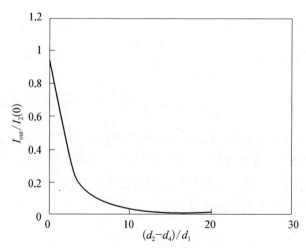

图 5-2 $\Delta k = 0$，采用正交偏振系统进行振幅调制，出射光光强与 $(d_2 - d_4)/d_1$ 的关系

（2）$\Delta k\neq 0$，这对应 $E(\omega)$ 的两个相互独立的线偏振分量分别经历不同折射率的情况。在一般情况下，由于线性电光效应引起的折射率的改变量 $\Delta n$ 约为 $10^{-5}$，而且对于大多数自然双折射晶体，$|n_o-n_e|$ 都约为 $10^{-3}$ 到 $10^{-1}$ 量级。因此，除了 $k_1$、$k_2$ 很靠近光轴的情况外，都有 $\Delta k\gg d_i(i=1,2,3,4)$。在 $\Delta k\gg d_i$ 情况下，我们可以得到

$$\begin{cases}\beta=\dfrac{\Delta k-d_2-d_4}{2}\\[2mm]\mu\approx\dfrac{|\Delta k+d_2-d_4|}{2}\end{cases}\tag{5-29}$$

$$\begin{cases}\rho_1(r)=\sqrt{E_1^2(0)\cos^2(\mu r)+\left[\dfrac{\Delta k E_1(0)+2d_1 E_2(0)}{|\Delta k|}\right]^2\sin^2(\mu r)}\\[4mm]\phi_1(r)=\arg\left[E_1(0)\cos(\mu r)+\mathrm{i}\,\dfrac{-\Delta k E_1(0)-2d_1 E_2(0)}{|\Delta k|}\sin(\mu r)\right]\end{cases}\tag{5-30}$$

$$\rho_2(r)=\sqrt{E_2^2(0)\cos^2(\mu r)+\left[\dfrac{\Delta k E_2(0)-2d_3 E_1(0)}{|\Delta k|}\right]^2\sin^2(\mu r)}$$

$$\phi_2(r)=\arg\left[E_2(0)\sin(\mu r)+\mathrm{i}\,\dfrac{\Delta k E_2(0)-2d_3 E_1(0)}{|\Delta k|}\sin(\mu r)\right]\tag{5-31}$$

对于振幅调制，可以选择 $E_1(0)=E_2(0)$，这将导致 $(d_1/\Delta k)E_{1,2}(0)\ll E_{1,2}(0)$，因此有

$$E_1(\omega)\approx E_1(0)\mathrm{e}^{\mathrm{i}(k_1 r-d_2)r}\tag{5-32a}$$

$$E_2(\omega)\approx E_2(0)\mathrm{e}^{\mathrm{i}(k_2 r-d_4)r}\tag{5-32b}$$

这与 $r_{\mathrm{eff1}}=0$ 时所得结果相同。这就意味着，当 $\Delta k\neq 0$，在大多数情况下，即使 $r_{\mathrm{eff1}}\neq 0$，我们也可以忽略方程（5-18）中含有 $\Delta k$ 的项。用 $L$ 表示光波中经历电光效应的有效距离，从式（5-32）可知，如果把电光晶体放在相互正交的偏振片之间，调制后的出射光强可表示为

$$I_{\mathrm{out}}=I_0\sin^2(\Gamma/2)\tag{5-33}$$

式中，$\Gamma=[k_0(n_1-n_2)-(d_2-d_4)]L$。如果 $\Delta k\gg d_i$ 的条件得不到满足，那么出射光的光强就必须采用准确的表达式：

$$I_{\text{out}} = \frac{\rho_1^2(r) + \rho_2^2(r) - 2\rho_1(r)\rho_2(r)\cos[\phi_1(r) - \phi_2(r)]}{2} \quad (5-34)$$

式中,$\rho_1(r)$,$\rho_2(r)$,$\phi_1(r)$ 和 $\phi_2(r)$ 如式(5-22)和式(5-23)所示。

对于相位调制,我们可以建立一个使 $E_1(0) = 0$ 或者 $E_2(0) = 0$ 的装置,这样式(5-18)就只剩一个表达式了,从而可以实现对光波的相位调制。

下面以温度不敏感 KTP 电光调制器设计为例来说明电光效应耦合波理论的应用。在电光效应器件应用过程中,经常会遇到一个由自然双折射引起的"零场泄露"问题。虽然"零场泄露"可以用温度调节或者 Soleil - Babinet 补偿器来解决,但是自然双折射对温度非常敏感,因此要使电光器件稳定工作,必须采用恒温装置,这样整个装置就变得臃肿庞大。所以,如果能设计出温度不敏感的电光调制器,就可以避免使用恒温装置,从而大大简化了整个器件。

1995 年,Ebbers 在理论和实验上证实了双轴晶体中"无热漂移的静态相位延迟"(ASPR)方向的存在。在此方向上,自然双折射对温度不敏感[24]。理论和实验都证明,对于 1 064 nm 的光波来说,KTP 晶体的 ASPR 方向在 $x$-$z$ 平面中偏离 $z$ 轴 32.5°的方向[24,25]。以下是我们求 ASPR 方向和设计温度不敏感调制器时采用的相关参数:在室温(25℃),KTP 晶体的三个主折射率在 1 064 nm 波长处分别是 $n_x = 1.737\ 7$,$n_y = 1.745\ 3$ 和 $n_z = 1.829\ 7$[24];折射率温度导数(℃$^{-1}$)是 $\Delta n_x = 6.1 \times 10^{-6}$,$\Delta n_y = 8.3 \times 10^{-6}$ 和 $\Delta n_z = 14.5 \times 10^{-6}$,在 $-10 \sim 100$℃之间,沿着 $(x, y, z)$ 晶轴方向的热膨胀系数(℃$^{-1}$)分别是 $a_1 = 7.81 \times 10^{-6}$,$a_2 = 9.80 \times 10^{-6}$ 和 $a_3 = -0.65 \times 10^{-6}$[25];不为零的电光系数是 $r_{13} = 9.5$,$r_{23} = 15.7$,$r_{33} = 36.3$,$r_{42} = 9.3$ 和 $r_{51} = 7.3$[26](单位:pm/V)。

图 5-3(a)是 KTP 振幅调制器的示意图。在输入端和输出端,分别是起偏器和检偏器,中间是两块 KTP 晶体,第一块做调制器用,另外一块是 Soleil - Babinet 补偿器。1 064 nm 的激光通过检偏器后,经过两块 KTP 晶体的 ASPR 方向。这两个块晶体的长度分别是 $l$ 和 $l'$(在室温下,它们的长度是 $l_0$ 和 $l_0'$)。为方便起见,我们建立一个实验室坐标系 $(X, Y, Z)$,其中 $Z$ 轴平行光的传播方向为 $k_1$(或 $k_2$),$X$ 轴和 $Y$ 轴分别垂直和平行于光学平台。实验室坐标系与晶轴坐标系 $(x, y, z)$ 的关系如图 5-3 (b)所示。$Y$ 轴跟 $y$ 轴平行,而 $Z$ 轴与 $z$ 轴成 $\theta$ 角,在这种定义下,ASPR 方向为 $\theta = 32.5°$,$\varphi = 0$。由于是横向调制,外加电场落在 $X$-$Y$ 平面,电场方向 $c$ 与 $X$ 轴成 $\xi$ 角。

下面,我们研究光在 ASPR 方向传播时的电光效应。在这种情况下,条件 $\Delta k \gg d_i (i = 1, 2, 3, 4)$ 满足,因此,耦合波方程可以简化成

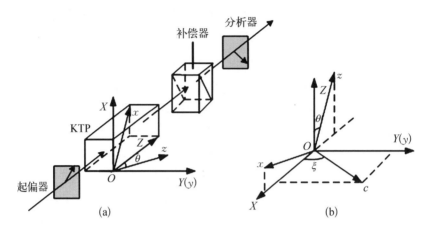

图 5‑3 (a) KTP 振幅调制器的示意图；(b) 实验室坐标系 $(X, Y, Z)$ 与晶轴坐标系 $(x, y, z)$ 的关系

$$\frac{\mathrm{d}E_1(r)}{\mathrm{d}r} \approx -\,\mathrm{i}d_2 E_1(r) \tag{5‑35}$$

$$\frac{\mathrm{d}E_2(r)}{\mathrm{d}r} \approx -\,\mathrm{i}d_4 E_2(r) \tag{5‑36}$$

其中，$d_2$ 和 $d_4$ 由下面两个式子给出

$$d_2 = -\frac{k_0 \sin\theta \cos^2\theta \cos\xi}{2n_1} E_0 (n_x^4 r_{13} + 2n_x^2 n_z^2 r_{51} + n_x^4 r_{33}\tan^2\theta) \tag{5‑37}$$

$$d_4 = -\frac{k_0 n_y^4 r_{23}}{2n_2} E_0 \sin\theta \cos\xi \tag{5‑38}$$

另外，由于是振幅调制，可以调整起偏器使得 $E_1(0) = E_2(0)$。方程(5‑35)～(5‑36)的解就是

$$E_1(\omega) \approx E_1(0)\mathrm{e}^{\mathrm{i}(k_1-d_2)r} \tag{5‑39}$$

$$E_2(\omega) \approx E_2(0)\mathrm{e}^{\mathrm{i}(k_2-d_4)r} \tag{5‑40}$$

这时，由检偏器出射的光强为

$$I_{\text{out}} = I_{\text{in}} \sin^2\left(\frac{\Gamma}{2}\right) \tag{5‑41}$$

式中，$I_{\text{in}}$是入射光强，而 $\Gamma$ 为

$$\Gamma = (d_2 - d_4)l + \Gamma_0 \tag{5-42}$$

$$\Gamma_0 = k_0(n_1 - n_2)(l + l') \tag{5-43}$$

为了降低器件驱动功率,我们应该尽量让 $|d_2 - d_4|$ 大一些。从式(5-37)和式(5-38)可以发现,当电场方向沿着 $X$ 轴正或负方向,也就是 $\xi = m\pi$ ($m = 0$, $\pm 1$, $\pm 2$, $\pm 3$, …) 时,$|d_2 - d_4|$ 取得最大值。另外,从方程(5-41)~(5-43),我们发现如果 $\Gamma_0 = 2m\pi$ ($m = 0$, $\pm 1$, $\pm 2$, $\pm 3$, …),那么双折射便消失了。如果工作晶体 KTP 的长度 $l_0$ 为 2.50 cm,只要在室温中将总长度 $(l_0 + l_0')$ 调节到 2.721 9 cm,调制器就有很好的消光比(约 $10^5$)。假设我们在室温下已经调节好晶体的长度 $(l_0 + l_0' = 2.721\,9\,\mathrm{cm})$,零场泄露随温度的变化关系如图 5-4 所示。我们发现当温度从 25℃ 到 75℃ 变化时,零场泄露微乎其微(约 $10^{-4}$)。进一步,我们研究调制器的工作温度稳定性。在一个很大的电场强度范围内,我们都有 $\Gamma_0 \gg (d_2 - d_4)l$,因此调制器的热稳定因素取决于静态的相位延迟 $\Gamma_0$ 的温度特性。因此,可以预知,当光沿 ASPR 方向传播时调制器的温度稳定性非常好。图 5-5(a) 展示了输出光强与外加电场的关系,其中实线和虚线分别代表 25℃ 和 75℃ 的情况。图 5-5 (a)上的两条曲线几乎重合在一起,为了看清楚两条曲线的差异,我们给出两种情况下的光强差 $\Delta I = I_{\mathrm{out}}(25℃) - I_{\mathrm{out}}(75℃)$ 随外加电场变化的曲线,如图 5-5(b)所示。我们看到,在温度发生 50℃ 变化时,调制器的输出几乎没什么变化。当然,为了获得良好的稳定性是要付出一定代价的。此时的半波电压(大约 2 kV/mm)相比普通的电光应用时的电压要大得多,因为 ASPR 方向跟"零作用电光系数"方向很接近。

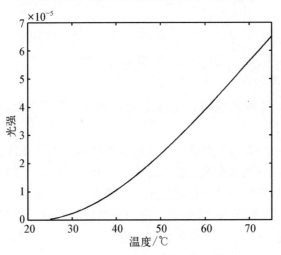

**图 5-4 零场泄露对温度的依赖关系**

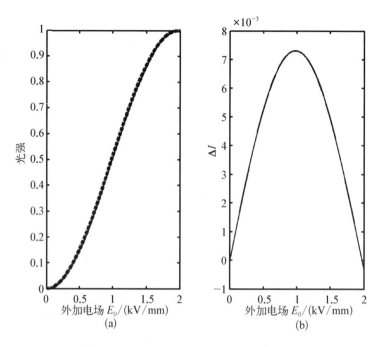

图 5-5　当光沿着 ASPR 方向($\theta=32.5°$，$\varphi=0$)传播时，(a) 光场在
　　　　25℃（实线）和 75℃（虚线）以及 (b) 光场输出差异（$\Delta I$）
　　　　随外加电场的变化关系

　　除了此例子外，本节所介绍的耦合波理论，其应用是很广泛的，例如它可用于 THz 电光采样分析[27,28]、偏振无关电光调制器设计[29,30]、电光效应微小角度测量分析[31]等。

## 5.3　吸收介质线性电光效应耦合波理论

　　前面提到的各种处理线性电光效应的理论，都没有考虑到介质吸收的影响[2,12-14]。

　　众所周知，材料并不是对所有光波波段都是透明的。在许多电光材料特别是聚合物材料中，吸收对光波的影响是不能忽略的[32-34]。人们在处理吸收介质中的电光效应时，只是简单地在出射光后面乘上一个指数衰减因子来表示吸收的影响[35]。在很多情况下，这种做法是一个很好的近似。然而，郑国梁和佘卫龙等人的研究发现，当两个吸收系数差异很大（二向色性很强）时，就不能做这样简单的处理，因为这时吸收不但对振幅有影响，对相位也有影响[36]。我们现在就来推广线性电光效应耦合波理论,使之适合于吸收介质。

从麦克斯韦方程出发,并考虑电导率的贡献,可得到介质中总电场所遵从的偏微分方程

$$\nabla\left[\nabla\cdot\boldsymbol{E}\right]-\nabla^2\boldsymbol{E}+\mu_0\boldsymbol{\sigma}\cdot\frac{\partial\boldsymbol{E}}{\partial t}+\frac{1}{c^2}\frac{\partial^2(\boldsymbol{\varepsilon}\cdot\boldsymbol{E})}{\partial t^2}=-\mu_0\frac{\partial^2\boldsymbol{P}^{\text{NLS}}}{\partial t^2}$$

$$(5-44)$$

式中,$\boldsymbol{\varepsilon}$ 和 $\boldsymbol{\sigma}$ 为介质的相对介电张量和电导率张量,$\boldsymbol{E}$ 为介质中的总电场强度,$\boldsymbol{P}^{\text{NLS}}$ 为介质的非线性极化强度。在这里我们也只考虑线性电光效应的贡献,而认为由于相位失配,其他二阶非线性效应以及更高阶非线性效应可以忽略。参与电光效应的总电场可以表示为

$$\boldsymbol{E}(t)=\boldsymbol{E}(0)+\left[\frac{1}{2}\boldsymbol{E}(\omega)\exp(-\mathrm{i}\omega t)+\text{c. c.}\right]\qquad(5-45)$$

式中,$\left[\dfrac{1}{2}\boldsymbol{E}(\omega)\exp(-\mathrm{i}\omega t)+\text{c. c.}\right]$ 表示频率为 $\omega$ 的光场,c. c. 仍代表电场的复共轭部分,$\boldsymbol{E}(0)$ 为外加直流电场或频率远小于 $\omega$ 的低频电场。那么由线性电光效应引起的非线性极化强度是

$$\boldsymbol{P}^{(2)}(t)=\frac{1}{2}\boldsymbol{P}^{(2)}(\omega)\mathrm{e}^{-\mathrm{i}\omega t}+\text{c. c.}=\varepsilon_0\chi^{(2)}(\omega,0):\boldsymbol{E}(\omega)\boldsymbol{E}(0)\mathrm{e}^{-\mathrm{i}\omega t}+\text{c. c.}$$

$$(5-46)$$

式中,$\chi^{(2)}(\omega,0)$ 是线性电光效应的二阶极化率,$\varepsilon_0$ 是真空的介电常数。与 5.2 节的处理方法一样,我们考虑方程(5-44)垂直于波矢方向的分量,这样有

$$-\nabla^2\boldsymbol{E}_{\perp}(\omega)+\mu_0\left[\boldsymbol{\sigma}\cdot\frac{\partial\boldsymbol{E}(\omega)}{\partial t}\right]_{\perp}+\frac{1}{c^2}\frac{\partial^2\left[\boldsymbol{\varepsilon}\cdot\boldsymbol{E}(\omega)\right]_{\perp}}{\partial t^2}=-\mu_0\frac{\partial^2\boldsymbol{P}_{\perp}^{\text{NLS}}(\omega)}{\partial t^2}$$

$$(5-47)$$

将式(5-45)和式(5-46)代入式(5-47),有

$$\nabla^2\boldsymbol{E}_{\perp}(\omega)+\mathrm{i}\omega\mu_0\left[\boldsymbol{\sigma}\cdot\boldsymbol{E}(\omega)\right]_{\perp}+\frac{\omega^2}{c^2}\left[\boldsymbol{\varepsilon}\cdot\boldsymbol{E}(\omega)\right]_{\perp}=-\mu_0\omega^2\boldsymbol{P}_{\perp}^{(2)}(\omega)$$

$$(5-48)$$

假定考虑的介质是有吸收的,但吸收相对较弱,使得条件

$$\omega\mu_0\left[\boldsymbol{\sigma}\cdot\boldsymbol{E}(\omega)\right]_{\perp}<<\frac{\omega^2}{c^2}\left[\boldsymbol{\varepsilon}\cdot\boldsymbol{E}(\omega)\right]_{\perp}\qquad(5-49)$$

成立。因此,在对式(5-48)做线性近似时,忽略 $i\omega\mu_0\left[\boldsymbol{\sigma}\cdot\boldsymbol{E}(\omega)\right]_\perp$ 这一项。一般地说,光在晶体介质中沿 $\boldsymbol{r}$ 方向传播时,光场可以表示成两个平面波的叠加

$$\boldsymbol{E}(\omega) = \boldsymbol{E}_1(\omega) + \boldsymbol{E}_2(\omega) = \boldsymbol{E}_1(r)\exp(ik_1r) + \boldsymbol{E}_2(r)\exp(ik_2r) \quad (5-50)$$

这里的 $k_1$, $k_2$ 都是实数,传播常数的虚部已被包含在 $\boldsymbol{E}_1(r)$ 和 $\boldsymbol{E}_2(r)$ 中。相应地,$\boldsymbol{P}^{(2)}(\omega)$ 可以写成

$$\boldsymbol{P}^{(2)}(\omega) = 2\varepsilon_0\chi^{(2)}(\omega, 0):\boldsymbol{E}_1(r)\boldsymbol{E}(0)\mathrm{e}^{ik_1r} + 2\varepsilon_0\chi^{(2)}(\omega, 0):\boldsymbol{E}_2(r)\boldsymbol{E}(0)\mathrm{e}^{ik_2r}$$
$$(5-51)$$

将式(5-50)和式(5-51)代入式(5-48),在慢变振幅近似下,可得

$$ik_1\mathrm{e}^{ik_1r}\frac{\partial\boldsymbol{E}_{1\perp}(r)}{\partial r} + ik_2\mathrm{e}^{ik_2r}\frac{\partial\boldsymbol{E}_{2\perp}(r)}{\partial r} = -\frac{\omega^2}{c^2}\left[\chi^{(2)}(\omega, 0):\boldsymbol{E}_1(r)\boldsymbol{E}(0)\right]\mathrm{e}^{ik_1r} -$$

$$\frac{\omega^2}{c^2}\left[\chi^{(2)}(\omega, 0):\boldsymbol{E}_2(r)\boldsymbol{E}(0)\right]_\perp\mathrm{e}^{ik_2r} - i\frac{\omega\mu_0}{2}\left[\boldsymbol{\sigma}\cdot\boldsymbol{E}_1(r)\right]_\perp\mathrm{e}^{ik_1r} -$$

$$i\frac{\omega\mu_0}{2}\left[\boldsymbol{\sigma}\cdot\boldsymbol{E}_2(r)\right]_\perp\mathrm{e}^{ik_2r} \quad (5-52)$$

令

$$\boldsymbol{E}_{1\perp}(r) = E_{1\perp}(r)\boldsymbol{a}, \quad \boldsymbol{E}_{2\perp}(r) = E_{2\perp}(r)\boldsymbol{b}, \quad \boldsymbol{E}(0) = E_0\boldsymbol{c} \quad (5-53)$$

其中,$\boldsymbol{a}$, $\boldsymbol{b}$ 和 $\boldsymbol{c}$ 是三个单位矢量,并且有 $\boldsymbol{a}\cdot\boldsymbol{b} = 0$。分别用 $\boldsymbol{a}$ 和 $\boldsymbol{b}$ 对方程(5-52)做内积,得到

$$ik_1\mathrm{e}^{ik_1r}\frac{\partial E_{1\perp}(r)}{\partial r} = -\frac{\omega^2}{c^2}\boldsymbol{a}\cdot\left[\chi^{(2)}(\omega, 0):\boldsymbol{E}_1(r)\boldsymbol{E}(0)\right]_\perp\mathrm{e}^{ik_1r} -$$

$$\frac{\omega^2}{c^2}\boldsymbol{a}\cdot\left[\chi^{(2)}(\omega, 0):\boldsymbol{E}_2(r)\boldsymbol{E}(0)\right]_\perp\mathrm{e}^{ik_2r} - i\frac{\omega\mu_0}{2}\boldsymbol{a}\cdot\left[\boldsymbol{\sigma}\cdot\boldsymbol{E}_1(r)\right]_\perp\mathrm{e}^{ik_1r} -$$

$$i\frac{\omega\mu_0}{2}\boldsymbol{a}\cdot\left[\boldsymbol{\sigma}\cdot\boldsymbol{E}_2(r)\right]_\perp\mathrm{e}^{ik_2r} \quad (5-54\mathrm{a})$$

$$ik_2\mathrm{e}^{ik_2r}\frac{\partial E_{2\perp}(r)}{\partial r} = -\frac{\omega^2}{c^2}\boldsymbol{b}\cdot\left[\chi^{(2)}(\omega, 0):\boldsymbol{E}_1(r)\boldsymbol{E}(0)\right]\mathrm{e}^{ik_1r} -$$

$$\frac{\omega^2}{c^2}\boldsymbol{b}\cdot\left[\chi^{(2)}(\omega, 0):\boldsymbol{E}_2(r)\boldsymbol{E}(0)\right]_\perp\mathrm{e}^{ik_2r} - i\frac{\omega\mu_0}{2}\boldsymbol{b}\cdot\left[\boldsymbol{\sigma}\cdot\boldsymbol{E}_1(r)\right]_\perp\mathrm{e}^{ik_1r} -$$

$$i\frac{\omega\mu_0}{2}\boldsymbol{b}\cdot\left[\boldsymbol{\sigma}\cdot\boldsymbol{E}_2(r)\right]_\perp\mathrm{e}^{ik_2r} \quad (5-54\mathrm{b})$$

类似于5.2节，可以证明上述两个式子中右边各项的下标"⊥"可以被去掉。仍然用 $E_1$ 和 $E_2$ 分别表示 $E_{1\perp}$ 和 $E_{2\perp}$。记 $\Delta k = k_2 - k_1$ 和

$$\alpha_{11} = \frac{\omega\mu_0}{k_1}(\boldsymbol{\sigma} \cdot \boldsymbol{a}) \cdot \boldsymbol{a}, \qquad \alpha_{21} = \frac{\omega\mu_0}{k_1}(\boldsymbol{\sigma} \cdot \boldsymbol{b}) \cdot \boldsymbol{a}$$

$$\alpha_{12} = \frac{\omega\mu_0}{k_2}(\boldsymbol{\sigma} \cdot \boldsymbol{a}) \cdot \boldsymbol{b}, \qquad \alpha_{22} = \frac{\omega\mu_0}{k_2}(\boldsymbol{\sigma} \cdot \boldsymbol{b}) \cdot \boldsymbol{b} \qquad (5-55)$$

则方程(5-54)可以写成

$$\frac{\mathrm{d}E_1(r)}{\mathrm{d}r} = -\left(\mathrm{i}d_1 + \frac{\alpha_{21}}{2}\right)E_2(r)\mathrm{e}^{\mathrm{i}\Delta kr} - \left(\mathrm{i}d_2 + \frac{\alpha_{11}}{2}\right)E_1(r) \qquad (5-56\mathrm{a})$$

$$\frac{\mathrm{d}E_2(r)}{\mathrm{d}r} = -\left(\mathrm{i}d_3 + \frac{\alpha_{12}}{2}\right)E_1(r)\mathrm{e}^{-\mathrm{i}\Delta kr} - \left(\mathrm{i}d_4 + \frac{\alpha_{22}}{2}\right)E_2(r) \qquad (5-56\mathrm{b})$$

其中，系数 $d_i$ 同5.2节中(5-19)所列。注意到，方程(5-56)含有四个吸收系数 $\alpha_{ij}(i, j = 1, 2)$，如式(5-55)所列。在低对称的晶体如双轴晶体中，由于介电张量和吸收率张量的主轴坐标系不一致，四个吸收系数都不为零，其中，$\alpha_{21}$ 和 $\alpha_{12}$ 出现在耦合项中，称之为交叉吸收系数。

令 $E_1(0)$ 和 $E_2(0)$ 为光场两个独立线偏振分量的初始值，可以得到方程(5-56)的解

$$E_1(\omega) = E_1(r)\exp(\mathrm{i}k_1 r)$$
$$= \rho_1(r)\exp\left[\mathrm{i}(k_1 + \beta)r + \mathrm{i}\phi_1(r) - \left(\frac{\alpha_{11} + \alpha_{22}}{4}\right)r\right] \qquad (5-57)$$

$$E_2(\omega) = E_2(r)\exp(\mathrm{i}k_2 r)$$
$$= \rho_2(r)\exp\left[\mathrm{i}(k_1 + \beta)r + \mathrm{i}\phi_2(r)r - \left(\frac{\alpha_{11} + \alpha_{22}}{4}\right)r\right] \qquad (5-58)$$

其中，

$$\rho_1(r) = \sqrt{l_1^2 + m_1^2} \qquad (5-59)$$

$$\phi_1(r) = \arg(l_1 + \mathrm{i}m_1) \qquad (5-60)$$

$$\rho_2(r) = \sqrt{l_2^2 + m_2^2} \qquad (5-61)$$

$$\phi_2(r) = \arg(l_2 + \mathrm{i}m_2) \qquad (5-62)$$

$$l_1 = \frac{gE_1(0)\cos(pr)}{2} + \frac{s\left[uE_1(0) - \left(d_1 p + \frac{1}{2}\alpha_{21} q\right)E_2(0)\right]\cos(pr)}{2(p^2 + q^2)} -$$

$$\frac{g\left[vE_1(0) + \left(d_1 q + \frac{1}{2}\alpha_{21} p\right)E_2(0)\right]\sin(pr)}{2(p^2 + q^2)} \tag{5-63}$$

$$m_1 = \frac{sE_1(0)\sin(pr)}{2} + \frac{g\left[uE_1(0) - \left(d_1 p + \frac{1}{2}\alpha_{21} q\right)E_2(0)\right]\sin(pr)}{2(p^2 + q^2)} +$$

$$\frac{s\left[vE_1(0) + \left(d_1 q + \frac{1}{2}\alpha_{21} p\right)E_2(0)\right]\cos(pr)}{2(p^2 + q^2)} \tag{5-64}$$

$$l_2 = \frac{gE_2(0)\cos(pr)}{2} + \frac{s\left[-uE_2(0) - \left(d_3 p + \frac{1}{2}\alpha_{12} q\right)E_1(0)\right]\cos(pr)}{2(p^2 + q^2)} +$$

$$\frac{g\left[vE_2(0) - \left(d_3 q + \frac{1}{2}\alpha_{12} p\right)E_1(0)\right]\sin(pr)}{2(p^2 + q^2)} \tag{5-65}$$

$$m_2 = \frac{sE_2(0)\sin(pr)}{2} + \frac{g\left[-uE_2(0) - \left(d_3 p + \frac{1}{2}\alpha_{12} q\right)E_1(0)\right]\sin(pr)}{2(p^2 + q^2)} +$$

$$\frac{s\left[-vE_2(0) + \left(d_3 q + \frac{1}{2}\alpha_{12} p\right)E_1(0)\right]\cos(pr)}{2(p^2 + q^2)} \tag{5-66}$$

和

$$u = p\gamma + q\alpha, \ v = p\alpha - q\gamma, \quad s = \exp(-qr) - \exp(qr)$$

$$g = \exp(-qr) + \exp(qr)$$

$$p = \frac{2\gamma\alpha + \frac{1}{2}d_1\alpha_{12} + \frac{1}{2}d_3\alpha_{21}}{\sqrt{-2\left(\gamma^2 - \alpha^2 + d_1 d_3 - \frac{1}{4}\alpha_{12}\alpha_{21}\right) + 2\sqrt{\left(\gamma^2 - \alpha^2 + d_1 d_3 - \frac{1}{4}\alpha_{12}\alpha_{21}\right)^2 + \left(2\gamma\alpha + \frac{1}{2}d_1\alpha_{12} + \frac{1}{2}d_3\alpha_{21}\right)^2}}}$$

$$q = \frac{\sqrt{2}}{2}\sqrt{-\left(\gamma^2 - \alpha^2 + d_1 d_3 - \frac{1}{4}\alpha_{12}\alpha_{21}\right) + \sqrt{\left(\gamma^2 - \alpha^2 + d_1 d_3 - \frac{1}{4}\alpha_{12}\alpha_{21}\right)^2 + \left(2\gamma\alpha + \frac{1}{2}d_1\alpha_{12} + \frac{1}{2}d_3\alpha_{21}\right)^2}}$$

$$\alpha = \frac{\alpha_{11} - \alpha_{22}}{4}, \ \gamma = \frac{d_4 - d_2 - \Delta k}{2}, \ \beta = \frac{\Delta k - d_2 - d_4}{2} \tag{5-67}$$

从式(5-67)可以看出,当 $\Delta k \gg \alpha_{ij}(i \neq j)$,也就是说光不沿着光轴或在其附近传播时,交叉项 $\alpha_{ij}(i \neq j)$ 对电光效应的影响可以忽略不计。然而,当 $\Delta k \gg \alpha_{ij}$ 这个条件不满足时,交叉项 $\alpha_{ij}(i \neq j)$ 将对电光耦合产生明显的影响。下面用例子说明交叉吸收系数对电光应用的影响。

我们考虑 KTP 晶体。KTP 是一种双轴晶体,其不为零的电光系数有 $r_{13} = 9.5$,$r_{23} = 15.7$,$r_{33} = 36.3$,$r_{42} = 9.3$ 和 $r_{51} = 7.3$[26](单位:pm/V),在光波长 $1\ \mu m$ 处的三个主折射率为:$n_x = 1.7416$,$n_y = 1.7496$ 和 $n_z = 1.8323$[36]。设光沿着靠近光轴的方向传播,光波矢 $\boldsymbol{k}$ 落在 $x\text{-}y$ 平面,且与 $z$ 轴夹角为 $\theta = \Omega + 0.00012\pi$($\Omega$ 为光轴与 $z$ 轴的夹角),外加电场沿着 $y$ 轴,大小为 $E_0 = 2500\ \text{V/cm}$,晶体的有效长度 $L$ 为 2.5 cm,入射光波长 $\lambda_0 = 1\ \mu m$,光场的初始值为 $E_1(0) = E_2(0) = 1\ \text{V/m}$。吸收系数为 $\alpha_{11} = 25\ \text{m}^{-1}$,$\alpha_{22} = 20\ \text{m}^{-1}$。光场两个独立分量的振幅$|E_{1,2}(L)|$随交叉项 $\alpha_{21}$ 和 $\alpha_{12}$ 的变化关系如图 5-6 和图 5-7 所示。从图可以清楚地看到,$\alpha_{21}$ 和 $\alpha_{12}$ 都明显地影响$|E_1(L)|$和$|E_2(L)|$,但是它们并不像 $\alpha_{ii}(i=1,2)$ 那样只对光强起衰减作用[35]。当 $\alpha_{21}(\alpha_{12})$ 增大时,$|E_1(L)|$ 增大,然而 $|E_2(L)|$ 减少。可见 $\alpha_{ij} \neq 0 (i \neq j)$ 影响两个分量之间能量的耦合。图 5-8 和图 5-9 显示的是 $\phi_{1,2}(L)$ 对 $\alpha_{21}$ 和 $\alpha_{12}$ 的依赖关系。从图可以看到,$\phi_1(L)$强烈依赖 $\alpha_{21}$,但对 $\alpha_{12}$ 不敏感;相反,$\phi_2(L)$强烈依赖 $\alpha_{12}$,但对 $\alpha_{21}$ 依赖微弱。

在单轴和各向同性介质中,可以方便地证明交叉项 $\alpha_{21} = \alpha_{12} = 0$,这时吸收系数只剩下 $\alpha_{11}$ 和 $\alpha_{22}$ 两个。$\alpha_{11}$ 和 $\alpha_{22}$ 主要对光波两个独立偏振分量的振幅起衰减作用,与传统的吸收系数相似,有兴趣的读者可以参考文献[18],该文献对这种情况有详细的论述。

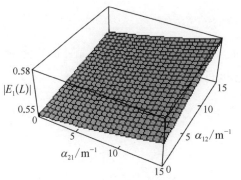

**图 5-6** $|E_1(L)|$ 对 $\alpha_{21}$ 和 $\alpha_{12}$ 的依赖关系

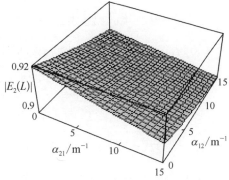

**图 5-7** $|E_2(L)|$ 对 $\alpha_{21}$ 和 $\alpha_{12}$ 的依赖关系

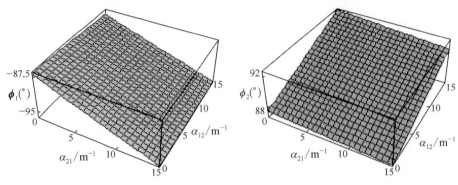

图 5 - 8   $\phi_1(L)$ 对 $\alpha_{21}$ 和 $\alpha_{12}$ 的依赖关系    图 5 - 9   $\phi_2(L)$ 对 $\alpha_{21}$ 和 $\alpha_{12}$ 的依赖关系

## 5.4 电光-旋光-磁光联合效应耦合波理论

美国光学学会编写的《光学手册》(Handbook of Optics)第 10 节,第 146 页提到[37]"石英晶体是旋光活性的,但恰恰是这种旋光性使得石英作为电光调制器的使用变得相当的复杂"。显然,如果对一个旋光晶体同时加上电场和磁场,那么光波与物质的相互作用将变得更为复杂。2007 年,陈理想等人采用了佘卫龙和李荣基在 2001 年提出的耦合波理论的思想[14],漂亮地给出了该问题的解决方案[10]。

一般而言,一束频率为 $\omega$ 的单色平面波在双折射晶体中总可以分解为两个独立的线偏振分量(请注意,传统的做法是,将旋光晶体中的光场分解成左旋和右旋两个独立偏振分量),即

$$\boldsymbol{E}(\omega) = \boldsymbol{E}_1(\omega) + \boldsymbol{E}_2(\omega) = \boldsymbol{E}_1(r)\exp(\mathrm{i}k_1 r) + \boldsymbol{E}_2(r)\exp(\mathrm{i}k_2 r) \quad (5-68)$$

式中,$\boldsymbol{E}_1(\omega)$ 和 $\boldsymbol{E}_2(\omega)$ 分别对应在双折射晶体中 o 光和 e 光分量。晶体的旋光活性来源于空间色散,与之相关的电极化强度可以写成分量形式[38]

$$P_\mu^\omega = \varepsilon_0 \chi_{\mu\alpha\beta} \nabla_\beta E_\alpha^\omega = \mathrm{i}\varepsilon_0 \chi_{\mu\alpha\beta} E_\alpha^\omega k_\beta \quad (5-69)$$

将式(5-68)代入式(5-69),我们容易得到

$$\boldsymbol{P}_1^{(2)}(\omega) = \mathrm{i}2\varepsilon_0 \boldsymbol{\kappa}_1^{(2)} : \boldsymbol{E}_1(r)\,\boldsymbol{k}_1 \exp(\mathrm{i}k_1 r) + \mathrm{i}2\varepsilon_0 \boldsymbol{\kappa}_2^{(2)} : \boldsymbol{E}_2(r)\,\boldsymbol{k}_2 \exp(\mathrm{i}k_2 r)$$

$$(5-70)$$

式中，$\boldsymbol{\kappa}_1^{(2)}$（$\boldsymbol{\kappa}_2^{(2)}$）为描述自然旋光性的二阶极化率张量，一般地 $\kappa_1^{(2)} \neq \kappa_2^{(2)}$。如果该旋光晶体还同时外加有一个电场 $\boldsymbol{E}(0)$ 和磁场 $\boldsymbol{B}(0)$，那么与电光效应和磁光效应分别对应的电极化强度为：

$$\boldsymbol{P}_2^{(2)}(\omega) = 2\varepsilon_0 \boldsymbol{\chi}^{(2)}(\omega,\,0) : \boldsymbol{E}_1(r)\boldsymbol{E}(0)\exp(\mathrm{i}k_1 r) + 2\varepsilon_0 \boldsymbol{\chi}^{(2)}(\omega,\,0) :$$
$$\boldsymbol{E}_2(r)\boldsymbol{E}(0)\exp(\mathrm{i}k_2 r) \tag{5-71}$$

$$\boldsymbol{P}_3^{(2)}(\omega) = \mathrm{i}2\varepsilon_0 \boldsymbol{\eta}^{(2)} : \boldsymbol{E}_1(r)\boldsymbol{B}(0)\exp(\mathrm{i}k_1 r) + \mathrm{i}2\varepsilon_0 \boldsymbol{\eta}^{(2)} : \boldsymbol{E}_2(r)\boldsymbol{B}(0)\exp(\mathrm{i}k_2 r)$$
$$\tag{5-72}$$

式中，$\boldsymbol{\chi}^{(2)}$ 和 $\boldsymbol{\eta}^{(2)}$ 分别为描述电光效应和磁光效应的二阶极化率张量。所以，总的二阶电极化强度为

$$\begin{aligned}
\boldsymbol{P}^{(2)}(\omega) &= \boldsymbol{P}_1^{(2)}(\omega) + \boldsymbol{P}_2^{(2)}(\omega) + \boldsymbol{P}_3^{(2)}(\omega) \\
&= \mathrm{i}2\varepsilon_0 \boldsymbol{\kappa}_1^{(2)} : \boldsymbol{E}_1(r)k_1\exp(\mathrm{i}k_1 r) + \mathrm{i}2\varepsilon_0 \boldsymbol{\kappa}_2^{(2)} : \boldsymbol{E}_2(r)k_2\exp(\mathrm{i}k_2 r) + \\
&\quad 2\varepsilon_0 \boldsymbol{\chi}^{(2)}(\omega,\,0) : \boldsymbol{E}_1(r)\boldsymbol{E}(0)\exp(\mathrm{i}k_1 r) + \\
&\quad 2\varepsilon_0 \boldsymbol{\chi}^{(2)}(\omega,\,0) : \boldsymbol{E}_2(r)\boldsymbol{E}(0)\exp(\mathrm{i}k_2 r) + \\
&\quad \mathrm{i}2\varepsilon_0 \boldsymbol{\eta}^{(2)} : \boldsymbol{E}_1(r)\boldsymbol{B}(0)\exp(\mathrm{i}k_1 r) + \mathrm{i}2\varepsilon_0 \boldsymbol{\eta}^{(2)} : \boldsymbol{E}_2(r)\boldsymbol{B}(0)\exp(\mathrm{i}k_2 r)
\end{aligned}$$
$$\tag{5-73}$$

从麦克斯韦方程组出发，只考虑二阶非线性效应并忽略其他高阶非线性以及线性吸收，在忽略了走离效应和慢变振幅的近似条件下，可推导出描述双折射旋光晶体中电光效应和磁光效应交互作用的耦合波方程

$$\frac{\mathrm{d}E_1(r)}{\mathrm{d}r} = \left( \frac{f_{0\mathrm{N}}}{n_1} + \frac{f_{0\mathrm{B}}}{n_1} - \mathrm{i}d_1 \right) E_2(r)\exp(\mathrm{i}\Delta k r) - \mathrm{i}d_2 E_1(r) \tag{5-74}$$

$$\frac{\mathrm{d}E_2(r)}{\mathrm{d}r} = \left( -\frac{f_{0\mathrm{N}}}{n_2} - \frac{f_{0\mathrm{B}}}{n_2} - \mathrm{i}d_3 \right) E_1(r)\exp(-\mathrm{i}\Delta k r) - \mathrm{i}d_4 E_2(r)$$
$$\tag{5-75}$$

式中，$\Delta k = k_2 - k_1$ 是晶体中光场两个独立线偏振分量的波矢失配，$d_i(i=1,\,2,\,3,\,4)$ 称为有效电光系数，$f_{0\mathrm{N}} = -\sum_{jkl}(k_0^2) \cdot (a_j n_2 \kappa_{2jkl}^{(2)} b_k \hat{k}_l) = \sum_{jkl}(k_0^2) \cdot (b_j n_1 \kappa_{1jkl}^{(2)} a_k \hat{k}_l)$ 称为有效旋光系数，$f_{0\mathrm{B}} = -\sum_{jkl}(k_0 B_0) \cdot (a_j \eta_{jkl}^{(2)} b_k m_l)$ 称为有效磁光系数。其中 $a_j$，$b_k$，$m_l$ 和 $\hat{k}_l$ 分别为 $\boldsymbol{E}_1$，$\boldsymbol{E}_2$，$\boldsymbol{B}(0)$ 和 $\boldsymbol{k}$ 的单位矢量 $\boldsymbol{a}$，$\boldsymbol{b}$，$\boldsymbol{m}$ 和 $\hat{\boldsymbol{k}}$ 的分量。必须指出，在推导方程（5-74）和方程（5-75）过程中，我们还利用了三阶赝张量的反对称性[39]：$\kappa_{jkl}^{(2)} = -\kappa_{kjl}^{(2)}$ 和 $\eta_{jkl}^{(2)} = -\eta_{kjl}^{(2)}$，从而 $\sum_{jkl} a_j \kappa_{1jkl}^{(2)} a_k \hat{k}_l =$

$0$，$\sum_{jkl} b_j \kappa^{(2)}_{2jkl} b_k \hat{k}_l = 0$，$\sum_{jkl} a_j \eta^{(2)}_{jkl} a_k m_l = 0$ 和 $\sum_{jkl} b_j \eta^{(2)}_{jkl} b_k m_l = 0$。方程（5-74）和方程（5-75）可用于描述任何偏振态的光波在任何点群结构的双折射旋光晶体中沿任意方向的传播行为，即使该晶体同时施加有任意方向的电场和磁场。下面以电场和磁场可控光学扳手为例讨论电光-旋光-磁光联合效应耦合波理论的应用。

光学扳手是一束光，当角动量从光束传递给介质微粒时就会产生力学效应，驱动后者发生旋转。方程（5-74）和方程（5-75）描述了旋光晶体中光偏振态在外加电场和磁场控制下的演化行为，因此也描述了角动量在光波与晶体之间的传输。分别选取长度为 $100\ \mu m$ 和 $200\ \mu m$（沿 $[\bar{1}10]$ 方向），横向半径均为 $5\ \mu m$ 的两种 BTO 晶丝作为研究对象来分析光学扳手效应。其中，外加电场沿着 $[110]$ 方向，而磁场沿着 $[\bar{1}10]$ 方向，即 $\boldsymbol{a} = (0, 0, 1)$，$\boldsymbol{b} = (1/\sqrt{2}, 1/\sqrt{2}, 0)$，$\boldsymbol{c} = (1/\sqrt{2}, 1/\sqrt{2}, 0)$，$\boldsymbol{m} = (-1/\sqrt{2}, 1/\sqrt{2}, 0)$ 和 $\Delta k = 0$。由于 BTO 晶体属 23 点群晶体[40]，因此 $d_1 = d_3 = k_0 n_0^3 E_0 r_{63}/2 = d$，$d_2 = d_4 = 0$ 和 $f_N = f_{0N}/n_0 = -k_0^2 \kappa^{(2)}_{xyz}$，$f_B = -k_0 \eta^{(2)}_{xyz} B_0/n_0$。于是方程（5-74）和方程（5-75）可以简化为

$$\frac{\mathrm{d}E_1(r)}{\mathrm{d}r} = (f_N + f_B - \mathrm{i}d)E_2(r) \tag{5-76}$$

$$\frac{\mathrm{d}E_2(r)}{\mathrm{d}r} = (-f_N - f_B - \mathrm{i}d)E_1(r) \tag{5-77}$$

假设 $f_N > 0$，且入射光水平偏振，即 $E_1(0) = E_{in}$ 和 $E_2(0) = 0$，那么方程的解为

$$\begin{cases} E_1(r) = E_{in} \cos(\sqrt{(f_N + f_B)^2 + d^2}\, r) \\ E_2(r) = E_{in} \sin(\sqrt{(f_N + f_B)^2 + d^2}\, r) \exp[\mathrm{i}(\theta + \pi)] \end{cases} \tag{5-78}$$

式中，$\theta = \arg(f_N + f_B + \mathrm{i}d)$。为了分析该光波所携带的自旋角动量，我们可以把光场分解为左旋圆偏振光和右旋圆偏振光的叠加。

$$\boldsymbol{E}(r) = [E_1(r),\ E_2(r)]^{\mathrm{T}} = E_{in}(\alpha_L [1/\sqrt{2},\ -\mathrm{i}/\sqrt{2}]^{\mathrm{T}} + \alpha_R [1/\sqrt{2},\ \mathrm{i}/\sqrt{2}]^{\mathrm{T}}) \tag{5-79}$$

其中，左、右旋圆偏振光的权重分别为

$$\alpha_L = [\cos(\sqrt{(f_N + f_B)^2 + d^2}\, r) - \mathrm{i}\sin(\sqrt{(f_N + f_B)^2 + d^2}\, r) \exp(\mathrm{i}\theta)]/\sqrt{2} \tag{5-80}$$

$$\alpha_R = \left[\cos(\sqrt{(f_N + f_B)^2 + d^2}\, r) + i\sin(\sqrt{(f_N + f_B)^2 + d^2}\, r)\exp(i\theta)\right]/\sqrt{2}$$

$$(5-81)$$

令 $e_{-1} = [1/\sqrt{2}, -i/\sqrt{2}]^T$，$e_{+1} = [1/\sqrt{2}, i/\sqrt{2}]^T$ 分别表示左、右旋圆偏振光的本征态，那么容易得到 $e_{+1} \cdot e_{-1}^* = 0$ 和 $e_\mu \times e_{\mu'}^* = -i\mu\hat{k}\delta_{\mu\mu'}(\mu, \mu' = \pm 1)$。自旋角动量的算符可记为[41]：$\hat{J}_s = \sum_k \hbar\hat{k}(\hat{n}_{k,+1} - \hat{n}_{k,-1})$，其中 $\hat{n}_{k,+1}$ 和 $\hat{n}_{k,-1}$ 分别表示左、右旋圆偏振光的产生算符。同时，根据光子自旋角动量流和能量流的关系式[42]：$\sigma\hbar/\hbar\omega(\sigma = \pm 1$ 分别对应左、右旋圆偏振光$)$，我们知道在理想透射条件下（如加增透膜），出射端面处的左、右旋圆偏振光子数分别为

$$N_L = \frac{c\varepsilon_0 \mid \alpha_L E_{in} \mid^2}{2\hbar\omega}, \quad N_R = \frac{c\varepsilon_0 \mid \alpha_R E_{in} \mid^2}{2\hbar\omega} \tag{5-82}$$

因此，单位面积的总自旋角动量为

$$M_S = \hbar(N_R - N_L) = \frac{c\varepsilon_0 E_{in}^2}{2\omega}(\mid \alpha_R \mid^2 - \mid \alpha_L \mid^2)$$

$$= -\frac{c\varepsilon_0 E_{in}^2}{2\omega}\sin\theta\sin(2\sqrt{(f_N + f_B)^2 + d^2}\, r) \tag{5-83}$$

采用 632.8 nm 的 He-Ne 激光作为入射光，那么 BTO 微丝折射率 $n_0 = 2.54$，非零电光系数 $r_{41} = r_{52} = r_{63} = 7.37$（单位：pm/V），有效旋光系数 $f_N = 0.110\ 3$ rad/mm；Verder 常数为 $V = 0.061\ 1$ rad/(T·mm)[43]；从而，$f_B = 0.061\ 1B_0(\text{mm}^{-1})$，$d = 5.9 \times 10^{-2}E_0(\text{mm}^{-1})$。图 5-10 和图 5-11 给出了方程 (5-82) 和方程 (5-83) 的数值解结果。

从图 5-10 和图 5-11 中，我们发现左、右旋光子数及总的自旋角动量均为外加电场和磁场的函数，当磁场强度固定在 $-1.8$T 时，它们均随着电场强度以正弦函数的行为发生变化。对 200 $\mu$m 的 BTO 微丝，当电场强度从 $-66$ kV/cm 变化到 66 kV/cm 时，单个光子平均角动量从 $-\hbar$ 变化到 $\hbar$。但是当 $E_0 > 50$ kV/cm，电场强度会超过晶体的击穿电压。因此，对 100 $\mu$m 的 BTO 微丝，如果施加一个 40 kV/cm（$-40$ kV/cm）的电场会将 46% 的右旋光子（左旋光子）转换为左旋光子（右旋光子），此时平均单个光子伴随着 $0.46\hbar$ 的自旋角动量的变化。如果没有外加磁场的辅助，电场就不能最大限度地调控自旋角动量的传输。因此，电场和磁场相互结合，使得角动量的调控变得灵活。另外，从图 5-10 还可以看出总光子数总是守恒的，但是从图 5-11 看，光子携带的总自旋角动量

是不守恒的。光场和 BTO 微丝构成的系统必须遵循角动量守恒定律,因此我们知道有一部分角动量从光束传递到了 BTO 微丝。如果入射光强足够大,就会给 BTO 微丝施加一个足够大的力矩,驱使微丝发生旋转。根据 Einstein 理想盒模型[45],旋转角速度可写成

$$\Omega = \frac{s\varepsilon_0 E_{\text{in}}^2}{2I\omega}\left(n_0 - \frac{1}{n_0}\right)\sin\theta\sin[2\sqrt{(f_N + f_B)^2 + d^2 s}] \qquad (5-84)$$

式中,$f_B$ 可以通过调节外加磁场(钕铁硼永磁体可产生超过 2T 的磁场[46])来操控,而 $d$ 可以通过外加电场(所需最大电压为 250 V 左右)来操控。如果采用有效电光系数更大的晶体,如 SBN 晶体的 $r_{33}$ 为 1 340 pm/V[47],则可将微丝尺寸降低到 24 $\mu$m 长,然后只需 8.4 kV/cm 电场(对应 50 $\mu$m 的电极距离和 42 V 外加电压)就可以获得 $2\hbar$ 的自旋角动量的传递(且不需外加磁场),光学扳手效应将会更为明显!

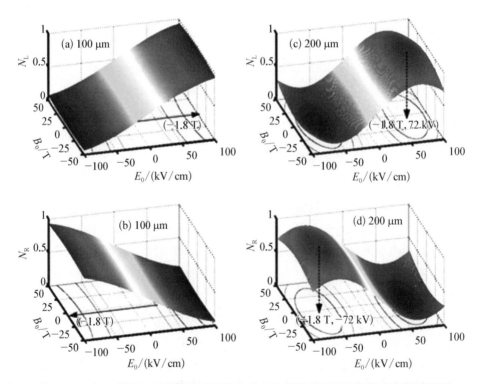

**图 5 - 10　归一化的左、右旋圆偏光子数在外加电场和磁场共同控制下的变化趋势**

(a)和(b)对应 100 $\mu$m 的 BTO 微丝;(c)和(d)对应 200 $\mu$m 的 BTO 微丝

除了上述应用外,电光-旋光-磁光联合效应耦合波理论还可用于旋光晶体电光调制器的优化设计和旋光晶体的偏振光控制器的设计[44]。

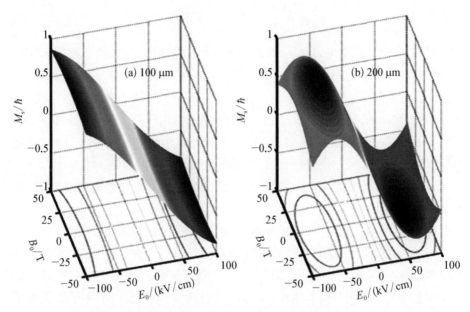

图 5-11　(a)和(b)分别对应 100 μm 和 200 μm BTO 微丝中单个光子平均携带的自旋角动量与外加电场和磁场的关系

## 5.5　准相位匹配线性电光效应耦合波理论

在介绍准相位匹配线性电光效应之前,我们先回顾一下佘卫龙和李荣基提出的线性电光效应耦合波方程

$$\begin{cases} \dfrac{\mathrm{d}E_1(r)}{\mathrm{d}r} = -\mathrm{i}d_1 E_2(r)\mathrm{e}^{\mathrm{i}\Delta kr} - \mathrm{i}d_2 E_1(r) \\ \dfrac{\mathrm{d}E_2(r)}{\mathrm{d}r} = -\mathrm{i}d_3 E_1(r)\mathrm{e}^{-\mathrm{i}\Delta kr} - \mathrm{i}d_4 E_2(r) \end{cases} \qquad (5\text{-}85)$$

注意到,当 $\Delta k \neq 0$(即光波的两个相互独立的线偏振分量分别经历不同的折射率)且 $\Delta k \gg d_i (i=1,2,3,4)$ 时,此时方程(5-85)右边第一项的贡献可以忽略,方程可以简化为

$$\begin{cases} \dfrac{\mathrm{d}E_1(r)}{\mathrm{d}r} \approx -\mathrm{i}d_2 E_1(r) \\[2mm] \dfrac{\mathrm{d}E_2(r)}{\mathrm{d}r} \approx -\mathrm{i}d_4 E_2(r) \end{cases} \tag{5-86}$$

从方程(5-86)可以看出,$E_1(r)$ 和 $E_2(r)$ 几乎是相互独立的,耦合很弱,也就是说,此时线性电光效应只能对光场两个独立线偏振分量的相位分别进行调制,而不能使它们之间发生能量耦合。这个情况在双折射晶体的电光效应中经常见到。例如,在单轴晶体中,当光不沿着光轴传播时,由于 o 光与 e 光的折射率不同将导致两者相位失配,电光效应不能使 o 光与 e 光产生有效能量交换。可见,由于双折射相位匹配的局限性,线性电光效应的应用受到限制。对 $\Delta k \gg d_i$ 的情况,要实现光场两个独立线偏振分量之间的能量耦合,必须想办法对波矢失配 $\Delta k$ 进行补偿。

1962 年,Armstrong 和 Bloembergen 等人提出的准相位匹配(QPM)思想[1],为我们提供了一条解决线性电光效应相位失配问题的途径。在准相位匹配材料(又称光学超晶格)中,二阶非线性系数在空间上按一定规律变化,因此它可提供合适的倒格矢补偿非线性光学效应(包括线性电光效应)中的波矢失配,从而获得高效的非线性频率转换或强的电光耦合。一般地,在光学超晶格中,若所考虑的一个非线性过程的相位失配是 $\Delta k$,而光学超晶格的结构函数傅里叶展开为:$f(r) = \sum\limits_{-\infty}^{+\infty} F_m \exp(\mathrm{i}G_m r)$(其中,$G_m$ 为第 $m$ 阶倒格矢,$F_m$ 为相应的傅里叶系数),则当满足条件 $\Delta k + G_m = 0$ 时,我们称之为"准相位匹配"。图 5-12 为共线与不共线准相位匹配和频和电光效应的示意图,表 5-12 列出了常见的一些光学超晶格及其倒格矢特点。

**表 5-1　各种常见一维和二维光学超晶格模型及应用**

| | | 极化结构及模型 | 独立倒格矢 | 应　　用 |
|---|---|---|---|---|
| 一维 | 周期 | | 离散:1 | 单个准相位匹配(共线) |

（续表）

| | | 极化结构及模型 | 独立倒格矢 | 应　　用 |
|---|---|---|---|---|
| 一维 | 准周期 | | 离散：2 | 2个或以上准相位匹配（共线） |
| | 啁啾周期 | | 连续：多个 | 宽带准相位匹配（共线） |
| | 非周期 | | 离散：≥2 | 2个或以上准相位匹配（共线） |
| 二维 | | 结构较复杂，具有不同的极化单元和极化点阵 | 离散和连续均可：一般2个以上独立倒格矢 | 2个或以上非共线准相位匹配 |

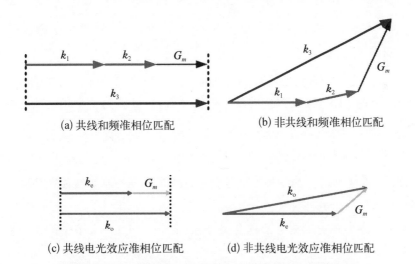

(a) 共线和频准相位匹配　　　(b) 非共线和频准相位匹配

(c) 共线电光效应准相位匹配　　(d) 非共线电光效应准相位匹配

**图 5-12　光学超晶格中和频与电光效应准相位匹配过程**

　　准相位匹配技术的引入为线性电光效应的应用开辟了一个新的广阔天地，许多有趣现象和重要应用相继被发现[7,8,19,21,48-51]。2000 年,陆延青等人研究了周期性极化铌酸锂（PPLN）电光耦合与入射波长的关系,理论上预言了 PPLN 作为窄带滤波器的可能[7]。此后,陈险峰等人研究了 PPLN 光学超晶格 Šolc 型滤波器,并通过沿着 $y$ 轴加外电场或者利用光伏效应来实现滤波调节[8,49-51]。以往准相位匹配电光效应是用耦合模理论进行分析的,然而,电光效应耦合模理论的应用是有条件的。如果电光效应对光场两个独立线偏振分量产生的相位调制不全为零时,该理论得出的结果是不准确的。基于这点,郑国梁和佘卫龙等人从麦克斯韦方程组出发,将线性电光效应作为微扰,采用傅里叶级数展开的方法,得到了准相位匹配线性电光效应耦合波方程[19]。2010 年,曾效奇和佘卫龙等人在此基础上研究了线性啁啾极化铌酸锂中的电光效应,并得到宽带电光滤波器[52]。另外,在光学超晶格中,由于材料提供的倒格矢可以匹配多个非线性光学过程,这就使得联合准相位匹配非线性光学效应成为可能。2009 年,黄东和佘卫龙进一步提出了准相位匹配电控倍频、参量下转换级联效应耦合波理论[22]。下面先介绍周期性极化晶体中的线性电光效应。

### 5.5.1 周期性极化晶体中的线性电光效应

对周期性极化晶体中的线性电光效应,参与电光效应的总电场仍然可以表示为

$$E(t) = E(0) + \left[\frac{1}{2}E(\omega)\exp(-i\omega t) + \text{c. c.}\right] \qquad (5-87)$$

式中, $\left[\frac{1}{2}E(\omega)\exp(-i\omega t) + \text{c. c.}\right]$ 表示频率为 $\omega$ 的光场,c. c. 代表电场的复共轭部分, $E(0)$ 为外加直流电场或频率远小于 $\omega$ 的低频电场。一般说来,一个频率为 $\omega$ 的单色平面光波在双折射晶体中传播时,可分解为两个相互独立的线偏振分量,于是有

$$E(\omega) = E_1(\omega) + E_2(\omega) = E_1(r)\exp(ik_1r) + E_2(r)\exp(ik_2r) \qquad (5-88)$$

式中, $E_1(\omega)$ 和 $E_2(\omega)$ 是频率为 $\omega$ 的单色平面光波的两个独立线偏振分量, $k_1$, $k_2$ 是这两个独立分量的波矢长。

为了得到形式更加对称的耦合波方程,本小节和 5.5.2 节中的光场采用约化振幅。令

$$E_1(r) = \sqrt{\omega/n_1}A_1(r)a, \ E_2(r) = \sqrt{\omega/n_2}A_2(r)b, \ E(0) = E_0c \qquad (5-89)$$

式中, $a$, $b$ 和 $c$ 是单位矢量,且 $a \cdot b = 0$, $A_1(r)$ 和 $A_2(r)$ 是两个光场的约化振幅,而 $n_1$ 和 $n_2$ 是未加电场时的两个独立光场分量对应的折射率。与块状材料中的线性电光效应耦合波方程导出过程类似,我们从麦克斯韦方程出发,将线性电

光效应视为微扰,忽略由于相位失配的其他各二阶非线性效应以及更高阶的非线性效应,利用慢变振幅近似,得到光学超晶格中的线性电光效应耦合波方程

$$\frac{\mathrm{d}A_1(r)}{\mathrm{d}r} = -\mathrm{i}\kappa f(r)A_2(r)\exp(\mathrm{i}\Delta k'r) - \mathrm{i}v_1 f(r)A_1(r) \qquad (5\text{-}90\mathrm{a})$$

$$\frac{\mathrm{d}A_2(r)}{\mathrm{d}r} = -\mathrm{i}\kappa f(r)A_1(r)\exp(-\mathrm{i}\Delta k'r) - \mathrm{i}v_2 f(r)A_2(r) \qquad (5\text{-}90\mathrm{b})$$

这里,$f(r)$ 是材料结构函数,$\Delta k' = k_2 - k_1$,而

$$\kappa = \frac{k_0}{2\sqrt{n_1 n_2}}r_{\mathrm{eff1}}E_0, \quad v_1 = \frac{k_0}{2n_1}r_{\mathrm{eff2}}E_0, \quad v_2 = \frac{k_0}{2n_2}r_{\mathrm{eff3}}E_0 \qquad (5\text{-}91)$$

式中,$r_{\mathrm{eff}i}(i=1,2,3)$ 是有效电光系数[14]。需要特别指出,我们这里得到的耦合波方程跟人们常用的 Yariv 耦合模方程是不同的[11]。在 Yariv 的方程里,每个方程的右边只含类似于式(5-90a)或式(5-90b)右边的耦合项(第一项),而式(5-90a)和式(5-90b)右边第二项在 Yariv 的方程里是没有的。当 $r_{\mathrm{eff2}}$ 和 $r_{\mathrm{eff3}}$ 不全为零时,Yariv 的方程是不正确的。

假设 $f(r)$ 是一个周期函数,其周期长度是 $\Lambda$,则可将 $f(r)$ 写成傅里叶级数的形式

$$f(r) = \sum_{m=-\infty}^{+\infty} F_m \exp(\mathrm{i}G_m r) \qquad (5\text{-}92)$$

式中,$G_m = 2\pi m/\Lambda$ 是 $m$ 阶倒格矢,$F_m$ 为相应的傅里叶系数。假设第 $m$ 阶倒格矢最接近 $-\Delta k'$。把式(5-92)代入方程(5-90),忽略那些由于相位失配而对电光效应贡献不大的项,我们得到

$$\frac{\mathrm{d}A_1(r)}{\mathrm{d}r} \approx -\mathrm{i}\kappa_q A_2(r)\exp(\mathrm{i}\Delta k r) - \mathrm{i}v_{1q}A_1(r) \qquad (5\text{-}93\mathrm{a})$$

$$\frac{\mathrm{d}A_2(r)}{\mathrm{d}r} \approx -\mathrm{i}\kappa_q^* A_1(r)\exp(-\mathrm{i}\Delta k r) - \mathrm{i}v_{2q}A_2(r) \qquad (5\text{-}93\mathrm{b})$$

式中,$\Delta k = \Delta k' + G_m$,且

$$\kappa_q = \kappa F_m, \quad \kappa_q^* = \kappa F_{-m}, \quad v_{1q} = v_1 F_0, \quad v_{2q} = v_2 F_0 \qquad (5\text{-}94)$$

令光场两个独立分量约化振幅的初始值为 $A_1(0)$ 和 $A_2(0)$,可以得到方程(5-93)的解为

$$A_1(r) = \rho_1(r)\exp[\mathrm{i}\beta r + \mathrm{i}\phi_1(r)] \tag{5-95a}$$

$$A_2(r) = \rho_2(r)\exp[\mathrm{i}(\beta - \Delta k)r + \mathrm{i}\phi_2(r)] \tag{5-95b}$$

其中，

$$\rho_1(r) = \left\{ A_1^2(0)\cos^2(\mu r) + \left[ \frac{\gamma A_1(0) - \kappa_q A_2(0)}{\mu} \right]^2 \sin^2(\mu r) \right\}^{1/2}$$

$$\tag{5-96a}$$

$$\phi_1(r) = \arg\left[ A_1(0)\cos(\mu r) + \mathrm{i}\,\frac{\gamma A_1(0) - \kappa_q A_2(0)}{\mu}\sin(\mu r) \right]$$

$$\tag{5-96b}$$

$$\rho_2(r) = \left\{ A_2^2(0)\cos^2(\mu r) + \left[ \frac{\gamma A_2(0) + \kappa_q^* A_1(0)}{\mu} \right]^2 \sin^2(\mu r) \right\}^{1/2}$$

$$\tag{5-97a}$$

$$\phi_2(r) = \arg\left[ A_2(0)\cos(\mu r) + \mathrm{i}\,\frac{-\gamma A_2(0) - \kappa_q^* A_1(0)}{\mu}\sin(\mu r) \right]$$

$$\tag{5-97b}$$

$$\mu = \frac{1}{2}\sqrt{(\Delta k + v_{1q} - v_{2q})^2 + 4\kappa_q\kappa_q^*}$$

$$\gamma = \frac{1}{2}(v_{2q} - v_{1q} - \Delta k), \quad \beta = \frac{1}{2}(\Delta k - v_{1q} - v_{2q}) \tag{5-98}$$

利用耦合波方程及其相应的解，可以方便地解决准相位匹配线性电光效应问题。下面以快速可调Šolc型电光滤波器的设计为例，介绍准相位匹配线性电光效应耦合波方程的应用[21]。

相比传统的Šolc型滤波器，这种 PPLN 的电光Šolc型滤波器可以在一块晶片上实现，而且滤波器的输出光强可以通过外加电场来调节，这样就把滤波器和调制器集成在一块晶片上。虽然许多工作者都曾研究可调Šolc型滤波器，但那是采用温度调控和采用紫外照射调节通道波长，其响应速度显得太慢，不满足光通信应用的需要。我们发现，不采用温控和紫外光照射，选择适当的铌酸锂光学超晶格结构，可以通过调节加在晶体 z 轴上的电场来控制中心透射波长。这种调节方式直接基于线性电光效应，因此具有快速的响应。由于 QPM 条件对波长非常敏感，而加在 z 轴上的控制电场使得材料最大的电光系数能充分被利用，因此这种调节方法不但可以实现窄带滤波,而且拥有宽的调节带宽(约 16 nm)。数值计算发现,波长的移动大小跟外加控制电场的强度成近似正比关系,其调节率为 $0.95(\text{kV/mm})/\text{nm}$[21]。

图 5-13 是电控可调滤波器示意图。它由一个长 2.5 cm 的 $z$ 轴切割 PPLN 和两个正交偏振器组成,其中前面一个偏振器的透偏方向平行于 $z$ 轴以保证入射光是 e 光,第二个偏振器的透偏方向平行于 $y$ 轴,也就是说调制器的输出光是 o 光。我们采用的 PPLN 极化占空比 $D$ 为 0.75,即一个极化周期里正畴和负畴的长度比是 3:1。假设 PPLN 的极化周期是 $\Lambda = 2\lambda_0/[n_o(\lambda_0) - n_e(\lambda_0)]$ ($\lambda_0 = 1\,550$ nm),那么当 1 550 nm 的入射光沿着 $x$ 轴传播时,PPLN 的二阶倒格矢恰好能够补偿 o 光与 e 光的相位差,从而使线性电光效应的 QPM 条件得到满足。在这种极化结构下,二阶傅里叶系数取得最大值,为 $F_2 = 1/i\pi$,而零阶傅里叶系数为 $F_0 = 0.5$。在计算中,铌酸锂(LN)非零电光系数取 $r_{22} = 3.4$,$r_{23} = 8.6$,$r_{33} = 30.8$ 和 $r_{51} = 28$(单位:pm/V)[47],而 LN 的 Sellmeier 方程来自文献[53]。

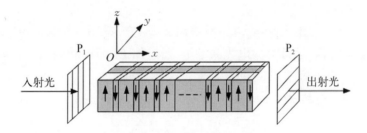

**图 5-13  基于 PPLN 的电控可调电光滤波器示意图**

根据以上条件和图 5-13,$r = x$,入射光场是 $A_1(0) = 0$,$A_2(0) = 1$,那么方程(5-93)的解为

$$A_1(x) = -\,\mathrm{i}\exp(\mathrm{i}\beta x)\frac{\kappa_q}{\mu}\sin(\mu x) \tag{5-99a}$$

$$A_2(x) = \exp[\mathrm{i}(\beta - \Delta k)x] \cdot \left[\cos(\mu r) - \mathrm{i}\frac{\gamma}{\mu}\sin(\mu x)\right] \tag{5-99b}$$

出射光光强可以方便地表示为

$$I_o = \frac{|\kappa_q|^2}{\mu^2}\sin^2(\mu L) \tag{5-100}$$

这里 $L$ 为晶体的长度。我们提出的设计采用了两个外加电场,其中一个电场沿

着 $y$ 轴,用于形成 Šolc 型滤波器,另外一个电场沿着 $z$ 轴,用于调节中心透过波长。总电场可以表示为

$$\boldsymbol{E}(0) = E_0 \boldsymbol{c} = E_0 \left( \frac{E_y}{E_0} \boldsymbol{j} + \frac{E_z}{E_0} \boldsymbol{k} \right) \tag{5-101}$$

式中,$\boldsymbol{c}$ 是外电场 $\boldsymbol{E}(0)$ 的单位矢,$E_y$ 和 $E_z$ 分别是沿着 $y$ 轴和 $z$ 轴的电场强度,$E_0 = \sqrt{E_y^2 + E_z^2}$,而 $\boldsymbol{j}$ 和 $\boldsymbol{k}$ 分别代表 $y$ 轴和 $z$ 轴的方向矢量。在外加电场 $\boldsymbol{E}(0)$ 下,我们得到

$$\kappa_q = -\mathrm{i} \frac{n_o^2 n_e^2}{2\pi \sqrt{n_o n_e}} k_0 r_{51} E_y, \quad \kappa_q^* = \mathrm{i} \frac{n_o^2 n_e^2}{2\pi \sqrt{n_o n_e}} k_0 r_{51} E_y \tag{5-102}$$

和

$$v_{2q} - v_{1q} = -\frac{1}{4} n_o^3 r_{22} k_0 E_y + \frac{1}{4} (n_e^3 r_{33} - n_o^3 r_{23}) k_0 E_z \tag{5-103}$$

方程(5-102)清楚地表明,$\kappa_q (\kappa_q^*)$ 不依赖于 $E_z$,它只受 $E_y$ 控制。相反地,$v_{2q} - v_{1q}$ 强烈依赖 $E_z$,而且最大的电光系数 $r_{33}$ 通过加 $E_z$ 而被利用到。必须强调的是,当占空比 $D$ 不等于 0.5 的时候,$v_{2q} - v_{1q}$ 不为零。

从式(5-98)和式(5-100)可知,滤波器最大输出(最大的转换效率)发生在

$$\Delta k + v_{1q} - v_{2q} = 0 \tag{5-104}$$

处。上式中各个变量都是波长的函数,因此它又可以写成

$$\left[ n_e(\lambda) - n_o(\lambda) \right] \frac{1}{\lambda} + \frac{2}{\Lambda} + \frac{n_o^3(\lambda)}{4\lambda} r_{22} E_y - \frac{1}{4\lambda} \left[ n_e^3(\lambda) r_{33} - n_o^3(\lambda) r_{23} \right] E_z = 0 \tag{5-105}$$

满足式(5-105)的波长称为"中心透过波长",这个波长的光波具有最大的透过率。从式(5-105)可以看到,"中心透过波长"可以通过外电场 $E_z$ 来调节。另一方面,$\sin(|\kappa|L)$ 对波长不敏感,在式(5-105)成立的前提下,对于给定的 $E_y$,即使波长发生几十纳米的改变,出射光光强也几乎保持不变。换句话说,滤波器在不同波长下工作,$E_y$ 不需要做调整。因此,$E_y$ 是一个固定偏压。从式(5-102)可知,出射光光强却可以通过 $E_y$ 来控制,因为 $E_y$ 可以通过影响 $\kappa_q (\kappa_q^*)$ 达到调节 $\sin(|\kappa|L)$。这一特性可以用于电光调制,因此,我们可以在一块 PPLN 上实

现滤波和调制双重功能。

为了让滤波器有最大的输出，我们将外加电场 $E_y$ 固定在 0.33 kV/mm。图 5-14 是对应 $E_z=0$ 和 $E_z=\pm1.9$ kV/mm 的结果。我们看到，当沿着 $z$ 方向加 $E_z=\pm1.9$ kV/mm 电场时，中心波长移动了 2 nm。滤波器的半高全宽（FWHM）约为 1 nm，如果 PPLN 的长度加长一倍，FWHM 可以减小到 0.5 nm。实际上，FWHM 跟 PPLN 的长度是成反比的，因此我们可以利用长的 PPLN 来实现窄带滤波。"中心透过波长"跟外加电场 $E_z$ 的关系在应用中至关重要，因此，我们研究了输出光强对波长和外加电场的依赖关系，数值结果如

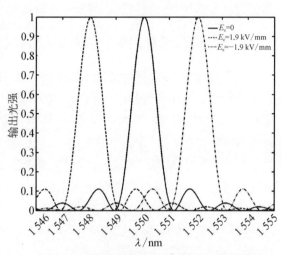

图 5-14 电光滤波器的输出光强跟波长 $\lambda$ 的关系

图 5-15 所示。图中颜色最深的代表最大透过率，所对应的波长是"中心透过波长"。我们可以看到，"中心透过波长"跟外加电场 $E_z$ 近似成正比关系，其调节比约 0.95(kV/mm)/mm。原则上，外加电场 $E_z$ 越大，"中心透过波长"移动范围

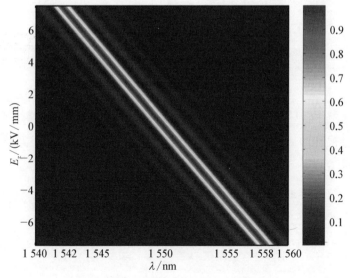

图 5-15 电光滤波器的输出光强跟波长 $\lambda$ 和控制电场 $E_z$ 的关系

就越大。然而,电场强度并不是可以任意大的,因为过强的电场会击穿晶体。对于 LiNbO$_3$ 晶体来说,其击穿电压是 16.8 kV/mm[21],因此在计算中,我们将外加电场 $E_z$ 限制在一个安全范围。如果 $E_z$ 从 $-7.6$ kV/mm 变化到 7.6 kV/mm,那么调制器的"中心透过波长"将从 1 558 nm 移到 1 542 nm。

### 5.5.2 线性啁啾极化晶体(光学超晶格)线性电光效应

在普通周期、准周期和非周期极化的晶体中,准相位匹配条件对波长是很敏感的,因此准相位匹配条件下的电光耦合只能在很小的波长范围内实现(约 1 nm)。然而,在一些特殊情况下,例如超短激光脉冲的电光耦合,要求在比较宽的波长范围内实现。其实科学家们已经发现,利用啁啾光学超晶格、和频[54,55]、差频[56]、倍频[57]、波长转换[58]、参量振荡器[59,60]、自发参量下转化[61] 等非线性过程可以实现宽带的准相位匹配。因此可以预测,利用啁啾光学超晶格可以实现宽带的电光耦合。于是,曾孝奇和佘卫龙等人将线性电光效应耦合波理论推广到线性啁啾极化铌酸锂中,并将其应用于宽带滤波器设计[52]。下面对此进行介绍。

考虑沿 $z$ 方向极化的线性啁啾极化铌酸锂(linear chirped periodically poled Lithium Niobate,LCPLN)。设入射光沿晶体 $x$ 方向传播($r = x$),外加电场沿 $y$ 方向,如图 5 - 16 所示。

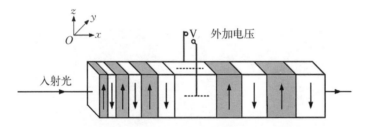

**图 5 - 16　LCPLN 的电光耦合(外加电场沿晶体 $y$ 轴,光波沿 $x$ 轴传播)**

再考虑晶体中 o 光和 e 光在外加电场作用下产生的耦合,可以得到 o 光和 e 光的耦合波方程

$$\frac{dA_1(x)}{dx} = -i\kappa(x)A_2(x)\exp[i\phi(x)] - iv(x)A_1(x) \quad (5-106a)$$

$$\frac{dA_2(x)}{dx} = -i\kappa^*(x)A_1(x)\exp[-i\phi(x)] \quad (5-106b)$$

其中

$$\kappa(x) = -\frac{\pi}{\lambda_0}(n_o n_e)^{3/2} r_{51} E_y F_1(x), \ v(x) = \frac{\pi}{\lambda_0} n_o^3 r_{22} E_y F_0(x)$$

$$\phi(x) = \int_0^x \Delta k'(u) \mathrm{d}u, \ \Delta k'(x) = \Delta k(\lambda_0) + G_1(x)$$

$$\Delta k(\lambda_0) = \frac{2\pi}{\lambda_0}(n_e - n_o), \ G_1(x) = G_0 - \alpha x \qquad (5-107)$$

这里 $v(x)$ 的地位类似于方程 $(5-90a)$ 中的 $v_1$；方程 $(5-106b)$ 右边只有一项，是因为铌酸锂的线性电光系数 $r_{32} = 0$（它导致 $r_{\mathrm{eff3}} = 0$）；$\kappa^*(x)$ 是 $\kappa(x)$ 的复共轭；$A_j(x)(j=1,2)$ 分别是 o 光和 e 光的约化振幅；$\lambda_0$ 为入射光真空中的波长；$n_o$ 和 $n_e$ 分别是 o 光和 e 光的折射率；$r_{51}$ 和 $r_{22}$ 是铌酸锂的线性电光系数；$E_y$ 是沿 $y$ 轴的电场强度；$F_0(x)$ 和 $F_1(x)$ 分别是 LCPLN 的零阶和一阶傅里叶系数，在这里它们是 $x$ 的函数；$\Delta k(\lambda_0)$ 是 o 光和 e 光的波矢差，它是 $\lambda_0$ 的函数。在 LCPLN 中，$G_1(x) = 2\pi/\Lambda(x)$ 是一阶倒格矢，$G_0$ 是 $x=0$ 处倒格矢，$\alpha$ 是一个常数，称之为啁啾系数。$\Lambda(x)$ 是 LCPLN 的极化周期，不同于 PPLN 或 QPLN，它是随极化位置变化的。从 $\Lambda(x) = 2\pi/G_1(x)$ 可以得到

$$\Lambda(x) \approx \Lambda_0(1 + \beta x) \qquad (5-108)$$

式中，$\Lambda_0 = 2\pi/G_0$ 是 $x=0$ 处的极化周期，$\beta = \alpha/G_0$ 是极化周期变化率。由此可见，LCPLN 中，倒格矢和极化周期都是随位置做线性变化的。对于 LCPLN 来说，$G_0$ 和 $\alpha$ 是关键参数。当 $\Delta k'(x_{\mathrm{pm}}) = 0$ 时，可以实现完美的准相位匹配，我们称 $x_{\mathrm{pm}}$ 为 $\lambda_0$ 的完美准相位匹配点。

首先考虑占空比为 $0.5$ 的 LCPLN，长度为 $L$。此时，结构函数 $f(x)$ 的傅里叶系数 $F_0(x)$ 和 $F_1(x)$ 都是常数，即 $F_0(x) = 0, F_1(x) = 2/(\mathrm{i}\pi)$，同时，耦合系数也是常数。

$$\kappa(x) = \kappa = \frac{2}{\mathrm{i}\lambda_0}(n_o n_e)^{3/2} r_{51} E_y, \ v(x) = 0 \qquad (5-109)$$

在 LCPLN 中，倒格矢 $G_1(x) = G_0 - \alpha x$ 从 $G_0$ 变化到 $G_0 - \alpha L$。o 光和 e 光波矢失配为 $\Delta k(\lambda_0) = 2\pi(n_e - n_o)/\lambda_0$。这样，准相位匹配条件可以在 $\lambda_1$ 到 $\lambda_2(\lambda_2 > \lambda_1)$ 范围内满足，这个范围的中心为 $\lambda_{0.5}$（完美准相位匹配点 $x_{\mathrm{pm}} = 0.5L$）。这里，

$$\lambda_1 = \frac{2\pi}{G_0}(n_o - n_e), \ \lambda_2 = \frac{2\pi}{G_0 - \alpha L}(n_o - n_e), \ \lambda_{0.5} = \frac{2\pi}{G_0 - 0.5\alpha L}(n_o - n_e)$$

$$(5-110)$$

由于 $\alpha L$ 通常远小于 $G_0$，这样，近似地我们可以得到 $\lambda_1 \approx \lambda_{0.5}(1 - 0.5\alpha L\lambda_{0.5}/G_0)$，$\lambda_2 \approx \lambda_{0.5}(1 + 0.5\alpha L\lambda_{0.5}/G_0)$。于是，电光耦合波长响应在 LCPLN 中的半高宽（FWHM）近似为

$$\Delta\lambda = \lambda_2 - \lambda_1 \approx \xi\lambda_{0.5} \tag{5-111}$$

式中，$\xi = \dfrac{|\alpha L|}{G_0}$。可以看到，在 LCPLN 中，电光耦合波长响应的带宽是与 $\xi$ 成正比的，或者说是与 $L$ 成正比的。显然，当 $\lambda_{0.5}$ 一定时，可以通过增大 $\xi$ 来增加带宽。例如，当 $\xi = 0.01 \sim 0.1$，$\lambda_{0.5} = 1550$ nm，$\Delta\lambda$ 约为 $15.5 \sim 155$ nm。这样的带宽远远大于在 PPLN 中的情况。应该指出，在以上分析中，由于波长变化范围很小，我们假定了 $n_o - n_e$ 不随波长变化，即 $n_o - n_e$ 是一个常数。如果我们需要实现在 $\lambda_1 \sim \lambda_2$ 范围的宽带电光耦合，可以选取

$$G_0 = -\Delta k(\lambda_1), \ G_0 - \alpha L = -\Delta k(\lambda_2) \tag{5-112}$$

于是 $\alpha L = \Delta k(\lambda_2) - \Delta k(\lambda_1)$。由式（5-112）我们可以求得 LCPLN 合适的参数 $K_0$ 和 $\alpha L$。

现在考虑如何选择合适的外加电场，使得宽带的电光耦合能获得高的转换效率。仍然考虑占空比为 0.5 的 LCPLN，从式（5-112）我们看到，当啁啾系数 $\alpha$ 很小时，LCPLN 可以近似看作 PPLN，这样，当 $|\kappa|L = \pi/2$ 时可以得到最强的耦合。一般情况下，定量求解方程（5-106）是相当困难的。注意到方程（5-106）跟 Landau 和 Zener 研究过的二能级量子系统方程很类似[62,63]，所以我们可以借用 Landau 和 Zener 的量子力学方法。不失一般性，假设入射光是 o 光，即 $A_1(0) = 1$，$A_2(0) = 0$，这样，o 光转换到 e 光的效率 $\eta = |A_2(L)|^2$。按照文献[63]的方法，容易得到

$$\eta = 1 - \exp\left(-\frac{2\pi|\kappa|^2}{|\alpha|}\right), \ (\sqrt{|\alpha|}L \to \infty) \tag{5-113}$$

应该指出，式（5-113）是当 $\sqrt{|\alpha|}L$ 趋于无穷大时的渐近解。对于有限长度的 LCPLN，例如当 $\sqrt{|\alpha|}L \gg 1$ 时，转换效率仍可近似用式（5-113）描述，因此转换效率与 $\sqrt{|\alpha|}L$ 无关。由式（5-113），我们可以得到 $|\kappa|/\sqrt{|\alpha|} = [-\ln(1-\eta)/(2\pi)]^{1/2}$。为获得高的转换效率，可以取 $\eta = 0.99$，然后有 $|\kappa|/\sqrt{|\alpha|} = 0.8561$，这可以看作完美转换效率的条件。我们选 $\eta = 0.99$ 而不是更大，因为此时可以获得一个相对小的 $|\kappa|/\sqrt{|\alpha|}$。实际上，以上分析结果也可以

从数值计算得到。图 5-17 给出了不同转换效率下 $|\kappa|/\sqrt{|\alpha|}$ 随 $\sqrt{|\alpha|}L$ 变化的数值关系。从图 5-17(a) 我们可以看到，当 $\sqrt{|\alpha|}L \leqslant 1$，且转换效率为 100% 时，$|\kappa|/\sqrt{|\alpha|}$ 跟 $\sqrt{|\alpha|}L$ 成反比。例如，当 $\sqrt{|\alpha|}L = 0.01, 0.1, 1$ 时，$|\kappa|/\sqrt{|\alpha|} = 157, 15.7, 1.57$。这意味着 $(|\kappa|/\sqrt{|\alpha|}) \times \sqrt{|\alpha|}L = |\kappa|L = \pi/2$。这跟 PPLN 中的情形是类似的。相反，在图 5-17(c) 中，当 $\sqrt{|\alpha|}L$ 足够大 $(\geqslant 10)$，转换效率基本上跟 $\sqrt{|\alpha|}L$ 无关。在这种情况下，我们发现当 $|\kappa|/\sqrt{|\alpha|}$ 等于 0.86 时，转换效率高达 99%。这跟以上解析近似分析结果完全一致。在这种情况下，外加电场可以由 $|\kappa|/\sqrt{|\alpha|} = 0.8561$ 计算得到：

$$E_y = 0.4281 \frac{\lambda_0 \sqrt{|\alpha|}}{(n_o n_e)^{3/2} r_{51}} \tag{5-114}$$

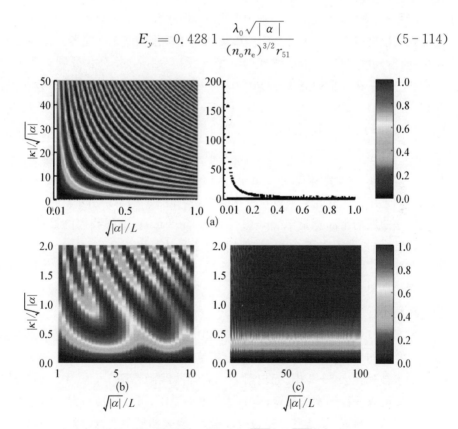

**图 5-17 不同转换效率下 $|\kappa|/\sqrt{|\alpha|}$ 与 $\sqrt{|\alpha|}L$ 关系图**

注：入射光是 o 光，同时假设光波完美准相位匹配点为 0.5 $\sqrt{|\alpha|}L$。图(a) 右边是一条转换效率为 100% 的曲线

事实上,从图 5 - 17(b)可以看到,若$\sqrt{|\alpha|}L \sim 10$,式(5 - 114)仍近似可用。当 $1 \leqslant \sqrt{|\alpha|}L \leqslant 10$,不同转换效率下$|\kappa|/\sqrt{|\alpha|}$与$\sqrt{|\alpha|}L$的关系不是很明显,但不同的$\sqrt{|\alpha|}L$所需的$|\kappa|/\sqrt{|\alpha|}$仍可从图 5 - 17(b)找到。上面提到,LCPLN 中电光耦合波长响应的带宽是跟 $\xi$ 成正比的。要得到大的带宽,必须 $\xi \geqslant 0.01$。而可从关系式$\xi = |\alpha L|/G_0 = (\sqrt{|\alpha|}L)^2/(G_0 L)$算出。考虑波长较长的 1 550 nm 段,$K_0 \approx 0.3\ \mu m^{-1}$,对于一个典型的晶体长度 $L = 2\ cm$,这样当 $\xi \geqslant 0.01$,得到$\sqrt{|\alpha|}L \geqslant 7.7$。这意味着在多数宽带情况下,无量纲长度 $\sqrt{|\alpha|}L \geqslant 10$。实际中我们对此范围也比较感兴趣。此外,外加电场强度可以用式(5 - 114)计算。下面讨论如何利用线性啁啾极化光学超晶格线性电光效应实现光学宽带滤波。

  国际电信联盟建议的密集波分复用 C 带为 40 nm(1 528~1 568 nm)[64]。现在我们根据以上理论设计一个能够覆盖这个范围的宽带滤波器。在我们的计算中,假设入射光是 o 光,铌酸锂的电光系数和 Sellmeier 公式分别来源于文献[47]和[53]。在计算中晶体温度设为 $T = 298\ K$,LCPLN 可以按如下程序设计:取 $G_0 = |\Delta k(1\ 528)|$,$G_1 = G_0 - \alpha L = |\Delta k(1\ 568)|$,这样我们得到 $G_0 = 0.311\ 0\ \mu m^{-1}$,$\alpha L = 0.008\ 8\ \mu m^{-1}$,当 LCPLN 长度选为 2 cm,啁啾系数 $\alpha = 4.4 \times 10^{-7}\ \mu m^{-2}$,$\sqrt{|\alpha|}L = 13.2$。再根据式(5 - 114),外加电场为 $E_y = 1.52\ kV/mm$,这个结果是对 C 带中心(1 548 nm)计算得到的。根据这些条件,我们得到了出射 e 光光强随波长变化的关系,如图 5 - 18(a)所示。从图中看到,转换效率曲线的半高宽是 40 nm (1 528~1 568 nm),这跟我们的设计很符合。当然,晶体的长度不限于 2 cm,类似地,对于晶体长度为 3 cm,4 cm 和 5 cm,我们同样计算了转换效率曲线,结果如图 5 - 18(b),(c)和(d)所示。这与我们以上得到的结果一样。对于相同的带宽,随着长度增加,啁啾系数会减小,同时外加电场减小。

  事实上,LCPLN 的带宽并非局限于 40 nm。我们还可以获得更窄或更宽的带宽。我们再给出另外几个 LCPLN,其带宽分别是 20 nm,80 nm 和 120 nm。它们的参数列在表 5 - 2 中,而出射 e 光光强曲线画在图 5 - 19 中。类似地,通过增大 $\xi$ 可以获得更宽的带宽,当晶体长度一定时,可以通过增大啁啾系数来实现这一目的。然而,从式(5 - 114)可以看到,增大啁啾系数意味着外加电场必须增大,这在实际应用中需要全面考虑。

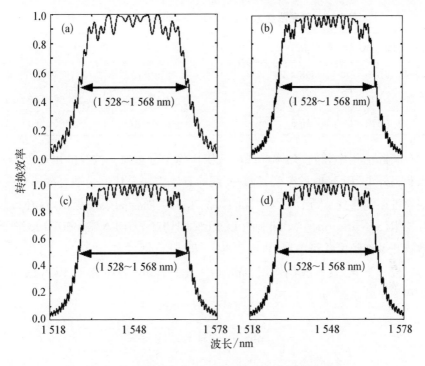

**图 5‑18 覆盖 40 nm 范围的 LCPLN 电光耦合例子**

(a) $L = 2$ cm, $\alpha = 4.4 \times 10^{-7}$ $\mu m^{-2}$, $E_y = 1.52$ kV/mm；(b) $L = 3$ cm, $\alpha = 2.9 \times 10^{-7}$ $\mu m^{-2}$, $E_y = 1.24$ kV/mm；(c) $L = 4$ cm, $\alpha = 2.2 \times 10^{-7}$ $\mu m^{-2}$, $E_y = 1.08$ kV/mm；(d) $L = 5$ cm, $\alpha = 1.8 \times 10^{-7}$ $\mu m^{-2}$, $E_y = 0.96$ kV/mm

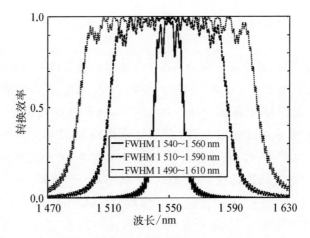

**图 5‑19 LCPLN 中宽带电光耦合的例子（带宽分别为 20 nm，80 nm 和 120 nm，晶体长度为 2 cm）**

表 5‑2　带宽覆盖 20 nm,80 nm 和 120 nm 的 LCPLN 参数

| 波长范围/nm | $G_0/\mu m^{-1}$ | $L/cm$ | $\alpha/\mu m^{-2}$ | $E_y/(kV/mm)$ |
|---|---|---|---|---|
| 1 540~1 560 | 0.308 3 | | $2.2\times10^{-7}$ | 1.08 (1 550 nm) |
| 1 510~1 590 | 0.315 1 | 2 | $8.8\times10^{-7}$ | 2.16(1 550 nm) |
| 1 490~1 610 | 0.319 8 | | $1.3\times10^{-6}$ | 2.64(1 550 nm) |

在实际应用中,转换效率曲线的波纹压缩十分重要。波纹的出现源于光波进入和离开 LCPLN 时的突变,抑制波纹的有效方法是让电光耦合缓慢地改变。例如通过逐渐改变 LCPLN 占空比的方法来实现耦合的缓慢变化,这种方法叫切趾技术(apodization)[65], 相应的 LCPLN 叫切趾 LCPLN(apodized LCPLN)。通常有几种切趾模式可以利用,例如,sine 型,sinc 型或者 tanh 型。考虑到占空比可以较快变化,这里我们使用 tanh 型。此时,tanh 型切趾 LCPLN 的占空比函数和傅里叶系数为

$$D(x) = \begin{cases} \dfrac{1}{2}\tanh\left(\dfrac{2ax}{L}\right), \ 0\leqslant x < \dfrac{L}{2} \\ \dfrac{1}{2}\tanh\left[\dfrac{2a}{L}(L-x)\right], \ \dfrac{L}{2}\leqslant x\leqslant L \end{cases} \tag{5-115a}$$

$$F_0(x) = 2D(x)-1 \tag{5-115b}$$

$$F_1(x) = \frac{1}{i\pi}\{1-\cos[2\pi D(x)]+i\sin[2\pi D(x)]\} \tag{5-115c}$$

式中,$a$ 为切趾参数,这里我们取为 3。注意这里的傅里叶系数跟占空比为 0.5 的是不一样的。图 5‑20 给出了切趾 LCPLN 和未切趾 LCPLN( unapodized LCPLN)的一阶傅里叶系数对比。从图中我们可以看到切趾 LCPLN 的傅里叶系数在晶体始端缓慢增大,而在晶体末端缓慢减小。同时我们看到切趾 LCPLN 的电光耦合波长响应半高宽是未切趾的 0.88 倍(因为电光耦合波长响应的带宽与晶体长度 $L$ 成正比)。从方程(5‑107)我们知道耦合系数 $\kappa(x)$ 是跟 $|F_1(x)|$ 成正比的。这样,切趾 LCPLN 相对未切趾 LCPLN 耦合带宽同样会下降至约原来的 0.88 倍。所以,在切趾 LCPLN 中,方程(5‑111)和(5‑112)应该修正为

$$\Delta\lambda \approx \tau\xi\lambda_{0.5} \tag{5-116a}$$

$$G_0 - \frac{1}{2}(1-\tau)\alpha L = -\Delta k(\lambda_1) , \ G_0 - \frac{1}{2}(1+\tau)\alpha L = -\Delta k(\lambda_2)$$

$$(5-116b)$$

这里 $\tau=0.88$。图 5-21 给出了一些利用切趾 LCPLN 得到的电光耦合效率,相应的设计带宽分别为 20 nm(1 540~1 560 nm),40 nm(1 528~1 568 nm),80 nm(1 510~1 590 nm) 和 120 nm (1 490~1 610 nm),LCPLN 的长度设定为 2 cm。应该指出,LCPLN 的参数是从方程(5-110)得到的,它跟未切趾 LCPLN 是不同的。从图 5-21 可以看到,切趾 LCPLN 能有效抑制转换效率曲线波纹,使曲线变得十分光滑。相应的半高宽变为 16 nm,36 nm,76 nm 和 116 nm,稍稍小于我们的近似设计。实际上,利用切趾原理做成的光栅[56]已用于实验上,文献[56]也报道了宽度小于 2 μm 的极化畴。这意味着我们设计的这种光学超晶格在实验上是可实现的。但应该指出,最小极化畴的宽度在目前技术下仍然有限制。例如,0.5 μm 或者以下的宽度的极化畴[65]是很难实现的。因此,最小占空比仍然是有限的。

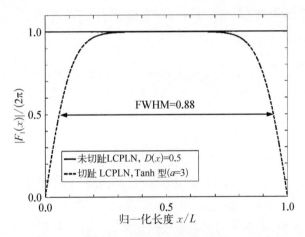

**图 5-20** 未切趾 LCPLN 和切趾 LCPLN(tanh 型, $a=3$)的一阶傅里叶系数比较

LCPLN 中宽带电光耦合在诸如宽带电光偏振态转换器和带通滤波器等方面具有十分重要的应用。例如,当我们在 LCPLN 前后加上两块正交的偏振片,分别为 $y$-透偏和 $z$-透偏,它就成为一个宽带电光 Šolc 型的带通滤波器,这种滤波器在光通信中十分重要,它可以阻止频谱展宽或外来噪声的影响。这种滤波器跟用温度梯度控制滤波器类似[66],但我们提出的滤波器可以获得更宽的带宽和更快的响应速度。这些电光器件的带宽都是可以设计实现的,它可以达到

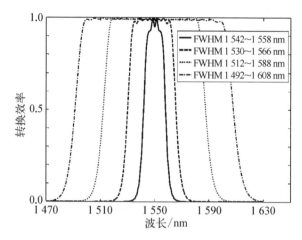

图 5 - 21　切趾 LCPLN 抑制波纹效果图(tanh 型，
$a=3$，晶体长度为 $L=2$ cm)

120 nm 或者更宽，这对光通信系统很有用。

### 5.5.3　准相位匹配电光-倍频-和频/差频联合二阶非线性光学效应耦合波理论

QPM 技术已在非线性光学频率转换方面得到广泛的应用，QPM 线性电光效应理论和应用也有了新的发展。然而，在以往的理论模型中，非线性光学频率转换和线性电光效应一直未能统一在一个理论框架中。当多个二阶非线性光学效应包括线性电光效应同时存在时，人们在处理问题过程中常常将某种效应例如线性电光效应当成是其他二阶非线性光学效应的附庸。2007 年，黄东和佘卫龙在 QPM 线性电光效应耦合波理论的基础上，发展了基于 QPM 的电控倍频、参量下转换级联效应耦合波理论[22]。他们将 QPM 技术同时应用于多个二阶非线性光学效应过程，把不同的二阶非线性光学效应放在对等的位置来处理，从新的角度去看待和研究有关问题。

为了建立 QPM 的电光-倍频-和频/差频联合二阶非线性光学效应耦合波理论，让我们先考虑这样一种情况：有两个单色平面光波入射到一个无旋光效应的非线性晶体中。根据非线性光学原理，原则上，在晶体中倍频、和频和差频等效应都可能发生。为了更清楚以及下文叙述方便，我们这里举一个简单的例子。假定两光波共线沿晶体的 $x$ 轴方向入射；通过二阶非线性效应产生的新光波也共线沿晶体的 $x$ 轴方向传播，而且每个单色光的两个独立线偏振分量的光场分别沿晶体的 $y$ 轴和 $z$ 轴方向振动。再假定频率为 $\omega_1$ 和频率为 $\omega_2$ 的线偏振

光耦合产生频率为 $\omega_3$ 的线偏振光(当 $\omega_1 = \omega_2$ 时就是倍频)。如无外电场和磁场,考虑二阶非线性效应而忽略高阶非线性效应,在晶体中就可能同时存在 6 个独立的线偏振光分量。对准稳态,类似于非线性光学中二阶非线性效应三波耦合方程导出方法,我们可以得到如下普遍的六波耦合方程

$$\frac{\mathrm{d}E_{1y}}{\mathrm{d}x} = \frac{D}{2} \frac{\mathrm{i}\omega_1}{n_{1y}c} \left[ \begin{array}{l} d_{23}E_{2z}^*E_{3z}\mathrm{e}^{\mathrm{i}(k_{3z}-k_{2z}-k_{1y})x} + d_{24}E_{2z}^*E_{3y}\mathrm{e}^{\mathrm{i}(k_{3y}-k_{2z}-k_{1y})x} + \\ d_{24}E_{2y}^*E_{3z}\mathrm{e}^{\mathrm{i}(k_{3z}-k_{2y}-k_{1y})x} + d_{22}E_{2y}^*E_{3y}\mathrm{e}^{\mathrm{i}(k_{3y}-k_{2y}-k_{1y})x} \end{array} \right]$$

$$(5-117\mathrm{a})$$

$$\frac{\mathrm{d}E_{1z}}{\mathrm{d}x} = \frac{D}{2} \frac{\mathrm{i}\omega_1}{n_{1z}c} \left[ \begin{array}{l} d_{33}E_{2z}^*E_{3z}\mathrm{e}^{\mathrm{i}(k_{3z}-k_{2z}-k_{1z})x} + d_{34}E_{2z}^*E_{3y}\mathrm{e}^{\mathrm{i}(k_{3y}-k_{2z}-k_{1z})x} + \\ d_{34}E_{2y}^*E_{3z}\mathrm{e}^{\mathrm{i}(k_{3z}-k_{2y}-k_{1z})x} + d_{32}E_{2y}^*E_{3y}\mathrm{e}^{\mathrm{i}(k_{3y}-k_{2y}-k_{1z})x} \end{array} \right]$$

$$(5-117\mathrm{b})$$

$$\frac{\mathrm{d}E_{2y}}{\mathrm{d}x} = \frac{D}{2} \frac{\mathrm{i}\omega_2}{n_{2y}c} \left[ \begin{array}{l} d_{23}E_{1z}^*E_{3z}\mathrm{e}^{\mathrm{i}(k_{3z}-k_{2y}-k_{1z})x} + d_{24}E_{1z}^*E_{3y}\mathrm{e}^{\mathrm{i}(k_{3y}-k_{2y}-k_{1z})x} + \\ d_{24}E_{1y}^*E_{3z}\mathrm{e}^{\mathrm{i}(k_{3z}-k_{2y}-k_{1y})x} + d_{22}E_{1y}^*E_{3y}\mathrm{e}^{\mathrm{i}(k_{3y}-k_{2y}-k_{1y})x} \end{array} \right]$$

$$(5-117\mathrm{c})$$

$$\frac{\mathrm{d}E_{2z}}{\mathrm{d}x} = \frac{D}{2} \frac{\mathrm{i}\omega_2}{n_{2z}c} \left[ \begin{array}{l} d_{33}E_{1z}^*E_{3z}\mathrm{e}^{\mathrm{i}(k_{3z}-k_{2z}-k_{1z})x} + d_{34}E_{1z}^*E_{3y}\mathrm{e}^{\mathrm{i}(k_{3y}-k_{2z}-k_{1z})x} + \\ d_{34}E_{1y}^*E_{3z}\mathrm{e}^{\mathrm{i}(k_{3z}-k_{2z}-k_{1y})x} + d_{32}E_{1y}^*E_{3y}\mathrm{e}^{\mathrm{i}(k_{3y}-k_{2z}-k_{1y})x} \end{array} \right]$$

$$(5-117\mathrm{d})$$

$$\frac{\mathrm{d}E_{3y}}{\mathrm{d}x} = \frac{D}{2} \frac{\mathrm{i}\omega_3}{n_{3y}c} \left[ \begin{array}{l} d_{23}E_{1z}E_{2z}\mathrm{e}^{-\mathrm{i}(k_{3y}-k_{2z}-k_{1z})x} + d_{24}E_{1z}E_{2y}\mathrm{e}^{-\mathrm{i}(k_{3y}-k_{2y}-k_{1z})x} + \\ d_{24}E_{1y}E_{2z}\mathrm{e}^{-\mathrm{i}(k_{3y}-k_{2z}-k_{1y})x} + d_{22}E_{1y}E_{2y}\mathrm{e}^{-\mathrm{i}(k_{3y}-k_{2y}-k_{1y})x} \end{array} \right]$$

$$(5-117\mathrm{e})$$

$$\frac{\mathrm{d}E_{3z}}{\mathrm{d}x} = \frac{D}{2} \frac{\mathrm{i}\omega_3}{n_{3z}c} \left[ \begin{array}{l} d_{33}E_{1z}E_{2z}\mathrm{e}^{-\mathrm{i}(k_{3z}-k_{2z}-k_{1z})x} + d_{34}E_{1z}E_{2y}\mathrm{e}^{-\mathrm{i}(k_{3z}-k_{2y}-k_{1z})x} + \\ d_{34}E_{1y}E_{2z}\mathrm{e}^{-\mathrm{i}(k_{3z}-k_{2z}-k_{1y})x} + d_{32}E_{1y}E_{2y}\mathrm{e}^{-\mathrm{i}(k_{3z}-k_{2y}-k_{1y})x} \end{array} \right]$$

$$(5-117\mathrm{f})$$

其中

$$D = \begin{cases} 1, & \omega_1 = \omega_2 \\ 2, & \omega_1 \neq \omega_2 \end{cases}$$

在上述的六波耦合方程中有 8 个不同的波矢失配量,分别是

$$\Delta k_1 = k_{3z} - k_{2z} - k_{1z}, \quad \Delta k_2 = k_{3z} - k_{2z} - k_{1y}$$
$$\Delta k_3 = k_{3z} - k_{2y} - k_{1z}, \quad \Delta k_4 = k_{3z} - k_{2y} - k_{1y}$$
$$\Delta k_5 = k_{3y} - k_{2z} - k_{1z}, \quad \Delta k_6 = k_{3y} - k_{2z} - k_{1y}$$

$$\Delta k_7 = k_{3y} - k_{2y} - k_{1z}, \quad \Delta k_8 = k_{3y} - k_{2y} - k_{1y} \tag{5-118}$$

在传统的双折射相位匹配情况下,这些波矢失配量对应的相位匹配条件无法同时得到满足,而且,对于特定的非线性晶体,其非零非线性系数也决定着某些相位匹配过程能否发生。因此在这 6 个线偏振光中,只能满足 3 个偏振光的相位匹配条件,例如 $E_{1y} + E_{2y} \leftrightarrow E_{3z}$ 的相位匹配条件 $\Delta k_4 = 0$。这样,明显的二阶非线性效应也只由这 3 个线偏振光耦合产生,式(5-117)便简化为我们所熟知的三波耦合方程

$$\frac{\mathrm{d}E_{1y}}{\mathrm{d}x} = \frac{D}{2} \frac{\mathrm{i}\omega_1}{n_{1y}c} d_{24} E_{2y}^* E_{3z} \mathrm{e}^{\mathrm{i}(k_{3z} - k_{2y} - k_{1y})x} \tag{5-119a}$$

$$\frac{\mathrm{d}E_{2y}}{\mathrm{d}x} = \frac{D}{2} \frac{\mathrm{i}\omega_2}{n_{2y}c} d_{24} E_{1y}^* E_{3z} \mathrm{e}^{\mathrm{i}(k_{3z} - k_{2y} - k_{1y})x} \tag{5-119b}$$

$$\frac{\mathrm{d}E_{3z}}{\mathrm{d}x} = \frac{D}{2} \frac{\mathrm{i}\omega_3}{n_{3z}c} d_{32} E_{1y} E_{2y} \mathrm{e}^{-\mathrm{i}(k_{3z} - k_{2y} - k_{1y})x} \tag{5-119c}$$

然而,在光学超晶格中,利用 QPM 技术,能够同时满足两个或多个相位匹配条件,从而使多波耦合过程同时发生。进一步,如果我们在光学超晶格上加一个外电场,多波耦合过程将变得更加丰富多彩。上文提到,黄东和佘卫龙曾经研究准周期和周期组合的铌酸锂光学超晶格中的电控倍频、参量下转换级联效应并提出了相应的耦合波方程[22],但是,其方程还是缺乏普遍性。为了满足更广泛的应用,这里我们将该耦合波方程进一步推广,使之能够描写准相位匹配电光-倍频-和频/差频联合二阶非线性光学效应。根据上文的讨论,我们假定一般有 3 种频率 6 个独立线偏振分量的平面光波参与二阶非线性效应,并且都共线沿光学超晶格的 $x$ 轴方向传播,即是说,每种频率的光有两个独立线偏振分量而且光场分别沿晶体的 $y$ 轴和 $z$ 轴方向振动,其中频率为 $\omega_1$ 和频率为 $\omega_2$ 的线偏振光耦合产生频率为 $\omega_3$ 的线偏振光(当 $\omega_1 = \omega_2$ 时就是倍频)。若光学超晶格上还有一个外加电场 $\boldsymbol{E}(0) = E(0)\boldsymbol{c}[\boldsymbol{c} = (c_1, c_2, c_3)$ 为单位矢量],总的非零频二阶非线性极化强度中除了众所周知的描写和频(或差频)的项外,还应该包括描写线性电光效应的各个相应项,即

$$\begin{aligned}
\boldsymbol{P}_{\mathrm{EO}}^{(2)}(\omega_i) = {}& 2\varepsilon_0 \chi^{(2)}(\omega_i, 0) : \boldsymbol{E}_{iy}(x) \, \boldsymbol{E}_0 \exp(\mathrm{i}k_{iy}x) + \\
& 2\varepsilon_0 \chi^{(2)}(\omega_i, 0) : \boldsymbol{E}_{iz}(x) \, \boldsymbol{E}_0 \exp(\mathrm{i}k_{iz}x) \, (i = 1, 2, 3)
\end{aligned}$$

$$\tag{5-120}$$

此处,$\boldsymbol{E}_{iy}(x)$ 与 $\boldsymbol{E}_{iz}(x)$ 表示单色光场的电场振幅,相应的波矢长分别为 $k_{iy}$ 和 $k_{iz}$

($j=1$，2）。因为存在外电场，在光学超晶格中，线性电光效应（$\omega_{1z}\leftrightarrow\omega_{1y}$，$\omega_{2z}\leftrightarrow\omega_{2y}$，$\omega_{3z}\leftrightarrow\omega_{3y}$），和频／差频效应（$\omega_{1y}+\omega_{2y}\leftrightarrow\omega_{2y}$，$\omega_{1y}+\omega_{2z}\leftrightarrow\omega_{2y}$，$\omega_{1z}+\omega_{2z}\leftrightarrow\omega_{2y}$，$\omega_{1y}+\omega_{2y}\leftrightarrow\omega_{2z}$，$\omega_{1y}+\omega_{2z}\leftrightarrow\omega_{2z}$，$\omega_{1z}+\omega_{2z}\leftrightarrow\omega_{2z}$）将可能同时发生。从麦克斯韦方程出发，考虑二阶非线性效应但忽略高阶非线性效应，对准稳态，综合上述二阶非线性效应六波耦合方程和准相位匹配电光效应耦合波方程的导出方法，我们可以得到如下电光-倍频-和频/差频联合二阶非线性光学效应耦合波方程

$$\frac{dE_{1y}}{dx} = -\mathrm{i}d_1(x)E_{1z}(x)\mathrm{e}^{-\mathrm{i}\Delta k_1 x} - \mathrm{i}d_2(x)E_{1y}(x) +$$

$$\frac{D}{2}\frac{\mathrm{i}\omega_1}{n_{1y}c}\left[\begin{matrix}d_{23}(x)E_{2z}^*E_{3z}\mathrm{e}^{\mathrm{i}(k_{3z}-k_{2z}-k_{1y})x} + d_{24}(x)E_{2z}^*E_{3y}\mathrm{e}^{\mathrm{i}(k_{3y}-k_{2z}-k_{1y})x} + \\ d_{24}(x)E_{2y}^*E_{3z}\mathrm{e}^{\mathrm{i}(k_{3z}-k_{2y}-k_{1y})x} + d_{22}(x)E_{2y}^*E_{3y}\mathrm{e}^{\mathrm{i}(k_{3y}-k_{2y}-k_{1y})x}\end{matrix}\right]$$

$$(5-121\mathrm{a})$$

$$\frac{dE_{1z}}{dx} = -\mathrm{i}d_3(x)E_{1y}(x)\mathrm{e}^{\mathrm{i}\Delta k_1 x} - \mathrm{i}d_4(x)E_{1z}(x) +$$

$$\frac{D}{2}\frac{\mathrm{i}\omega_1}{n_{1z}c}\left[\begin{matrix}d_{33}(x)E_{2z}^*E_{3z}\mathrm{e}^{\mathrm{i}(k_{3z}-k_{2z}-k_{1z})x} + d_{34}(x)E_{2z}^*E_{3y}\mathrm{e}^{\mathrm{i}(k_{3y}-k_{2z}-k_{1z})x} + \\ d_{34}(x)E_{2y}^*E_{3z}\mathrm{e}^{\mathrm{i}(k_{3z}-k_{2y}-k_{1z})x} + d_{32}(x)E_{2y}^*E_{3y}\mathrm{e}^{\mathrm{i}(k_{3y}-k_{2y}-k_{1z})x}\end{matrix}\right]$$

$$(5-121\mathrm{b})$$

$$\frac{dE_{2y}}{dx} = -\mathrm{i}d_5(x)E_{2z}(x)\mathrm{e}^{-\mathrm{i}\Delta k_2 x} - \mathrm{i}d_6(x)E_{2y}(x) +$$

$$\frac{D}{2}\frac{\mathrm{i}\omega_2}{n_{2y}c}\left[\begin{matrix}d_{23}(x)E_{1z}^*E_{3z}\mathrm{e}^{\mathrm{i}(k_{3z}-k_{2y}-k_{1z})x} + d_{24}(x)E_{1z}^*E_{3y}\mathrm{e}^{\mathrm{i}(k_{3y}-k_{2y}-k_{1z})x} + \\ d_{24}(x)E_{1y}^*E_{3z}\mathrm{e}^{\mathrm{i}(k_{3z}-k_{2y}-k_{1y})x} + d_{22}(x)E_{1y}^*E_{3y}\mathrm{e}^{\mathrm{i}(k_{3y}-k_{2y}-k_{1y})x}\end{matrix}\right]$$

$$(5-121\mathrm{c})$$

$$\frac{dE_{2z}}{dx} = -\mathrm{i}d_7(x)E_{2y}(x)\mathrm{e}^{\mathrm{i}\Delta k_2 x} - \mathrm{i}d_8(x)E_{2z}(x) +$$

$$\frac{D}{2}\frac{\mathrm{i}\omega_2}{n_{2z}c}\left[\begin{matrix}d_{33}(x)E_{1z}^*E_{3z}\mathrm{e}^{\mathrm{i}(k_{3z}-k_{2z}-k_{1z})x} + d_{34}(x)E_{1z}^*E_{3y}\mathrm{e}^{\mathrm{i}(k_{3y}-k_{2z}-k_{1z})x} + \\ d_{34}(x)E_{1y}^*E_{3z}\mathrm{e}^{\mathrm{i}(k_{3z}-k_{2z}-k_{1y})x} + d_{32}(x)E_{1y}^*E_{3y}\mathrm{e}^{\mathrm{i}(k_{3y}-k_{2z}-k_{1y})x}\end{matrix}\right]$$

$$(5-121\mathrm{d})$$

$$\frac{dE_{3y}}{dx} = -\mathrm{i}d_9(x)E_{3z}(x)\mathrm{e}^{-\mathrm{i}\Delta k_3 x} - \mathrm{i}d_{10}(x)E_{3y}(x) +$$

$$\frac{D}{2}\frac{\mathrm{i}\omega_3}{n_{3y}c}\left[\begin{matrix}d_{23}(x)E_{1z}E_{2z}\mathrm{e}^{-\mathrm{i}(k_{3y}-k_{2z}-k_{1z})x} + d_{24}(x)E_{1z}E_{2y}\mathrm{e}^{-\mathrm{i}(k_{3y}-k_{2y}-k_{1z})x} + \\ d_{24}(x)E_{1y}E_{2z}\mathrm{e}^{-\mathrm{i}(k_{3y}-k_{2z}-k_{1y})x} + d_{22}(x)E_{1y}E_{2y}\mathrm{e}^{-\mathrm{i}(k_{3y}-k_{2y}-k_{1y})x}\end{matrix}\right]$$

$$(5-121\mathrm{e})$$

$$\frac{\mathrm{d}E_{3z}}{\mathrm{d}x} = -\mathrm{i}d_{11}(x)E_{3y}(x)\mathrm{e}^{\mathrm{i}\Delta k_3 x} - \mathrm{i}d_{12}(x)E_{3z}(x) +$$

$$\frac{D}{2}\frac{\mathrm{i}\omega_3}{n_{3z}c}\left[\begin{array}{l}d_{33}(x)E_{1z}E_{2z}\mathrm{e}^{-\mathrm{i}(k_{3z}-k_{2z}-k_{1z})x} + d_{34}(x)E_{1z}E_{2y}\mathrm{e}^{-\mathrm{i}(k_{3z}-k_{2y}-k_{1z})x} + \\ d_{34}(x)E_{1y}E_{2z}\mathrm{e}^{-\mathrm{i}(k_{3z}-k_{2z}-k_{1y})x} + d_{32}(x)E_{1y}E_{2y}\mathrm{e}^{-\mathrm{i}(k_{3z}-k_{2y}-k_{1y})x}\end{array}\right]$$

$$(5-121\mathrm{f})$$

其中, $D$ 的定义如前, 而

$$\Delta k_1 = k_{1y} - k_{1z} = \frac{2\pi}{\lambda_1}(n_{1y} - n_{1z}) \qquad (5-122\mathrm{a})$$

$$\Delta k_2 = k_{2y} - k_{2z} = \frac{2\pi}{\lambda_2}(n_{2y} - n_{2z}) \qquad (5-122\mathrm{b})$$

$$\Delta k_3 = k_{3y} - k_{2z} = \frac{2\pi}{\lambda_3}(n_{3y} - n_{3y}) \qquad (5-122\mathrm{c})$$

$$d_1(x) = -\frac{k_{10}n_{1y}n_{1z}^2 r_{4l}c_l}{2}E_0 f(x), \ d_2(x) = \frac{k_{10}n_{1y}^3 r_{2l}c_l}{2}E_0 f(x)$$

$$(5-123\mathrm{a})$$

$$d_3(x) = -\frac{k_{10}n_{1y}^2 n_{1z} r_{4l}c_l}{2}E_0 f(x), \ d_4(x) = \frac{k_{10}n_{1z}^3 r_{3l}c_l}{2}E_0 f(x)$$

$$(5-123\mathrm{b})$$

$$d_5(x) = -\frac{k_{20}n_{2y}n_{2z}^2 r_{4l}c_l}{2}E_0 f(x), \ d_6(x) = \frac{k_{20}n_{2y}^3 r_{2l}c_l}{2}E_0 f(x)$$

$$(5-123\mathrm{c})$$

$$d_7(x) = -\frac{k_{20}n_{2y}^2 n_{2z} r_{4l}c_l}{2}E_0 f(x), \ d_8(x) = \frac{k_{20}n_{2z}^3 r_{3l}c_l}{2}E_0 f(x)$$

$$(5-123\mathrm{d})$$

$$d_9(x) = -\frac{k_{30}n_{3y}n_{3z}^2 r_{4l}c_l}{2}E_0 f(x), \ d_{10}(x) = \frac{k_{30}n_{3y}^3 r_{3l}c_l}{2}E_0 f(x)$$

$$(5-123\mathrm{e})$$

$$d_{11}(x) = -\frac{k_{30}n_{3y}^2 n_{3z} r_{4l}c_l}{2}E_0 f(x), \ d_{12}(x) = \frac{k_{30}n_{3z}^3 r_{3l}c_l}{2}E_0 f(x)$$

$$(5-123\mathrm{f})$$

$$d_{22}(x) = d_{22}f(x), \ d_{23}(x) = d_{23}f(x) \qquad (5-124a)$$

$$d_{24}(x) = d_{24}f(x), \ d_{32}(x) = d_{32}f(x) \qquad (5-124b)$$

$$d_{33}(x) = d_{33}f(x), \ d_{34}(x) = d_{34}f(x) \qquad (5-124c)$$

这里要特别说明,在上面各式中,对含有相同下标 $l$ 的乘积项,$l$ 须作 1,2,3 求和;$k_{l0} = 2\pi/\lambda_{l0}(l=1,2,3)$,$\lambda_{l0}$ 是各个单色光波在真空中的波长。另外,$d_{11}(x)$ 和 $d_{12}(x)$ 是电光耦合系数而不是有效非线性系数,只要留意,不至于引起混淆。

下面以准周期极化铌酸锂(QPPLN)的电控差频产生为例来说明电光-倍频-和频/差频联合二阶非线性光学效应耦合波方程的应用[23]。图 5-22 是 QPPLN 电控差频产生实验装置示意图。考虑用波长为 1 064 nm 的泵浦光和 1 550 nm 的信号光在 QPPLN 晶体中通过差频效应产生波长为 3 393.4 nm 的光。为了能利用铌酸锂晶体最大的非线性系数 $d_{33}$,须让光波沿 $x$ 轴方向传播且使泵浦光、信号光和新产生的差频光的电场都沿光轴(即 $z$ 轴)振动。另外,我们通过加一个外电场,使差频 e 光和 o 光产生耦合,从而调节差频光的输出效率,控制差频光的偏振态。为了用较小的电压获得较强的电光耦合,外加电场应加在 $y$ 轴方向。

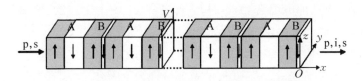

**图 5-22　QPPLN 电控差频产生实验装置示意图**

注:外加电场 $E_0$ 沿 $y$ 轴方向。$x$,$y$ 和 $z$ 代表晶体的三个原轴,箭头表示畴自发极化方向。p,s,i 分别表示泵浦光、信号光和差频光

我们这样设计 QPPLN 光学超晶格,使之可提供两个倒格矢,分别补偿差频过程(泵浦 e 光、信号 e 光和差频 e 光)的波矢失配和差频 e 光、o 光之间的电光效应波矢失配。用 p,s 和 i 分别标记泵浦光、信号光和差频光,由电光-倍频-和频/差频联合二阶非线性光学效应耦合波方程,令下标 1→s,2→i,3→p,并留意泵浦光和信号光两组电光效应皆存在波矢失配以及 $r_{32} = 0(r_{eff3} = 0)$,我们得到差频效应($\omega_{pz} - \omega_{sz} \leftrightarrow \omega_{iz}$)和电光效应($\omega_{iy} \leftrightarrow \omega_{iz}$)级联效应的耦合波方程

$$\frac{dE_{pz}(x)}{dx} = i\frac{\omega_p d_{33}}{cn_{pz}}f(x)E_{iz}(x)E_{sz}(x)e^{i\Delta k_D x} \qquad (5-125)$$

$$\frac{\mathrm{d}E_{sz}(x)}{\mathrm{d}x} = \mathrm{i}\frac{\omega_s d_{33}}{cn_{sz}}f(x)E_{pz}(x)E_{iz}^*(x)\mathrm{e}^{-\mathrm{i}\Delta k_D x} \tag{5-126}$$

$$\frac{\mathrm{d}E_{iy}(x)}{\mathrm{d}x} = \mathrm{i}\frac{k_0 n_{iy} n_{iz}^2 r_{42}}{2}E_0 f(x)E_{iz}(x)\mathrm{e}^{-\mathrm{i}\Delta k_2 x} - \mathrm{i}\frac{k_0 n_{iy}^3 r_{22}}{2}E_0 f(x)E_{iy}(x) \tag{5-127}$$

$$\frac{\mathrm{d}E_{iz}(x)}{\mathrm{d}x} = \mathrm{i}\frac{k_0 n_{iy}^2 n_{iz} r_{42}}{2}E_0 f(x)E_{iy}(x)\mathrm{e}^{\mathrm{i}\Delta k_2 x} + i\frac{\omega_i d_{33}}{cn_{iz}}f(x)E_{pz}(x)E_{sz}^*(x)\mathrm{e}^{-\mathrm{i}\Delta k_1 x} \tag{5-128}$$

其中

$$\begin{cases} \Delta k_D = k_{iz} + k_{sz} - k_{pz} = 2\pi\left(\dfrac{n_{iz}}{\lambda_i} + \dfrac{n_{sz}}{\lambda_s} - \dfrac{n_{pz}}{\lambda_p}\right) \\ \Delta k_2 = k_{iy} - k_{iz} = \dfrac{2\pi}{\lambda_i}(n_{iy} - n_{iz}) \end{cases} \tag{5-129}$$

这里，$E_{j\mu}$，$E_0$，$\lambda_j$，$\omega_j$，$k_{j\mu}$和$n_{j\mu}$($j=$ p, i, s；$\mu = y$, $z$) 分别是光场、外加电场、波长、光波圆频率、波数和折射率；$k_0$为差频光在真空中的波数；$d_{33}$为非线性系数；$r_{22}$和$r_{42}$为电光系数；$f(x)$是结构函数，对应于 QPPLN 光学超晶格的正畴和负畴。显然，当外加电场 $E_0$ 为零时，方程(5-125)~(5-128)就简化为我们所熟悉的描述差频产生的耦合波方程。

我们假定 QPPLN 晶体由 A 和 B 两个基元按准周期序列排列构成，每个基元又由一对正负畴构成。A 和 B 的宽度分别为 $l_A = l_A^+ + l_A^-$ 和 $l_B = l_B^+ + l_B^-$。设定基元 A 和 B 的正畴宽度都相同，即 $l_A^+ = l_B^+ = l$；超晶格长度为 $L=40$ mm，工作在 $T=100℃$。利用铌酸锂的 Sellmeier 方程[53]计算得到的差频效应和电光效应的两个波矢失配分别为 $|\Delta k_D| = 0.21\ \mu m^{-1}$，$\Delta k_2 = 0.1110\ \mu m^{-1}$。

对于普通形式的准周期结构[67]，将式(5-125)~式(5-128)中的结构函数 $f(x)$ 展开为傅里叶级数

$$f(x) = \sum_G F_{m,n}\exp(\mathrm{i}G_{m,n}x) \tag{5-130}$$

式中，$G_{m,n} = 2\pi\dfrac{m+n\tau}{D}$，$D = \tau l_A + l_B$，对应的傅里叶系数为[68]

$$F_{m,n} = 2(1+\tau)lD^{-1}\mathrm{sinc}(G_{m,n}l/2)\mathrm{sinc}(X_{m,n}) \tag{5-131}$$

式中，$X_{m,n} = \pi D^{-1}(1+\tau)(ml_A - nl_B)$。

根据相位匹配条件

$$\begin{cases} G_{m,n} = 2\pi(m+n\tau)/D = \mid \Delta k_D \mid \\ G_{m',n'} = 2\pi(m'+n'\tau)/D = \Delta k_2 \end{cases} \qquad (5-132)$$

得

$$\begin{cases} \tau = \dfrac{m'\Delta k_D - m\Delta k_2}{n\Delta k_2 - n'\Delta k_D} \\[3mm] D = \dfrac{2\pi(nm'-mn')}{n\Delta k_2 - n'\Delta k_D} \end{cases} \qquad (5-133)$$

已知$\mid \Delta k_D \mid$和$\Delta k_2$,通过选择$m$, $n$, $m'$, $n'$,就可确定$\tau$和$D$的值。为了得到较大的傅里叶系数,选$m=1$, $n=1$和$m'=0$, $n'=1$,得到结构参数$\tau=1.120\,7$, $D=63.42\ \mu m$。我们选择$l=18\ \mu m$, $l_A=37.5\ \mu m$,则可根据$D=\tau l_A + l_B$得出$l_B = 21.39\ \mu m$。于是,与差频效应和电光效应相关的两个傅里叶系数可以算出,其为$F_{1,1}=0.354\,6$和$F_{0,1}=0.351\,4$。

普通形式的准周期超晶格序列的畴边界条件为

$$x_n = na + \left( \dfrac{na}{b} - \left\lfloor \dfrac{na}{b} \right\rfloor \right) \qquad (5-134)$$

式中,$a$, $b$为普遍形式准周期结构的结构参数,$\dfrac{b}{a} = \tau + 1$, $\tau \geqslant 1$。根据式(5-134)便可确定基元 A 和 B 的位置及超晶格中基元的循环周期,我们得出 17 个基元序列为 ABABABABABABABABA。于是,在满足 QPM 的条件下,方程(5-125)～(5-128)能简化为如下形式

$$\frac{\mathrm{d}E_{pz}(x)}{\mathrm{d}x} = \mathrm{i}\,\frac{\omega_p d_{33}}{c n_{pz}} F_{1,1} E_{iz}(x) E_{sz}(x) \qquad (5-135)$$

$$\frac{\mathrm{d}E_{sz}(x)}{\mathrm{d}x} = \mathrm{i}\,\frac{\omega_s d_{33}}{c n_{sz}} F_{1,1} E_{pz}(x) E_{iz}^*(x) \qquad (5-136)$$

$$\frac{\mathrm{d}E_{iy}(x)}{\mathrm{d}x} = \mathrm{i}\,\frac{k_0 n_{iy} n_{iz}^2 r_{42}}{2} E_0 F_{0,1} E_{iz}(x) - \mathrm{i}\,\frac{k_0 n_{iy}^3 r_{22}}{2} E_0 f(x) E_{iy}(x) \qquad (5-137)$$

$$\frac{\mathrm{d}E_{iz}(x)}{\mathrm{d}x} = \mathrm{i}\,\frac{k_0 n_{iy}^2 n_{iz} r_{42}}{2} E_0 F_{0,1} E_{iy}(x) + \mathrm{i}\,\frac{\omega_i d_{33}}{c n_{iz}} F_{1,1} E_{pz}(x) E_{sz}^*(x) \qquad (5-138)$$

定义输入的信号光和泵浦光光强之比为 $r = I_{s0}/I_{p0}$，其中 $I_{p0}$，$I_{s0}$ 作为数值模拟的初始条件，分别表示输入的泵浦光和信号光在 QPPLN 输入端的强度。差频转换效率定义为 $\eta = (I_i(L)/I_{p0}) \times 100\%$，其中 $I_i(L)$ 表示在 QPPLN 输出端差频光的光强。$L$ 为晶体长度。

我们首先研究无外加电场情况下相应于不同 $r(r = 0.01, 0.1, 1)$ 的差频效率 $\eta$ 与泵浦光初始强度 $I_{p0}$ 的关系。此时只存在差频效应，只有泵浦光、信号光和 e 偏振差频光，数值计算结果如图 5-23 所示。从图 5-23 可以知道，$r = 0.01$ 时，$\eta$ 首先随 $I_{p0}$ 的增加不断地增大，并在 9.5 MW/cm² 时达到最大值（31.35%），之后由于从信号光和差频光到泵浦光的能量回流的发生，$\eta$ 随 $I_{p0}$ 的增加逐渐减少；$r = 0.1$ 时，$\eta$ 在 $I_{p0} = 4.15$ MW/cm² 处达到最大值（31.35%），在 16.5 MW/cm² 时降到了最小值（0），之后随 $I_{p0}$ 的增加又逐渐增加；$r = 1$ 时，$\eta$ 在 $I_{p0} = 1.05$ MW/cm² 处第一次达到最大值（31.35%），在 4.05 MW/cm² 时第一次降到了最小值（0），之后重复先前的过程。由此可见，当 $E_0$ 不存在时，对于一个给定的 $r$，差频效率 $\eta$ 并不是在任何泵浦光初始强度下都能达到理想值。我们注意到，尽管 $r$ 不同，但最大的差频效率都是一样的，都是 31.35%，它都发生在泵浦光损耗殆尽的时候，并且，$\eta$ 是随着 $I_{p0}$ 的增加不断振荡的；所不同的是，$r$ 越大，$\eta$ 随着 $I_{p0}$ 变化越快，能量回流过程出现也越快，能够使差频光高效输出的 $I_{p0}$ 变化范围也越窄。因此，要想在 QPPLN 输出端面获得最大的差频效率（31.35%），我们必须选择适当大小和比例的泵浦光和信号光强度。

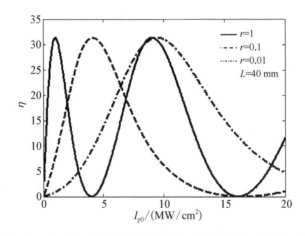

**图 5-23　无外加电场时差频效率 $\eta$ 和泵浦强度 $I_{p0}$ 的关系**
**（$r$ 为三个不同输入信号光和泵浦光强度比）**

图 5-24 显示了无外加电场情况下 $r = 0.1$，$I_{p0} = 16.5$ MW/cm² 时泵浦

光、信号光和 e 偏振差频光光强随传播距离的变化关系。从图 5-24 中可以看出,差频光和信号光光强开始随传播距离的增加而逐渐增大,并且都在 20 mm 处达到最大值。此时,泵浦光损耗殆尽,差频光能量占总能量的比例为 0.285,差频效率达到最大值(31.35%)。之后,由于能量回流,差频光和信号光光强随传播距离的增加逐渐减少,在 40 mm 处达到最小值(差频光光强为 0),此时泵浦光光强最大。该过程中能量在泵浦光、差频光和信号光之间来回转移,使输出的泵浦光和信号光光强最后都变得与输入的光强相同,此时差频效率为 0。此结果对应图 5-23 中 $r=0.1$ 时差频效率为零的一点。因此,对于一定的 $r$ 和 $I_{p0}$,晶体长度不同,输出的差频效率也不同。

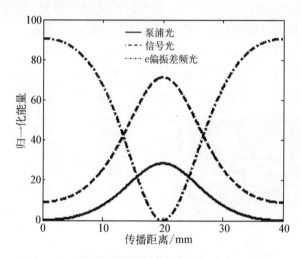

**图 5-24　无外加电场时泵浦光、信号光和 e 偏振差
频光与传播距离的关系**

当外加电场 $E_0$ 存在时,差频效应和电光效应耦合在一起,导致能量在泵浦光、信号光、o 偏振差频光以及 e 偏振差频光之间流动交换。因此,可以通过调节外电场 $E_0$ 来控制差频输出。对于不同的输入泵浦光强 $I_{p0}$、输入信号光和泵浦光强度比 $r$,图 5-25(a)显示了能够获得的最高差频效率 $\eta$;(b)显示对应所需要的外加电场 $E_0$。图中 A,B 两条线分别表示 $\eta$ 第一次、第二次达到最大值(31.35%)及对应的外加电场,它们分别将(a),(b)图分为Ⅰ、Ⅱ和Ⅲ三个区域。在Ⅰ区,当 $I_{p0}$ 一定时,获得最高差频效率 $\eta$ 总是在 $E_0$ 为零的时候。这是因为,对 $E_0=0$,此时能量尚未出现回流,泵浦光在超晶格长度范围内只是单向地转化为信号光和差频光。$\eta$ 随 $I_{p0}$ 的增加不断地增大,直到达到最大值(31.35%)。此时,再加电光调制反而会降低差频效率。在 A 线上,没有外加电场,对

1.01 MW/cm² 到 20 MW/cm² 的任何一个泵浦光,都能找到一个 $r$,使泵浦光完全转化为差频光和信号光。然而在Ⅱ区和Ⅲ区,当没有外加电场时,对任意输入的 $I_{p0}$ 和 $r$,由于从 e 偏振差频光和信号光到泵浦光的能量回流过程发生,差频效率总是介于 0 和最大值(31.35%)之间。所以,在 QPPLN 输出端不能获得最大的差频输出效率(31.35%),这一点在图 5-23 已清楚地显示出来。但是,在Ⅱ区,我们可以通过施加一个合适的 $E_0$ 来控制差频效率并使其达到最大值。例如,对应 $r = 0.1$ 的 3 个泵浦光强 6 MW/cm²,16.5 MW/cm² 和 18 MW/cm²,若分别施加 0.615 kV/mm,0.69 kV/mm 和 0.635 kV/mm 的 3 个电场,则 3 个差频效率将分别从原来不加电场时的 24.44%,0,0.19% 提高到 31.35%,31.35%,31.35%。当 $r < 0.324$ 时,只存在Ⅰ,Ⅱ两个区域,对光强超过特定值的任意泵浦光都可以通过施加一个适当的外加电场使泵浦光完全转化为信号光和差频光。然而当 $r > 0.324$ 时,除了Ⅰ区和Ⅱ区外,Ⅲ区也可以通过施加一个适当的外加电场使泵浦光完全转化为信号光和差频光。Ⅰ区和Ⅱ区内情况与 $r$ 小于 0.324 时相同,但是在Ⅲ区,情况有所不同。在一定区域内(Ⅲ区中的中

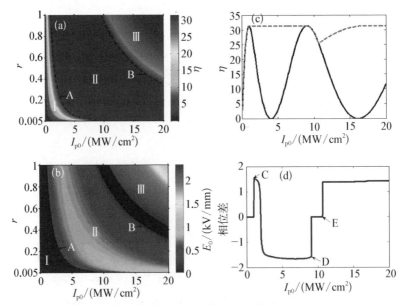

图 5-25　(a) 对于不同的 $I_{p0}$ 和 $r$,能够获得的最高差频效率 $\eta$;(b) 为获得最高差频效率 $\eta$ 所需的外加电场 $E_0$(A,B 线分别表示在 $\eta$ 第一次和第二次达到最大值(31.35%)及对应的外加电场,它们将 a,b 两图分为相对应的Ⅰ,Ⅱ和Ⅲ三个区域);(c) $r = 1$ 时,对于不同的 $I_{p0}$,不加电场的差频效率(实线)和加电场后的差频效率(虚线);(d) $r = 1$ 时,对于不同的 $I_{p0}$,输出的 o 偏振差频光与 e 偏振差频光之间的相位差(其中 $L = 40$ mm)

部),电光调制并不能增加差频转换效率。过了该区域,可以通过施加外电场来增加差频转换效率,甚至使该效率上升至最大值。图 5 - 25(c)以 $r = 1$ 为例,显示了对不同的 $I_{p0}$,不加电场和加电场时的差频效率之比较。图 5 - 25(d)显示了加电场后输出的 o 偏振差频光和 e 偏振差频光之间位相差,其中 $C$ 点、$D$ 点分别对应不加电场时差频效率第一、第二次达到最大值时的位相差,$C$ 点和 $E$ 点为临界点。$C$ 点之前,属于Ⅰ区,$E_0 = 0$ 时的 $\eta$ 最大,输出的差频光是沿光轴的线偏振光。$C$ 点到 $D$ 点,属于Ⅱ区,可通过外加电场对差频光进行电光调制,使输出的差频效率保持最大值,该区域内输出的差频光为椭圆偏振光。$D$ 点以后属于Ⅲ区,$D$ 点到 $E$ 点,电光调制不能提高差频转换效率,不加电场时差频效率更大,输出的差频光为沿光轴振动的线偏振光。$E$ 点为临界点,不加电场时的差频效率与加电场后能达到的极大差频效率相等,区别在于前者输出的差频光为沿光轴振动的线偏振光,后者为右旋椭圆偏振光。$E$ 点以后,通过加适当的电场可以使差频效率提高,最佳情况效率可达 31.35%,输出的差频光为右旋椭圆偏振光。

电光–倍频–和频/差频联合二阶非线性光学效应耦合波方程不但可以用于电控差频产生装置的设计和结果分析,还可以用于电控圆偏振光产生[69]和高亮度的光子对产生[22]装置的设计和结果分析。

### 5.5.4 高斯光束准相位匹配电光效应耦合波理论

前面所介绍的准相位匹配电光效应耦合波理论都是基于平面光波模型。众所周知,平面波模型只有当非线性介质长度远小于光束的共焦参数,以致光束的横截面在介质中可近似看成一个常数时才是有效的。实际上,在非线性相互作用过程中,特别是线性电光效应和其他二阶非线性光学效应级联的时候,通常必须利用聚焦激光束来提高转换效率或信号强度。此时,平面波模型将失效,从而必须考虑光束横截面上的光场分布及相位面的影响[70-73]。另一方面,利用高斯光束形成空间非均匀偏振态正成为当前研究的热点课题[74-78]。为实现空间非均匀偏振态,人们提出了各种方法。这些方法可以分为两类:直接和间接的方法。直接的方法是利用具有特殊设计激光谐振腔的激光器产生空间非均匀偏振态[79-83];而间接的方法是在特殊设计的光学元件的帮助下,基于传统激光器输出光场的波前重建从而产生空间非均匀偏振态[76,84-88]。然而,由于对操纵空间非均匀偏振态光束高度的灵活性和发展新型光子器件和光学系统的期望,空间非均匀偏振态光束的形成仍然是一个充满挑战的有趣课题[76]。其实,利用电光效应对聚焦高斯光束进行空间位相调制也可产生空间非均匀偏振态光束。为了说明这种空间非均匀偏振态光束产生方法,这里我们先介绍高斯光束的 QPM 线性电光效应耦合波理论。该理论在 2010 年由唐海波和佘卫龙等人发展完成[15]。

图 5-26 是光学超晶格中聚焦高斯光束 QPM 线性电光效应实验装置示意。其中箭头指示的是晶体畴自发极化方向,$x$,$y$ 和 $z$ 代表晶体的三个光轴;外加电场 $E_0$ 沿 $y$ 轴方向。$a$,$b$,$c$ 分别表示两个独立电磁波分量和外加电场的单位矢。单色光波沿光学超晶格的 $x$ 轴传播。在一个柱坐标系统中,参与线性电光效应的总电场可以表示为[14]

$$E(r, x, t) = E(0) + \left[ \frac{E(r, x)}{2} \exp(-i\omega t) + \text{c. c.} \right] \quad (5-139)$$

式中,$r$ 是偏离传播轴的径向距离;$E(0)$ 为外加直流电场或频率远小于 $\omega$ 的低频电场;$[E(r, x)\exp(-i\omega t)/2 + \text{c. c.}]$ 表示频率为 $\omega$ 的光场,c. c. 代表电场的复共轭部分。傍轴近似是由参数 $g = 1/(k_0/W_0)$ 决定的,其中 $k_0$ 是真空中光的波数,$W_0$ 是输入面的光束宽度,实际应用中选为光束腰宽[89,90]。对于一个波长为 $\lambda = 632.8$ nm 的入射光,当 $g = 1/(k_0/W_0) \leqslant 0.01$,即 $W_0 \geqslant 10.07\ \mu\text{m}$ 时,傍轴近似条件成立。此时,光场的 $x$ 分量(纵向分量)非常小,可以忽略。我们下面讨论的就是这种情况。

当一个频率为 $\omega$ 的单色光波在光学超晶格中传播时,其光场总可以分解成两个相互独立的线偏振分量,即

$$E(r, x) = E_1(r, x)\exp(ik_1 x) + E_2(r, x)\exp(ik_2 x) \quad (5-140)$$

式中,当 $k_1 = k_2$ 时,$E_1(r, x)$ 和 $E_2(r, x)$ 表示两个相互垂直光场分量的复振幅;当 $k_1 \neq k_2$ 时,$E_1(r, x)$ 和 $E_2(r, x)$ 表示两个经历不同折射率相互独立光场分量的复振幅。

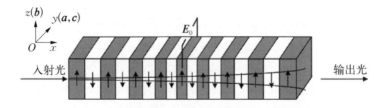

**图 5-26　光学超晶格中聚焦高斯光束 QPM 线性电光效应实验装置示意图**

从麦克斯韦方程组和物质方程出发,将线性电光效应当作二阶非线性微扰,

利用傍轴近似和慢变振幅近似,可得到描述光场跟外加电场之间相互作用的非线性方程

$$\nabla_T^2 \boldsymbol{E}_1(r, x) + \nabla_T^2 \boldsymbol{E}_2(r, x)\exp(\mathrm{i}\Delta k x) - 2\mathrm{i}k_1 \frac{\mathrm{d}\boldsymbol{E}_1(r, x)}{\mathrm{d}x} -$$

$$2\mathrm{i}k_2 \frac{\mathrm{d}\boldsymbol{E}_2(r, x)}{\mathrm{d}x}\exp(\mathrm{i}\Delta k x)$$

$$= -\frac{2\omega^2}{c^2}\boldsymbol{\chi}^{(2)}(\omega, 0) : \boldsymbol{E}_1(r, x)\boldsymbol{E}(0) - \frac{2\omega^2}{c^2}\boldsymbol{\chi}^{(2)}(\omega, 0) :$$

$$\boldsymbol{E}_2(r, x)\boldsymbol{E}(0)\exp(\mathrm{i}\Delta k x) \tag{5-141}$$

式中,$\Delta k = k_1 - k_2$ 是波矢失配;$c$ 和 $\boldsymbol{\chi}^{(2)}$ 分别是真空中的光速和线性电光效应的二阶极化率;$\nabla_T^2 = \dfrac{1}{r}\dfrac{\partial}{\partial r}\left(r\dfrac{\partial}{\partial r}\right) + \dfrac{1}{r^2}\dfrac{\partial^2}{\partial \phi^2}$ 是横向拉普拉斯算符,对于柱对称的高斯光束,$\nabla_T^2$ 只依赖于 $r$,而不依赖于 $\phi$。

我们知道,具有轴对称的任何近轴光束,都可以表示为拉盖尔-高斯模的线性叠加[70-72],即 $\boldsymbol{E}_j(r, x) = \sum\limits_{n=0}^{N_j} \boldsymbol{G}_{jn}(x)u_{jn}(r, x), j = 1, 2$,其中 $\boldsymbol{G}_{jn}(x)$ 是展开系数,$u_{jn}(r, x)$ 为拉盖尔-高斯模。设所考虑的光束为 $n=0$ 的拉盖尔-高斯光束,则有 $\boldsymbol{E}_j(r, x) = \boldsymbol{G}_{j0}(x)u_{j0}(r, x) = \boldsymbol{G}_j(x)u_j(r, x)$,这里展开系数 $\boldsymbol{G}_j(x) = \boldsymbol{G}_{j0}(x)$,$u_j(r, x) = u_{j0}(r, x)$ 为零阶拉盖尔-高斯模。在本节中,入射高斯光束的腰设在光学超晶格的输入端,故光场两个独立偏振分量具有相同的光腰半径,即 $W_{01} = W_{02} = W_0$,则 $u_j(r, x)(j = 1, 2)$ 可表示如下[70-72]:

$$u_j(r, x) = \sqrt{\frac{2}{\pi}}\frac{1}{W_0[1 - \mathrm{i}(2x/b_j)]}\exp\left\{-\frac{r^2}{W_0^2[1 - \mathrm{i}(2x/b_j)]}\right\} \tag{5-142}$$

式中,$b_j = k_j W_0^2$ 为高斯光束光腰处的共焦参数,且 $b_2 = n_2/n_1 b_1$,这里 $n_1$ 和 $n_2$ 分别为两个不同偏振光场分量 $\boldsymbol{E}_1(r, x)$ 和 $\boldsymbol{E}_2(r, x)$ 所对应的折射率。根据方程 (5-142),我们容易验证 $u_j(r, x)$ 满足归一化关系,即 $\int_0^\infty u_j^*(r, x)u_j(r, x)2\pi r \,\mathrm{d}r = 1$,其中 * 表示复共轭。为方便起见,下文我们均略去 $u_j(r, x)$ 和 $\boldsymbol{G}_j(x)$ 中的宗量 $r$ 和 $x$。在慢变振幅近似下,容易证明

$$\nabla_T^2 u_j - 2\mathrm{i}k_j \frac{\partial u_j}{\partial x} = 0 \tag{5-143}$$

将 $E_j(r, x)$ 代入方程(5-141)，并利用方程(5-143)，得

$$
ik_1 u_1 \frac{\mathrm{d}\boldsymbol{G}_1}{\mathrm{d}x} + ik_2 u_2 \frac{\mathrm{d}\boldsymbol{G}_2}{\mathrm{d}x} \exp(\mathrm{i}\Delta k x)
$$

$$
= \frac{\omega^2}{c^2} \boldsymbol{\chi}^{(2)}(\omega, 0) : \boldsymbol{G}_1 u_1 \boldsymbol{E}(0) + \frac{\omega^2}{c^2} \boldsymbol{\chi}^{(2)}(\omega, 0) : \boldsymbol{G}_2 u_2 \boldsymbol{E}(0) \exp(\mathrm{i}\Delta k x)
$$

$$
(5-144)
$$

令 $\boldsymbol{G}_1 = \sqrt{\omega/n_1} A_1(x)\boldsymbol{a}$，$\boldsymbol{G}_2 = \sqrt{\omega/n_2} A_2(x)\boldsymbol{b}$，$\boldsymbol{E}(0) = E_0 \boldsymbol{c}$，其中 $\boldsymbol{a}$，$\boldsymbol{b}$ 和 $\boldsymbol{c}$ 是三个单位矢量，并且 $\boldsymbol{a} \cdot \boldsymbol{b} = 0$（注意，这里已应用了傍轴近似条件），$A_1(x)$ 和 $A_2(x)$ 为两个光场的约化振幅。分别用 $\boldsymbol{a}$ 和 $\boldsymbol{b}$ 对方程(5-144)两边做内积，我们得到

$$
u_1 \frac{\mathrm{d}A_1(x)}{\mathrm{d}x} = \mathrm{i}\frac{\omega^2}{k_1 c^2} \boldsymbol{a} \cdot \boldsymbol{\chi}^{(2)}(\omega, 0) : \boldsymbol{bc} A_2(x) u_2 E_0 \exp(\mathrm{i}\Delta k x) +
$$

$$
\mathrm{i}\frac{\omega^2}{k_1 c^2} \boldsymbol{a} \cdot \boldsymbol{\chi}^{(2)}(\omega, 0) : \boldsymbol{ac} A_1(x) u_1 E_0 \qquad (5-145\mathrm{a})
$$

$$
u_2 \frac{\mathrm{d}A_2(x)}{\mathrm{d}x} = \mathrm{i}\frac{\omega^2}{k_2 c^2} \boldsymbol{b} \cdot \boldsymbol{\chi}^{(2)}(\omega, 0) : \boldsymbol{ac} A_1(x) u_1 E_0 \exp(-\mathrm{i}\Delta k x) +
$$

$$
\mathrm{i}\frac{\omega^2}{k_2 c^2} \boldsymbol{b} \cdot \boldsymbol{\chi}^{(2)}(\omega, 0) : \boldsymbol{bc} A_2(x) u_2 E_0 \qquad (5-145\mathrm{b})
$$

在方程组(5-145)两边分别同乘以 $u_1^*$，$u_2^*$ 并对 $2\pi r \mathrm{d}r$ 积分，借助归一化条件，得

$$
\frac{\mathrm{d}A_1(x)}{\mathrm{d}x} = -\mathrm{i}d_1 A_2(x) f(x) \exp(\mathrm{i}\Delta k x) \frac{1}{1 + \mathrm{i}(x/b_1)(1 - n_1/n_2)} -
$$

$$
\mathrm{i}d_2 f(x) A_1(x) \qquad (5-146\mathrm{a})
$$

$$
\frac{\mathrm{d}A_2(x)}{\mathrm{d}x} = -\mathrm{i}d_3 A_1(x) f(x) \exp(-\mathrm{i}\Delta k x) \frac{1}{1 - \mathrm{i}(x/b_1)(1 - n_1/n_2)} -
$$

$$
\mathrm{i}d_4 f(x) A_2(x) \qquad (5-146\mathrm{b})
$$

这里，$f(x)$ 是极化结构函数；而 $d_1 = \dfrac{k_0}{2\sqrt{n_1 n_2}} r_{\mathrm{eff1}} E_0$，$d_2 = \dfrac{k_0}{2n_1} r_{\mathrm{eff2}} E_0$，$d_3 =$

$\dfrac{k_0}{2\sqrt{n_1 n_2}} r_{\mathrm{eff1}} E_0$，$d_4 = \dfrac{k_0}{2n_2} r_{\mathrm{eff3}} E_0$，其中 $r_{\mathrm{eff}i}(i = 1, 2, 3)$ 是有效电光系数[14]。

为完全补偿波矢失配，我们考虑一个这样的超晶格：

$$f(x) = \text{sgn}\left\{\text{Re}\left[\frac{1}{1+\text{i}(x/b_1)(1-n_1/n_2)}\exp(\text{i}\Delta kx)\right]\right\} \quad (5-147)$$

式中,Re 是表达式的实部,sgn 是符号函数:当 $x \geqslant 0$, $\text{sgn}(x) = 1$;当 $x < 0$, $\text{sgn}(x) = -1$。方程(5-147)决定了超晶格的结构。在 QPM 条件下,方程(5-146a)和(5-146b)可改写成

$$\frac{\text{d}A_1(x)}{\text{d}x} = -\text{i}d_1 A_2(x)F_1 \frac{1}{1+(x/b_1)^2(1-n_1/n_2)^2} - \text{i}d_2 f(x)A_1(x)$$

$$(5-148a)$$

$$\frac{\text{d}A_2(x)}{\text{d}x} = -\text{i}d_3 A_1(x)F_1 \frac{1}{1+(x/b_1)^2(1-n_1/n_2)^2} - \text{i}d_4 f(x)A_2(x)$$

$$(5-148b)$$

式中,$F_1 = \int_0^L f(x)\exp[\text{i}G_1 x + \varphi(x)]\text{d}x/L$,$L$ 是光学超晶格的长度,$G_1$ 为光学超晶格提供的倒格矢,$\varphi(x) = \arg\{[1+\text{i}(x/b_1)(1-n_1/n_2)]^{-1}\}$。若只考虑平面波效应,则 $\varphi(x)$ 是一个常数,这时结构将退化为周期极化光学超晶格。

方程(5-148)是光学超晶格中聚焦高斯光束 QPM 线性电光效应的耦合波方程,这显然不同于平面波近似下的线性电光效应耦合波方程(5-90a)和(5-90b)。它们之间最主要的差别是,在方程(5-148)右边第一个表达式中都有一个系数 $1/[1\pm\text{i}(x/b_1)(1-n_1/n_2)]$。这个系数 $1/[1\pm\text{i}(x/b_1)(1-n_1/n_2)]$ 的值取决于 $x$,并由此引起了一个连续变化的相移,当 $x << b_1$,此方程退化为平面波近似下的耦合波方程。

与平面波近似下的 QPM 线性电光效应相比,聚焦高斯光束 QPM 线性电光效应的一个重要的特点是,由于线性电光效应,输出高斯光束会形成空间非均匀偏振态。一般来说,偏振态可由以下两个参数来进行描述:方位角 $\psi \in [-90°, 90°]$ 和椭圆率 $e \in [-1, 1]$(正值和负值分别表示右旋和左旋偏振)。方位角 $\psi$ 和椭圆率 $e$ 有如下关系式[91]

$$\tan 2\psi = \frac{2\text{Re}(\boldsymbol{X})}{1-|\boldsymbol{X}|^2}, \ \sin(2\arctan e) = \frac{2\text{Im}(\boldsymbol{X})}{1+|\boldsymbol{X}|^2} \quad (5-149)$$

式中,复矢量 $\boldsymbol{X}$ 的大小 $\boldsymbol{X} = E_2(r, x)/E_1(r, x) = \sqrt{\omega/n_2}A_2(x)u_2(r, x)/[\sqrt{\omega/n_1}A_1(x)u_1(r, x)]$。对聚焦高斯光束而言,在柱坐标系统中,输出高斯光束的偏振态不依赖于柱坐标的方位角[72-74]。然而,输出高斯光束的偏振态将随

传播距离发生演化。更有趣的是,在某一固定的传播距离 $x$ 处,输出高斯光束将形成空间非均匀偏振态,并且是横向渐变的。这显然区别于传统的平面波电光效应,后者对应的偏振态横向分布在空间上是均匀的。聚焦光束电光效应导致空间非均匀分布偏振态的原因是,在光学超晶格中,聚焦高斯光束两个独立的偏振分量具有不同的共焦参数,即 $b_1 \neq b_2$。下面用一个数值计算的例子来说明如何利用电光效应产生横向空间非均匀偏振态高斯光束。

在此例子中,我们选取铌酸锂(LN)超晶格作为非线性介质。光波波长 $\lambda$、温度 $T$、超晶格长度 $L$ 和光腰 $W_0$ 分别选 632.8 nm,298 K,2.5 cm 和 15 $\mu$m。这些都满足傍轴近似条件;对 LN 超晶格,非零电光系数 $r_{22} = 3.4$,$r_{23} = 8.6$,$r_{33} = 30.8$ 和 $r_{51} = 28$(单位:pm/V)[47];计算用到的 LN 的 Sellmeier 方程来自文献[53];以 e 光入射,且初始条件设定为 $A_1(0) = 0$,$A_2(0) = 1$。图 5-27 显示了不同外加电场 $E_0$ 时输出高斯光束空间偏振态分布。从图 5-27(a)和 5-27(e)中可以看出,当 $E_0 = 0$ 或 64 V/mm 时,输出高斯光束都是线偏振光,没有形成空间非均匀偏振态。这是因为,当 $E_0 = 0$ V/mm 时,没有电光效应,输出光束都是 e 光;而当 $E_0 = 64$ V/mm 时,$|A_2(L)|^2 = 1$,这意味着 e 光已完全转化为 o 光。有意思的是,当 $E_0 = 15$ V/mm,30 V/mm 或 45 V/mm 时,输出高斯光束都形成了空间非均匀偏振态。为进一步区分输出高斯光束偏振态的相对变化,我们描绘了在不同电场 $E_0$ 情况下方位角 $\psi$ 和椭圆率 $e$ 对 $r$ 的依赖关系,数值结果如图 5-28 所示。从图 5-28 中看出,当 $E_0 = 15$ V/mm 时[对应图 5-27(b)],随着 $r$ 从 0 增大到 150 $\mu$m,方位角 $\psi$ 从 $-0.10°$ 变化到 $-8.63°$($\Delta\psi = 8.53°$),而椭圆率 $e$ 从 $-0.40$ 变化到 $-0.34$($\Delta e = 0.06$);当 $E_0 = 45$ V/mm 时[对应图 5-27(d)],方位角 $\psi$ 从 $0.14°$ 变化到 $13.82°$($\Delta\psi = 13.68°$),而椭圆率 $e$ 从 $-0.48$ 变化到 $-0.46$($\Delta e = 0.02$)[请注意,在图 5-27(b)和 5-27(d)中,尽管 $\Delta e$ 是小的,但 $\Delta\psi$ 比较大,因而输出高斯光束偏振态的空间非均匀分布依然明显]。当 $E_0 = 30$ V/mm 时[对应图 5-27(c)],方位角 $\psi$ 从 $-1.60°$ 变化到 $-34.23°$($\Delta\psi = 32.63°$),而椭圆率 $e$ 从 $-0.93$ 变化到 $-0.66$($\Delta e = 0.27$)。此时,$\Delta e$ 和 $\Delta\psi$ 都比较大,因而输出高斯光束的空间非均匀分布是非常明显的。

输出光束横向空间非均匀偏振态不仅受外加电场 $E_0$ 的控制,还受共焦参数 $b_1$ 和 $b_2$ 的影响。为充分了解这一现象,我们设定 $E_0 = 30$ V/mm,研究了不同的 $b_1$($b_2$ 随 $b_1$ 的不同作相应的变化,且 $b_2 = n_2/n_1 b_1$)对输出高斯光束横向空间非均匀偏振态的影响。计算结果如图 5-29 所示。从图 5-29 中可以看出,当 $b_1 = 5.11$ mm($W_0 = 15$ $\mu$m)时,输出光束偏振态的空间非均匀性是非常明显的。然而,随着 $b_1$ 的增大,输出高斯光束偏振态从空间非均匀逐步过渡到空间均匀,

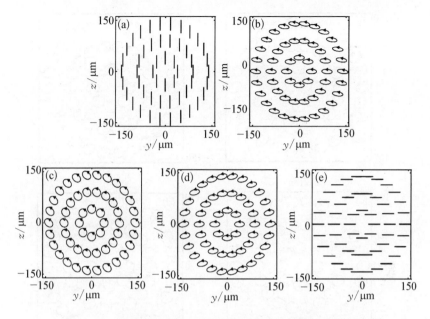

**图 5 - 27　不同外加电场 $E_0$ 时输出高斯光束偏振态空间分布**

(a) $E_0 = 0$ V/mm; (b) $E_0 = 15$ V/mm; (c) $E_0 = 30$ V/mm; (d) $E_0 = 45$ V/mm;
(e) $E_0 = 64$ V/mm; 其中 $\lambda = 632.8$ nm, $T = 298$ K, $L = 2.5$ cm, $W_0 = 15\ \mu$m

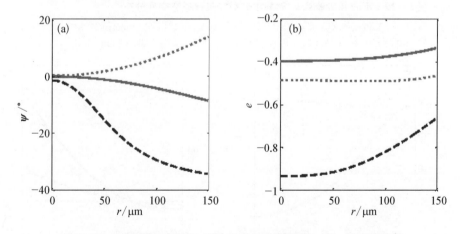

**图 5 - 28　不同外加电场 $E_0$ 时方位角 $\psi$ 和椭圆率 $e$ 对 $r$ 的依赖关系**

(a) 方位角 $\psi$ 与 $r$；(b) 椭圆率 $e$ 与 $r$。实线、长虚线、短虚线分别表示 $E_0 = 15$ V/mm,
30 V/mm, 45 V/mm。其中 $\lambda = 632.8$ nm, $T = 298$ K, $L = 2.5$ cm, $W_0 = 15\ \mu$m

这可以从图 5 - 30 中理解。

例如，当 $b_1 = 4 \times 5.11$ mm 时，方位角 $\psi$ 和椭圆率 $e$ 的空间变化分别从 $-6.62°$变化到$-20.40°$（$\Delta\psi = 13.78°$）和从 0.94 到 0.68（$\Delta e = 0.26$），其中 $\psi$ 的

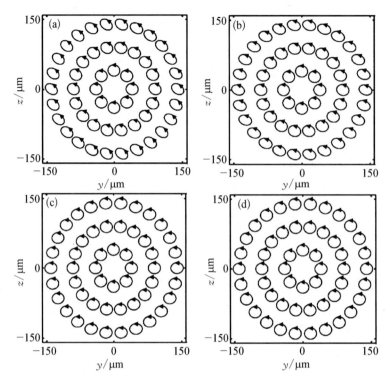

**图 5 - 29　不同共焦参数 $b_1$ 时输出高斯光束偏振态空间分布**

(a) $b_1 = 5.11$ mm；(b) $b_1 = 4 \times 5.11$ mm；(c) $b_1 = 16 \times 5.11$ mm；(d) $b_1 = 64 \times 5.11$ mm；其中 $\lambda = 632.8$ nm，$T = 298$ K，$L = 2.5$ cm，$E_0 = 30$ V/mm

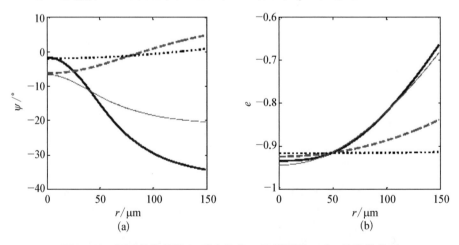

**图 5 - 30　不同共焦参数 $b_1$ 时方位角 $\psi$ 和椭圆率 $e$ 对 $r$ 的依赖关系**

（a）方位角 $\psi$ 与 $r$；（b）椭圆率 $e$ 与 $r$。粗实线、细实线、长虚线、短虚线分别相应于 $b_1 = 5.11$ mm，$4 \times 5.11$ mm，$16 \times 5.11$ mm，$64 \times 5.11$ mm。其中 $\lambda = 632.8$ nm，$T = 298$ K，$L = 2.5$ cm，$E_0 = 30$ V/mm

空间变化要比 $b_1=5.11$ mm 时小得多。再例如 $b_1=16\times5.11$ mm 时,方位角 $\psi$ 和椭圆率 $e$ 的空间变化分别从 $-6.25°$ 变化到 $4.83°(\Delta\psi=11.08°)$ 和从 $-0.92$ 到 $-0.84(\Delta e=0.08)$,其中 $\psi$ 和 $e$ 的空间变化都要比 $b_1=5.11$ mm 时小得多。特别是,当 $b_1=64\times5.11$ mm 时,方位角 $\psi$ 和椭圆率 $e$ 的空间变化分别从 $-1.91°$ 变化到 $-0.87°(\Delta\psi=2.78°)$ 和从 $-0.916$ 到 $-0.913(\Delta e=0.003)$。与 $b_1=5.11$ mm 时相比,方位角 $\psi$ 的变化是很小的,而椭圆率几乎不变,这意味着输出光束的偏振态几乎是空间均匀的。

下面研究共焦参数 $b_1$ 对半波电压 $V_\pi=E_0'd$ 的影响,其中 $E_0'$ 是将 e 光完全转化为 o 光时外加电场大小;$d$ 是沿外加电场方向超晶格的厚度。当 o 光输出强度达到它的最大值时,$E_0'$ 对 $b_1$ 的依赖关系如图 5-31 所示。从图 5-31 中可看出,随着共焦参数 $b_1$ 从 2.3 mm 增大到 21.14 mm,$E_0'$(或 $V_\pi$)不断减小。当 $b_1\geqslant21.14$ mm 时,方程(5-142)中 $(x/b_1)^2(1-n_1/n_2)^2$ 接近于 0,这样 $E_0'$(或 $V_\pi$)几乎是一个常数。容易算得半波电压 $V_\pi=(\pi\sqrt{n_1 n_2}d)/(k_0 r_{\text{effl}} F_1 L)$。图 5-32 显示了 o 光输出强度 $|A_1(L)|^2$ 与共焦参数 $b_1$ 以及外加电场 $E_0$ 的关系。从图 5-32 可知,对于一个固定的 $b_1$,o 光强度随外加电场 $E_0$ 的增加呈周期性变化。这可理解如下:根据方程(5-149),$A_2(L)/A_1(L)$ 的比值决定输出光场的偏振态。图 5-32 显示了当固定一个共焦参数 $b_1$ 时,$A_2(L)$ 和 $A_1(L)$ 随外加电场 $E_0$ 呈周期性变化,这就意味着输出光束的偏振态也有相应的周期性。

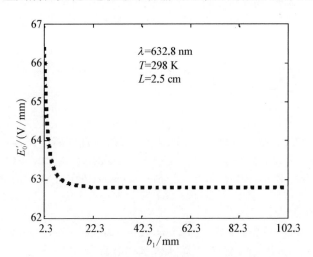

$\lambda=632.8$ nm
$T=298$ K
$L=2.5$ cm

**图 5-31 当输出 o 光强度达到最大值时外加电场 $E_0'$ 和共焦参数 $b_1$ 的关系**

除了 5.2～5.5 节所介绍的几种类型的线性电光效应耦合波理论之外,钟东

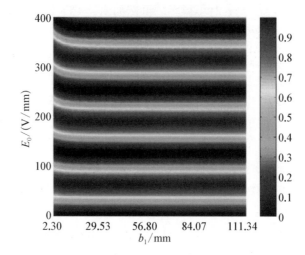

图 5‑32  输出 o 光强度 $|A_1(L)|^2$ 与外加电场 $E_0$ 和共焦参数 $b_1$ 的关系(其中 $\lambda=632.8$ nm, $T=298$ K, $L=2.5$ cm)

洲和佘卫龙还将线性电光效应耦合波理论推广到超短脉冲情形,由于篇幅所限,这里不作介绍,有兴趣的读者可以参见文献[16]。

## 参考文献

[ 1 ] Armstrong J A, Bloembergen N, et al. Interactions between light waves in a nonlinear dielectric [J]. Phys. Rev. , 1962, 127(6): 1918 - 1939.

[ 2 ] Yariv A, Yeh P. Optical waves in crystals [M]. New York: Wiley, 1984: 276 - 288.

[ 3 ] Tian Z, Zhang S. Electro-optic Q switch of an La3Ga5SiO14 crystal [J]. Appl. Opt. , 2006, 45(10): 2325 - 2330.

[ 4 ] Huo J, Liu K, Chen X F. 1 × 2 precise electro-optic switch in periodically poled lithium niobate [J]. Opt. Express. , 2010, 18(15): 15603 - 15608.

[ 5 ] Valentine M T, Guydosh N R, Gutiérrez-Medina B, et al. Precision steering of an optical trap by electro-optic deflection [J]. Opt. Lett. , 2008, 33(6): 599 - 601.

[ 6 ] Lu Y Q, Wan Z L, Wang Q, et al. Electro-optic effect of periodically poled optical superlattice LiNbO$_3$ and its applications [J]. Appl. Phys. Lett. , 2000, 77 (23): 3719 - 3721.

[ 7 ] Chen X F, Shi J H, Chen Y P, et al. Electro-optic Solc-type wavelength filter in periodically poled lithium niobate [J]. Opt. Lett. , 2003, 28(21): 2115.

[ 8 ] Shi J, Chen X F, Xia Y X, et al. Polarization control by use of the electro-opticeffect in periodically poled lithium niobate[J]. Appl. Opt. , 2003, 42(28): 5722 - 5725.

[ 9 ] Zheng G, Xu J, She W. Effect of polarization state on electro-optic coupling and its application to polarization rotation [J]. Appl. Opt. , 2006, 45(34): 8648 - 8652.

[10] Chen L X, Zheng G L, She W L. Electrically and magnetically controlled optical spanner based on the transfer of spin angular momentum of light in an optically active medium [J]. Phys. Rev. A (Rapid communications), 2007, 75(6): R061403.

[11] Yariv A. Coupled-mode theory for guided-wave optics [J]. IEEE J. Quantum Electr., 1973, QE-9: 919 – 933.

[12] Nelson D F. General solution for the electro-optic effect [J]. J. Opt. Soc. Am, 1975, 65 (10): 1144 – 1151.

[13] Gunning M J, Raab R E. Algebraic determination of the principal refractive indices and axes in the electro-optic effect [J]. Appl. Opt., 1998, 37(3): 8438 – 8447.

[14] She W L, Lee W K. Wave coupling theory of linear electrooptic effect [J]. Opt. Commun., 2001, 195: 303 – 311.

[15] Tang H, Chen L, She W. The spatially varying polarization of a focused Gaussian beam in quasi-phase-matched superlattice under electro-optic effect [J]. Opt. Express., 2010, 18(24): 25000 – 25007.

[16] Zhong D, She W. Wave-coupling theory of linear electro-optic effect for ultrashort laser pulses [J]. Appl. Phys. B., 2011, 104: 941 – 949.

[17] Chen L, Zheng G, She W. Electrically and magnetically controlled optical spanner based on the transfer of spin angular momentum of light in an optically active medium [J]. Phys. Rev. A, 2007, 75: R061403.

[18] Wu D, Chen H, She W, et al. Wave Coupling theory of the linear electro-optic effect in a linear absorbent medium [J]. J. Opt. Soc. Am. B., 2005, 22(11): 2366 – 2371.

[19] Zheng G, Wang H, She W. Wave coupling theory of quasi-phase-matched linear electro-optic effect [J]. Opt. Express, 2006, 14(12): 5535 – 5540.

[20] Zheng G, Wang H, She W. Non-collinear quasi-phase-matched linear electro-optic effect in periodically poled LiNbO$_3$ and its applications [J]. J. Opt., A: Pure Appl. Opt., 2008, 10(1): 015102.

[21] Zheng G, She W. Fast and wide-range continuously tunable Šolc-type filter based on periodically poled LiNbO$_3$[J]. Appl. Phys. B., 2007, 88: 545 – 549.

[22] Huang D, She W. High-flux photon-pair source from electrically induced parametric down conversion after second-harmonic generation in single optical superlattice [J]. Opt. Express, 2007, 15(13): 8275 – 8283.

[23] 李培培,唐海波,佘卫龙. 基于准周期光学超晶格的高效电光调制差频转换[J]. 光学学报,2012, 32(6): 0619004.

[24] Ebbers C A. Thermally insensitive, single-crystal, biaxial electro-optic modulators [J]. J. Opt. Soc. Am. B., 1995, 12(6): 1012 – 1020.

[25] Zheng G L, Xu J, Chen L X, et al. Athermal design for KTP electro-optical modulator [J]. Appl. Opt., 2007, 46(27): 6774 – 6678.

[26] Bierlein J D, Herman V. Potassium titanyl phosphate: properties and new applications [J]. J. Opt. Soc. Am. B, 1989, 6(4): 622 – 633.

[27] 郑国梁,佘卫龙. 偏振方向对 THz 电光探测影响的理论研究[J]. 物理学报, 2006, 55 (3): 1061 – 1067.

[28] 郑国梁,吴丹丹,佘卫龙. THz 辐射电光探测原理分析新方法[J]. 物理学报, 2005, 54 (7): 3063 - 3068.

[29] 郑国梁, 佘卫龙. 一种新的偏振无关电光调制器[J]. 光子学报, 2006, 35(4): 513 - 516.

[30] 郑国梁, 佘卫龙. 温度不敏感电光调制器和保偏光衰减器设计[J]. 中国激光, 2005, 32 (8): 1077 - 1116.

[31] 黄研, 佘卫龙. 一种利用电光效应测量微小转角的新方法[J]. 光子学报, 2006, 35(1): 133 - 137.

[32] Cox III C H, Ackerman E I. High electro-optic sensitivity ($r_{33}$) polymers: they are not just for low voltage modulators any more [J]. J. Phys. Chem. B, 2004, 108(25): 8540 - 8542.

[33] Wang W S, Chen D T, Fetterman H R, et al. 40 - GHz polymer electrooptic phase modulators [J]. IEEE Photonic. Tech. L., 1995, 7(6): 638 - 640.

[34] Kalluri S, Ziari M, Chen A T, et al. Monolithic integration of waveguide polymer electrooptic modulators on VLSI circuitry [J]. IEEE Photonic. Tech. L., 1996, 8(5): 644 - 646.

[35] 李旭华,袁荞龙,王得宁,等. 二阶非线性光学聚氨酯对电光效应的共振增强[J]. 高等学校化学学报,2003, 24(9): 1683 - 1685.

[36] Zheng G L, She W L. Generalized wave coupling theory of linear electro-optic effect in absorbent medium [J]. Opt. Commun., 2006, 268: 323 - 329.

[37] Driscoll W G, Vaughan W. Handbook of Optics [M]. New York: King-sport, 1978: 146.

[38] Laudau L D, Lifshitz E M. Electrodynamics of continuous media [M]. Oxford: Pergamon Press, 1984.

[39] 过巳吉. 非线性光学[M]. 西安: 西北电讯工程学院出版社, 1986.

[40] Liao H, Xu L. Growth of $Bi_{12}TiO_{20}$ [J]. Inorg. Mater., 1994, 9: 385.

[41] Mandel L, Wolf E. Optical coherence and quantum optics [M]. New York: Cambridge U. Press, 1995.

[42] Barnett S M. Optical angular-momentum flux [J]. J. Opt. B: Quantum Semiclass. Opt., 2002, 4: S7 - S16.

[43] Feldman A, Brower W S Jr., Horowitz D. Optical activity and Faraday rotation in bismuth oxide compounds [J]. Appl. Phys. Lett., 1970, 16(5): 201 - 202.

[44] Chen L, Mao L, Li Y. Wave coupling theory for mutual action of optical activity and Pockels effect in birefringent crystals [J]. J. Opt. A: Pure Appl. Opt., 2008, 10(7): 075002.

[45] Padgett M, Barnett S M, Loudon R. The angular momentum of light inside a dielectric [J]. J. Mod. Opt., 2003, 50(10): 1555 - 1562.

[46] Oldenbourg R, Phillips W C. Small permanent magnet for fileds up to 2. 6 T [J]. Rev. Sci. Instrum., 1986, 57(9): 2362 - 2365.

[47] Yariv A, Yeh P. Optical waves in crystals [M]. New York: Wiley, 1984.

[48] Zhang Y, Chen Y, Chen X. Polarization-based all-optical logic controlled-NOT, XOR and

XNOR gates employing electro-optic effect in periodically poled LiNbO$_3$ [J]. App. Phy. Lett. , 2011, 99(16): 161117.

[49] Shi J H, Wang J H, Chen L J, et al. Tunable Solc-type filter in periodically poled LiNbO$_3$ by UV-light illumination [J]. Opt. Express, 2006, 14(13): 6279 – 6284.

[50] Chen L J, Shi J H, Chen X F, et al. Photovoltaic effect in a periodically poled lithium niobate Solc-type wavelength filter [J]. Appl. Phys. Lett. , 2006, 88(12): 121118.

[51] Zhu Y M, Chen X F, Shi J H, et al. Wide-range tunable wavelength filter in periodically poled lithium niobate [J]. Opt. Commun. , 2003, 228: 139 – 143.

[52] Zeng X, Chen L, Tang H, et al. Electro-optic coupling of wide wavelength range in linear chirped-periodically poled lithium niobate and its applications [J]. Opt. Express, 2010, 18(5): 5061 – 5067.

[53] Hobden M V, Warner J. The temperature dependence of the refractive indices of pure lithium niobate [J]. Phys. Lett. , 1966, 22(3): 243 – 244.

[54] Suchowski H, Oron D, Arie A, et al. Geometrical representation of sum frequency generation and adiabatic frequency conversion [J]. Phys. Rev. A, 2008, 78(6): 63821.

[55] Suchowski H, Prabhudesai V, Oron D, et al. Robust adiabatic sum frequency conversion [J]. Opt. Express, 2009, 17(15): 12731 – 12740.

[56] Umeki T, Asobe M, Nishida Y, et al. Widely tunable 3. 4 $\mu m$ band difference frequency generation using apodized $\chi^{(2)}$ grating [J]. Opt. Lett. , 2007, 32(9): 1129 – 1131.

[57] Tehranchi A, Kashyap R. Design of novel unapodized and apodized step-chirped quasi-phase matched gratings for broadband frequency converters based on second-harmonic generation [J]. Lightwave Technol. , 2008, 26(3): 343 – 349.

[58] Gao S M, Yang C X, Jin G F. Flat broad-band wavelength conversion based on sinusoidally chirped optical superlattices in lithium niobate [J]. IEEE Photon. Technol. Lett. , 2004, 16(2): 557 – 559.

[59] Baker K L. Single-pass gain in a chirped quasi-phase-matched optical parametric oscillator [J]. Appl. Phys. Lett. , 2006, 82(22): 3841 – 3843.

[60] Charbonneau-Lefort M, Fejer M M, Afeyan B. Tandem chirped quasi-phase-matching grating optical parametric amplifier design for simultaneous group delay and gain control [J]. Opt. Lett. , 2005, 30(6): 634 – 636.

[61] Nasr M B, Carrasco S, Saleh B E A, et al. Ultrabroadband biphotons generated via chirped quasi-phase-matched optical parametric down-conversion [J]. Phys. Rev. Lett. , 2008, 100(18): 183601.

[62] Landau L D. Zur theorie der energieubertragung. II [J]. Phys. Soviet Union, 1932, 2: 46 – 51.

[63] Zener C. Non-adiabatic crossing of energy levels [J]. Proc. R. Soc. Lond. A, 1932, 137 (833): 696 – 702.

[64] Optoplex support. DWDM ITU grid Specification. Optoplex corporation, 2010, http:// www. optoplex. com/DWDM_ITU_Grid_Specification. htm.

[65] Huang J, Xie X P, Langrock C, et al. Amplitude modulation and apodization of quasi-phase-matched interactions [J]. Opt. Lett. , 2006, 31(5): 604 – 606.

[66] Lee Y L, Noh Y C, Kee C S, et al. Bandwidth control of a Ti: PPLN Solc filter by a temperature-gradient-control technique [J]. Opt. Express, 2008, 16 (18): 13699 – 13706.

[67] Fradkin-Kashi K, Arie A. Multiple-wavelength quasi-phase-matched nonlinear interactions [J]. IEEE J. Quantum Electr., 1999, 35(11): 1649 – 1656.

[68] Zhang C, Wei H, Zhu Y Y. et al. Third-harmonic generation in a general two-component quasi-periodic optical superlattice [J]. Opt. Lett., 2001, 26(12): 899 – 901.

[69] Tang H, Chen L, Zheng G, et al. Electrically controlled second harmonic generation of circular polarization in a single LiNbO$_3$ optical superlattice [J]. Appl. Phys. B, 2009, 94: 661 – 666.

[70] Magni V. Optimum beams for efficient frequency mixing in crystals with second order nonlinearity [J]. Opt. Commun., 2000, 184: 245 – 255.

[71] Xu G, Ren T, Wang Y, et al. Third-harmonic generation by use of focused Gaussian beams in an optical superlattice [J]. J. Opt. Soc. Am. B, 2009, 20(2): 360 – 365.

[72] Zhang C, Qin Y Q, Zhu Y Y. Perfect quasi-phase matching for the third-harmonic generation using focused Gaussian beams [J]. Opt. Lett., 2008, 33(7): 720 – 722.

[73] Chen L, She W. Electro-optically forbidden or enhanced spin-to-orbital angular momentum conversion in a focused light beam [J]. Opt. Lett., 2008, 33(7): 696 – 698.

[74] Zhan Q W. Cylindrical vector beams: from mathematical concepts to applications [J]. Adv. Opt. Photon., 2009, 1(1): 1 – 57.

[75] Brown T, Zhan Q W. Introduction: unconventional polarization states of light focus issue [J]. Opt. Express, 2010, 18(10): 10775 – 10776.

[76] Wang H T, Wang X L, Li Y N, et al. A new type of vector fields with hybrid states of polarization [J]. Opt. Express, 2010, 18(10): 10786 – 10795.

[77] Visser T D, van Dijk T, Schouten H F, et al. The Pancharatnam-Berry phase for non-cyclic polarization changes [J]. Opt. Express, 2010, 18(10): 10796 – 10804.

[78] Fridman M, Nixon M, Grinvald E, et al. Real-time measurement of unique space-variant polarizations [J]. Opt. Express, 2010, 18(10): 10805 – 10812.

[79] Kozawa Y, Sato S. Generation of a radially polarized laser beam by use of a conical Brewster prism [J]. Opt. Lett., 2005, 30(22): 3063 – 3065.

[80] Yonezawa K, Kozawa Y, Sato S. Generation of a radially polarized laser beam by use of the birefringence of a c-cut Nd: YVO$_4$ crysta [J]. Opt. Lett., 2006, 31 (14): 2151 – 2153.

[81] Ahmed M A, Voss A, Vogel M M, et al. Multilayer polarizing grating mirror used for the generation of radial polarization in Yb: YAG thin-disk lasers [J]. Opt. Lett., 2007, 32(22): 3272 – 3274.

[82] Kawauchi H, Kozawa Y, Sato S. Generation of radially polarized Ti: sapphire laser beam using a c-cut crystal [J]. Opt. Lett., 2008, 33(17): 1984 – 1986.

[83] Fridman M, Machavariani G, Davidson N, et al. Fiber lasers generating radially and azimuthally polarized light [J]. Appl. Phys. Lett., 2008, 93(19): 191104.

[84] Bomzon Z, Biener G, Kleiner V, et al. Radially and azimuthally polarized beams

generated by space-variant dielectric subwavelength gratings [J]. Opt. Lett. , 2002, 27(5): 285 – 287.

[85] Zhan Q, Leger J R. Interferometric measurement of Berry's phase in space-variant polarization manipulations [J]. Opt. Commun. , 2002, 213: 241 – 245.

[86] Neil M A A, Massoumian F, Juskaitis R, et al. Method for the generation of arbitrary complex vector wave fronts [J]. Opt. Lett. , 2002, 27(21): 1929 – 1931.

[87] Wang X L, Ding J, Ni W J, et al. Generation of arbitrary vector beams with a spatial light modulator and a common path interferometric arrangement [J]. Opt. Lett. , 2007, 32(24): 3549 – 3551.

[88] Machavariani G, Lumer Y, Moshe I, et al. Spatially-variable retardation plate for efficient generation of radially and azimuthally-polarized beams [J]. Opt. Commun. , 2008,281: 732 – 738.

[89] Ciattoni A, Crosignani B, Porto P. Vectorial free-space optical propagation: a simple approach for generating all-order nonparaxial corrections [J]. Opt. Commun. , 2000, 177: 9 – 13.

[90] Ciattoni A, Cincotti G, Palma C. Nonparaxial description of reflection and transmission at the interface between an isotropic medium and a uniaxial crystal [J]. J. Opt. Soc. Am. A, 2002, 19: 1422 – 1431.

[91] Yariv A, Yeh P. Optical waves in crystals [M]. New York: Wiley, 1984.

# 索　引